U0170551

南礼士路的回忆

——我的设计生涯

马国馨 著

天津大学出版社
TIANJIN UNIVERSITY PRESS

衷心感谢在 50 多年中

一直关心、支持和帮助我的

师长、领导、同事、同行、校友、同学、好友和家人

（2022 年，作者自拍）

马国馨，1942 年出生于山东省济南市，1959—1965 年就读于清华大学建筑系，毕业后到北京市建筑设计研究院（现北京市建筑设计研究院有限公司，以下简称“北京院”）工作，曾任北京院总建筑师，2019 年退休。现为北京院顾问总建筑师、教授级高级建筑师、国家一级注册建筑师、APEC 注册建筑师。1981—1983 年在日本丹下健三都市建筑设计研究所研修，1994 年被授予“全国工程勘察设计大师”称号，1997 年当选中国工程院院士，2022 年被授予“资深院士”称号。曾任中国科学技术协会常务委员、北京市科学技术协会副主席、中国建筑学会副理事长等职，现任中国文物学会 20 世纪建筑遗产委员会会长。

主要负责和主持的项目有北京国际俱乐部（1972）、十五号宾馆羽毛球馆和游泳馆（1973）、北京前三门住宅规划设计（1976）、毛主席纪念堂（1977）、国家奥林匹克体育中心（1990）、北京首都国际机场 T2 航站楼和停车楼（1999）、中国人民抗日战争纪念雕塑园（2000）等。曾获国家科学技术进步奖二等奖（一项），北京市科学技术进步奖特等奖（一项），全国优秀工程勘察设计奖金奖（两项）、银奖（一项），建设部优秀建筑设计一等奖（两项），北京市优秀工程设计特等奖（一项）、一等奖（两项），国际体育和娱乐设施协会银奖（一项）、梁思成建筑奖（2002）等。

图书在版编目(CIP)数据

南礼士路的回忆 : 我的设计生涯 / 马国馨著. --
天津 : 天津大学出版社, 2023.9
ISBN 978-7-5618-7533-9

Ⅰ. ①南… Ⅱ. ①马… Ⅲ. ①建筑设计－中国－文集
Ⅳ. ①TU206-53

中国国家版本馆CIP数据核字(2023)第118396号

NANLISHI LU DE HUIYI——WO DE SHEJI SHENGYA

组稿编辑 韩振平工作室
韩振平 朱玉红
图书策划 金磊 苗淼
责任编辑 李琦
装帧设计 董晨曦

出版发行 天津大学出版社
地　　址 天津市卫津路92号天津大学内(邮编:300072)
电　　话 发行部:022-27403647
网　　址 www.tjupress.com.cn
印　　刷 北京盛通印刷股份有限公司
经　　销 全国各地新华书店
开　　本 787mm×1092mm 1/16
印　　张 29.75
字　　数 737千
版　　次 2023年9月第1版
印　　次 2023年9月第1次
定　　价 188.00元

目录

缘起

令我自己绝没有想到的是，我今生会和北京市，和南礼士路有那么密切的关系。

我出生在山东省济南市，13 岁初中毕业以前一直在济南生活，考高中那年发生了一件事——我落榜了，没有考上高中，因此在家辍学一年。当然，没有考上的原因我至今也不清楚，因为自认当时的学习成绩还可以。此前，我大哥也没有考上高中，转年到北京后考上了北京市立第二十六中学（原汇文中学），再后来考上了西安交通大学数理力学系。于是我也到北京和我大哥一起住在三姨家。三姨说："你大哥已经上汇文了，你要不换个学校，考育英（私立育英中学校，以下简称"育英"）吧。"那时育英的高中部刚刚独立出来，成立了只有高中的北京市第六十五中学（以下简称"六十五中"），校舍和设备都很先进，新建的校舍十分大气，顶楼是图书馆和体育馆，有专门的阶梯教室、音乐教室、物理化学实验室。后来我顺利地考上了六十五中。接到录取通知书后，我马上到丁香胡同派出所登记申请，顺利地拿到了北京户口。要知道，在那时要解决北京户口的问题也是很困难的，我曾试过多种办法都无法落户，但中学的录取通知书却让我顺利地成为北京市的居民。工作以后我才知道，北京院的同事肖济元、周溶川、魏大中、陈崇光、吴德绳、汤志勇等都是毕业于育英的校友；后来得知清华大学的关肇邺、赵炳时等先生也是毕业于育英的校友。

中学毕业以后，我考到清华大学建筑系，经六年学习后，毕业被分配到北京市工作。这时又发生了一个情况：我本应被分到北京工业大学（以下简称"北工大"）教书，但毕业时我正在四川绵阳从事三线建设，比在京的同学晚毕业了一个月，其他 3 人都早已被分配到北京市的单位并报到了。等到北工大快开学时，我还未从四川回来，校方只好从已报到的 3 个人中挑了 1 人去北工大教书。这件事是若干年后我从北工大得知的。回到北京报到后，我就被分配到了北京院，从此开始了 50 多年的职业生涯，和北京院产生了深厚的感情。

此前我曾写过若干文章回忆位于北京南礼士路 62

1

图 1. 作者初到北京院

2

3

图 2. 南礼士路上的北京院老楼鸟瞰（东立面）　图 3. 北京院老楼（西立面）

4

号的北京院和北京院的一些前辈同事，但对自己在北京院几十年的工作并未系统总结过。我也曾想过和大部分建筑师一样，出一本以照片为主的作品集，但我自己觉得并不满足，一是我自己亲自做的工程并不多，那些工程的周期都很长，一般为 5~7 年，所以做过的工程数目很有限，不像同时代的许多建筑师能列出几十甚至几百项工程。我曾认为，判定自己是否亲自参与和负责工程的一个重要标准，就是是否参与了从方案设计到竣工的全过程，亲自绘制施工图是最重要的评判标准，没有做到这一点，只是对其进行过问或为其出点儿主意的工程都不应归到自己名下。因为我曾担任过一段时间的设计室副主任，后来又任院副总建筑师和总建筑师，许多工程的定案、拍板甚至方案的提出、表现图的绘制等工作我都曾参与过，有时参与的甚至是一些关键环节，但我一直认为这都是职务行为，是“在其位谋其政”，不应将项目归到自己名下，也不应掠人之美。

未出作品集的另一个原因是，我觉得如果对一个工程只是简单介绍一下概况，附上总平面图，平、立、剖面图以及方案图或建成照片等内容，并不足以说明在这一设计全过程中所遇到的来自领导、业主、施工、材料、造价等各方面的限制，以及在完成这个项目的过程中所遇到的矛盾和解决方案，同时也不能反映出和当时的社会条件、政治形势、经济状况等具体相关的许多情节。我很想把这些相关的背景以及自己的记忆都总结出来，因此涉及的内容就比较庞杂了。

另外，我一直认为，建筑设计工作是一个极具个人色彩的集体创作行为，完成一项工程除需建筑专业以外，还需要结构、设备、机电、预算等专业密切配合。大的工程常常是由数十人、上百人进行“大兵团作战”，尤其是随着工程的复杂度越来越高，计算机技术和数字技术、人工智能的介入，各专业的配合也越来越复杂。真正的一个大工程从可行性研究、立项到方案设计、施工的过程中，又需要经过各级领导和专家的指导、审查和层层把关，因此完全把工程的功劳归到主持建筑师一人身上，

图 4. 被拆除的北京院的老楼

不合适也并不公平。

这本书与其说是对本人设计工作的回忆，不如说是对我和各创作集体通力合作的足迹的回顾。所以，我也会尽量把审查、批准工程的过程，各方参与的人员尽量回忆出来，让人们尽可能地了解事物发展的全过程。

5

北京院是和共和国同龄，有着 70 多年历史的老设计院。虽然我在这儿工作了 50 多年，见证了北京院发展的绝大部分进程，但囿于个人有限的工作范围、时代背景、建设环境等，所完成的设计工程以及项目都有很大的局限性。但通过个人的回忆，总还是能够为北京院的历史补充一些自己记忆中的片段，也有助于人们侧面了解本人在这几十年中的主要工作。

6

这也就是我将个人的回忆录取名为《南礼士路的回忆——我的设计生涯》的初衷。我从 1965 年来到北京院，到 1987 年搬离北京院的单身宿舍，在南礼士路工作和生活了 22 年，此后虽然不住在院里，但之后 30 多年的工作一直和南礼士路有关，亲眼见证了北京院的变化：老工字楼的拆除，建威大厦和新办公楼的落成……北京院的薪火一代代传承，新的设计作品也不断建成。同时，我见证了院内环境的种种改变，同事们的喜怒哀乐、生老病死，我对这里的一草一木都充满了深厚的感情，所以在本书正文之前致谢。

顺便解释一下封面，那是现在北京院的鸟瞰图，图中深色的地方是我在北京院曾经工作过的地方，它们是：老楼的二层（南）和一层（北），科研楼的三层、十层，B 座的一层，A 座的三层和五层，最后是单身宿舍的五层。

最后还想说明的是，我参与的许多工程都得到了党和国家主要领导人的关心和指导，并都留下了影像记录，体现了他们对工程的重视和关心，但因各种原因，这些图片和一些内容无法加以呈现，也是十分遗憾的事情。

感谢北京院领导对本书出版的大力支持，《中国建筑文化遗产》《建筑评论》“两刊”编辑部和天津大学出版社为本书做的巨大努力，使本书得以顺利出版。

图 5. 作者初到北京院（1966 年）　图 6. 作者在北京院工作 50 余年后

最早的设计体验

严格意义上讲，我真正地开始从事设计工作是在清华大学临毕业的前一年，那时学校要求“真刀真枪”地做毕业设计。1964—1965 年，我们和土建系其他专业及电机系的同学们一起组成现场设计组，在四川绵阳的青义镇建设清华分校（代号为“651 工程”）。按照“备战备荒为人民”的最高指示，清华大学要把一部分机要学科搬到三线内地。那里是远离城市的青山和水田，我们去了以后，先是自行测量绘制地形图，包括 1:2000 和 1:500 的比例，然后按照校方要求开始做总图规划，很快就进入了“三通一平”（通路、通水、通电、地面平整）阶段。辅导我们的建筑系老师有周逸湖、刘鸿滨、梁鸿文、田学哲、王炜钰、常友石等人，负责人是解沛基和谢照唐老师。我做的第一项实际工程并不是房建工程，而是公路工程。因为选定用地规划方案之后很快要实现“三通一平”，通路是首要的一项。那时在现场的同学们并没有专门学市政道路相关专业的，于是老师将这个任务分配给了我。这一工作的任务是要在从涪江铁路桥下来后由成都通向青义、三台的公路上修出一条支路，以便能越过山口直达校区。在老师的指导下，我看了一些关于公路设计的书，弄清楚了里程桩、平曲线、竖曲线、纵坡、横坡等公路设计的基本概念，又以现场刚测好的地形图为辅助，边学习、边出图，最终把道路的施工图纸完成了。当年我还和当地的民工一起参加过筑路的劳动。道路修完以后，我做的第一个民用设计就是在进入校区的一处平地上建一座单层的坡屋顶木屋架的暂设平房，以存放建筑材料。做完后，我们要与来接班的低年级同学交接工作，因此便比同年级的同学们晚毕业了一个月，我们还领了一个月的工资，这也是平生第一次。

我们班同学共 4 人

1

图 1. 在四川绵阳修路

被分配到北京市，回京报到以后，林峰去了北京市委，朱霭敏去了北京工业大学，我和马丽被分到了北京院。那时我对北京院一点儿概念也没有，只记得当时南礼士路非常安静，马路边上的行道树都是合欢树，车子也很少，工间操时有的职工就在马路上打羽毛球。

到北京院后，按规定，刚毕业的大学生都必须参加“四清运动”一年，于是我把行李一放就去报到了。我们在北京建工系统的机械施工公司开展“四清”。工作队大队长是构件厂的南国兴，他是一位老干部。我所在的机械施工公司三处的工作队长是五建公司的冯国义，下面保养场的工作组组长是建工疗养院的王焕祥，组员有五建公司的电工管国林；还有像我一样刚毕业的大学生，有北工大毕业的刘怡（分到市政院），还有中专毕业的王慧仪。三处保养场位于西郊青塔村，除保养场的几个车间以外，周围还都是农田。保养场主要负责保养机械公司的推土机、挖土机和翻斗汽车，那些翻斗车都是由德国生产的蓝色卡车，槽帮很矮，工人们称之为“小伊发”（IFA），后来我才知道这车子的名称为“萨克森令”，是以德国一处很有名的弯道的图案为商标的。我们一面参加班组劳动，一面参加小组的“运动”。另外，我还负责定期写工作简报上报给大队办公室。大队办公室主任是肖平。一开始，我送去的简报并未得到好评，他们很不满意。我也很不服气，于是把他们认为又生动又感人的简报拿来看了一下，原来他们希望简报上能有老工人的生动语言，尤其要展现一些富有生活气息的歇后语。我便准备了一个小本子，随身携带，遇到工人师傅说的一些歇后语或俏皮话就记下来，加上保养场也有一些年龄和我差不多的青年工人，像赵正万、郑资川、陈玉林、孟宪琛等，他们知道我有这个需求后，还主动帮我收集，很快我就记下了许多条，这样我在写简报时就能信手拈来，用上很多俏皮话，这样，“生动”的简报很快就得到了大队办公室的认可。

在这里，我最大的收获是学会了骑自行车。那时不同于现在，根本不敢想象大学生们能有手表、自行车以及当下最时尚的手机等设备。我的同学中，除部分女同学有手表外，男同学有手表的极少，全班只有一两辆自行车。我曾在中午休息时借同学的自行车练习，结果没骑一会儿就要上课了，许多同学都挤在路上，我技术不高，紧张得左摇右晃，一下子撞到新斋前的树丛里了，被同学取笑了一番。在工作队，因为我经常要去大队部汇报，后来又当了联络员，于是上级分配给我一辆骑着十分轻快的进口菲利普车。当时我骑车技术还不过关，于是每天晚上就把车子推到没有人的马路上练习，没过多久就掌握了骑车要领，去汇报工作也比较方便了。

工作队的工作就是完成上级部署的任务，我在那里倒也搞得“有声有色”。转眼一年快要到期了，我们却被集中到西便门一处工棚学习检查。可是没过多久，学习班就解散了，大家又分别回到原单位。

等我回到单位，发现自己的行李已被放在单身宿舍三楼端头的一个房间，宿舍里已住了两位同事：一位是毕业于湖南大学做结构的曾哲，他比我大几岁，能力很强，讲话逻辑严密清晰，他的爱人是医生，因他出身不好，夫妻两地分居的问题无法解决，所以他也住在单身宿舍；另一位是赵志贤，他是图书资料管理员，家在河北农村，爱人户口不好解决也无法来京。这二人后来对我的帮助都很大。

我记得很清楚，回北京院的日子是 1966 年 8 月 23 日。我到五室去报到，当时党支部书记是老干部王桂清，副书记是年轻的王树田，室主任刘宝熹告诉我，我被分到综三组，第二天一早要去中山公园音乐堂开会，那是规划系统很重要的一次会议。那时正是“文革”红八月，后来我负责接待工作，给红卫兵们送开水，打扫宿舍。因为刚回到北京院，院里的人都不认识我，以为我是跟他们一起来的。后来他们还奇怪，怎么这个人留在院里了？等回到室里，我一面参加运动，一面搞设计时，就已经到1968年了。

从1967年1月起，我被安排每天晚上在院里巡逻值班，然后白天休息，这种任务一直延续到1968年2月。当时，我都没有正经的设计任务，可自己也要找点儿事情干，于是私下里做了几件事。

一是当时我买了不少鲁迅著作的单行本，由于是处理的，价格非常便宜，但是每篇文章没有注释，注释只在《鲁迅全集》上有。于是我借来了《鲁迅全集》，把上面的注释逐条抄在单行本上，字非常小，费了不少时间。但因工作量太大，我只抄了几本就没有坚持下去（2005年人民文学出版社再版了18卷《鲁迅全集》，我立马买了一套）。

二是我在院图书馆借了一些资料，手绘了厚厚的一本中国传统窗格和花纹图集，包括冰裂纹、方胜纹、步步锦、万字纹、龟背锦以及门窗格中的斜棂、直棂、三交六椀菱花等等。

三是自己手抄了一本《四书》，把《论语》《孟子》《大学》《中庸》的正文和其中的注释都用小字抄出，形成了一本难得的手抄本。

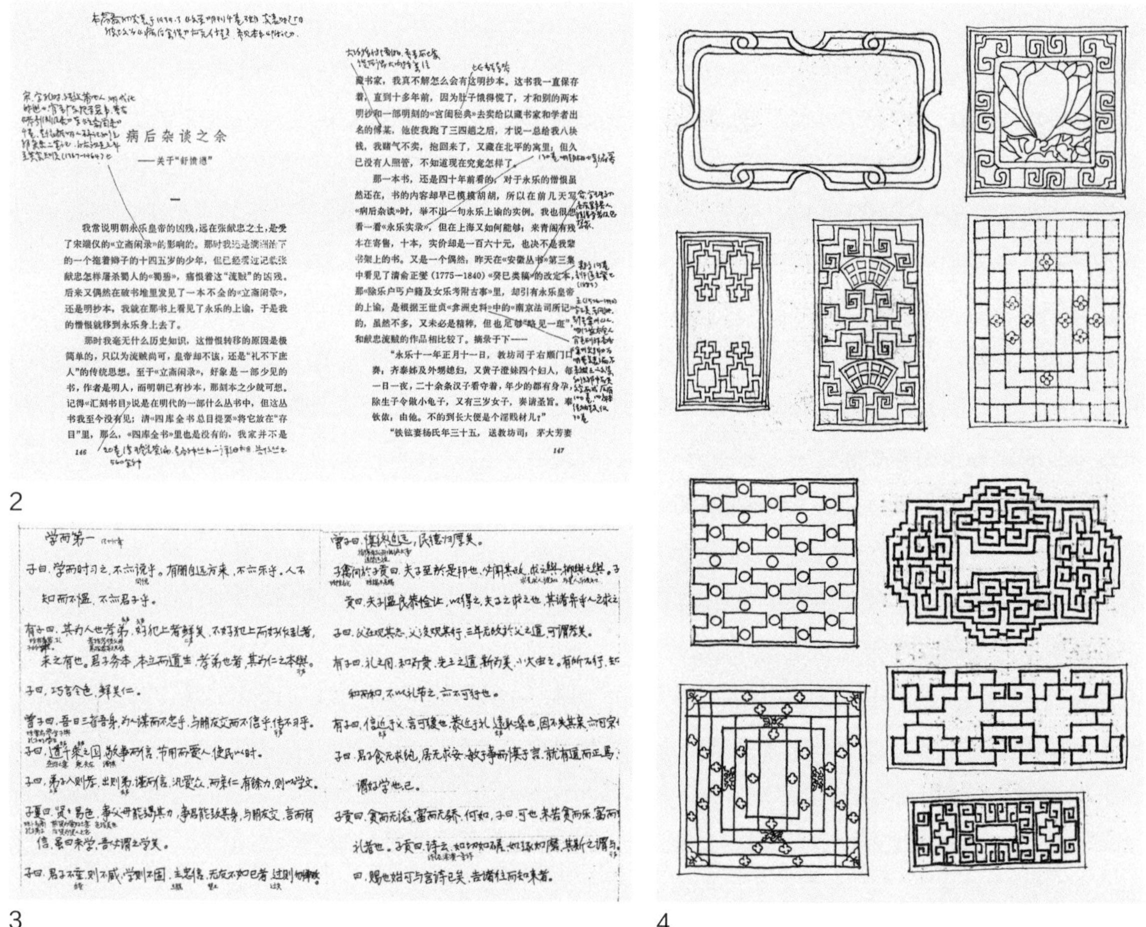

图2. 手抄《鲁迅全集》注释　　图3. 手抄《四书》局部　　图4. 手抄窗格图案

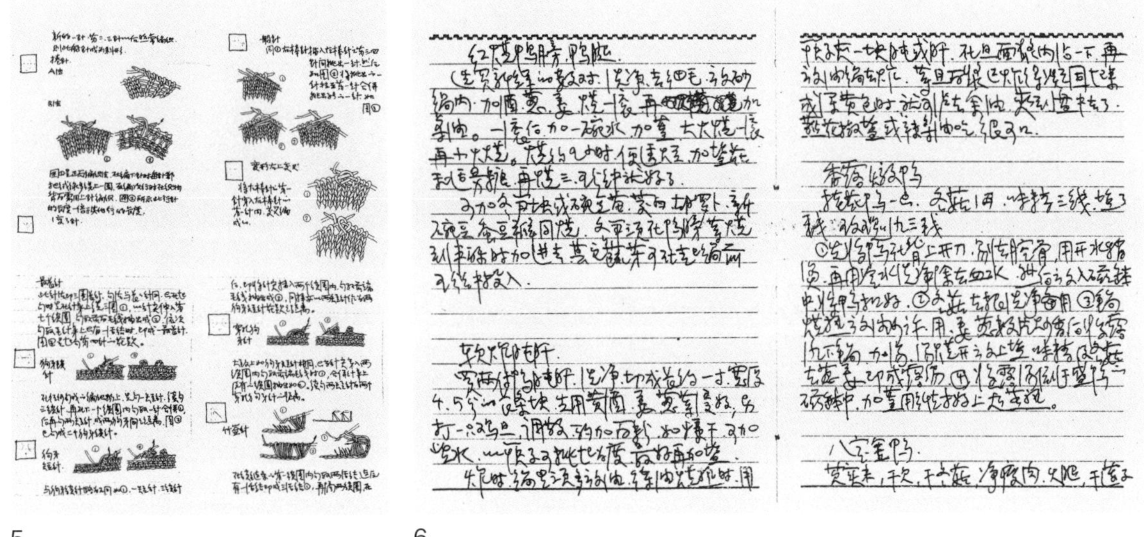

5　　6

四是结婚以后，我为爱人手抄了许多织毛衣、钩针等方面的资料。那时室里有人拿来一本香港出版的《毛线棒针花样大全》，书里介绍了各种毛衣花样的织法和钩针的要领，附有详细的图解。我借来以后不厌其烦地把其中的花纹和针法全部用透明纸描下来，贴成了一大本，虽然后来也并未派上很大用场。另外，我还抄了不少菜谱和偏方，但也是为了消磨时间。

另外，我还收集了不少“文革”时期的美术作品的印刷品，后来看王明贤先生的《新中国美术图史（1966—1976）》时，我发觉他收集的可能还没有我收集的多。

最初的设计

当时我被分配到的五室综三组位于北京院老楼南侧的二层，有东、西两个大房间，还有若干个小办公室。全室分为五个综合组。当时的设计体制是综合组编制，就是一个小组里建筑、结构、设备、电气各专业人员齐备，各组独立接工程设计项目，经组内各专业人员协调配合，一般工程都可以在组里解决。综三组的组长是吴德卿（建筑）和肖正辉（设备），我记得建筑专业的人员还有苏尧熙、何方、何定国、李安生，结构专业的人员有程懋堃、蒋君华、张敬一、肖霞蓉，设备专业的人员有白瑞荣、盛秉礼，电气专业的人员有任英魁等人。每天早上上班前，我先提前去办公室拖地、打开水。组长分给我的第一个工程是人民日报社宿舍的自行车棚和公厕（工程号为68048，面积为87 m^2），公厕是男女各一个坑位。因为这是我到院后3年以来接手的第一个工程，所以我真的是全力以赴，画了两张小图，结构、设备、电气设计都表现在建筑图上，1968年7月15日出图。最近我还找到了第一次绘制的施工蓝图，从中可以看出当时绘图的稚嫩。那时之所以特别认真重视，是因为北京院除了老一辈的技术人员外，骨干队伍是号称“一百单八将”的中专毕业生，他们经过多年锻炼，在设计上，尤其在施工图的绘制上很有经验，出图也快。而当时分配去的大学生人数较少，在绘制施工图方面并没有优势，所以压力还是不小的。当时和我配合的结构专业人员是程懋堃，他后来被授

图5. 手抄棒针钩针花样　　图6. 手抄菜谱

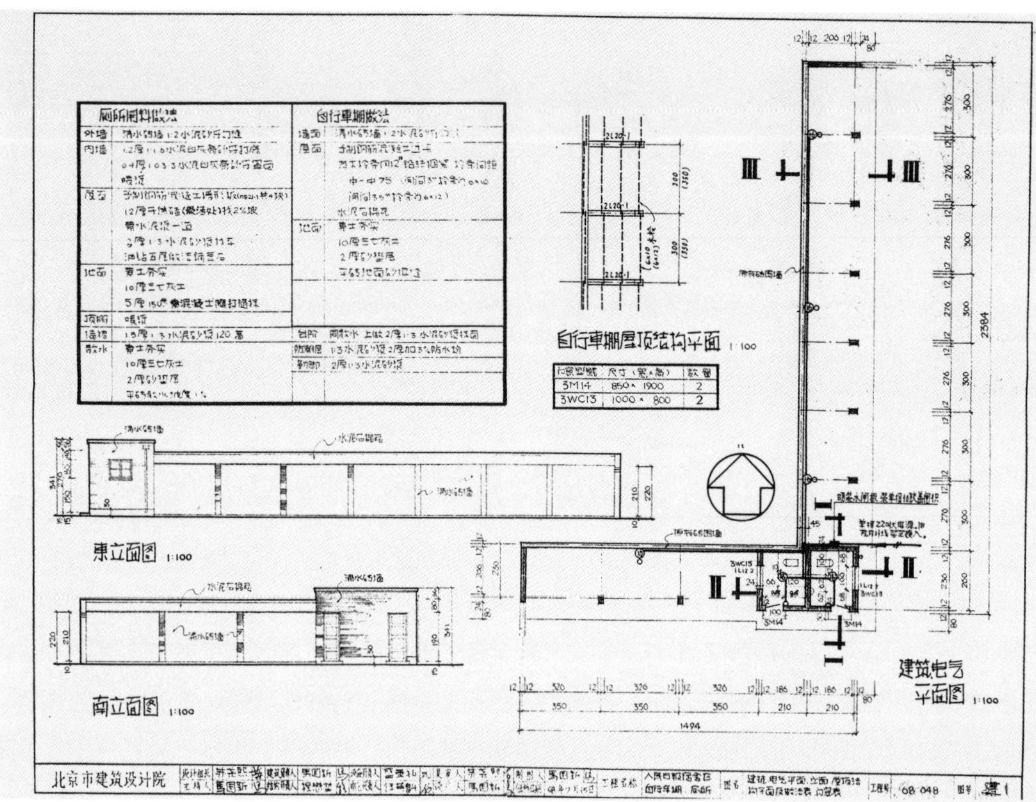

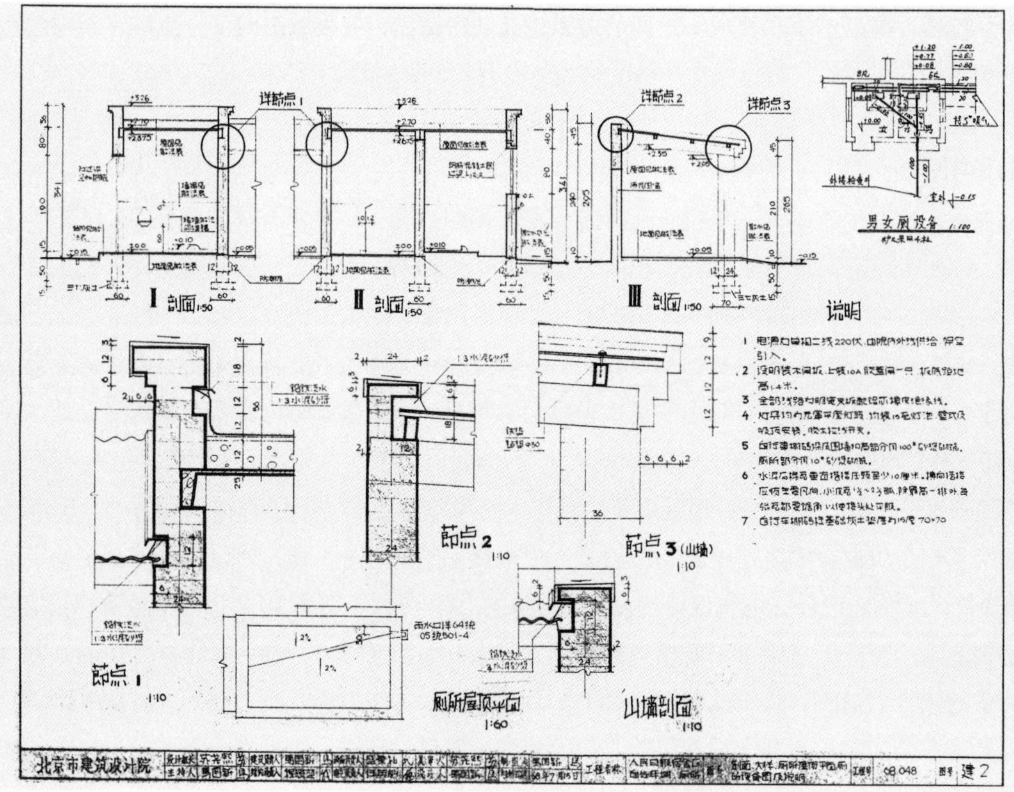

7

图 7. 作者接手的第一个工程的施工图纸（共两张）

予“全国工程勘察设计大师”称号，这个小工程对他来说真是小菜一碟。配合的设备专业和电气专业的人员分别是盛秉礼和任英魁。我第一次写的工程洽商的内容，是要在一扇窗户外面加上铁栅栏，这是靠鲍铁梅在边上一点儿一点儿地教我才完成并交出的。

后来随着一些人因历史问题的“让位”，我经手的工程项目逐渐多了起来。接着，我设计了南湖渠修造厂和半导体器件二厂的锅炉房（1969），那时采用的都是快装锅炉，由专业设备的负责人柯金秀主持设计，虽然我们只是土建配合人员，但锅炉房的平、立、剖面图和外墙大样、做法表、门窗表的设计制图都是必不可少的。此后，我又陆续设计了中央电视台在月坛公园的转播机房，朝外粉末冶金厂的车间（业主为张树棠），日坛公园的热力点（我还画了一张鸟瞰图练手）。通过参与这些工程以及下工地进行实地配合，我逐渐熟悉了与外单位的业主和相关专业人员之间的配合。后来我又设计了一些厂房，如宣武机械厂机修车间（业主为侯敬）、东城区半导体厂元件楼、北京市喷漆总厂（1970）、昌平八一拖拉机修造厂的车间和水塔（1974，业主为李长之、赵德熹）等。其中只有东城区半导体厂元件楼是座多层建筑，其他都是有吊车的单层厂房。东城区半导体厂元件楼是我设计的第一栋楼房。项目完工几年以后，我又遇到甲方姜修鹏，他告诉我，当时楼上水处理房间的地面未做防水处理，这是个大纰漏。当时做的项目中，规模最大的是位于北京城西南角鸭子桥的北京喷漆总厂，该厂是从城区迁出的，是在一块儿狭长用地上新建的厂区，包括 4 栋厂房、配电室、泵房及附属建筑等，总建筑面积近 6500 m^2（随着近年的房地产开发，这些早已被拆除殆尽）。负责喷漆总厂结构设计的人员是梅兰芳的大儿子梅葆琛。厂房用的是当时推广的下撑式屋架，跨度为 15 m。负责昌平工程水塔的结构设计人员是从国立西南联合大学和清华大学毕业的方复。另外我还设计过东华门友谊商店的翻修改造，但出完图纸后并未施工。

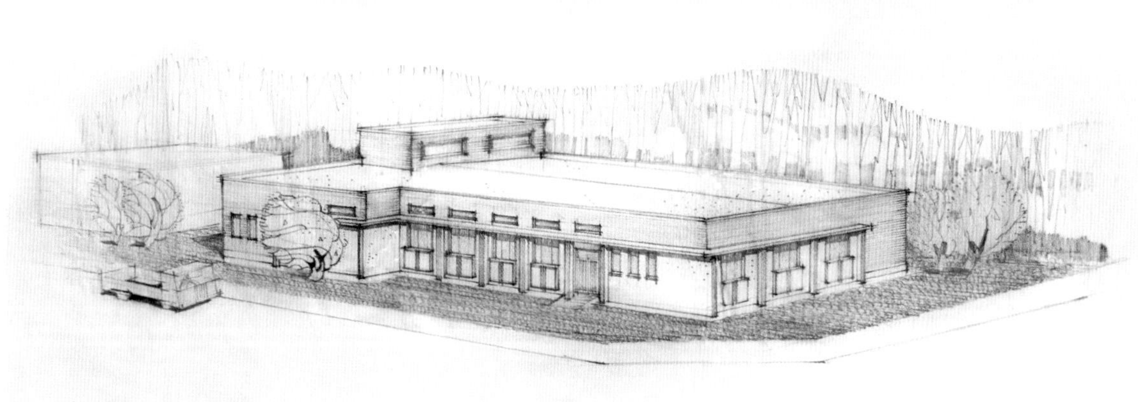

8

北京国际俱乐部工程

1971 年，建国门外的北京国际俱乐部（以下简称“国际俱乐部”）工程是我参加的第一个大型公建工程，那时我已经在新组建的第三设计室了，仍是综合组编制。说是大型工程，实际总建筑面

图 8. 日坛公园热力点鸟瞰图（作者手绘）

积也只有 1.4 hm^2，但对于因为“文革”而久未新建工程的北京来说，建国门外外交公寓、国际俱乐部和友谊商店，这 3 个工程就已经很引人瞩目了。20 世纪 70 年代初，国际关系风云变幻。1970 年，我国和加拿大等国先后建交，这是自 1964 年中法建交和中日签订互设办事处的协定以来的重要事件，许多西方国家酝酿和我国建交，特别是 1971 年 10 月 25 日，联合国大会以压倒性多数票通过了恢复中华人民共和国在联合国的合法席位的决议，同时中美两国也就尼克松 1972 年访华达成协议，从而我国迎来了同世界各国建交的又一次高潮。但这时为外事服务的设施都远远不能满足需求，以国际俱乐部为例，始建于 1911 年的老俱乐部原位于台基厂北京市委办公楼的对面，用地和设施内容都很有限，所以市政府和外交部的北京外交人员服务局研究决定在建国门外路北建设一系列外事用房。这里原来就是北京第一使馆区，和我国建交较早的国家的使馆都在这里，除由我院设计的红砖坡顶的使馆建筑外，波兰和捷克使馆是由他们国家自行设计的，设计手法很有特色，与我们的设计明显不同，在永安里还建有最早的外交公寓。

建国门外的国际俱乐部工程的主持人是吴观张。外交公寓、国际俱乐部和友谊商店 3 个子项目的建筑负责人分别是张慧祥、我和聂振陞。甲方北京外交人员服务局的领导有徐晃、李平、樊勇，经办人员小高是个精干而经验丰富的年轻女同志，和设计组的刘家枢是同学，所以彼此关系比较融洽，沟通也较方便。当时“文革”还没有完全结束，北京市负责这一工程的是万里，他刚恢复工作。我们设计院的张镈、张开济二位老总也刚恢复工作，对工程提了不少建议。

我对规划方案的确定过程已经没有印象了。之后，3 个子项目的用地很快被分配好，外交公寓在建国门桥头（东北角），其东面是国际俱乐部，友谊商店在最东面。吴观张曾回忆：“我们几个人几天几夜没有睡觉，用水彩画出一幅建外大街的街景立面效果图，有一米长，领导一看就拍板，一次通过了。”过春节时，我骑自行车回家，路上困得直打瞌睡，只得中途靠在树上闭了一会儿眼睛。工程进行中，我们曾经去北京市委向万里同志汇报，他以前曾当过城市建设部部长，从言谈中可以看出他对建筑设计还是很有研究的。他对我们说，建筑设计最主要的是要注意两件事，一是尺度（scale），一是颜色（color），并认为北京的建筑外立面并不宜用白色，因为太容易脏。当说起城市面貌时，他还说了一句“一好遮百丑”，并举例说明了那时郑州虽然没有什么好建筑，但城市绿化做得好，所以整体

9

图 9. 国际俱乐部东立面外景

10

效果还是比较好的。在设计国际俱乐部建筑的方案时，在总图安排和入口布置上，我们都认为从使用和交通方面考虑，在东面设入口较好，但张镈总坚持把入口放在南面，也就是面对建国门外大街，我们虽然不太同意这一安排，但我还是按张总的意思，连夜画了一张炭笔粉彩的透视图，第二天张镈总看了特别满意。后来在外交公寓的方案中，沿建国门大街的公寓的各单元入口都被设在北面，沿街没有入口，但领导认为这是“屁股朝街”，让设计人员在南面做了一个门廊，但实际上用处并不大。我就联想到张总坚持把主入口放在南面，看来也是出于同一原因。现在国际俱乐部的主入口还是在东面，但在南立面设计了一个三层高的柱廊，也设计了传达室和大门，但没怎么使用过。快 40 年过去了，现在的长安街上还有几栋新建的建筑，如公安部、中共中央组织部等，它们的主入口都被设计在主楼北面临长安街处，但从来不使用。看来张镈总对长安街上建筑设计的特点和领导对此的要求了解得还是很透彻的。

国际俱乐部采用了分散式的布局，Ⅰ段为室内网球馆（1929.7 m^2），Ⅱ段功能为文娱，包括台球、理发等设施（3086.2 m^2），Ⅲ段为餐饮厅、宴会厅、厨房、多功能厅等（4701.5 m^2），Ⅳ段为电影厅、酒会厅（2208.8 m^2），Ⅴ段为室外游泳池、儿童池、更衣室等，Ⅵ段为传达室、车库等（1946 m^2）。名义上我是建筑负责人，实际上各段建筑都有专人负责。Ⅰ段负责人是宋士芬，Ⅱ段负责人是刘永梁，Ⅲ段负责人是我，Ⅳ段、Ⅴ段负责人是吴观张，Ⅵ段负责人是施德浓，大家各自绘制本段的施工图纸。结构负责人是崔振亚，设备负责人是郭慧琴，电气负责人是刘绍芬。另外，建筑专业还有旷宇生、刘振宏、刘家枢、潘琴华、刘友鎏、鲍铁梅等人参与。

Ⅰ段是室内网球馆，包含更衣室、休息厅。此前北京还没有室内的网球场地。俱乐部负责网球陪练的老球手季恩义是当时中国网球协会的主席，他 13 岁就到俱乐部了，对网球场的设计十分熟悉，也有自己的想法。这里的网球场是红土地，和法网公开赛的场地是一样的。场地在室内，能全天候使用。另外，那时喜欢打网球的领导同志有很多。老布什出任美国驻华联络处主任后，常到这里和季恩义打网球；1985 年，万里还和老布什打过双打对抗赛。场地设两个网球场，40 m × 40 m，室内高度 12.8~13.5 m。四面高窗的高度为 4.75 m 以上，并全部安装磨砂玻璃以防眩光。屋架结构是国内首次采用的双向球形节点钢管网架，杆件之间采用 288 个直径 36 cm、厚 1.2 cm 的焊接空心圆球连接，

图 10. 国际俱乐部南立面

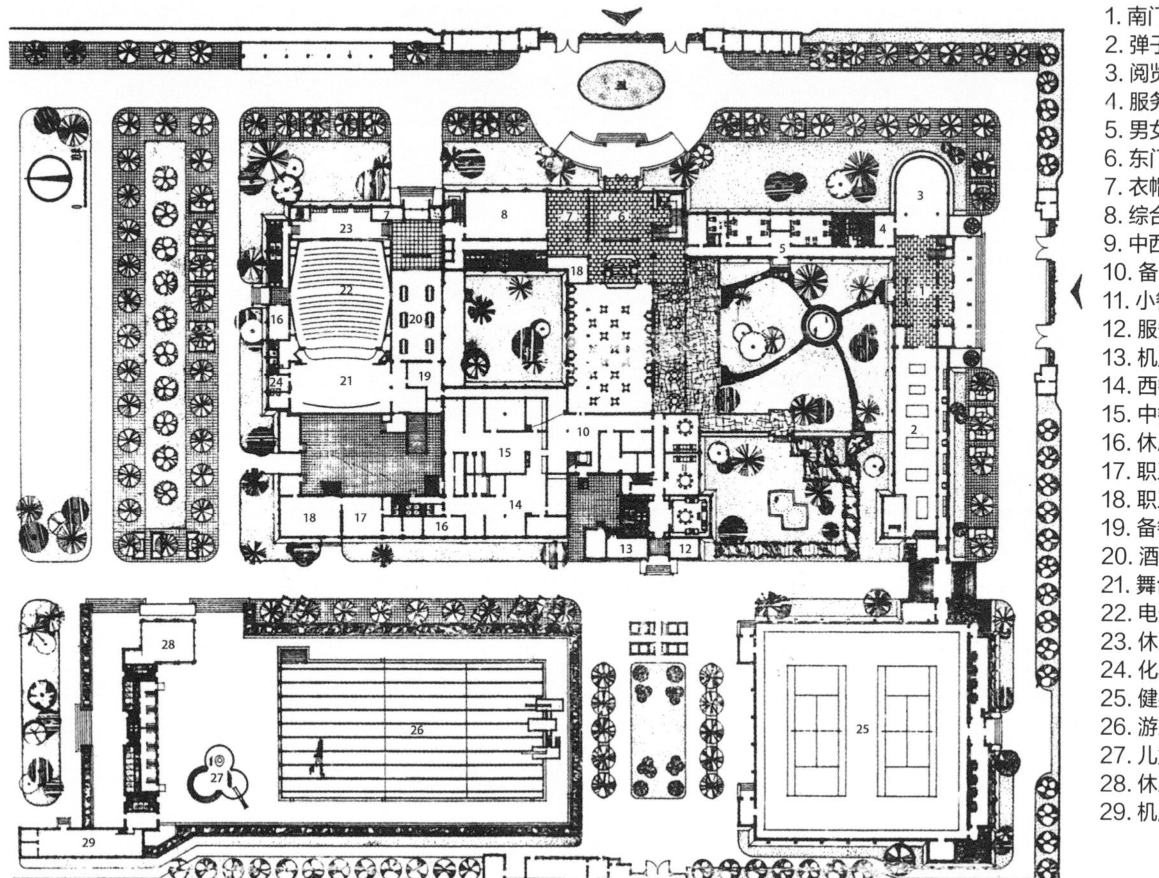

11

12

13

好像也是国内的网架结构中第一次使用焊接球形节点，结构负责人崔振亚专门为此撰写了研究报告。施工单位在现场拼装时，将总重 40 t 的网架整体吊装就位，吊装那天吸引了很多单位前来观摩。

Ⅱ段的主要功能是文娱，包括台球（一层）、乒乓球（二层）、棋牌、理发等内容，地下室布置了两条保龄球道。当时对于是否需要设置保龄球场地还有争议。老俱乐部有保龄球，但没有自动

图 11. 国际俱乐部总平面图　　图 12. 国际俱乐部网球馆外景　　图 13. 国际俱乐部网球馆内景

摆瓶装置，全靠人工摆放，摆放木瓶的人非常辛苦。于是就有人提出，保龄球是资产阶级玩的游戏，因此对于是否要在这里设置保龄球的问题一直请示到外交部。据说是当时的驻法大使黄镇说，在法国，只有海员或工人才玩保龄球，这项活动才被保留下来。当时国内也没有专门的生产厂家，出图时，保龄球道的平面尺寸还可以从国外资料上查到，但回球道的断面设计图却遍寻不得，后来还是北京市第一建筑工程公司（以下简称“一建公司”）的陆桃生老师傅为我们提供了北京养蜂夹道 08 俱乐部的保龄球道的断面尺寸，这样图纸才得以画出来。

14

15

Ⅲ段的一层是对外餐厅和综合厅，二层是宴会厅和休息厅（宴会厅面积为 655.8 m^2，可举行 200 人的宴会，酒会最多可容纳 400 人，另外首长和贵宾休息厅共 210 m^2，有单独入口），并有中西餐厨房等。厨房位于Ⅲ、Ⅳ段之间，面积近 800 m^2，这样可以同时服务于Ⅲ段的餐厅、宴会厅，也可以服务于Ⅳ段的酒会厅。张镈总根据经验提出，一定要使厨房保持良好的通风排气，以免各房间串味。他举例新侨饭店就存在这样的问题，而前门饭店设计得较好。对此，我们还专门进行了调研，最终将其设置为直通楼顶的大拔气道，达到较好的通风排气效果。国际俱乐部厨房采用的机械排风方案是由高级工程师杨伟成设计的。对于平面的安排、中西餐灶具的布置等，我们都和中西餐厨师一起进行了商定，包括厨房地面的排水明沟的宽度，也都是按照厨师的要求设置的，其宽度正好可以放下一把铁锹，便于清扫。为避免气味外溢，我们利用升降窗将厨房和外面分隔开。其图纸比较复杂，最初是由规划局调来的潘琴华绘制的。我对最初的设计不满意，自己重新画了一套归档，惹得她很不高兴。Ⅱ、Ⅲ段之间形成了一个围合的内院。

16

图 14. 国际俱乐部台球厅内景　图 15. 国际俱乐部休息厅　图 16. 国际俱乐部宴会厅内景

考虑到外国使馆经常举行电影招待会，在招待酒会后放映电影，在Ⅳ段主要设置了442座的电影厅（观众厅400 m^2），并在电影厅南边设有可以举行酒会的休息厅（161 m^2），Ⅲ段的厨房便可以供应招待酒会。观众厅的跨度为19.5 m，考虑到观众人数不多，为了争取更多视觉质量好的座位，设计中采用了没有中间纵走道的长排座位，共17排，每个座位的尺寸为95 cm × 60 cm（座椅的扶手下有译意风），视觉质量为Ⅰ级、Ⅱ级的座位数占91.4%，最远视距为29.33 m。宽银幕的尺寸为13.7 m × 5.7 m，舞台进深为9.6 m，有10道吊杆，除3道是灯光吊杆外，其他都是大幕、双开拉幕和沿幕等。

17

18

Ⅴ段的室外游泳池，其尺寸为25 m × 50 m，池南端布置着1 m、3 m和7.5 m高的跳台和跳板，泳池水深最浅处为1.2 m，跳台处水深为3.8~3.9 m。儿童池的平面是3个直径为3 m的圆形组合，有1个滑梯、1个蘑菇状喷水台，水深55 cm。Ⅴ段还有近300 m^2的更衣室、机房和小卖部。

19

图17. 国际俱乐部电影厅内景　图18. 国际俱乐部电影厅门厅玻璃画　图19. 国际俱乐部游泳池和网球馆

虽然此工程是边设计边施工完成的，但面对这项当时北京最大的涉外工程，设计组很想在一些方面有所突破。囿于当时的材料、技术和加工条件，设计如同“无米之炊”，但我们还是动了不少脑筋。

在设计建筑的体形立面时，我们根据内部的功能需求，使用了不对称的处理方式，使之呈现高低变化。此前长安街上的建筑物，几乎是对称处理的。在“文革”以前，原设计五室也曾做过俱乐部的方案，有一个体育馆的山墙立面的倾斜屋顶如猫头鹰状，因此在“文革”时被作为“洋、怪、飞”的典型受到批判，所以设计组在立面处理上也很慎重。在此前的方案阶段，张开济总曾用小的草图示意了立面的几种可能形式，后来基本的立面形式采用了平屋顶挑檐加壁柱的处理方式，在重点地段使用了白水泥的砼大片花格。当时使用的是预制楼板，最大的跨度是3.9 m，而在窗户的大小设计上，我们偏向采用每一开间设置一面大窗的方案，但张镈总强烈推荐一开间设置两个长窗的方案，他设计的民族饭店和水产部办公楼（现国家国内贸易局）都是这样处理的，可能这是他所偏爱的形式，我们在Ⅱ段采用了这一做法。后来，张镈总在写回忆录时，对俱乐部的窗户尺寸记叙得十分清楚，如数家珍，可我却都不记得了。关于钢窗框的颜色选用，还有一个小故事。俱乐部对面的波兰使馆的窗框、栏杆、大门等都是黑色的，看上去十分“精神”，可当时用黑色却是禁忌，一般多用墨绿或深咖啡色。我们最终以“暗度陈仓”之计，在黑色中掺了少许的绿色，当有人问起时，就说是墨绿色，但完工后也没有人注意。在友谊商店的立面材料上也曾遇到过问题——当时建筑师采用了浅绿色的马赛克饰面，其中有一些深色的马赛克，工人反映不好看，“好像是大麻子”，还特意在俱乐部工地的一面墙上贴了一块足尺实样，好让领导审查。后来领导来看时，端详了一会儿，然后笑着说：“麻子俏，麻子俏，十个麻子九个俏”，于是立面的方案顺利通过了。恐怕当下的建筑师是不会遇到这种情况的。

俱乐部的外饰面采用了比较稳重的米黄色马赛克，配以白色水刷石的壁柱和窗套，尤其在檐口下面的两个壁柱之间，利用不同材料和细部凹凸形成了几种插枋的形式，和中国国家博物馆的处理有点儿相似，也算是一种体现传统的尝试。在工程快竣工时，杨廷宝先生来工地参观，那还是我第一次见到敬仰已久的杨老。当时他问我外饰面刷石的配比，我马上恭恭敬敬地回答：“松香石和白石子的配比为2:8，白水泥中掺5‰的地板黄。”我看到杨老仔细地将这些记在笔记本上。后来见到纪念杨老的文章中写道：“处处留心皆学问”，我又想起了这一细节。像杨老一样的建筑师老前辈身上有太多值得我们学习的地方了。

20

21

图20. 国际俱乐部立面壁柱处理　图21. 国际俱乐部立面砼花格处理

在俱乐部的工程设计中，我们和艺术家的合作使室内环境的布置有比较大的突破。当时，我国领导人指示国际俱乐部为对外单位，应该展示民族传统绘画，委派干部与中央工艺美术学院（现清华大学美术学院，以下简称“中央美院”）的教师阿老联系，由阿老组织一批画家完成这一任务。参与这一工作的除了阿老外，还有彦涵、乔十光、张国藩等人。北京院的刘振宏毕业于中央美院，也参与了设计和创作工作。Ⅱ段和Ⅲ段的门厅各有一幅国画，我记不清是哪位艺术家创作的了。为此，鲍铁梅在Ⅲ段门厅的大理石柱间设计了带有机玻璃花饰的画框，画框尺寸为 468.6 cm × 252.6 cm。二层宴会厅旁的休息厅中，北面的墙面上有由彦涵等人创作的镶嵌画《松鹤延年》，整个画面的尺寸为 835 cm × 501 cm，由 15 块 167 cm × 167 cm 的中国红色大漆饰面板组成，上面镶嵌了 9 只飞翔的仙鹤，左下角是松柏，后来人们就习惯性地称这里为“仙鹤厅”。在很长的一段时间里，外交部的新闻发布会就在这里举行。Ⅳ段有两幅作品，一幅是在观众厅东端休息厅内由乔十光创作的磨漆画《长城》，画面尺寸为 245 cm × 704 cm，由 4 块 176 cm × 245 cm 的漆板拼接而成，那种类似用碎鸡蛋壳镶嵌成的画面很有质感，且极有特色，我也是第一次见到这种工艺作品。电影厅门厅后的玻璃画屏风是以刘振宏为主创作的，画面尺寸为 480 cm × 230 cm，由 3 块 160 cm × 230 cm 的 1.2 cm 厚的透明玻璃组成。其制作方法是先在玻璃面上贴满胶布，然后把以熊猫、竹子为主题的图画绘制在胶布上，按照画面所需要的凹凸深度，先把要求刻蚀得最深的地方的胶布挖去，用压缩空气的喷枪喷砂蚀去表面，等达到设计要求后再把刻蚀次深的胶布挖去喷蚀。重复以上操作若干次后，玻璃上就有了不同深度的磨砂立体效果。最后再把剩余的胶布揭去，那就是透明玻璃，与磨砂的画面共同形成独特的效果。制作的过程很辛苦，艺术家们都是亲自操作，脸上戴着面具，在空气压缩机的轰鸣声中手持喷枪，屋子里烟雾弥漫。这一制作过程让我们大开眼界。最近，我还在俱乐部的库房里看到了玻璃画的原作。当时，我们和艺术家们的合作十分愉快，就连俱乐部所有卫生间门上的男女头像剪影的画稿也都是由阿老为我们提供的。

22

图 22. 国际俱乐部门厅内景

23

工程中还有一个难点就是加工订货。除了钢窗以外，几乎没有什么现成的产品可以采用。此前，在首都体育馆中使用了专门设计的正方形和长方形的日光灯灯具，后来这些灯具成为厂家的定型产品。我们希望采用的在国外杂志上看到的各种灯具都没有定型产品，都需要自己单独出图设计。承担这一设计任务的是邝宇生，他是极有经验的建筑师。当时他设计了十几种样式，从灯具样式到金属配件大样，图纸非常详细，后来这些都变成了灯具厂的定型产品，像点状的深筒灯、吸顶方灯、直径为 70~80 cm 的大型吸顶圆灯等都是过去只出现在图片上的。我们还专门到玻璃厂看过灯具的制作过程，那时的玻璃制品全靠工人手工吹制。他们用一根长管子蘸上熔化的玻璃溶液，边吹制边旋转，产品的均匀程度和质量全靠工人的经验，所以工艺上不那么精致，有的配件电化铝的色彩也不理想，但这些产品还是为灯具的造型和定型开拓了一条新路。那件大型圆盘吸顶灯，在后来的北京饭店东楼的门厅和我设计的十五号宾馆工程中都曾应用过。设计人阿邝后来去了美国，在他回国时我们曾见过几次面。他后来因心脏病去世，让人不胜感慨。

一层餐厅的空调，我们决定采用静压箱孔板送风，即把吊顶内的空间作为静压箱，通过天花孔板使气流均匀送下，但那时根本没有现成的穿微孔的铝合金板，只好让工人在夹板上手工打孔，其效果就差多了。此外，像现在常用的门推手、暖气罩、花格隔断等全都要自行设计出图，这对设计

24

图 23. 玻璃画屏风（存于库房中）　图 24. 国际俱乐部暖廊内景

人员来说也是极大的挑战。推手用镀克罗米的金属件与大理石片相结合，大样是由老建筑师刘友鎏绘制的，直到现在，俱乐部还在使用。

负责俱乐部工程施工的是一建公司三工区，每段都有一位工长负责。Ⅲ段的负责人是樊工长，他是南方人，个子不高，岁数也不小了，但巧得很，我大学五年级去中央芭蕾舞团住宅工地实习时带领我的就是樊工长，所以我们之间的沟通很容易。工地技术人员中还有一位工长李荣庭，十分洒脱豪爽。还有陈力，毕业于北京工业大学；上海人熊光权，更是精明强干；毕业于清华大学的陈衍南，比我晚一年毕业，“文革”后期被分配到工地上当技术员。当时是“文革”后期，社会对设计院的知识分子还有些偏见，但我也利用这个机会，参加了一些劳动，向工人师傅学习。我常去组长为蔡金根的油工组，他们对我都很友好。有一天他们告诉我晚上要为电影观众厅的地板做烫蜡，因为一般的地板都是擦软蜡，对于烫蜡的做法，我非常想了解，所以晚上我也去了。其工序是先清理干净地板，然后润水粉、打砂纸，之后烫蜡两遍，黄蜡的油性大，川蜡较硬，因此用量比为 3:7，最后出亮。其中的主要工序烫蜡是将一个特大的方火盆架在地板上面烤，蜡融化以后就渗入木板里。那晚我光着膀子和工人们一起抬炽热的大火盆，至今难忘。在做抹灰墙面时，我们想用早年电报大楼用过的树皮拉毛，质感很好，可不知如何操作，最后经油工吴树芳工长多次研究试验才得以应用。做法是先在墙上刮 0.8~1.0 cm 厚的腻子，然后用树皮纹滚子滚出花纹。地面大部分是现制水磨石面层，我们还和工人一起加工地面的边角。

对初涉公共建筑设计的我来说，参与俱乐部工程中的方案设计、施工图绘制、现场设计、跟图施工、竣工验收的全过程，是一次十分难得的体验。过去只在课本或图纸上见过的内容，在这里真实呈现。另外，在工地上还有许多需要临时处理的问题，这些弥补了我知识的不足。那时，施工图出完后要出装修图，我开始时真的不知道装修图该怎么画，于是就在刘振宏画完装修图后赶紧去看，看后才恍然大悟。

在工程中，有几位人员起到了重要的作用。第一位是工程主持人吴观张，在学校他比我高三级，但比我大 9 岁。他原在北京院党委工作，1969 年以后到设计室从事技术工作。我们同在一室但不在

25

26

图 25. 国际俱乐部门推手

图 26. 使用中的国际俱乐部南入口

一个组，俱乐部工程是我们的第一次合作，在此项目中，我也深深感受到他对我的支持和提携，所以我说他是“最早把我带入公共建筑设计的引路人”。他作为3个项目的总负责人，外部事务十分繁忙，但还亲自参加Ⅳ段电影厅的设计并绘制施工图。也正是由于他的“放手”，我在工程的各个环节上都得到了充分锻炼，增强了后来主持工程的自信。第二位是设计组里的老建筑师刘友鎏，他是设计组中年纪最大的，1941年毕业于天津工商学院，原来在研究室工作。可能是因早年踢足球受伤，他走路时有一点儿跛。他对加工订货的熟稔和细致是全院有名的，仅以门窗加工订货图纸来说，门窗洞口、加工尺寸、立口方式等，他在图中都交代得十分清楚，就连木门小五金，包括地龙、门锁、锁位、合页、门帘杆、推手板、门把手、明暗插销、碰珠、扣吊、拉手、门碰头、关门器、筒子板也是如此，设计的许多细部大样绘制得也十分讲究，我从中学习到了很多东西。工程结束后，我对他设计的许多大样都做了详细的记录，这是我重要的收获。近年我才知道，他是民国时代海军总长刘冠雄的孙辈，是设计大师刘景樑的堂叔。第三位是一建公司的翻样师傅李大毛，他是从上海到北京支援建设的老工人，经验十分丰富，我们图纸中的加工订货部分都要经过工地翻样以后才提出去。我们图纸当中有不符合实际或无法加工或绘制不清的地方，他都要把我们叫到工棚中“教训”一顿。一来当时知识分子都要接受“再教育”，二来他所讲的也都在理，符合施工的实际，所以我听了也是心服口服，真把大毛师傅当成我的老师。

27

俱乐部工程的预算总造价是440万元，平均下来是329.75元/m^2，至于决算就不清楚了。

在我的设计生涯中，这个工程令我十分难忘。1973年2月24日，《北京日报》专门报道了3项外事工程竣工。工程结束后，我也做了较详细的笔记记录，但后来只在《建筑学报》上发表了一篇

28

29

图27. 主持人吴观张　图28. 使用中的国际俱乐部东入口　图29. 国际俱乐部网球馆处扩建施工

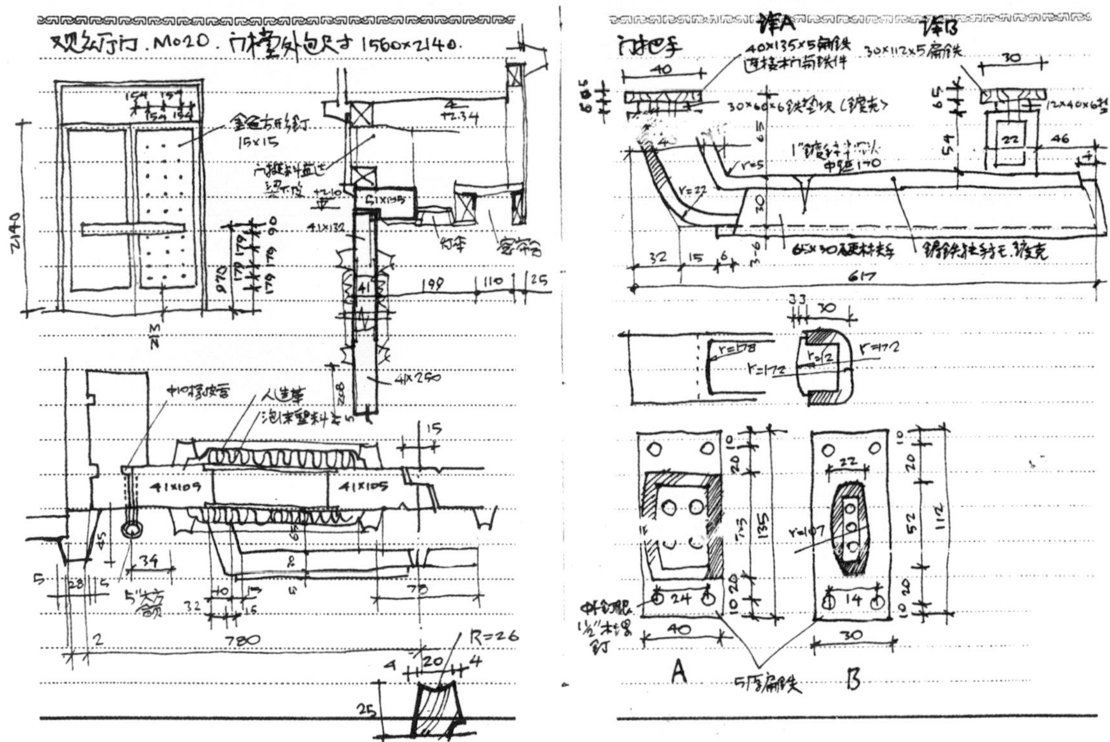

30

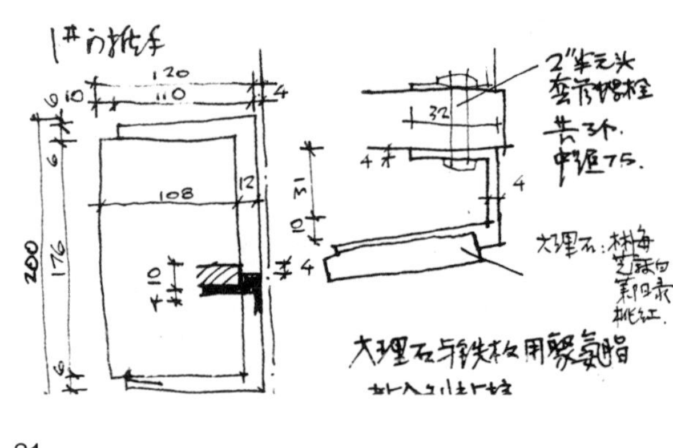

31

简单的工程实录。随着时代的发展，国际俱乐部的功能也发生了比较大的调整和变化，在用地北面原网球场处建起了高档旅馆，俱乐部的Ⅱ段被出租给民生银行，Ⅲ段被出租给一个律师事务所，Ⅳ段被改成职工食堂。内部又有许多改建和扩建。2007 年，国际俱乐部被北京市规划委员会和北京市文物局列入北京市优秀近现代建筑保护名录（第一批）之中。

国际俱乐部工程使我认识到，作为刚进入工程实践的大学生，我在完成施工图设计绘制大样时存在经验欠缺的问题，因而在工程完成以后，我除了对自己见到的常用大样做了详细的笔记以外，还从北京院图书馆中找到了一套英国 Architectural Press 出版的细部大样详图《建筑师工作大样》（全套共 13 册）。我从中找了一些常用的大样详图，手抄了 50 页，组成了一本小册子。为了工作方便，我主要选了其中第 8 册、第 10 册、第 12 册、第 13 册的内容进行抄录，包括门、窗、楼梯、墙和隔断、屋面和吊顶、雨罩和阳台、家具和配件、电话间和其他。在抄录的过程中，我也学习到很多。

图 30. 国际俱乐部观众厅隔音门大样笔记

图 31. 国际俱乐部推手做法大样笔记

32

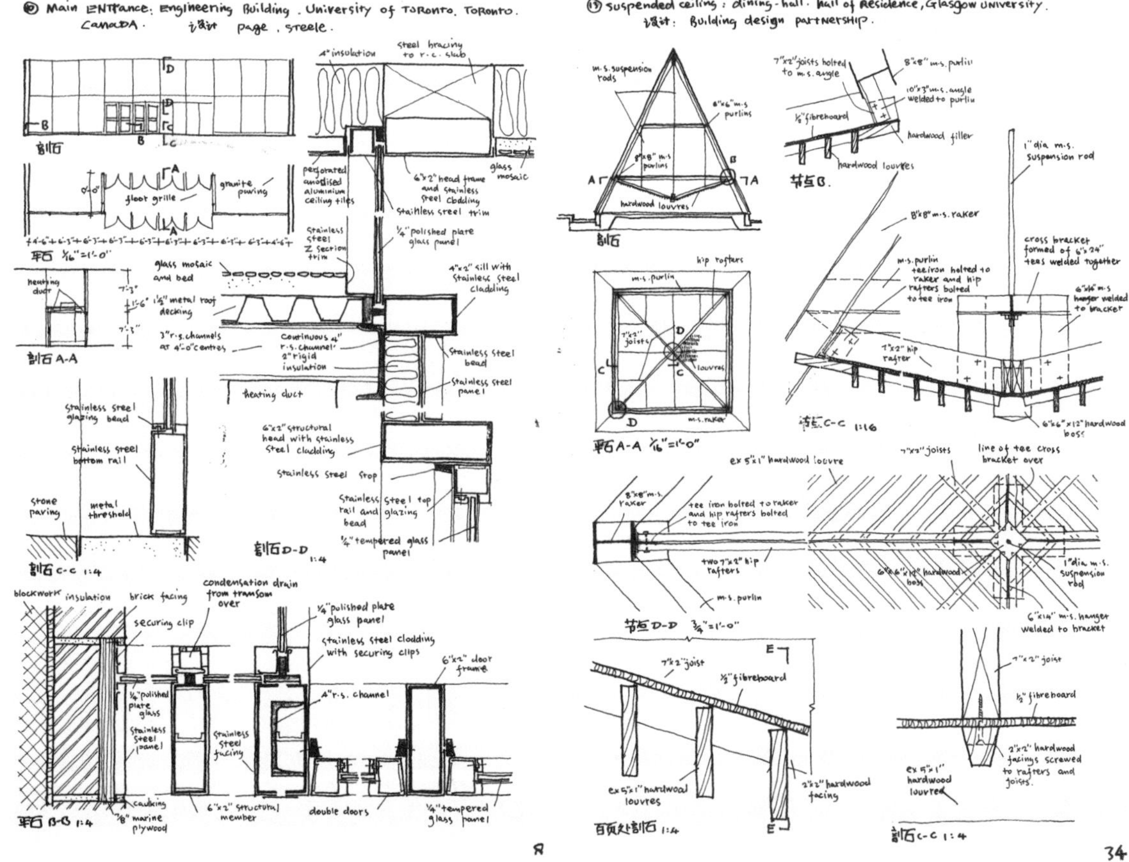

33

图 32. 扩建后的国际俱乐部　　图 33. 手抄国外大样详图 2 页

十五号宾馆初试

作为工程主持人，我独立主持的第一个公共建筑工程是北京东交民巷的十五号宾馆。之前我在写自己的设计简历时，常将此项目写成“某宾馆的工程”或根本不提起，因为当时这属于机密级的保密工程。这么多年过去了，按照《中华人民共和国保守国家秘密法》的规定，该工程已经过了保密期限，可以解密了，可我还是吃不准。直到我在网上看到中国驻柬埔寨大使曾写文章详细讲过此工程，我才放心了。

这个工程实际就是供柬埔寨国家元首西哈努克亲王使用的羽毛球馆和游泳馆。西哈努克亲王后来作为柬埔寨太皇于 2012 年 10 月 15 日逝世，《中国青年报》上刊登的对他的评价是“一生历经风雨，深受柬埔寨人民崇敬和爱戴，对友好邻邦中国和中国人民怀有深切情谊”“始终支持中国人民的正义事业”。

这个工程于 1972 年下半年开始设计。中国和柬埔寨是在 1958 年 7 月建立外交关系的。1960 年，西哈努克亲王的父亲去世，西哈努克担任国家元首，那时他的 3 个儿子都在北京学习。1970 年 3 月，在他出访法国和苏联时，曾任国防大臣、武装部队总司令、部队总监、总参谋长的朗诺和施里马达在 3 月 18 日发动军事政变，宣布废黜西哈努克，朗诺自己任国防大臣和首相。西哈努克 19 日才得知国内政变的消息，在飞往中国的飞机上，西哈努克一直忐忑不安，不知道中国会怎么对待他这个“亡国之君”。但出乎意料的是，中国不仅有领导人来迎接他，而且还特意组织了 46 个国家的大使前来迎接。3 月 23 日，西哈努克在北京宣布建立柬埔寨民族统一阵线，办公地点在友谊宾馆，西哈努克则住钓鱼台 5 号楼。在中国协助下，4 月 24 日，在广州召开了有柬埔寨、老挝、越南和越南南方参加的三国四方会议，发表了联合声明。5 月 4 日，柬埔寨民族统一阵线召开第一次全体会议，宣布成立民族团结政府。当时正处“文革”期间，西哈努克住在钓鱼台很不方便，于是就找到了位于台基厂和东交民巷马路把角的十五号宾馆。在清末，这里曾是法国公使馆，西哈努克以前访华时曾在这里住过。在选定这个地方后，西哈努克提出能否提供简单的游泳和打羽毛球设施，于是就有了这个工程。

1972 年 10 月 16 日，在 22 号宾馆，国家机关事务管理局召集会议，北京市有贾一萍（建委）、周永源（规划局）、周治良（北京院）和我参会，会上传达了有关领导对此工程的电话指示：关于亲王的要求，已经在 15 日通知康矛召（驻柬大使），由机关事务管理局去办。不要亲王说简易就弄得不好，要修的像样一点，外表不要太突出，15 号和 17 号之间的围墙可以不加高。当时会议商定：

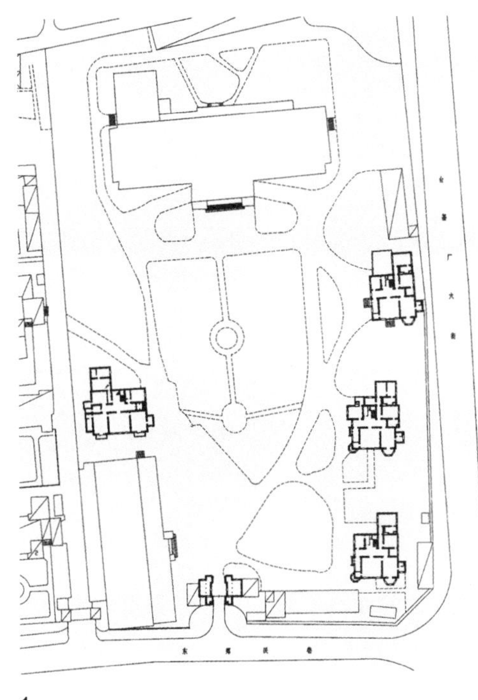
1

2

要建有 20 m × 10 m 的游泳池，水深 0.8~2.0 m，羽毛球场要能兼播放宽银幕电影和举行小型酒会，要有备餐间。当时基地选在十五号宾馆大门内的东西两边，要求我们针对这两块儿地各做一个方案。10 月 20 日，院领导张浩、沈汝松看方案。10 月 22 日，在宾馆讨论，进一步确定设计内容：以羽毛球场和礼堂为主的建筑跨度为 15 m，游泳池的尺寸扩为 25 m × 10 m，要有相应的更衣室，除设置男、女各 2 个单间外，集体更衣室考虑能容纳 10 人左右，羽毛球场有存衣处即可。东面的地块面临台基厂和东交民巷两条马路，用地面积较小；西面地块紧临 17 号院，原有一篮球场，用地面积较大，从马路上看过去也不突出，因此选用大门西面的用地。10 月 27 日，建筑平面、立面设计方案基本确定。

10 月 28 日，我们研究了分工和下一步工作计划。这个工程下达时是属于机密级的，过去保密工程都由院里的四室完成，这次不知怎么分配到了我当时所在的三室。我担任工程的主持人和建筑负责人，结构负责人是崔振亚，设备负责人是王英华，电气负责人是唐凤珍，他们三人都曾在四室工作过。此外，参加该项目的建筑专业人员还有王玉莹和郑世勋，设备专业人员还有杨伟成（负责空调），后来广播、煤气、热力、供电、消防、施工等各单位专业人员陆续介入，提出了各自的要求。只记得中央广播事业局设计室（现中广电广播电影电视设计研究院有限公司）参加音响设计的人员是熊国新，因为和我的名字很像，所以印象深刻。甲方是国家机关事务管理局，负责人是贺光界局长，他是一位十分幽默的老同志，讲话十分风趣。来自十五号宾馆的人员有张平和李金声。

十五号宾馆里树木很茂密，原有建筑的主楼和配楼位于用地北侧，呈“品”字形布局。新建工程在宾馆的西南角，入口大门的西侧，只有南墙在东交民巷上，西墙隔壁就是 17 号。建筑平面很简单，大部分建筑是一层，建筑主体的北面是羽毛球馆，南面是游泳馆，西侧是机房，东侧是主入口门厅、

图 1. 法国使馆旧址平面图

图 2. 宾馆入口

休息室和更衣室，北侧局部是三层，一层是备餐间，三层是电影放映室。11 月 22 日，建委又召集会议，传达了国家计委的批文，要求图纸在 12 月 20 日基本完成。土建造价 85 万元，面积 1700 m^2（最后面积为 1880 m^2），土建工程的预算是 96 万元（再加上安装工程、设备购置、广播、市政、拆迁等费用，初步定为 177 万元）。设计工作于 11 月初步完成。

由于有了此前设计国际俱乐部的工程经历，所以在这个工程中，我就比较轻车熟路了，图纸绘制得很快。王玉莹、郑世勋都很有经验，

3

4

5

6

图 3. 宾馆休息厅　图 4. 宾馆电影厅、羽毛球馆全景　图 5. 宾馆羽毛球馆天花板　图 6. 宾馆羽毛球馆灯具细部

7

8

负责结构的崔振亚在国际俱乐部工程中就一直参与配合，设备专业的王英华做给排水、采暖设计，负责空调设计的杨伟成也在国际俱乐部工程中与我合作过，他们对我的支持和帮助都很大。羽毛球馆和国际俱乐部宴会厅的功能相近，所以其装修方案可以借鉴国际俱乐部工程的经验，吸取其教训，如国际俱乐部中天花板的灯具是呈“品”字形错开布置的，在图纸上看着很有变化，但因灯具数量较少，其实际建成效果并不理想，所以在此次的项目中，我就按方格布置，虽然图纸上看着有些呆板，但建成后却突出了其韵律。工程中采用的灯具也和国际俱乐部中的相同，因为当时较大的灯具只有这一种。国际俱乐部的灯具上面的铝合金反光罩加工得比较粗糙，开灯以后，灯具上面的凹凸看得很清楚，所以我便不再用这个反光罩，而是在灯具外面，在天花板上设计了一圈素沥粉花纹，很有特色。另外，在电影厅，我设计了台口，台口的外面采用了素沥粉的装饰。这里不得不提一下当时院里研究所的郭汉图师傅，他对传统古典彩画很有研究，更难得的是他还能设计彩画，“国庆工程”中人民大会堂的沥粉彩画都出自他之手。这个工程的纹样设计也是他提供的。那时他还给我看了他所保存的各种彩画纹样，我觉得这些都是十分宝贵的资料。后来，研究所调来一位中央美院的毕业生杨春风，我向她建议，要好好帮助郭先生整理他的资料，但后来随着郭先生的退休、去世，那些资料的下落也不得而知。当时的素沥粉也是一次尝试，过去的沥粉和彩画是紧密联系在一起的，但这次是在设计的纹样沥粉上只敷以金箔，没有彩画，这样看上去比较华贵而又不过分花哨，有较好的视觉效果。在墙面上部设计了一圈暗槽灯光，槽上可以行走以检修高窗。因为室内空间不宽裕，如果再加羽毛球网的纤绳，就会影响行走。为此，我想出了办法：一是在球网的立杆上加大下部的锚固长度，二是加大立杆的强度，取消了纤绳。

与之相比，游泳馆的技术问题就比较复杂了。当时人们熟知的北京的室内游泳馆有太阳宫体育

图 7. 宾馆羽毛球馆台口沥粉细部　　图 8. 宾馆游泳馆鸟瞰

馆群中的游泳馆和 08 工程（即养蜂夹道俱乐部），但又无法参观后者，直到一室的傅义通先生设计了中华人民共和国国家体育运动委员会（以下简称“国家体委”）的跳水练习馆，才为我们做了重要的指导和示范。工程首先要解决保温和隔汽的技术问题，还要防止结露。我们对墙身和屋顶都按热工要求增加了厚度。那时还没有双层充气玻璃，只能用双层钢窗（也没有铝合金框料），在高窗下设置了暖气片以减少玻璃窗上的结露。据说 08 工程的吊顶所用的材料是帆布和海草。这里用了铝

9

10

11

图 9. 宾馆游泳馆全景　图 10. 宾馆游泳馆近景及泳池入口台阶及扶手　图 11. 宾馆游泳馆天花板及灯具

12

13

14

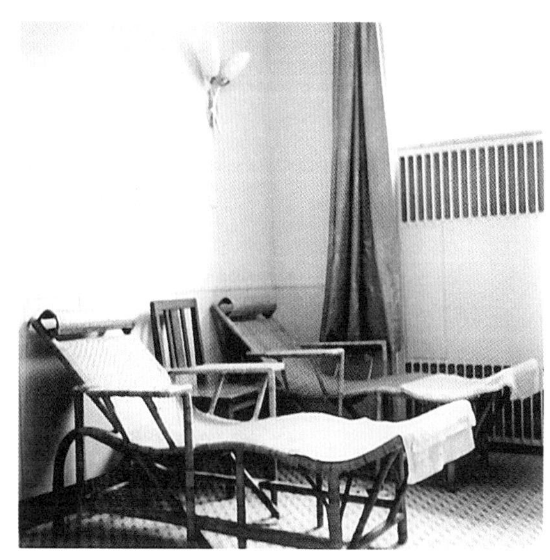
15

合金板，因没有成品的穿孔铝合金板，只好让工人在 2 mm 厚的铝板上手工打眼。为防止水面的回声，将天花板的形状设计成折线形。因为吊顶上的保温层不宜用矿棉类，所以我们用了硬质泡沫塑料。我估计使用单位不会连续地开着通风机来控制空气湿度，可能还会有结露现象产生。另外，为了施工快捷，采用了钢屋架，这也增加了保养的难度。内墙的装修材料使用的是当时应用较多的大块儿马赛克。在山墙处，马赛克的颜色和分缝方式都有变化。之前的泳池溢水槽采用的都是狗头形状的，与水面有高度差，而断面复杂的形状也使得清扫不易，于是我们这次设计便使溢水槽与水面齐平，在池外设排水沟，但又没有国外常见的排水篦子，只好自己设计，在厚的乳白塑料板上打孔。

图 12. 宾馆游泳馆池边做法及暖气罩　图 13. 宾馆游泳馆上部检修走道　图 14. 宾馆游泳馆男休息室内景
图 15. 宾馆游泳馆女休息室内景

因为宾馆内的原有建筑是灰砖清水墙，加之当时政府部门新建的工程大都是灰砖清水墙，所以这里也选用了同种材料，只在窗套和窗下局部用了一些白色水刷石。紧临东交民巷的南墙是大片的清水山墙，下部的处理同原有围墙一样，只在上部的实墙上嵌了 3 组白水泥花格，使其产生一些变化，这也是当时常用的设计手法。

施工图纸基本是在 1972 年 12 月 26 日归档的，包括建筑图 29 张、结构图 11 张、设备图 19 张、电气图 15 张，共 74 张。在次年 2 月，又有 20 张装修图归档。施工单位是一建公司四工区，他们曾负责过为首长服务的中南海内工程建设，很有经验。开会时，一建公司的董维域总工也来参加，此外还有王化雨、陆桃生、杨兆章等人。工地工长是费金泉，他是 1949 年从上海来支援北京建设的老工人，是有名的全国劳模，脸晒得漆黑，人很直爽，也爱喝酒。他参与过中南海的工程，曾和我爱人配合过，和我也谈得来。整个工程进展得很快很顺利。不过后来听说老费得了脑出血，病情危急，领导为他特批了安宫牛黄丸，服用后他才有所好转，但走起路来已是一瘸一拐的了。最让我们夫妻感动的是，工程结束后很久，他在退休要回上海前，由徒弟小王扶着，硬是一步步爬上五层楼，到我们住的单宿筒子楼和我们话别，让人十分难忘！工程进行当中，我们在现场开过多次会议，研究工地验线、

16

图 16. 宾馆在东交民巷内的沿街立面

材料选定、加工订货、设计交底、追加图纸等，一直忙到 1973 年 3 月底。

但我并没有参加这个工程最后的施工和验收，因为那年北京市有 2.6 万名知识青年要下乡插队，北京市从各单位抽调了 2000 名干部任知青带队干部，院里抽调我担任下乡知青带队干部劳动一年。事情的缘起是中央的一系列指示：农村是一个广阔的天地，到那里是可以大有作为的（1955 年）；知识青年到农村去，接受贫下中农再教育，很有必要（1968 年）。当时一些培养革命接班人的重大措施在执行过程中，出现了许多严重问题。1937 年 4 月 25 日，领导人给福建莆田县的小学教师李庆霖复信，原文是："李庆霖同志，寄上三百元，聊补无米之炊。全国此类事甚多，容当统筹解决。"4 月 27 日，相关国家领导人召集会议，研究统筹解决知青上山下乡工作中存在的问题，对知青政策作出重要调整。我们就是在这一形势下投入工作的。

1973 年 5 月 4 日动员，随后就开办学习班，当时北京院派出了王敏（行政干部）、尤俊康、常海根、池德庭、弓景升（财务）、周维华和我（技术干部），王敏总负责，我们和建工局的另外两位干部为一组，负责朝阳区平房公社的平房、姚家园、石各庄和黄杉木店 4 个大队，王敏、弓景升和我在平房大队，池和周在石各庄大队，尤和常在姚家园大队。对口的中学是建国门外的 119 中，第一批共 155 名学生，

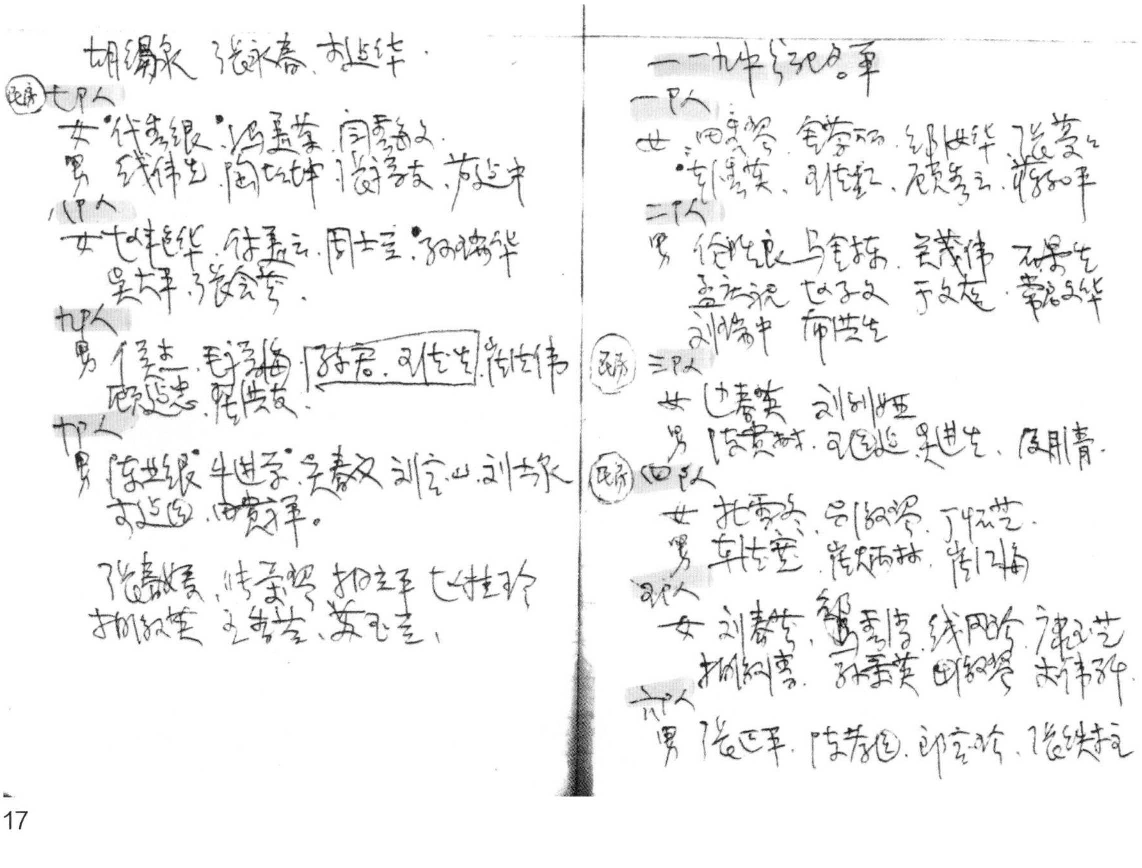

17

图 17. 平房大队下乡知青名单

平房大队有 72 人（其中男 42 人，女 30 人，团员 6 人），姚家园有 36 人，黄杉木店有 46 人，加上第二批，总共 358 人。

从一年的实践体会看，这是一项十分复杂艰巨的工作，对我来说也是一次很好的学习和锻炼的机会，但两周休息一次也给我爱人增加了不少困难，她甚至因此生了一场大病，拖了很长时间才痊愈。在乡下，我们的口粮定量为 42 斤 / 月（1 斤 =500g），不和学生搭伙，不吃派饭。平房公社位于朝阳区东面的城乡接合部，那里现在已是十分繁华的地段了。那时每个大队中又基本是以家族亲属关系为基础形成的各个生产队，其组成关系、人际关系、经济关系十分复杂。而让生活经验本来就不足的中学生们离开家庭，过上相对独立的生活，对他们而言是极大的挑战，加上家庭和社会原因，年轻学生是十分复杂的群体。到农村以后，遇到的问题多种多样，既要保证他们的安全，又要注意他们和当地农民的关系，如记工分，解决内部矛盾引发的打架等问题，如果有人触犯刑律，还要家访。从历史的角度看，尽管他们接触了社会和农村，参加了劳动，但这是一种被动的锻炼，且已证明是个弊大于利的事件，在社会上和人们心理上，对此还是有所定论的。对我自己来说，一来我此前已参加过与之相似的三线建设和现场劳动，当时又年轻，所以参加与农民一样的体力劳动，在兴修水利时被分配到与农民一样的定额，完成也不算难事。记得当时修水利挖水渠时专用的铁锹由于不断磨砺，已变得像菜刀一样锋利。我参加劳动时所穿的破旧衣服，连农民见到了都感叹：“我们贫下中农都没你这么破的衣裳！”

十五号宾馆的工作由院里其他的同志来接替我们，到 1974 年 5 月告一段落，收尾工作由我们室的吴观张接手。老吴后来告诉我说，有关领导来看过这个工程，表示很满意，说没想到在这么小的地方还盖了不少东西。工程的顺利完成和交付使用让各方都很满意，但也有许多后期的问题，如机房的噪声等，后续是由吴观张负责解决的。后来，我看了这个工程的一些资料照片，也从电视上看到过几次西哈努克亲王和民族团结政府在羽毛球馆里举行对外记者招待会。

后来在用地的最北面又建了供西哈努克亲王夫妇使用的官邸，这是由三室的聂振陞、鲍铁梅等人设计的，其中的情况我就不得而知了。

现在回想起来，由于经验不足和没有特别合适的材料，因此游泳馆的设计肯定有不少不足之处。这是我第一次接触涉及体育功能的工程，在设计前，我看了不少有关的资料和实例，尤其受到了国家体委跳水练习馆设计的许多启发，这为我后来从事体育建筑设计工作打下了基础。

出任六室副主任

1

1975年2月2日，院党委书记马里克找我谈话，要任命我为第六设计室的副主任，对此我没有一点儿思想准备。我虽然到北京院已10年了，但资历还很浅，自毕业后参加“四清”一年，随即是“文革”，在护院队工作了一年，到1968年3月才回到五室，在综三组做了一些小工程，还被抽调去挖防空洞等。后来随着机构调整，我又到了新组成的三室。由于“清理阶级队伍”运动等，许多原来的老工程师“靠边站”，我就当了设计组组长，当时比我高一级的聂振陞当副组长，他工作能力很强，所以我也借力不少。直到1971年，我才第一次参加规模较大的公共建筑的设计工作，就是前文提到的建国门外的国际俱乐部工程。说起来面积似乎较大，但实际总建筑面积只有1.4 hm^2。1972年，我设计了十五号宾馆的羽毛球馆和游泳馆。1973年5月—1974年5月，我又作为下乡知青带队干部去农村劳动锻炼一年。在这10年中，我真正做设计工作的时间也就三四年，因此可以说我还是设计上的新手，根本不适合这样一份工作。

当时我33岁，记得马里克书记找我谈话时特别叮嘱：“别整天嘻嘻哈哈的，像个大孩子似的。”除干过些工程外，我没有做过太多业务工作。我当时很腼腆，不习惯在公共场合讲话。记得第一次在全室大会上讲话时，我觉得自己被全室同志的目光紧紧盯着，很不自在，又脸红又出汗，真是别扭极了。当时六室的支部书记是仲树荣，其他的室领导还有黄南翼、靳录民，他们都很有经验。我负责抓室里的科研，因为我是建筑专业人员，所以还负责审定建筑方案和图纸。后来，沈一平到室里任主任建筑师，他是老建筑师，很有经验，也帮我解决了许多难题。

当时六室共有112名职工，其中建筑一组22人，结构一组13人，建筑二组21人，结构二组13人，设备组23人，电气组13人，预算组3人，室领导4人。

事非经过不知难。室主任的行政工作在当时还真是千头万绪，虽然室里能够分工合作解决业务压力，但仍然要分出精力开大大小小的会。当时会议最多的内容是传达中央文件精神，布置政治学

图1. 时任院党委书记的马里克

习任务，局里讲一遍，院里再讲一遍，有时还要脱产办学习班。具体的业务工作包括项目（设计科研）、计划、收费、管理、质量、检查、回访、分配等。当时是“文革”后期，后来则有“拨乱反正”，原有好的规章制度要延续，新的制度要建立，于是需要开会讨论，布置试点。此外还有调工资、分配住房、落实政策等与大家密切相关的工作，这些工作哪一个都不敢偏废，干起来也没那么容易，因为问题累积的时间太长了。

虽然我对行政业务工作不是那么感兴趣，但还是得边干边学。当室领导后，让我感到最头疼的事就是家访。那时逢年过节，为了表示对室内同事的关心，室领导们要分好工，每人负责对若干位同志进行家访。为此， 我还专门准备了一个小本，把室内每人的家庭住址都记在上面。在当时的条件下，所谓“家访”也只是形式上的走访，解决不了任何具体的问题，也不敢有任何许诺，因为许诺了也无法解决。当时所遇到的最多的问题是工资和住房问题。

在工资问题上，除一些老同志的工资较高外，中专毕业人员的工资为 37.5 元，大学刚毕业人员的工资为 46 元，转正以后工资为 55 元。在当时的物价条件下，双职工家庭还是可以紧张度日的，但有了孩子就不一样了。另外，许多年一直不调工资也是个令人头疼的事，当时调工资完全要看国家的政策，单位一点儿办法也没有。即使政策有些松动，能够发些物质奖励，却也是很少的。记得 1977 年底，六室被评选为先进以后，决定每人发 5 元奖金，但不久后年终奖金停发。1977 年 12 月 26 日，全院召开大会动员调整工资，那真是让人盼望已久的好消息。为此，院里还举办了学习班，成立了评委会，室里的评委会除去党支部全体支委外，还增加了 6 位来自各专业的人，其中 5 位都是工资较高的老工程师，像张琦云、朱宝庸、马明益等。那一次调整工资的人员比例是 40% 左右 ，上级考虑到我们院的平均工资较低，加上多年未调整工资的特殊情况，最后又多给了 41 个名额，所以最后全院共有 422 个名额，几乎占全院总人数的 45%。六

李宗泽 月坛北街二号楼一门三号
王昌宁 西煤厂胡同三号
陈耀华 院宿舍西楼 234
柏富金 阜外大街东八楼 805
黄世华 石碑胡同西文昌胡同六号
潘毓娴 院宿舍西楼 436
任 琪 西郊万寿路 26 号37楼 6 号
何 方 院宿舍北一楼四号
何定国 复内柳树胡同 31 号
施正莉 本院宿舍 150 M²
风华瑛 院宿舍北一楼六号
刘 力 院单宿 309
李安生 崇文区光明八楼三单元七号
何延真 复外乐道营一号
胡仁伟 南礼士路 12 号楼二单元五号
张春河 西城区百万庄子区四门三号
郭露岑 月坛驻工部宿舍五栋二号
唐德涵 设计院西楼 4-28
沈彩霁 院宿舍小三楼 37

柏信勇 月坛南街 12 号
吴叔芝 锦什坊胡同南千稻 21 号
王永姑

朱宝庸 西安门 94 号
盛连勃 阜外大街东八楼 803
宋瑞生 海淀区白旗子十号楼63门 2 号
张安邦 西城区成方街 51 号
廖瑞辉 西城区前桃园胡同三号
魏宏馨 中关村24号楼 103 单元 2 号
谢光杰 和平门内南新华街 17 号
李 雯 和平街 12 区10号楼
路淑秀 院宿舍小三楼62号
邵俊雄 复兴区广路五号
刘秀凌 西交民巷南闹市村甲 14 号
董达宁 海淀区铁东一支会甲 55 号
王为翔 东城区鼓楼国盛胡同 16 号

黄 晶 西城区按院胡同 20 号
张琦云 院宿舍东一楼八号
卜秋明 阜外北四巷二号西楼八号
李 滢 石碑胡同西文昌胡同六号
苏尧熙 东四瑞金路17条 35 号
沈一平 朝外京棉二厂宿舍16楼 3 单元
门梅华 后海西煤厂三号
李 敏 阜外校场口乙楼
张兴福 西外大街榆树馆9 楼4 门 201
杜 浩 西直门内大街 120 号
吴朝绮 阜外大街七号楼五门
万钟玲 院宿舍北五楼九号
张長仙 西城区前帽胡同三号
高鸿印 院宿舍西楼 5-21
张秋月 院宿舍小三楼 15 号
许绍业 院宿舍西楼 4
马文平 西城英武庙八栋三门 27 号
梁灼桃 阜外北四巷乙楼三门七号
徐桂琴 院宿舍西楼 332

2

图 2. 为家访所准备的室内同事的家庭住址（组图）

室分配到35个名额，占全室人数的三分之一左右。当时四室分配到的名额最多，达47个，可能因为四室是保密工程室，家庭政治条件好的年轻人更多些吧。经反复评议，1978年1月25日终于公布第三榜，这也是关系设计人员生活的一件大事。1978年6月和10月，又有两次晋升工程师的机会。这都是关乎大家切身利益的大事，评选过程也很艰难。

住房问题更难解决。虽然当时院内有一些住房，但还有许多职工在外面住房管局的房，在当时“先生产、后生活”口号的引领下，住房问题在很长一段时间内都未能解决。院内同事除住在办公楼北面的家属区（小三楼、平房、眷五楼）外，还有的住在阜外、北营房、西直门内、前帽胡同等处，很多单元房还是几家合住，共用厨厕，后来实在困难就只好挤占原来的单身宿舍。我于1968年结婚，因为没有住房，我和爱人只好分别住在各自单位的单身宿舍里，过了快一年，院里把单身宿舍的五楼南端隔出十几间做眷宿，我们才有了一个安身之处。房管局的房子更紧张，几代人要挤进同一间平房、老房、危房中，而且房子里没有暖气。住房问题常常引起家庭纠纷。职工希望分到院里的住房，但院里也很长时间没有建住房了。家访之后，我们面对住房问题也找不出解决办法，说些同情的话也解决不了实际问题，因而十分无奈。当然，通过家访，我们也了解了一些职工的家庭情况，增进了对彼此的了解，还是有好处的。后来行政科搭了几栋板房以解燃眉之急，1978年10月，主任会上讨论了分房问题，决定优先将房提供给已婚无房和等房结婚的12户（其中涉及我们室的就有3户），最后还要根据年龄、工龄、是否为双职工等条件计分排队，但起码已经有解决办法了。

2009年时，部标准所要出版一本《中国住房60年 1949—2009》，邀我写一篇自己住房改善的经历，我就以自己住筒子楼的感受写了一篇《筒子楼22年记》，发了一通牢骚。近些年，北京院单身职工住单身宿舍的问题也曾在网上引发过一次讨论，有人以我为例，说“人家马总45岁才搬出单身宿舍”，引发大家一片吐槽，说“别拿马总说事，那是什么时候？现在是什么时候！”

其间我还忙里偷闲，在1979年3月参加了一段院里组织的脱产英语学习班，由技术供应室的章与春老师讲课。课程要求参与者有一定的英语基础，那天有入学考试，考试时间都过半了我才知道这个消息，急急忙忙跑去要了考卷勉强答完，但还是通过了。

3

图3. 与六室同志的合影（左起：黄晶、仲树荣、作者、廖梅华、沈一平、杨昌金）（1979年）

4

因为我在大学选修了英语作为第二外语，所以当时感觉自己的主要任务是多记些单词。

从 1975 年上任开始，到 1980 年院领导决定让我去日本学习，我开始脱产学习日语为止，我在主任岗位上断断续续的 5 年时间中，除去参与前三门和毛主席纪念堂设计工程的 1 年多时间外，我的大部分时间还是在室里工作。虽然做了许多行政工作，但我的兴趣点还是在设计本行。

最近，我在工作日记里发现了在 1978 年底年终总结后几位同志对室里工作意见的记录，简录于下：

李宗泽（建筑一组组长）：为什么我们室的工作老是中游？大家工作比别人努力，可还比不上人家。关心同志没有关心到点上，如忙闲不均、劳动纪律等。

黄晶（建筑二组组长）：室里要旗帜鲜明，要掌握政策，要结合实际解决问题，要下苦功夫，了解下情。现在大家干劲儿不如以前，要多抓一些方案，多深入实地 。现在组长除了开生产计划会之外没开过别的会。

张秋月（建筑）：六室正气树不起来，关键在哪里？领导的工作方法是否有问题？没有抓到点子上。

曾俊（结构组组长）：室里有些事情要当机立断，室务会在适当的时候还要开，室里人力必须调整，要发挥老同志的作用。

曹越（设备组组长）：室里要求不高，没有定出高的目标去争取。

大家的批评都很尖锐，也很恳切。作为室领导的成员之一，我也是要负一定责任的。想来想去还是只能把分配给自己的工作完成好。

图 4. 英语学习班（1979 年）[二排左 6 为范铭书记，左 4 为章与春教师；一排右 3 为劳安（朱镕基夫人）。作者在后排右 3]

西二环和前三门

1975 年 2 月，我去六室上班后不久就介入了北京西二环路的规划工作。此前北京市有关领导对北京城建工作有多次指示，如 1973 年 7 月，时任市建委主任的赵鹏飞同志谈道："北京市总体规划应根据形势发展有所修订；首都的改建，应和地铁建设结合，把城市的环路搞好，对首都百姓的关系很大，西二环的规划要早搞出来，明年开始建设。今后要成街成片改建，使首都面貌改观；要提高设计水平，二环路建的房子体形要好，在适用经济条件下，要求美观，要统一规划设计。设计人员要出去看看，开阔眼界；城市建设要有计划按比例发展，过去欠账太多，中小学建得不够，宿舍欠账也多，要成片成区地建成完整的住宅区，住宅一般建五层，干道两侧建高一些，可以是七层左右，特高的可以搞一些，但不要太多。"同年 8 月 23 日，时任市委领导的吴德在审查西二环规划方案时说：北京市盖了很多房子，但在市中心没有成街成片的建筑，今后要一条街一条街地建设。西二环沿街建筑一定要考虑市容、街景面貌，不能单纯为了使房子向阳而盖很多"肩膀朝街"的房子。1974 年 8 月，北京市计委、建委做出《关于将北京市西二环路统建工程列入国家基本建设计划的报告》，向中央请示将此工程的 28 hm^2 的建筑面积和 5000 万元市政工程投资的第一期工程列入 1975 年国家建设计划。

西二环规划工作原由我院四室负责，进行了一年左右，到 1973 年 2 月才转由六室负责。经几次方案变化和审查，规划局在 7 月成立了领导小组，召集人为沈勃，下设三人小组：军代表魏恪宗、北京院张一山、市政院史院长，当时六室参加此项工作的人员有黄晶、李滢、何方、许绍业，其间方案被审查过多次。1975 年 3 月 22 日，院里向市委领导汇报，吴德、丁国钰、倪志福、杨寿山参加；3 月 27 日，院里向国务院汇报了西二环方案，纪登奎、陈锡联、华国锋、谷牧等参加。

西二环路全长约 5 km，28.4 m 宽的加强层作为快速车道，两侧路有 6 m 宽的慢车道，路面为三块板形式，快慢车道间有 2.8 m 的绿化分车带，建筑红线定为 77.0 m，西二环路西地

表一 西二环路各区段长度一览

编号	区段名称	长度 /m
1	西便门—复兴门	1000
2	复兴门—月坛南街	740
3	月坛南街—月坛北街	511
4	月坛北街—阜成门	576
5	阜成门—百万庄	512
6	百万庄—车公庄	468
7	车公庄—西直门便线	598
8	西直门便线—西直门	300(西直门中) 450(西直门北)
合计	—	4855

表二 西二环周边各类建筑面积分配

项目	建筑面积/hm²	专用建筑面积/hm²	合计/hm²	百分比/%
住宅	91.62	2.2（原有）	93.82	59.50
商业服务旅馆	27.53	—	27.53	17.46
文教体卫	12.52	—	12.52	7.94
办公楼	—	8.7（0.7为原有）	8.7	5.52
大学	—	2.0	2.0	1.27
火车站	—	1.5	1.5	0.95
人防	9.22	1.0	10.22	6.48
市政	1.38	—	1.38	0.88
总计	142.27	15.4	157.67	100

下有盖板河，这样红线和盖板河之间最宽处为 15~16 m，最窄处为 12~13 m，给规划带来较大困难。全路可分为 8 个区段（见表一），其间有立交 3 座（保留在西便门、西直门北设立交的可能性）、地下人行过街道 4 条。从建设内容可看出，该项目以居民住宅为主，并全面安排了各项设施，以使生产方便、生活便利（各类建筑的面积分配见表二）。方案力求体现机械化、标准化、装配化、现代化；要求使用新材料、新技术、新工艺、新结构。在干道群艺术上要求既有整体性，又要在统一中有变化，设计手法要分段成组、重点突出；公共建筑穿插布置；绿化引向干道；建筑在虚实、高低、长短上有对比；体形、色彩、材料等在统一中求变化；形式朴素、明朗、大方，有民族特色。

当时将西二环路上的一些工程都安排给了六室，像南段的西便门小区、复兴门附近的海洋局、中国国际贸易促进委员会办公楼、中央音乐学院教学楼等，后又陆续下达了一些统建住宅任务，为此院里专门成立了干道调研小组，六室参与的人员有我和黄晶，从其他各室抽调的人员有肖济元、凌信伟、徐国伟。除我以外，黄、肖、凌都是北京院的老同志，在规划设计方面很有经验，徐是专门学规划的，干道调研小组由张镈总任指导。1975 年 4 月 17 日，院党委召开会议，对小组调研的指导思想、提纲、工作方法、工作作风等提出了要求，之后举办了学习班。拟定的调查提纲共有 13 条。

（1）城市建设（包括干线规划）的指导思想：贯彻和体现党关于城市建设的路线、方针、政策。

（2）市区发展的历史过程。

（3）城市功能分区、道路系统、土地使用和发展规模等经验。

（4）旧城区改建的方式和经验。

（5）市区的主要干道、广场的使用性质及规划建筑的特点。

（6）有关红线宽度、道路宽度、市政管网等制定的经验。

（7）商业服务网点规划及实践经验。

（8）建筑群体艺术和个体建筑比例尺度，居住建筑的通风、朝向等问题的处理经验。

（9）高层建筑的规划和设计经验。

（10）干道的交通组织及绿化。

（11）干道建筑标准的确定以及墙体改革、建筑装修、标准化等经验。

（12）参观学习一些公共建筑、居住建筑、工业建筑等重点单项建筑。

（13）收集有关城市略图或交通路线图、街景照片、个体建筑的图纸照片资料。

4月24日—5月17日是我们小组调研的第一个阶段。我们先去了长春、沈阳、大连、青岛4个城市，之所以首选长春是因为当时的市委书记是从吉林来的，他在多次讲话中提到长春，提到斯大林大街。当时出差需要北京市革命委员会（以下简称“革委会”，现为“人民政府”）一级开的介绍信，我们预支了差旅费，还向单位借了相机，领了黑白胶卷。我们当中只有凌信伟会照相，所以照相便成了他的专职。

4月24日，我们到达长春市，参观了斯大林大街（现称“人民大街”）、车站广场、人民广场、工农广场、统建住宅、新立城水库、南湖公园、第一育苗场、第一汽车制造厂、吉林大学、吉林省图书馆、吉林省建筑设计院、人民银行（包括金库），还有伪满“八大部”等。

4月30日，我们到达沈阳市，参观了红旗广场、太原路、北陵公园、沈阳市建筑设计院、长江街、黄河街、房管局设计室、沈阳市规划设计研究院、中山公园、南湖公园、沈阳故宫、辽宁体育官、东陵公园、中华剧场。

5月7日，我们到达大连市，参观了中山广场、文化俱乐部、沙周路、海员俱乐部、旅大市建筑设计院、旅顺口海军学校、老虎滩、红旗造船厂、星海公园、大连宾馆、动物园、建委规划处。

5月13日，我们到达青岛市，参观了延安路、威海路、职业病疗养院、空军疗养院、青岛小会堂、友谊商店、青岛市人民会堂、规划处、城建局设计室。

在当时的形势下，我们不但要学习毛主席著作，学习时事，每在一地参观之后还要完成小结，每天工作都在10个小时以上，另外还要收集资料或抄录图纸，工作虽紧张但大家都很愉快，不同设计室的人员也配合默契。这其中还有个小故事。从长春去沈阳前，我们给沈阳市革委基建组发了封信，表示要去参观学习，希望当地接待，落款只写了一个“马”字。结果接待方理解成是我们院的党委书记马里克要去（马书记原来是沈阳市劳动局局长）。我们到了沈阳车站，来接我们的同志第一句话就问：“马书记没来？”我才明白，这是因为信上没写清楚，让对方误会了。我们在车上听到司机问接待人员去哪里，接待人员说就去某某宾馆，我想这应该是采用了备用方案，如果是马书记来就会安排到另外一个地方了。当然这并没有影响我们参观学习。

回到北京后，我们休整小结，单位报销了600元的差旅费。我们向院领导汇报了工作，并为再次调研做准备，为了开介绍信，我们跑了很多次，最后还是领导出面才得以解决。我们又预支了差旅费，从6月3日到8月13日，两个多月的时间，我们参观调研了大半个中国，14个南方城市。

6月4日，我们到达南京市，先后参观了山西路、玄武湖、长江大桥、江苏省五台山体育馆、新街口、中山陵、火车站，访问了规划处、江苏省建筑设计院、南京市建筑设计院、南京市园林处。

6月8日，我们到达苏州市，参观了怡园、狮子林、拙政园、留园、西园、虎丘、网师园、观前街。

6月10日，我们乘船到达杭州市，参观了解放路、延安路、西湖花港、三潭印月、虎跑、六和塔、玉泉、灵隐、杭州饭店、植物园、动物园、蔡永祥纪念馆、省体育馆，访问了规划处、园林处。

6月13日，我们到达上海市，参观了豫园、漕溪北路、新华路、天目路、康乐路、华盛路、静安寺、嘉定城中街、西藏北路、金山卫化工区、南京路、外滩、过江隧道、文化广场、万人体育馆、虹桥机场、西郊动物园、国际饭店、彭浦新村、蕃瓜弄，访问了上海市民用建筑设计院（以下简称“上海民用院”）、规划院。

6 月 23 日，我们到达广州市，参观了中山五路、北京路、白云山庄、新爱群大厦、广州宾馆、白云宾馆、广州火车站、友谊剧场、广交会展览馆、红花岗、泮溪酒家、东方宾馆、中山纪念堂、兰圃、植物园、员村、农民运动讲习所、白云机场、迎宾馆，访问了广州市建筑工程局、广州市设计院、广州市规划处。

7 月 3 日，我们乘长途汽车到达茂名市，参观了红旗路、工业大道、第三招待所、游泳池，访问了茂名市城市基本建设局。我的伯父和堂兄一家住在茂名。

7 月 5 日，我们乘长途汽车到达湛江市，参观了赤坎中山二路、海滨公园、人民大道、汉口路、霞山区、湛江市热带植物研究所、湖光岩、海员俱乐部、湛江港。

7 月 8 日，我们到达南宁市，参观了市革委招待所、冬泳亭、车站饭店、邕江饭店、南宁剧场、广西体育馆，访问了市建委。

7 月 11 日，我们到达桂林市，参观了漓江饭店、漓江剧院、漓江、阳朔、榕湖饭店、芦笛岩、伏波山、桂海碑林、七星岩、叠彩山，访问了桂林市建委规划设计局。

7 月 16 日，我们到达昆明市，参观了东风路、北京路、人民路、云南省博物馆、红星剧院、云南省农展馆、翠湖公园、西山公园、大观楼、太华寺、云南省图书馆、昆明市体育馆、胜利堂，访问了昆明市建委、昆明市城建局。

7 月 22 日，我们到达成都市，参观了羊市街、人民中路、锦江宾馆、锦江大礼堂、四川省展览馆、武侯祠、工业区及环路、杜甫草堂、春熙路、东风路，访问了成都市设计院。

7 月 26 日，我们到达重庆市，参观了重庆市百货公司、人民礼堂、体育馆、宽银幕电影院、红岩村，访问了重庆市建委规划处。

7 月 31 日，我们沿三峡乘船，8 月 2 日到达武汉市，参观了中山大道、解放大道、武汉商场、江汉路、东湖、武钢生活区、武昌站、湖北剧场、防汛纪念碑、武汉体育馆，访问了武汉市规划研究院、武汉市革委财贸办公室。

1

2

图 1. 干道调研小组在南京（1975 年 6 月）（左起：肖济元、作者、凌信伟、黄晶、徐国伟）

图 2. 干道调研小组和旅馆调研组参观上海国际饭店，在楼顶合影（1975 年 6 月）（左起：凌信伟、成德兰、徐国伟、郑文箴、刘永梁、潘辛生、肖济元、田万新、作者、黄晶）

3

4

8月9日，我们到达郑州市，参观了二七路、二七纪念塔、解放路、中州宾馆、河南省体育馆、游泳馆、建设部门、劳动商场、中原路、通讯大楼。

8月13日，我们回到北京。

这次外出调研的时间比较长，南方天气很热，因此十分辛苦，有时接待单位无法解决由一地到另一地的车票或船票购买问题，我们只好自己去排队或找当地亲戚代购。5个人中我是最年轻的，所以承担了较多跑腿的事情。有的火车很拥挤，我们坐火车从桂林到昆明，上车后没有座位，站了3个小时，到达柳州时才找到座位，到贵阳时才买到卧铺。坐火车最惊险的一次是由武汉去郑州。我们原定于8月8日乘火车去郑州，一早去车站才知道头一天夜里因河南驻马店发大水，60多个大中型水库溃坝，铁路不通了。当时我暗想，“驻马店”这个名字对我来说很不吉利，就像三国时的“落凤坡”，要想办法快点儿离开才好。于是，我们一面向北京请示（因为那时不能随意购飞机票），一面去民航登记机票。第二天早上，我们赶到航空售票处时第一批机票已在8：00售完，第2批要到11：00才出售，于是我在售票处排队，同时给另外几个人打电话，要求大家随时准备等候。11：05我买到了5张机票，那时通知11：00开车，12：00起飞，现场混乱不堪，其他3人快11：45才赶到，而徐国伟快13：00时才赶到。幸好飞机在15：30才由航空路的军用机场起飞，飞行不到一个小时就到了郑州。飞行途中有很长一段时间，从飞机上看地面全是白花花的一片水面，只能看

5

图3. 干道调研小组和旅馆调研组在广州兰圃（1975年6月）（左起：成德兰、刘永梁、黄晶、作者、徐国伟、潘辛生、接待方、肖济元、田万新、接待方、张镈）　图4. 干道调研小组在桂林（1975年7月）（左起：作者、黄晶、徐国伟、肖济元）

图5. 干道调研小组在昆明（1975年7月）

到露出水面的电线杆。到达郑州后，只见大街上架满了大钢板，人们正忙着烙饼以运往灾区。另外发生的一件不幸的事情是，6 月 5 日中午肖济元的钱包被偷了，丢失全国粮票 65 斤（32.5 kg），布票 20 尺（6.7 m），然后小组安排全面安全检查。

调研上海、广州两地时，张镈总也赶到。此前因“文革”，张镈总对外面建设的情况了解很少，所以院里让他和我们一起看看上海和广州两地的新建筑，同时让我们照顾一下他的生活起居。由于张镈总的到来，上海的陈植老和广州的林克明老都亲自出面接待，我们也跟着沾光不少。在上海时，一开始我们住建工局招待所，环境十分嘈杂吵闹，为此我去上海民用院找了陈植老，陈植老和我一起去上海革委会开了介绍信，让张镈总住进了和平饭店（张镈总那时已是全国人大代表了）。陈植老那时已 73 岁了，还陪我们参观了文化广场和万人体育馆。在万人体育馆，我们还见到了上海建筑设计研究院的汪定曾总。在广州时，我们还和林克明老一起吃过晚饭，张镈总个人想买一个广州炒锅，但遍寻不到，最后和林克明老提起，林克明老把他家里自用的炒锅用报纸包好送给了张镈总。当然，在这两地住宿和参观也方便了很多。去广州时，我们预定住东方宾馆，那时住这些宾馆都需要有专门的介绍信。当时五室的成德兰正在设计北京饭店东楼，她告诉我，到东方宾馆找杨主任，提北京饭店的宋主任就行。到了广州火车站以后，我和徐国伟（她是华南理工毕业的，对广州较熟）去打前站，走到东方宾馆的传达室，怯生生地打听怎么能找到宾馆杨主任，传达室的同志指着门口一个推着自行车的人说：“那不就是杨主任吗？”我们一听真是喜出望外，连忙上前打出宋主任的旗号，果然顺利地住进了东方宾馆。

另外，我们在上海、昆明、重庆、武汉时，还向当地介绍了北京西二环的规划设想，听取了当地专家和设计人员的意见。这次外出调研的差旅费共用去 2557 元。由于各地的热情接待和大力支持，调研进行得十分顺利，我们学习到很多东西，也收集到很多资料，像上海外滩、南京路、武汉解放大道以及各地的主要干道的总平面图等。

在写这篇文字时，我又找到一份当时整理的各地接待人员的名单，他们当中有的已经过世，有的现在还活跃在城建战线（估计也已退休了），列出来也是表示对他们的再次感谢（姓名如有错误，还望原谅）。

长春市：城建局汤全业、杨金鹤、李永昌、王春润；吉林省建筑设计院郑炳文、吴宗善、崔东元。

沈阳市：市革委基建组规划处徐国仁、马跃山；市规划院于安立、李心瑛、高继中、吴翕缶、汪德华；市设计院谢洪金、马骏、胡绍夙；房产局设计室马文章。

大连市：市基建规划处印绍良、于承刚；旅大市建筑设计院张文彬。

青岛市：城建局王文基，规划组杨兆钱、栾明礼、金修霜、王绪声、王俊吉。

南京市：城建局规划组陈铎、张国樑；江苏省建筑设计院陈辉伦、沈松林、葛炳根；南京市勘测院张成章、叶菊华、翁聿琇；园林处陈璐。

苏州市：市设计室谢正平、陆觉。

杭州市：建设局规划管理组黄宏熙、孙栋家；园林局唐明新、林□□。

上海市：民用院陈植、钱学忠、唐云祥、吕光祺、吴兴忠、徐景猷、汪定曾、姚金明、田守林、邵辛生、田季平、章明、李玫。

广州市：广东省建筑设计院黄远强；市基建委林克明；市规划处宋慧元、田凤志、吴威亮、姚集珩、莫俊英、李炳麟、陈晓丽、方仁林；广州市设计院丁华、叶晖；市住宅公司苏全义、陆松青、潘树、陈伟廉；市园林局丁健达、利恭湘、郑祖良。

茂名市：市革委会王履恩；城建局郑从理、王裕善、容祖胥。

湛江市：城建局张作琴、敖良能。

南宁市：市建委胡亭华、张如梅、彭君智。

桂林市：市建委吴可钦；市规划设计局尚廓、杨玲玉、曹美莹、董永忠、李长杰、何永兴；园林局黄云鹏、张国强、张寅山。

昆明市：市建委麦军、夏胜同；城建局罗志平、许兴汉、汪骅、陈兴华、段仁惠。

成都市：市建委谢泽福；城建局规划处郑国均、唐健、唐宝光、孙卫瑄；市设计院蔡绍易、洪春贵。

重庆市：市建委规划处尹淮、肖永华、廖正福、毛斧荆；市设计院林锦杨；

武汉市：市规划院唐院长、刘政洪、陈锡淼、吴尊伍、许慈松、肖惕生、赵宝江、陈学荃、张正彬、谢开洪、杨立人。

郑州市：城建局规划组张永球、周仲谋、张泽高、王秋华。

回到院里以后，我们首先补上了对1975年6月11日国务院下发的国务院国发〔1975〕85号文件的学习，这是对北京市上报的《关于解决北京市交通市政公用设施等问题的请示报告》（以下简称《报告》）的批复，其中心思想是：国务院原则上同意《报告》。北京是我国的首都，一定要建设好。应该结合我国在本世纪内发展国民经济两步设想的宏伟目标，把北京逐步建设成新型的现代化的社会主义城市。主要内容有五条。

一、首都建设应由北京市委实行一元化领导。今后在北京进行的各项建设，都应接受北京市的统一管理，执行统一的城市建设规划。从1976年起每年由北京市编制首都建设的综合计划，经国务院审查批准后实施。一般民用建筑实行统一投资，统一建设，统一分配，并逐步实现统一管理。

二、要严格控制城市发展规模。凡不是必须建在北京的工程，不要在北京建设，必须建在北京的，尽可能安排到远郊区县，发展小城镇；必须安排在市区的建设工程，要和城市的改造密切结合起来，注意节约用地，一般不能再占近郊农田。

三、建设中要注意处理好“骨头”和“肉”的关系。对于公共交通、市政工程、职工宿舍以及其他生活服务设施方面的“欠账”问题，应在近几年内认真加以解决。今后新建、扩建计划都应该把职工宿舍等必要的生活服务设施包括进去。国务院同意在第五个五年计划期间，每年在国家计划内给北京市安排专款1亿2千万元和相应的材料设备，用于改善交通市政公用设施。

四、为解决北京市建筑市政施工力量不足的问题，国务院同意1975年增加1万人，但主要应该是挖掘潜力，提高机械化施工水平，不断提高劳动生产率。地方建筑材料要大力发展，争取在两三年内做到自给。发展建筑材料和施工机械化，北京要走在全国的前面，所需投资、材料、设备由国家计委、国家建委给予必要的帮助，并纳入国家计划。

五、要认真执行勤俭建国的方针，要考虑国家的经济条件，区别不同地点、不同性质的工程，采用不同的建筑标准。要依靠群众，自力更生，勤俭办一切事业，切实做到多快好省地进行首都建设。

这个文件实际上解答了我们调研的指导思想、方针、政策等根本问题，当然各地结合自己的特点和需求，还有自己的特殊做法。我们的总结工作除了整理各地的调研成果、绘制有关图纸外，还要整理总结报告。我因为设计室内的业务领导工作较多，所以虽参加小组讨论，也描了一些图纸，但确实没投入太多精力。12月17日，我们向规划局汇报过一次，当时研究了一个比较详细的提纲，但最后的报告我并没有执笔。提纲由以下几大部分组成。

一、干道规划与建设中的一些制约因素

（1）党的路线方针政策（总路线、“四个服务”、全面安排居民生活和工作、造价和标准）。

（2）基本规划要求和功能布局（干道性质内容、交通组织、网点布置）。

（3）现有条件及地上地下的建设条件（和已有建筑的关系、市政管网的布置）。

（4）技术条件的制约（材料、结构、施工、电、水、热、气、电梯等）。

（5）建设方式与布局（是否统建，一次或逐步建成，马路的单面分段建设等）。

二、干线路段中的一些艺术处理规律

（1）干道性质和功能与整体布局的关系（路段的重点、中心、高潮、主要次要入口、路口和广场）。

（2）空间和实体的关系（调研中发现由于急于成街，建筑类型又少，一般都沿街布置住宅楼，既容易形成无深度的“一层皮”，也容易使街景单调无变化）。

主要手法包括：①分组分段，穿插公共建筑，形成高低疏密的变化；②道路两侧的建筑互相衬托呼应；③建筑物的长短与比例要考虑风向和阴影；④沿街建筑的高度与红线宽度的比例一般为1:2~1:3。

（3）线与面的关系、间距和深度的关系。

（4）建筑朝向和地段的关系。北京市领导对住宅建筑的山墙朝街极有意见，但调研中许多地方还是特别强调住宅朝向的重要性，建筑师不愿为街景而牺牲朝向，所以因地制宜、想了不少方法：①建筑东西向沿红线布置，通过设置单面走廊或使其呈锯齿形、凹凸形的方式解决朝向问题；②建筑物为南北向，山墙处加厚；③在建筑物南北向的山墙处做连接廊；④建筑物南北向用1~2层商业建筑连接；⑤背立面朝街时，注意分组，形成高低长短的变化，或用塔板结合，在处理个体时，注意外立面材料的变化。

（5）新建建筑与现有建筑的关系。

（6）建筑色彩与外墙饰面材料的处理。

三、广场及路口处理

（1）不同的广场及路口类型（集会、交通、停车）。

（2）整体的艺术效果（政治性广场采用对称布局，设置中轴线，交通便利）。

（3）建筑物布局和群体艺术的几个问题：①建筑应统一，要有呼应，留有余地，避免各自为政。②空间组织上可采用若干手法，如高度体量应近似，对比不强烈，避免喧宾夺主；路口作为高潮时应加大体量和高度，空间变化显著，若干建筑物起伏大，对比强烈，或突出其中一栋。③比例尺度问题。

（4）路口转角的处理实例。

四、城市绿化问题

（1）城市干道的绿化。

（2）居住区的绿化。

建筑和绿化的有机结合；点线面结合，形成完整的绿化系统；绿化观赏与生产结合；与果木结合，树种的选择；有关领导的重视。

五、建筑小品

虽然我们在全国调研时收集了大量的资料，但是大部分总结要配合实例来分析优劣、总结得失，如在日本侵占东北时，长春、沈阳和大连等东北城市的道路路口都被设计成圆盘式的，这种路口在车流量不大、圆环半径够大时可以保持交通的顺畅，但在交通量比较大的情况下就会有问题。上海的相关人员就总结过，如果道路某处发生一点事故，但四面八方仍有车流不断涌进，这种圆盘式路口就很不好疏解，所以建议在流量大的路段，避免采用圆盘式的路口，或用红绿灯控制。当时我所负责的六室设计任务较多，而且又要接手前三门大街的工作，最后于 2 月 16 日完成西二环的报告，之后将所有的照片资料都上交了，没有留下复制资料。此后的收尾情况我就不太清楚了，我们收集的大量街道总平面图和最后的总结报告我都没有再过问，也没有出版。

我们在西二环调研的同时，前三门大街的准备工作也在紧张地进行着。1975 年的 4—5 月，市有关单位就在研究前三门的规划及人防工程，9—11 月，市建委多次会审前三门的建筑与市政规划方案。进入 1976 年以后，规划建设的步伐明显加快。1976 年 1 月 1 日，《人民日报》、《红旗》杂志、《解放军报》所发表的元旦社论《世上无难事，只要肯登攀》提出，“安定团结不是不要阶级斗争，阶级斗争是纲，其余都是目”，北京院当时还在讨论设计领域中“资产阶级知识分子一统天下”的问题。1 月 5 日，前三门的计划规划领导小组成立，由李瑞环、郑天翔、顾钥菊、王建明负责。1 月 21 日，院里提出，前三门工程各建筑公司要成立设计组，北京院也要做好准备。2 月初，春节过后，上级要求干道调研小组准备向前三门工程设计组汇报，小组中的部分人员参加前三门的规划，之后各设计室内部开始酝酿成立以工人为主体的设计小组事宜。2 月 14 日，技术室林晨召集会议，传达有关前三门“会战”的部署，除成立由李瑞环、周永源、宋汝棻、刘导澜、王建明 5 人组成的领导小组外，还下设规划设计组、技术组、工程组、市政公用组、拆迁组、经济管理组、后勤组、办公室等大组。与我们有工作联系的规划设计组由胡世德、刘宝岭、张一山负责，其中又分了 4 个小组：规划组由秦济民、成德兰负责，参与人员有常俊莉、肖启益、沈庆坚、冯国梁、高莺、何业光、肖济元、凌信伟、徐国伟、那景成和王时煦；设计组分 5 个小组，详见表三；联络组有刘德元、庞红涛和指挥部的 2 人；技术组有林晨等 2 人。

当时要求大家认识设计革命的重要性。因此，以工人为主体，实行工人、干部和技术人员“三结合”的现场设计组走出设计院，在工人阶级的领导下做设计，使工人阶级发挥主力军作用，占领设计阵地，密切设计和施工的关系。北京院的党委书记宋汝棻是 1940 年入党的老同志（后来做过全国人民代表大会常务委员会法制工作委员会主任），他曾在院里动员大会上就说：“我是资产阶级知识分子，世界观是资产阶级的，长期受剥削阶级家庭和资产阶级教育的影响，修正主义路线的影响，目前还受法权思想和两条路线斗争的影响，世界观虽有所改造，但很不彻底，基本上还是资产阶级的。”党委书记如此表态，我们都很惊愕，一般小知识分子更不好说什么了。他在院里的动员大会上向我们提出3点要求：一是政治上虚心接受再教育，加速对个人世界观的改造；二是业务上再学习，学习工人丰富的实践经验；三是总结设计革命的经验。同时，为打消大家的顾虑，会上承诺原则上一年后轮换岗位，大家手头上的其他工作和工程，都要服从这个工程。

2月20日，各路人员陆续集中，由一建公司成立前三门工作组，组长为侯文长，组员有王善孝、蔡金墀、牛玉东、王玉同。到5月底，为加强前三门的工作，院里又派来王纪纲（原办公室主任）、

表三 设计组安排详情

设计室	北京院负责人	承建单位	承担组段	北京院参与人员
一室	常振沄	五建	正义路—崇文门	许振畅、汪安华、钱景瑞、陈锡智、陈德盛、陈禄萱、丁永鑫、黄绪镜、尹士民
三室	陈静池	六建	宣武门—长椿街	聂振陛、马礼扬、景光普、王振芹、苏振中
六室	马国馨	一建	和平门—宣武门	王绍豪、王为信、赵文田、宋九兆、钟汉雄、付淑英
五室	魏大中	三建	前门—和平门	孙恩华、吴东江、程玉珂、陈栋梁、梁理寅
八室	谭华	二建	长椿街—西便门	虞锦文、曾哲、陈冰、洪福鼎、周笑燕

注：正义路—前门段由中建一局三公司负责，是后来列入的。

表四 一建公司参加设计组人员名单

姓名	年龄	政治面貌	工种	姓名	年龄	政治面貌	工种
徐阿宝	48	中共党员	6级木工	刘华民	44	中共党员	木工
苏伯元	47	中共党员	7级木工	杨凤臣	38	中共党员	4级木工
陈良佐	61	群众	7级木工	李树宗	43	中共党员	6级木工
王树华	55	群众	6级瓦工	崔天震	27	群众	2级电工
胡振宗	43	群众	4级电工	臧鹿群	29	群众	2级壮工
李振边	49	群众	6级木工	张立雪	41	群众	预算
李汝庆	47	中共党员	6级瓦工	黄德如	37	群众	技术员
陶本智	48	群众	6级抹灰工	芦立甫	47	中共党员	施工员
白树刚	49	中共党员	5级抹灰工	李福荣	46	中共党员	水暖技术员
李玉民	24	团员	2级壮工多面手	王兆本	52	中共党员	电技术员
吴树芳	50	党员	6级油工工代干	刘润安	46	中共党员	木工副队长
周长海	55	群众	6级架子工	金福根	57	中共党员	副队长
吕秀芳	51	群众	5级电工	宗锡林	47	中共党员	7级木工
赵洪达	31	群众	3级水暖工	蔡金墀	41	中共党员	—

马玉林、孙士余等人，成立临时党支部。我正好在笔记本中发现了当时一建公司参加设计组的人员名单（见表四），他们也是这一次设计活动的见证人。

从名单看，一建公司选派的人员政治素质优，技术也很强，老中青搭配，工人、技术人员、干部搭配，后来又陆续调来张金发（4月2日）和周文瑶（6月9日）。此前，在国际俱乐部和十五号宾馆的工程中，我和一建公司打交道比较多，认识其中不少工人和工长，所以并不觉得陌生。后面来的周文瑶是我的大学同学，她毕业后去了一建构件厂。一开始，宗锡林是组长，我和蔡金墀是副组长，后来组长又换成了张金发。主要负责人是蔡金墀，他能力很强，脑子清楚，组里的事情主要由他管，我们配合得很默契，后来他长期任北京市质检总站站长。周文瑶和他很熟，所以见了面老叫他“蔡包子”。

当时，清华大学毕业的土建系学生也已到位，建筑专业的有赵蕴荣、闫炳熠、周楚贻、李建军、朱晓明、白小燕、曾庆康、郭守恭、赵志龙、韦占贤、胡吉林、梁自光、宁永胜、梁增贤、张秀智；结构专业的有任书礼、黄伯华、张庆和、项万朝、肖绪文、成钢、王博伟、彭介子、经天放、黄体纲、王志中、刘俊英、朱叔平、曾忠贵、刘岩、曹立云。老师有钱稼茹、言穆宏、黄介弘、梁鸿文、吕俊华、李德耀；中国建筑科学研究院参加的人员有郝锐坤、程万年、徐培福、赵西安。其中我和清华大学建筑系的老师都很熟，和土木系的黄介弘老师一起在四川绵阳工作过半年多，建筑设计人员中的朱晓明原来就是北京院的职工，我们彼此不觉得生疏。

1976年2月21日到3月4日举办学习班，共分为两个阶段。2月28日以前基本是思想动员，要求大家学习元旦社论《世上无难事，只要肯登攀》，学习中共中央2号、23号、26号文件，学习“世界观的转变是根本的转变”“正确对待新生事物”“工人阶级必须领导一切，批判‘上智下愚’”等。安排的两次大会交流中，北京院、老工人和同学们分别谈了自己的想法。6名施工技术人员，已完成了3 hm^2 的大模板住宅，给我们介绍了他们的经验和体会，最后大家表了决心。3月1日—4日基本

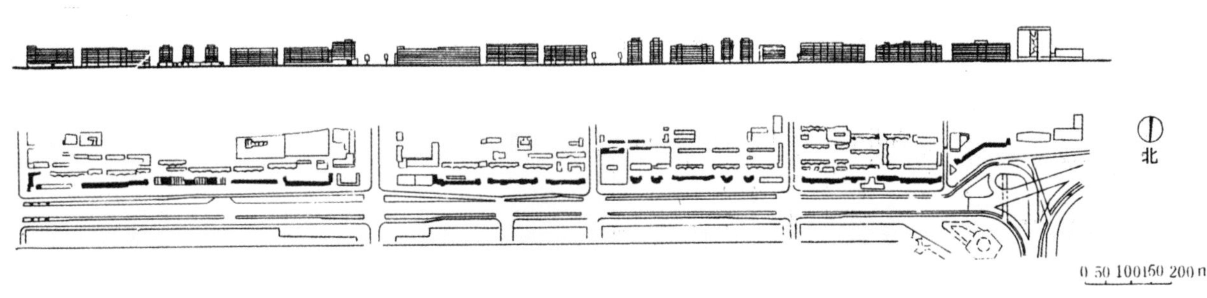

6

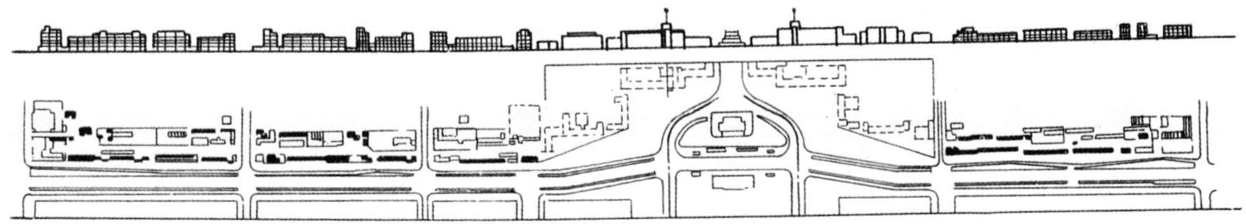

7

图6. 前三门大街和平门以西南侧规划及街立面　图7. 前三门大街和平门以东规划及街立面

是情况介绍、讨论规划，参观并明确任务。此前，1975 年 3 月，一建公司七队的东三环住宅工程也成立了“三结合”的设计组，共 21 人，其中包括北京院的 5 人，10 位工人老师傅（其中木工 4 人，电工、钢筋工各 2 人，瓦工、水暖工各 1 人，工龄都在 20 年以上，最小的 42 岁，最大的 52 岁，其中年纪最大的就是和我在国际俱乐部工程中配合过的李大毛师傅。其中有 7 名党员）。

虽然工程十分紧迫，但在当时的大环境下，“三结合”小组的日程中也排满了相关的政治学习和会议，如 1976 年 3 月 11 日，学习《人民日报》社论和设计革命指示；3 月 15 日，召开大会，各设计组在会上汇报工作，工人阶级占领设计舞台；3 月 16 日—18 日，各组讨论；3 月 29 日，召开全组大会；3 月 30 日晚，学习毛主席最新指示；4 月 1 日，召开全组会，清华大学的同学谈理论学习，老工人作忆苦报告，清华大学的同学谈到西藏“开门办学”（到工厂或农村的生产第一线上课）；4 月 6 日，传达关于天安门事件的消息；4 月 8 日，各单位上街游行，学习报纸有关文章；4 月 11 日，召开全组批判大会；4 月 12 日，传达中央电话通知、市委 23 号文件；4 月 15 日，清华大学政治课教研组来讲匈牙利事件；4 月 20 日，传达市委 76-26 号文件；4 月 23 日，学习报纸 18 日社论；4 月 29 日，学习《红旗》杂志第 5 期文章；5 月 7 日，学习文件和《五 · 七指示》，两个月总结；5 月 12 日，一建公司班组长以上的干部开会；5 月 13 日，召开全组大会，交流总结；5 月 20 日，传达市委 36 号文件，学习两报一刊纪念《五 · 一六通知》文章；5 月 27 日，在展览馆剧场召开大会；5 月 28 日，成立临时党支部；6 月 3 日，学习讨论；6 月 7 日—10 日，在体育馆召开大会；6 月 24 日，传达市委 105 号文件；6 月 28 日，传达关于“社会主义教育运动”的批示（1964 年 12 月 12 日）；7 月 1 日，学习七一社论；7 月 8 日，清华大学的老师讲党史，下午辅导学习有关“社会主义教育运动”的指示；7 月 15 日，开展阶级教育大会；7 月 19 日，准备设计组总结；7 月 20 日，一建公司举办

8

图 8. 前三门宣武门—和平门段全景

学习班；7 月 21 日，批判“关于加快工业发展的若干问题”（即“20 条”）；7 月 23 日，召开前三门“三结合”设计工作总结汇报；7 月 24 日，继续开会，指挥部做总结工作；7 月 28 日，唐山发生地震……以上只是大致的罗列，但已经可以看出当时的环境。

下面集中介绍有关规划设计方案的内容。前三门工程因规划从北京旧城的崇文门，经正阳门到宣武门区段而得名，实际最西面已到西便门了，与西二环相连接，全长 5 km（正阳门段 1 km 未计入）。道路红线的宽度为 90 m，“三块板”形式，本次建设用地是在道路南侧，建筑红线到用地南面地下已建成的盖板河之间的平均宽度约为 22 m，最宽处为 37 m，最窄处为 17 m，总用地面积为 22.5 hm^2，规划建设的建筑以住宅楼为主，适当安排为居民服务的商业、文教、卫生、服务类建筑及配套的市政设施，总建筑面积为 58.36 hm^2。高层住宅 34 栋，共 39.68 hm^2，其中板楼 22 栋，塔楼 12 栋，总计可居住 7165 户居民；另外后来还有招待所 2 栋，共 3.7 hm^2；办公楼 1 栋，1 hm^2（现由中国共产主义青年团中央委员会使用），多层商业楼 1 栋（现为国华商场），还有单独设计的烤鸭店和邮票公司各 1 栋。中小学校及幼儿园 2.86 hm^2，其他服务设施 2.1 hm^2。

我们小组所承担的和平门到宣武门段共包括 8 个子项，其中除 101 栋（和平门路口）为邮票发行公司，108 栋（宣武门路口）是招待所外，其他都是住宅楼。几栋塔楼原规划做 16 层，但考虑到可能会对北面的中南海有影响，最后减为 12 层。住宅楼的面积标准以及户室比等指标详见表五、表六。

建筑标准的确定基于以下原则：北京市一类住宅中每户的建筑面积是 52 m^2，但高层住宅增加了电梯和走道面积，参照北京已建的同类住宅，将每户的建筑面积增加 3 m^2；取决于当时北京的构件生产条件和施工条件，指挥部统一的基本开间的尺寸为 2.7 m、3.3 m、3.9 m 三种，基本进深为 4.8 m 和 5.1 m 两种，层高为 2.9 m，预制圆孔板的厚度均在 13 cm 以下，可以达到净高不小于 2.7 m 的要求，这些都限制了建筑面积的变化。此外，前三门工程采用的结构体系是内墙为大模板现浇，内部承重墙厚 16 cm，而外墙板、阳台、楼梯等构件均为混凝土预制，外纵墙板厚 28 cm，山墙板厚 30 cm，保温材料为膨胀珍珠岩或加气混凝土。这种结构体系在建国门外交公寓和东三环住宅中都被使用过，技术比较成熟，墙面平整，室内不见梁柱，可以减少湿作业抹灰，工期短，造价较经济。板楼和塔楼的月进度可达 6~7 层，但设计的灵活性也会受到一定的限制。

9

10

图 9. 前三门 603 栋塔楼外景　　图 10. 前三门 103、104 栋塔楼外景

表五　前三门建筑群本段各楼面积标准及施工时间

栋号	形式	层数 / 层		总建筑面积 /m²	地下面积 /m²	施工期间
		地上	地下			
101	公共建筑					
102	住宅楼（板楼）	9~11	2	21099	3283	1976.7—1977.12
103	住宅楼（塔楼）	12	1	5610	414	1977.3—1978.9
104	住宅楼（塔楼）	12	1	5610	414	1977.3—1978.9
105	住宅楼（塔楼）	12	1	5610	414	1977.3—1978.9
106	住宅楼（板楼）	10	1.5	13059	1142	1978.5
107	住宅楼（板楼）	11	1.5	16431	1362	1978.2—1978.12
108	公共建筑	15	1	14997	879	1977.5—1978.4

表六　住宅楼户室比及标准

项目	分项	设计标准	实际面积	备注
面积	建筑面积 / 户	55 ㎡	55.44 ㎡	—
	居住面积 / 户	不小于 26 ㎡	26.3 ㎡	—
	平面系数	—	47.55%	—
户型	一室户	10%~15%	9.54%	少量 4 室户占 0.16%
	二室户	70%	72.9%	
	三室户	15%~20%	17.4%	
居室面积	大间	15 ㎡以上	最大 18 ㎡，一般 15.14 ㎡	每户至少一个大间，小间个别为 5.7 ㎡
	中间	10~12 ㎡	8.18~13.51 ㎡	
	小间	6~8 ㎡	6.28~7.87 ㎡	
其他	厨房	3~4 ㎡，设洗菜池 1 个	最大 5.59 ㎡，一般 3.5 ㎡	少量户型中的厨房为穿过式，拖布池也可设于厨房内
	厕所	2 ㎡左右，设蹲坑、地漏、拖布池	一般 1.8 ㎡左右	
	壁柜阳台	每户有 1 ㎡以下壁柜 1 个，阳台 1 个	同左	

在这些基本限制的条件下进行平面设计，进深为 5.1 和 4.8 m 两种，开间一般为 3.3 m，在楼梯间和个别地方有 2.7 m 的开间，但也有其他的处理方式。如板式住宅有小单元（长 15 m 左右）、中单元（长 50 m 左右）和大单元的组合方式。由于有电梯数量的限制，因此多要依靠长外廊，我们小组经分析以后采用了中单元组合的方式：1 部电梯 2 个楼梯共 17 开间组合成 1 个中单元，将三室户置于两端，一室户置于电梯边上。5 层以下电梯不停，6 层以上电梯层层停，但楼梯和电梯分开的方式在使用中不太理想。1 栋楼由 2 个中单元构成，因有楼梯间处的 4 组阳台，外立面也较丰富。而在塔楼的设计中，我们着实费了一番工夫，因为各段都要靠塔式住宅的设计来丰富街景立面，而且还有用地和层数的限制。1 梯 8 户的面宽和进深都不能太大，又要争取较多的好朝向，尤其要争取朝南的户数，所以我们最后采取了内外廊结合的“工”字形的平面方式，外轮廓的尺寸为 17.56 m × 28 m，楼之间的距离为 25 m。此前的塔式住宅入户都是用内廊解决，而我们设计的住宅 8 户中有 2 户是从

外廊进入的，当时这大概也是国内首例。总面宽 8 开间中有 2 开间是 3.9 m，建筑平面是“工”字形，这使朝南的户数达到 6 户，且南北通透的户数较多，但其中有 1 户朝西，且凹进部分有视线干扰，这些是设计中的缺点。立面处理上有 4 组转角阳台，北面的体型也有变化，看上去比较活泼。各单位共设计了 5 种塔楼方案，各有特点。3 月 25 日，各组在指挥部会上交流方案时，我专门还为 3 栋塔楼画了一张炭笔粉彩的透视图。最早的时候，3 栋塔楼在规划上是一字排开，但有一次有关领导来看图，端详了一会儿后说，3 栋塔楼不要并排，把当中一个突出一点儿。各段的塔楼户数和本段塔楼、板楼的基本指标见表七、表八。

因为当时的《高层建筑防火要求》尚是讨论稿，按要求每个防火分区至少应有 2 个不同方向的安全出口。塔式住宅中每层住户在 8 户以内、每层建筑面积为 450 m^2 以下、高度为 50 m 以下 时，可设 1 个安全出入口，但楼梯间必须是防烟楼梯间；室内疏散楼梯应为封闭楼梯间或防烟楼梯间。安全疏散距离不大于 40 m、袋形走道或尽端的房间长度不大于 20 m、内走道长度超过 20 m 时，应有直接的自然通风和采光，疏散楼梯的最小宽度为 1.1 m，单面走道的最小净宽为 1.2 m，双面走道的最小净宽为 1.35 m。因当时电梯造价较高，所以塔式住宅内每部电梯服务 100 户左右，板式住宅内每部电梯服务 110 户左右。

指挥部拟定的计划是在 1976 年 3 月底规划定案，地下部分 4 月底出图，现场拆迁 3—4 月底搬完。工程准备分三批开工，第 1 批工程中，结构工程争取 2 个月内完工，装修用时 2 个月，在国庆节时献礼；第 2 批工程争取在年底完工。同时北京院安排了众多业务学习，如安排蔡金墀讲塔吊的性能，万嗣铨讲大模板的施工，赵西安讲高层抗震，阮志大讲高层消防设计，钟汉雄讲绘图规定，张承佑谈人防要求，材料公司介绍建材情况。设计组几经讨论后，根据进度要求，排出了地下和地上的出图时间（见表九），但实际中仍在不断地调整，多数都是要求提前完成。

表七 本段塔楼、板楼基本指标

类型	栋号	层数/层	总户数/户	建筑面积 ±0 以上		每户居住面积/㎡	K 值/%	每户面宽/m	户室比 % 1 室 -2 室 -3 室
				全楼面积/㎡	每户面积/㎡				
板式	102	9—11	332	17815	53.66	26.28	48.98	4.84	12-60-28
塔式	103 104 105	12	94	5247	55.82	26.39	47.27	3.50	13.83-58.51-27.66

表八 各段塔楼户数比较

栋号	每层总户数/户	朝南户数/户	朝东户数/户	朝西户数/户	朝北户数/户
509	9	5	2	1	1
003	8	6	1	1	0
304	6	4	1	1	0
103	8	6	1	1	0
610	8	4	2	2	0

表九 本段地下和地上的出图时间

栋号	±0.000m 以下	±0.000m 以上
102	5 月底	7 月底
103~105	6 月底	8 月底
106	7 月 10 日	8 月底
107	6 月 10 日	7 月底
107	9 月底	11 月底

由于外墙采用了预制墙板，上面的开洞面积也统一，所以在住宅的立面处理上，除去窗套、横竖板缝，阳台尤其是转角处采用“L”形的阳台就成为主要的手法之一。指挥部不同意在外墙板饰面中使用面砖、马赛克，所以我们更多考虑用喷涂、滚涂、干沾石，也曾经研究过假面砖和蘑菇石。6月10日，指挥部传达意见，其中有一段还专门提到了我，指挥部对我的工作不太满意：“以工人为主体搞设计是必须肯定的，要从各个方面来加以支持，要结合过去的工作，发挥设计院和清华师生的作用。小马是设计室副主任，要给你压担子，你要思考如何把设计搞好，体现以工人为主体的优越性，技术人员如何更好地和工人结合。带‘长’字的要多担点儿责任，光卖力气不行，还要多动脑子。”指挥部认为五建方案改动得比一建的好，但我们组的工人师傅也有意见，并不服气，认为这是“上智下愚”“官大标准”。6月11日，市政问题被专门研究，涉及7个局、14个单位、9个专业。到6月底，第三稿立面修改后，才基本得到指挥部的认可，指挥部要求重点搞好路口和细部（如底商、门头等）的设计。此项目包括和平门和宣武门两个路口，所以任务很重。

7月23日—24日，领导小组召开以工人为主体的“三结合”设计工作的总结会。共500多人参与的建设队伍中，工、农、兵、学、商都参加了设计。领导认为，这次工程不单是设计任务的完成，而是设计的革命、体制的革命。对这一新生事物要从3方面来认识。一是工人阶级登上设计舞台，有利于限制资产阶级法权，缩小3大差别，有利于工人的领导。要让建筑工人能学习、能批判、能施工、能设计，打破设计人员一统天下的局面，培养工人阶级的设计队伍。二是有利于知识分子政治上的再教育，业务上的再学习，加速对其世界观的改造。前三门的知识分子的结合是好的，对于他们所发挥的作用，工人是支持的。三是进一步打破了设计和施工的界限，促进了多快好省，促进了技术革命。以工人为主体，不是工人改行搞设计。下一步，一部分工人要到施工前线，设计人员要跟班劳动，学一门或几门手艺。但7月28日，发生了唐山大地震，于是抗震、防震、抗洪、防洪成为压倒一切的中心工作。7月30日，清华大学的师生放假回校，而建筑公司组织抢险队奔赴唐山救灾抢险，一建公司抽调了

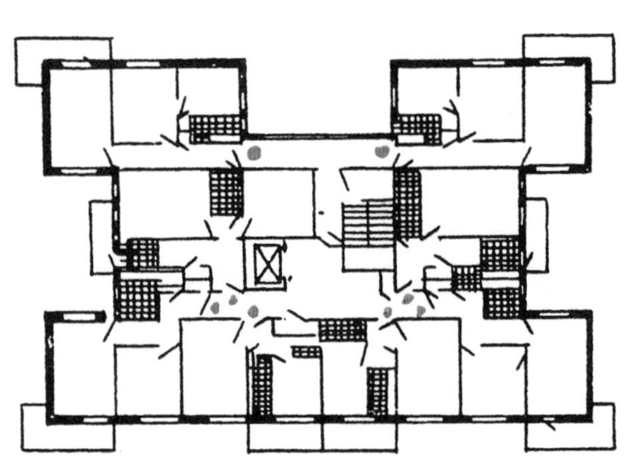

11

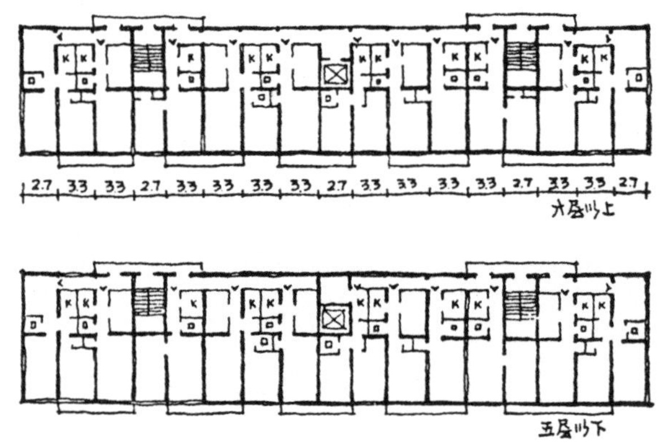

12

图11. 前三门103-105栋塔楼平面　　图12. 前三门102栋板式楼平面图

13

14

15

16

95 名队员，15 部吊车，45 部各种车辆，从 29 日一直战斗了一周的时间，每天工作 15~16 个小时。8 月 14 日，设计组去天津考察震灾情况。8 月 16 日以后，有关部门经分析得出近期不会有强震的结论，于是指挥部安排群众有计划、有秩序地回去，同时表扬了抗震救灾先进单位。由于吴德指示要重新研究前三门的设计，于是工作组向市委写正式报告，提出方案。北京院认为前三门工程采用了现浇剪力墙，更注重抗震设计和施工质量，抗震性能比较好；而山墙部分需要加强，基础要慎重，特别是外桩。但对整个抗震分析和改进措施则研究过多次，也拖了比较长的时间。当时社会上各种看法不一致，有人提出要重新认识高层住宅，也有人说这是“恐震病”。当时人们从心理上、技术上都需要一个重新认识和适应的过程。9 月 8 日，设计组又组织了 17 人去唐山考察震害情况。前三门工程结构科研组对外墙壁板配筋设计和剪力墙结构都提出了最后的研究报告。

9 月 9 日，毛主席逝世，第 2 天晚上我就被召回院参与有关事宜的研究，于是我就离开了前三门设计组。在唐山地震前，前三门工程中已开工建设了 15 栋建筑，唐山地震后全线停工 2 个月，紧

图 13. 宣武门—和平门段现状（102 栋）

图 14. 宣武门—和平门段现状（105 栋）

图 15. 宣武门—和平门段现状（107 栋）

图 16. 宣武门—和平门段现状（108 栋）

接着由于毛主席纪念堂奠基开工，因此从前三门工程中抽调了施工力量，也占用了其工地作为施工的准备场地，前三门工程几乎处于停顿状态。直到 1977 年 5 月，毛主席纪念堂工程竣工前后，前三门工程才又被提上日程。1977 年 6 月 1 日举行了前三门工程会战动员誓师大会，近万人参加会战。1977 年 6 月份前后又有 15 栋开工，到 1977 年底，有 31 栋建筑的主体结构完成。到 1978 年底，除 203 这栋因开工较晚未完工，其余建筑全部完工。高层住宅 ±0.000m 上每平方米建筑面积的技术经济指标见表十。

表十　高层住宅地上、地下每平方米建筑面积的技术经济指标

	±0.000m 以上 每平方米指标	±0.000m 以下 每平方米指标	备注
造价	135~159 元	250~300 元	总造价 145~187 元
用钢量	25~33 kg	70~95 kg	—
水泥用量	173~207 kg	350~550 kg	—
用工量	3.4~4.6 工日	6~9 工日	—
结构砼	0.41~0.48 m^3	—	现浇平均 0.19 m^3，外墙板 0.12 m^3

前三门工程从成立以工人为主体的“三结合”设计组，到开始规划设计，再到施工建成，前后历时 3 年多的时间，历经各样曲折，在严格控制造价和标准的条件下，进展顺利，解决了 7165 户，近 3.2 万人的住房急需问题，同时工程人员开发了一整套比较成熟的施工技术。参与前三门工程的各建筑施工公司、北京院、北京市建筑科学研究所、中国建筑科学研究院共同完成的“大模板住宅建筑”获得了 1978 年全国科学大会奖。

1978 年 10 月 20 日，有关国家领导人视察了北京前三门新建的住宅楼，在谈话中肯定了北京市为改善人民居住条件所做的努力，并对新住宅存在的问题提出意见，指出：今后修建住宅楼时设计要力求布局合理，尽量增加使用面积，更多地考虑住户的方便，比如尽可能安装一些淋浴设施等，还要注意内部装修的美观，多采用新型轻质建筑材料，降低住房造价。同时要请一些会挑毛病的人来提意见，研究一下怎样把住宅楼修建得更好些。赵鹏飞同志在传达视察情况时讲得更详细些。领导在看前三门时说要在几年内解决人民的居住问题。沈阳一位书记讲，领导在沈阳时表示人均住房面积要在 1985 年时达到 8 m^2，林乎加说天津要在 10 年内达到 5 m^2/ 人，国家建委和有关材料提到 1985 年为 5 m^2/ 人。领导在前三门看了 603 栋和 105 栋，

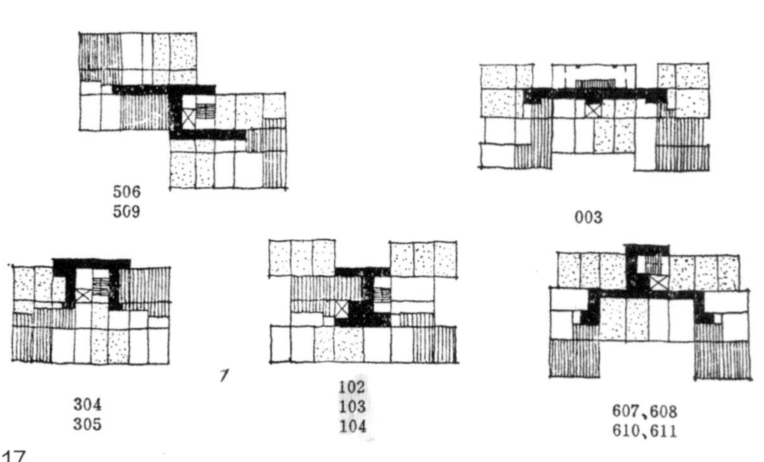

图 17. 前三门各段塔式住宅朝向与交通组织分析图

对 105 栋没有提太多问题，对 603 栋看得非常细，提了不少意见。第一是层高可以降下来，这样可以多盖几层，前三门的净高是 2.75 m，领导认为高了，宁可降高度，扩大使用面积（后来有报道说他女儿还开玩笑说不要因为你个子矮，而嫌房子高）。第二是认为 603 栋楼道占面积多，进来后拐来拐去，不该有那么多楼道。外面看着不错，里面的设备太差，厕所有拖布池，不如加个淋浴喷头，这样百姓的生活水平就提高了，生活大为改善，这么结实的楼，将来连改都不好改了。又说已经有电梯了，楼梯为什么还那么宽？门锁为什么不装碰锁，都是扣吊，扣吊出问题不少，赵鹏飞回答说锁厂停产了。还看了门，一开门就撞到里面串片暖气上，串片都撞坏了，就问为何将串片暖气放到这儿，还说门窗的油漆都不好。领导还看了一个单间，说国外壁纸很多，可以自己贴，将来都要贴上墙纸。在看了地下室以后说地下室不错，要利用起来吗，能否搞两层，下面人防，上面利用……

当时林乎加刚来北京接替吴德工作，要求严格，办事也雷厉风行，听领导指示以后要求住宅设计马上改方案，将层高降下来，使平面系数达到 70%~80%。后来赵鹏飞说现在可没有那么高系数的，如果那样改问题就大了，会变成一进门就是房间，没有走道，一家子只能用帘子、屏风隔一隔（当然他也要求设计人员赶快做方案，几天之内送到市委），看来赵鹏飞还是管城建时间长了，对设计工作更明白一些。

毛主席纪念堂工程竣工后，1977 年 7 月我就回北京院六室工作了。9 月初，院里还召开过一次西二环规划工作会议，准备由三个室参加，六室负责西直门至阜成门段，三室负责阜成门至复兴门段，八室负责复兴门至西便门段，工作的重点是路西。北京院的成德兰和陆仓贤，前三门指挥部的刘宝玮都介绍了在前三门工程中的经验。建委由苏兆林负责。六室的工作由建二组负责，负责人是张关福，合作的施工单位是三建公司。在这当中，一建公司的蔡金墀等还来过几次，小蔡悄悄告诉我，清华大学同学在前三门设计组时，看他老是抓技术，抓进度，正准备把他作为“唯生产力论”的典型，不想后来同学放假又赶上唐山大地震，才让小蔡“躲”了过去。

前三门工程是当年北京城市建设中集中改善居民住宅建设的一项重大举措，人们对其规划设计、结构形式、使用功能等方面都有不同的评论。由于当时经济条件的限制，几十年之后再看，这项设计显得有点过于局促了，恐怕需要再研究改造的方案。但对于当时特殊的时代条件下所产生的特殊设计体制，却很少有人提起了。这篇文字也可作为从北京院的角度的简要回忆。

18

19

图 18. 前三门 106、107 栋板楼外景　　图 19. 前三门前门—和平门段外景

纪念堂前期纪实

2012 年 3 月 27 日，中共中央办公厅毛主席纪念堂管理局和中共中央文献研究室办公厅为了筹备毛泽东同志诞辰 120 周年活动，让万嗣铨和我去开座谈会，回忆当时建设毛主席纪念堂（以下简称“纪念堂”）的一些情况。当被问到相关的设计工作是从什么时候开始的，我回答：因为当时纪念堂是保密工程，所以相关的工作日记在竣工时都上交了。回来以后，我想起我们是 1976 年 11 月 16 日搬到工地现场，并从 17 日开始用保密笔记本的。我还保存着 1976 年 9 月 9 日—11 月 16 日的工作记录，逐日整理出来也可以反映部分前期工作，以及与前门饭店设计组的配合及后来转入现场设计的情况。

9 月 9 日（星期四）

当时我们正在前三门工程“以工人为主体的‘三结合’设计组”。整个工程由崇文门到西便门，全长 5 km，指挥部由市建委副主任李瑞环负责。我参加的是和平门至宣武门段，和市一建公司的工人师傅们在一起，我还任设计组副组长。8 日，设计组刚去唐山地震灾区考察。9 日下午，就听到毛主席逝世的消息，大家在工地办公室准备各种悼念活动。

9 月 10 日（星期五）

晚上在工地，我接到北京院秦济民的电话，让我赶紧给院党委回电话。张培志副书记让我马上回院参加会议。参会的还有方伯义、吴观张、黄晶和叶如棠及规划局的朱燕吉。会上说国家计划委员会的顾明找了市建委主任赵鹏飞，商议毛主席遗体的安放地点，提出了天安门前、景山、卧佛寺这 3 个地点，要求设计人员尽快提供若干设想方案。后来院党委书记宋汝棻，提到毛主席的身后事要早做准备，将来的主要设计工作肯定会落在北京院身上，并提出设想，要设计得气魄宏伟些。因为当时还要保密，所以我们在北京院“工”字形办公楼的中间找了一间屋子作为工作地点，然后工作了一整夜。

1

图 1. 北京院党委书记宋汝棻

9 月 11 日（星期六）

上午大家休息。下午赵鹏飞、郑天翔（郑刚刚出来工作，时任建委副主任）、宣祥鎏 3 人来看方案，并评论一番，赵最后归纳了以下几点。

（1）考虑的内容要广泛些。天安门广场是一个整体，要把人民大会堂、中国历史博物馆、中国革命博物馆、天安门、国旗旗杆等都考虑在内，这些都是其中的重要部分。

（2）要以陵墓为中心。领导并没有提纪念馆，所以二者不一定在一起。陵墓不一定是个房子，不见得高大，要考虑安全问题，要防震、防轰炸。中国古代的墓都在地下。

（3）必须设园，要有好的绿化来烘托。

（4）天安门广场的格局不能违背毛主席原来的指示。正阳门可以保留也可以不保留，马路西边的建筑可以搞，也可以不搞。

9 月 12 日（星期日）

上午议论了方案，其间，方伯义传达了赵鹏飞已经向吴德和顾明谈过的消息。下午讨论后，我们集中设计了在人民英雄纪念碑前的方案。晚上赵鹏飞和宣祥鎏来，说下午召集会议，会上提到时间非常紧张，要发动全国的建筑师来研究。他还提到大多数人同意在天安门做设计，但这很难，也有人提议就在天安门前，但这样太局促。设在景山和中南海是否也可以考虑一下？如果设在香山和玉泉山，好处是打起仗来可以进山。他要求我们做出两个方案。晚上，我们集中设计了以南入口为主、以北入口为主和四面入口的 3 个方案，一直工作到次日凌晨 3：30。

9 月 13 日（星期一）

上午我和赵鹏飞、郑天翔、宣祥鎏一起去看用地。我们先到了玉泉山，当时那儿是禁地，所以我们远远地就停车下来，在那儿“指手画脚”，即便这样，我们还是引起了警卫的注意，他特地从大门走过来问我们在这儿干什么，赵鹏飞也不理会，待了一会儿我们就上车开车走了。接着我们去了香山。我们先到了玉华山庄，眺望一番后又走到香山寺，门口粗及合抱的银杏树给我留下了很深的印象。最后到了双清别墅。毛主席从 1949 年 3 月由西柏坡进京后就一直住在这里，到 11 月才搬进城。这里过去一直不对外开放，但由北京院四室做过整修。院子里有一个小亭子，在一张有名的照片中，毛主席就是坐在这座亭子里，在看“南京解放”的报道。在这次调研中，我们才从工作人员那里了解到，原来在双清别墅周围，还有其他领导人住过的别墅，可仅过了 20 余年，这些别墅就已坍塌无存，连遗址都找不到了。

从香山回院后，我们除了讨论方案之外，还抓紧收集了相关的数据，以备规划设计时参考。现在看来这些数据也还有参考价值，所以整理了表一 ~ 表四 。

9 月 14 日（星期二）

上午我们分别修改了方案，并绘出图纸。下午我们研究了香山方案，晚上将图纸突击完成。

表一 有关的建筑参考数据

建筑物名称	平面尺寸 /m	高度 /m	备注
人民大会堂	336×174	40（中部）；31.2（西翼）；46.5（最高）	南北入口高 38.7 m
中国历史博物馆 中国革命博物馆	313×149	26.5（一般处）33（门廊）	门廊长 100 m
天安门	120×140（台基） 120×32.5（城楼）	33.7（原高） 34.7（整修后到正脊）	城楼下部高 12.3 m
正阳门	97×32	42.14（到正脊）	城楼下部高 12.25 m
正阳门箭楼	62×38	35.94	
故宫太和殿	63.96×37.17	26.92	三层台基高 8.13 m
天坛祈年殿	100（平台直径） 26（殿直径）	35.77	三层台基高 6 m

表二 天安门到广场各部分的距离

位置名称	距离 /m
国旗旗杆	170
人民英雄纪念碑	445
正阳门	879
正阳门箭楼	1017

表三 各地点制高点高度

地点	标高 /m
景山	62.998
北海白塔	67.043
颐和园佛香阁	83.506
玉泉山	149.579
香山	557.000 （入口处 110.000） （玉华山庄 230.000）

表四 天安门整修后的调整数据

部位	比原来提高的高度 /m
正脊中部	0.829
东正吻	0.896
西正吻	0.898
上重檐上部东南角	1.293
上重檐上部东北角	1.015
上重檐上部西南角	1.273
上重檐上部西北角	1.142

表五 各地专家方案统计

地点	辽宁	南京	陕西	上海	黑龙江	天津	广东	北京			合计
								北京院	清华大学	建研院	
人民英雄纪念碑前	2	2	2	2	1	2	1	3	2	1	18
天安门后	—	1	1	—	—	—	1	1	3	1	8
香山	—	1		1	1	—	—	1	1	—	5
合计	2	4	3	3	2	2	2	5	6	2	31

9 月 15 日（星期三）

上午我们接到电话，要求我们做天安门内的方案，经讨论决定由黄晶画平面图，我画天安门方案的透视图，叶如棠画香山方案的透视图。

国家计委在前门饭店召集了全国八省市的专家开始了正式的规划设计工作。北京院派出徐荫培、方伯义、吴观张参加，其他人在院里待命。

9 月 16 日（星期四）

上午我们去人民大会堂瞻仰遗容，下午把透视图画完。方伯义回院介绍了前门饭店的有关情况。

9 月 17 日（星期五）

上午宋汝棻书记在院二楼召开会议，会上回顾了前几天的情况，告诉我们前天国家计委在前门饭店已集中了全国各单位的设计人员，可能 18 日就要交流。根据现阶段情况，我院和建研院可能要多做些工作，包括准备资料、当咨询参谋等。张培志、李炳山副书记都讲了话。人员又增加了巫敬桓、郑文箴、玉珮珩、谢炳漫以及二室工宣队的冯师傅。

晚上我们去前门饭店旁听了方案交流会，主要构思内容包括在建筑中体现五星红旗、第三个里程碑，将雕像和人民英雄纪念碑结合在一起，和天安门结合在一起等。我笔记本上所记录的来自各地专家提出的方案数量见表五。

在回北京院的路上，沈勃院长谈到，全国人民希望能尽快瞻仰毛主席遗容的愿望很好，但如果工程太大了，实现起来就有困难。

9 月 18 日（星期六）

上午我们在小组内传达了昨晚在前门饭店交流的情况，然后分头研究方案。下午我去前三门工地参加追悼大会和座谈会。晚上，方伯义、吴观张回院后，我们又进一步讨论了方案。

9 月 19 日（星期日）

上午赵鹏飞和宣祥鎏来，说天安门内的方案还是很有希望的，可以做几个方案设想。这一天我们都在画图，下午画完了平面图，晚上画完了透视图，共做了 5 个方案，包括位于人民英雄纪念碑南的 2 个方案，位于天安门后的 2 个方案，位于香山的 1 个方案，共 10 张图纸。

9 月 20 日（星期一）

上午休息。下午三点我们去前门饭店看方案。

9 月 21 日（星期二）

上午我们参观了人民英雄纪念碑、午门、北京市劳动人民文化宫和中山公园。下午和晚上进行

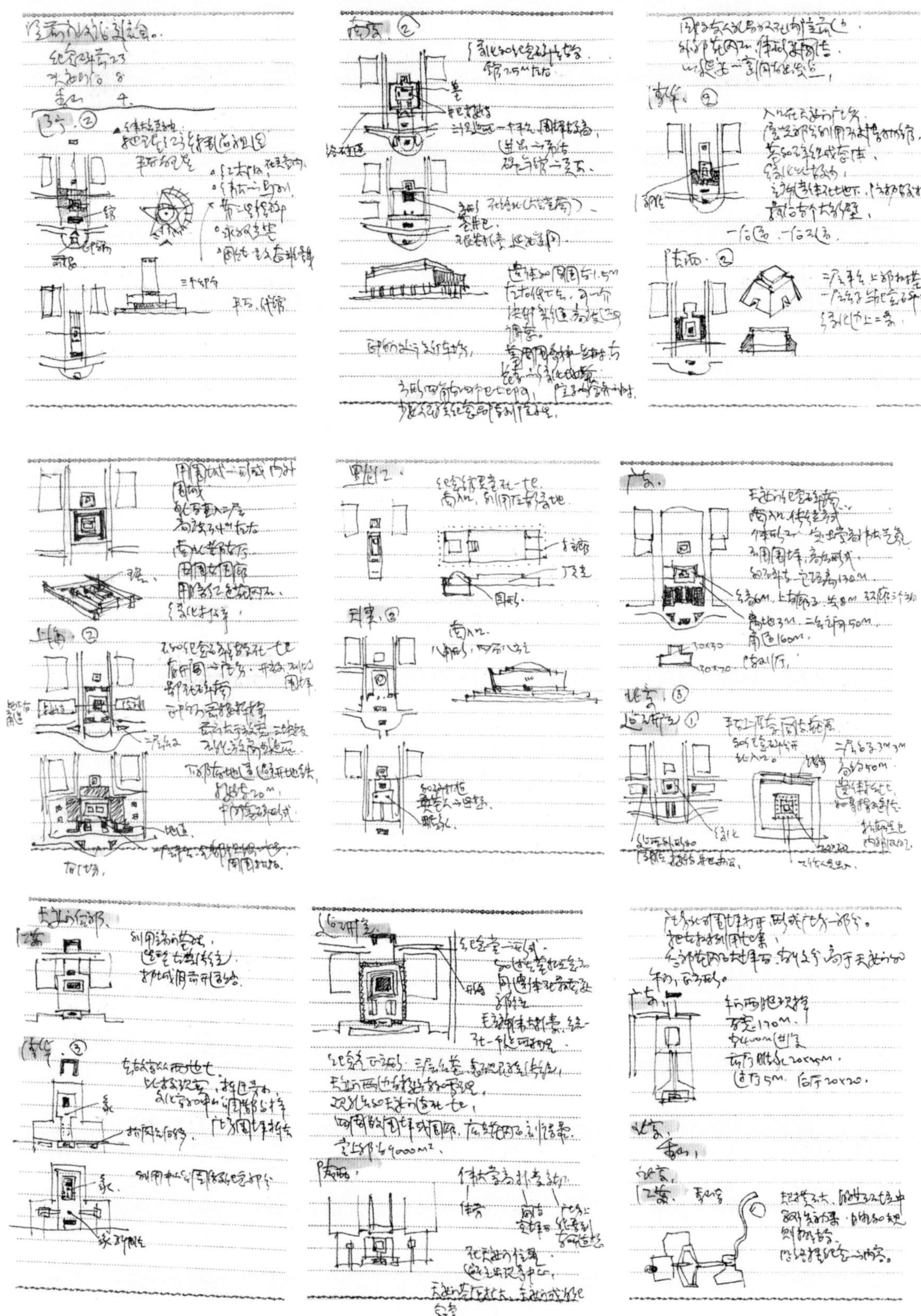

2

图 2.1976 年 9 月 17 日部分工作日记（组图）

小组讨论和学习。

9 月 22 日（星期三）

上午方伯义来，提出了设在天安门内的又一个方案的想法，我们分头去画平面图和透视图。下午我们去长陵、定陵参观。

9 月 23 日（星期四）

前门饭店工作组已按位置分为 4 个小组混编研究方案，即人民英雄纪念碑南、天安门北、香山、景山 4 处。

上午继续研究建筑单体平面，下午宋汝棻来，要求继续深入研究建筑单体设计，不同意小组去清西陵参观的要求。

9 月 24 日（星期五）

上午在资料组看参考资料，下午参观天坛。

9 月 25 日（星期六）

上午政治学习。下午方伯义来，决定继续深入研究位于香山和天安门内的方案。为做香山方案 1/1000 的模型，我和玉珮珩一起画图纸画到晚上。晚 20：00 左右发生地震。

9 月 26 日（星期日）

加班研究香山方案。

9 月 27 日（星期一）

上午宋汝棻与方伯义来讨论方案。下午研究后我们画平面图一直到晚上。

9 月 28 日（星期二）

上午我去雕塑工厂取石膏准备做模型，下午研究香山方案的鸟瞰图画法，晚上去前门饭店向赵鹏飞和宣祥鎏宣汇报方案。对位于天安门内的方案，他们提出以下意见：午门最好不要动；建筑尽量往南放；离五凤楼远一些；不一定是四合院，也可以是三合院，前面设牌坊；主要搞建筑，少做雕刻；现在的方案占的地方大但内容少，形式太老，没有突破宫殿庙堂的老框框。回院后，年纪大的同志先回家休息，其他同志加班到次日凌晨 2：00。

9 月 29 日（星期三）

上午我们继续准备新方案，9：30 后讨论并综合意见，下午继续画平面图，晚上画完。23：00 左右，老同志先回家，其他人继续加班。

9月30日（星期四）

图纸完成后，党委宋汝棻、张培志来看过，下午图纸被送到前门饭店，其他同志均休息。

10月1日（星期五）

上午休息。下午全院开座谈会。模型完成后被送到前门饭店。

10月4日（星期一）

主要传达了9月29日下午16：00相关领导在福建厅听取汇报后的讲话，大意是：

这个工作任务很重，党中央十分重视，今天只是大致看看方案，组织大家见见面，不深入讨论。党中央已决定把遗体保留下来。列宁去世是在1924年，胡志明去世是在战时，需要辗转几千里转移遗体，现在的条件较当时好了很多，相信中国工农阶级能够将其保存好。在天安门做方案并不容易，要创新又要与环境相协调。灯光很重要，蔡祖泉也已经来了，各个专业要配合好，要集合老中青三代的力量。今天来的老同志比较多，大家都要对该工程保密。要根据设想画出图来，配上千字左右的说明，好进一步研究。明年9月9日能否建好，让群众见到？如果不能的话，大家会受埋怨。以上是个人发言，不是决定。

赵鹏飞谈了下一阶段的工作。

在第一轮方案完成后，又有新的小组形成，并完成了第二轮方案，方案正在送审。大家没有休息，逐步深入工作。下一步大家要边学习、边工作，贯彻主席和党中央的精神，结合设计方案，提高认识，在此基础上回过头来研究前两轮方案。各单位可以集中深化天安门南和北的方案。景山和香山的方案可以暂缓，当然还是要再了解一下香山的地质情况。天安门南和北这2处的条件较好，但布局要受原有的建筑限制，新建建筑需要与之相协调，体现思想性和艺术性。大家要研究建筑主体的形式，不要抄外国的，不要因循守旧，要创新。

瞻仰厅和纪念厅如何安排？从防护要求来看，还是应设置成半地下式的，还要有地下设施。瞻仰厅的面积不能太大，否则防护、空调都不好处理，面积控制在14 m×14 m~20 m×20 m范围内，希望大家认真研究，为人民瞻仰提供方便，为管理和保卫提供条件。希望之后大家能设计出比第二轮方案更好的方案。

从个人意见看，施工条件最好的是在天安门北，因为天安门南有5 hm^2要拆迁，其中民用房屋占有1万多 m^2，还有大型管线，树也不知道还能保留多少，北面的管线牵扯得比较少。希望党中央尽快把地点定下来。另外地上地下不要搞在一起 ，这样可以争取更多的时间。设计单位还要奋战一两轮，争取早日开工。

宋汝棻强调要加强学习，设计思想还要抓一抓，要边实践边提高。安全可靠是中心思想。同时，要做好个体设计的准备工作，要注意保密问题和其他单位关系的问题。下午各小组分头研究。

10 月 5 日（星期二）

全天我们都在做方案，学习《在延安文艺座谈会上的讲话》。吴观张来后讲了上午赵鹏飞等向相关领导汇报的情况。

10 月 6 日（星期三）

早上方伯义来，传达了赵鹏飞看过透视后说单檐不行，至少要两层的消息。对于总平面图的设计，赵鹏飞仍十分倾向于小的四合院，横宽 125 m，进深 140~150 m。项目重点要以安防保卫为核心，这点需要加强考虑，要考虑群众在集会时避雨的问题。要成立规划组（目前由耿长孚和钟晓青负责）。

前天下午开了办公室会，会上说 3 日方案被送到计委，相关领导看了后说还是要侧重解决选点的问题。对比几个地点后，他认为人民英雄纪念碑南的位置不错，面积有 13 hm^2，规划也完整，但入口朝向问题不好解决，南入口太远，北入口又有人民英雄纪念碑。这边的拆迁面积达 5 hm^2，其中包括民用房屋 1.6 hm^2，机关用房 3.4 hm^2，因地下管线工程多，在施工中会对松树产生较大的破坏。

天安门北的用地面积为 9~10 hm^2，入口朝向的问题通过拆迁 1 hm^2 左右解决，利用公园的绿化，太庙对建筑主体有影响，关键是要处理好新建建筑和午门的关系。景山虽然位于市中心，但若以此为基地，则太过局促。从长远看，若以香山作为基地，则可以有较大的发展空间，但若要挖洞，工程在一年内是完不成的，另外那里的水源少，距离市区远，即便有 50 辆汽车，一天也只能运送 5 万人左右。

他们对立面没有倾向性意见，领导设想 10 月份把选址和方案都定下来。

沈勃倾向于瞻仰厅的面积为 14 m × 15 m，净高 6 m 左右，希望能通过 8 路纵队。

会上要求前门各组在 10 月 9 日完成总体布局的设计，绘制出平、立面图，然后做第三轮的立面方案。

10 月 7 日（星期四）

上午小组讨论，吴观张来了。下午继续做方案。

10 月 8 日（星期五）

中共中央公布了《关于建立伟大的领袖和导师毛泽东主席纪念堂的决定》。

上午政治学习后，小组内进一步评议方案。晚上我去前门饭店送图。

10 月 9 日（星期六）

上午我们去天安门、文化宫、故宫考察，下午学习党中央文件。

10 月 10 日（星期日）

今天下雨。下午我们去前门饭店交流草图。

10 月 12 日（星期二）

下午我们做了位于天安门南的方案。

10 月 13 日（星期三）

上午方伯义传达了 10 日上午赵鹏飞在规划局的讲话。

前一段进展很大，要进一步深入落实，达到初步设计的深度，只要党中央一定方案，施工就可以进行。现在集中起来无非 3 个方案：基地选在天安门南、天安门北或香山。现在就按天安门南、北两个方案分成两组来做，每组提 2~3 个方案。个人有新想法也不受限制。天安门北的方案由来自上海、广东、北京院的 16 个人来设计。天安门南的方案由来自陕西、建研院、清华大学的 14 个人来设计。

大家要设想一个粗线条的任务书。建筑的防护等级由军委来定。建筑要有很好的瞻仰条件，厅的面积为 14 m × 17 m，吊唁大厅可容纳 200~400 人，电影厅可容纳 500~800 人，有一部分反映毛主席丰功伟绩的陈列厅、专题展厅。建筑要体现适用性，不要华而不实，不要洋也不要古，要和周围协调。

会上还传达了有关领导的讲话，不管党中央什么时候确定方案，大家的工作都不能停，明年 9 月 9 日的完工时间不能变。基地设在景山的方案就不考虑了，基地设在香山的方案已有，就不要再搞了。他对将瞻仰厅的面积定为 14 m × 17 m × 6 m 没意见。

赵鹏飞提出下周二（10 月 19 日）要拿初稿给谷牧看，实在不行至少要有 1:300 的平、立、剖面图，主体建筑的透视图，1:1000 的总平面图，这些都要画在硫酸纸上，并要完成 1:300 的模型 。如果主体任务书来不及讨论，就按“两个决定”的精神办 。瞻仰厅应设在半地下，周围有工作用房，其中机房、配电室、保卫室、人防的面积各占 1/4。

下午院党委召开各党支部书记会，布置发动各室做方案。方伯义介绍了前一阶段的工作情况，原来参加过方案设计的同志分别到各室去参加工作。之后，各室陆续来看图纸。

10 月 14 日（星期四）

上午，我去八室一起研究全室动员大会，10 点去三楼看情况介绍。下午，我和室里建筑师们研究后去天安门看地形，晚上开始做方案。

10 月 15 日（星期五）

上午，北京市规划局的朱燕吉介绍了天安门南、北的管线情况。

晚上院里决定成立纪念堂设计组和临时党支部，书记是黄国民（工宣队），支委是周之德、徐荫培。人员共 45 人，其中建筑专业的有 17 人，属于六室的除我以外还有张关福（建筑）、施洁、唐光杰（结构）、赵志勇、刘夫坪（设备）。我们与八室讨论后开始画图。

10月16日（星期六）

一整天我们都在继续做方案。

10月17日（星期日）

院内设计组办学习班。黄国民讲话：纪念堂的设计施工任务交给北京市，设计施工图交给我们院，这是党中央对我们的信任。党委决定先办骨干学习班，安排支委和几个大组的负责人学习3天，一是学习文件思想建设，二是学习组织建设。支部人员包括黄国民、周之德、徐荫培，梁永兴和庞洪涛是两位干事。徐荫培（建筑）、许月恒（结构）、赵志勇（设备）、张云舫（电气）是4个大组的负责人，院里抽了46个人，包括工作组的6位工人、房管局的5位师傅，他们将被分入6个公司的6个施工队 。

宋汝棻讲，要着手做好一切准备工作，设计工作只能做好，不能做坏。这一工程要边设计、边施工、边修改，大家要研究这一工程的特点，把握设计的指导思想。这个设计方案首先要体现思想性，其次要体现艺术性，大家要打“政治仗”，更要结合实际展开研究工作。

组织上要研究先做什么，后做什么。这是全院1400人的委托，也是全国8亿人的委托。当前的重点是要考虑全面，要和前门饭店工程衔接好，要和其他单位挂钩，如铁道兵 、卫生部门、总体规划单位、市政单位等，加工订货要稳妥可靠。要研究好战略战术问题，分清重点和一般。政治要统帅业务，首先是要保证工程的安全可靠。“政治挂帅”才能使设计思想端正。设计人员不能有“露一手”的名利思想。设计中不能走少数人或几个人的专家路线，要加强党的领导，经过征集群众、支部意见后再做决定。要注意保密，这是纪律，参加的人员都是经过严格审查的。还要注意团结问题，因为设计人员来自五湖四海，各室都有人参加，还有许多协作单位。

方伯义讲，前门饭店的设计已进行到第三轮。位于天安门北的方案已完成1张总图，2个方案，5张透视图。天安门以南的方案是1张平面图和1张总图。2个方案，周三上午交图。晚上我继续画了2张透视图。

10月18日（星期一）

上午学习班继续讨论。各室将方案图集中到三楼会议室，下午党委召集了各支部讨论方案。

10月19日（星期二）

下午讨论人员分工。建筑组的人员有徐荫培、方伯义、吴观张、马国馨、巫敬桓、徐豈凡、张关福、谢炳漫、邢耀增、韩福生、邵桂雯、关长存、吴佩刚、钟晓青、玉珮珩、冯国梁、王如刚。按所负责的任务又分为平立剖面组、装修组、附属建筑组。组内又增加了木工杨万祥、瓦工尤贵东、建筑艺术雕刻工厂的李桢祥（雕刻）、陆三男（石工）、赵文富（画工）。晚上，沈勃、赵鹏飞到各室看方案。

沈勃说大家的精神面貌、安排步骤都很好，这体现出办学习班很有必要。对全国的设计院来说都是第一次承接这么高要求的建筑，所以大家必须很好地学习党中央文件和社论，学习“毛著”武装思想。后天上午会介绍前门的方案，一部分同志可以去听一下，从而更好地向人家学习，在他们工作的基础上汇集精华，进一步做方案和初步设计。我们的工作不是前松后紧，而是现在就很紧，大家每天都得熬夜。一切工作都在进行，需要大家讨论、核算。现在已汇集好地质情况，正在做瞻仰厅实样，24 日可以完成，升降机械、水晶棺的试验都做了很长时间，地下工程、管线改线方案都已确定，各方面的工作都在齐头并进。

这一段时间，在前门饭店工程中，全国的建筑师都发挥了高度的主观能动性，一个月搞了三轮方案，现在看来已经比较深入了。但也有不足，一是工种不齐全，没有暖卫电气，方案还不周全；二是没有工农代表参加，不能确定方案能否满足工农兵的需要；三是有些很机密的东西还不便和大家谈。现在大家需要吸取各家之长，向各地很好地学习，赶快深入。

赵鹏飞说，建设纪念堂是全国人民的心愿，是党中央的决定。《人民日报》的社论反映了工程的指导思想，其中有 4 个关键词：“瞻仰”“缅怀”“重温”“激发”。我们要以高度的政治标准和艺术水平完成这个光荣而艰巨的任务。党中央对建筑界、美术界，对大家寄予了极大希望，全国人民也对大家寄予了极大希望。

在设计前门饭店的一个月中，我们深深感到自己的政治思想、艺术水平和党中央、全国人民的期望相比，还有很大的差距，尤其是北京院，各地来的建筑师的水平比我们高，但他们依旧废寝忘食、尽心竭力，取得了初步的成果。但现在方案的深度还不够，除了要注意水平上的差距外，还要考虑如何能反映那 4 个关键词的要求，如何在功能上实现具体化。另外，核心的瞻仰厅设计不是一般的问题，而是个新问题，涉及许多复杂的领域，需要进行科学研究，许多领域正在被探索，一时还得不出结论。

现在的方案还比较粗糙，与做扩初、技术设计还有很大差距。国务院负责同志要求 1977 年 9 月 9 日前完工，还有 11 个月，任务很紧，现在才刚到初步方案设计阶段，一旦党中央定下地点，批准方案，就要立即破土动工，所以各项准备工作不要等，明天学习班结束就要很快地接过手来，继续向初设、扩设前进。

还有几个问题。现在此项工程的形势就是要边设计、边施工、边备料、边科研，设计单位应该分秒必争，不然就会陷于被动，难上加难。过去没探索过的要探索，无论是在结构上，还是在建筑形式上，要做新的，古为今用、洋为中用，也不洋也不古。现在的方案我还投不了票，我也画不出来，说不清楚。大家在做建筑方案时，还要和工艺美术创作相配合，纪念堂的前后都有建筑，要做大文章，建筑是其中的重要组成部分。

对于空调的设计，要保证其能够使一个房子里各处温度不同还不结露；在光学照明的设计中，要反映出主席生前的风采。建筑的防护等级很高，又基本在地上，这也是新问题，要求电压绝对稳定……各个领域的人员都会面临相当大的困难，我们都是学徒工，但要做出大师级的作品。我们对“艰巨”二字深有体会，这就要求大家学习、创造，发挥高度的积极性和主观能动性。上级要求大家深刻领会党中央的精神，依靠全国建筑界、工艺美术界和有关方面的共同努力。这不是一般的工程，大家必须虚心听取意见，很可能要到各省、市去征求意见。国务院召集了 10 个单位，共同开设计会议，要老、中、青三代结合，要细致地对一个月来的劳动成果进行分析研究。在这个过程中，要认真吸取大家的合理建议。院里只有少数人在做这个项目，但全院人员都是“后盾”。设计班子要有创造性，也要善于吸收中央领导、全国各方面组织、广大工农兵、本院人员的合理建议。要想创造高水平的建筑，我们就要做“加工厂”，把各方面的建议加以综合，才有可能创造出最新的、具有最高水平的建筑，大家要抱着这样的态度去干。我们向吴德同志请示过，不集中全国智慧，仅靠北京一个地方的人员设计不行，想法总有局限性，要和各有关方面进行合作，我们要多做具体的工作，这样即使达不到目标，大家的想法也可以更接近些。在工作方法上，由于工程具有“几边”的特点，设计的各方面不仅要齐头并进，循序渐进，还要提早准备，全面铺开，大家有综合有分工，分工要细一点。建筑中的每一个细节都要体现出相当高的水平，又不能堆砌烦琐，要简洁而恰到好处。建筑师要提出方案设计思路组织大家去做，大到园林绿化，小到灯具门窗。

明天开结构座谈会，大家可以去听听。各专业都要开动脑筋，后天建筑专业的人员介绍方案，大家赶快组织力量，把方案全部拍下来，细致研究，在此基础上做出能施工的方案。他们可能周六就走了，之后我们要进驻前门饭店，接着干一段时间。大家不要为“三结合”的问题发愁，将来现场会统一成立指挥部，分工会大致对口，有技术人员，也有工人老师傅，可以共同商量。

宋汝棻说，我们下决心要把政治思想工作、组织工作做好。设计要贯彻领导意图，要善于依靠群众。我们参加设计是具体加工，不是独立设计，主持人是赵鹏飞。这对于我们是重要的改造，因此我们要善于学习和理解别人的意见，不能像“油毡不透水”，要十分虚心并善于吸收。我们还要加强请示报告，准备挨骂、受埋怨，兢兢业业，一步一个脚印，通过光荣的设计工作改造主观世界。

10 月 20 日（星期三）

上午设计组人员集中，在研究室二楼西大屋打扫卫生、搬图板。下午我们去规划局综合组了解了管线的情况。晚上徐荫培来，按沈勃的意见修改平面图。我和张关福、玉珮珩把地下、一层、二层平面图和剖面图画完，工作到次日凌晨 2：30。

10 月 21 日（星期四）

上午我们在前门饭店讨论了第二轮方案。人民英雄纪念碑南的方案用地面积为 350 m×260 m，距北面 240 m，南面 180 m，正立面向北。个体设计方案一有 3 个方案，方案二为十一开间。天安门北的

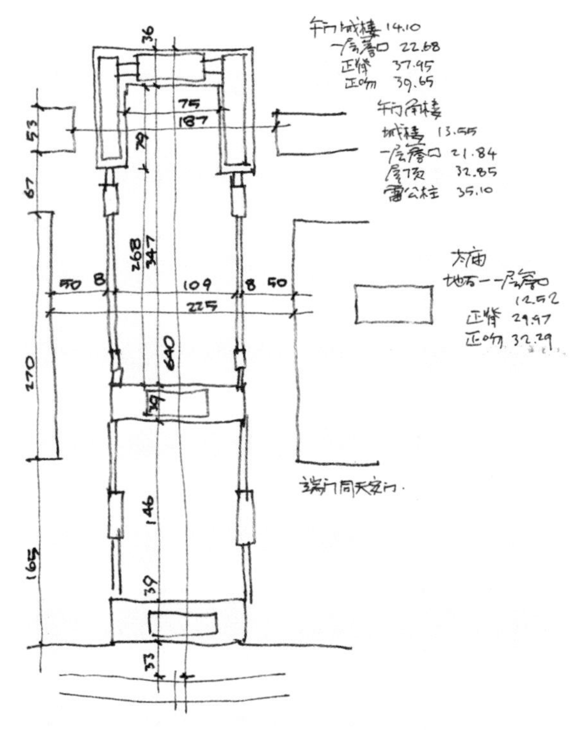

图 3. 收集天安门内用地情况和有关资料

方案用地面积为 225 m × 400 m，其中方案一是尽量利用原有地物，注意和故宫、中山公园之间的关系，有 3 种处理方式，还有单檐、重檐的不同形式的设计；方案二是自成院落，原有建筑尽量不动；方案三中的建筑个体为圆形。同时，会上还介绍了对瞻仰厅的设想：面积为 17 m × 13 m，水晶棺的基座尺寸为 2.9 m × 4.1 m。

下午宋汝棻来学习班讲话，要点如下：第一，要充分认识设计任务的重要性。没有哪一个工程有这样强的政治性，要求有这样高。我们能贡献一点儿力量也会是终生的幸福，是极其光荣的，因此我们要竭尽全力，全神贯注，珍惜这个机会。第二，要充分估计设计任务的艰巨性。明年 9 月 9 日前要完工，在这样短的时间内让建筑体现社论的要求，体现很高的思想性、艺术性要求，既不能古，也不能洋，要新。我们的思想水平、艺术水平、科研知识目前都跟不上，因此大家要克服要求高、

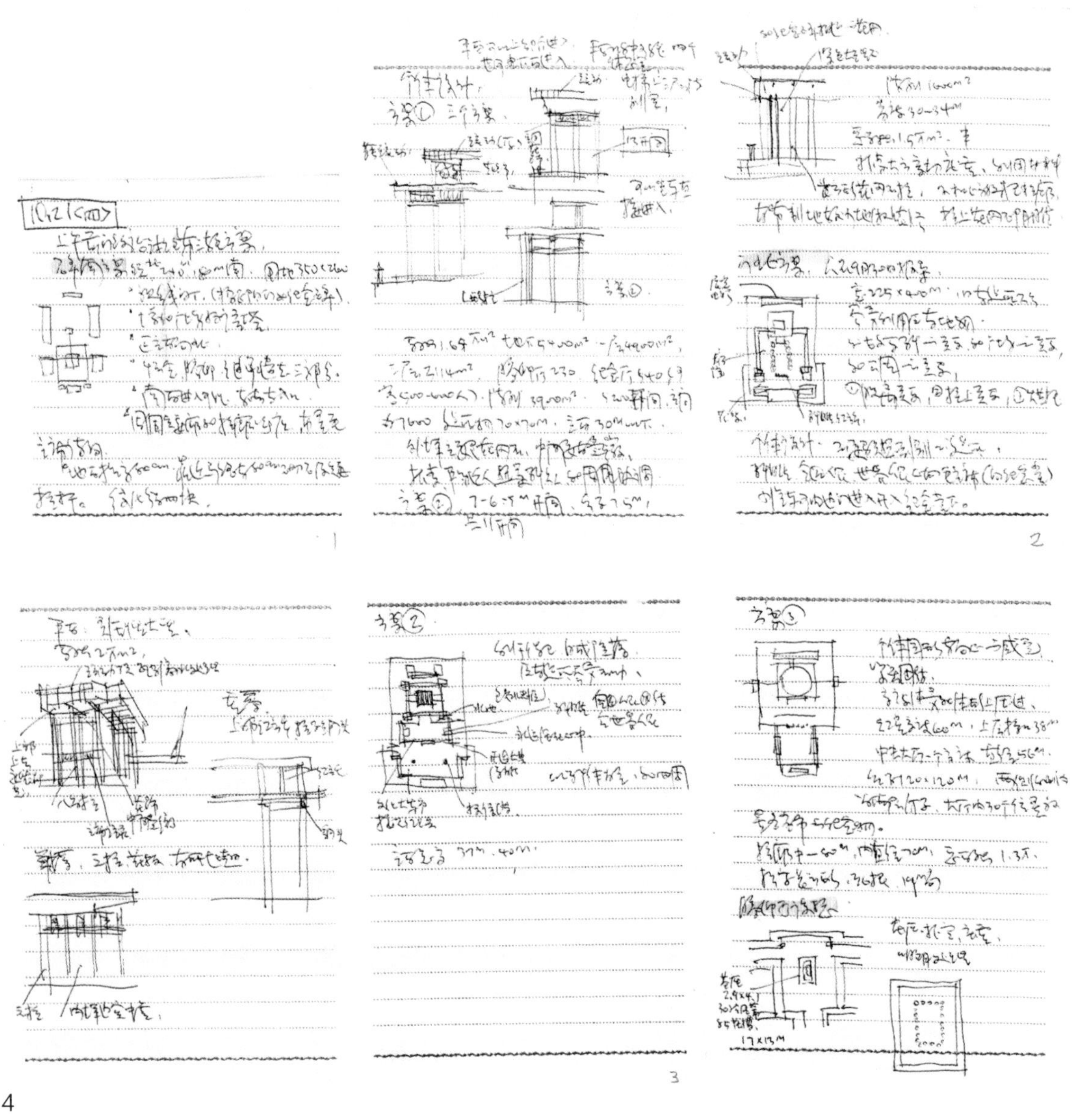

图 4. 1976 年 10 月 21 日部分工作日记（组图）

水平低之间的矛盾。第三，要按照“鞍钢宪法”中的经验解决矛盾，学大庆精神。这是一场“政治仗”，不是“技术仗”。首先大家要端正思想，明确政治路线，把路线搞对，要划清正确路线和错误路线之间的界限，斗争胜利后也不能忘记胜利后的斗争，要保持警惕，要坚定相信党中央。第四，要实行民主集中制，加强党的一元化领导，大搞群众运动，而不是冷冷清清做设计；善于向各方面学习，大搞技术革命和技术革新，依靠群众，而不是依靠个人、依靠洋书和古书，要注意在工作中分轻重缓急，抓住主要矛盾。

上午 10：00 吴德在首都体育馆传达了中共中央 16 号文件精神。

晚上徐荫培传达了沈勃对平面图的意见：第一，楼梯太宽，可缩至 2.5 m 宽；第二，去掉警卫的交通路线；第三，瞻仰厅不能扩大；第四，柱网可以扩大；第五，去掉东西面的大台阶，北面台阶为五开间。

10 月 22 日（星期五）

全局和全室召开声讨大会。徐荫培、马国馨、玉珮珩、张关福在设计组继续修改平面图，下午画完。工人师傅去前门饭店参观并提意见。班组建设分工为：徐豈凡负责生活福利，玉珮珩负责资料，邵桂雯负责治保，王如刚负责文体，谢炳漫负责宣传。

晚上设计组召开支部大会和党小组会。设计组有党员 27 人，团员 7 人。

10 月 23 日（星期六）

上午规划局来研究了广场标高。下午全院开了声讨大会，徐荫培代表纪念堂工程参与人员发言。之后，设计组开了誓师大会，张云舫、李颐龄、魏亚萍、王如刚、吴龙宝、巫敬桓发言，徐荫培讲了下一步的安排、需要调研和解决的问题。会议最后，支部的黄国民讲话。

10 月 24 日（星期日）

这一天我们均在加班。上午分组后，平、剖面组开始画 1/200 的图纸，其他同志做立面方案。下午 16：00 开专业会研究进度。领导要求建筑专业明天提交平、剖面图，27 日各专业互提资料，11 月 1 日核对初步设计的图纸。

下午 15：00，在天安门开群众大会。

10 月 25 日（星期一）

上午我给 1~8 室画渲染表现图交底，图幅大小为 100 mm × 60 mm，下面为 10 cm 高的标题，比例为 1:150。

下午模型组的盛国清来，他要求我们先把 1:500 的底盘完成。下午画完平、剖面图纸，晚上晒图。

10 月 26 日（星期二）

我们将平、剖面图提交至各专业，下午工间操后开专业碰头会，大家提出研究中的有关矛盾，并为模型组准备 1:500 的地形图。晚上小组学习社论。

10 月 27 日（星期三）

上午在规划局 325 室，规划局局长金瓯卜主持了会议。总图组耿长孚汇报：建筑中心位置距人民英雄纪念碑的中心位置 230 m，距正阳门 190 m，用地尺寸 280 m × 280 m。他还介绍了道路、停车场、服务设施（厕所、纪念品商店、食品售卖亭、警卫室、值班室）、绿化、地面高程等。

上午小组讨论了立面，决定由巫敬桓、谢炳漫出两个方案，下午方伯义来电，让巫敬桓继续发展原立面，晚上完成透视图。

10 月 28 日（星期四）

上午方伯义来谈立面设计，我们去中国历史博物馆看瞻仰厅的足尺模型，下午继续讨论。晚上自学《毛泽东选集》。

10 月 29 日（星期五）

上午我们去前门饭店。各协作单位提出了对地下房间的平面设计及使用的要求，下午赵鹏飞、沈勃看完图后，我们继续修改。晚上赵鹏飞找铁道兵谈话。

10 月 30 日（星期六）

上午我们去前门饭店，各专业碰头，对平面提出意见并修改。下午我们与方伯义一起拟订了房间做法表，并估算了主要材料的用量。

10 月 31 日（星期日）

下午前门饭店向各建筑公司交底，建筑专业、结构专业人员介绍方案。

11 月 1 日（星期一）

上午，全院的渲染表现图集中放在一起，拍照后于 11 点被送到前门饭店，包括透视渲染图 12 张，其中一、二、四、五、六、八室各绘制 1 张，三、七室和设计组各绘制 2 张。上午取来图纸分发给各专业，开始做装修方案。下午黄国民来讲前门的有关进度。

11 月 2 日（星期二）

上午我们在中国历史博物馆看了毛主席史料展和美术展。上午方伯义来研究装修做法，尤其是外墙石材的固定方案。晚上我们在办公室校核设计说明书。

11 月 3 日（星期三）

上午我们继续做装修方案。下午规划局钱连河召集会议，研究纪念堂的用地内高程及地面的坡度问题，商议由纪念堂到北门的坡度为 8‰，由纪念堂到南门的坡度为 1%或更大一点。

11 月 4 日（星期四）

上午，我们讨论了大厅的装修方案（共 12 个），讨论后继续深入。下午，我们讨论了栏杆、卫生间和做法表等。

11 月 5 日（星期五）

上午，方伯义来和琉璃瓦厂人员谈瓦的尺寸大小及华板的做法。工间操后，我们到展览馆看瑞典家具、灯具、室内装饰展。下午，我们开了各专业碰头会。晚上，我们参加了组织生活。

11 月 6 日（星期六）

上午徐荫培来布置了裱纸画图的事宜，之后找图纸、裱纸、烤干。巫敬桓、徐豈凡、王如刚去了模型组。

11 月 7 日（星期日）

大家开始画图，中午渲染，下午上墨线。15：30 暂停工程。

11 月 8 日（星期一）

上午，我们去前门饭店，听取了中央政治局讨论的情况。

11 月 6 日晚，主管领导向中央做了汇报，党中央决定纪念堂的地点就定在人民英雄纪念碑南面，要求地面上不要把防护等级搞得那么高，一定要便于群众瞻仰，最好是能让群众上了台阶以后就可以瞻仰，不要上几米以后再下几米。陈列厅可以简化，甚至可以不设，电影厅可以不做，休息厅有一个就可以，可能有的外宾去瞻仰时会又抽烟又喝茶，这样不好。地下工程也要简化。建筑造型要与人民大会堂协调好。中央领导认为目前所送的 3 个方案都和人民大会堂较协调，还可以，并提出纪念堂要坚固，按 9 度设防，建筑要大方、庄严、肃穆、适用，一定程度上实现美观。建筑主要是为方便群众。遗体一定要保护好，便于转移。对外宾接待一切从简。明年 9 月 9 日建成的期限不能改变。要安置好要拆迁的建筑和涉及的老百姓。还有的中央领导提出要搞主席遗容的蜡像，便于对照，如果有了变化可以很快觉察。

晚上我们去前门饭店画平面图画到半夜。

11 月 9 日（星期二）

我们准备资料。上午琉璃瓦厂送来样板，我们挑选塑料墙纸样板。

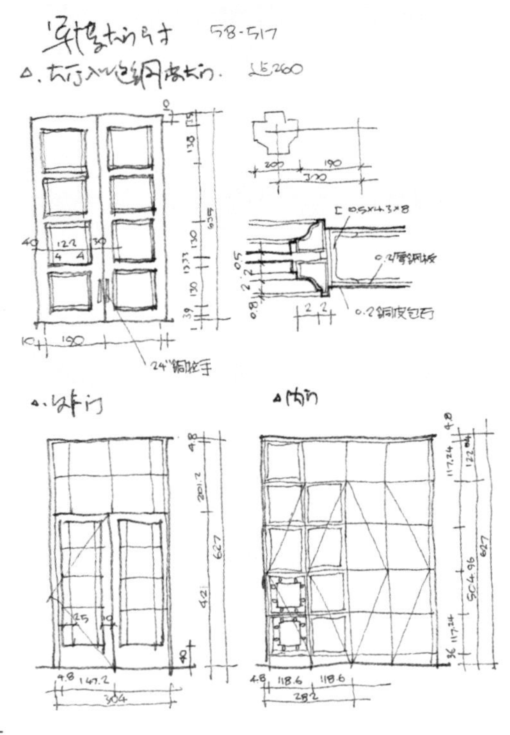

5

11 月 10 日（星期三）

上午去民族文化宫、中国人民革命军事博物馆（以下简称“军博”）联系参观事宜，下午建筑、设备、电气专业的 32 人去军博参观。

晚上，宋汝棻和黄国民向全体传达了中央的指示精神，主要包括以下意见。

平、立、剖面图基本符合中共中央政治局的指示精神，讨论修改后可以上报中央，现在可以按此方案做施工准备；地下室部分由赵鹏飞负责，大家再交换一下意见，之后就不能再改了，科研部门要认真抓起来。关于动土问题，是否需要奠基仪式及圈地拆迁问题等由北京市写报告，顾明召集会议研究；建筑形式要严肃、大方、美观，不要太花哨。所有人员要坚决贯彻中共中央政治局意见，按中南海“519”工程标准，抗震按 9 度设防，力求坚固，质量一定要有保证；3 个模型中谷牧主张有女儿墙的一个，准备再做一个综合方案。建议二层将来存放主席文件和手稿，这还要请示中央后再定；开工问题要向北京市委报告，之后向中央报告，一切争取实现一个“早”字，要做到“多快好省”，这 4 个字每一个字的要求都不能少。建筑要符合主席思想，该花的要花，该省的要省，电梯不要设那么多了。以后每省市来一个人参加方案的讨论。

11 月 11 日（星期四）

上午我们讨论了昨日的有关精神，下午去了全国农业展览馆参观。

11 月 12 日（星期五）

上午我们收集资料，下午开支部扩大会。

黄国民讲前门饭店会议要结束了，建筑设计的平面基本已成定局，不会有大的变动，要正式开始施工了。赵鹏飞主任上午谈到，要全面安排设计工作，包括市政、园林、总图各方面，都要有一个统一的部署，由沈勃负责来抓。工作不深入，矛盾就暴露不出来，工作要向深度和广度扩展，完成技术设计和加工订货。后续也要安排正阳门的修缮、天安门广场两侧的配合等工作；200 人的警卫如何住、内外装修等问题也都要考虑。要加强核心力量，扩大队伍，使工作一气呵成。当前的主要任务就是要赶紧出图，和施工方密切配合，主体建筑设计的方案不能变了，平面需要细化，分工也要细化。老宋要担任总负责，抓核心部分。灯具小组要赶紧成立起来。

图 5. 军博大门有关资料

徐荫培讲了指挥部的时间安排：11 月份施工准备；12 月 1 日开工，5 天挖完土，20 天打完椿。1977 年 1 月 15 日 ±0.000 以下完工；3 月 15 日主体结构完工；7 月 15 日装修完工。

设计工作目前是边设计、边施工，今天交底之后，大家要突击完成 1:200 的平面，并发放给各专业。从 11 月 15 日开始要在两周内完成技术设计。11 月 27 日完成技术设计，各专业核对图，并进入施工图阶段，3 个项目要提前出图，即竖井图、刨槽图、桩位图。±0.000 以下部分在 12 月 10 日前完成。

11 月 15 日完成 1:100 的平、剖面图，11 月 18 日各专业相互交换资料，11 月 25 日各人要完成自己的技术设计，27 日核对图。

晚上去前门饭店画平面图。

11 月 13 日（星期六）

上午设计组开会批判“四人帮”，下午开全院大会。

上午起布置工地现场，搬家。

11 月 14 日（星期日）

上午开会研究了进度，发了 1:200 的带详细洞口尺寸的平面图、轴线图及房间的全部编号，要求 18—20 日把 10 cm 以上的洞口提完，其余洞口 23 日以前提完。

11 月 15 日（星期一）

徐荫培去前门饭点开会，设计组人员在家准备。下午五建公司来研究屋顶、垫层、石材、地面、墙面等做法。

晚上宁河县（现天津市宁河区）发生 6.9 级地震。我们加班画图。

11 月 16 日（星期二）

预算组来人，灯具组黄德龄、饶良修等 3 人来。上午我们研究了做法，下午画了屋顶平面图。

以上就是 1976 年 9 月 9 日—11 月 16 日这 69 天中有关纪念堂建设早期的一些实录，现仅对文字做了一些整理和修饰。这也是我当时作为基层设计人员对该事件的记录和观察，了解的情况都是一些局部或片段，读者若想了解总体情况，还需参照已正式发表过的相关设计总结及袁镜身先生和高亦兰先生撰写的相关回忆文章。不管如何，通过多方位、多角度的回忆，能使历史事件尽可能地还原，想来这总是不无益处的，这也是我们这些曾经参与过这一工作的人员的历史责任。

纪念堂建设回忆

公开发表的关于毛主席纪念堂设计和建设的回忆文章，比较早的有《建筑学报》1977 年第 4 期，为毛主席纪念堂规划设计专辑，内部刊物《建筑技术》在 1978 年 1—2 期出版了设计和施工专辑。参与纪念堂规划设计领导小组的袁镜身同志，在 1985—2003 年间，曾写过几篇文章回顾设计过程。这其中还有一个小故事。1994 年，我去袁老家探望他，在闲谈中说起毛主席纪念堂，他拿出一张照片说："当时在纪念堂设计组，有这样一张照片，里面绝大部分人的名字我都记得，就是这个军人小姑娘的名字却怎么也想不起来了。"我看了照片以后就笑了，说："您还真找对人了，我还真的认得这个人，她就是我爱人关滨蓉。她当时在铁道兵地铁设计院，先参加的前门饭店的工作，后来一直在纪念堂工地，直到工程竣工。"袁老说："对了，就是小关。"当时照片中还有一位军人，是他们院长华德润。而她当时 35 岁，可能是设计组中最年轻的，又是女同志，所以拍照就选中了她。照片中的另外两位女性，一位是清华大学的老师王炜钰先生，她当时 52 岁，另外一位就是后来十分有名的建筑师张锦秋，她那时刚刚 40 岁。袁老还在 1994 年 4 月 14 日专门写信给我，为他的文章中没有提到关滨蓉的名字表示十分抱歉。

1

图 1. 毛主席纪念堂设计组照片（1977 年，前排左起：袁镜身、沈勃、陈植、张锦秋、杨廷宝、顾明、华德润、黄国民、甘子玉、方伯义、齐明光、徐荫培、李光耀、黄远强。后排左起：扬芸、朱燕吉、王炜钰、关滨蓉、章又新）

2

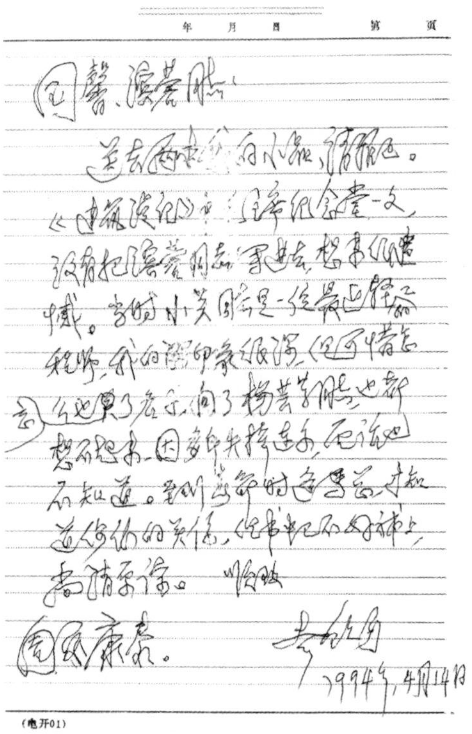

3

清华大学建筑学院的《建筑史论文集》2003年第一辑刊登了高亦兰教授在1977年8月执笔、以纪念堂设计组的名义撰写的《毛主席纪念堂设计过程总结》，附有过程方案的资料照片。因为高先生总结执笔时距纪念堂建设的时间很近，所以这份资料应是记录设计过程的可信资料，但在26年之后才正式发表。此后，在各种传媒中，陆续能看到涉及纪念堂建设的回忆文章，有的涉及其中的局部，有的偏于猎奇爆料，也有揣测不实的成分。最离谱的是我曾在美国旧金山看到一份华文报纸，大标题是《我设计了天字第一号工程》，看上去耸人听闻，其实文中的主角我很熟识，他是我大学同年级的同学，但我们不是同一个专业的。当时他只是在纪念堂的雕塑组参加了群雕工程的施工安装工作（因为他此前就参加过清华大学二校门

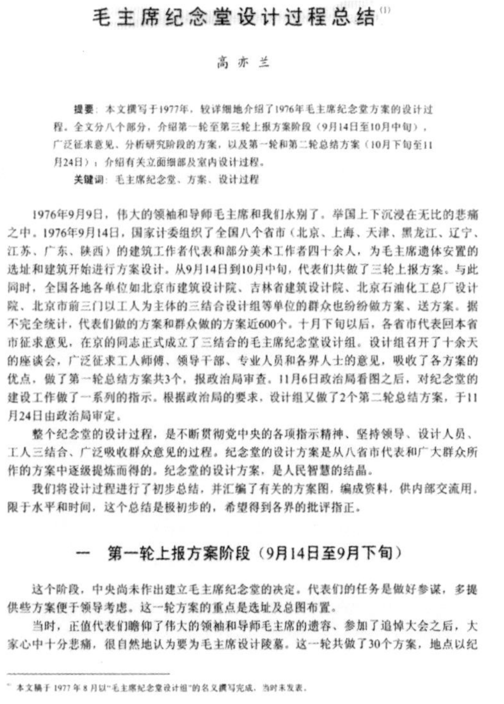

毛主席纪念堂设计过程总结[1]

高亦兰

提要：本文撰写于1977年，较详细地介绍了1976年毛主席纪念堂方案的设计过程。全文分八个部分，介绍第一轮至第三轮上报方案阶段（9月14日至10月中旬），广泛征求意见、分析研究阶段的方案，以及第一轮和第二轮总结方案（10月下旬至11月24日）；介绍有关立面细部及室内设计过程。

关键词：毛主席纪念堂、方案、设计过程

1976年9月9日，伟大的领袖和导师毛主席和我们永别了。举国上下沉浸在无比的悲痛之中。1976年9月14日，国家计委组织了全国八个省市（北京、上海、天津、黑龙江、辽宁、江苏、广东、陕西）的建筑工作者代表和部分美术工作者四十余人，为毛主席遗体安置的选址和建筑开始进行方案设计。从9月14日到10月中旬，代表们共做了三轮上报方案。与此同时，全国各地各单位如北京市建筑设计院、吉林省建筑设计院、北京石油化工总厂设计院、北京市前三门以工人为主体的三结合设计组等单位的群众也纷纷做方案、送方案。据不完全统计，代表们做的方案和群众做的方案近600个。十月下旬以后，各省市代表回本省市征求意见，在京的同志正式成立了三结合的毛主席纪念堂设计组。设计组召开了十余天的座谈会，广泛征求工人师傅、领导干部、专业人员和各界人士的意见，吸收了各方案的优点，做了第一轮总结方案共3个，报政治局审查。11月6日政治局看图之后，对纪念堂的建设工作做了一系列的指示。根据政治局的要求，设计组又做了2个第二轮总结方案，于11月24日由政治局审定。

整个纪念堂的设计过程，是不断贯彻党中央的各项指示精神、坚持领导、设计人员、工人三结合、广泛吸收群众意见的过程。纪念堂的设计方案是从八省市代表和广大群众所作的方案中逐级提炼而得的。纪念堂的设计方案，是人民智慧的结晶。

我们将设计过程进行了初步总结，并汇编了有关的方案图，编成资料，供内部交流用。限于水平和时间，这个总结是极初步的，希望得到各界的批评指正。

一　第一轮上报方案阶段（9月14日至9月下旬）

这个阶段，中央尚未作出建立毛主席纪念堂的决定。代表们的任务是做好参谋，多提供些方案便于领导考虑。这一轮方案的重点是选址及总图布置。

当时，正值代表们瞻仰了伟大的领袖和导师毛主席的遗容、参加了追悼大会之后，大家心中十分悲痛，很自然地认为要为毛主席设计陵墓。这一轮共做了30个方案，地点以纪

[1] 本文稿于1977年8月以"毛主席纪念堂设计组"的名义撰写完成，当时未发表。

4

图2.《建筑学报》1977年第4期　　图3.袁镜身给作者的信　　图4.高亦兰执笔的《毛主席纪念堂设计过程总结》

前的毛主席塑像的工作，这是“文革”时期建成的第一座毛主席塑像，此后他又参加了全国多个类似的工作，对此还是很有实践经验的）。当年的纪念堂工程属于保密工程，所有参与此工程的人员记录的每天工程进展的所有工作日记都上交了，因此这为日后的回忆查找带来了困难。随着时间的推移，当事人的记忆也越来越不准确，北京院照相组原来存有设计方案的全部照片底片，我还在很多年前找到了自己绘制的透视图底片，并洗了照片，但现在这些方案底片也都找不到了。作为设计工作的参与者，我还是想尽力查找资料并搜寻头脑中的印象，以求把整个设计和建设的过程表现得更真实全面些。

先回顾一下毛主席纪念堂设计及建设过程大事记：

1976年9月9日，毛泽东主席逝世。11日至17日在人民大会堂举行了吊唁仪式。

1976年9月14日，国家计委组织全国八省市十余单位的设计人员在前门饭店集中，开始选地和方案设计工作。

1976年9月18日，首都百万群众在天安门广场举行追悼大会。

1976年10月6日，中共中央政治局采取断然措施，对“四人帮”实行隔离审查。

1976年10月8日，中共中央、全国人大常委会、国务院、中央军委作出《关于建立伟大的领袖和导师毛泽东主席纪念堂的决定》。

1976年10月15日，北京院成立纪念堂设计组，建立临时党支部。

1976年11月6日，中共中央政治局审查纪念堂方案。

1976年11月9日，毛主席纪念堂工程指挥部成立，由时任北京市建委副主任的李瑞环同志任总指挥。

1976年11月24日，中共中央政治局最后审定纪念堂方案，毛主席纪念堂奠基仪式在天安门广场举行。

1977年2月，工程指挥部召开“工业学大庆”会议。

1977年3月22日，毛主席纪念堂主体结构提前完成。

1977年5月24日，毛主席纪念堂建筑工程竣工。

1977年6月17日，毛主席纪念堂工程指挥部举行总结工作、表彰先进大会。

1977年7月21日，《中国共产党第十届中央委员会第三次全体会议公报》通过。

1977年8月18日，《中国共产党第十一次全国代表大会新闻公报》发表。

1977年8月22日，出席中共十一大的代表们瞻仰毛主席遗容，发表一中全会公报。

1977年8月30日，《人民日报》《北京日报》等在头版发表《毛主席纪念堂全部胜利建成》。

1977年8月31日，时任南斯拉夫总统的约瑟普·布罗兹·铁托（Josip Broz Tito，1892年5月25日—1980年5月4日）到纪念堂瞻仰毛主席遗容。

1977年9月9日，中共中央、人大常委会、国务院和中央军委在纪念堂北门广场举行“纪念伟大领袖和导师毛主席逝世一周年及毛主席纪念堂落成典礼大会”。此后全国各省、自治区、市的代表陆续前来瞻仰，到26日止达16万人 。

纪念堂的方案设计工作是在全国各省市设计人员于1976年9月14日会集前门饭店后正式开始的，但在此前的一周时间里，北京市和北京院已经做了一些前期准备和方案试做的工作。当时我还在前三门工地参加“以工人为主体的‘三结合’设计小组”的工作，10日晚，党委通知我马上回院，当时参加会议的有方伯义、吴观张、黄晶、叶如棠和我，还有规划局的朱燕吉，后来方案人员又增加了巫敬桓、郑文箴、玉珮珩和谢炳漫。当时我们的设计思路还很窄，多考虑红旗、红太阳、向日葵、梅花、青松，甚至还有文冠果等图形。这些方案在高先生的设计总结中都被归入了9月下旬以后的第二轮方案，第一轮方案是由当时集中在前门饭店的全国设计人员所做的，而我们在第二轮中送去的方案实际早在9月14日以前就已经画出来了。

当时前门饭店规划设计的领导小组由市建委主任赵鹏飞、时任中国建筑科学研究院院长的袁镜身和北京市规划局局长沈勃等组成。具体参加人员在几种版本的回忆录中略有出入，根据我的回忆，参加前门饭店规划设计的有中国建筑科学研究院的戴念慈、扬芸和庄念生，北京市规划局的钱连河和朱燕吉，北京院的徐荫培、方伯义和吴观张，清华大学的吴良镛、王炜钰、高亦兰和徐伯安，天津大学的章又新，上海民用院的陈植、钱学中，广东省建筑设计院和广州市设计院的黄远强、佘畯南和陈立信，南京工学院的杨廷宝和齐康，中国建筑西北设计研究院的洪青和张锦秋，辽宁省建筑设计院的齐明光，黑龙江省建筑设计院的李光耀，还有铁道兵地铁设计院的华德润院长带领的五六位技术人员。高先生的总结中还提到结构专家和工艺美术家，因我和他们没有一起开过会，所以没什么印象。当时年纪最大的杨老75岁、陈老74岁、洪青老63岁，戴总那时56岁，吴良镛先生54岁，齐康先生45岁，张锦秋刚刚40岁。那是我第一次看到那些泰斗级的建筑界前辈，但除了清华大学的老师和学长外，我只和上海民用院的陈老和钱学中比较熟，因为此前去上海调研时就认识。

因为考虑到北京院将会在这一工程前期多做一些工作，最后还要承担施工图的任务，所以我院从一室、三室、四室、六室各抽调了一位建筑专业的室主任或副主任，并任命为负责人，即方伯义、吴观张、徐荫培和我。因为四室的徐荫培长期从事为中央服务的工程，所以他任总负责人。在前门饭店召开的讨论会上，杨老、陈植老、洪青老等老一辈以及北京院张总的二位同辈戴总、佘总都参加了，但已恢复工作的张镈、张开济几位老总却未参与这一工程，我估计院党委可能更多是从工程的政治性考虑的，所以各专业的负责人都是党员，而且以“少壮派”为主。徐、方、吴代表北京院参加前门饭店工作，经常回院来沟通进展及布置工作，我和其他同志在院里继续做方案，有重要讨论时，我们也去前门饭店旁听，然后根据前门饭店的进展，我们作为参会人员的

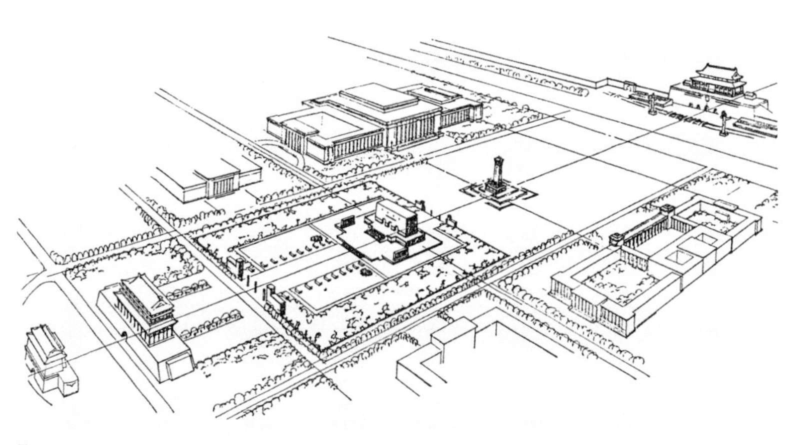

5

图5. 前门饭店时提出的设计方案之一

后方支持，随时提出新的想法，并做模型、画透视图、放大平面等。记得9月25日晚八九点，我们还遇到过一次强烈有感地震，但这也没有影响大家的工作。由于工程是保密级的，当时也没有留下前门饭店全国各地设计人员的工作场景的影像资料，现在可看到的照片都是事后补拍的，包括前面袁老所提到的那张照片。还有一次拍电影，在现场设计组的桌子上放了几个纪念堂的模型，摄影机就在我身后，大家围桌而站或坐，正面是专门请来的几位外地专家，导演一会儿让我们这样，一会儿让我们那样，把中间位置的杨老折腾得够呛。

在《建筑学报》的纪念堂专辑中提到："毛主席纪念堂的设计方案，是来自八个省市的老中青设计人员共同进行的。以后由北京市建筑设计研究院等在京单位的工人、干部和技术人员组成毛主席纪念堂规划设计组，继续完成了纪念堂的综合方案设计和整个工程的全部设计工作。"这总结得十分准确，和客观实际相符合。曾有个别参加过纪念堂前期工作的专家认为，方案在那时就已完成了，实际上并不是，最后的综合方案是在各地专家离开后才完成的。整个方案的设计过程按高先生总结，可分为6个阶段，具体如下。

（1）第一轮上报方案阶段（9月14日—9月下旬）。主要是各地人员试做方案，高先生文章写的是当时完成了30个方案；当时我在笔记本上做了较详细的记录，共31个方案。

（2）第二轮上报方案阶段（9月下旬—9月底）。大家围绕天安门南、天安门北、香山、景山等地点提出总体方案，并开始对个体平面及造型的多方案进行探讨。其间，29日，中央还来听过一次汇报，明确由谷牧同志总抓，下设办公室因设在西黄城根南街9号，所以简称"国务院九办"。

6

图6. 天安门广场全景

当时北京院院内做的方案也被贴在展板上，送到了前门饭店，放在会场门口供各地与会代表参考。我翻拍的几张透视图就是我在那时画的炭笔粉彩图。当时我对各种造型、各种风格都尝试了一下，并没有什么固定的创作思想，但因为资历太浅，所以也没引起什么人注意，其他建筑师都在关心他们自己所做的方案。利用这个机会，我也看到了各地专家的方案和绘制表现图的功夫。

（3）第三轮上报方案阶段（10月初—10月中旬）。由于“四人帮”倒台和中共中央决定的公布，大家的设计思路日渐清晰，用地集中在天安门南和天安门北两处，纪念堂的个体平面也逐渐成熟，立面方案仍在多方案比较并逐步深入，包括单檐、重檐以及其他的造型。

（4）广泛征求意见、分析研究阶段（10月中旬—10月下旬）。10月21日以后，外省市的设计人员离京，他们的工作告一段落，但前门饭店的工作仍在继续，此时，以北京院为主的纪念堂规划设计组的班底已陆续组建完毕，各个专业开始介入，并会同在京的其他设计单位的人员召开了座谈会，广泛征求意见，并进一步综合平面方案，此时选址已经较倾向于天安门前，人民英雄纪念碑的南面。关于总平面图的布置，建筑的正方形平面、30多米的高度、立面的柱廊和重檐等设计，大家已经逐步取得了一致的意见。为了集思广益，北京院还曾发动全院各室提出设想，我的笔记本上就记录了8个设计室加设计组共提出的12个方案。几年前，我找到了当时我画的一张铅笔粉彩的纪念堂表现图，是单檐处理的柱廊方案。我在总结中提到了魏大中、鲍铁梅、张关福等人画的表现图。同时，各施工公司、市政管线、地下工程、建筑材料以及遗体保护、水晶棺研制等单位相继参与进来，虽然还没有确定最后的方案，但是平面、剖面图的绘制和各项技术实施工作都已在紧张地进行了。

（5）第一轮总结方案（10月下旬—11月6日）。在统一的平面的基础上，大家提出了3个立面方案。第一个方案是圆柱重檐，上层檐后退，设两层台基；第二

7

8

9

图7. 北京院发动各室提出的方案一（魏大中绘） 图8. 北京院发动各室提出的方案二（鲍铁梅绘）
图9. 北京院发动各室提出的方案三（张关福绘）

10

图 10. 作者前后所绘的纪念堂方案选（5 张）

个方案是方柱重檐，但上层檐不后退，看上去像较高的女儿墙，设两层台基；第三个方案是八角形柱重檐盝顶，设两层台基。除了细部上的区别外，主要的变化还体现在双重檐口的处理方式上。11月6日，中共中央政治局听取了汇报，明确了建设的指导思想，简言之是8个字“瞻仰、缅怀、重温、激发”。纪念堂的地址最后确定在天安门前的人民英雄纪念碑以南，中央批准了总体方案，要求“建筑坚固适用，庄严肃穆，美观大方，有中国自己的风格，方便群众瞻仰，利于遗体保护”，抗震烈度设定为9度，并指出在毛主席逝世1周年前必须建成开放。

（6）第二轮总结方案（11月7日—11月24日）。在上一轮的总平面图和1个平面图的基础上，本轮提出2个立面的方案。一号方案中的建筑高30 m，二号方案中的建筑高33.6 m，2个方案最主要的区别在于二号方案是以上一轮的第一个方案为基础，将两层檐口之间的女儿墙退后了一开间，而一号方案是以上一轮的第二个方案为基础，上层檐没有退。除模型以外，透视表现图中的一号方案是徐伯安画的，二号方案是庄念生画的。11月24日，在纪念堂工程奠基仪式之前，中共中央政治局最后审定批准采用二号方案，并要求吸收另一个方案的一些优点。据在场的同志介绍，开始时，

11

12

13

图11. 北京院纪念堂设计组部分人员（左起：黄国民、梁永兴、徐荫培、周之德、邢耀增、庞洪涛、作者、张关福）

图12. 第二轮上报方案的一号方案　　图13. 第二轮上报方案的二号方案

一号方案也有些领导支持，但最后决定用二号方案。现在回想起来，我认为二号方案还是优于一号方案的，因为从总体效果看，建筑顶部退后一开间后，整个纪念堂的体形就显得不那么巨大厚重了，轮廓也显得有变化，建成效果会比一号方案更理想。据统计，纪念堂的方案前前后后共做过近600个，最后的方案集中了各方面，包括全国各地工程技术人员和纪念堂规划设计组人员的意见和智慧。

设计组中北京院的班子是以四室的人员为基础，再从各室抽调人员作为补充的。因为当时四室是保密室，为中央服务和有密级的工程都在四室。当时，纪念堂工程的密级定级时，原被设定为“机密”级，但按当时的政审要求，这一密级极为严格，很多同志将无法参加设计工作，并且纪念堂建成后总是要对外开放的，所以最后其被定为“秘密”级。我回忆当时参加的人员有以下这些，因为时间相隔太久，有错误或遗漏还望见谅。

工程主持人：徐荫培；建筑负责人：徐荫培、方伯义、吴观张、马国馨；结构负责人：许月恒；设备负责人：赵志勇；电气负责人：张云舫；总图负责人：耿长孚。其中建筑专业的还有：巫敬桓、徐豈凡、张关福、邢耀增、谢炳漫、韩福生、邵桂雯、关长存、吴佩刚、玉珮珩、冯国梁、刘力、鲍铁梅、聂志高、刘慧英、刘永梁、寿振华、张绮曼、刘宪荣、王如刚（以上为北京院人员），王炜钰、高亦兰、徐伯安（以上为清华大学人员），扬芸、庄念生、黄德龄、饶良修（以上为中国建筑科学研究院人员），何镇强（中央工艺美术学院人员），李桢祥、陆三男、赵文富（以上为北京建筑艺术雕塑厂人员）。总图部分还有吴良镛、朱燕吉、崔凤霞、钟晓青等人。

14

图14. 设计组同志在纪念堂［前排左起：邵桂雯、冯国梁、姚善琪、徐荫培、方伯义、作者。二排左起：刘慧英、徐豈凡、耿长孚、陶师傅、玉珮珩。后排左起：王如刚、张关福、冯师傅、聂志高（站）、关长存（蹲）、张景华（站）、巫敬桓（蹲）、陆三男（站）、徐伯安（蹲）、钟晓青（蹲）］

北京院的其他专业（包括预算和材料方面）参与人员有高爽、徐元根、柯长华、贾沐、刘小琴、杨玉松、施洁、唐光杰、黄峰、吴国让、李颐龄、刘岚世、刘夫坪、李新院、吴龙宝、周松祥、周维华、王淑贤、孙恩起、郑炜、李璀恒、王秀梅、郑淑琴、魏亚萍、陆时霖、姚善琪、张景华等。除一线人员外，院里还组织当时院里各专业的副总在技术上把关和提出指导意见。

当时正是揭批“四人帮”，号召“抓纲治国”的年代，所以设计组大部分成员在10月20日都集中到原研究室二楼西头的大屋子，上了3天学习班，院党委和赵鹏飞、沈勃等同志都来过，除强调了工程的光荣和艰巨，面对边设计、边施工、边备料、边科研的紧迫形势，大家必须分秒必争，工作齐头并进、全面展开外，同时强调了要政治统率业务，走群众路线。当时，知识分子还没有成为“工人阶级的一部分”，为了强调工人阶级的领导，各设计专业还都配有从建筑公司或房管局请来的工人师傅（在此之前我参加的前三门工程设计就称为“以工人为主体的‘三结合’设计组”）。临时支部由黄国民（一建公司）、研究室的周之德和徐荫培组成，办公室有梁永兴和庞洪涛。除了配合前门饭店的工作、准备最后几轮向中央汇报的各种图纸、做模型外，我们还做了大量的技术准备工作，如搜集相关的资料，参观“国庆十大工程”，学习工程中的一些做法，记得当时想去人民大会堂参观很难，还是沈勃同志专门领我们去看的，谈了许多当年在大铜门、檐口花饰等做法上的经验教训。另外几个主要大厅的装修方案，主要的用材方案及做法、结构方案、管线综合等工作也陆续进行，并向建筑公司交底或进行商讨，有关产品的加工单位也陆续前来联系。当时中国历史博物馆内还设了瞻

15

图15. 设计组同志在纪念堂（组图）

16

17

18

19

20

21

图 16、图 19~ 图 20. 设计组人员在现场　　图 17. 纪念堂工地总指挥研究工作　　图 18. 全国劳模王学礼在工地

图 21. 在纪念堂屋顶檐口处。左起：吴元福（六建公司全国劳模）、作者、关长存、傅兰刚（六建公司工长）

22

23

24

仰厅的足尺模型，以便于感受研究厅的尺度。当然那时我们也还要参加全院和设计组内批判“四人帮”的大会。

11 月 6 日，中央审查之后，设计的方向已十分明朗，只是外立面造型还有待批准，所以技术设计和施工图的工作紧张进行。组内具体分工由徐荫培总负责，并与上级及各相关单位联系与协调；方伯义负责各大厅的装修，吴观张负责外立面及做法，我负责平、剖面等基本图纸的绘制，耿长孚负责总平面图的绘制。当时的进度安排计划是 11 月 15 日开始技术设计，平面、剖面图发给各专业，18 日各专业互相提供资料，27 日技术研究完，各专业核对图纸。此前上级要求设计人员提前提供竖井图、刨槽图和打桩图，为施工创造条件。17 日以后，设计组就开赴现场。现场设计的地点先选在位于中华门东、东交民巷路口东北角的一座老式洋房内，后来因现场拆迁，我们又搬到了中国历史博

25

26

图 22. 延安运来的青松　图 23. 各界人士义务劳动　图 24. 纪念堂工程建设中
图 25. 作者在纪念堂现场　图 26. 纪念堂工地夜景

物馆南面的一栋老式楼房（现在还存在）的楼上，指挥部也在这栋楼内，记得晚上加班吃完夜宵以后，我们有时还会跑到总指挥的办公室聊天。

纪念堂是长宽各 105.5 m 的正方形建筑，当时我们认为正方形平面的主要优点是：平面布局严谨，有强烈的中心感；路线明确简洁，在进入瞻仰厅前需先进入北大厅（序幕厅），可起到烘托气氛的作用；南北主要出入口明确，东西向的门可供不同情况下使用；结构布局合理，利于抗震，便于施工。建筑物中心距人民英雄纪念碑平台南和正阳门城楼北均为 200 m。建筑标准柱网距离为 6.6 m，台基高 4 m，一、二层的层高为 12 m。当时设计组面临着大量的技术难题，为了保证建筑坚固安全，在唐山地震之后，所采用的 9 度抗震烈度是在过去从未设计过的，所以在结构计算和构造处理上，这些都是新的课题。经反复研究比较后，最终采用了无边框剪力墙结构体系，剪力墙在东西方向设 3 道，南北方向设 4 道，均匀布置，以保证结构刚度的均匀连续。主体结构是 50 cm 厚的现浇钢筋混凝土板墙结合现浇梁板结构。地下室的剪力墙还有所增加，与底板、顶板连成一体，以形成刚度很大的箱体。而其他隔墙，由于室内层高很高，为减轻自重，减少湿作业，加快施工进度，用角钢制成 300 mm × 300 mm 的轻型钢柱，柱间距为 2000~2500 mm，内卡 50 mm × 50 mm 的木龙骨，外饰石膏板贴墙纸，其总质量为 75.80 kg/ m^2。屋顶部分为铝合金板屋面加轻钢结构。在室内外艺术处理和选材、装饰的设计上，如何使政治思想性和艺术性完美结合、实现“古为今用，洋为中用”更是高难度的课题。

当时平、剖面组要尽快完成基本图纸，以使结构图纸能尽快满足施工条件。我记得是王珮珩画

27

图 27. 设计人员讨论方案（前排左起：王炜钰、巫敬桓、扬芸、高亦兰、黄国民；后排左起：徐伯安、李颐龄、徐荫培、周之德、庞洪涛、工人师傅、张绮曼、郑玮、李新院、作者、赵志勇）

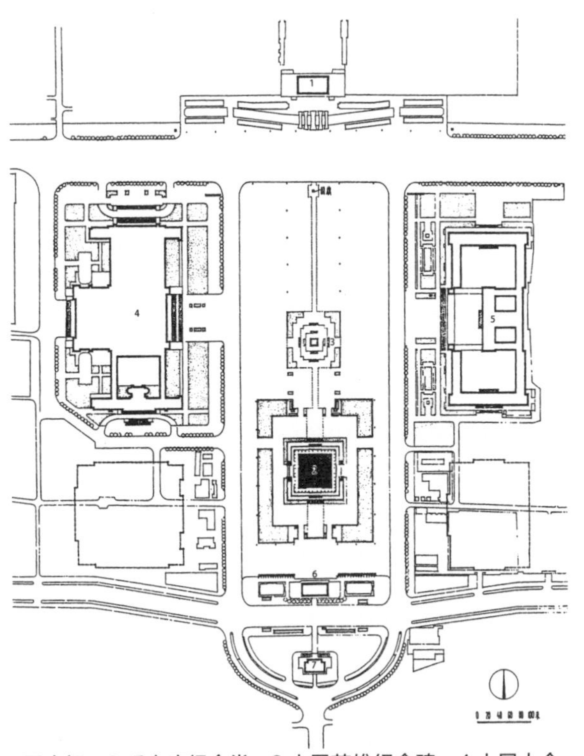

1 天安门；2 毛主席纪念堂；3 人民英雄纪念碑；4 人民大会堂；5 中国革命、历史博物馆；6 正阳门；7 箭楼

28

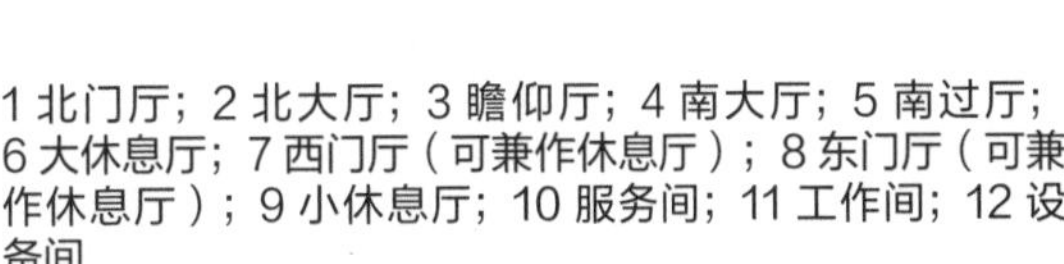

1 北门厅；2 北大厅；3 瞻仰厅；4 南大厅；5 南过厅；6 大休息厅；7 西门厅（可兼作休息厅）；8 东门厅（可兼作休息厅）；9 小休息厅；10 服务间；11 工作间；12 设备间

29

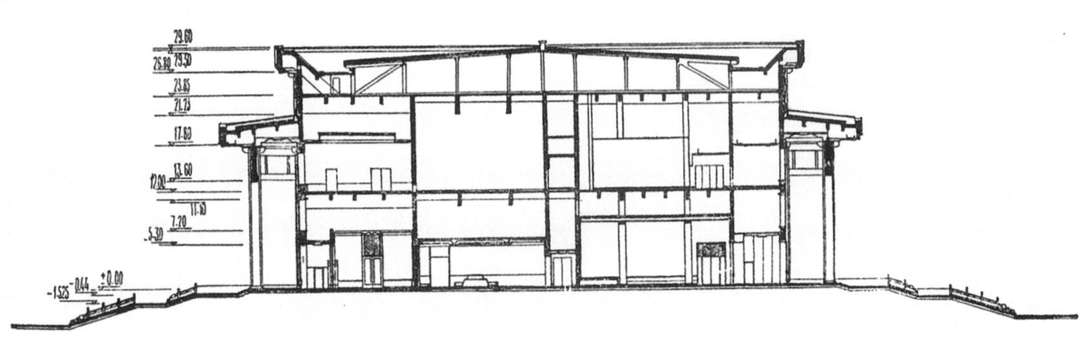

30

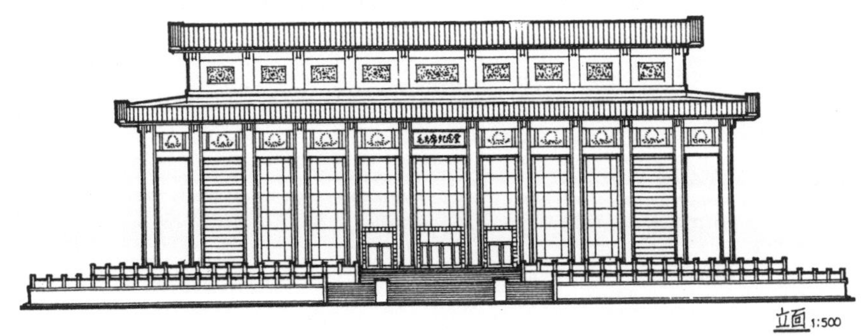

31

图 28. 天安门广场总平面图　图 29. 纪念堂首层平面图　图 30. 纪念堂纵剖面图　图 31. 纪念堂正立面图

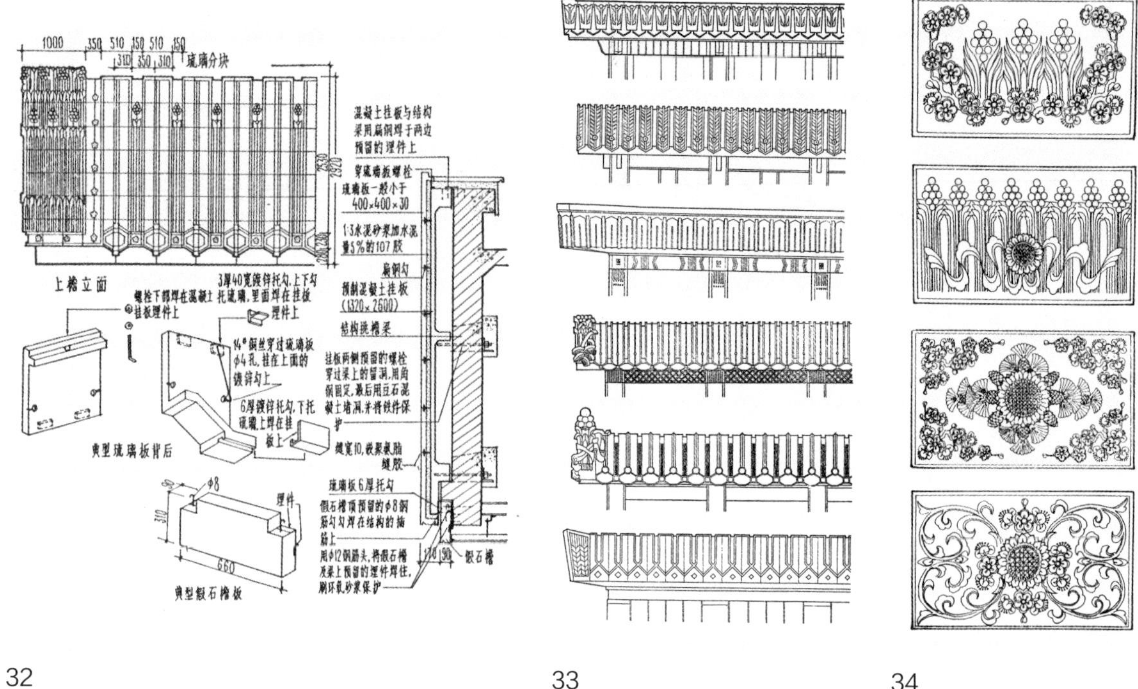

地下室平面图，我和邵桂雯画首层、二层平面图，其他人画剖面图。其中地下室的平面最复杂，因为地下室还包括台基下面的空间，所以比上部平面大得多，加上地下剪力墙的数目也比地上的多，并且所有门窗洞口、管线和设备留洞也必须全部在图纸上注清。那时还没有在混凝土上开洞的机械设备，如果有了开洞上的遗漏，还得让工人在有暗柱、暗梁的 300 mm 和 500 mm 厚的、标号为 300 号的混凝土墙上人工凿洞，但这恐怕就不单是个技术问题了，所以王珮珩的工作量最大、最复杂，他既要和各专业协调，又要在每一道混凝土剪力墙上都画出需留洞的位置和尺寸的立面。当时工地的技术员就在他身边等着，隔断和平面一旦完成，他们就马上计算用料和费用。王工的头脑特别清楚，所以把那么复杂的事情处理得井井有条，他在工地也忙得不亦乐乎。1:50 的外墙大样图是吴佩刚画的，他那时身体一直不好，那张外墙大样图近 2 m 长，他趴在桌子上画得十分费劲，到晒图组去晒图时，因为工地要的份数太多，底图很快就破得不像样了，上面粘满了胶纸。后来我画屋顶平面和夹层平面图，屋面防水原来参照了首都体育馆的铝合金屋面做法，采用了国产 LF2 型防锈铝板，表面涂锌（铬）黄防锈漆。这在首都体育馆那里使用了近十年没发现什么问题，可是后来指挥部有一位总工提出，为了保证屋顶不漏水，要吸取中国古建筑故宫在屋面“锡拉背”的做法，即在坡脊处做铅锡合金板的屋顶，说是这样从来没有漏过水。后来“三结合”小组去故宫调研，了解到钦安殿是铜板铅锡背屋顶，从 1420 年至今（1976 年）已有 500 多年的历史，没有渗漏，也未翻修过，当时是用的 0.8~1 cm 厚的板材。新中国成立后翻修角楼时，专业人员发现铅锡板材只有在阴角部位有轻微腐蚀。但我认为这用在纪念堂中并不合适，一来纪念堂是小坡屋顶，使用三机部 621 所研究出的 1 mm

图 32. 纪念堂檐口做法　　图 33. 檐口花饰方案　　图 34. 纪念堂华板图案方案

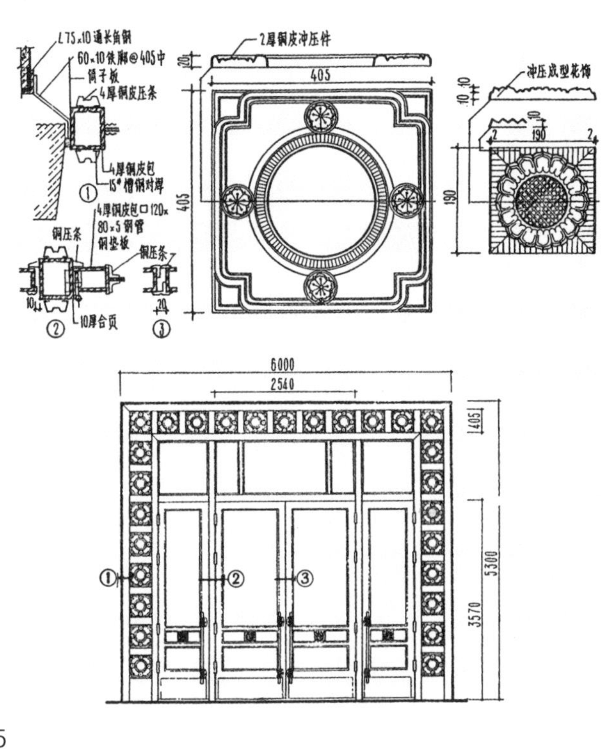

35

36

厚的 LF2-1 型防锈铝板再加一道防水层基本就可以满足要求；二来铝板和铅锡板存在不同的电位差，有电化腐蚀的隐患，铅锡板和木望板在固定时也有穿孔防水等问题。可是当时又没有人敢出来打保票，不做铅锡层就一定不漏，结果最终绝缘密封以及温度胀缩等问题在解决时费了很大的工夫，我认为这是处理得不够理想的地方。面积近万平方米的屋面的雨水管最后只设了 4 根，放在 4 角，管径也特地选成外径 200 mm 的。

立面设计组在表现建筑庄严肃穆的纪念性的同时，也吸取了中国传统建筑的做法，同时又有所创新。当时寿振华负责构造，张绮曼负责装饰纹样，徐伯安负责石材，高亦兰负责琉璃。正方形的柱廊造型吸收了西方古典石建筑的特点，但在 11 开间的柱间距的处理上，中间的明间是在 6.6 m 柱距的基础上放大为 8.7 m，两端部的稍间收为 6.0m，这符合中国古建的传统处理方式。当年人民大会堂的柱廊是等距的，但后来为了表现中间明间的柱距较大，设计者想了许多办法才解决。两层的琉璃檐口、檐口间的立墙、柱间的华板到台阶的垂带、望柱上采用的花式都较中国古建筑以及“国庆十大工程”有较大的改进或创新，如双层琉璃檐口分别厚 2.92 m（上）和 2.2 m（下），采用了以万年青为主的凹凸纹样，花饰在 4 个转角处凸起，给人以四角起翘之感。为了保证工程的进度，琉璃在加工厂时便被贴在了宽 1.31 m 的槽形混凝土的预制板上，上檐上共 5712 块的琉璃瓦和下檐上共 4880 块的琉璃瓦分别被镶在 204 块和 244 块预制板上，然后在工地吊装、锚固、嵌缝。据施工单位六建公司称，这种做法与现场挂贴相比，工期至少缩短了一个月。在全部安装完后，为了保证安全和万无一失，又有与瓦色一致的铝合金丝保护网被安装在南北入口的 3 个开间檐口上。44 根 17.5 m

图 35. 纪念堂大铜门立面及花饰　　图 36. 纪念堂正中开间入口

37

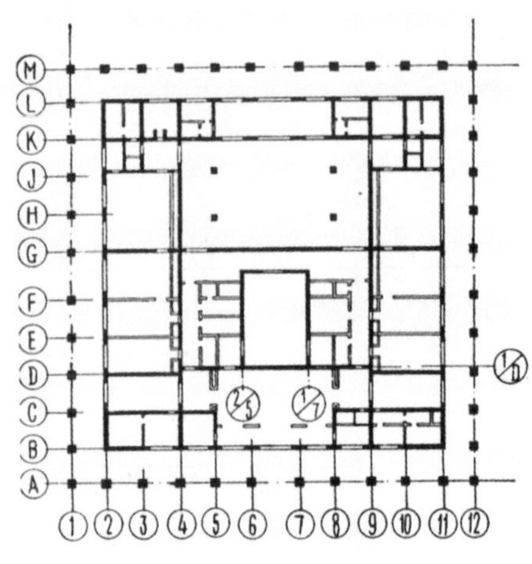

38

39

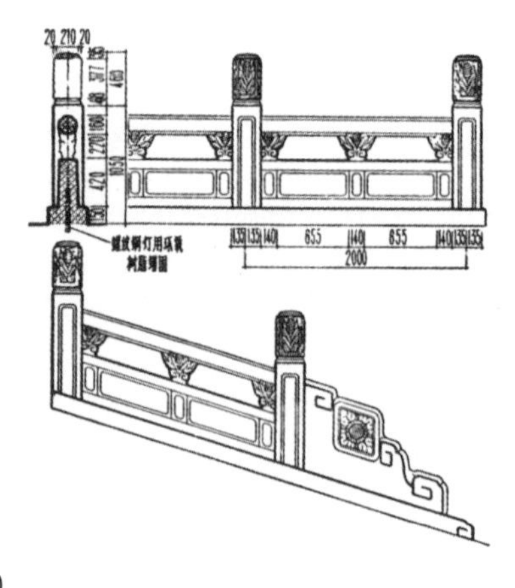

40

41

42

图 37. 纪念堂南入口　图 38. 纪念堂剪力墙位置图　图 39. 纪念堂台阶栏杆　图 40. 纪念堂台基和栏杆

图 41. 纪念堂垂带照片　图 42. 纪念堂垂带图案

高的浅色花岗石柱被设计成四角小八字的断面，共5种规格6160块，共4439 m^2。墙面则被设计成30种规格的5351块，共3665 m^2。当时还没有干挂工艺，也没有现在的烧毛等工艺进行表面处理，是用60 mm厚的泉州石料镶贴的。当时如果采用细剁斧，据说6000块石料要500名工人干半年左右，后来是由北京一机床、大理石厂、星火机械厂、首都机械厂、北京广播器材厂、北京长城机械厂、北京建筑机械厂、北京内燃机总厂等8个单位成立了“三结合”的攻关小组，由四川自贡硬质合金厂赶制了硬质合金刀具，在龙门刨上用滚切工艺，在表面上形成了4 mm中距的灯芯绒状齿纹效果。另外在各处的纹饰上所采用的图案分别为：琉璃檐口上为万年青，檐口下立墙的假石花饰采用了向日葵和卷草，梁头和额枋上为梅花，柱间陶雕华板为葵花和四季花卉，中间一块儿还增加了三面红旗和五角星，台阶的大理石垂带上是松柏和梅花，汉白玉栏杆上为望柱头，宝瓶、台明上的滴水都是万年青花饰，抱鼓石上是葵花花饰。设计组的张绮曼是中央美院毕业的，她和何镇强老师在纹样图案设计中发挥了重要作用，另外设计组的陆三男在北京建筑艺术雕塑厂工作多年，有多年的石雕经验，在技术上给予了许多指导。工程快完工时，高亦兰先生在工地对我说：你看，这十分巧合，在中轴线上的建筑都是重檐，像太和殿、天安门、纪念堂、正阳门，不在轴线上的建筑都是单檐，像人民大会堂、博物馆。在最初设计时，好像并没有人专门想到这一点。

室内设计在北大厅、瞻仰厅和南大厅的设计上也有过多方案的推敲比较，根据观众瞻仰路线和心理情绪的变化，我们提出过不同的处理方案。北大厅宽34.6 m，进深19.3 m，可容纳600~700人进行纪念活动。负责北大厅设计的是方伯义、王炜钰、刘力和谢秉漫等人。负责瞻仰厅设计的是扬芸，后来为加快进度又增加了鲍铁梅。南大厅宽21.4 m，深9.8 m，高7 m。负责南大厅的是巫敬桓和庄念生。北大厅是举行纪念活动的场所，正面是毛主席的汉白玉雕像，毛主席像高2.8 m，宽2 m，加底座总高为3.475 m，雕塑组由盛杨任组长，李桢祥、叶毓山、田金铎为副组长，在对4种方案进行比较后，最后选定了叶毓山创作的毛主席坐像。坐像由文化部领导美术家华君武组织雕塑家们完成，所用石料总重7吨，背景采用24 m×7 m的巨幅绒绣《祖国大地》，重约350 kg，由烟台绒绣厂精心制作。顶棚高8.5m，天花板中间为110个有素沥粉的藻井和葵花灯。因涉及遗体保护、水晶棺研制等多方面的专业合作，瞻仰厅的设计更为复杂。瞻仰厅为11.3 m×16.3 m的长方形，高5.6 m，除正面的汉白玉石墙面及17个银胎镏金大字外，其他墙面和顶棚均为木装修。南大厅的墙面上布置了毛主席手书的《满江红》金字汉白玉底，由于大厅平面尺寸的限制，空间稍显局促。

在纪念堂平立剖面基本图纸完成以后，我和一些同志就转到现场配合施工，每天在现场解决施工中的矛盾和问题，所以对立面和室内两组后来的情况并不完全清楚。由于纪念堂的工期十分紧张，整个建筑工程从奠基到完成只用了半年时间，然后就进行安装和调试。这一“三边”工程大部分是在冬季完成的，在指挥部统一领导下统一计划，集中兵力打歼灭战，抓住重点、狠抓质量。参战单位近百个，参战人员最多时达3万人，涉及加工单位上万个。由于工程的政治性和特殊性，因此无论是设计、施工还是安装人员都不敢有丝毫懈怠，通过分片包干、平行流水、立体交叉的方式，加快了工程的进度，但这也为设计的现场服务带来了困难，仅工程主体就有市一建、三建、四建、五建、六建等单位参与，各分指挥部为解决施工中的问题，都来找设计人员，我们根本无法招架，而且应对口径也不统一。所

43

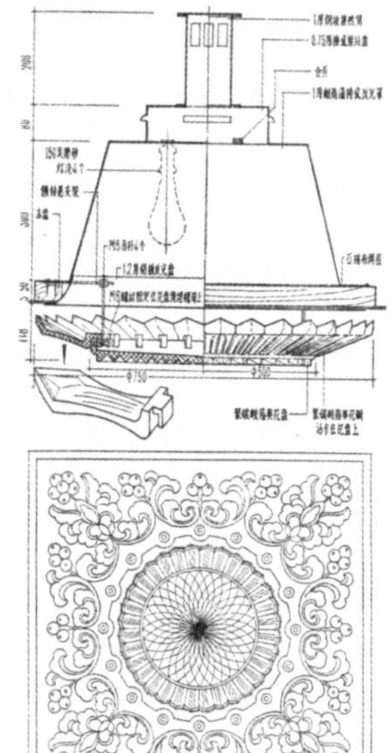
44

45

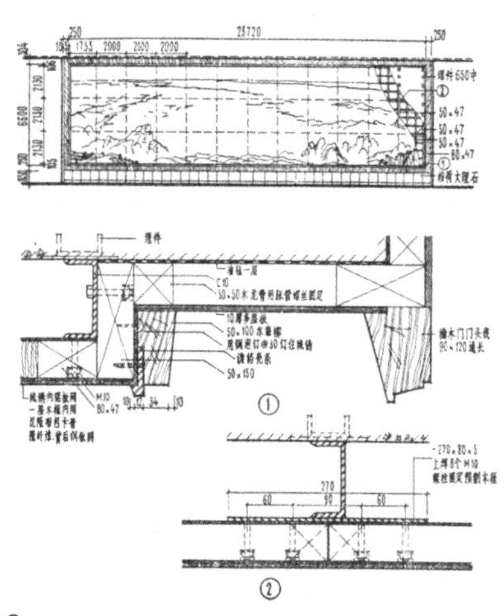
46

47

图 43、图 47. 纪念堂北大厅毛泽东主席坐像　　图 44~ 图 46. 纪念堂北大厅透视及墙面、灯饰做法

48

49

50

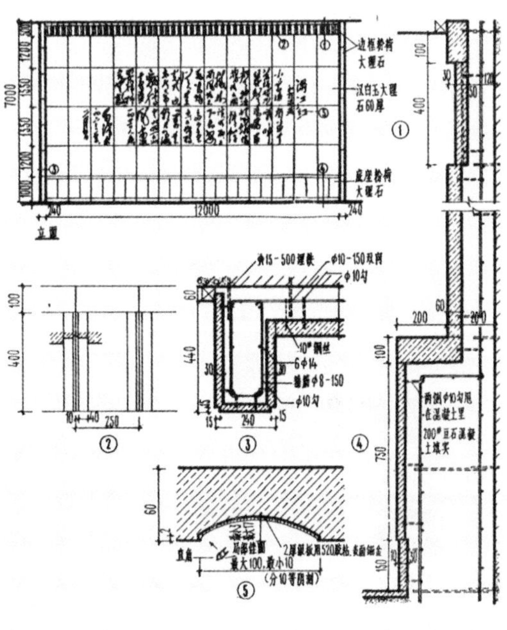

51

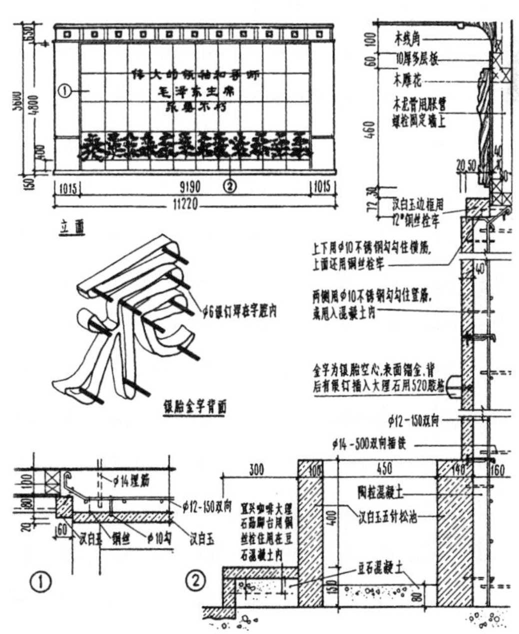

52

图 48. 纪念堂瞻仰厅透视

图 49. 纪念堂瞻仰厅内景

图 50. 纪念堂和正阳门

图 51. 纪念堂南大厅墙面做法

图 52. 纪念堂瞻仰厅墙面做法

以后来指挥部决定采用归口处理，施工方归口到指挥部技术组，洽商都由技术组的万嗣铨签字，设计院的建筑洽商就都由我签字。后来当了北京市政协副主席的万嗣铨是清华大学土木系毕业的学长，常年在一建公司工作，头脑十分清楚，脑子快点子多，我们一直在现场打交道，当然矛盾和争论也不少，但不打不相识，最后成了好朋友。那时施工单位参战热情极为高涨，加上广大群众都把参加工地的义务劳动当作荣誉，所以半年间就有 70 多万人参加义务劳动，许多分工程都保质保量地提前完成了，像机械施工公司仅用 6 天（比计划提前了 1 天）便完成了打桩任务；地下结构施工时正值严冬，钢筋绑扎和支模、留洞、焊接、大体积防水混凝土等工作量大，但大家仅用 20 天就完成了地下结构。当时主体结构比预定计划提前了 24 天完成。在装修阶段，指挥部曾在 1.7 hm^2 的施工面上集中了 1500 人日夜奋战，用了 15 天时间完成任务。北京建筑艺术雕塑厂的汉白玉栏板等加工完成后，只用 3 天时间（比计划提前 1 天）就在现场全部安装完毕。除直接参加施工的 50 多个单位（相当于公司、工厂一级）以外，还有大量的技术难关需要科研单位攻克，仅结构施工就有当时的建研院结构所、建材院水泥所、北京建工研究所、冶金部建研院等单位和施工单位三建、五建、六建组成的“三结合”小组共同参与。听说由韩伯平副市长负责的水晶棺组遇到的科研问题和困难更多，但其中的细节我就不甚清楚了。

纪念堂的绿地面积为 2.14 hm^2，由北京市园林局规划设计室负责。绿地分为内外两环。绿化以常绿树种为主，以北京乡土树种为主，种植时以严整为主，外密内疏，疏密结合。当时所植树木共有 11 个品种 6308 株，其中乔木 428 株，灌木 566 株，绿篱 5314 株。革命圣地延安特地选择了 13 株最好的青松献给纪念堂，以纪念毛主席在陕北的 13 年。

在纪念堂南北广场上有 4 组群雕，北大门群像全长 15 m，宽 7.1 m，高 8.5 m，人像高 3.5 m 左右，每座由 18 人组成，反映毛主席率领人民取得了中国革命的胜利；南大门群像全长 7 m，宽 3 m，高 6 m，人像高 3.5 m 左右，每座由 13 人组成，表现中国人民要继承毛主席遗志，把无产阶级革命事业进行到底。当时由 108 位来自全国各地的雕塑家参加创作，北京建筑艺术雕塑工厂和雕塑家们共同配合完成。在来自全国 18 个省市的雕塑家和翻模工人的努力下，放大和翻模的任务顺利完成了。群雕以混凝土制剁斧石来模仿花岗岩效果的实体结构，沿雕塑表面有钢筋网片，顶部最高点设避雷

53

54

图 53. 纪念堂室外群雕之一

图 54. 纪念堂室外群雕之二

55

器的接闪器。负责浇筑混凝土的是北京市房管局住宅建筑公司。所使用的混凝土标号为 300 号，白水泥中掺红、棕、黄颜料及红、白、黑小石子，最后表面喷涂了 4 道 306 氟涂料的有机防护涂层。

在纪念堂的设计建设过程中，日日夜夜的奋战给人们留下了难忘的记忆，有几件事我还想多写上几句。

纪念堂的建设凝聚了全国人民的心血，人们的热情极度高涨，建设的加工订货遍及全国各地的近万家加工单位，大家都将承担纪念堂的加工任务视为政治任务而高度重视。在建设过程中，我曾多次为加工订货到相关制作单位交底，他们那种认真感人的精神给我留下了深刻的印象，像入口处 5.3 m × 6.0 m 的大铜门是由上海红光建筑五金厂加工的，他们曾加工过人民大会堂的门，这次工程的铜门四周有一组 405 mm × 405 mm 的铜皮冲压梅花花饰，花饰的凹凸有 20 mm，而 2 mm 厚的铜皮在模具上冲压以后，表面老是有裂纹，他们一次次改变模具和冲压方式，但结果仍不理想，最后一次拿出的样品仅在一个边角处有一条很小的裂纹，总体效果较好，我作为设计方几乎都要认可了，但他们还不满意，又回去继续修改，在我们离开上海前，终于拿出了完美无缺的成品；又如大理石的加工，北大厅地面采用的杭灰大理石原计划由上海大理石厂加工，但杭灰的原料产自杭州，杭州大理石厂得知这一消息后，表示也要为纪念堂做贡献，并表示如不答应他们的请求，

56

图 55. 毛主席纪念堂南立面

图 56. 毛主席纪念堂工程纪念册

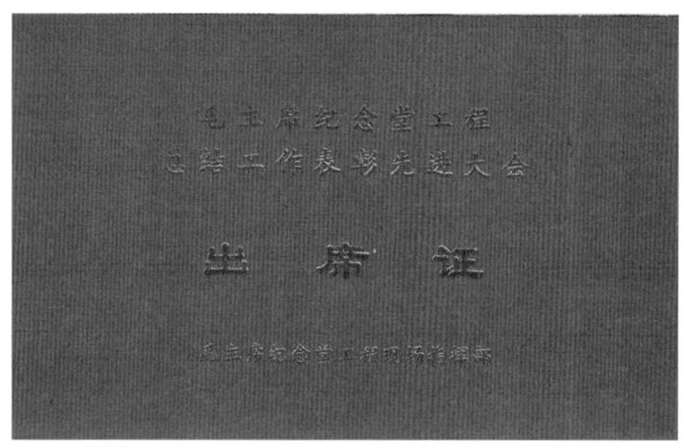

马国馨 同志：

订于一九七七年六月十三、十四两日召开毛主席纪念堂工程总结工作、表彰先进大会。

请出席

57

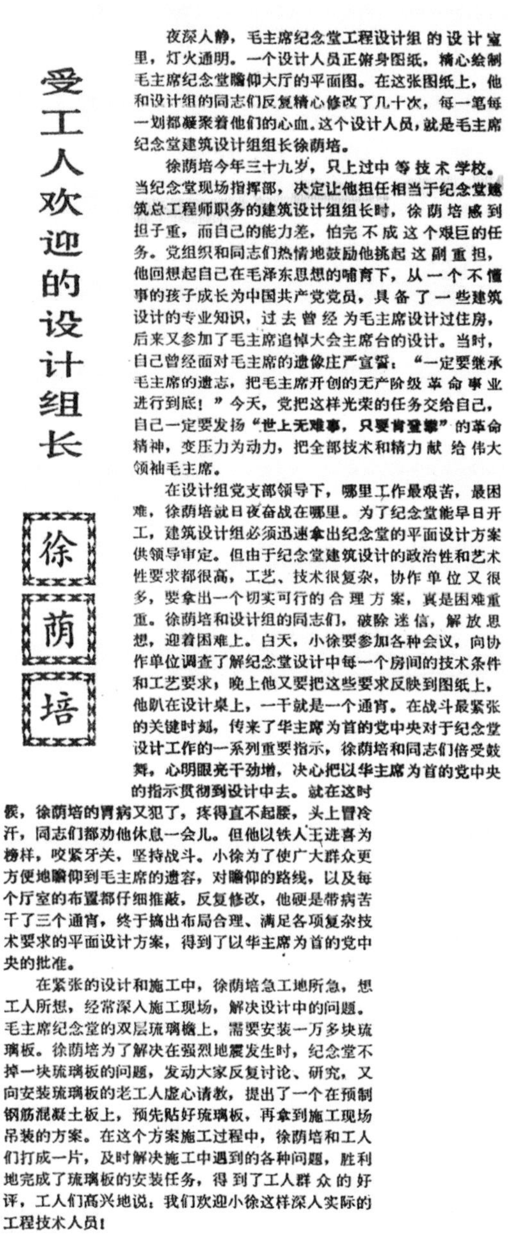

受工人欢迎的设计组长 徐荫培

夜深人静，毛主席纪念堂工程设计组的设计室里，灯火通明。一个设计人员正俯身图纸，精心绘制毛主席纪念堂瞻仰大厅的平面图。在这张图纸上，他和设计组的同志们反复精心修改了几十次，每一笔每一划都凝聚着他们的心血。这个设计人员，就是毛主席纪念堂建筑设计组组长徐荫培。

徐荫培今年三十九岁，只上过中等技术学校。当纪念堂现场指挥部，决定让他担任相当于纪念堂建筑总工程师职务的建筑设计组组长时，徐荫培感到担子重，而自己的能力差，怕完不成这个艰巨的任务。党组织和同志们热情地鼓励他挑起这副重担，他回想起自己在毛泽东思想的哺育下，从一个不懂事的孩子成长为中国共产党党员，具备了一些建筑设计的专业知识，过去曾经为毛主席设计过住房，后来又参加了毛主席追悼大会主席台的设计。当时，自己曾经面对毛主席的遗像庄严宣誓："一定要继承毛主席的遗志，把毛主席开创的无产阶级革命事业进行到底！"今天，党把这样光荣的任务交给自己，自己一定要发扬"世上无难事，只要肯登攀"的革命精神，变压力为动力，把全部技术和精力献给伟大领袖毛主席。

在设计组党支部领导下，哪里工作最艰苦，最困难，徐荫培就日夜奋战在哪里。为了纪念堂能早日开工，建筑设计组必须迅速拿出纪念堂的平面设计方案供领导审定。但由于纪念堂建筑设计的政治性和艺术性要求都很高，工艺、技术很复杂，协作单位又很多，要拿出一个切实可行的合理方案，真是困难重重。徐荫培和设计组的同志们，破除迷信，解放思想，迎着困难上。白天，小徐要参加各种会议，向协作单位调查了解纪念堂设计中每一个房间的技术条件和工艺要求，晚上他又要把这些要求反映到图纸上，他趴在设计桌上，一干就是一个通宵。在战斗最紧张的关键时刻，传来了华主席为首的党中央对于纪念堂设计工作的一系列重要指示，徐荫培和同志们倍受鼓舞，心明眼亮干劲增，决心把以华主席为首的党中央的指示贯彻到设计中去。就在这时候，徐荫培的胃病又犯了，疼得直不起腰，头上冒冷汗，同志们都劝他休息一会儿。但他以铁人王进喜为榜样，咬紧牙关，坚持战斗。小徐为了使广大群众更方便地瞻仰到毛主席的遗容，对瞻仰的路线，以及每个厅室的布置都仔细推敲，反复修改，他硬是带病苦干了三个通宵，终于搞出布局合理、满足各项复杂技术要求的平面设计方案，得到了以华主席为首的党中央的批准。

在紧张的设计和施工中，徐荫培急工地所急，想工人所想，经常深入施工现场，解决设计中的问题。毛主席纪念堂的双层琉璃檐上，需要安装一万多块琉璃板。徐荫培为了解决在强烈地震发生时，纪念堂不掉一块琉璃板的问题，发动大家反复讨论、研究，又向安装琉璃板的老工人虚心请教，提出了一个在预制钢筋混凝土板上，预先贴好琉璃板，再拿到施工现场吊装的方案。在这个方案施工过程中，徐荫培和工人们打成一片，及时解决施工中遇到的各种问题，胜利地完成了琉璃板的安装任务，得到了工人群众的好评，工人们高兴地说：我们欢迎小徐这样深入实际的工程技术人员！

58

供给上海的石材原料就有"困难"，最后经协调，北大厅的地面便由他们两家分担。

纪念堂土建工程完工后，指挥部在 6 月份举行了总结工作表彰先进大会，有 4400 人受到表彰。当时指挥部委托张绮曼专门设计了奖状，金色和红色的搭配十分大气，除此之外每人获得一本红塑料皮的笔记本。在表彰的先进人员当中又有 20 名人员被树立为先进标兵，这一新闻分 2 天在《北京日报》上用 4 个版面的篇幅加以介绍。北京院的徐荫培是标兵中的第 19 名。徐荫培当时 39 岁，是四室的副主任，虽然他是中专毕业，但工程实践的经历和经验十分丰富，长期负责为中央服务的一些工程，工作认真细致，为人也十分朴实厚道。在工程中，他作为工程主持人，担子和责任比谁都重，与上下左右各有关单位的协调、沟通任务极为繁重，花费了很大心血。我过去和小徐不熟，但通过合作中的相处，他给我留下的印象很好，所以报纸上那篇关于他的稿件，支部就让我来执笔。报纸上发表的题目是《受工人欢迎的设计组长徐荫培》。因为当时对知识分子的认识"框框"很多，我写的时候也十分小心，生怕出了纰漏，凡提到小徐的地方

图 57. 毛主席纪念堂工程总结工作表彰先进大会出席证

图 58.《北京日报》文章

59

60

61

62

我都写上“徐荫培和他的同志们”，表示既突出个人也有集体，没想发表出来时为了突出个人，报纸编辑把后面那半句都删了，好像文中所提的事迹都是他一个人干的。尤其是在向报社交稿时，编辑随口问我一句：“徐荫培在工程中的作用是不是相当于总工程师的角色？”我说：“差不多是这样！”结果文章发表时，编辑自作主张地又加上了一句：“决定让他担任相当于纪念堂建筑总工程师职务的建筑设计组组长时……”这句话曾在院里引起轩然大波，因为张镈、张开济总工当时60多岁，还都健在，有人就讥讽：“你才三十几岁就想当总工啦？”结果把徐荫培弄得挺尴尬，惹了一堆议论，其实这和他一点关系都没有。

63

图59.“徐徐长阵曲折排”　　图60、图61.纪念堂二层展厅

图62.纪念堂一层休息厅　　图63.《毛主席纪念堂设计资料集》封面

在工程进展到后期时，指挥部还发过一次奖金，奖金数目好像是 20 元，但这在设计组也引起了一场争论。一位院领导说：全国人民都在争着为纪念堂工程做贡献，我们拿这奖金合适不合适？于是设计组支部组织大家讨论。据说此前指挥部做过调查，在参战的各单位中，设计组的平均工资是最低的。我们组除方伯义、巫敬桓等老同志工资稍高一点以外，大学毕业生的工资都是 55 元，早些毕业的拿 62 元，像结构和设备负责人许月恒、赵志勇，他们的工资都是 37.5 元或 40 多元。所以当时讨论时，气氛十分沉闷。许多正在争取入党的同志积极发言说应向全国人民学习，多做贡献，不能拿这笔钱。也有一位党员李颐龄慷慨激昂："为什么不能拿？这是华主席党中央对我们的关心，我不但要拿，还拿定了，我要把这奖金放在镜框里，告诉我的孩子……"大多数人暗想，在当时强调政治挂帅、抓纲治国的时候，指挥部敢于做出这一决定，肯定是经过深思熟虑的。但最后设计组好像还是没有拿到这 20 元奖金，这也反映出当时的社会形势下人们的思想情况。当时还有一位建筑师，听说要发奖金，就把工资先寄回了外地家里，结果奖金没发，家里为此事还闹了别扭。

纪念堂工程临近结束时，除了各种工程总结外，设计组还准备出一套 4 册的《毛主席纪念堂设计资料集》，其内容分别是《纪念建筑实例》《建筑细部构造》《建筑装饰图案》《建筑灯具图集》。第一本由我负责，第二本由寿振华负责，第三本由张绮曼负责，第四本是由谁负责我记不清了。寿振华是搞这种图集的老手，图画得又快又清楚漂亮。我负责的那本《纪念建筑实例》在供应室资料组的配合下，收集复制了国内外一大批建筑实例。我从中国古代的孔庙开始，直到近代的中山陵、鲁迅墓以及新中国成立后的许多纪念建筑，也从外国的古希腊、古罗马，到美国的华盛顿纪念碑、林肯纪念堂、红场列宁墓、巴亭广场胡志明墓等，均进行了整理，原稿厚厚一大叠。但最后内部出版时，《纪念建筑实例》这一本没有出，我估计院领导可能也担心里面有"封、资、修"内容，怕引起争议吧。同济大学的谭垣先生是专门研究纪念性建筑的，曾在两位年轻教师的陪同下到我们院，看了这本材料，很想拿去参考，但当时没有复印设备，我以要出版为由，没有提供给谭先生，但后来那堆原稿也不知去向了。另外，前两年河北有一位专门收藏与毛主席有关纪念物的收藏家打电话给我，希望我帮他找一套设计资料集，我记得原来印了不少，但在图书馆搬家时好像都当作废纸卖了，而院图书馆也只存有一套，我手中这套也不忍割爱，只好对收藏家说抱歉了。

毛主席纪念堂

荣获"群众喜爱的具有民族风格的新建筑"荣誉称号

设计单位：北京市建筑设计研究院

主要设计人：徐荫培、方伯义、吴观张、马国馨

发起单位：首都建筑艺术委员会

主办单位：北京日报社
北京土木建筑学会
北京城市规划学会

协办单位：北京新中实发展公司
北京电视台

首都建筑艺术委员会　　"我喜爱的具有民族风格的新建筑"评选活动组织委员会

1994年4月

64

图 64. 毛主席纪念堂荣获"群众喜爱的具有民族风格的新建筑"荣誉称号

还有一位收藏家收藏有毛主席纪念堂落成典礼的入场券，寄来要我在上面签个名，我不忍心在人家的藏品上胡写，就又寄了回去，但那位收藏家锲而不舍，又寄来让我签名，我只好在其上签上名字，并注明曾参与过纪念堂的设计工作。看来，随时间的变迁，许多东西的价值和意义也会发生变化。

30 多年过去了，查阅资料唤起了我不少对当年的回忆，想起自己通过当时参加工程的锻炼，学习了那么多东西，增长了经验。我印象中的这些也只是雪泥鸿爪，肯定有不清或不实之处，遗漏更是在所难免，好在从事设计工作的当事人绝大部分还健在，期望能看到他们的回忆和补充。

1978 年，纪念堂工程获得了全国科学大会荣誉奖；在 1994 年举办的“群众喜爱的具有民族风格的新建筑”评选活动中，此工程获评第 5 名（共 50 名）。

2012 年 3 月，纪念堂为筹备毛主席诞辰 120 周年活动进行绿化改造，邀请我去纪念堂开会。回想当时，我是在 1977 年 35 岁时参加这项工程建设的，时过 35 年后再次造访，我也已年届古稀，于是集成了下面几句作结：

三五年华曾尽哀，时过卅五又重来。
廊柱堂堂犹玉立，雪松袅袅早良材。
苍茫大地遍新貌，纷乱小球多阴霾。
更虑改革仍路远，徐徐长阵曲折排。

当时我们还参观了二楼的毛泽东、刘少奇、朱德、周恩来的事迹展，这都是后来增加的内容。

2021 年 6 月，纪念堂管理局为了收集一些纪念堂早期建设的情况，邀请了徐荫培、我和关滨蓉一起座谈。这好像是我在纪念堂建成，徐荫培调离北京院之后，第二次见到他。第一次是在中华民族园开会时，我留下了他的手机号，这一次见他，他好像没有什么变化，身体很健壮，带了不少纪念堂早期的资料。我们也一起在纪念堂毛主席像前照了一张相，并瞻仰了毛主席遗容。瞻仰厅内与初竣工时也有了些变化，水晶棺周围加了一圈玻璃围挡，与外界隔绝开来。这也是距离纪念堂建成 45 年以后的事情了。

65

图 65. 2021 年重访纪念堂（左起：关滨蓉、作者、徐荫培）

建筑方案的审定

在六室任副主任期间，我没有参加任何工程，那个时候没有行政领导可以参加具体工程一说，除了分管科研和业务建设工作以外，审定建筑方案也属于我的工作范围，因为室支部书记仲树荣是设备专业，另外两位副主任黄南翼和靳录民分别是结构和管理专业，只有我是建筑专业。在建筑方案的审定上，室里是由经验丰富的各专业的老工程师组成技委会，对一些重大问题进行讨论，由我最后拍板。在具体的工程中，还要根据项目的重要性和主持人的业务能力来决定关注的程度，针对一些需要马上做出决断的问题，来不及立即召开会议时，也常常由我独自拿主意。为了在实践中学习，也是工作上的需要，我对经手方案的审定过程、主要讨论意见都做了笔记，这对我来讲是很好的提高自我的机会。

医院方案评审

最早的时候，医院设计多是由四室来做，后来设计医院的专业人员一部分被调到了六室，比如建筑专业的陈惠华、苏雪芹、苏尧熙以及一批中年建筑师，他们都是医院建筑设计的老手，具有丰富的经验，所以我们室里做的工程中，最多的还是医院。医院设计的特点是工艺流程复杂，工作量大，除病房楼外，门诊、医技楼设计的工作量都远远大于常规的办公楼、旅馆等。那时，六室主要负责的工程项目有：

宣武中医医院（主持人：何平喜）（12450 m^2）

北京大学第一医院放射医疗等（主持人：徐桂琴）

北京中医药大学东直门医院（主持人：闵华瑛）（5500 m^2）

中国中医科学院广安门医院门诊和病房楼（主持人：许绍业）（10048 m^2）

402 医院（主持人：潘敏勤）（15000 m^2）

民航总医院（主持人：何方）

北京市石景山医院（主持人：闵华瑛）

北京市二龙路医院（主持人：胡仁伟）（8225 m^2）

颅脑医院（后改称北京市天坛医院）（主持人：王昌宁、何平喜）（16580 m^2）

中国医学科学院阜城门外医院门诊楼（主持人：万钟灵）（11700 m^2）

北京医学院附属人民医院病房楼（主持人：苏雪芹）（23400 m^2）

北京积水潭医院病房楼（主持人：胡仁伟）

展览路医院门诊部（主持人：吴朝绮）

整形外科医院（主持人：何方）

口腔医院（主持人：施正莉、万钟灵）（12618 m^2）

北京朝阳医院（主持人：苏雪芹）

北京大学第一医院门诊楼（主持人：万钟灵）（13524 m^2）

北京友谊医院病房楼（主持人：黄晶）（9848 m^2）

还有些位于较远郊区的医院，如苏尧熙主持的房山县医院（7210 m^2）等。

项目中有些全部是新建的，如宣武中医医院、402 医院、民航总医院、颅脑医院、口腔医院等，另一些是对原院区的扩建或改建。那时设计人员都要和卫生局、院方以及医院的专家共同研究方案。卫生局主管方经验丰富自不用讲，王昌宁、何平喜等就和颅脑医院外科有名的专家王忠诚（后来被评为院士）等人讨论过多次。整形外科医院八大处院区的建设方案是设计人员和整形外科的权威宋院长一起讨论得出的，宋院长对医院的建筑设计有自己的想法。北京积水潭医院的甲方石广是“老基建人员”了，在医院早期设计时，他就和设计院的人员打交道，所以经验十分丰富。402 医院是原属四机部的医院，用地面积为 180 m × 180 m，用地的西面就是八宝山殡仪馆，二者相距很近。在总体布置方面，室里的老建筑师陈惠华很有经验，他提出了 3 个方案，所以我在定案时，多有仰仗和学习之处。关于民航总医院的建

1

2

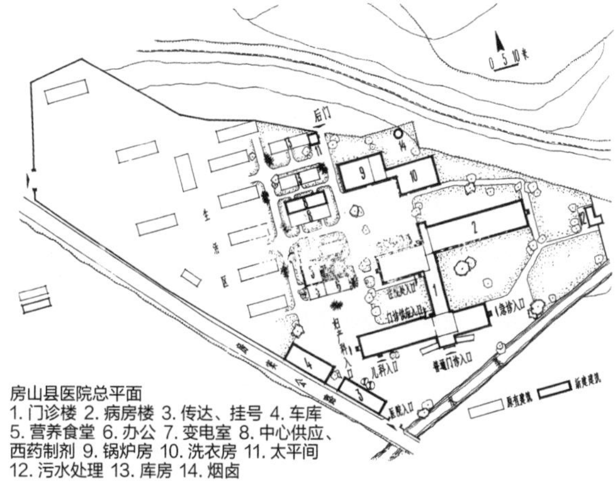

3

图 1. 宣武中医院透视图　图 2. 广安门中医院病房楼（许绍业绘）　图 3. 房山县医院总平面图及外景（组图）

4

5

6 7

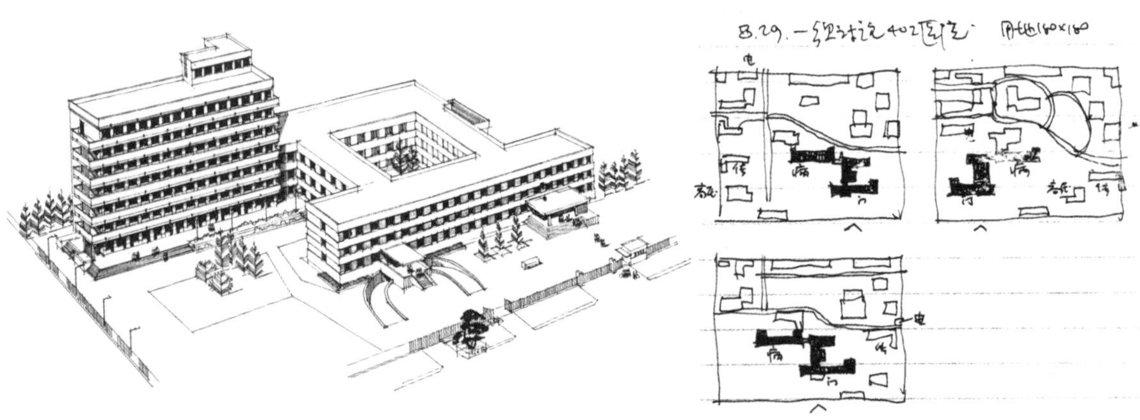

8

设，当时中央军委文件批示设置300床，用地为141 m × 282 m的长方形。民航总医院的入口设在北边，当时针对民航总医院共做了5个方案。院总偶尔也来参加方案讨论，在讨论北京医学院附属人民医院的方案时，张镈总还来参加过，记得当时他强调要把医院的太平间设计得好一点，因为北京医学院附属人民医院是北京院的合同医院，将来大家都用得着那里。当时医院设计由于有造价和相关标准的限制，标准较低，留有的余地也不够，这为此后的发展留下了隐患。

图 4. 北京医学院附属人民医院模型（左上为病房楼） 图 5. 颅脑医院门诊楼 图 6. 民航总医院方案讨论记录

图 7. 北京市二龙路医院透视图 图 8.402 医院鸟瞰（作者绘）及方案讨论

公建项目评审

另外，六室设计的公建项目也不少，这些项目有的要求较高，需要做多方案比较。在定案的过程中，我常常需要去现场了解情况，参加调研。我也常常手痒，亲自画一些方案草图，满足一下想做设计的愿望，但这都是帮忙，自己从不挂名，也从不写指导设计这种虚名。我有自知之明，自己没那么大能耐。

北京射击场的气枪靶场（主持人：高鸿印）——这是我院建筑设计人员和研究室的声学专家项端祈合作完成的，因为对声学要求很高。建筑面积为 2000 m^2，墙面、顶棚和靶标上部墙面都做了吸声处理，平均噪声声压级为 53.1 分贝，混响时间为 0.98 s。建筑于 1975 年建成，是个设计时间很紧张的重点工程。

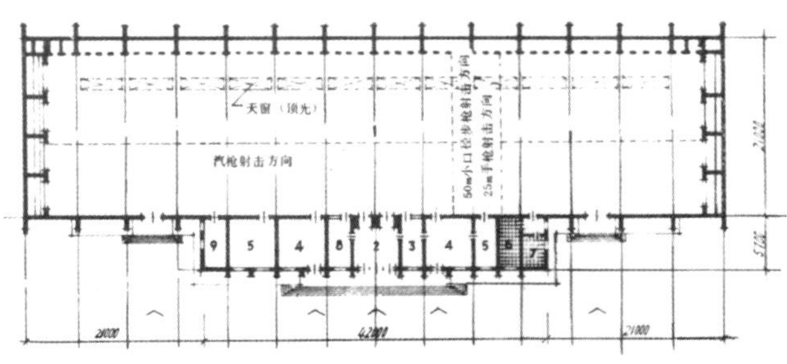

9

北京洗印厂（主持人：李宗泽）——该工程也十分急迫。

河南饭庄（主持人：张秋月）——该项目位于月坛南街，是综合性服务楼，占地面积为 1.02 hm^2，其中饭店面积为 7300 m^2。当时立面方案一直定不下来。一天下午，陈书栋等领导要来定方案，我用中午时间赶画了一张透视图，主要就是用横线条处理，在入口处的二层有较长的挑廊，形成体形上的变化。当时在将这个方案和另一个竖线条的方案相比较后，领导最终选中了我画的方案。但后来项目主持人偷偷告诉我，当时另一位老工程师让她把我画的透视图好好收起来，“将来工程要是受批判，你就拿出来说方案是马主任画的”，但建筑自 1978 年建成以后一直平安无事。

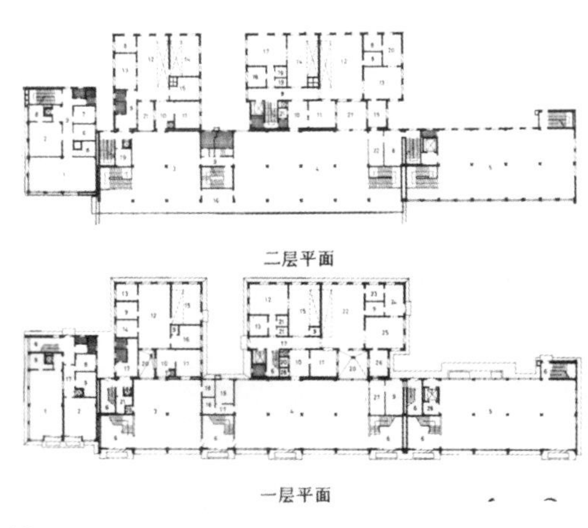

10

图 9. 北京射击场气枪靶场平面图、内景（组图）

图 10. 河南饭庄一层、二层平面图及外景（组图）

西直门火车站（主持人：张关福）——此工程是西二环建设的一部分，1978 年 6 月讨论时，大家提出了 4 个方案，规划用地为 5.9 hm^2，站房 2.0~2.5 hm^2，另有 5000 m^2 的商业楼。张镈总还参加了总图设计的讨论，其中涉及车站是尽端还是线侧排布，交通方式及商业服务业的位置、体形和拆迁等问题。当时设计西直门立交桥时，有的方案还专门留了一个出口，准备将来与车站相连接，但车站后来一直没有建设。后来还有石家庄火车站要求我们为其立面设计提出些方案，我自己也画了一些，但后来也没有下文了。

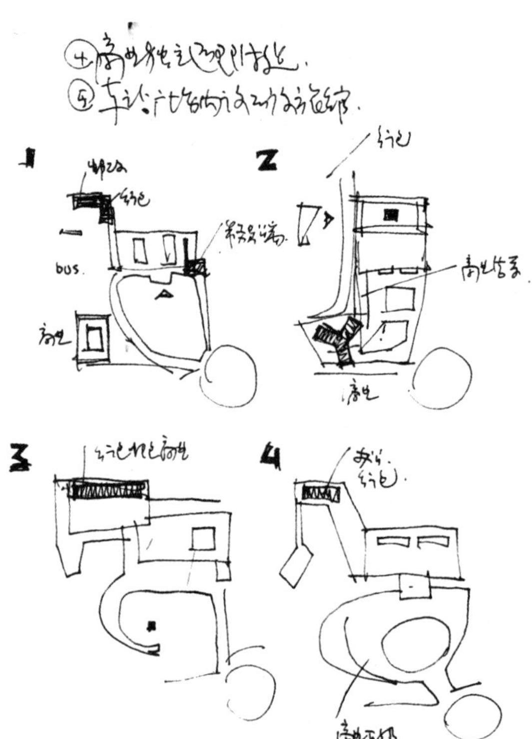

11

12

图 11. 西直门火车站方案讨论　　图 12. 石家庄火车站立面方案（组图）

香山饭店（主持人：高鸿印）——当时北京市准备在香山建一座旅游宾馆，一开始设计的规模是 350 床，12000 m^2。设计人需常驻现场。大家为保护用地内的古树和保留哪些原有建筑而大伤脑筋，尤其是原用地内有一座职工食堂，建成时间不长，是原二室曹骥设计的，业主一直不舍得拆掉。我和建二组的黄晶组长也多次去现场考察讨论。我们先后做了好几个方案，王磊也曾指示：建筑要配合环境，不要太高，不超过三层，红瓦绿檐子，考虑接待外宾住宿的需求，最大不超过 500 床。可是不久后，服务局请来了美国贝聿铭先生来设计，最终大刀阔斧地全都拆了。此后这项工程除了建筑专业以外，其他 3 个专业都由六室的专业人员和美方配合。六室结构设计师马明益是很有经验的老结构工程师，英文又好，促使双方合作愉快。

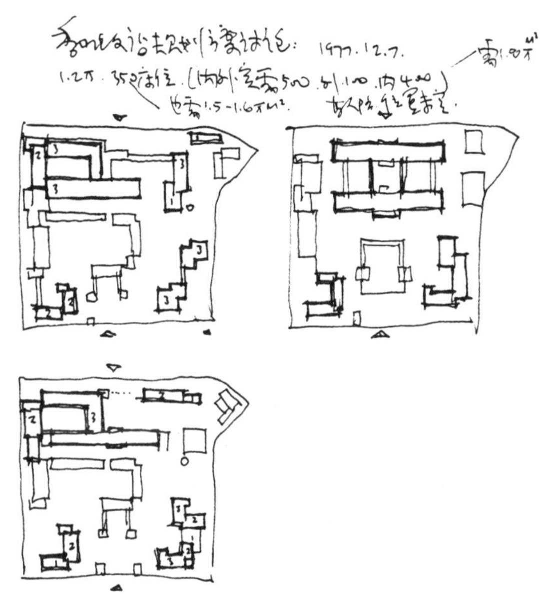

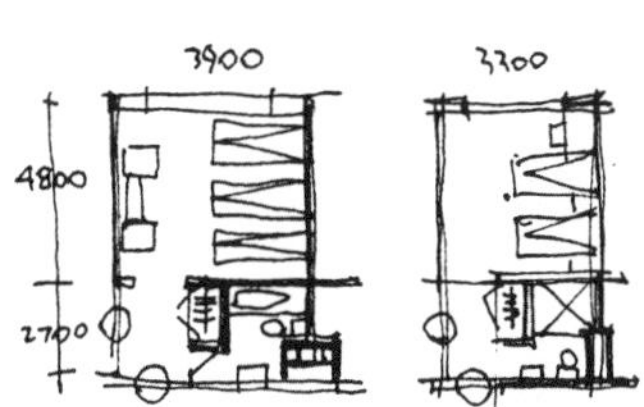

13

五七艺校排演场（主持人：刘力）——这就是现在的中央戏剧学院排演场。因为地处胡同之内，所以用地十分紧张，总建筑面积仅为 2857 m^2，投资 71 万元，是学院的实习工厂。舞台设 53 根吊杆，转台、升降台、车台等一应俱全，供学生实习之用，绘景教室和侧台一起

图 13. 香山饭店方案　　图 14. 五七艺校排演场外景

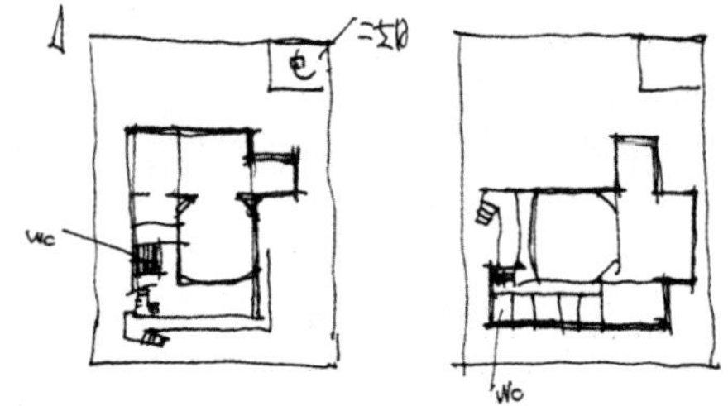

15

使用。设计人员和校方配合密切，舞台美术系的李畅教授对排演场的舞台部分提出了许多新的想法，最后都一一实现了。后来，我在参与 1999 年国家大剧院工程讨论时，又遇到了李先生，他和我都是专家组成员。

二炮礼堂（主持人：徐桂琴）——项目用地位于北京院对面的礼士路头条，在审定方案时，考虑到观众人数不多，我主张不设楼座，采取民族文化宫大剧院那种一坡式的做法，视线条件好，结构也简单。建成以后，院里召开全院大会时常借用此处。那时气功十分流行，各种流派的气功大师在这里介绍他们的功法，听众学习十分踊跃。后来二炮礼堂因火灾被烧毁，废墟拆除后，原址上建起了高层住宅。

红楼影院（主持人：廖梅华）——为采用地道风解决空调的问题，我们调研了胜利影院、护国寺影院、新街口影院。

中央音乐学院琴房楼（主持人：潘敏勤）——建筑位于西二环东侧，因为临街是高层建筑，为与周围相协调，设计人员做了多个方案并进行推敲，我也借此机会画了多幅表现图，有沿街的、院内的，在表现方法上也做了多种尝试。但我对最后的沿街主立面并不满意，因为沿街立面有大片实墙，显得过于平整呆板，我原想在楼顶部设置一些挑出，以增加建筑在形体上的变化，但被结构专业“抵制”了，并说：“马主任就会到处挑。”对此我也十分无奈，但沿街立面从北面的小音乐厅到高层琴房及主要入口，加上多层的南楼，整个体形还是有变化的。

图 15. 五七艺校排演场方案讨论

16

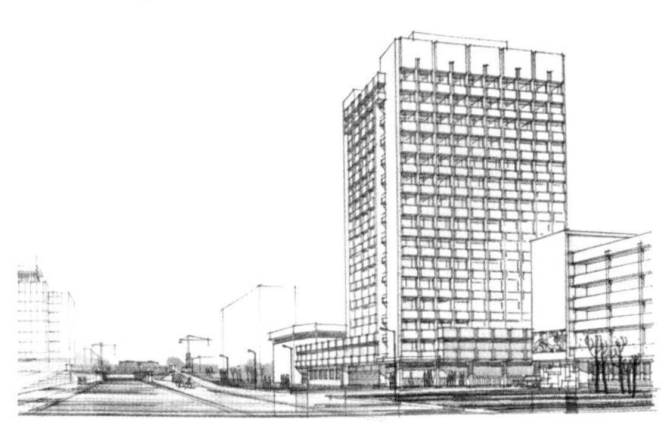
17

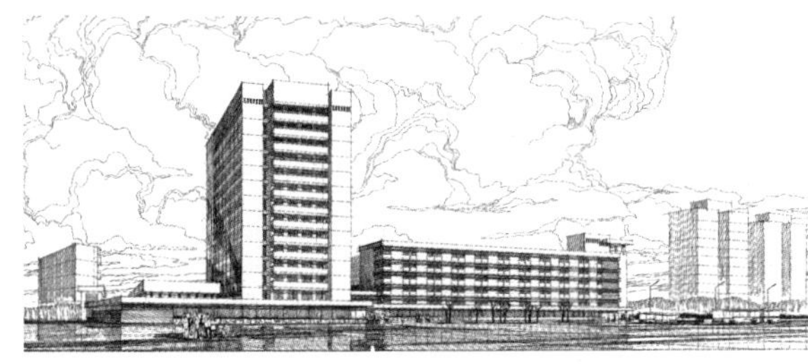

海洋局贸促会办公楼（主持人：徐桂琴）——建筑位于复兴门桥头的长安街沿线北面，与南面苏式风格的国家广播电视总局遥遥相对。由于用地限制，该建筑体形上不能有太大的变化。在多轮方案后，我最后还是对立面的处理定了几条要求：一是不采用每开间办公室一个大窗的处理方式，而是设置小窗，以此形成预制装配的效果。二是立面结合外墙板设计，强调框架的凹凸效果，保证一定的深度。三是立面的颜色，当时有人建议建筑的窗下墙采取与框架不同的深色，而我坚持整个立面用同一种颜色。因为除了墙面以外，玻璃和钢窗的颜色已经不同了，这类国家机关办公建筑的色彩应该单纯一些，更能显示其品位。这样就形成了现在的形象，我自认为效果还是不错的。我也为海洋局贸促会的立面设计画过几张表现图，但最后没有保留下来。

可口可乐的灌瓶厂（主持人：潘敏勤）——这是美国可口可乐公司进入中国的第一个工程，位于丰台区五里店。可口可乐公司亚洲地

18

图 16. 中央音乐学院琴房楼外景　　图 17. 中央音乐学院琴房楼方案三幅（作者绘）（组图）
图 18. 海洋局贸促会办公楼外景

区的负责人是李历生先生，他戴副白边眼镜，脸上有点浅麻子。当时可口可乐公司与中粮总公司达成协议，在中国设灌浆厂。1979 年 1 月，中美正式建立外交关系后，即开始了相关谈判。1979 年 8 月，我们从粮油进出口公司接下任务后先去天津汽水厂参观，在 11 月底与可口可乐公司进行了具体的业务谈判。他们介绍了图纸，这时我才了解，其实可口可乐的生产主要就是从美国运来糖浆（syrup），到这里稀释灌瓶即可。而糖浆的主要成分配方是 7X（SEVEN X），是公司的最高机密，只有少数几个最高层知道，据说其中有甘草和桂皮，所以可口可乐有止咳糖浆的味道。当时的生产线预计每分钟灌装 300 瓶，实际上还有比这能力还强的生产线，但那样一来，瓶子的产量就跟不上了。灌瓶厂的土建条件并不复杂，其工艺流程也不复杂，工程进展顺利。美方除提供糖浆外，还负责质量控制，包括水的净化。当时参加谈判的除主持人小潘和我之外，还有马明益，因为他的英文好，能够使双方交流顺畅。为了祝贺工作顺利进行，和美国朋友分别时，参加谈判的 B. 威利送我一本《日程计划手册》（*Scheduling Handbook*），这本书厚厚的有 600 页，对工程设计的计划性安排有很大的指导意义。这个工程不大，也不复杂，据说是中美建交以后达成的第一个协议。首批可口可乐产品产出后，也送了一些给北京院试尝，只是我当时没有喝到。可口可乐对此后中国人民的生活产生了一定的影响，喜欢喝的人不少。

另外还有些工程也很有特色，如火葬场，主持人是张春河（建筑）、浦建源（设备），他们做了大量不怕脏、累的调研，小浦因此还成了劳模，以至院人事处一有丧事就要来室里找他们走个“后门”，所以后来人事处的崔金普一到所里来，大家马上就会拥过去问：“谁又死了？”另外，住宅项目也有不少，尤其是崇文门的高层住宅，其标准较高，是为落实政策的人士提供的住所，每户面积 170 m^2 左右，一般为一层三户，居室面积为 21 m^2，卧室面积为 15~18 m^2。还有中国科学院黄庄的住宅，也盖了很大一片，用地面积为 8.17 ha，也是用于解决改革以后 1500 户的居住问题。西二环广播局住宅、东三环白家庄的民航住宅，都采用了滑模体系，这在当时也是比较新的结构体系。还有地安门商场、社会救济院、和平里服务楼、电视设备厂、酱油厂等项目，此处就不一一列举了。

在室里工作还有一个优越性，就是我必须审核所有要出图的各工程项目的施工图纸，我很喜欢这一道工序，因为从大家的施工图纸中可以学到许多东西，丰富自己的业务经验，也可以从中发现问题，所以在看图时，我也做了不少笔记。最后出图的首页上一般都是由黄南翼或我签字后发出。

据不完全统计，我们设计过的工程陆续获得过一些奖项，如口腔医院（国家优质工程奖、国家质量银奖、市一等奖），中央戏剧学院排演场（国家表扬奖、市一等奖、部二等奖），北京大学第一医院（市一等奖）、颅脑医院（市一等奖、部表彰奖），中央音乐学院（部二等奖、市二等奖），北京医学院附属人民医院（市一等奖、部二等奖）、中国医学科学院阜城门外医院（市二等奖）、手枪靶场（市二等奖）等奖项。这些评奖都是在我离开六室以后才去报评的。

当然也有后来要吸取教训的工程，如地安门商场，当时这是室里一位老建筑师的收山之作，他着实下了一番功夫，但后来为了地安门附近的景观，建筑被拆掉了好几层，最近为配合中轴线申遗工作又被拆了几层。还有北京积水潭医院的病房楼，建的时候标准就不高，最近为了恢复“银锭观山”的景色，病房楼也被拆了。这都是几十年前的工程了，那时候也没有考虑这么多的条件。

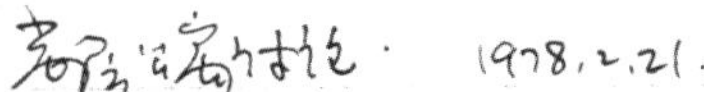

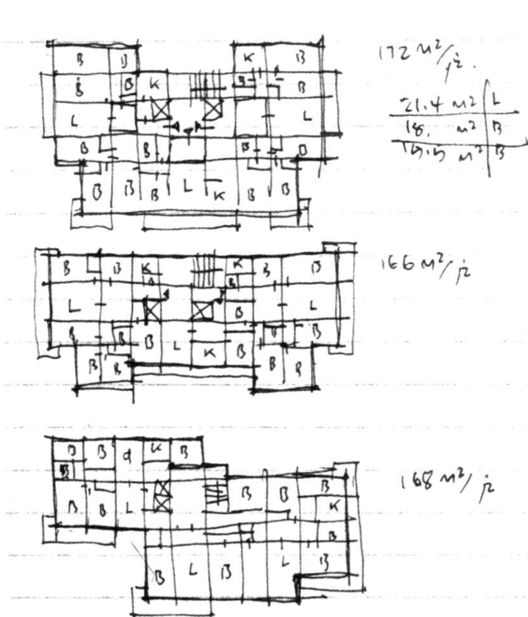

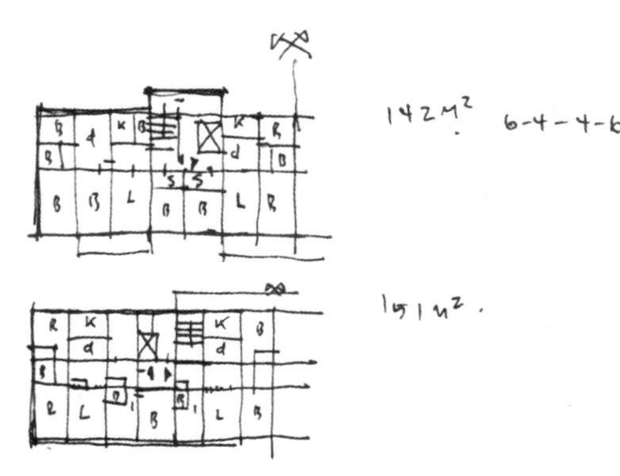

19

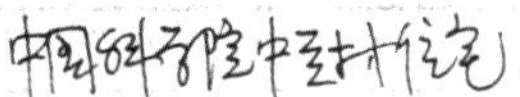

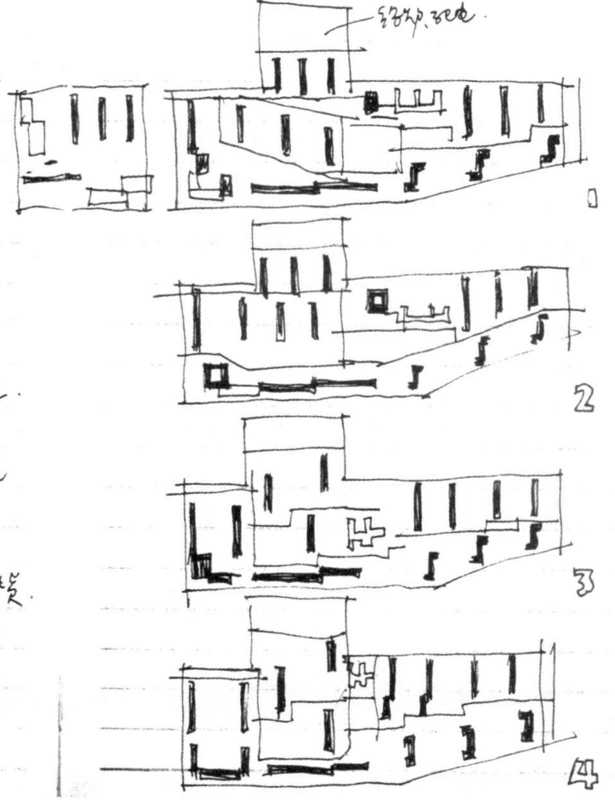

20

图 19. 崇文门高层住宅平面方案　　图 20. 中国科学院黄庄住宅规划方案

医院等科研工作

旅馆研究学习班

室里分配我抓科研工作，我对其他专业的项目不太熟悉，只要他们有科研项目提出来，我就会将其列入室计划，像设备专业的萧正辉专心于研究医院的污水处理，由于医院的污水类型很多，且必须经过专门的处理才能排放，因此他多年来一直从事这个课题的研究，研究成果也是室里固定的科研成果之一。从 1978 年起，国家建委又发专文将这个课题下达给北京院，此后又组织多家单位，为编制规范标准和图集做了大量的工作。直到退休以后，他还一直在研究这一课题，并进行了国际交流。另外，院里也经常会分配一些院级的科研和业务建设项目，各室分别承担的框架建筑参数体系研究就是由施正莉作为负责人完成的。在西二环建设时，院里以六室为主，从各室抽调的人员在 1975 年 4 月成立了在张镈总领导下的干道调研小组，整理了专题的调研报告。关于这一课题，前面已有专门的文字论及。后来在 1979 年 4 月，由外资兴建的建国饭店、香山饭店、长城饭店等工程都在进行中，还有一批正在洽谈。为了适应我国改革开放的政策，满足继续建设涉外宾馆的需要，在张镈总的指导下，各室抽调人员成立了旅馆研究学习班。抽调的人员有玉珮珩（一室），徐文如（二室），熊明（三室），寿振华（四室），刘永梁、付治秋（五室），孙蕴珍（七室）和六室的我。请张德沛、刘开济、魏大中、那景成、阮志大等专家分别就建筑、设备、高层消防等专题讲课，调研了北京一些高档宾馆，试做了 2000~3000 间规模的宾馆方案。我还为此画了很多张墨线表现图。但最后这些试做的方案也

1

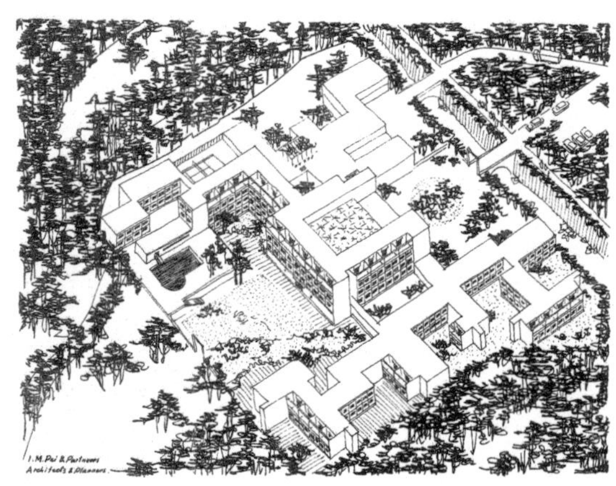

2

图 1. 旅馆学习班时所绘方案图（作者绘）

图 2.《外资旅馆设计资料》——香山饭店（寿振华绘）

没了下文，主要是因为外资投资方一般会找国外的设计单位来做，国内的设计单位还无足够的实力来建如此规模的旅馆群。最后，由寿振华执笔完成了一册《外资旅馆设计资料》，大家还分工翻译了一册《喜来登旅馆设计指南》。记得我翻译的那一部分有一个词组“slides project”，我不知道这就是指幻灯机，还将其直译成“滑动的……”，幸好被熊明给纠正了。

医院科研

六室当时做的较多的设计项目类型是医院。北京院的人员曾十分擅长于设计医院建筑。中华人民共和国成立以后，北京的大部分医院项目都出自北京院设计人员之手，如北京友谊医院、北京儿童医院、北京积水潭医院、北京同仁医院、北京朝阳医院等。六室里医院设计的建筑专家有陈惠华、苏雪芹、苏尧熙等；后来还涌现出一批中年建筑专家，有王昌宁、闵华瑛、万钟灵、何平喜、施正莉、许绍业、胡仁伟、何方等人。当然那时别的室也同时设计医院项目，如一室设计的北京协和医院门诊，五室设计的中国医学科学院肿瘤医院等，但大部分医院项目还是由六室的人员设计的。为了对医院项目的设计做一个全面的梳理，当时我想应做一些基础性的业务建设，以方便大家查阅使用。当时院供应室经常把各室的科研项目成果整理成书，在内部出版，当时我在工作之余，还有些零碎的时间和精力，于是先亲力亲为地干了起来。

1978 年，建委设计局召开过医院标准座谈会，南京工学院、陕西第一设计院和我们院都参加了。当时由于缺失定额标准，加上“文革”的特殊时代背景，消息十分闭塞，大家要及时了解国外医院设计的最新进展十分困难。一次苏雪芹从卫生部借来一本日文原版的《日本医院建筑实例》，收集了许多各种类型、各种规模的医院实例，大家看了以后都觉得很有参考价值，当时别人的设计任务都很饱满，我就决定自己用手绘的方式把这些实例画出来，选编成一本参考资料。结合我们所负责的设计项目的特点，我选择的实例以 100 床位以上的综合医院为主，也选择了一些专科医院，并着重选择了在 20 世纪 60 年代后期至 70 年代建设的较新的医院，最后选定了 31 个医院实例，每个实例都用手绘钢笔画透视图，绘出主要平、剖面，房间名称，流程示意，简要说明。该书的最后还有日本医院建筑专家伊藤诚总结的《日本医院建筑规模及各部分关系的分析》一文，该文中有对

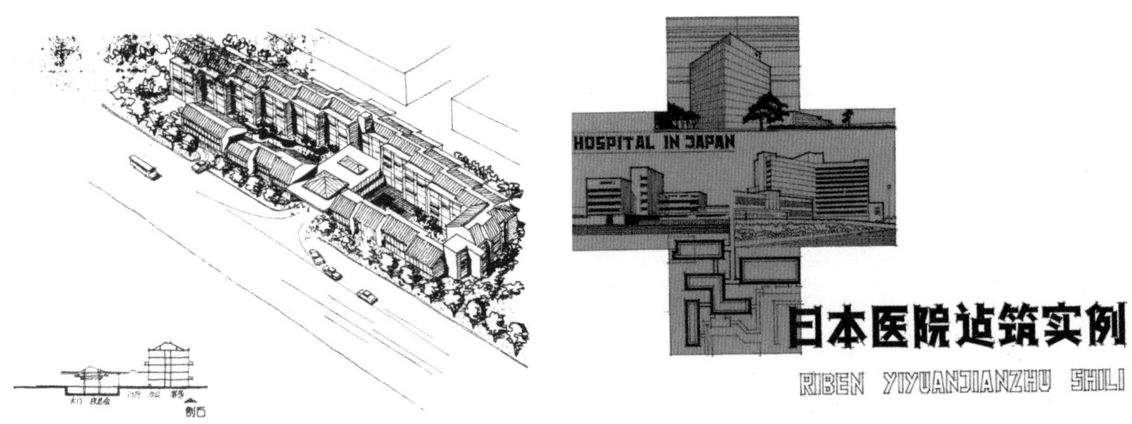

3　　4

图 3.《外资旅馆设计资料》——建国饭店（寿振华绘）　　图 4.《日本医院建筑实例》封面（作者设计）

各种面积指标的分析，正好另一位室领导黄南翼的日文很好，我就请他口述，将其记录下来，然后整理成文。该文的重点还是对医院各部门面积分配等方面的分析。伊藤诚选取了 1965—1975 年建成的 18 所医院，其规模从 63 床到 1002 床不等，按病房、门诊、辅助医疗、管理和附属用房 5 项加以分类。通过统计各部门的面积分配得知，病房占 31.6%~47.5%，门诊占 6.1%~19.4%，辅助医疗用房占 15.8%~26.8%，管理用房占 7%~10.8%，附属用房占 13.8%~22%。所以作者的结论是，医院每床的建筑面积一般应为 40~45 m^2，病房面积占总面积的 40% 左右；门诊面积一般占 10%~15%，辅助医疗的面积占 20%，过去占 10%~20%，现在应有所提高；管理用房部分较复杂，所以占 7%~11%；附

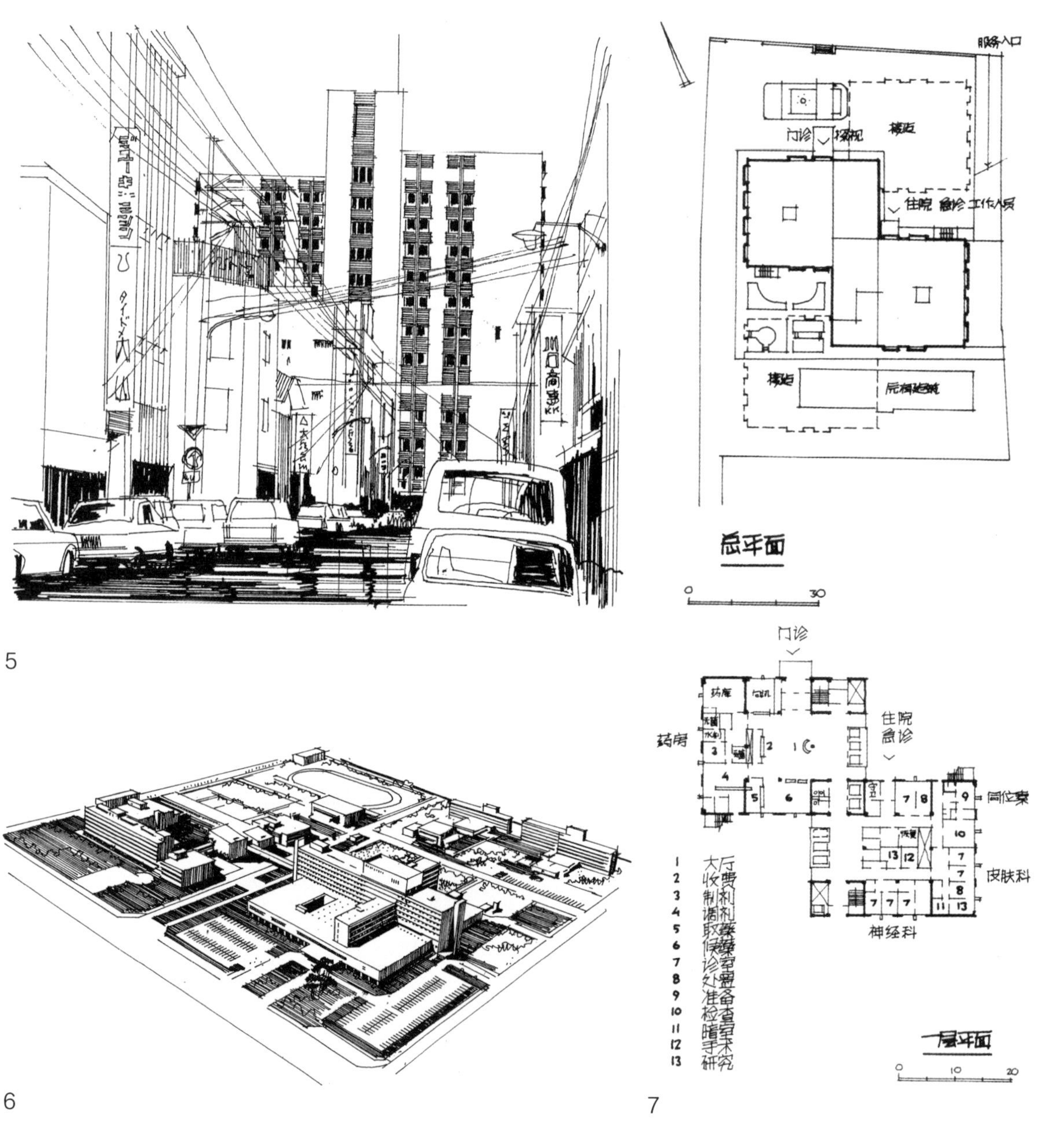

图 5.《日本医院建筑实例》中的手绘图（作者绘）　图 6.《日本医院建筑实例》中的透视图（作者绘）
图 7.《日本医院建筑实例》中的平面图（作者绘）

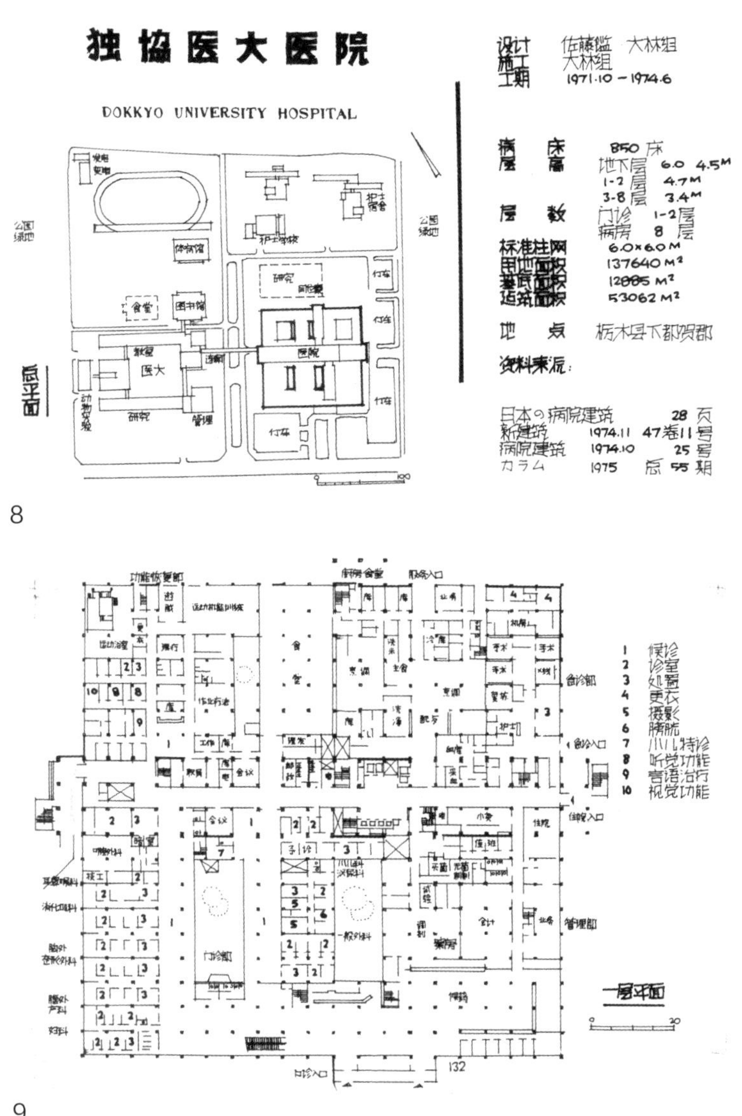

属用房一般占15%~20%。关于一般内外科病房的标准，300床以上的大部分为15~20 m²/床（也有超过此面积的），300床以上多为13~15 m²/床。病房在标准层中所占比例多为40%~50%，而病室中每床面积多为6~8 m²，护理用房面积为19%~28%，交通面积为22%~37%（交通占比较大，是由高层化后电梯增加、通道加宽所致）。门诊部分中的急诊面积在日本市、县级医院中一般占总面积的1%，需求较高的急救中心有的也达到了3.8%。辅助医疗用房中的检验部分，临床检验多占3.0%~4.5%，生理机能检验占1%~2%，总计为占医院总面积的4%~6.5%，较过去有所增加。放射科中的诊断部分大部分占3%~4%，治疗部分大部分占1.5%~2.0%，核医疗部分占0.5%~2%（有今后扩大的趋势），总计为占医院总面积的5%~8%。关于其他部分如药房占1.5%~3%，中心供应占1%~2%。这些实例虽都是按照日本的情况分析的，和中国的情况有所区别，但在当时资料十分缺少的情况下，这些指标的统计和分析也有一定的参考价值。

因为总结文中的图表很多，所以整理起来也不太费事，但偶尔还会遇到日文上的问题。除老黄以外，我还会去研究室请教阮志大先生，他当年从京都帝国大学毕业，也是我在清华大学时的老师王炜钰先生的老伴，对我的帮助也很大。最后这本书以《日本医院建筑实例》为题，在1978年2月全部完成，由我自己设计了封面，5月由院技术供应室出版，印发全院作技术资料使用。全书共194页，在院里印了3000册。这是第一次看到自己的劳动果实变成有用的出版物，虽然只是内部出版，而且全部是手绘手写，质量很一般，但我的内心依旧充满了激动和欣喜。

图8.《日本医院建筑实例》中的总平面图（作者绘）

图9.《日本医院建筑实例》中的平面图（作者绘）

几乎在这同时，我还主持编写了一本《英日中医疗词汇选编》，由张春河、黄世华、苏雪芹和我一起编写，由我手抄后晒图发给大家。

英日中医疗词汇选编

为了便于学习有关国外资料，我们选编了这本医疗词汇供参考。

选编共收集词组370余条，按英文字母为序。

选编由第六设计室编辑，参加工作的有第一组张春河、黄世华、苏雪芹等同志。

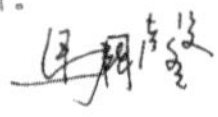

A

administration block	管理棟	管理楼
administration dept.	管理部	管理部
admitting office	入院事務室	住院办公室
air conditioning	空気調和	空气调节
air con. machine	空調機械	空调机
air-shooter	エアシューター	空气压缩传送机
allergy	アレルギー	变态反应
alumi(nium)-sash	アルミサッシ	铝制窗框
ambulance entrance	救急入口	急诊入口
anaesthetic instruments	麻酔器材	麻醉器材
anaesthetist	麻酔医	麻醉师
angiocardiography	血管心臓撮影法	血管心脏摄影法
animal house	動物舎	动物房
animal laboratory	動物実験室	动物实验室
artificial climate	人工気候	人工气候
artificial limb	義肢	假肢
aseptic	無菌製剤	无菌制剂
assembly hall	アセンブリー・ホール	会场会厅、公所公馆

10

与此同时，室里也组织整理了一份地下救护站的设计资料，由刘力执笔。1978年3月，《地下救护站设计要点》先于《日本医院建筑实例》出版，全书共33页，书中除整理了地下救护站在规划、建筑设计和专业等方面的要求之外，还收录了位于京津沪的16个地下救护站的实例（其中大部分是本院设计的）。我们也曾去调研过比较复杂、级别较高的地下救护工程。

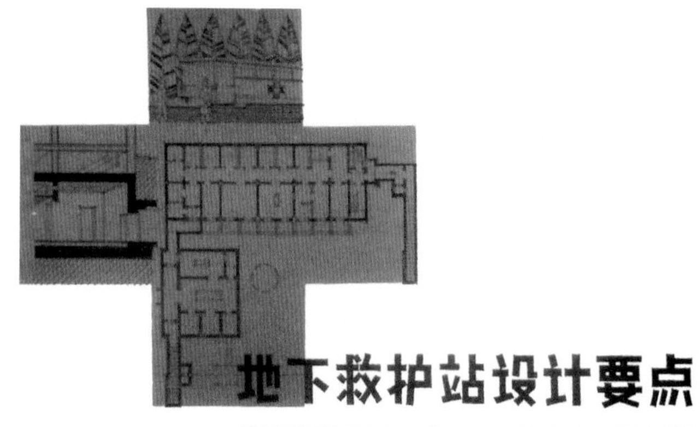

11

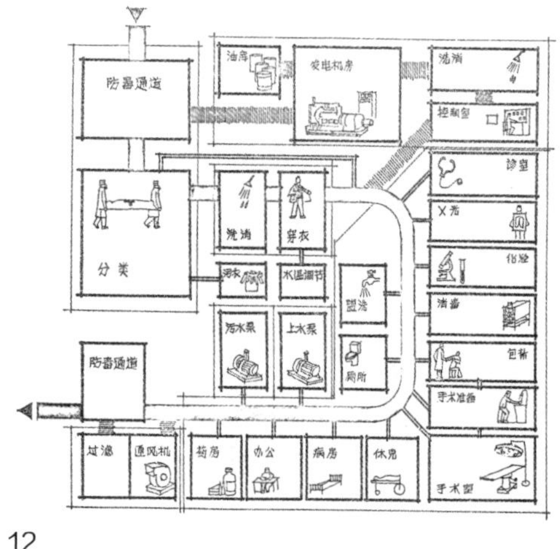

12

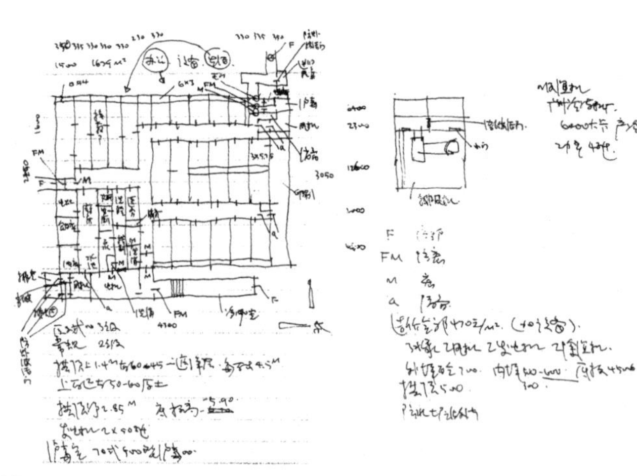

13

图10. 英日中医疗词汇选编（组图）

图11.《地下救护站设计要点》封面（作者设计）

图12.《地下救护站设计要点》平面关系图

图13. 地下救护站调研笔记

在连续有若干科研成果作为业务建设的资料在院内部整理出版以后，我的信心和兴趣大增。于是我就发动室里的建筑专业人员，由建一、建二组的十几个人分工合作，结合院和室里已建和正建的医院项目，准备编印一册《北京医院建筑实例》。有人负责画平面图，有人负责画透视图，这时，我只参加了一小部分工作。北京市 1949 年时全市有 3000 张病床，平均 1.4 张 / 千人，医生 1 人 / 千人；到 1958 年时，发展到 25000 张病床，平均 3.8 张 / 千人，医生 1.5 人 / 千人；到 1965 年时床位有所下降，平均 3.2 张 / 千人，医生 2.1 人 / 千人；到 1976 年时，发展到 26900 张病床，平均 3.3 张 / 千人，医生 2.7 人 / 千人。图册编入了 1952—1977 年的 28 例北京市综合或专科医院，体例与版本和《日本医院建筑实例》基本相同。全书共 213 页，于 1978 年 12 月由技术供应室出版。前后参加工作的建筑师有黄晶、张长儒、张琦云、陈惠华、苏雪芹、卜秋明、沈一平、沈永铭、万钟灵、张关福、徐桂琴、张秋月、马文平、许绍业、王瑞林和吴淑芝等人。

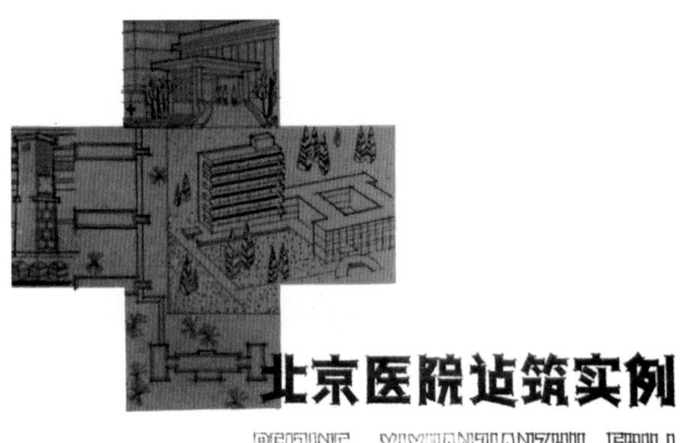

14

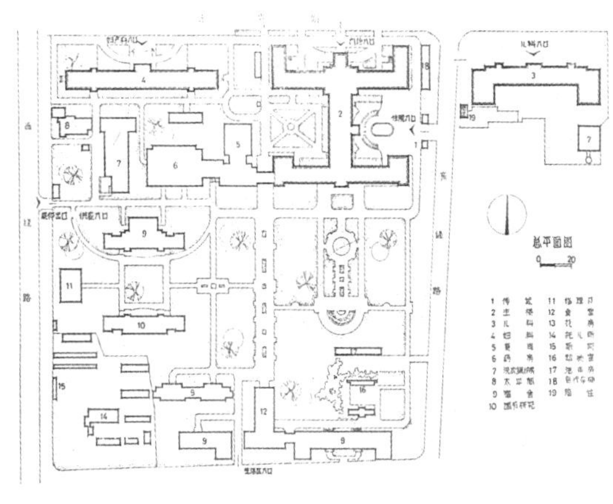

15

16

医院调研

为了进一步学习国内其他地方在医院设计方面的经验，我们从 1978 年 4 月起还专门组织了一次医院的专题调研。调研小组人员除我以外，还有陈惠华（建筑）、朱宝庸（结构）、陈孝华（设备）、

图 14.《北京医院建筑实例》封面（作者设计）

图 15.《北京医院建筑实例》北京友谊医院总平面图

图 16.《北京医院建筑实例》北京积水潭医院透视图

17

18

徐次华（电气）。通过各地卫生主管部门的协助，我们先后参观考察了以下项目。

成都市——四川省人民医院、四川医学院附属医院、成都中医学院门诊部、四川医学院口腔医学院；

重庆市——重庆医学院第一附属医院、重庆市第三人民医院、第三军医大学外科研究所；

武汉市——湖北医学院第一附属医院、武汉医学院第二附属医院、湖北医学院第二附属医院、武汉军区总医院；

长沙市——湖南医学院第二附属医院；

桂林市——广西壮族自治区南溪山医院；

南宁市——广西医学院附属医院、广西壮族自治区人民医院；

湛江市——湛江市人民医院、湛江医学院附属医院、湛江地区农垦第一医院、海军422医院、湛江地区人民医院、196医院；

广州市——中山医学院第一附属医院、广东省人民医院、广州部队总医院、中山医学院第二附属医院、广东省中医医院、广州市河南医院、广州市第一人民医院；

南昌市——江西省第二人民医院、江西省第一人民医院；

杭州市——杭州市第一人民医院、浙江医科大学附属二院、杭州市肿瘤医院；

上海市——上海第一医学院华山医院、上海长宁区中心医院、上海第一医学院附属中山医院、上海石化总厂职工医院、上海市胸科医院。

在参观四川省人民医院时，北京院研究室陈芮的哥哥在那里做设计，帮了不少忙。后来我们到了上海，参观金山卫的石化总厂职工医院时，是上海民用院的钱学中陪我们去的，他是钱学森的堂弟，后来曾任上海市副市长。记得当时在海边的沙滩上，我们把鞋子脱了放在一个地方，然后光着脚走到海边，等回来找鞋子时才发觉，我们把鞋子放在了一个排水口的边上，排水的时候，水把鞋子冲得很远，最后钱学中帮我们找了很久才都找到。

图17. 医院专题调研小组在重庆（1978年4月，左起：作者，接待方人员、陈孝华、朱宝庸、徐次华、陈惠华）

图18. 医院专题调研小组在桂林（左起：陈孝华、作者、徐次华、陈惠华、朱宝庸）

整个调研约花费 50 天，我们走访了 11 座城市，参观了 38 座医院，听取了卫生主管部门、设计部门的介绍，购买收集了一部分设计图纸，最后以收集到的高层病房楼和新建门诊楼为重点，依此前的体例，选取了 8 个城市的 15 个实例，绘制了透视图和平面图。参加此项工作的有陈惠华、任琪、郭明华和我，我主要负责各实例的说明和透视图的绘制。我们在图集的最后整理了一份调研报告，通过整理 22 个医院实例的数据，对总平面设计，门诊部（包括分科、候诊、层数的分析）、病房楼、辅助医疗部（手术室、放射科）等功能布置进行了初步的分析。如早期医院的建筑总平面布置多采用分散式布局，层数不高，在用地、彼此联系、设备管线等方面的弊端就表现了出来，因此，当时新建的项目多采用半集中式，联系方便又有相对的独立性。另外，医院的不断扩建和发展也是突出的矛盾，其原因在于就诊人数增多、医疗技术不断发展、设备不断增加和更新；医疗、教学和科研任务等方面也对医院的设计提出了新的要求，为此在规划中如何留有扩建、接建的充分发展余地是一个值得被重视的问题。门诊部分科趋向精、细，急诊部趋向面积逐渐扩大和独立，挂号、候诊、取药方式也在发生变化。由于住院人数的增加，病房楼需满足医、教、研结合的要求，大型综合医院多趋于拥有 800~1000 床，同时也向高层发展，调研的这些医院一般为 7~9 层，护理单元为 45~50 床，病房形式除上海地区以 4~8 床为主外，其他地区多以 3~6 床为主。另外，病房是否设置阳台各地做法并不相同。辅助医疗部分我们着重分析了手术室和放射科，从其所处位置、平面形式变化角度进行分析，尤其是集中式的手术室、放射科需将洁污路线分开，医生和患者路线需分开等。这本《医院建筑实例选》共 111 页，于 1979 年 9 月由院技术供应室内部出版。

19

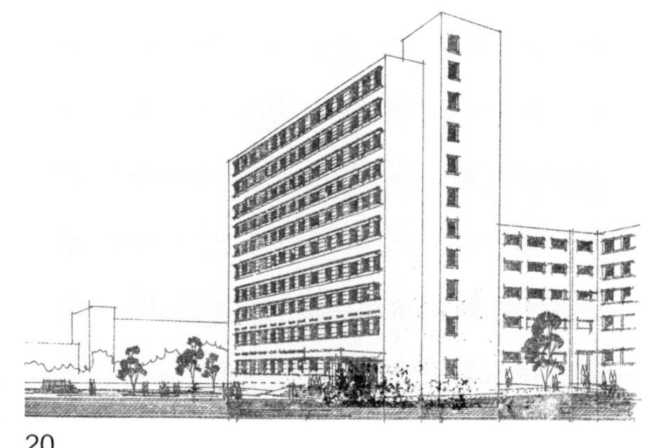

20

按照原来的计划，室里还准备让苏雪芹整理一部综合医院的设计总结——《市级综合医院建筑设计》。她先完成了门诊楼部分的初稿，由我来手抄排版，对于其中的插图绘制，我还真是下了不少功夫。后来可能是因我工作变动，准备出国学习，这个总结最后只出了总论、门诊和辅助医疗 3 部分，病房分析、手术室分析都没有写完，前三章于 1982 年 6 月出版。另外，北京院各设计室常结合本室的工程侧重点，编印自己的专用通用大样图集，在设计出图时可供大家选用，节省了不少工作量，如一室编的《使馆通用图集》等，我们室也编了一册《医院通用大样》，这本书由苏雪芹负

图 19.《医院建筑实例选》封面　　图 20. 上海市胸科医院透视图（作者绘）

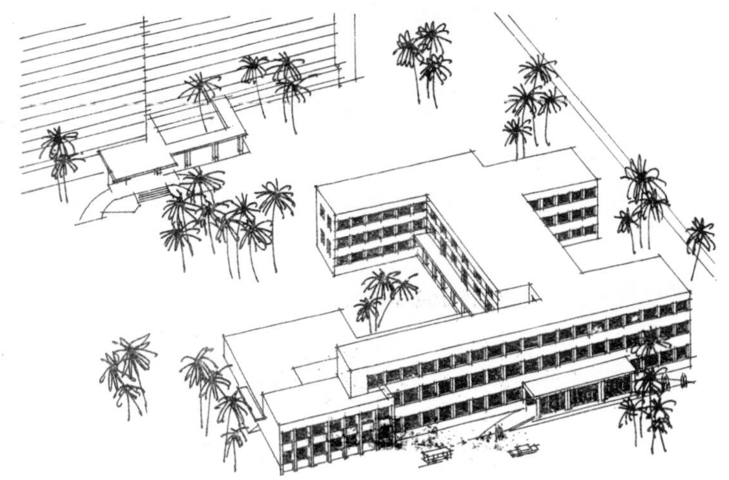

21

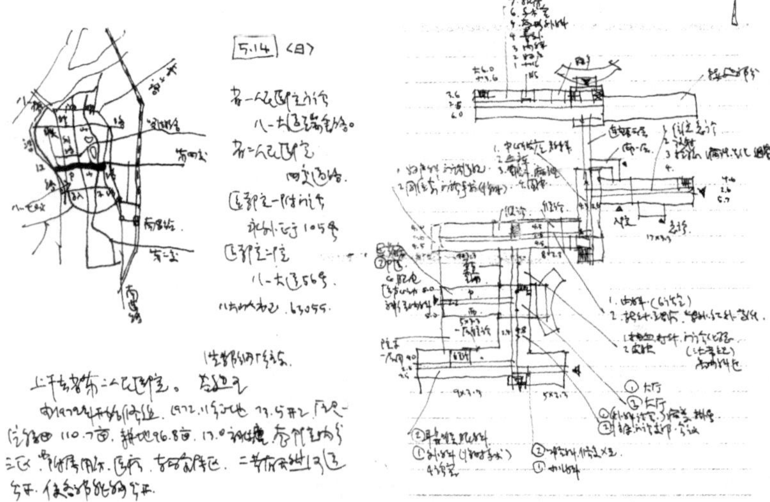

22

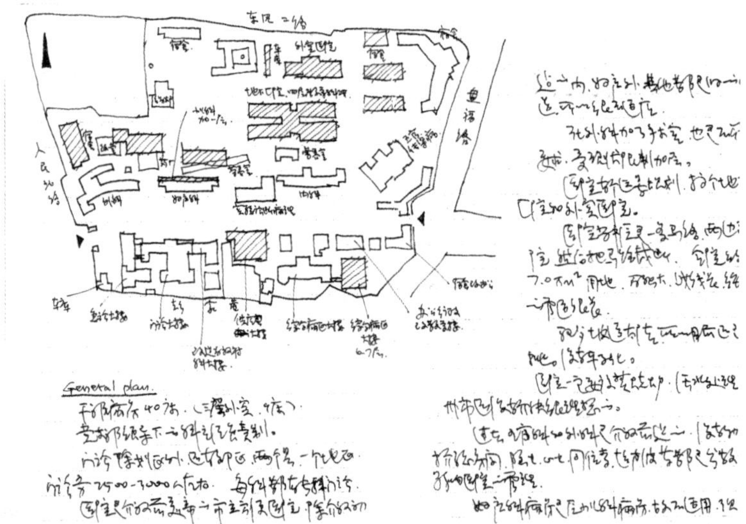

23

图 21. 广州市河南医院鸟瞰图（作者绘） 图 22. 江西省第二人民医院调研笔记 图 23. 广州市第一人民医院调研笔记

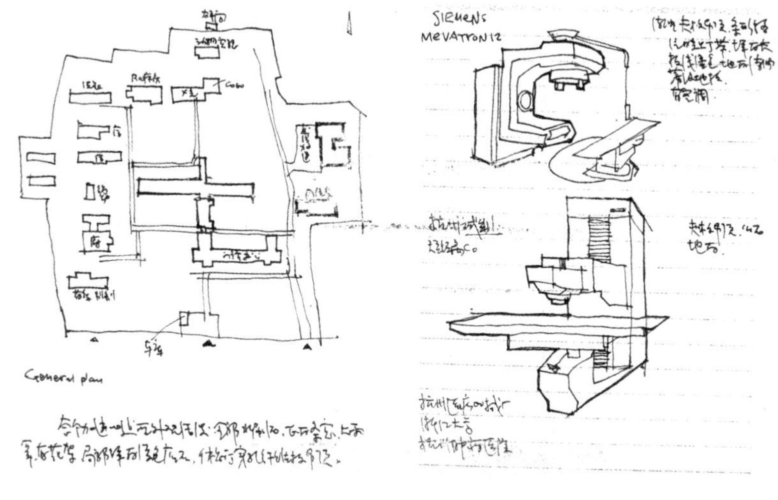

24

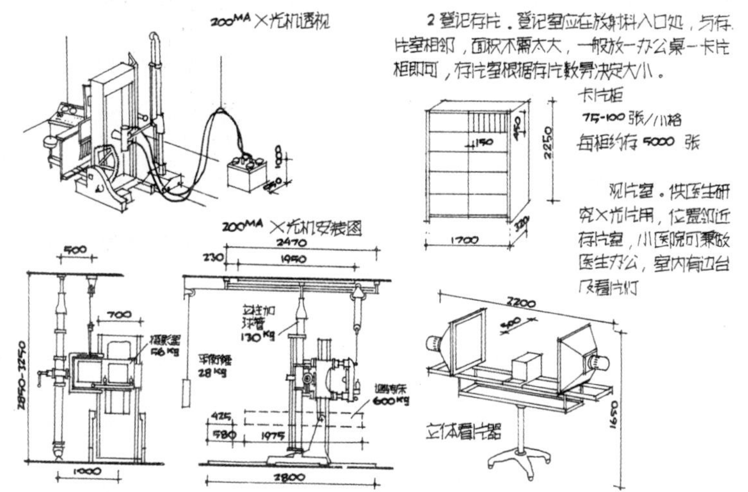

25

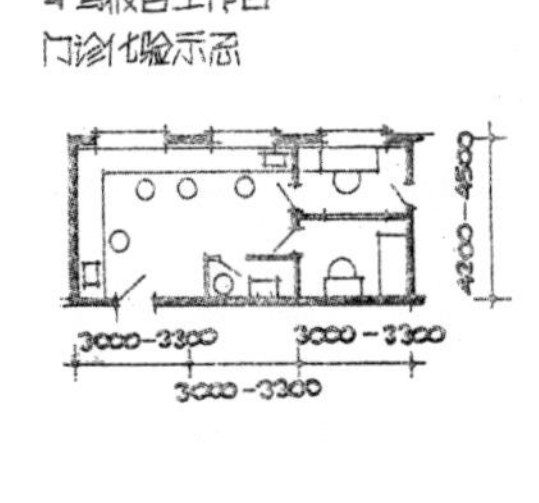

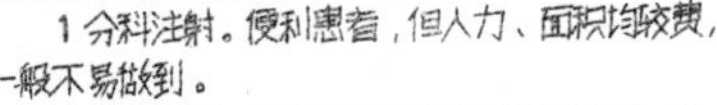

人/小时·床		
抽血	皮下	静脉
25-30	25-30	10-20

平均 50-60 人/日床

26

图 24. 杭州市肿瘤医院调研笔记　　图 25.《市级综合医院建筑设计》CT 室设计（作者绘）

图 26.《市级综合医院建筑设计》注射室设计（作者绘）

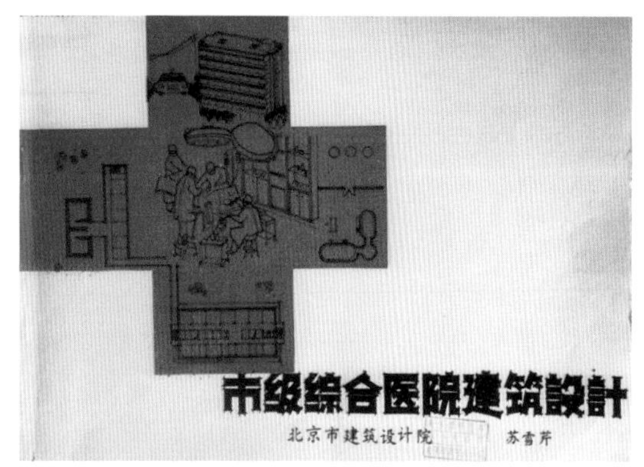

27

28

29

30

31

责，参加编写的有任琪等人，完成后，这本书成为室里医院设计的有力参考书目，节省了不少人力，减少了很多重复劳动。

1987 年，中国建筑工业出版社正式出版了由陈惠华（建筑专业）和萧正辉（设备和污水处理专业）所编写的《医院建筑与设备设计》一书，这是一本巨著，内容十分丰富，共 140 万字，180 页，也是当时有关医院设计最权威的一本著作。此前，我们所积累的一些有关医院的基础工作和调研成果对成书还是有所帮助的，书中选用了不少此前出版的实例。到 21 世纪初，萧正辉准备修订本书出第三版，因为负责审定的赵冬日总和负责建筑部分的陈惠华都已去世，他就找到我希望我参与此事，因为是老前辈要求，我也不好推辞。这一题目下涉及的内容比较多，因为时代在发展，医院设计在不断更新，我也多年未再涉及此类建筑，所以一直在收集新的资料，并初步拟好了修改提纲。但后来萧正辉老多次住院，最后于 2021 年 3 月以 96 岁高龄去世，这本书也就无法再版了。

图 27.《市级综合医院建筑设计》封面
图 28. 为《市级综合医院建筑设计》所做标志设计（作者绘）
图 29.《医院建筑与设备设计》封面
图 30. 医院污水处理专家萧正辉（2019 年摄）
图 31. 医院设计专家陈惠华（1981 年摄）

丹下事务所研修

1

1980 年初的一天，我遇到科技处的陈绮，他问我："你知道日本建筑师丹下健三吗？"我说在日本杂志上看到过，他说："他正在和中国方面联系，想让这里派几个人去他那里学习，院里想派你去，你看怎么样？"我说我不能马上答复你，我得回家商量一下。因为我是在北京上的中学，一直住在姨母家里，她没有子女，所以日常一般由我照料，尤其是我的姨父自南京大桥局退休后，于 1978 年患了中风，时常要去医院，很多事情都需要我来办理。而这次去日本学习需要两年时间，所以我得回家先征求老人的意见。老人听了我说的情况以后，很支持，因为经过几年的时间，姨父的病情已经比较稳定，同时也在北京找到了保姆来照顾。另外，自己家里爱人一个人带着上小学的孩子，孩子经常生病，加之爱人单位在部队，每天早出操晚学习，工作和开会事情也多，困难也不少，但她也非常支持。在大家都支持的情况下，我才给院里做了肯定的回复。

到日本去学习，首先要解决语言的问题。过去我学过俄文、英文，没接触过日文，虽然里面的汉字还可以辨识。院里为此组织了一个为期半年的日文学习班，时间为 3~9 月，除了已决定去学习的 5 人（规划局 2 人，北京院 2 人，建工局 1 人）外，规划局系统的人也可以报名，于是又增加了十几个人，一起在院内业大五楼上课。课程刚开始时，我们用的教材是自编的油印本，日语老师是由院里的老建筑师高原担任，他是北京院的元老，长期生活在东北，所以日文很好。一段时间后，又聘请了一位长期在华生活的日本人高桥敬子当老师，她在口语上很有优势，但在日语教学上没有

图 1. 丹下健三（1913—2005）（1982 年摄）

太多的经验。那时国家刚实行改革开放政策，学习外语之风极盛，《英语900句》之类的书比较多，也出了一本正式的日语教材《新日语》，于是我们又以这本书为教材从头学起，一直到9月份学习班结束。但到日本以后，我们发觉学过的日语距离实际使用还是差得太远了。

2

8月，应北京市的邀请，丹下先生一行来北京访问，可能因许多人从没有到中国访问过，所以我记得当时一起前来的人员比较多。在北京饭店，丹下先生和我们将要去日本学习的5个人——规划局的任朝钧和吴庆新，北京院的柴裴义和我，建工局的李忠梼见了面，我们分别介绍了自己的情况，当时我还带去了一张我在院旅馆研究小组时为2000~3000间宾馆试做方案时画的透视图。当时，这引起了丹下先生的注意，他问我宾馆的投资方是哪里。当时我想，他们接待中国建筑师去那里学习，一方面体现出了一种友好的姿态，另一方面也有想进入中国建筑设计市场的打算。

双方在协商后决定，我们在1981年2月20日（周五）出发去日本，此前便是一系列的准备工作，如制装、准备礼品等。出发那天，北京市科委、市规划局的金瓯卜局长、北京院的吴观张院长都亲自去机场送行，同时北京院还派赵冬日总与我们同行。赵冬日总于1941年毕业于日本早稻田大学，丹下于1938年毕业于日本东京大学，二人年龄相近。大概也因这是改革开放后较早的去国外学习的事件，所以各单位都十分重视。后来我们才知，出发日期的选定也是经过考虑的，一是事务所从那天开始计酬，二是选定在周五出发，可以让我们在周六、周日稍作休息和生活安排，周一就可以正式工作了。

丹下健三先生是具有国际声誉和影响力的日本建筑大师。1964年，东京夏季奥运会上的代代木国立综合体育馆的两个比赛馆和1970年大阪世界博览会的总体规划及庆典广场等设计的成功，奠定了他在日本建筑界的重要地位，也使其为国际建筑界所了解。1980年，他获得日本文化勋章，这是日本对文化艺术界人士颁发的最高奖项。此间，他还陆续取得了一系列的国际奖项和英国、美国、德国、意大利等国的建筑奖。

在改革开放初期，被公派到国外建筑名师的事务所去学习的机会并不多，据我所知，除我们以外，几乎同时出国的还有去美国贝聿铭建筑事务所工作的建设部院的王天锡。当时丹下先生希望中国能派一些年轻人前去，“在北京访问时我看到最年轻的38岁，年纪最大的52岁。其原因是38岁以下的人因为‘文化大革命’没有受到专门的教育。对中国教育界来说有将近15年的空白，我想真是个

图2. 日文学习班结业照片（1980年9月）。二排左2高桥敬子、左3范铭（党委书记）、左4高原、左5张一山（副书记）；去日学习人员：吴庆新（一排右一）、任朝钧（后排右二）、柴裴义（后排左四）、作者（后排左二）

很大的问题。”（引自《丹下健三自传》）。的确如此，柴裴义和我都是1942年生人，是5人中最年轻的，是“文革”之前的最后一批大学生。在别人看来，我们是赶上了改革开放的头几班车，可是联系到我们的年龄，恐怕已经是“末班车”了。所以我们到日本后，研究所的年轻人就开玩笑说：“来的都是‘大叔’级别的。”

到日本后，我们很快就正式开始工作了。此前，日方为我们在港区南麻布租好了一所小住宅的二层（港区是租金十分昂贵的地段），住宅离中国大使馆很近，房东也是中国人，所以交流也较方便。日方为我们置办了家具和家用电器，买好了上班的月票，上班坐汽车3~4站即到。研究所位于赤坂草月会馆的9层和10层，总面积约为1100 m^2，9层是两间大工作室，10层是一间大工作室，另外就是丹下先生的办公室、会客厅及秘书、财务的房间。研究所号称有120人，除东京外，在巴黎和新加坡等地还有分所，因此实际在此办公室工作的也就50人左右。

我们研修的方式就是被分配到各个设计小组一起参加设计工作。开始时，我被分配到广岛市政厅方案竞赛的小组中，帮忙画平、立面图。广岛是丹下先生的故乡，所以先生十分重视，我几乎每天都加班到只能赶上末班车时才离开。有一天太晚了，我步行回家走了40分钟（但这次竞赛并未获

3

4

5

6

图3. 到达东京第二天在浅草（左起：作者、李忠梼、柴裴义、吴庆新、任朝钧）　图4. 作者在丹下事务所（1981年）

图5. 同时赴日研修的5人（前左起：柴裴义、李忠梼。后左起：作者、吴庆新、任朝钧）　图6. 在日本研修时与表现图合影

胜）。因为那时还没有使用计算机，所以主要的工作内容是制作模型和手工绘图。日本制作模型的材料、工具等都很齐备，需要的材料外面都可以买到，所以制作起来十分方便。那时十分流行采光顶，一般的做法就是在聚酯片上刻出网纹，填上白色就可以，但如果比例尺大些，就需要先将薄木片切成细杆件，然后再胶结成立体网架的形式，这真是十分细致并要求耐心的工作。回国时，我特地把我制作的一个建筑模型带回来留作纪念。

7

8

广岛项目之后，我又被分到了尼日利亚新首都阿布贾中心区的规划和城市设计组，这个工程规模很大，模型也大，小组占用了10层整整一间工作室。除日方工作人员外，还有尼日利亚的3名设计人员参与设计。当时需要提交一份阿布贾中心区的城市设计报告，我为工程画了些单线的表现图。画第一张图时，我特别小心，反复画了多幅草稿，换了不同的视角，也征求了日本同行的意见，后来丹下先生也来看过多次，第一张得到首肯以后我就比较放心了。因为有在北京院多年工作的经验，所以我应对起来比较自如，只要定下视点高度，并确定一个灭点的位置就可以完成。我绘制的速度也越来越快，能达到一天一幅或多幅，所以引得非洲同行也来向我请教画透视图的诀窍。当然，每一幅画面的许多内容和形象都要自己设计，另外，日方的立面设计也在不断修改，有时用石材，有时又改为幕墙，而且要保证石材或幕墙的分块或分格在透视图上与立面图完全一致，所以在绘制时也要费一番脑筋。最后的报告书约200页，其中采用了我绘制的14幅透视图（实际画的数量是这一数量的数倍），以至研究所的三把手对我说：“你画的这些比我们研究所过去一年里画的数量还要多。”当时我也有了些知识产权的意识，在每幅透视图上都留下了“MA”的字样，但都是比较巧妙地隐藏在图画之中，恐怕只有我自己才能从图中找到，后来时间长了，我自己也要费好大的劲才能找到。

图7. 尼日利亚新首都商业区　　　　图8. 新首都国会大厦议会大厅内景

又过了几个月，研究所又要做尼日利亚的国会大厦的深入设计，需要绘制其内部各主要厅堂的表现图。这次不是要印刷报告书，而是要绘制大幅的表现图，于是我把表现方法由钢笔单线图改为铅笔图，因为铅笔画起来更方便，更适于表现室内的光感和层次感。而室内透视图又比室外表现图画起来更简单，每次我画好大约 52 cm × 42 cm 的铅笔稿以后，就请外面的公司把它放大到展板上，然后我再在上面上色。此前在别的工程中，我尝试过用彩色铅笔画，但最后只是淡彩的效果，色彩不够强烈。后来我找到一种透明的塑料薄膜，膜的一面是胶，用利刃可以十分方便地将薄膜裁割成需要的形状，效果基本等于干作业的平涂，但色彩均匀，而且可以叠加几种颜色（color overlay），效果十分丰富，边界清楚，而且成图速度极快。我便以这种风格完成了建筑的立面，议会大厅、门厅、过厅等处的大幅室内表现图。我自认为这是自己就地取材独创的一种新表现形式，还没有见到别人用过，在此自夸一下。在 1982 年 10 月新加坡国王中心的方案中，我又绘制了 1 幅室内表现图、1 幅剖面透视图，铅笔稿就有零号图纸那么大，更清晰地表现出更多细部。

在日本两年研修期间，我先后参与了以下工程的工作。

（1）日本广岛市政厅设计竞赛（方案模型制作和图纸绘制）；

（2）尼日利亚新首都阿布贾总体规划（为城市设计规划总报告绘制透视表现图 14 幅）；

（3）意大利那不勒斯居住区规划（图纸绘制）；

（4）新加坡海外联合银行中心（OUB Center）（低层部分及室内大厅的方案设计、模型制作、图纸绘制）；

（5）新加坡 GB 大厦（立面及室内方案设计、技术设计、室内模型制作）；

（6）尼日利亚首都国会大厦（议会大厅平面座席设计、图纸设计，绘制室内表现图 3 幅）；

（7）尼日利亚首都国会大厦修改（绘制立面及室内彩色表现图 5 幅）；

（8）沙特阿拉伯费萨尔国王基金总部（绘制室内彩色表现图 3 幅）；

（9）尼泊尔蓝毗尼佛教圣地工程（为总报告书绘制鸟瞰图及建筑表现图 2 幅）；

（10）约旦雅莫克大学（讲堂室内模型制作）；

（11）新加坡城市电话电讯中心（比较方案的图纸绘制、指标分析、模型制作）；

（12）新加坡海外联合银行中心的接建部分（方案比较、模型制作、图纸绘制）；

（13）尼日利亚新首都政府办公区（模型制作）；

（14）澳大利亚悉尼 APH 中心（模型制作，绘制室内表现图 2 幅）

（15）新加坡国王中心（方案比较、模型制作、图纸绘制，绘制彩色室内表现图 2 幅）；

（16）巴林海湾大学（方案比较、模型制作、图纸绘制）；

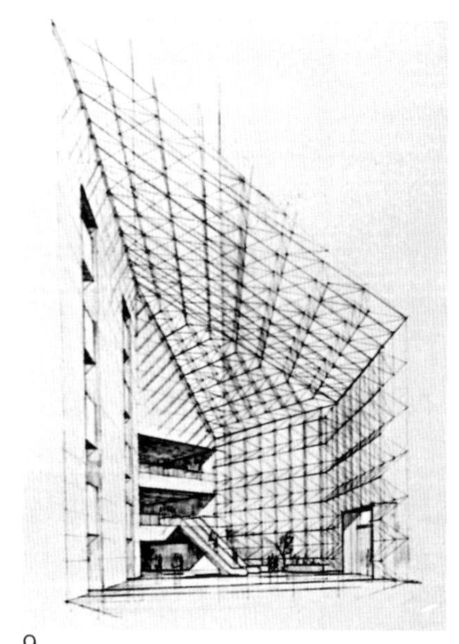
9

图 9. 澳大利亚办公楼门厅

（17）日本湖滨高尔夫球场（模型制作、图纸绘制）。

（18）新加坡南泽理工大学（模型制作、图纸绘制）。

（19）爱媛县文化会馆（屋架模型制作）

丹下先生大部分时间都不在研究所，平时我们很少能见到他，但有时休息日他要来看工程进度，这时大家都要赶来“加班”。我们在研究所的工作时忙时闲，忙的时候连续几天连轴转，白天黑夜都不合眼，闲的时候有的人一上午都不来上班（肯定那时丹下先生不在国内）。有一次早上上班后不久，秘书到楼下来检查谁没来上班，原来是丹下先生从巴黎打电话来，让秘书告诉他谁在办公室里。那天恰巧很多人没有按时来上班，等他们来了知道这件事后，还暗暗议论：巴黎那时正是夜里，老先生还真有精力！第二天大部分人都准时到了。我们几个中国研修人员一直都是每天 9：00 准时到研究所。

那时我们学习日语口语的条件并不好，因为上班时大家都在埋头工作，没有时间聊天，回家以后，5 个中国人在一起，口语长进也不大，所以只好在笔译上下点儿功夫。当时，我利用空闲的上班时间收集了丹下先生的作品和论文（研究所有个小图书馆，查找很方便）。我把他历年的作品、图纸、评论及介绍都收集起来，把其中的重要部分笔译出来，尤其是代表性的论文，里面有看不懂的地方就暂时先跳过去。后来回国以后，中国建筑工业出版社在 1984 年准备出版一套国外著名建筑师丛书，编辑彭华亮找到我，想让我撰写介绍丹下的那一册，我很快便答应下来，因为内容都是现成的。虽然编写评论的长文稍困难一些，但日本丹下先生也给予我很大的帮助，指定了专人和我联系。最后，我在 1986 年交出了全部书稿。这本书尽管直至 1989 年 3 月才正式出版，但仍是这套丛书中第一本完成并出版的，共 414 页，66 万字。这也是对丹下先生这位建筑大师的建筑理论、设计实践以及个人历史的系统梳理，但当时的印刷条件较差，我自己翻拍的照片质量不好，用的纸张也不好，所以要送给丹下先生真是有点拿不出手。后来这本书还获得了第三届全国优秀建筑科技图书部级一等奖。

10

另外，我在参加不同的设计项目时，顺便也把这些项目的设计说明书作为学习的内容。因为设计的是海外项目，所以大多是英文文本，但我发现日本人所撰写的英文文件阅读起来相对容易些，而由英国人撰写的地道的英文报告阅读起来就困难多了，几乎到处是生词。通过阅读这些报告，我了解了许多新词和新概念，如 Urban Design（城市设计）、CBD（中央商务区）、VIP（贵宾）、FAR（容积率）等。现在我们对这些词已耳熟能详，可三十几年前这些还是很新鲜的。

为了加强对日本古代建筑历史的了解，我还翻译了太田博太郎的《日本建筑史序说》（后来看

图 10.《丹下健三》书影

到同济大学出版社出版了正式译作），还翻译过一篇有关贝聿铭的长文等。我想只要日积月累，就会有所收获，所以我尽量利用每一点空闲的时间做文字翻译工作，两年下来，也积累了大约 50 万字呢！对于在日本的学习，更多的是通过收集资料进行的。当时日本的资讯很发达，获取消息的渠道十分通畅，让我更满意的是复印的条件十分便利。那时国内也开始引进复印机，像我们院引进的是德国施乐牌的复印机，但复印时需要用专用的纸，很不方便，而当时在日本则可以使用普通的 A3、A4 纸，既可以两面印，也可以缩印。我因为怕复印量太多不好带回国，所以对缩印和两面印的技术运用得极为纯熟。我所收集的资料的主题也十分广泛，只要是我感兴趣的均予收入，如建筑史、建筑师、抗震、防灾、老龄化、住宅、体育（院里要求的）、构造等。当时我列出了 20 多个专题，有的材料当时做了翻译或摘记，大部分就是把材料复印以后带回国来。在设计尼日利亚国会大厦时，尼日利亚方要求建筑室内增加民族特色，日本的研究所马上让巴黎的分所那边寄来了一本非洲的纹样图集，内容精彩极了，后来我就全部将此复印下来。日本的建筑杂志种类极多，有用的资讯也很多，尤其是杂志《日经建筑》，它是半月刊，及时刊登着当时国内外的建筑动态消息。更方便的是，杂志的最后有多页各种厂家产品的集中介绍，分门别类地编着号，杂志后面附有一张小卡片，只要把姓名、地址、单位填上，然后把你所想要的厂家介绍或产品样本编号勾出寄到杂志社，此后产品样本就会被源源不断地寄来。我用这种方式也收集了不少建材和产品的样本，十分便利。国内至今还没有类似的杂志和类似的服务，还是需要依靠产品推销员到处对产品进行推销。

日本是照相机大国，我对摄影心仪已久，苦于以前没钱买不起相机，到日本后不久就购置了佳能 AE-1，我对摄影的兴趣便被激发了出来，每到休息日就外出拍照，先是负片，后来又加上正片。我先参观学习了丹下先生设计的位于东京的作品，有的还去过不止一次（如代代木国立综合体育馆）。在假日时，我们先后去过奈良、京都、名古屋，还有四国和九州，另外到外地时，除了参观丹下先生的作品外，我还参观了一些日本其他名建筑师的作品。当时我几次想要给丹下先生拍照，都被所里人员提醒制止了，直到有一次先生来看尼日利亚模型，我看他当时心情很好，就趁机拍了一些，有一张就放入了《丹下健三》一书中。但在拍照中，也发生了一些有趣的事，有一次院里翁如璧等人来

11

12

图 11. 作者购置相机以后　　图 12. 作者在日本奈良参观

日考察，我陪他们到各处参观并代为拍照，到新宿时发现已拍了 40 张，但打开相机后盖一看，胶卷根本没挂上，让大家白白做了诸多表情。当然后来的相机为防止没有挂上胶卷设置了很多预防和检测的措施，但这都是后话了。

再说说研究所的日本同事，他们对我们十分热情，在生活中，大家对于国内外的大事小事无话不谈，熟稔以后也经常互开玩笑；在工作中他们对我们也很照顾。好几位日本同事邀请我们去他们家里做客，怕我们不认识路，还复印好了详细的乘车路线。有一次他们请我们到家里为他们表演地道的“中华料理”的制作，来了三四家的主妇，每人带了一个笔记本，把制作的每一个步骤都记成笔记。我们当中的吴庆新的厨艺很好，我切凉菜的刀工也让日本朋友惊叹一番，只是我们在超市买香油时买错了,日本的香油称为胡麻油，但我们买了“香油”，拌出来却全不是那个味道了。还有几位年轻同事结婚时也邀请我们去参加。有一次所里几个年轻人要参加香港顶峰的国际竞赛，这属于“干私活”，是绝对不能让丹下先生知道的，他们也在休息日把我叫去帮他们画了 4 张室内外透视图。丹下先生和夫人对我们也十分关心，多次通过所员询问我们的生活和学习情况。一次夜里加班，正是台风横扫东京之时，外面风雨交加，先生和夫人几次打电话让我们赶紧回家休息。1981 年圣诞节前，先生和夫人招待我们几人吃饭，饭后还专门邀请我们到丹下先生的家里叙谈了一番（可惜那次我们没有带相机）。最让我们感动的是，在我们到日本一年左右时，先生在年底安排我们放假一周回国探亲，丹下夫人说：“一般我们的所员在国外最长只待三个月，你们都出来一年了，还没有回去过。”于是我们高高兴兴地回了一趟国。在两年研修期满回国之前，先生还专门为我们在所里举办了一次酒会，丹下先生和夫人以及全体所员包括秘书、司机都参加了，气氛十分热烈。在最后不知是谁起的头，大家唱起了《友谊地久天长》，就在那时我不禁流下了眼泪。我想除了是因为

13

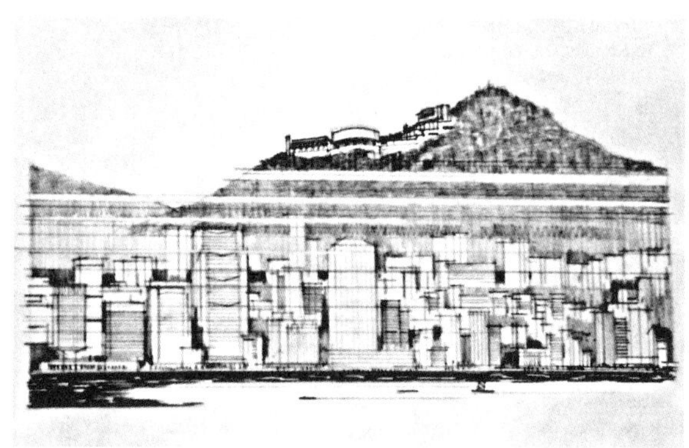
14

15

图 13. 帮年轻同事“干私活”　图 14. 参加香港顶峰国际竞赛时的表现图　图 15. 与事务所秘书合影（1983 年）

在两年的光阴中与大家朝夕相处所结下的友谊和感激之情外，音乐的感染力也让人动容吧！

16

到国外学习，除了学习专业知识外，更多的是可以了解那个国家和民族的文化、习俗、美学观、价值观。好像过去我们都是用放大镜看身边的环境，用望远镜看别的国家，而出国的经历则可以让我们用放大镜来观察过去我们不熟悉的国家。在日本学习还有一个意外的惊喜，那就是在1982年10月4日，我陪同贝聿铭夫妇在东京参观了大半天，详情我已在《建筑学报》发表过一篇回忆文章。交谈中贝先生十分关心我们回国以后的打算（当时王天锡已经回国了）。我回答还是想做好手中的具体工作，没有更多的打算。后来贝先生语重心长地说："将来的希望是在你们这一辈人身上的。"我回答说："我们这一辈人要努力做一些工作，一些宣传工作，一些舆论工作，但总体看来，我们还是过渡的一代，将来能大大发挥作用或应寄予希望的倒可能是我们的下一辈。"贝夫人说："还是要有一个目标，并为此而奋斗。"我说："是的，那要花费很长时间。办成一件事不是那么容易的，也可能成功，也可能失败，也可能碰得头破血流。"贝夫人回答："当然是这样，我们理解。"

17

18

图16. 事务所举办的告别酒会（1983年）　　图17. 与丹下先生合影（1982年，左起：李忠梼、吴庆新、丹下先生、任朝钧、柴裴义、作者）　　图18. 重访日本时与事务所同事见面（1984年）

去丹下事务所学习的两年是我设计生涯中十分难得的一段经历，后来我在东京和北京也陆续和先生见过几次面，此中的收获和体会还是很多的。我虽然已就丹下本人的设计思想和作品出版过一本长篇专著，但对于研修生活中的细节和更多的感受，我一直都想再另外整理成一本回忆录，因为其他工作较多，虽酝酿了多年，但该工作的进展缓慢。后来我在新冠疫情期间抓紧时间初步写了 20 多万字，但觉得时机还不够成熟，就又放下了，不过始终还在进行之中。

丹下先生在 2005 年去世后，他留学美国的儿子丹下宪孝接了班，把事务所从赤坂搬到了新宿，后来也曾访华到北京院和我见过面。他们的设计作品也还不错，2020 年东京奥运会的游泳馆就是由他们设计的，但是远未取得像 1964 年东京奥运会代代木国立综合体育馆的那种轰动效应。

19

20

21

图 19. 丹下先生和夫人与研修人员合影（1991 年）　图 20. 丹下先生和夫人（1991 年）　图 21. 丹下先生夫妇来京会见（前排左起：赵冬日、丹下健三、白介夫、丹下夫人。后排左三作者、左四李忠梼、左六吴庆新、左七任朝钧）

亚运会建设全程

从 1983 年中国提出申办亚洲运动会（以下简称“亚运会”）开始，中国政府、中国人民和中国体育界就走上了一条通过举办大型国际体育赛事活动，扩大改革开放、促进经济发展、推进精神文明建设、促进全国和首都的现代化建设来实现体育事业全面发展和人民生活质量大幅度提高的漫长道路。在这场长征中，我们有过欢乐、激动，有过挫折、失望，有过奋斗、苦干，有过自豪、骄傲……最终，在 2001 年 7 月 13 日，北京申奥成功，获得了 2008 年第 29 届奥运会的主办权，几代人、几届政府的梦想和感望终于变成了现实。回想在这一并不短暂的历程中，北京院的广大工程技术人员在举办第 11 届亚运会、申办 2000 年奥运会、申办 2008 年奥运会以及 2008 年奥运场馆的建设等过程中贡献了自己的才智和汗水。几代工程技术人员为了这一事业薪火相传，写下了难忘的篇章。而我作为这支队伍中的一员，从 1983 年到 1990 年间，有 8 年时间直接参与，如果加上申奥过程，时间就更长了。作为这些重要事件的亲历者（虽然只参加了其中一部分工作），通过回忆留存在记忆中的片断，抚今追昔，重温这一段历史，还是很有意义的。

1983 年初从日本学习回国以后，周治良副院长没有立刻让我回到设计室去参加生产，也没有马上给我安排具体工作，因为那时已经得到消息，我们国家准备申办 1990 年的亚运会，他准备让我参与做一些前期准备工作。因为可以摆脱内心并不愿干的行政工作，所以我还是很高兴的，并未因为没有“当官”而闹情绪。

一、志在必得

新中国和国际体育界的交往经历了曲折的过程。1952 年，新中国代表团参加了在芬兰赫尔辛基举办的第 15 届奥运会，但此后由于一些人的操纵和干扰，中国奥委会于 1958 年 8 月 19 日与国际奥委会断绝关系并退出一些国际体育组织。直到 1976 年 11 月 26 日，国际奥委会批准了奥委会执委会关于中国代表权的决议，中国决定参加 1980 年、1984 年的冬奥会和 1984 年洛杉矶奥运会。中国与国际体育界的交往由此进入新的阶段。相比之下，中国与亚运会联合会的交往要比和国际奥委会的交往更早些。1951 年，我国派中华全国体育总会（以下简称“中华体总”）筹委会代表参观了在印度新德里召开的第一届亚运会，但次年起与亚运会联合会就没有任何关系了。直到 1973 年 11 月，亚运会联合会在德黑兰召开理事会，伊朗代表提出：“没有中国参加的亚运会联合会是不能充分代表亚洲的。”经过激烈辩论，确认中华体总为该联合会会员，我国首次派运动员参加了 1974 年第七届德黑兰亚运会。在第七届和第八届亚运会上，尤其是1982年第八届新德里亚运会上，我国运动员获得了61块金牌，第一次打破了长期以来日本选手在亚运会上独占鳌头的局面，成为我国体育史和亚运会历史上划时代的重要事件。而在1984年洛杉矶奥运会上，我国选手一举获得金牌15枚、银牌8枚、铜牌9枚，其中金牌总数列世界第四位。亚洲体育大国——中国举办亚运会的时机日益成熟。

实际上，在1982年新德里亚运会后，国家体委方面就开始了申办亚运会的准备工作，北京院一室那时就已整理过亚运会的简单材料。在1983年6月中旬，副院长周治良召集了院一室、七室、技术室、管理室、情报组有关同志，传达了初步设想，准备在北京院内成立技术领导小组，将来由一室、七室或再增加别的室承担设计任务，院内负责协调。成立由刘开济、傅义通、金东霖、张莉芬、马国馨等人组成的专题小组，专题小组先行一步，做些前期准备和研究工作。研究所也开始准备大跨度结构的研究。同年8月24日，由中国奥委会主席钟师统正式提出申请举办1990年亚运会。10月，我院专题小组完成了《亚运会若干问题》的综合材料，该材料是在国家体委和院情报组协助下完成的，汇集了有关亚运会的系统材料，从历史沿革、中国和亚运会的关系、申请、筹办、资金、项目和日程、设施、通信等方面对历届亚运会和近几届奥运会进行了比较，是一份比较完整的背景资料。我国第一次申办这种大型国际赛事，缺少申办经验，当时翻译了亚洲奥林匹克理事会的章程，仅申请表格，理事会就提出了13个问题，要求逐项回答。其中除了项目、比赛期限、城市和设施情况、经费、举办经验等条款之外，还有如其中第九条“在你们所建议的城市或贵国是否有任何法律、风俗或规定会以任何方式限制、禁止或干涉运动会和会员组织的运动队、官员和代表顺利入境？”第十三条“如授权你们举办，你们是否保证运动会将按理事会的基本原则、宗旨条款、规程、典礼规定、规则和附则正常进行？”，并特别注明“如理事会认为对第九和第十三个问题的回答不满意，申请即被拒绝”。当时我国在外交上确实有一些需要研究的具体问题。11月，我国派出了以张百发副市长为团长的“北京市争取第11届亚运会代表团”去科威特参加亚洲奥理会会议，争取主办的权利。当时争办的城市还有日本广岛，因为1990年是广岛建城100周年，市长在当年竞选时就放言“如申办不成就辞职”，由此可以看出大家都志在必得。与此同时，我国相关单位的工作人员从7月份起也已陆续集中，开始了紧张的工作，国家体委的有计财司的李寿棠、成良华、戴正雄；市规划局的有曹连群、朱燕吉，北京院的有周治良、刘开济、马国馨；后来参加的还有清华大学的赵大壮。去现场踏勘用地时，清华大学的吴良镛先生和张昌龄先生也参加了，当时主要先宏观地考虑一些粗线条的问题。

对于场馆建设来说，当时首先需要解决的是规模、布局、造价等基本问题，主要涉及以下几个方面。

1. 亚运会设施的规划布局原则

亚运会设施的规划布局原则应以城市的总体规划为指导，努力获得最大的经济效益、社会效益和环境效益。因此，提出要把举办亚运会和将来举办奥运会结合、新建场馆和现有设施结合、比赛需要和平时使用结合等原则，这都是不言自明的。但在布局方式的考虑上还是很费心思的，从亚运会和奥运会的历史看，有德黑兰亚运会那样高度集中的实例，在16个比赛项目中有13个集中在阿里亚梅尔体育中心，也有十分分散的例子，新德里亚运会23个比赛和表演项目分布在16处，1984年洛杉矶奥运会24个比赛和表演项目分别在23处场馆进行，当然更多的国家还是采取集中和分散

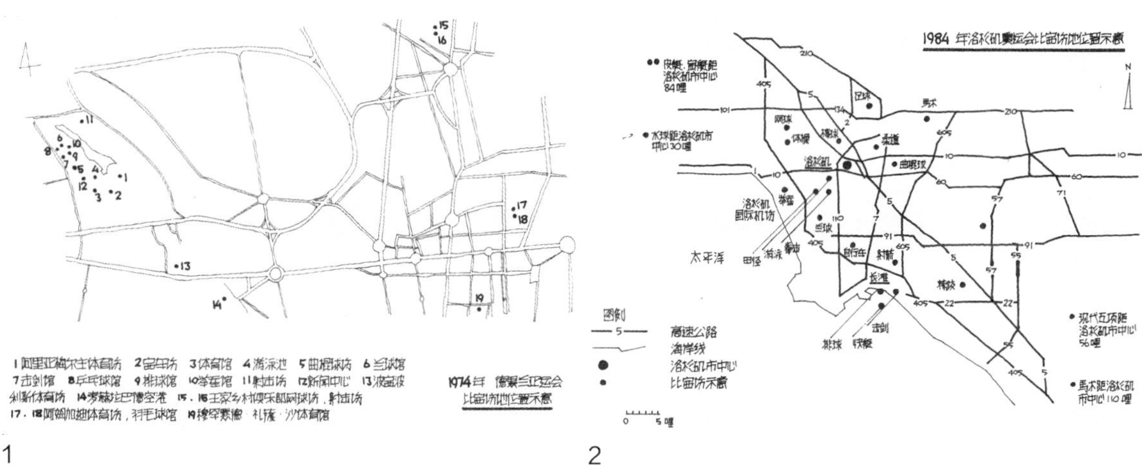

相结合的方式。从北京的现实情况看，大集中或大分散都不现实，也要走集中与分散相结合的路线，但当时因为方案还没有具体化，所以前后提法上还是不甚一致的，如“集中与分散相结合，以集中为主”“分散与集中相结合，以分散为主”“集中与分散相结合，大中小相结合，均匀分布”“分散为主，适当集中，均衡分布，形成多级和大中小相结合的设施布局”，最终恐怕还是要考虑运动会的需要和城市建设的可能。

2. 国家奥林匹克体育中心位置的选定

在北京市总体规划中，很早就考虑了大型市级体育中心的位置，即在市区三环路附近的东、西、南、北各有一块预留用地用来规划大型体育中心，东郊为工人体育场和工人体育馆，还有室外游泳池和游泳练习馆，已基本形成规模；当时南郊为小型工业集中地和一般居民区，条件不如西郊和北郊的两块用地；西郊五棵松地区为国家机关、军事机关和科研机关集中的地区，有地铁通过，市政设施也比较齐全；而北郊土城以北，位于城市布局的北中轴地区，离城市的主要环路和放射干道较近，去机场方便，根据总体规划，该地块将来是国内外文化技术交流的主要地区，保留用地面积较大，在市区内有较大的开发潜力和余地。为了表现我国申办的决心，决定先以“在北郊布置新建的体育中心”的方案进行申报。

3. 运动员村和配套设施的建设

亚运会章程要求:“组委会应提供一座亚运村，男女各一，这样运动队和随队官员可以食宿在一起，收最低限度的费用。如不能提供须经特别许可。”由于初步决定将体育中心设于北郊，因此对于运动员村用地主要考虑的是其应与主要比赛设施相距较近，同时最好与观众集结的方向相反，避免人流交叉，为此提出了将亚运村放在体育中心东北和西侧的两种方案。而运动员村形式参考国外采用住宅、公寓、学生宿舍等做法，也提出过住宅、旅馆、会议中心等设想。其他配套设施还有新闻中心、计算中心、组委会办公地、体育医院、兴奋剂检测中心、体育博物馆等。

1984 年 3 月 7 日，中国奥委会正式向亚洲奥理会提出举办 1990 年亚运会的申请，由于在 9 月表决前亚洲奥理会将派代表团到各申办城市考察，因此北京市院需要尽快提出体育中心的规划方

图 1. 德黑兰亚运会设施分布图（1974 年）　　图 2.1984 年洛杉矶奥运会设施分布图（1994 年）

案设想及模型，当时选定用地为 185 hm^2，包括体育中心 128 hm^2、运动员村 40 hm^2、后勤用地 17 hm^2。体育中心用地位于北郊的北中轴线东侧，是总体规划中预留的体育设施专用地段，距工人体育场 7 km，距首都体育馆 7.5 km，距北京体育馆 11.5 km，地点适中，交通方便。用地北面的四环路为城市主要交通环路，用地南面隔城市绿化带—土城公园可与三环路相连，预定于体育中心安排可容纳 8 万人的体育场、8000 席的体育馆、5000 席的游泳馆、5000 席的自行车比赛场。当时规划设计主要考虑以下基本原则。

（1）功能分区明确。观众、运动员、贵宾、新闻记者、工作人员各自的路线清楚，避免人流车流干扰和交叉，因此在人、车流布置上采取了立体和平面结合、以立体为主的设想，将观众安排在架空步道层，运动员和贵宾安排在地面层，新闻记者和工作人员安排在半地下或地下空间，以形成安全方便而又各自自成系统的交通组织方式。

（2）为保证大量观众能在短时间内迅速而安全地集中和疏散，除去立体的路线分流外，还将停车场尽量布置在靠近各比赛场馆处，保证大量观众下车后经过架空步道可直达场馆和观众席。

（3）考虑采用最先进的现代化电子装置和设备。

（4）保留大片绿地和水面，为广大市民提供一个可休闲娱乐和体育锻炼的场所。

（5）考虑今后举办奥运会的可能性，在规划上留有分批建设和增扩建的余地。

当时由我陆续提出了若干比较方案，方案一为主要比赛设施沿东西轴线布置，大体育场位于东

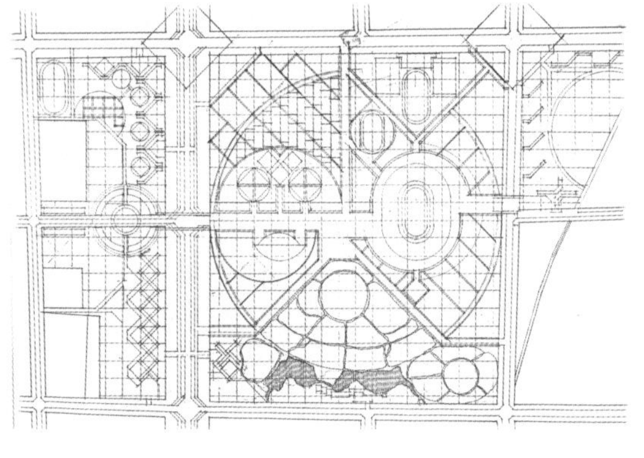

3

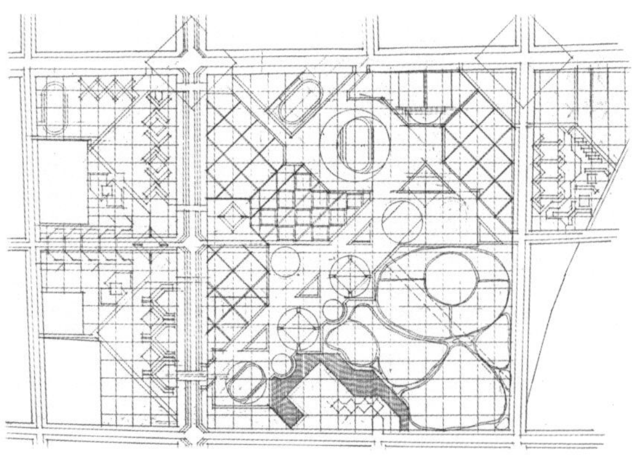

4

图 3. 北郊体育中心方案一模型及总平面图（组图）

图 4. 北郊体育中心方案二模型及总平面图（组图）

侧，其他设施沿东西轴线呈西北布置，主入口与北中轴线垂直；方案二为沿与城市北中轴成 45° 的斜向轴线线性布置，将主体育馆置于用地北侧，在中轴线与运动员村相对处布置组委会办公地；方案三为最后正式提交亚洲奥理会审查的方案，这是在方案二的基础上进行的修改和调整，在保留了原有斜交的主要轴线外，将除大体育场外的主要场馆设施围绕一个中心广场成组布置。这样中轴路的景观更为丰富，也可以空出更多的用地准备将来的发展。与此同时，在中轴路西侧的南北两块地段内布置了运动员村，北区为体育宾馆，南区为会议中心，在两区之间的地段布置为运动员服务的公共活动中心等服务设施，新闻中心和组委会也设在本区内的独立地段之上，并形成围合的升旗广场，在体育中心东侧的一块三角地段上集中布置锅炉房、变电站、机房、后勤处及职工宿舍等。我想当时选定这一方案主要还是在总体布局上打破过去“二虎把门”的定式，给人形体变化丰富的印象。另外，比赛设施和运动员村十分接近也是一个重要的优势。

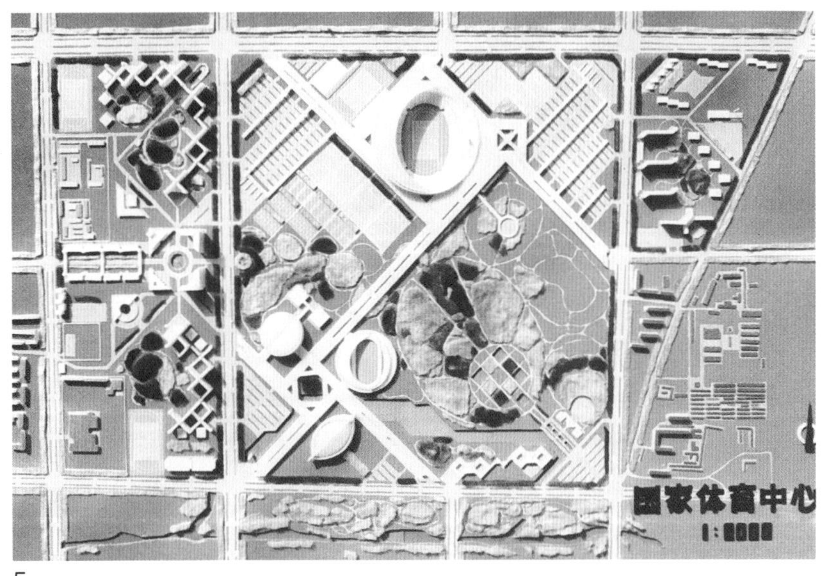

5

图 5. 北郊体育中心方案（组图）

与此同时，各方面的准备工作也在紧张进行。国家体委为体育中心的筹建在 1983 年 9 月专门向国家计委写了报告。1984 年 5 月，国家计委认为举办 1990 年亚运会一事中央领导原则上已经批准，应抓紧建体育中心，但其可行性等需进一步论证，建议先成立筹建领导小组，对投资、各方面配套、总投资等事项由领导小组进行论证后报批。总的意见是先动起来，北京市政府及规划部门就曾对广播电视、电信、邮政、市政交通、供水、供电、供热、供气等进行了初步研究。国家体委为了从设计等方面更好地集思广义，听取专家意见，于 1984 年 4 月 25 日在河北省承德市成立了中国体育科学学会和中国建筑学会下属的二级学会——体育建筑专业委员会，由国家体委副主任陈先任主任委员，北京院副院长周治良和国家体委计财司司长李寿棠任副主任委员，当时陈先同志说：由一位部级领导出任二级学会的一把手这恐怕还是第一次。委员包括规划、设计、体育、工艺、管理等各方面专家共 25 人，当时规划和建筑方面参会的有吴良镛、张昌龄、葛如亮、梅季魁、曹连群、刘开济、张家臣、刘绍周、黎佗芬、蒋仲钧、郭明卓等人。在成立大会上，规划局曹连群和我分别汇报了有关亚运会设施总体规划和体育中心方案，来自全国各地的专家提出了意见，交流了当时第六届、第七届全运会的情况。这些都为工作的下一步进展提供了组织、理论和技术支持。

6

1984 年 6 月 14 日，以亚洲奥理会主席谢赫·艾哈迈德·法赫德·萨巴赫亲王（后在伊拉克入侵科威特时战死）为首的代表团到京，6 月 16 日在首都体育馆由市规划局俞长风和北京院刘开济总工分别介绍规划和体育中心设计。此前刘总做了充分的准备，领导也希望建筑师放开讲，要通过介绍表现我国真正申办的决心，打消客人的疑虑，因此现场的效果很好。国家体委的翻译屠铭德在会后对我讲："真没有想到刘总的英文那么好，用词那么高雅、得体。"另外，李先念主席接见了代表团，同时表达了中国政府和人民要求举办第 11 届亚运会的迫切愿望。1984 年 9 月 26 日，在汉城（今首尔）

图 6. 体育建筑专业委员会在承德成立（1984 年）（前排左起：候殿三、刘可夫、葛如亮、夏翔、陈先、吴良镛、张昌龄、马瑜、李寿棠、周治良、梅季魁。后排左起：曹连群、郭明卓、顾希渊、成良华、黎佗芬、刘绍周、张家臣、刘开济、董石麟、蒋仲钧、赵翊民、戴正雄、作者）

举行的亚洲奥理会上，为了破解北京和广岛各不相让的局面，法赫德亲王安排把北京和广岛的申请议案捆绑在一起表决，即北京举办 1990 年亚运会，日本札幌举办 1990 年亚洲冬运会，而广岛举办 1994 年亚运会，最后以 43 票同意，22 票反对，6 票弃权获得通过。这样从 1984 年起，北京还有 6 年的准备时间来迎接这一次挑战，而所有的设施还需在亚运会开始前一年建成。

7

8

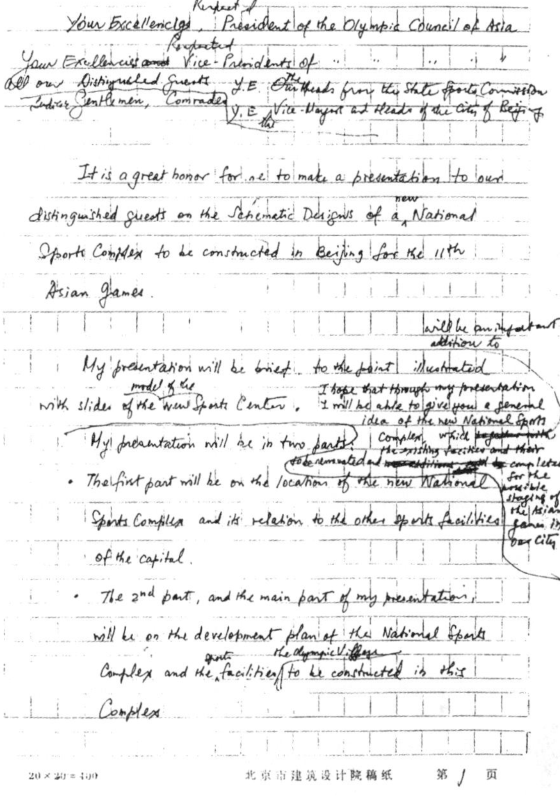

Respected
Your Excellencies, President of the Olympic Council of Asia
Respected
Your Excellencies Vice-Presidents of
All our Distinguished Guests Y.E. The Heads from the State Sports Commission
Ladies, Gentlemen, Comrades Y.E. the Vice-Mayor and Heads of the City of Beijing.

It is a great honor for me to make a presentation to our distinguished guests on the Schematic Designs of a new National Sports Complex to be constructed in Beijing for the 11th Asian Games.

My presentation will be brief to the point illustrated with slides of the model of the new Sports Center. I will be able to give you a general idea of the new National Sports Complex, which will be an important addition to the existing facilities ... to be completed for the possible staging of the Asian Games in our City

My presentation will be in two parts:

- The first part will be on the location of the new National Sports Complex and its relation to the other sports facilities of the capital.
- The 2nd part, and the main part of my presentation, will be on the development plan of the National Sports Complex and the sports facilities, the Olympic Village to be constructed in this Complex

20×20=400　　北京市建筑设计院稿纸　　第 1 页

9

二、兑现承诺

取得亚运会的举办权主要是兑现了我国对亚洲奥理会作出的承诺，但更为困难和艰巨的任务在于将承诺付诸实施。首要的步骤就是可行性研究报告的拟定、上报和审批。早从 1981 年起国家计委就发出了通知，要求将可行性研究列入基建程序，按照编制要求，需要由总论、规模预测、建设条件和方案、项目方案、规划保护、实施计划和进度、资金及评价、结论等 10 部分内容组成。可行性研究的编制过程实际是各种设想的比较研究、寻求较为理想的解决方案的过程，以便于主管部门下决心拍板。这里实际上涉及了资源如何分配、如何合理利用的问题，由于关系到国家、地方及部门的利益，因此也有大量需要协调和平衡的内容。报告的编制主要由北京市政府和国家体委主持，当时直接参与的国家体委的领导是陈先和李寿棠，北京市政府的领导是张百发、宣祥鎏和陈书栋，报

图 7. 亚洲奥理事会主席法赫德亲王和副主席沙哈在北京考察（1984 年）　图 8. 北京院刘开济总向考察团介绍情况（1984 年）
图 9. 北京院刘开济总介绍情况的英文手稿

告的主要执笔人是规划局的朱燕吉，另有北京院和清华大学等单位配合。由于工作的艰巨性和复杂性，设计人员既要了解领导部门的意图，又要协调各方面的关系，将多个方案反复比较。当时主管领导也多次明确表示过意见，所以报告前后曾数易其稿，反复修改，多次报送。时间也是旷日持久，从 1984 年 6 月亚洲奥理会来京考察前工作即已开始，直到 1986 年 2 月才最后批准，仅笔者参加过的有记录可查的会议前后就有近 50 次，工作的难度可想而知。

关于参加国数目、比赛项目、运动员教练员数目、新闻记者数目及对比赛和练习场馆的要求，我们还没有完全掌握。后来通过调研了解到亚洲奥理会当时共有 37 个国家，参加比赛的运动员大约有 6000 人，比赛和表演项目经商讨最后定为 27 项，超过了此前汉城亚运会的 25 项，并包括了一些亚洲国家特有的项目，如卡巴迪、藤球和武术。日程排定后，共需 33 个比赛场馆、46 个练习场馆，比赛设施中利用和改造原有设施的有 13 处，新建设施有 20 处。

有关比赛设施的布点、内容和规模，这实际涉及前述“集中和分散相结合”究竟如何具体体现的问题，如主体育中心到底建在哪里，选择什么内容，就是个被较多讨论和反复比较的问题。此前有 3 个地点供选择，即北郊土城、西郊五棵松和东郊工体。另外，议论过程中也有提出分散到各大学的意见。在这 3 处用地中，西郊虽然有不少优势条件，但因附近有很多军事机关和单位，当时我国大型的涉外活动开展得还较少，从安全角度出发，就暂不考虑西郊了。东郊工体已初具规模，当时我们也做过将这里改造为大规模综合体育中心的方案，即从工体西门向西打通直到东二环路，这条路的北侧是已建好的工人体育馆，南侧可建新的游泳馆，同时也在可能的条件下考虑利用高架平台进行人车分流，并尽量增加停车面积。但本方案增加了二环路的交通负担，同时，民房的拆迁量也很大，当时估算的红线以内的改造费用为 2.04 亿元，加上外部市政、拆迁、配套等共需 3.3 亿元。那时还没有现在这样的财力。这样比较下来，北郊土城的优势就体现出来了，拆迁量也比较小。另外一条就是此前我们在各种宣传场合都已做过建设北郊体育中心的承诺，因此还必须保持设施建设口径上的统一性和连续性。当然即便是建设北郊体育中心，也还有一个主体育场到底新建不新建的问题。从国家体委的角度出发，同时考虑到工体当年在结构设计时并没有考虑抗震，时遇冬季施工，掺加了较多的早强抗冻剂，

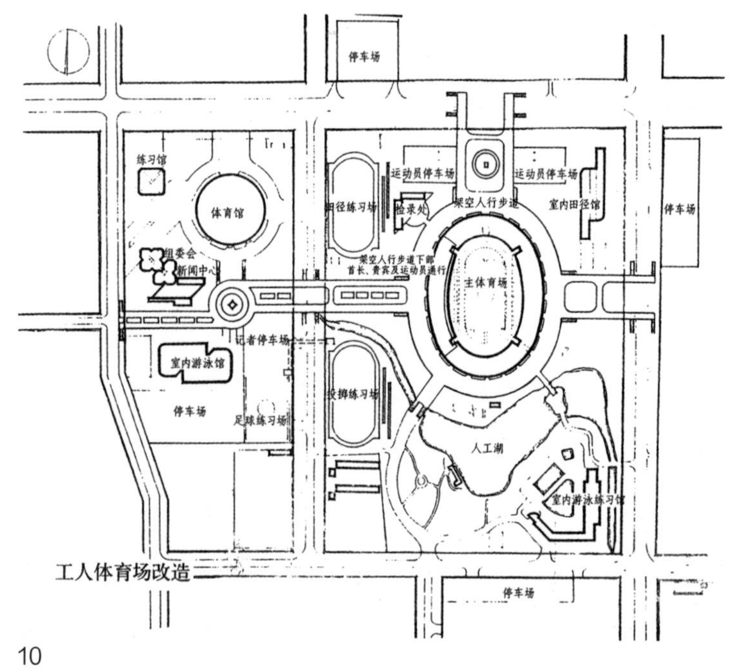

图 10. 北京东郊工人体育中心扩建方案

施工质量不理想，在规划、加固、停车、使用等方面都有一些局限性，加上当时工体的管理归属北京市总工会，因此国家体委认为新建一个大体育场虽然造价稍高，但可能会对国家体委的使用更有利些。而国家计委认为结合洛杉矶奥运会情况，从少花钱、提高经济效益的方向出发，还可利用改造工体。对此，经反复比较研究，综合考虑多方面因素，包括当时国家的财力可能以及亚运会与奥运会的衔接，最后确定主会场仍利用原有的工人体育场，在新建的北郊体育中心里仅设一个可容纳 2 万人的体育场，而未来的主会场待举办奥运会时再考虑。至于中小场馆，在讨论中有在北京市各区分设的方案，有设在各大学的方案，最后确定在各区原有体育设施的基础上，在东城、西城、崇文、朝阳、石景山区都建设一个 3000 座的体育馆，丰台新建一个体育中心，包括 4 万座体育场、3500 座的体育馆、3200 座的棒垒球场以及训练馆、练习场、游泳场等配套工程。大学区则选择在北京体育学院（现为“北京体育大学”）和北京体育师范学院（现为“首都体育学院”）各建一座体育馆，其中北京体育师范学院中的大学生体育馆的座位数为 4200 座。此外还有像自行车比赛、水上比赛、帆船比赛等的专用场地，总计下来利用和改造的设施约有 20 hm^2，新建设施约有 23 hm^2，最终体现了“在城市建设总体规划指导下基本分散、适当集中、全市大体均衡分布，形成分散与集中相结合的体育设施布局”的原则。

11

设计人员对运动员村的赛后长期使用曾提出过多种设想，如与住宅建设相结合、与旅游宾馆相结合、与体育宾馆相结合、与会议中心相结合、与大学生宿舍相结合等设想，也有人提过运动员村采取分区分散的方式，或利用已有大学宿舍，或建在大学区附近。最后综合考虑投资来源、经营效益以及亚运会后的长期利用等因素，决定按一般公寓和中档旅馆的标准进行建设，将运动员村用地定于北郊体育中心的东北侧，总用地 31.5 hm^2，总建筑面积 92 hm^2，是居住区、国际会议中心和旅游服务中心的结合，其中包括 14 栋公寓、2 栋旅馆共 1200 间客房（以上亚运会时为运动员住房），国际会议中心（亚运会时为新闻中心），写字楼（亚运会时为组委会办公地）等设施。对于运动员村，国内外许多单位都很感兴趣，计划通过内引外联、自筹投资，将运动员村建设起来。有一次，北京市政府刘玉令为了和投资方讨论亚运村的建设，还让我特意赶制了一个设在中轴线西面的设计方案，但最后也没有什么结果。

反复报送和讨论的最关键的问题之一还是资金问题，当时主要矛盾就是没钱，这里有对如何节省投资的理解，有对亚运会设施建设工作的不断认识，有新思路的启发，也有各主管和部门自己的

图 11. 亚运村试做方案（中轴线以西）

考虑，所以前后变化了多次。在申办之前，人们估计需要3亿、4亿或6亿元左右。国家体委和北京市政府在1985年5月9日请示报告中估算总投资为11.7亿元（其中包括运动员村投资1亿元，而运动员村另外所需的3亿元准备内引外联）。1985年11月13日，又上报了一个总投资控制在10亿元左右的方案。1986年1月6日，在充分挖潜、削减部分项目，因陋就简地进行建设等原则下将总投资压缩调整为9.2亿元（其中北郊体育中心4.8亿元，工体改造0.5亿元，现有场馆改造0.78亿元，6个区级小型馆共0.5亿元，北体馆0.14亿元，大学生馆0.12亿元，另外还包括亚运村的征地费用0.16亿元）。经研究，采取了国家拨款、银行贷款和自筹3种方式。最后的计划是财政预算核准为25.1亿元（其中工程建设费21.85亿元），资金中国家财政拨款8.5亿元，开办费1.97亿元，贷款2.2亿元，集资预计6亿元，其余部分由北京市、区财政补齐。在工程建设费中，市政建设费为5亿~6亿元，场馆新建、扩建费约为15亿元。由于资金紧张，因此在场馆建设的规模、建筑标准、材料和设备的使用等方面都控制得很严，后来在建设过程中也多次压缩、修改。在集资上，港澳同胞和海外侨胞表现了极大的热情，其中香港霍英东先生在1988年4月捐赠1亿港币，另有2000万港币为奥运会做准备，为表彰霍先生的义举，于1990年9月举行仪式，将北郊游泳馆命名为英东游泳馆。

在可行性研究的过程中，不能不提到清华大学的赵大壮博士，他比我低两届，原是建七班的同学，于1978年回清华大学读研，他是吴良镛先生指导的城市规划与设计专业的博士研究生，也是清华大学建筑系设置学位制度后第一批博士之一。他的论文题目是《北京奥林匹克建设规划研究》。为了论文的写作，他曾翻译整理了历届奥运会的相关资料，参与了可行性研究报告的工作，同时把北京亚运会建设作为奥林匹克建设的第一阶段来为论文写作搜集资料，还曾在体育建筑专业委员会的成立会上介绍了他的论文提纲，征求与会同志的意见。他的最后成果获得了教育部的奖励，他提供的大量资料和许多观点对当时的亚运会工作也很有参考价值。因为在北京亚运会建设时，就是我们面向奥运会的初始阶段，必须回答北京的奥林匹克建设模式（包括时间模式和空间模式）和北京的奥林匹克经济（投资的预测和经济效益的分析）这两个问题，为此，赵大壮以“国际奥林匹克建设经验总结”“北京奥林匹克建设规划研究”“奥林匹克系统经济效益分析”3大课题完成了他的博士论文。

在总结国际奥林匹克建设的经验时，赵大壮从奥运会发展的3个历史阶段，即1924年前的恢复阶段、1956年前的建设发展阶段及以后（从罗马奥运会开始）的新阶段出

12

奥林匹克中心规划理论初探

清华大学建筑系

赵大壮 1984

二次世界大战后，一方面由于奥林匹克运动会的规模不断扩大，影响增强，已具有真正的世界意义；另一方面由于60年代出现的"Sport for All"的口号在70年代在世界范围内广泛被接受，体育热已席卷全球。两者共同作用的结果，不仅使体育建筑的数量急剧增加，并且使体育建筑科学范畴迅速扩展了。除一般体育场、馆外，出现了一些新的体育建筑类型，如为社区（居住区）服务的体育中心，为城市居民服务的城市休憩公园等。现在，对于这些体育建筑类型的需求在我国已现端倪，需要我们对其构成方法、规划设计理论进行研究。而另外一个重要的体育建筑类型——大型体育比赛中心，因其多係为主办奥林匹克运动会等大型国际体育比赛而建，故又往往称之为奥林匹克中心。又因其[illegible]构成规模巨大，构成内容丰富，故又有称之为奥林匹克公园、奥林匹克综合体者。鉴于我国已要求主办第十一届亚洲运动会，并准备在公元2000年主办奥运会，故对奥林匹克中心这一体育建筑类型的研究已成当务之急。本文试对奥林匹克中心的规划设计理论做一初步探讨，以做为对全国体育建筑

13

图12. 清华大学赵大壮　　图13. 赵大壮的论文初稿

发，阐明当时的奥林匹克建设本质已发生变化，具有了城市整体建设意义。由于规模扩大、内容增多、建设与城市各系统的关系更密切，因此对于奥林匹克的研究也应相应地把研究重点之一转向城市规划，奥运会也随之成为现代大城市发展的巨大推动力。他在回答奥林匹克建设新模式时，提出了两个观点，即设施建设上把短期建设改为长期建设，设施布局上分散为主的方针要优于集中为主的方针。

面对北京的奥运会战略，赵认为亚运会举办以后，2000 年是主办奥运会的理想时间。为此，他提出通过亚运会补充加强各区和高校的设施之后，“大而全”的体育中心应采取分阶段、有计划地在一个长时期内稳步进行的时间模式，在城市中则采取“分散与集中相结合，以分散为主”的空间模式，通过二者的协调，避免那种短时间内的集中建设。他按 1966—1990 年、1991—1995 年、1996—2000 年 3 个阶段提出分阶段有计划的建设方针，并在这 3 个阶段中计划分别争办单项国际赛事、大学生运动会、世界杯足球赛以至奥运会等不同规模的赛事。对奥运会，他曾估算到 2000 年时将有运动员 1.2 万 ~1.35 万人，记者 0.8 万人，预测需 30 个比赛场馆，70~80 个训练场馆，观众总容量 40 万 ~50 万人。他提出在旅游、交通、航空等方面的相应改善建议，当时估算场馆建设总投资将超过 50 亿元（按 1985 年计算）。同时也对北京亚运会建设按新建、改建、扩建的不同构成特点，提出了总投资估算，并认为改建和扩建的方案既有现实意义，又顾及未来发展，较为可取。另外，还用较大的篇幅对北京奥林匹克建设系统的经济效益进行了预测和计算，由于其中涉及了许多流通曲线和计算方法，其计算书也占了很大篇幅。其计算结果是：在基建造价年递增率为 5%、奥运会电视转播权年出售递增率为 15% 的前提下，北京主办亚运会、奥运会即可赢利，且数量可观。从计算结果得出，主办 2000 年奥运会比主办 1992 年和 2004 年奥运会更为有利。赵大壮的研究总结了奥运会的历史经验，提出了一些理想化的理论和建议，对我国奥运会的理论研究和实际操作有一定的推动作用。但他近于理想的研究同国际、国内的现实情况及国家体育部门的设想有一定的出入。我国后来改革开放的势头、经济发展的强劲、日新月异的变化，在此前是很难预计的。另外，从当时的现实情况来看，赛事的承办，设施的规划、建设、使用所涉及的因素本身就很多，资源和利益分配的问题则更复杂，一些体制上条块分割的问题在短时间内也无法消除，加上奥林匹克运动本身也在不断发展变化，这方面的进一步研究工作也因赵大壮博士在 1998 年 9 月 23 日在国家奥林匹克体育中心（以下简称“国家奥体中心”）东门外突然去世而中断。回想起赵大壮高大魁梧的身躯，他 55 岁的英年早逝真是让人扼腕。

时任国家计委主任的宋平同志在 1986 年 1 月 24 日批示“已按七亿包干处理”，标志了可行性研究报告的批准及亚运工程的正式起动。同年 2 月 15 日，亚运会基建领导小组召开会议，决定成立第十一届亚运会工程总指挥部。北郊新建体育中心由国家体委组成筹建单位，亚运村由北京市城建开发总公司组成筹建单位，其他项目分由各主管部门组成筹建单位，各自负责其全部筹建工作。2 月 20 日，北京市政府召开了亚运会的动员大会，同时宣布亚运会工程总指挥部正式成立。由张百发副市长任工程总指挥部的总指挥，由当时已 63 岁的建委副主任顾钥菊任常务副总指挥。顾钥菊长期担任建委领导，有指挥重点工程统管全局的丰富经验，为人耿直朴实，也很大度。有一次在大会上，我曾当着全场人的面和他当面顶撞，让他很下不来台，但他并不介意，会后还专门叫我到他身边一起吃火锅。他是一位干实事、让人尊敬的领导。

工程总指挥部设在人民大会堂西侧石碑胡同四号，那里原准备自 1983 年起建全国人大常委会办公楼（我还曾做过一个设计方案）。后来在此挖了槽，停工后被人称为“大坑”，指挥部就在“大坑”的西面、北面的临时房屋内办公，除总指挥部的规划设计部、计划财务部、拆迁安置部、物资部、工程部、电子技术部、安全保卫部、办公室外，还设了近 20 个分指挥部。分管规划设计的副总指挥是市规划局的俞长凤、办公室主任林寿。但此后几年中，打交道较多的副总指挥是朱燕吉（规划）、周治良（设计）、马世昌（施工）、依乃昌（财务），他们都很尽职尽责。当时指挥部下属各部由于集中了各委、办、局的主要部门负责人，系统简单、责任清楚，各种议案的讨论拍板都明确果断，协调也及时到位，减少了许多不必要的扯皮，办事效率还是很高的。按现在的提法就是比较“扁平化”的机构设置。

14

15

三、规划构思

北京院于 1986 年 2 月初成立了由王惠敏院长挂帅的亚运会工程设计领导小组，当时院内承担了 13 个设计项目，调配了技术骨干。4 月初召集了会议，将任务进一步落实，初步议定由五位院总（刘开济、吴观张、胡庆昌、杨伟成和吕光大）负责技术协调，具体由吴观张组织，工程进度和人员安排由管理室白瑜负责。参与体育中心总体规划小组的有马国馨，郑风雷、费菁和张工 4 人，其中郑是从一所抽调的，费和张都是在院实习的学生，他们 3 人都是年轻的同志，都很有朝气和想法，虽然奖金很少但也干劲十足（他们 3 人后来先后出国深造了）。工作地点暂时安排在科研楼三楼，由于工程还在施工之中，脚手架还没有拆，楼里到处是泥水，电源都是临时

16

图 14. 副总指挥顾钥菊（2010 年）　图 15. 指挥部所在的“大坑”

图 16. 北京院体育中心总体规划小组（1985 年）（左起：张工、费菁、郑风雷、作者）

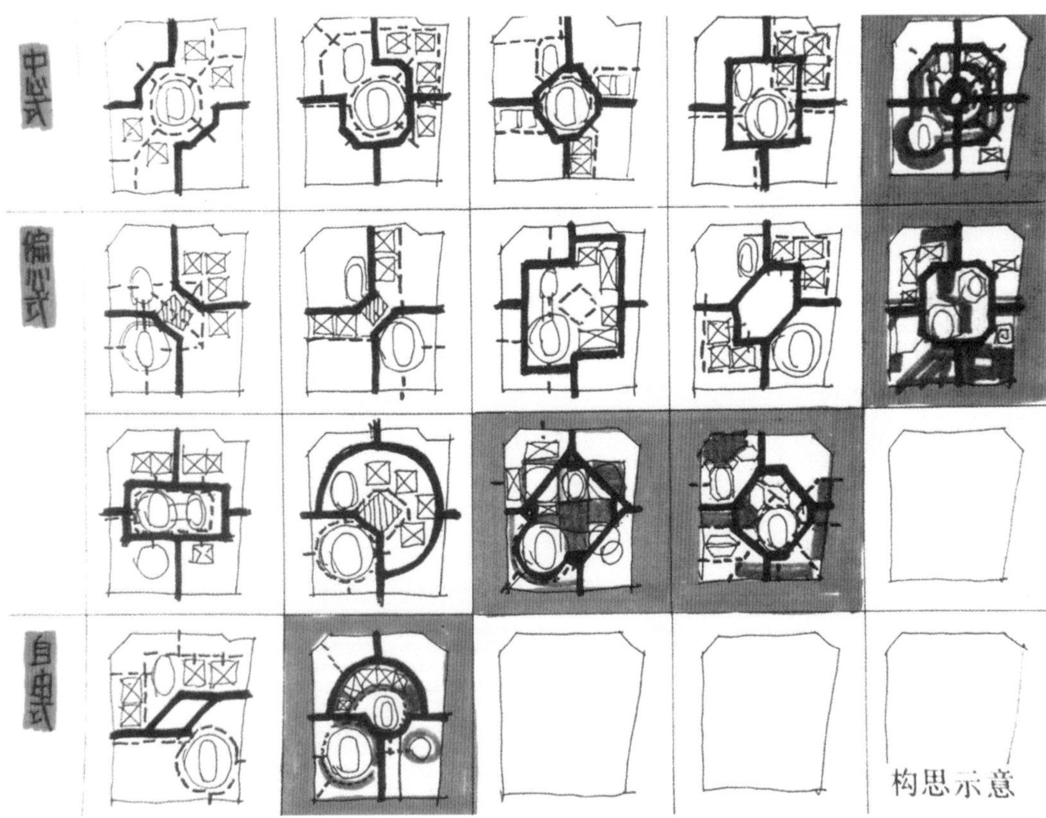

17

接的，而且当时还没有下达正式的规划设计任务，但是为了争取时间，设计组在北郊 120 hm^2 用地内初步对体育场、体育馆、游泳馆等几大件的布置关系及道路骨架做了一些分析，按“中心式”“偏心式”“自由式”3 种类型归纳了 16 种设想。6 月 18 日，设计组向指挥部和局委有关领导汇报了总图进展情况。6 月 24 日，指挥部正式下达了关于北郊体育场馆规划设计任务的通知，要求场馆总建筑面积控制在 8.3 hm^2 以内，总投资控制为 2.11 亿元，其中国家投资 1.61 亿元，另外贷款 5000 万元待落实；医务测试中心 5000 m^2，国家另投 850 万元；至于体育博物馆、武术研究院、运动员宿舍等共 2.5 hm^2 由国家体委另行安排（最后体育中心的总建筑面积为 10.14 hm^2，总造价为 4.72 亿元）。设计组随即就总图布置的不同类型和方式提

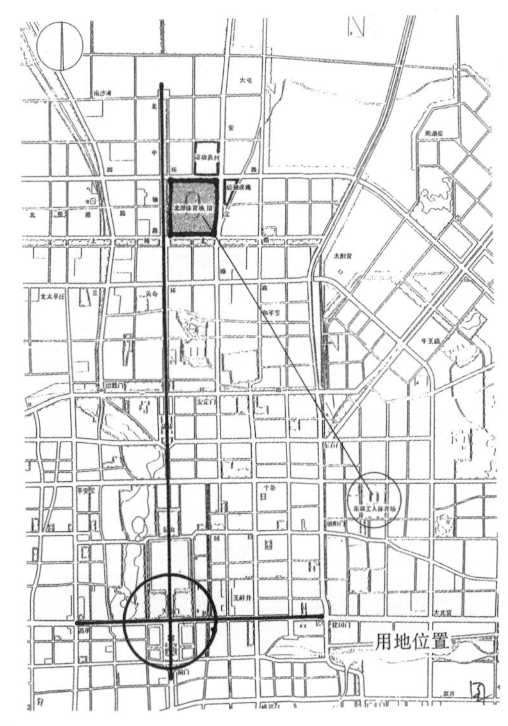

18

图 17. 北郊体育中心总体方案归纳图　　图 18. 北郊体育中心位置图

出了5个方案，规划中的一个难点是如果体育中心分期建设，如何保证两期建设既是一个有机的整体，又能保证第一期建设的完整；另外一个难点是，体育中心最早的分区规划有“十”字形城市道路把整个用地分成了4块，如合成一整块是否对城市交通有影响？所以提出的方案中有保留“十”字形道路的方案，在“十”字形的城市路上做高架的环形道路及中心广场，也有虽可4个方向通行但较曲折的方案，我们几个人每个人分工做一种类型的方案以便于比较。当时的进度和日程安排十分紧凑，7月11日至12日，首都建筑艺术委员会、工程总指挥部联合召开会议，对体育中心的5个总体方案、亚运村的4个总体方案和5个小型体育馆方案进行讨论。参加会议的除有关领导外，还有建设部周干峙副部长，艺术委员会宣祥鎏、刘小石、李道增副主任及委员，顾问张镈、张开济、单士元、赵冬日等前辈。对于体育中心用地内是否让“十”字形的城市道路通过，大多数与会者认为总图既要考虑道路的畅通问题，也要注意内部的完整性，两者需兼顾。在报送的体育中心的5个方案中，多数倾向第一个方案，其次是第五个方案，强调要注意远近期结合，统一规划，形成一个完整的布局，同时第一期工程场、馆布局要相对集中，形成比较完整的格局。场、馆之间要便于人、车流疏散和管理使用，要结合日常群众活动需要，搞好环境景观，形成体育公园。7月21日，向亚运会基建领导小组汇报后，确定了以由郑风雷执笔的第一方案自由式布局为基础，但在体育场的布置上按比赛要求做调整的规划构想。

北京院为加强组织技术领导，明确亚运会北郊体育中心工程由时任三所所长的张学信代表院长主抓，技术领导小组由刘开济、吴观张、张德沛、胡庆昌、杨伟成、吕光大、徐效忠组成，着重对第一期建设和三大件的功能和形象进行多方案比较。除设计小组外，还进一步发动各所的主要建筑

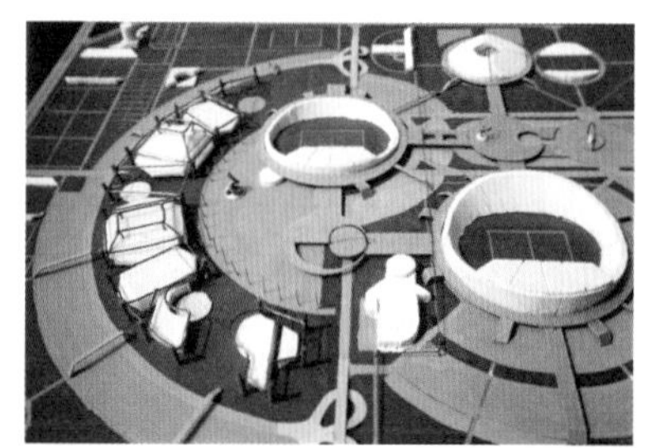

19

图19. 北郊体育中心第一轮总体方案示意（组图）

师提出草图和设想，当时提出了十几种造型和组合的方案，体现了北京院大兵团作战的优势。由院总工程师胡庆昌会同研究所结构组的陈芮、麦桂桐以及各项目的结构负责人交换看法和提出建议，尤其是体育馆和游泳馆的结构造型方案。最后在9月初归纳了两个方案提交指挥部，方案一采用凹曲形两坡屋顶与两端的格构式钢柱组合方案，方案二为多折线形双层网壳结构，两个方案都考虑了群体组合的协调和统一，以在体育中心内形成丰富又有变化的连续性整体。与此同时，设计入员还深入使用单位，了解符合国际标准的比赛和体育工艺要求，以使方案在功能和使用方面能同时深化。

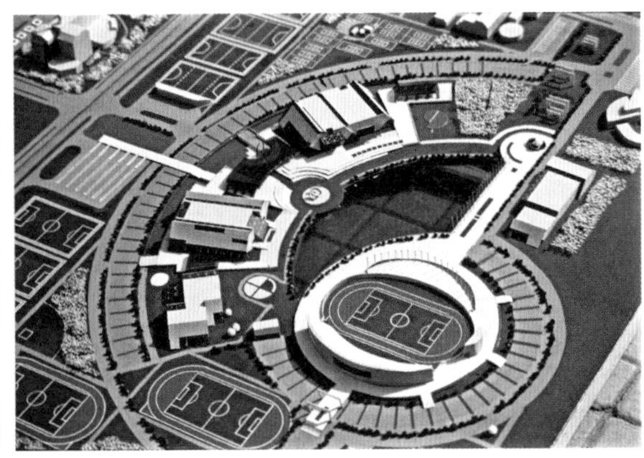
20

9月10日—12日，工程总指挥部又邀请全国的建筑设计包括体育建筑设计的专家对北郊体育中心和运动员村的总体设计方案进行评议。出席的专家有戴念慈、邱秀文、黄远强、徐尚志、黄克武、黄元浦、曾昭奎、徐显棠、戴复东、葛如亮、鲍家声、胡德君、唐朴。经过评议，专家们对方案给予基本肯定，认为“规划选址恰当，功能布局合理，设计构思新颖，既保持传统又有创新，有别于国外同类工程，也与国内以往建筑有所不同，近期远期结合自然，单体建筑造型有时代感”。同时，专家们也提出了不少改进意见和建议。在充分论证的基础上，规划局和工程总指挥部在1986年11月8日联合发文，对北郊工程规划方案予以原则批准，并希望尽快提出个体设计方案上报审批。

实际在体育中心总体方案初步成型的8月份，北京院从组织、人员、地点等各方面均已转入实战，

21

图20. 体育中心造型归纳方案一和方案二（组图）

图21. 邀请全国的建筑设计专家进行评议

这也是继 1958 年“国庆十大工程”之后院内又一次大兵团的协同作战。体育中心的各项任务也有了分工，游泳馆由一室（后改为二所）承担，田径场和检录处由七室（后改为三所）承担，其余部分包括体育馆、练习馆、曲棍球场、医务测试中心等均由六室（后改为四所）承担，总图部分由六室、一室共同承担（各所参与工作的主要人员见表一），在新建的科研楼 10 层为亚运会设计组准备了房间，并要求人员尽快集中，然后分头开始工作。

表一 北京院在各工程中的主要参与人员

序号	名称	工程设计人	建筑负责人	结构负责人	设备负责人	电气负责人	预算负责人	主要参加人员
1	田径场	单可民	单可民	刘季康	双金岩	穆怀琛	路德民	—
2	游泳馆	刘振秀	刘振秀	王玉田	施绍男	尹士民	—	胡越、韩秀春、黄爱琳、印立平
3	体育馆	闵华瑛、马国馨	闵华瑛、马国馨	崔振亚	曹越	闫文魁	辛志佩、张鸰	王兵、马景忠、姜立红
4	曲棍球场	闵华瑛、马国馨	闵华瑛、马国馨	崔振亚	冯燕林	闫文魁	辛志佩、张鸰	王兵（方案）、刘侃
5	练习馆	闵华瑛、马国馨	闵华瑛、马国馨	崔振亚	冯燕林	闫文魁	辛志佩、张鸰	马景忠（方案）、杨丽荣
6	医务测试中心	姚玓、马国馨	姚玓	吴小平	冯燕林	石平	辛志佩、张鸰	郑风雷（方案）
7	检录处	单可民	单可民	刘季康	双金岩	穆怀琛	路德民	—
8	总图部分	马国馨	马国馨	崔振亚	曹越	闫文魁	辛志佩、张鸰	郑风雷（方案）、董笑岩、胡越、石平、董相立

当时我们既要对每一个子项的内容进行调整和定案、深入设计及专业协调、对立面造型进行推敲，又要注意体育中心内各子项之间的协调统一及明确分工；既要和业主深入交换意见，同时又要根据指挥部意见进行修改和压缩，还要与外部各配合单位进行交流、提供资料，所以每天设计室内门庭若市，讨论与争论之声不绝于耳，晚上和假日加班都是家常便饭。当时的形势已经决定了这类工程肯定是“三边”工程，我们国家的惯例常常是按施工周期排倒计时，而方案一经审定马上就要求设计单位出图，设计周期被压缩到难以想象的地步，设计单位面临着空前的压力，担负着极大的责任。尽管如此，大家还是如期或提前完成了任务。1987 年 2 月，体育中心的总图初设完成；4 月初，游泳馆、体育馆等主要设施的初步设计完成。虽然三大件的正式批复是在 1987 年 1 月，但赶在批复之前三大件已经陆续开槽挖土，游泳馆是在 1986 年 4 月 23 日，体育馆是在 4 月 28 日，田径场是在 10 月中旬开始的，分别承担各子项工程的施工单位见表二。施工大军陆续进入现场以后，我们又马上面临多面夹击的局面，一方面要在北京院内继续完成施工图纸，解决内部专业协调、结构造型、管线走向、设备确定、造价估算等问题，另一方面又要到工地交底，及时处理在施工中出现的各种问题和矛盾，每个人都恨不得生出三头六臂才好。

表二 各工程施工单位及工期

序号	工程名称	施工单位	施工期
1	田径场	北京市城建三公司	1987年11月—1989年12月
2	游泳馆	北京市三建公司	1987年4月—1989年12月
3	体育馆	北京市三建公司	1987年1月—1989年11月
4	曲棍球场	北京市三建公司	1988年10月—1989年11月
5	练习馆	北京市三建公司	1988年4月—1989年12月
6	医务测试中心	北京市三建公司	1988年9月—1989年12月
7	检录处	北京市城建三公司	1988年12月—1990年4月
8	总图部分	北京市城建三公司	

22

23

24

25

26

图22. 亚运会工程指挥部讨论第一轮方案　图23. 北京院宋融介绍亚运村方案　图24. 参加评审会的专家单士元先生
图25. 作者介绍体育中心方案　图26. 经评审后的体育中心方案一和亚运村及配套住宅方案模型

在方案确定和初设批复以后留给施工单位的时间只有两年左右，因为按照规定，所有工程必须在亚运会前一年完工，而留给北京院的实际工作时间只有一年多。在那紧张的岁月，我们的团队之所以能够顺利完成任务，能够得到各方面的好评，回想起来主要还得益于以下几个因素。

一是有力和有效的组织。如前所述，亚运会工程总指挥部成立以后，层次简化、责任明确、决策果断，那种议而不决、反复扯皮的事情较少。北京院所承担的 13 项亚运会工程项目，都是和总指挥部的规划设计部直接联系的，层次很少，一竿子插到底，重大问题也能会同首都建筑艺术委员会和规划局及时解决，文件下达及时，为设计开展创造了比较好的前提条件。记得当中有过几次较大反复的内容主要是围绕压缩面积、节约造价而展开的。主管规划和设计的总指挥都是业务上的行家里手，能体谅设计院的疾苦，与设计人员也很容易沟通，有共同语言，所以合作顺利。另外，在北京院内部也有明确分工，大家各司其责，上情下达、人力调配、安排计划及运转均很有效率。当时代表院长主管体育中心的张学信（后任副院长）全面负责与领导机关和指挥部进行沟通，协调院内各设计室，他考虑工作全面，处事稳重，有处理各种问题和矛盾的经验，也能很好地把握分寸、化解矛盾，为我们排解了大量的难题，同时在关键问题上加以提醒。尽管他做了那么多组织工作，但在亚运会工程最后受奖的名单中却没有他的名字。院技术领导小组的老专家以他们丰富的理论素养和实践经验，在工程的许多确定方案、技术关键等把关问题上发挥了重要的作用，建筑专业的刘开济、吴观张、张德沛等人在体育建筑设计方面有丰富的经验，所以能给我们提出有效的建议和做出正确的判断，我们深感在关键问题的决定上，尤其是在我们举棋不定、犹疑不决时，老专家的意见常是一锤定音的，增加了我们的信心。另外设计管理室负责计划管理的白瑜负责协调出图时间和计划安排，她一方面了解各施工单位对图纸进度的需求，另一方面又要了解各设计组的具体进展和存在的问题，

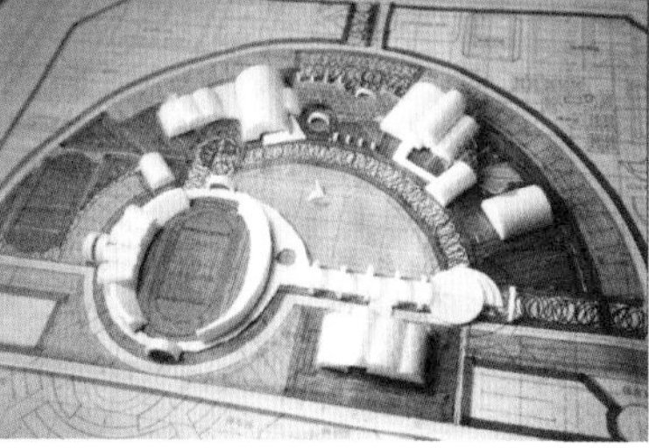

27

图 27. 北京院各设计所提出的造型组合方案的部分模型（组图）

及时向有关方面反映（协调），所以被称为“穿针引线的好管家”。

建筑创作十分强调建筑师的创意，尤其是个人的创意，但对于像亚运会这样复杂的系统工程来讲，其创意更多表现为群体智慧的集合和把握，表现在不断优化、调整和各系统的集成上，更注重团队的集体攻关。让我感到幸运的是我们体育中心有一个十分理想的设计团队。体育中心工程是由院里三个所抽调人力、彼此配合又相对独立地完成任务的。这些同志都有自己的工作方法，有自己的个性和脾气，而且过去彼此从未打过交道，没有在工程中一起配合过，所以需要一个磨合的过程，在设计中也少不了产生矛盾和争吵的场面，甚至到打报告向院里“告状”的地步。经过工程的洗礼，大家关系越来越融洽，配合也更加默契，最后成了好朋友。负责总体设计的我是第一次负责这样规模巨大、工期紧张的工程，也很缺乏实践经验，但各主要场馆的负责人都很有经验，像游泳馆的主要负责人刘振秀是马来西亚华侨，长期从事体育建筑的设计，曾是一室体育建筑研究小组的主要成员，参与编著《体育建筑设计》一书，是很有名的“快手”；体育馆的主要负责人闵华瑛是首都体育馆工程的主要参加人，经验十分丰富，她在首都体育馆工程中绘制的平面图被我们当作施工图范本来学习，其隽秀的字体别具一格（他们二人在亚运会工程结束后便退休了）；田径场的主要负责人单可民长期从事援外工程，对援外体育项目更有心得，田径场的全部建筑施工图纸均由单克民自己一人用零号图纸完成，其工作量和工作强度可想而知。当时还有一个小插曲，那时室里看田径场建筑专业只有单工一人画图，就来和他谈是不是加几个人来帮他，单工回答说：“增加人可以，但是出图计划要推迟。”我想这是很多建筑师都常遇到的问题，一个人处理问题思路连贯、上下左右都容易交圈，不太容易出差错，与新手合作反倒麻烦。有这样的老同志主持也是工程顺利进展的重要保证。

各所的青年建筑师和刚分配来的大学生，也在设计过程中做出了重要贡献。这里首先要提到的是郑风雷，这个女孩子自 1986 年从清华大学毕业后被分配到我院一室，很快就表现出了她的能力和才华，成为一室方案设计组的主要骨干成员之一。她从 1986 年初开始参加体育中心的总体规划，直到 1989 年去美国，其间主要执笔了最后实施的总体方案的构思和方案深化，完成了总图布置的主要

28

29

30

图 28. 北郊体育中心设计组部分成员（左起：胡越、郑风雷、闵华瑛、姚玓、胡超美、姜立红、作者、曹越、冯燕林、董笑岩、王兵、范强、蔡克）　图 29. 游泳馆负责人刘振秀　图 30. 体育馆负责人闵华瑛

构架和处理方案。除了规划设计，郑风雷看大家都做个体设计十分手痒，于是也亲手完成了体育中心东侧医务测试中心的方案，她在“L”形的平面上运用半圆形的楼梯间和立面上的构架，形成了很有特色的处理手法，为建筑界的许多人士所注意，只可惜因为她去了美国，最后由姚玓将方案付诸实施。她去美国之前，我也和她谈过，以她的才气和能力，况且已经参与了这么大的工程，她以后会担负更大的重任，如果在北京院这样的平台还是有很好的前途的，但她急于夫妻团聚，因而无论如何也没法挽留了。参加总体规划工作的还有董笑岩和胡越。董笑岩当时是西安冶金建筑学院佟裕哲先生的研究生，在论文写作期间来院实习，在总图设计中做了许多基础性的烦琐工作，如体育中心全区

31

32

图 31. 体育中心两馆造型确定后的不同处理方案（组图）

图 32. 体育中心设计组部分同志（前左起：苏娜、闵华瑛、郑风雷、许黄河、单可民；后左起：胡越、张工、刘开济、吴观张、作者）

内的土方平衡计算，场区周围有超 3 km 的栏杆围墙，由于竖向标高变化极大，所以栏杆与地面形成了复杂的关系，都要求特别细心地处理。胡越从 1988 年来院后就参加了游泳馆设计，又接替郑风雷参加了总图设计，中心内一些附属小品建筑均出自他手。在游泳馆和体育馆立面决定采用凹曲形屋面并进一步深入的过程中，他和当时正在天津大学读研而再次来院的张工分别提出了两种造型方案，最后实施方案中在曲线屋面附加了一条传统意味很重的曲线，形成起伏而有特色的轮廓，就是由胡越提出的构想，并很快得到了各方面的肯定。张工当时提出两馆各用一根倾斜柱悬吊屋顶的方案，想法大胆，在视觉上也很有冲击力，只是当时因工期及技术可行性等多方面因素而未被采用。参加个体设计的王兵、马景忠、范强、姚玓、蔡克等也分别在体育馆、曲棍球场、练习馆、医务测试中心等工程中贡献了才智。老中青结合而又团结一致的设计团队是工程顺利进行的重要保证。

当时的条件还是比较艰苦的，奖金很少，和现在的情况根本无法相比。费菁在一篇回忆文章中曾说，她参加体育中心方案最后得了 20 元奖金，她用这笔奖金买了一本大辞典。那时也没有计算机画图，一些软件也刚刚引进，如

33

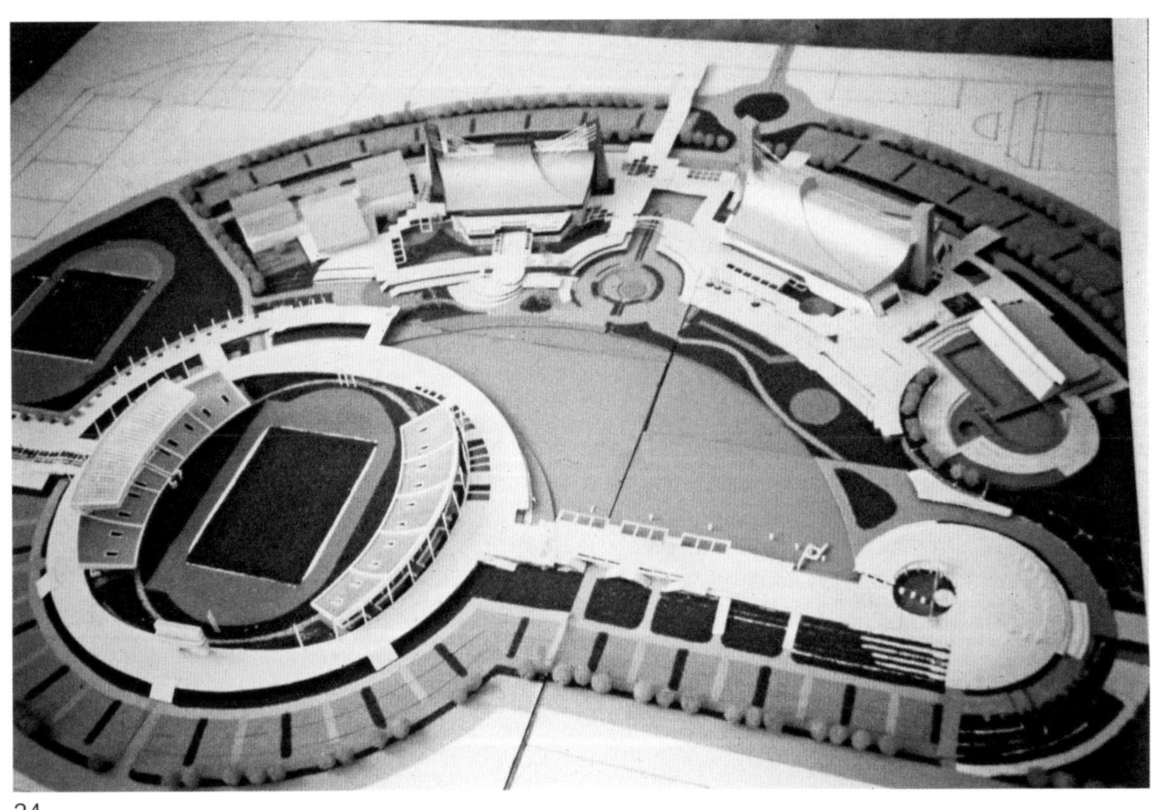

34

图 33. 体育中心部分同志（左起：作者、闵华瑛、郑风雷）

图 34. 最后确定的方案模型

35

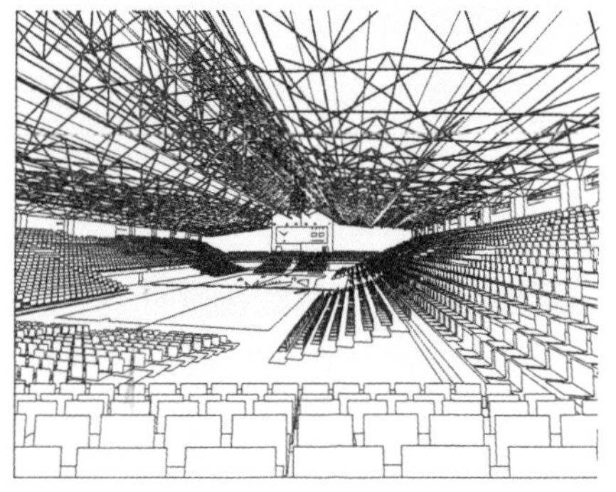

36

曾经用 INTERGRAPH 软件制作过建筑表现图，在那时已是很少见的了。而画施工图全靠手工，像前面提到的负责田径场的单可民画施工图时最常用的工具就是一支带加长腿（50~60 cm 长）的圆规。

二是积极借鉴学习。在亚运会工程建设中，我们还是借鉴了不少国外的先进经验，许多好的理念被充实到我们的设计中来。早在去日本研修期间，周治良副院长就要求我注意收集有关大型体育建筑设计的资料。当时我实地考察了东京 1964 年奥运会时新建的代代木国立综合体育馆和驹泽体育中心，已有的明治神宫体育场，日本武道馆等。前两个体育中心都给人以深刻印象，丹下健三设计的代代木国立综合体育馆的两馆，除造型上的特色以外，充分利用地形和平台分散人流的做法也很有启发性。芦原义信设计的驹泽体育中心主控制塔体现了木构建筑的特色，体育馆利用下沉式广场使观众可从后部座席进入馆内也有新意。

1984 年洛杉矶奥运会是奥运史上的一次革新。筹备委员会主席，46 岁的尤伯罗斯负责奥运会的组织工作，在财务管理上完全采取民间筹办的方式，解决了资金问题，一时获得人们极高的评价。8 月份奥运会结束后不久，国家体委就组织了代表团成员（国家体委的李寿棠司长，北京院的周治良、刘开济和我，还有上海的魏敦山、哈尔滨的梅季魁、规划局的朱燕吉和国家计委的一位同志）对美国、加拿大、日本三国的体育设施进行了考察。我有幸参加了这次考察活动，这也是我参加工作以来第一次公务出国考察。洛杉矶精打细算，充分利用原有设施和临时设施，给人留下了深刻的印象。如当时已建成 50 多年的主会场纪念体育场，观众席没有任何雨棚，也没有专设的主席台，开幕式时里根总统讲话就在体育场上部一个简陋的包厢里。运动员村利用的是在放假期间空置的大学宿舍。大部分比赛和训练设施都利用原有场馆，只新建了两个设施，一是加州大学内的自行车赛场，一是加州大学的游泳、跳水设施，而且两个设施全部在室外。当然还顺便考察了其他设施，如旧金山的阿拉米达体育中心及 SOM 设计公司，纽约的若干棒球场和橄榄球场。另外在纽约也看了许多在建筑史学习时知道的现代建筑名作，如美国电话电报公司（AT&T）大厦、林肯会议中心、世贸中心双塔、联合国大厦，还有 AT&T 大厦对面的特朗普大厦，当时只觉得十分豪华，没想到其本人在 2016 年当选了美国第 45 任总统。

加拿大举办的 1976 年蒙特利尔奥运会则是另外的一种模式，其令人吃惊的花费也成为奥运史上的一个负面话题。在蒙特利尔，由法国建筑师泰利伯特设计了一个大型体育中心，在一块三角形的

图 35. 刘开济、闵华瑛等观看电脑演示　　图 36. 计算机所的电脑表现图（组图）

地段里布置了主场、室内游泳馆和赛车场。客观地说，建筑师在构思和应用钢筋混凝土上还是有其独到之处的，无论是室内设计还是室外造型都很有特色，但其造价大大超出预算，使主办方无法承受，主体育场原设计的一个高塔和帐篷式屋顶在开会前没能完成施工。奥运村距体育中心不远，是金字塔形的两栋公寓，其在赛时使用和赛后利用方面还有可参考之处。我们还考察了水上设施和滑雪设施，温哥华的充气体育馆，埃德蒙顿举办英联邦运动会的主场、赛车场、射击场、大学运动员村，拜访了多伦多的 B+H 事务所。另外，有一位建筑师研究的气流体育设施也很有创意，就是在设施的四周上方设置强气流吹出，从而在屋顶形成一个气幕，来防止雨天对比赛的干扰，但是只在直径很小的设施上进行了试验，太大的场馆恐怕气流就无法满足了。

对于日本的考察，除了我以前看过的东京的设施外，还考查了神户人工岛的游泳馆和体育馆（后在此举办了世界大学生运动会），大阪的大阪城体育馆。日建设计为了保护旁边的历史文化遗产，有意控制了建筑高度，使之与古建互相融合在一起。我们还拜访了丹下事务所、日建设计和三井建设。另外，日本的美津浓（MIZNO）体育用品公司也十分热情，因为他们长期以来一直在赞助中国女排。

对美国、加拿大、日本 3 个国家的考察开阔了我们的眼界，使我们了解了各类设施在设计上的要求以及在使用中的经验教训。我们注意到了国外的新理念、新方法和新结构。这对我来说真是一

37

38

39

40

图 37. 日本东京奥运会代代木国立综合体育馆　　图 38. 日本东京奥运会驹泽体育中心

图 39. 考察美国体育设施（左一梅季魁、左二周治良、左四作者、左五李寿棠、左六刘开济、左七魏敦山、左八朱燕吉）

图 40. 考察加拿大体育设施（左起：作者、朱燕吉、周治良、李寿棠、魏敦山）

次收获极大的学习机会，也使自己对亚运会工程更有信心。

另外，在规划设计期间，有不少国外的设计机构和设计师来访，介绍他们的设计，探讨合作意向，如西德的公司（WEDLE PLAN），设计了沙特和希腊的许多设施；美国的结构工程师大卫·盖格，发明了一种索拱结构（CABLE DOME），在汉城奥运会两个小馆（虽然曾在施工中发生事故）以及亚特兰大奥运会的主馆均有所应用。当时联系的人叫廖士骏，来北京后曾招待我们吃饭，在客人中还有沈醉和文强。

在体育中心已经开工之后，1987 年 6 月又有一次去欧洲德、法两国考察的机会，同行的除首都体育馆的闵维清馆长外，还有北京院的杨伟成、刘振秀、施绍男、韩秀春和我。我们在德国考察了法兰克福、科隆、斯图加特和慕尼黑。慕尼黑是 1972 年举办奥运会的体育中心和奥运村，自然是考察的重点。奥林匹克体育中心的自由式园林布局、独特的帐篷式结构在经过 15 年之后依然让我们感觉是十分前卫的。除体育设施外，还和奥委会、体育科研部门、器材厂家等进行了座谈。在法国，我们主要考察了可多功能使用的贝希体育馆和王子体育场。在王子体育场，我们见到了法国建筑师泰利伯特，他也是蒙特利尔奥运设施的设计人。在看了我们的亚运会北郊中心的设计之后，他十分惊奇地问了我们两遍："这个方案是中国人自己设计的吗？"我们给了十分肯定的回答。在巴黎，我们向法国奥委会表达了看一下法国的室内游泳馆的想法，他们回答："我们没有，要等我们申办奥运会时才会修建一个。"说明他们对建造游泳馆还是十分慎重的，主要是因为后期的运营管理费用十分可观。

41

还有一个非常重要的因素就是，北京院这个与共和国同龄的老设计单位有着雄厚的技术和信息支持能力。体育建筑是北京院长期以来的优势设计项目之一，许多设计项目如北京体育馆、北京工人体育场、北京工人体育馆、首都体育馆等曾在全国起到了引领作用，同时在设计过程中积累了大量的情报资料和科研成果。由我院一室李哲之、张德沛、刘振秀、许振畅、韩秀春、魏春翊等编写，秦济民、吴观张审定的《体育建筑设计》是国内第一本正式出版的有关专著，自 1981 年出版以来一直是国内权威的著作。在此次设计过程中，我院情报组配合整理了大量的案例资料，除了亚运会以前就已积累了的历届奥运会场馆的详细资料外，后来还有《大型体育馆实例图集》《游泳馆实例图集》《自行车场、馆实例图集》等，对启发思路、活跃想法、掌握世界最新前沿成果起到了重要的参考作用。研究所结构组早在工程前期就整理了世界各国大跨度结构的类型和实例，在建筑造型方案确定以后，将格构式钢柱修改为钢筋混凝土立柱，又在立柱内增加预应力等过程都体现了研究所结构组的心血。为研究曲面屋顶的受力状况，在研究所实验室还专门做了 1/20 的屋盖网壳模型受力试验，用以测定垂直荷载温度变化、地震作用、柱顶位移及斜拉索受力变化时的受力性能和动力，并进行静力量测下

图 41. 考察法国设施时与法国建筑师泰利伯特交谈（1976 年蒙特利尔奥运会主场设计师）

42

43

44

45

的空间刚度、球形节点试验等。据此，在体育馆设计中提出运用空间板式四球体组合节点，使受力明确、节点简单。在场馆技术设计和施工中，大量采用了新工艺、新技术、新材料和新设备，当时总结有2项为国内首次采用，填补了空白，推动了行业的技术进步，如游泳馆由于地下水位高，对地下室底板形成7.4 t/ m^2 的水头浮力，计算需要2.5 m厚的满堂红钢筋混凝土底板，后采用盲沟降水新技术，将底板调整为1 m厚，节省了1.4万 m^3 混凝土。

笔者手里保存着几份资料，一份是在亚运会时收到的由指挥部转来的材料，是北京市第八十中学初三2班的陈凌同学绘制的一份他所设想的奥运城和奥林匹克村的设计草图。他所绘制的草图中包含总计容纳25万观众的场馆以及训练基地、记者中心、广播电视中心、医院情报科研中

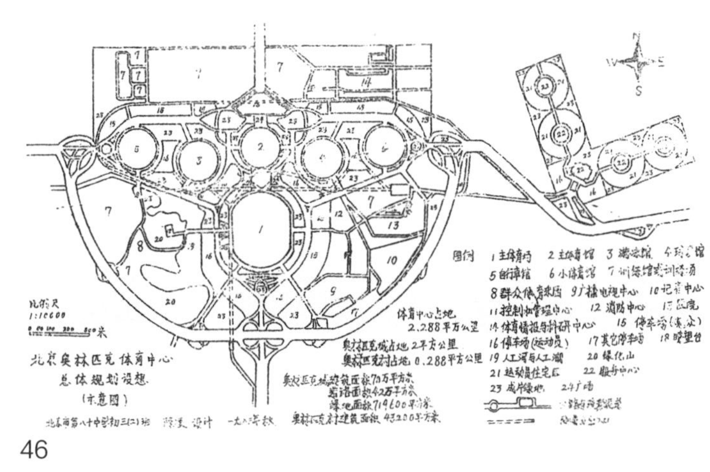

46

图42. 北京院研究所网壳结构试验　图43. 北京院研究所屋面做法模型　图44. 北京院研究所屋盖组合节点模型试验
图45. 北郊游泳馆底板施工　图46. 北京中学生画的奥运中心设想图

心、消防中心等设施，并附有详细的说明，表现了一个中学生对亚运会的关心和对建筑学的兴趣。另一份是那时已 78 岁的唐璞老先生手写的一份建议书和草图。那时唐老除了提出一个富有雕塑感的造型方案外，还指出北京是个缺水的城市，提出了节水的建议，很有前瞻性。今天把这份手稿发表出来，也是对唐璞老前辈的怀念。

不成熟的书面建议

1.

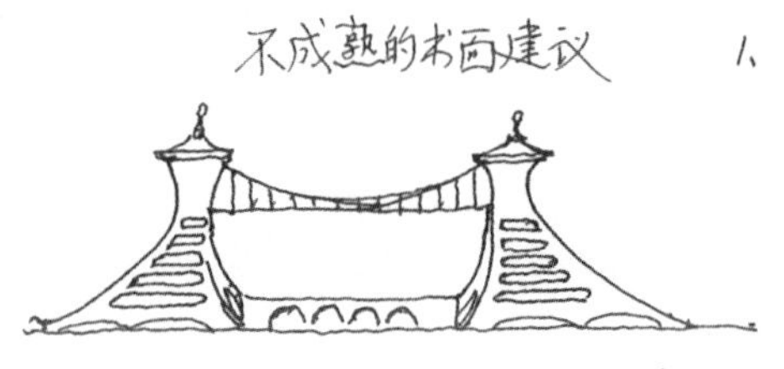

(1)、综合体育及游泳馆建议在原设计的基础上两塔改为雕塑型建筑、其它也须都加以艺术加工。

两塔改为钢筋混凝土雕塑型后，可在其顶上用城门传统手法（当然也是北京传统手法）加以处理，使与城屋顶相呼应。

(2) 集散问题至为重要，建议出场时分向各出入口分散，然后统归于广阔的环形道而纳入主干道中。（见背面示意图）

2.

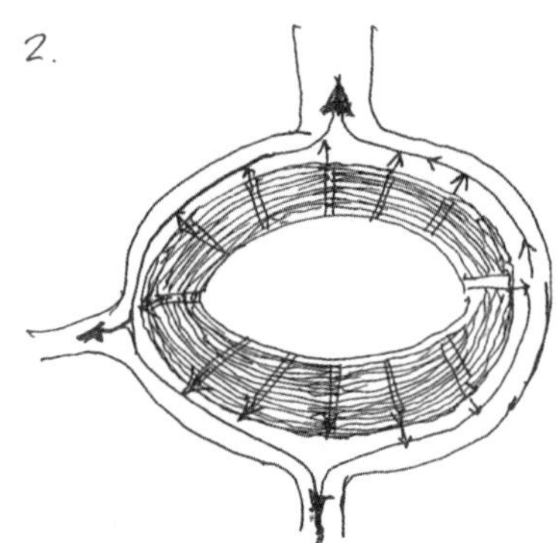

3、水面问题 的确北京的水十分困难，必须节省，但体育场内如果没有相当的水面，似乎美中不足，留下遗憾。同时水平分散，点点滴滴，对四周以[illegible]的体育中心，并早有搞成体育公园的设想来说，似不应搞点点滴滴。因此为了解决这一问题，建议采取浅水面，其深度可浅至 30～50 公分，这样可节约很多的水费，可以算一笔账比较一下。

128

47

四、工程始末

许多人常常以为建筑师完成施工图纸设计工作就结束了，但从实际情况看，图纸的完成只能说是完成了建筑创作的一半，将图纸经过施工、变成物质实体的过程仍是建筑创作的重要环节，尤其是在边设计边施工的工程中，这个环节更为重要。而真正的创作全部完成，恐怕还要加上建筑交付使用以后的再创作，这也是我在国家奥林匹克体育中心的工程实践中的切身体会。

转入施工阶段以后，院里每天派一个面包车送我们去工地，那时北郊地区都还没有开发，最早那里是朝阳区的曹八里大队，用地东北角是一片垃圾堆积场，所以下工地时觉得好像跑了很远很远，不像现在交通方便，已经变成城区四环内的黄金地段了。那时工地主要由建工总公司的三建公司（一工区和三工区）和城建总公司的城建三公司负责施工，当时三建公司的主要负责人是郝有诗，城建三公司的主要负责人是刘国琦。在长期并肩战斗的过程中，我们“不打不相识”，不但和各级领导，而且和施工工程师、技术员都建立了良好的合作关系，保证了工程的顺利进行，并且从施工方面学习到很多在书本上根本学习不到的实践知识，这也是我多次强调设计人员千万不要忽视工地施工这一个环节的原因。

以两馆的曲面屋顶为例，在亚运会各场馆中，只有游泳馆和体育馆采用了凹曲面屋顶造型，限

图 47. 专家唐璞先生的建议手稿

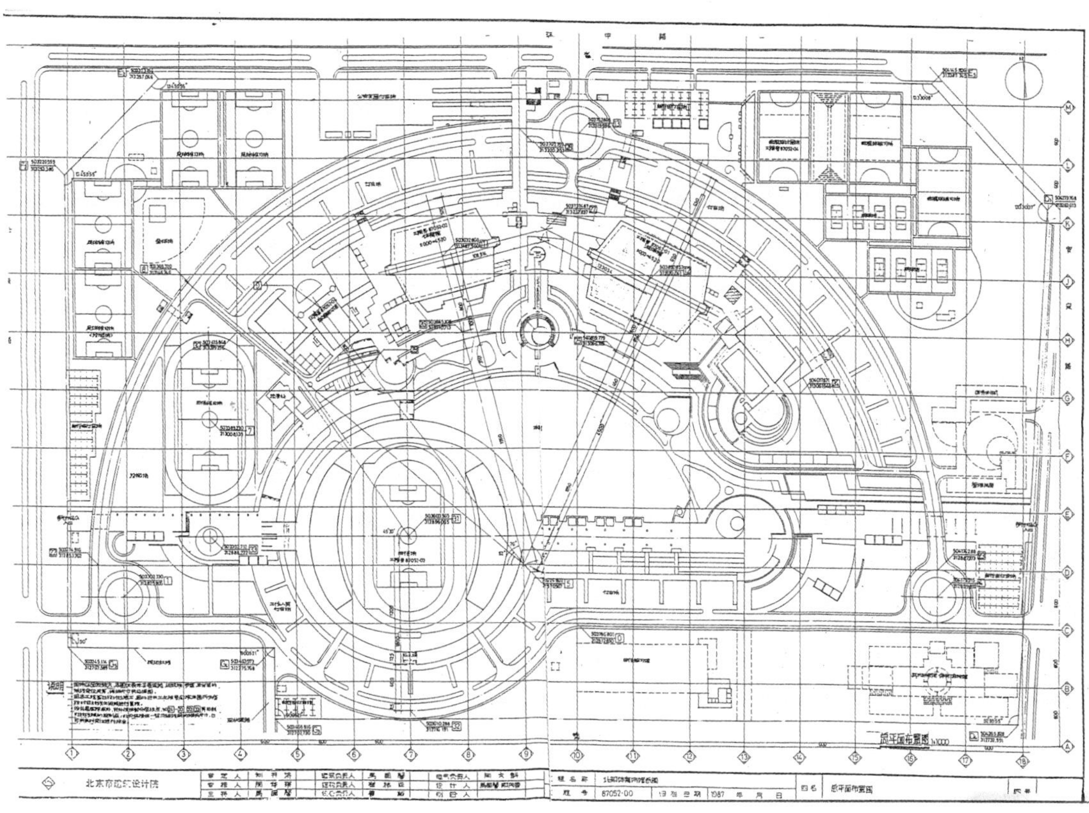

48

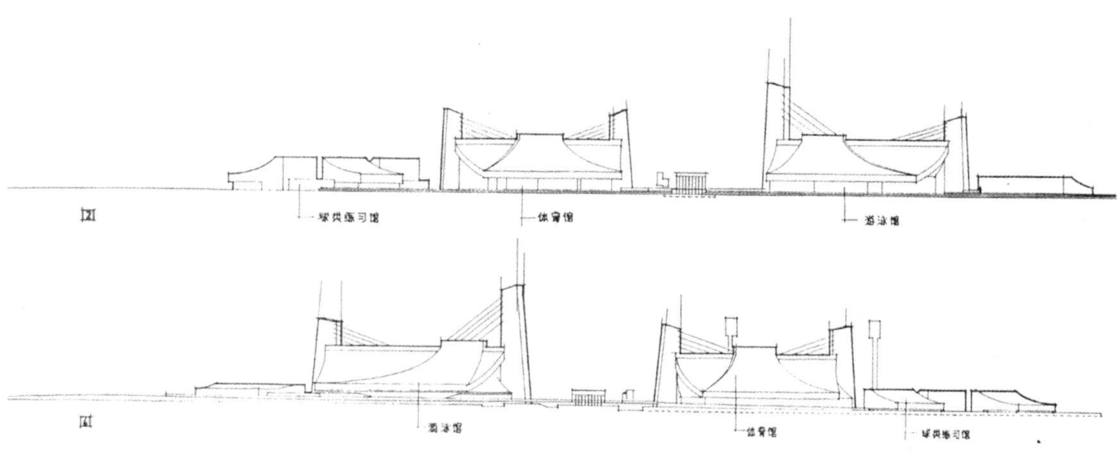

49

于当时的经济条件和技术条件，这个单曲面我们采用了半径为 17 m 的圆曲线的一部分，由冶金工业部建筑研究总院承接此项工程，屋面板采用进口彩色钢板和自熄聚苯乙烯泡沫塑料板组合的三明治式夹芯板，板厚 150 mm，板宽 1200 mm，游泳馆、体育馆、练习馆三馆共使用屋面板 3.11 hm^2，钢板厚度游泳馆为 0.75 mm，其他两馆为 0.6 mm。当时这种屋面板工艺已引进我国，也在一般屋面上

图 48. 国家奥体中心总平面图（作者绘）　　图 49. 国家奥体中心两馆立面图（董笑岩绘）

50

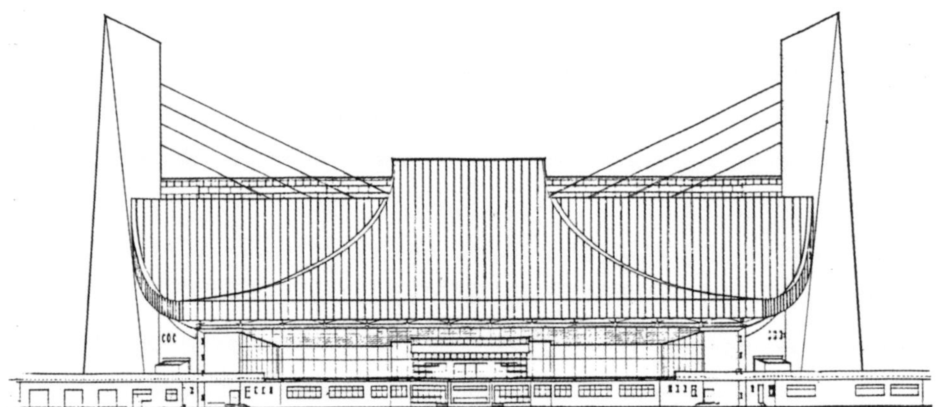

51

图 50. 作者手绘的国家奥体中心速写（2 张）　　图 51. 国家奥体中心体育馆立面图

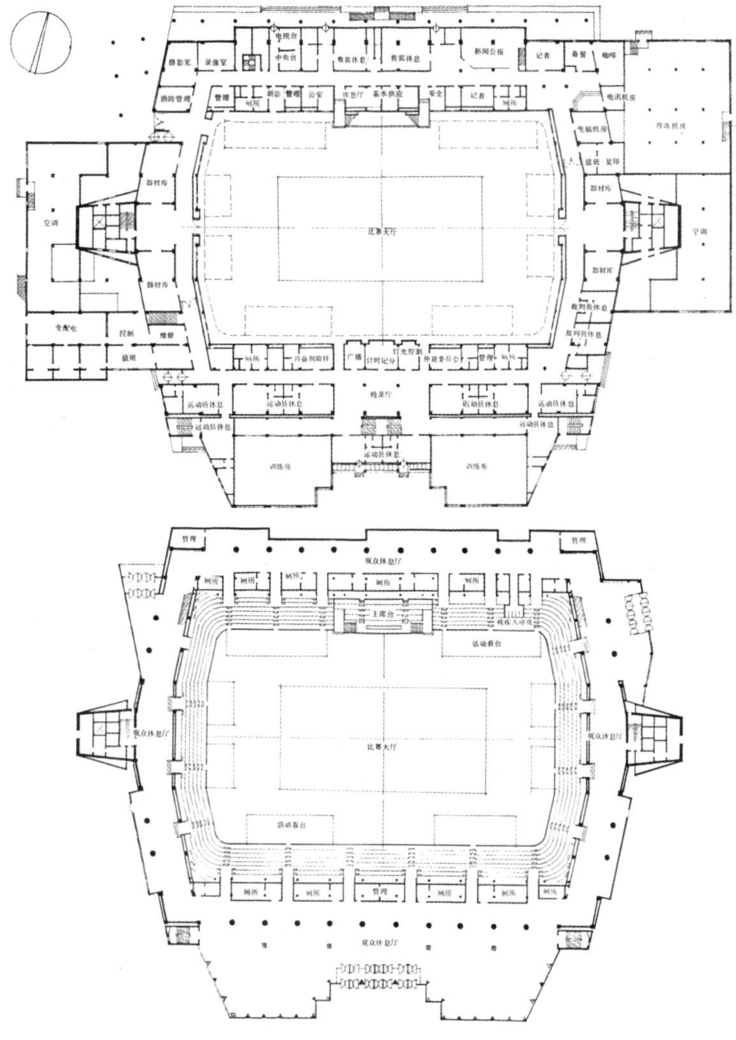

52

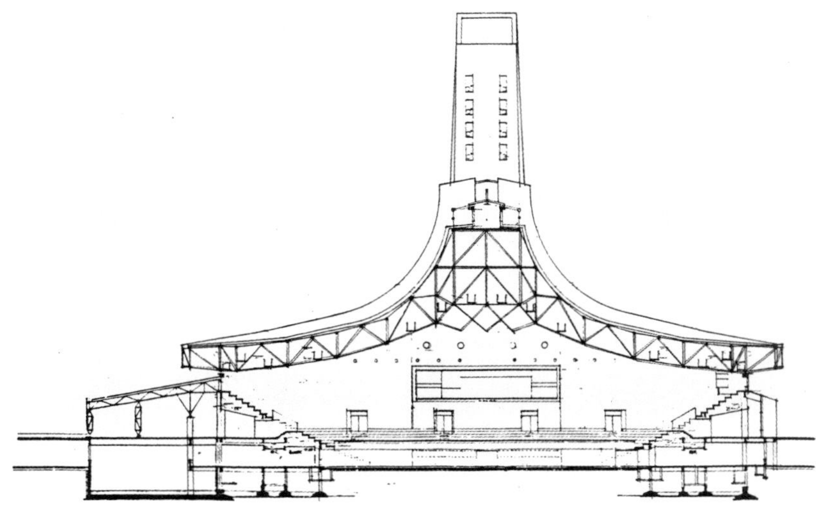

53

图 52. 国家奥体中心体育馆一层平面图、二层平面图

图 53. 国家奥体中心体育馆剖面图

有所应用，承包单位通过调整辊轴的压力也初步解决了曲面板的生产问题。但现在看来，还缺少经验，将一般应用于平坡屋面的节点以及构造加材料的防水做法应用于曲面就有不足之处，因为曲面的屋顶在上部屋面板几乎呈垂直状，而到了屋顶下部坡度又十分平缓，这样板缝的一般构造做法很难适应，加上又有一个斜向的天沟，也增加了屋面施工的复杂性，因此留下了后患。后来，体育中心在扩建练习馆时就没有采用三明治板，而采用了进口的贝姆体系，效果有所改进。其中还遇到一场要改变屋面板颜色的风波，最早选定的屋面钢板的颜色为银灰色，在钢板进口过程中，日本的公司提出没有这一种产品，别的公司在价格和交货日期上也有问题，要求我们将其修改为绿色或别的颜色，我们在 1987 年写了紧急报告，强调了选用银灰色的几点理由：①明朗大方，易于与其他色彩协调；②有时代感和新鲜感；③在不同角度和强度的光线下富有变化，且已由各级领导审定。后来不知业主和指挥部是如何解决的，银灰色还是被坚持了下来。

由于工程总投资紧张，所以工程总指挥部从一开始就对投资控制高度重视，加上工期很紧，因此多次下文件要求严格控制总建筑面积和总投资。国家奥体中心是亚运会工程中规模最大的比赛设施，所以因规模和投资问题发生过多次修改，表三就是体育中心内几个主要项目的投资和面积的比较表。

表三 体育中心内主要项目的投资和面积比较表

序号	名称	任务书		设计预算		决算	
		面积 / m^2	造价 / 万元	面积 / m^2	造价 / 万元	面积 / m^2	造价 / 万元
1	游泳馆	20000	5000	29000	8751	37589	8820
2	体育馆	16000	2500	17500	4348	25338	5390
3	田径场	10000	2000	24300	5808	17683	3210
4	曲棍球场	1500	400	1400	660	3070	878
5	练习馆	6000	480	7200	1080	2517	615
6	医务测试	5000	850	6725	516	7844	1351
7	检录处	2000	100	2000	180	1192	185
8	总图部分	—	4020	—	10800	—	—

由表三可以看出，不同阶段的项目，面积和投资数额都有相当大的变化，主要原因在于：指挥部下达任务书时主要考虑控制总投资，并以设施在亚运会时的功能使用为主。而使用单位在具体安排时，要考虑比赛时对各种用房的需求以及赛后作为国家队训练基地时对相应比赛和训练设施的各项要求，因此规模上有出入，内容上也有所增加。而对施工单位来讲，则有面积匡算的问题，如场内有大量架空面积应如何计算，以及看台面积的计算。另外，在设计过程中，指挥部也据实际情况

54

55

56

58

57

59

60

图 54. 北郊体育中心体育场挑篷施工
图 55. 北郊体育中心练习馆施工中
图 56. 北郊体育中心体育场工地
图 57. 北郊体育中心两馆封顶（1989 年）
图 58. 北郊体育中心体育馆网壳施工现场
图 59. 北郊体育中心体育馆屋面施工
图 60. 北郊体育中心游泳馆屋面施工

有所调整和追加。即便如此，对使用单位来说，在使用中仍有不足之感，而各馆的造价及装修标准与当前的许多豪华型体育设施相比更是不可同日而语。为了控制投资，我们在建筑装修标准上控制很严，如几个主要比赛设施外立面完全采用了汇丽公司的喷涂，内装修也没有用一块花岗石，都是水磨石或水泥地面，这在后来各地的大型体育设施建设中已很难看到了。在工程建设中，指挥部还多次下发文件对具体做法加以规定，并对许多项目加以削减，如将全部室外台阶均改为预制混凝土块，只有人工湖的岸边压顶石采用了花岗石；高架桥及路面的广场砖也改为混凝土路面或水泥面层。原也考虑过像机场跑道那样在水泥面层上划纹，但施工单位没有经验，最终效果并不理想；中心整个路面的图案划分原来找的是一种便宜的红色地砖，但施工单位以产品规格不合标准拒绝采用，最后只好在水泥内掺红土子解决，看上去十分简陋且不耐用；人工湖内原设计有近百米长的一字排开的喷泉水幕，管道均已敷设完毕，但最后却没有安装喷头；练习馆共 3 个，成“品”字形布置，最后只实现了当中的一栋；游泳馆东面原来精心设计了起伏的绿化和大地雕塑，在游泳馆和体育馆之间的高架桥处，胡越原本设计了一个十分前卫的金属灯柱，也在一次现场会议上被取消了。因为工程越到后期，投资控制的矛盾就越突出，而这时游泳馆、体育馆、田径场等主要比赛设施主体结构早已完成，已没有太多的“油水”可压缩了，于是总图中的一些设想就只能胎死腹中了。眼看着我们费了好大劲才完成的“得意”设计无法付诸实施，设计人内心的不平可想而知，好几次我都忍不住要在领导面前力争一番，因为许多处理并不用花很多钱，只需要费点力气，效果就会大有改观，但当时北京院面对的压力很大，施工单位面临的工期压力也很大，所以张学信院长再三告诫我不要瞎顶撞。最后，市建委主任王宗礼总指挥对我说：“如果想到你们的设计已经实现了 70%~80%，你也应该满意了。”当然事已至此，也只好聊作“精神安慰”了。

61

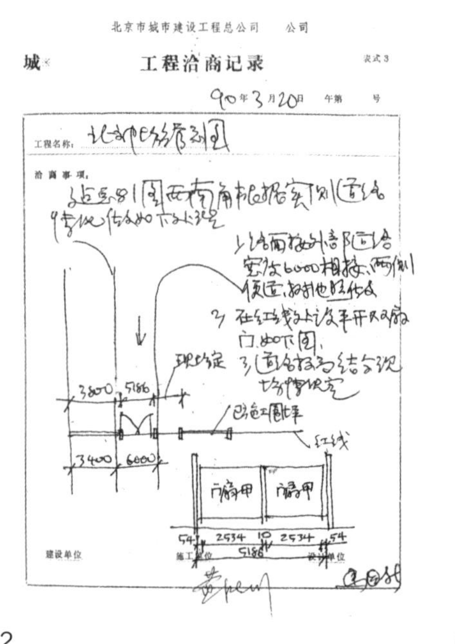

北京市城市建设工程总公司　公司

城　工程洽商记录　表式 3

90 年 3 月 20 日　年第　号

工程名称：

洽商事项：

3400　6000

3800　5186

红线

54　2534　10　2534　54

5186

建设单位　施工单位　设计单位

62

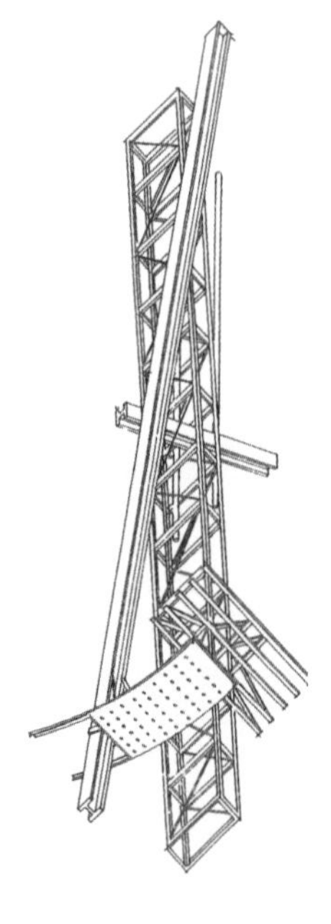

63

图 61. 北郊体育中心游泳馆工地空中照片　图 62. 国家奥体中心施工中办理的工程洽商记录

图 63. 被取消的金属灯柱示意图

64

65

在工程的整个进展过程中，当然少不了与甲方和施工单位的沟通和配合。参加会战的建工总公司和城建总公司从领导到各级技术人员对该工程都十分重视，也在施工过程中和设计人员一起解决了许多难题，像室外工程中的高架平台柱，我们设计了同一直径的混凝土圆柱，城建公司采取了 3 mm 厚的玻璃钢模板外加钢箍的施工方法，使最后近千根清水混凝土柱的效果很好，表面光滑，成型质量好，模板还可多次使用；另外，我们还和施工单位一起试验了装饰性混凝土墙面的做法；还有如钢网架的累积滑移法，大面积 U 形混凝土膨胀剂的应用等，我们都从中学到了很多东西。和我们常打交道的技术人员史哲英、冯绍霖、王宝峰、王天啸、陈耀珍、郑国梁等人都很有经验，给我们出了很多好点子。和我们配合的甲方闵维清、金家才、陈宝河、李信茂、彭维勇、耿宝权等也都利用他们的经验和专业才能，对设计工作进行了多方面指导。

在将近竣工时，我国领导人还专门为体育中心题写了“国家奥林匹克中心”几个字， 在当时情况下，我国冠“中国”的单位比较多，非行政单位称“国家”恐怕还是第一个！亚运会举办得十分成功，各设施都发挥了其应有的作用，这使我们这些参与者感到十分自豪和欣慰。

66

五、得失评价

从亚运会成功举办至今已经过去很多年了，虽然也做过一些工程回访，但并未进行过系统的使

图 64. 北郊体育中心两馆工地（1988 年）　图 65. 北郊体育中心体育馆屋顶施工

图 66. 国家领导题写的字“国家奥林匹克体育中心”

用后评价，加上后来很少有机会去各工程了解情况，所以只能根据自己的感受做一些不全面的评价，尤其是在自己主要承担的总体设计方面。

在总体布局方面，我感觉还是有点突破的。国家奥体中心的项目是在 66 hm^2 的土地上，在较短的集中的一段时间里完成的一个巨大的体育建筑组群，又是由一个设计单位来完成的（后来体育中心内的体育博物馆和武术研究院被别的单位拿去设计，在使用中体育博物馆的设计出现了一些问题，被媒体说是“豆腐渣工程”，当时也没有人来承担责任，在这里也特别注明一下责任归属，免得不知内情的人搞错了），这是很难得的机会，但我们也面临着如何超越常用的一场两馆对称布置模式的挑战，经过多方案比较和多方面专家的指点，最后采用了围绕中心半月形水面呈弧线向心布置的格局，被专家们称赞：构思新颖，功能合理，在设计思想上有较大突破。现在这种较为自由的布置手法已经司空见惯了，但当时看上去还能让人有耳目一新之感。从使用效果看，我们这种布置是属于内向收敛型的，对于国家体委的训练中心或体育公园那种使用方式可能还较适合，但如果在使用上偏商业型运作，恐怕更为外向、开放的布局方式更为适用些。另外，半圆形道路虽带来景观上的许多变化，但在管线布置、用地经济等方面也带来不少矛盾。

我负责的总图设计，各专业的设计内容还是比较复杂的。从建筑专业看，主要有以下内容：用地位置、用地条件及控制路网、总平面布置、总平面远期发展、功能分区、竖向设计、场区剖面及大样、上方工程及土方平衡、比赛期间交通规划、消防规划、无障碍设计、立面景观、绿化设计、景观元素规划、零星建筑规划、围墙栏杆规划，后来又增加了雕塑布置规划图。而设备专业包括给水平面图、消火栓布置图、污水平面图、动力管道平面图、雨水分区图、雨水平面图。电气专业包括高压供电总平面图，104 伏配电系统图，高压总配电所平、剖面示意图，通信总平面图，通信系统总图，电视系统及电台布线总平面图，共用电缆电视信号系统图，电讯电台等单位线路通道交接总表，室外照明、扩音总平面图，隧道型管沟总平面图等。

用地格网控制系统是考虑在如此大范围的用地中，除了按北京市规划管理局钉桩坐标通知的系统之外，为便于控制和放线定位，在总图中专门设计了 60 m × 60 m 的网格系统，格网的南北基准线虽然与实际的北京中轴线有 2°8'24" 的夹角，但利用本身的格网可以方便得出用地内建筑物、道路、场地的相对定位关系。幸好当时计算机室的张奎文为我们编了一个简单的程序，利用此程序可以方便地计算出各控制点的坐标，这样通过关键定位点的坐标及与格网的相对尺寸，可保证工程定位的准确性和互校性。为了防止在如此不规则的总图上放线不出问题，总平面的放线定位图

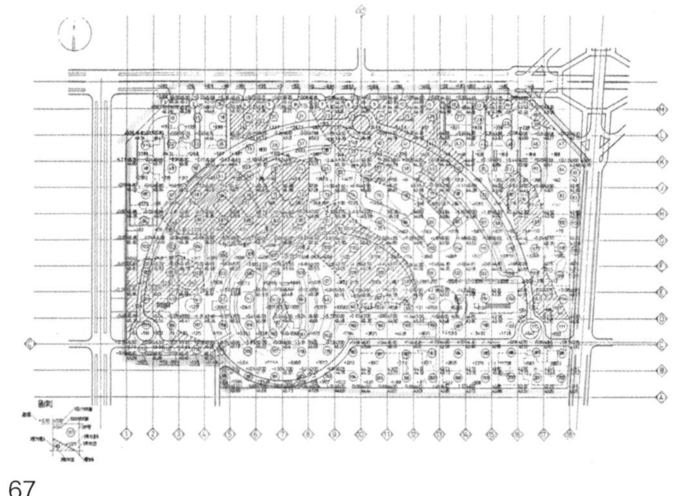

67

图 67. 土方工程统计图

是我亲自画的。每一个重要定位都由 *XY* 坐标和与用地内格网的相对尺寸互相校合，这样在十分复杂的建筑定位上也没有出现问题。在总图设计深入后，需要详细的分区竖向设计和管线布置图，那时还没有计算机技术，只能利用复印机把图纸放大后，再分区拼接在一起，由于多次放大，图纸本身的变形和误差已经比较大了，我们也是依靠坐标值和与方格网的相对尺寸两套系统来控制的。又如体育馆的曲线屋顶的定位也是如此，两层变化的屋面在平面投影上是一条直线，但这条直线在空间上是一条三维曲线，尤其是位于两层屋面交接处的曲柃，其三维定位也是结构专业的张国庆为我们一个点一个点计算出来的，这才解决了工地的加工和定位问题。当然这些当年的难题在当下的计算机技术面前，可能都是些“小儿科”的问题了。

在土方计算中，尽量利用原有地形，减少挖绕方量，通过地形起伏和竖向设计，满足功能上人车分流、动线分离的要求（但未计算基础出土、房心填土和管线、管沟的施工出土）。

停车部分的初步计算，田径场区停车场 1.6 hm^2，可停车 456 辆，两馆及曲棍球场为 2.46 hm^2，可停车 624 辆，加上贵宾停车总计可达 1300 辆，为观众总数的 4.3%。自行车停车场可停车 9000 辆（共 3 处），为观众容量的 45%。

体育场馆是大量人流集散的场所。在国家奥体中心，我们考虑了全场的人车分流和无障碍通行环境，这在当时也是动了一番心思的。人车分流早在规划之初就是准备实现的目标，日本代代木国立综合体育馆的人车分流，希腊雅典奥林匹克体育场(就是后来雅典奥运会的主会场)利用高差分为 3 层标高，使观众、运动员和工作人员能各行其道，都是很高明的手法，也给予我们一定的启发，所以，我们在设计时把国家奥体中心里的水面周围作为主要的步行区，把外围的交通环路作为主要车行区，在流线交叉的地方通过立体交叉加以解决。在田径场设置了环形高架平台，把机动车环路置于平台之下，在两场的北侧则把机动车路设于比观众入口标高低半层的部位，这样既使观众入场比较方便，走的台阶较少，又使运动员的下部通路与主机动车路的连接坡度不至太大。从亚运会期间的使用情况看，路线十分清楚，基本达到了设计预想的效果。但在此后的使用中，由于体育中心平时的大型比赛很少，这套系统就很难发挥作用了，机动车入口和步行入口的分设也给管理带来不便，因此现在基本上只使用机动车出入口，有的步行入口被改成了汽车市场。另外，在紧临各场馆的停车场布置了带有绿化的分车岛，对于各种类型机动车的停车和出入上，考虑得也不够精确和细致。

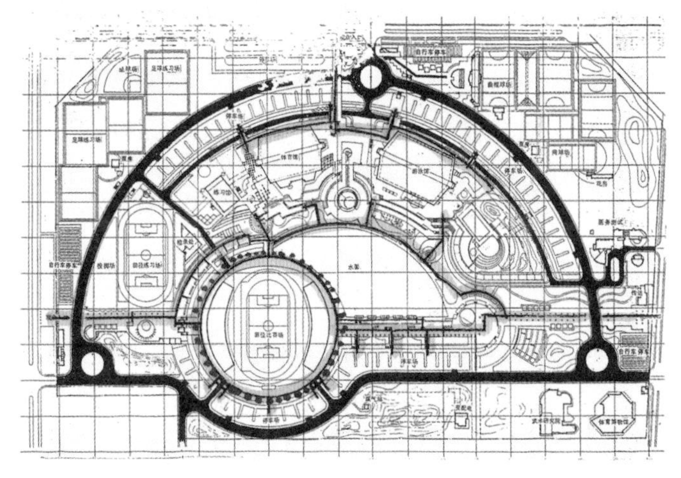

68

对无障碍设计的认识我们也是逐渐深入的，国家奥体中心在当时是国内第一个在全场区都实现

图 68. 交通组织图

69

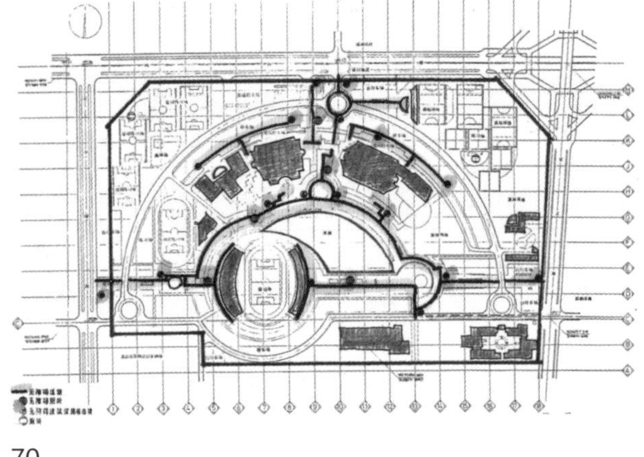

70

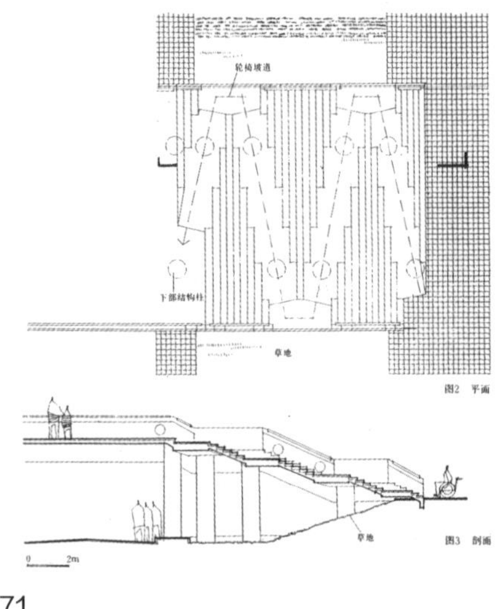

71

72

了无障碍通行环境的体育设施。在亚运会工程进行过程中，设计组同层的研究所正在开展无障碍设计的研究，为此他们曾向伤残人发出过调查表，了解他们平时的生活情况以及对公共环境的需求。我看过一些他们的反馈意见，许多来信写得十分感人，也为社会上缺少对伤残人的关爱而苦恼。我国是世界上伤残人最多的国家，老龄人口也在不断增加，这些群体也需要和正常人一样的物质和精神生活，社会应为他们提供必要的条件，满足他们休憩和锻练的需求，让他们能够顺利地参加各种社会活动，这既表现了对弱势群体的关心，也是社会文明建设的重要内容。当时的有关规范才刚刚起步，1986 年 10 月，情报和研究所规范编制组的高宝真、周文麟、郭玲、金东霖专门为我们编印了“体育建筑无障碍设计参考资料”，所以我们在室外完整地设置了轮椅可顺利到达各场馆的坡道和通路，尤其是在由停车场进入两馆的台阶上，采用了台阶和斜向坡道组合的做法，这在国外早已广泛应用，但在国内还属首次。这个坡道当时是由胡越画的施工图，在施工和模板安装时还是费了不少气力的。另外，我们在室内和室外厕所中都考虑了残疾人的厕位和扶手，室内也考虑了伤残人的轮椅席位。

图 69. 国家奥体中心无障碍设施　　图 70. 无障碍设计总图

图 71. 国家奥体中心无障碍设施中的台阶与坡道结合处理设计图

图 72. 国家奥体中心无障碍设施中的台阶与坡道实景

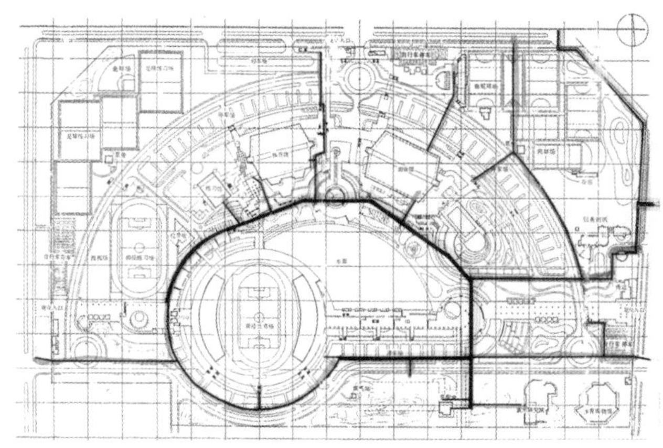

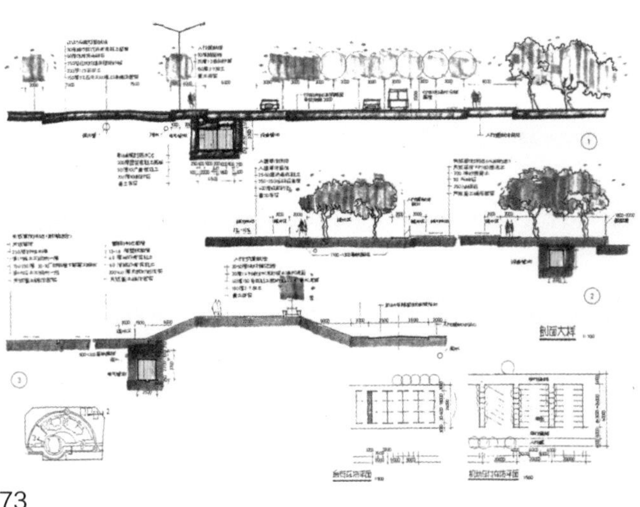

73

室外，在入口处有分别停放汽车和轮椅的专用位置，但场区内并未设置盲道，坡道边也未设置扶手，许多设施处也没有盲文，按目前已颁布的更细致的规范要求看，还有许多可改进之处。但在当时，在这样的大型公共体育设施中实现全场的无障碍通行环境还是国内首例。

又如隧道型综合管沟的设置，在大型场区中，采用综合地下管沟是节约用地、便于施工、便于管线集中布置和将来维修管理的首选措施。但在实际大型民用工程中却较难操作，这里面有技术上、管理上的原因，也有体制上、观念上的原因。在奥体中心总图的设计中，我们首次在大型体育中心设计了干线管沟，即地下可通行的隧道型管沟，其中电气管沟尺寸为 2000 mm × 2200 mm(宽 × 高，净空)，设备管沟的尺寸为 1800 mm × 2200 mm(宽 × 高，净空)。根据消防要求，将内部分为若干防火分区，相应设置进风口和排风排烟机，同时也考虑了沟内的排水措施。在设计过程中，还遇到了设备管沟内的热力管架推力问题，因为相当一部分管沟是曲线形的，所以支架在胀缩时的受力计算十分复杂，这只是技术方面的问题。而体制问题就更为复杂了，如电气管沟内原准备设置高低压电力电缆、通信电缆、电视转播电缆、一些控制和信号等，但在具体实施时，一方说什么也不同意将通信电缆设在管沟之内，理由是无法保证电缆在运动会期间的安全，当时对这类管沟也没有十分严格、严密的配套安保措施，谁也不敢对此打保票，最后通信电缆还是采用了独自直埋管块的方式。

在总体设计中，还值得一提的是环境设计，包括绿化设计、景观设计等。在国家奥体中心的总用地中，建筑物只占地 10.6%，其他都是停车场、道路、练习场地和绿化水面等。总体设计原则提出要通过环境设计使这一地区成为开放的体育公园，使绿化与土城和中轴路连成一片，让建筑处于绿化的包围之中，这是极好的先天条件。另外，在舆论和理论准备上，当时的《中国美术报》为“创立我国现代的环境艺术体系”做了大量工作，发表了许多讨论文字。在 1987 年 2 月 12 日，《中国

图 73. 地下管沟总平面图及剖面图

美术报》编辑部主持召开了我国首次“环境艺术讨论会”，有规划师、建筑师、园艺师、雕塑家、工艺美术家、画家等多人出席，并发表了讨论会纪要，提出：“环境景观的最直观的形式体现着一个国家、一个区域的文明程度，环境艺术是时代精神和民族精神最鲜明的标志和最强有力的体现。”“没有高水平的环境艺术创造，不足以称之为高度文明的现代化国家，也就不足以自豪地比肩于世界民族文化之林。”

还在国外研修时，我就对这一课题比较感兴趣，也收集了不少资料，在这场有关环境艺术的讨论中，我也积极参加并在《中国美术报》《美术》上发表文章表明自己的看法。我主张强调“环境设计”，而不是“环境艺术”，因为“设计”好像包容性更强、更综合、更全方位，而不单纯是强调形式美。结合自己的一些观点，在做国家奥体中心的总体设计时，我就有意识地想创造一个具有时代特点、有个性、有特色的环境。当时提出的几个设计原则是：环境设计的目标不仅要努力满足人们在物质、视

74

76

77

75

78

图 74. 国家奥体中心鸟瞰　图 75. 国家奥体中心和水面全景鸟瞰　图 76. 两馆和水面
图 77. 国家奥体中心体育馆和练习馆　图 78. 国家奥体中心夜景

觉、生态、社会等方面的需求，而且要满足精神上的需求；注重环境的连续性，创造一个综合的多功能、多元的环境；建筑及其群体必须讲究与环境的互相影响和衬托的总效果；环境设计是空间和时间的结合，要顺应这一过程并留出充分的余地。在此原则之下，景观设计主要从以下几方面入手：①考虑人们活动的特点。在人的行为过程中发挥自然景观和人工景观的作用，通过围合、渗透、对景、借景等手法，加上对重点部位的处理，在主要行动路线上使景观不断变化和展开；②在人工景观中通过对建筑物个体和群体的处理，通过比拟、隐喻、借用等手法，利用直线曲线对比、轮廓起伏、材料的虚实变化，使之表现出时代感和中国特色；③充分发挥景观元素在景观设计中不可缺少的作用，提出了雕塑、时钟、电话亭、场区标志、旗杆、喷水池、坐凳、广告牌、地面铺装、围墙大门、路灯、小品等10余项（因工期和投资原因，其中若干项并未实现，如我们原准备在游泳馆东面的一块空地上尝试利用地面起伏做一片大地雕塑，后来就没有实现）；④色彩设计上的统一规划和分区处理等。

十分幸运的是，工程指挥部的各级领导对环境景观设计十分重视，早在任务书的批复文件中，就专门列出了对于绿化、雕塑及小品的投资额，在多次文件及批复中都强调：“做好环境设计”“做好绿化、美化、雕塑、小品建筑等的设计”。虽然后期有不少削删，但还是为设计人员提供了相当广阔的表现舞台。

亚运会工程的雕塑创作，尤其是国家奥体中心的创作，是北京市城雕历史上的一个重要成果。“这批作品在艺术质量、数量、社会效益方面均取得了显著成就。这是20世纪80年代末规模最大的一次城市雕塑创作活动，有着承前启后的意义。”首都城市雕塑艺术委员会的宣祥鎏、赵师愈、于化云和工程总指挥部在工程之初就开始酝酿，其间进行了多次征稿，最后一次（第三轮）在1989年初进行评选，由宣祥鎏和刘迅主持审查，刘开渠、曾竹韶为顾问，由雕塑家、规划师、建筑师、工艺美术家、园艺师等24人组成亚运会雕塑方案审查委员会，在应征的64个方案中选定了一批雕塑，后来根据现场环境和实际需要，又有所增删，并在1990年3月批准，最后在场区布置了不同风格、不同材质、不同题材的21组雕塑。雕塑的具体内容和创作者见表四所示。

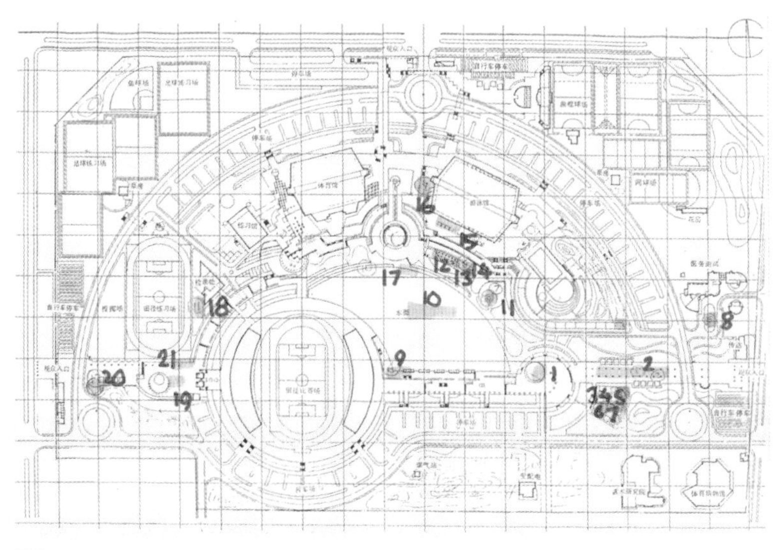

79

80

图79. 国家奥体中心雕塑布置位置示意

图80. 国家奥体中心雕塑《盼盼》

表四 国家奥林匹克体育中心环境雕塑

序号	作品名称	作者	用材
1	《盼盼》	白澜生、杨金环	玻璃钢
2	《人行道》（5 件）	展望、张德峰	玻璃钢
3	《弦》	郭嘉端	不锈钢
4	《方圆》	赵瑞英	普通钢板
5	《舞姿婆娑》	杨淑卿	不锈钢
6	《小憩》	文慧中	汉白玉
7	《动力之韵》	张照旭	不锈钢
8	《结晶》	隋建国	不锈钢
9	《猛汉斗牛》（2 件）	叶如璋	铸铁
10	《五洲吉祥》	程允贤、纪航、金廉琇	普通钢板
11	《风凌霄汉》	杨英风（台湾）	不锈钢
12	《源》	隋建国	黑花岗石
13	《小溪》	孙家钵	黑花岗石
14	《蛟龙》	刘家洪	黑花岗石
15	《翔飞天际》	秦　璞	不锈钢
16	《七星聚会》（7 件）	时　宜	素铜
17	《遐思》	司徒兆光	铸铜
18	《龙腾虎跃》（4 件）	白澜生	素铜
19	《梦》	冯　河	汉白玉
20	《裂变》	秦　璞	不锈钢
21	《祈》	佐　娜	黑花岗石

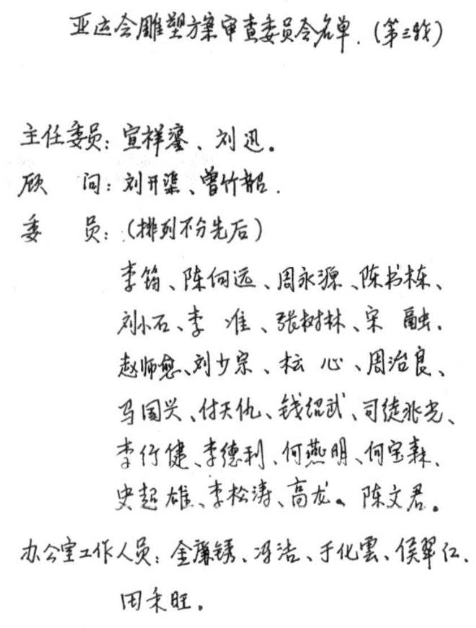

亚运会雕塑方案审查委员会名单.（第二稿）

主任委员：宣祥鎏、刘迅。

顾　问：刘开渠、曾竹韶。

委　员：（排列不分先后）

李筠、陈何远、周永源、陈书栋、刘小石、李　准、张树林、宋　融、赵师愈、刘少宗、柯　心、周治良、马国兴、付天仇、钱绍武、司徒兆光、李竹健、李德利、何燕明、何宝森、史超雄、李松涛、高龙、陈文君。

办公室工作人员：金廉锈、冯浩、于化云、侯军仁、田禾旺。

81

宣祥鎏在《为奥林匹克中心点睛》一文中写道：“我们努力提倡不同形式和风格的自由发展，对于题材的选择、地点的确定、手法的表现、材料的采用等等，一概不加限制，不设框框，放手让大家发挥自己的创造性。从实践结果看，的确取得了积极的成果，各方面的反映也是好的。”刘开渠先生也称赞：“这次为亚运会所兴建的各类建筑，园艺的铺排，按点建立的雕刻品，不仅各自本身很壮观，整个环境也给观者以兴旺、壮丽、清新、十分美好的感觉，使观者不能不由衷地说出：‘这里真美！’”的确，这是一次建筑师和雕塑家们的愉快合作。

这里面相当大部分作品的摆放位置是根据雕塑家的作品来合理选择或布置的，由于国家奥体中心总体布置中有不同的道路和平台标高，所以为观赏雕塑提供了多方位的视角。如将《七星聚会》（时宜创作）布置在两馆间高架平台间的一个下沉空间，使观者既可俯视这一古象棋谱残局上 7 个棋子的总体关系，又可在下面近观各个造型；表现东方女性人体美的《遐思》（司徒兆光创作）就被放

图 81. 雕塑方案审查委员会名单

在水池边，和水面互动烘托；表现 4 个运动员接力竞技的《龙腾虎跃》(白澜生创作)被放在田径场和田径练习场之间的草坪上，雕塑和场上真正运动员的练习相映成趣。另外，在一块扇形的草地上，安排了 5 组小品雕塑，极具装饰性。最大的一组雕塑是由青年雕塑家隋建国创作的抽象雕塑《源》，那时他刚读完研究生留校任教。胡越和雕塑家配合，在游泳馆南的一个 70 m × 15 m 的弧形广场中，通过枯山水式的河流连接，把若干组石雕连成一个整体，当时中央美院的雕塑家钱绍武先生多次叮嘱我要千方百计地保证这一作品的实现。的确，像这种尺度并和环境紧密结合的作品只有在这样特殊的地点才能完成，在美术馆里是无法展出的。

还有一部分雕塑是根据现场环境特点、由雕塑家量体裁衣创作的作品，最突出的是东入口人行通道上的《人行道》(展望、张德峰创作)。在 30 m 宽、近 150 m 长的入口大道上，布置两排灯柱，但仅有灯柱和绿化，这段路仍显得比较平板单调，于是经建筑师建议，雕塑家在这里穿插布置了 5 件年龄、背景不同，表情动作各异的玻璃钢镀铜人像，在一个很长很大的空间环境中彼此顾盼呼应。这种超写实的雕塑手法当时在国内还很少见，所以作品一问世就引起了人们的极大兴趣。目前，这种表现手法在全国各地已经很常见了。

82

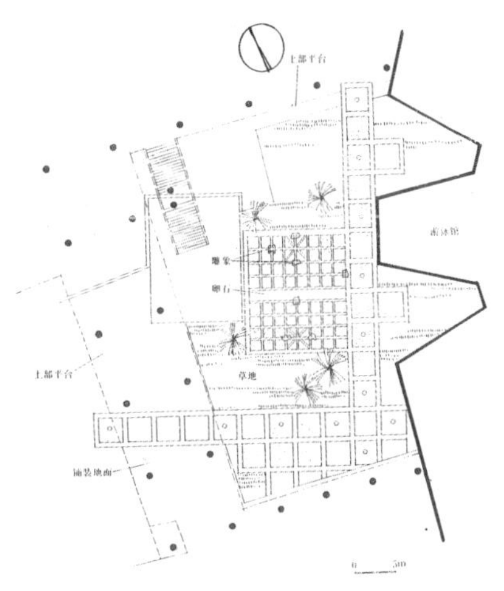
83

84

85

图 82. 国家奥体中心雕塑《七星聚会》
图 83. 雕塑《七星聚会》平面
图 84. 国家奥体中心雕塑《遐思》
图 85. 国家奥体中心雕塑《龙腾虎跃》

86 87 88

89 90

还要提一下的是我国台湾雕塑家杨英风先生创作的雕塑《凤凌霄汉》。在工程将近收尾的1990年4月9日，张百发收到赵朴初先生的来信，介绍“台湾著名雕塑家杨英风先生以其创造的《飞龙在天》大型不锈钢龙灯捐建在亚运会门前”（因为杨先生和赵先生都是佛门弟子）。杨先生于1926年出生在台湾宜兰县，是当地望族之后，1943年去东京美术学校（今东京艺术大学）建筑系学习，1946年入北平辅仁大学美术系，1949年去台湾，后在意大利罗马艺术学院学习，自1970年大阪博览会创作大型钢雕《凤凰来仪》后，多有大型作品问世，被称为“台湾雕塑第一人”。

4月11日，宣祥鎏主任会见了杨先生，对他的义举表示感谢，原来杨先生打算第二天一早就飞往日本，但在宣主任的邀请下，他退掉了机票，由我陪同参观了国家奥体中心现场。杨先生看完以后说：“很有气魄，不简单，这个地方尺度很大，非亲自来看看不可。”后来我们了解到《飞龙在天》作品在1990年元宵节已在台北市中正纪念堂前的大广场上展出过，为避免重复，建议选用以凤凰为题材的作品。6月份，杨先生带来了他的作品《凤凌霄汉》小样，估价新台币500万元（约合20万美元），由杨先生捐赠，不附带任何条件，作品连基座高5.8 m，预定于8月31日前安装完毕。当时我向他推荐了3个地段作为安放地点，分别在田径场南、两馆之间和游泳馆南，杨先生选中了游泳馆南的地段，于是我们根据要求布置好了场地，到时杨先生来进行安装。雕塑的镜面不锈钢工艺很

图86. 雕塑《源》平面　图87. 国家奥体中心雕塑《源》　图88. 雕塑《人行道》平面

图89. 国家奥体中心雕塑《人行道》　图90. 国家奥体中心雕塑《人行道》局部

91

92

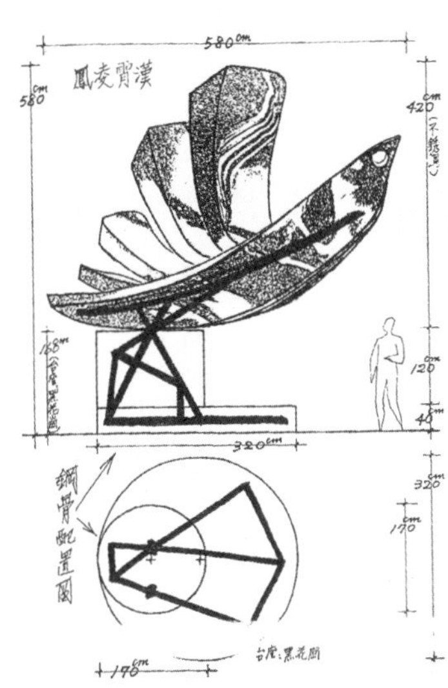

93

94

精致，当时大陆还做不到这一水平，所以在体育中心内十分显眼。只可惜他们在雕塑内部钢骨架的设计上考虑有所欠缺，所以雕塑在亚运会之后骨架就出现了变形，把基座上的黑花岗石都挤下来了。在这样的环境中，建筑师也跃跃欲试。在设计过程中，哈尔滨工业大学锻压教研室为表现他们的爆炸成型工艺，准备捐赠钢制的球形容器，经各方面批准之后，由胡越设计把直径为 4 m 的钢球剖为两个半球，请雕塑家秦璞在表面设计了逐渐退晕的色彩，组成了别具一格的艺术造型，后来这件名为《果实》的作品还获了奖。

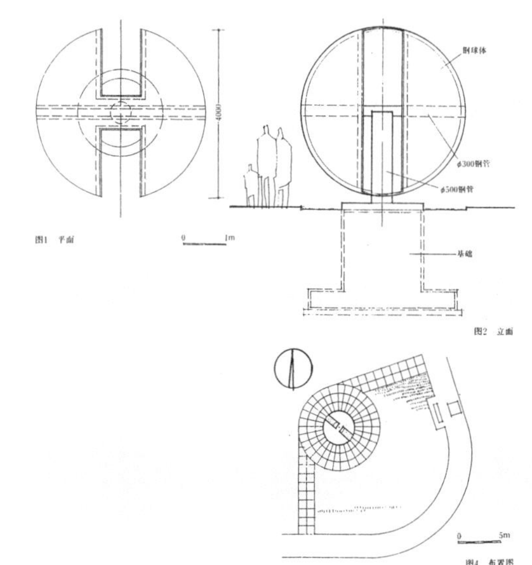

95

图 91. 台湾雕塑家杨英风（1990 年）　图 92.《凤凌霄汉》雕塑安装施工　图 93.《凤凌霄汉》安装图纸

图 94.《凤凌霄汉》雕塑安装完毕　图 95.《果实》雕塑平、立面图

在东西人行入口的通道两侧，有很长的混凝土墙面。为了增加墙面的变化，我在城建三公司的配合下，试图在浇注混凝土时通过一次成型来实现其装饰性。在现浇混凝土墙面上做出凹凸纹样就要增加保护层厚度。我们将 25 mm 厚的聚苯板和剖开的塑料圆管固定在木模板上完成了这一工作，然后再根据色彩分区适当敷以彩色，形成了混凝土墙面的独有装饰效果，而且其中有一幅图案后来被人们解读为内含“1990”的字样，那也真是“无心插柳柳成荫”了。

96

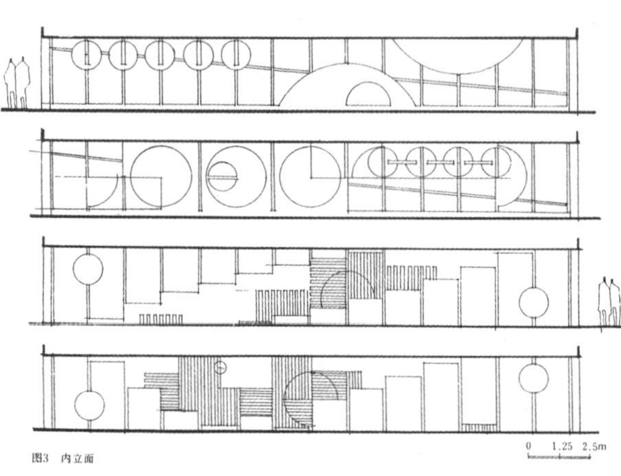

97

98

图 96. 雕塑《果实》 图 97. 墙面装饰立面 图 98. 混凝土墙面处理（共 4 处）

研究当代中国雕塑史的专家孙振华认为:“20世纪80年代,当代雕塑和户外城市雕塑的鸿沟很深,二者互不兼容,城市雕塑因被称为‘菜雕’而为从事当代雕塑创作的艺术家所不屑。这种情况在20世纪90年代得到了扭转。1990年,国家奥体中心依据国际惯例开展公共环境艺术建设,将当代艺术引入其中,放置了20组40余件雕塑作品,其中有展望、张德峰的《人行道》,隋建国的《源》,司徒兆光的《遐思》,白澜生的《接力》,叶如璋的《猛汉斗牛》等。这是当代雕塑介入重要公共空间的早期案例。”

施工时,在景观元素、室外小品建筑等方面,我们也力图有所改变,在室外混凝土栏板和扶手、管沟的通风筒、冷却塔、卫星天线(与机房合一)、围墙、灯柱、坐凳、镶草停车场、水面汀步、小广场出人口、喷泉等方面都作了许多努力,其中,许多手法现在已经成为人们常用的建筑小品语汇了,也有些并未引起人们的注意或效果并不突出。由于场区面积很大,我们在体育场、西馆和曲棍球场3个区域用不同色彩做了分区处理,增加了外部的可识别性。如冷却塔常是较难处理的构筑物,我们把3个直径6.5 m的冷却塔在道路旁“一”字排开,下面用圆形的混凝土独柱支撑,以形成构筑物的造型,原想采用明亮的颜色来制作冷却塔,但未被批准。在田径场东面的高架平台朝向半月形水面的地方设置了5组水幕,每组长15 m,当水泵把人工湖中的水抽入上部水槽,然后以75 m长的水帘跌入湖面时,气势十分壮观,也增添了水面的气氛,但除了试水阶段我拍过一组照片外,后来并未听说利用过。

99

100

101

102

图99. 国家奥体中心雕塑《小溪》
图100. 国家奥体中心雕塑《猛汉斗牛》
图101. 国家奥体中心雕塑《翔飞天际》
图102. 混凝土栏板处理

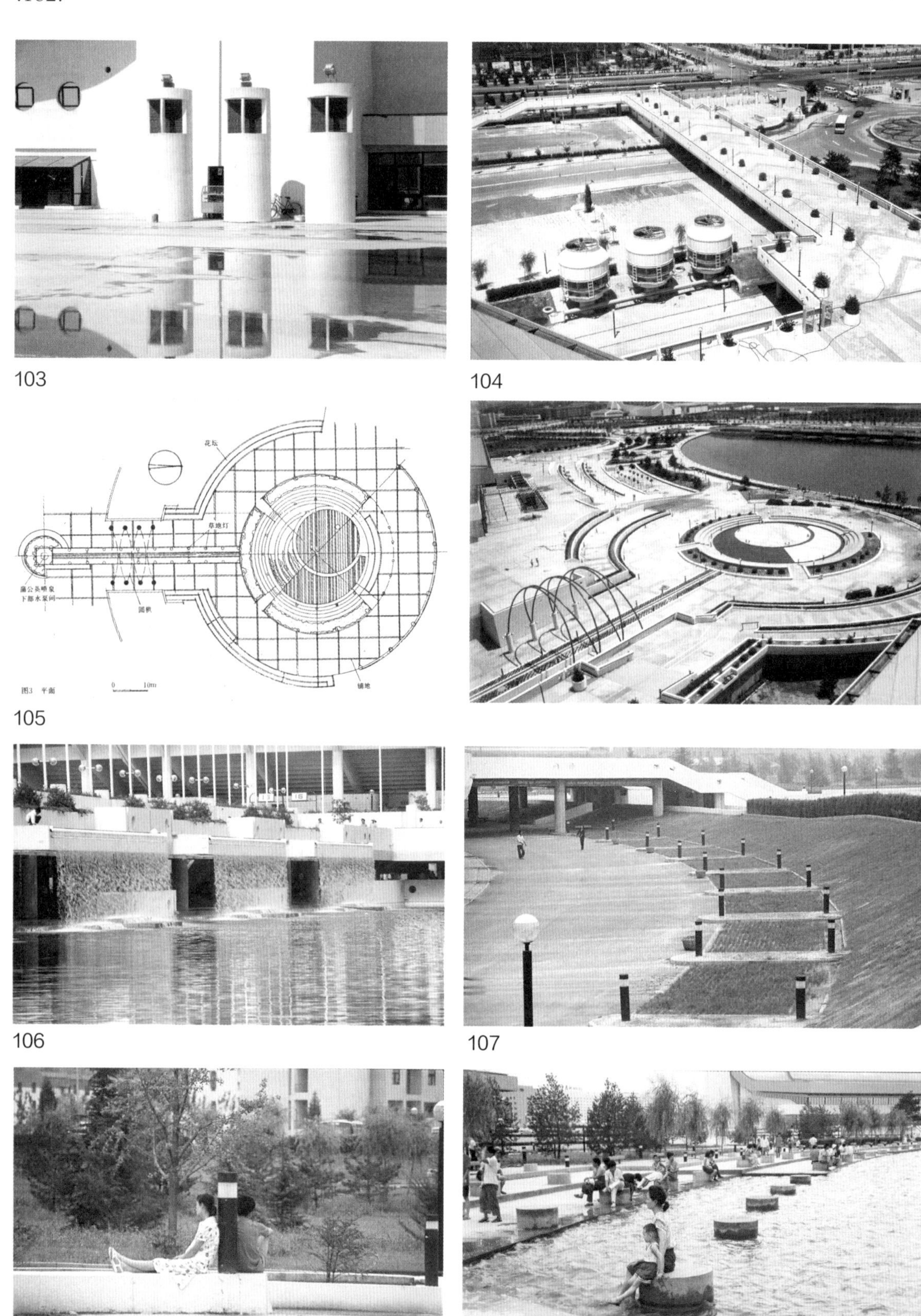

图 103. 通风塔处理　图 104. 平台地面和冷却塔处理　图 105. 圆形广场处理（平面与照片）（组图）
图 106. 水幕设计　图 107. 停车场和草地灯　图 108. 台阶和花坛　图 109. 水池汀步

在田径场西入口直径 30 m 的圆形广场上，我们专门设计了一个直径为 15 m 的喷泉广场，重点布置了 44 个喷头的旱喷泉，使人们既可在平时通行，也可在喷水时于喷泉间游戏，并在其中布置了冯河先生设计的 4 只石雕天鹅，我们原对这组喷泉寄予了很大希望，在竣工时也试用过一次，后听说因集水的泵房漏水，最后不知所终。此外，在若干个景观节点的广场上也分别做了不同的铺装和处理。还有在整个场区的人行步道和高架平台上，我们也设计了全场连贯、色彩鲜明的铺地纹样，以期在拍摄空中鸟瞰照片时能形成丰富的编织图案效果，最后因地砖材料无法实现，全部采用了水泥面层，其图案效果就逊色多了，而且也很不耐久。

110

111

112

113

114

115

图 110. 亚运会期间的体育场
图 111. 亚运会期间的体育场内景
图 112. 亚运会期间的体育馆和体育场
图 113. 国家奥体中心东入口广场
图 114. 亚运会期间的体育馆
图 115. 亚运会期间的体育馆内景

国家奥体中心是我参与的第一个大型综合工程，是国家重点项目，前后用了7~8年的时间，但在各级领导和专家的支持下，通过设计团队的精诚合作、施工单位的密切配合，保证了亚运会的顺利进行。1990年9月22日，第十一届亚洲运动会开幕式在北京工人体育场举行，我有幸被邀参加了开幕式的庆典，在看台上见证了亚洲各国运动员的入场式，见证了广大观众对中华台北代表团的欢迎，看到了开幕式上的文艺表演和亚运会火炬的点燃。亚运会期间，我也曾到国家奥体中心看了各场地的使用情况。10月7日是亚运会闭幕的一天，这天夜里，我也去了国家奥体中心，这时这里已经没有比赛了，所以里面几乎都没有人了。在放焰火的时刻，我在体育中心里拍了若干张表现场馆夜景的照片，其中有一张以《凤凌霄汉》为前景的夜景照片，后来参加北京市的摄影比赛，还获得了二等奖（二等奖总共两名）。

因为我那时还是国际建协体育建筑工作小组的成员，所以在亚运会结束后，于11月6日在亚运村国际会议中心，参加了由中国建筑学会和国际建协体育建筑工作组联合举办的体育建筑学术交流会，我们和国外的同行一起交流了体育建筑设计方面的经验，我也做了有关国家奥体中心建设情况的英文主旨报告，当然报告的英文稿子还是刘开济总协助修改审定的。

116

117

118

119

120

图116.《凤凌霄汉》夜景　图117. 医务测试中心外景　图118. 国家奥体中心体育场

图119. 练习馆局部　图120. 国家奥体中心游泳馆屋顶局部

121

122

Chairman:
Ladies and gentleman:

The 11th Asian Olympic Games hold from Sept. 22th to Oct. 7th, 1990 in Beijing. This is the first time for China to hold such a comprehensive international games since the founding of new China. For the sake of convenbing the 11th Asian Games, a member of competition and training facilities as well as residential complexes are necessary to be built, The National Olympic Sports Center is one of the main composite parts among them. This essay is to give a brief introduction of the master plan of the Sports Center.

1. Intergration of Asian and Olympic Games project from the standpoint of development.

The site of the Sports Center is a large sport lot prepared in the master plan of Beijing Municipality. It is 8 kilometers to the Beijing Workers' Sports Stadium, and 9 kilometers to Tian An Men Square. It is on an important site on the main axis of the Capital, and is bounded on four sides by four main arteries. To the North is the Fourth Ring Road, one of the principle expressways of the city. By way of this ring road speedy access to the Sports Center is ensured from all parts of the city. The main route from the airport to the Sports center will also be by way of this expressway. To the South is Tu Chen (Earth Wall) Road with some remnants of the old Yuan Dynasty (1271- 1368 A.D.) City Wall, to the east is Anli Avenue, to the west is Beichen Road of Beijing's south-north axis.

In construction phase 1, the northern half, of 66 hectares is used for the 11th Asian Games.

As a grand sports center for Beijing, it must meet the contest requirements of Asian Games in 1990 and create favourable conditions for the expected Olympic Games in the future. The considerations in combining the longterm needs with the short-term needs, and in constructing the "Center" group by group at different phases increase the difficulties in planning, as shown in the following description:

An intergrated and relativefly independent pattern should be formed during Asian Games.

Phase 1 construction is only a part of the whole construction of the "Center", yet, it consists of quite a few large facilities built in groups for the Asian Games, so its own order and character must be expressed by integral images.

Margins should be prepared for the future development and renovation. According to the plan, two training gyms, a natatorium, an outdoor swimming pool, an indoor stadium as well as athletes' hostel will be added in the site of Phase 1. All of these should be arranged and planned as required, so as to pledge the integral effect in the future extension.

The 20,000-seat stadium built in Phase 1 will be rebuilt as a 40,000-seat stadium used specially for football match, after the main stadium is completed, while various service facilities will be placed in the space under the overhead platform. All of these have been elaborately arranged.

Facilities of Olympic Games should be harmonized and unified with the existing structures and an integral pattern will be formed.

Construction Phase 2 is composed of a 100,000-seat stadium with its exercise fields, parking areas as well as a 10,000-seat multipurpose cycle racing hall. At that time, Beichen Road acting as an axis will be formed; therefore, the main entrance for the extended Sports Center will be located facing west and secondary entrances will be added on south and east sides. The axis of buildings and traffic circulation of construction Phase 2 will mantain close links with that of Phase 1, giving a fresh and lively atmosphere.

123

124

125

亚运会工程竣工以后，曾邀请各地的专家来座谈，他们肯定了成绩，也指出了不足。在取得的成绩方面，鲍家声教授指出：“亚运会创造的精神远远超过了亚运会工程本身，团结协作、艰苦奋斗，坚持自力更生，规划设计是自己的，中国人有这个才气、能力，只要下定决心办，不管困难多大也

图 121. 国际建协体育小组学术会议
图 122. 作者与刘开济总在国家奥体中心（1990 年）
图 123. 国际建协体育小组学术会议作者发言稿
图 124. 作者与三建公司指挥郝有诗（1990 年）
图 125. 作者与城建三公司陈耀珍（1990 年）

126

127

128

129

130

能办到，体现了社会主义制度的优越性。亚运会工程的确上了水平，反映了时代特征，设计观念打破了国内对北京的旧印象。……整个设计重视文化环境，在设计、施工、材料方面体现了20世纪90年代的水平，经受了亚运会使用的考验。”徐尚志总工说：“为了表达我的心情，请允许我献诗一首，‘难写神工愧笔穷，谁凝天籁破长空。赢来四海通心韵，一代丰碑百代功。’亚运会的成功是全面的成功，不光是在体育比赛中夺得了183块金牌，建筑也令人瞩目。我自己有幸4年前来过，4年后再看，成果确实是显著的。这次的建筑在我们历史上前所未有，在国际上也是非常突出的。建筑过程多、快、好、省，“三个结合”非常好，建筑师同结构工程师结合，共同创作。当然规划设计也是不可缺少的。在今后的创作中要强调推广这个经验。”戴复东教授认为：“从建筑设计上讲，满足了功能要求，保证了比赛和安全，建筑上是很成功的。”蔡镇钰总工认为：“组织、规划、设计、产品都体现了一种精神，就是我国人民建

图126. 国家奥体中心游泳馆内景　图127. 国家奥体中心游泳馆外景　图128. 国家奥体中心曲棍球场
图129. 国家奥体中心曲棍球场看台　图130. 作者在体育馆内（1990年）

设四化向上的精神。……建筑要体现精神效益，绝对不是经济效益所能衡量的。北京建筑设计师在这方面迈出了大的一步。”袁培煌总工认为：“亚运会工程像一朵红花摆在那里,伟大、质量高、功德无量,特别是国家奥体中心,平面布局打破了以往体育场的平面，雕塑、花坛和以往的体育场馆不同，整个体育运动场具有很深的文化内涵，很有意义。”

131

各地专家也提出了不足和改进意见。黄元浦总工认为：“关于网架问题，这次结构工程师了不起,设计了各种各样的形式……遗憾的是，新的形式不多。”邬天柱总工认为：“这次考虑的两个主馆，到现场一看，遗憾，同日本的代代木国立综合体育馆过于相似，特别是 4 根柱子，非常相似……屋盖也大同小异，全是网架，特别是曲面网架，漏雨和它有很大的关系。”鲍家声教授认为：“我们在设备方面的弱点还很突出。建筑与结构的结合有大的突破，但要精益求精，明确地表现结构空间、行为空间，内部空间变化不大，应高低错落。体育中心的训练馆中间高，是否必要？”蔡德道总工提出：“‘人’字形屋面很好，与功能结合得也不错。空间体积过大，声音问题就来了，池水温度、送风量是否可以改进？还有漏水问题，屋面板不透水，不等于屋面不漏。对于屋面板问题，生产、设计、施工单位应相结合，共同研究。”

当时，对于亚运会工程的新闻报道很多，比较专业的有中国艺术研究院建筑与公共艺术研究所所长肖默研究员在《人民日报》上于 1990 年 9 月 27 日发表的《传统文化生命力的闪耀——国家奥林匹克体育中心建筑的美学启示》。（摘录）

作为亚运会建筑的代表，国家奥林匹克体育中心的建成，已引起国内外的广泛关注。在文化和美学意义上，它给我们最重要的启示，就是显示了传统文化的生命力及其在新的历史条件下的延续和新生，蕴含了中国传统文化精神的内核，体现出中国当代建筑艺术健康的发展主流，展现了时代的新的风貌。

图 131. 全国建筑专家视察国家奥体中心（1990 年）（组图）

国家奥林匹克体育中心体现了传统文化中的刚健精神。它对于传统文化精神内核的宏观把握，表现为以求实进取为主的一种积极乐观的奋斗精神。这一精神，或可以“天行健，君子以自强不息”来表述。它具有一种主动的力量，生动流转，壮美丰茂。它显示着宇宙运动的壮丽场景，将中国人特有的“天人合一”方式和人类进取的豪迈精神结合起来，赋予天以人格化的刚健奋斗的品格，又歌颂人的力量的崇高卓越。

它也是传统艺术美学的体现。它有着这样一个明显的特点，即对气势、刚柔、“和”与通变的追求。运动是生动的、饱满的、刚健的，也是整体的，所以它特别强调表现出运动中的事物所造成的饱满的整体氛围，这个氛围就是气势。它不胶着于一物一事一人的静止状态的逼真再现，而更关注于表现对象在运动中的活泼神韵，也就是气势，或又称气韵、风骨，看似只是在斤斤于一堂一馆实体部分的造设，实则对于实体之内或实体之间围合的空间更为关注，重在经营全群以至群与群以外更大环境的整体气势及其衔接，渲染人在运动中所应体验到的整体情绪氛围。

……

它那阳刚的力度内涵，体现在与阴柔的亲切宜人的结合之中。亚运会建筑推崇的风格是如“雷在天上”的“大壮”（《易·系辞下》），然而又特别注意于与柔曲细腻的互补，用许多内凹的曲线曲面，使庞大的屋顶显得飘逸而游刃有余；以多重水平方向的线和面，减弱高塔可能产生的过分动势。

国家奥林匹克体育中心的总体布局，充分继承了不强调单体的孤立突出，而特别重视群体的和谐组合。北部几座建筑向南弯成一个向心的弧形，隔着人工湖与南部偏西的田径场和田径场以东的东西大道相望，势态呼应，顾盼有情，互成对方的观照对象。北部建筑串成的弧线、半圆形外环车行道和内环人行道，以及人工湖北岸的弧形岸线同为一个圆心。这个圆心大约正落在田径场以东大道西端起点处。这样，所有互不相同的要素就被统束

132

133

图 132. 体育馆设计组部分同志（前排左起：石平、王兵；后排左起：曹越、王珣、闫文魁、闵华瑛、冯燕林、崔振亚）

图 133. 设计人员与施工人员在塔顶

为一个内敛向心的整体，在总体自由的布局中隐然含有秩序，共同营造出刚健豪迈的气势。

……

国家奥林匹克体育中心在景观的系列展现上也继承了传统的欲扬先抑、含蓄隽永的手法，与西方的外在放射锋芒毕露大相径庭。例如观众从主入口东门进入，一开始景色相当平淡，只有一条高架车道横在前方，提示着行进的方向；从车道下方通过以后，作为大道对景的田径场才远远出现；愈前行景观愈丰富，直到进至一座圆形广场，视野才顿时开朗，四座场馆完全显现，构成一幅壮美画面，情绪也随之趋于激动。这种层层深入、引人入胜的手法，是中国传统文化思想的体现，也符合现代行为心理的习惯。

……

除了对传统偏重于结构方面的继承以外，国家奥林匹克体育中心的创作者也不拒绝在单个建筑物的创造上取法传统，以形写神，求得与传统的衔接。例如凹曲面大屋顶就是传统建筑最常采用的，飘逸洒脱，大大柔化了直坡屋面的僵滞；特意高起的纵向梁架使人想起传统屋顶的正脊；塔柱似是脊吻的强化，甚至塔柱外轮廓的斜线也暗合传统建筑巧妙的“侧脚”；在两座屋顶上各有一段突出体，更颇有传统“庑殿式”屋顶的意味。

……

国家奥林匹克体育中心各处有许多雕塑，有相当写实的，也有非常抽象的。在我参观的时候，台湾美术设计协会和台北建筑艺术学会会长、著名不锈钢抽象雕塑家杨英风先生正在游泳馆外指导安装他的作品《凤凌霄汉》，几条流畅的曲线飞动欲翔。我问到他对体育中心的印象，他深情地称赞说：“太好了！”又着重提出了两个字要我注意——“曲线”。这使我想起了美学前辈宗白华先生在中国建筑、书法、戏曲、舞蹈、雕刻和绘画中，精辟地指出的中国艺术与西方艺术的不同，是“把形体化成飞动的线条，着重于线条的流动。”是的，一条曲线，其中包藏了多少哲理。

1990 年 7 月 3 日，国家领导人视察了体育中心，在田径场的高架平台上说：“我这次来看亚运会体育设施，就是来看看到底是中国的月亮圆，还是外国的月亮圆，看来中国的月亮也是圆的，而且圆得更好一点。”这是对北京院广大技术人员的工作，对亚运工程建设成果的最大肯定。工程竣工以后，国家奥体中心和亚运村一起获得了国家科学技术进步奖二等奖（为此在 1992 年 4 月做了答辩），北京市科学技术进步奖特等奖，北京市优秀工程设计特等奖，全国优秀工程勘察设计奖金奖，建设部优秀建筑设计奖一等奖，九十年代北京市十大建筑之二。国家奥体中心还获得了中国建筑学会建筑创作奖，国际体育和娱乐设施协会（IAKS）银奖，“群众喜爱的具有民族风格的新建筑”评选第 4 名（共 50 名），中国当代环境艺术设计优秀奖。我们的工程设计组也被评为第十一届亚运会工程建设先进集体。

1992 年 9 月，北京土木建筑学会举办“美丽的北京”建筑画展，我将两幅亚运会建筑的速写送展，最后获得了佳作奖。

1992 年 12 月，我从国家体委主任伍绍祖手中领取了有国际奥委会主席萨马兰奇签字的水晶奖牌，这些都为我们团队 8 年的工作画上了一个圆满的句号。

134

135

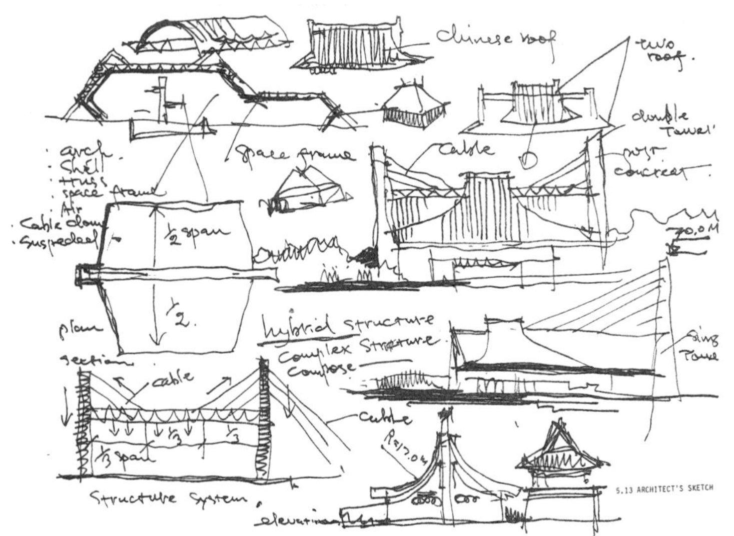

136

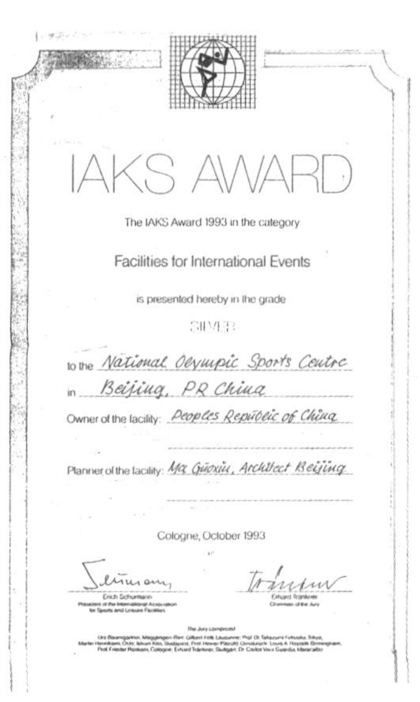

IAKS AWARD

The IAKS Award 1993 in the category

Facilities for International Events

is presented hereby in the grade

SILVER

to the National Olympic Sports Centre

in Beijing, PR China

Owner of the facility: Peoples Republic of China

Planner of the facility: Ma Guoxin, Architect Beijing

Cologne, October 1993

Erich Schumann
President of the International Association for Sports and Leisure Facilities

Erhard Tränkner
Chairman of the Jury

137

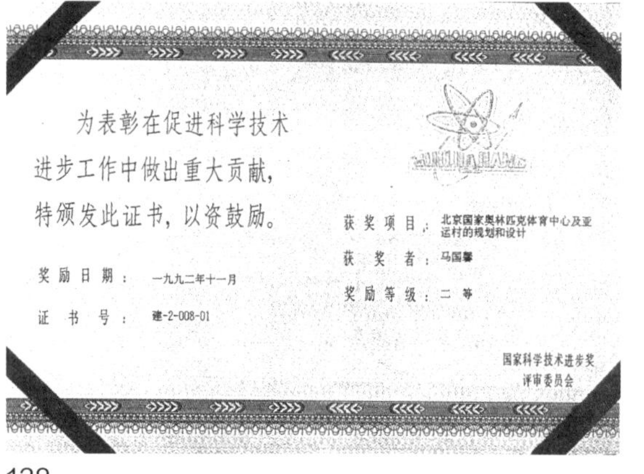

为表彰在促进科学技术进步工作中做出重大贡献，特颁发此证书，以资鼓励。

奖励日期：一九九二年十一月

证书号：建-2-008-01

获奖项目：北京国家奥林匹克体育中心及亚运村的规划和设计

获奖者：马国馨

奖励等级：二等

国家科学技术进步奖评审委员会

138

马国馨 同志：

国家奥林匹克体育中心及亚运村规划和设计 获得北京市科学技术进步奖特等奖你在该项工作中做出了成绩特授予此证书

01

北京市科学技术进步奖评审委员会

139

图 134. 国际体育和娱乐设施协会银奖（1991 年）

图 135. 领取有萨马兰奇签字的水晶奖牌（1992 年）

图 136. 申报 IAKS 奖时的手绘草图

图 137. 国家奥体中心获 IAKS 奖证书

图 138. 国家奥体中心获国家科学技术进步奖证书

图 139. 国家奥体中心获北京市科学技术进步奖证书

国家奥林匹克体育中心

荣获"群众喜爱的具有民族风格的新建筑"荣誉称号

设计单位：北京市建筑设计研究院

主要设计人：马国馨、刘振秀、闵华瑛、单可民

发起单位：首都建筑艺术委员会

主办单位：北京日报社
北京土木建筑学会
北京城市规划学会

协办单位：北京新中实发展公司
北京电视台

首都建筑艺术委员会　"我喜爱的具有民族风格的新建筑"评选活动组织委员会

1994年4月

140

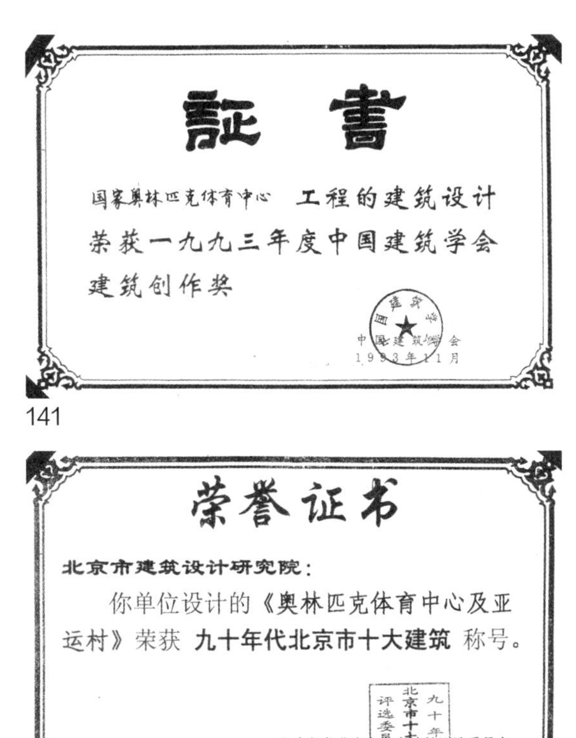

證　書

国家奥林匹克体育中心　工程的建筑设计荣获一九九三年度中国建筑学会建筑创作奖

中国建筑学会
1993年11月

141

荣誉证书

北京市建筑设计研究院：

你单位设计的《奥林匹克体育中心及亚运村》荣获 **九十年代北京市十大建筑** 称号。

九十年代北京市十大建筑评选委员会
二〇〇一年五月

142

亚运会以后，国家奥体中心的使用情况就不是十分清楚了，只是感觉在建设时由于资金紧张，首先满足亚运会比赛使用急功近利的做法留下了不少后遗症。国家奥体中心在赛后归国家体委训练使用，由于工程内容不配套，缺少运动员住宿和相关的辅助设施，因而使用不太便利。由于体制和机制方面的限制，这些设施很少用于举办大型赛事，最初的"以馆养馆"设想未能实现，只能用其他多种方式来创收，如将有的设施承包出去了，将有的用房长期出租出去了（如田径场和检录处），有的平时开放供群众体育活动之用。原来在高架平台下预留的一些空间，本来是想为赛后使用增加一些灵活性，结果也被用来创收，陆续增建了钓鱼俱乐部、火锅城、家具展销、汽车市场等，而且设计得十分粗糙简陋。许多设施也没有被充分利用，如体育馆屋顶设置的垂直的采光天窗好像从未用过，除前面提到的喷泉、水幕之外，许多创作得十分精彩的雕塑后来不知被搬到什么地方去了，现存的作品的周围环境也很不理想，原有的设计构想也没有得到很好的维护保养或发展，反而被改得面目全非，如前面提到的隋建国创作的大型雕塑《源》，后来在一次地面重新铺装后把原有的枯山水式河流全部填平，结果意趣全无了。由此我们深感在设施投入使用后能被高水准、高品位的物业来维护管理，在原设计基础上继续发展和锦上添花是多么不易。当然，设计之中也有许多因缺少经验而设计得不耐久的地方，如草地中的草地灯很快就都损坏了，看来在使用人数较多的场合，这种灯具不是太适用。灯柱上的广播喇叭做法也很不耐久，外面的网子很快生了锈，还有漏水、使用不便等问题，希望有系统的使用后评价及详细的调查和总结，这样会更有利于设计的改进。

图 140. 国家奥体中心获"群众喜爱的有民族风格的新建筑"称号　　图 141. 国家奥体中心获中国建筑学会建筑创作奖证书
图 142. 国家奥体中心获"九十年代北京市十大建筑"称号

我们的工作告一段落，但是建筑还要长久地使用下去。国家奥体中心作为国家若干专业队的训练基地，在建设时由于资金紧张，配套设施并不完善，尤其是缺乏供运动员住宿和练习的地方，这大大限制了国家奥体中心的使用。所以在后来一段时间里，运动员楼的建设就被提上日程，但是过了为重大赛事建设的时机，后面的立项审批就不那么容易了。对于运动员楼的建设反复讨论过多次，在1994年6月，为运动员楼的设计做过若干方案，但一直未能获批，等到真正建起来时，我已经离开四所了。1991年，我被任命为副总建筑师，对工程的情况也没有再过问。

1994年，国家奥体中心准备将练习馆配套完成，由陈晓民、王兵和戴昆设计柔道馆和摔跤馆的方案，这样原设计的3栋练习馆中剩下的2栋也建成了。

为迎接2008年北京奥运会，国家奥体中心也进行了较大的改扩建，如将原可容纳1.8万人的体育场扩大到了可容纳3.6万人；将建筑高度由25.9 m提高到43 m。也更换了两馆屋面的材料，扩大了附属用房的面积，随之室外也有较大的改变，原有的许多雕塑布置不复存在。

中国剧院立面

亚运会工程还未正式开始前，我接手了一个工程，就是位于西三环的中国剧院的立面方案设计，这个工程并不是北京院的工程，而是由中国人民解放军总政治部直工部下属的专门设计班子负责的，

143

144

145

146

图143. 新建运动员楼方案一　图144. 新建运动员楼方案二　图145. 练习馆扩建施工中　图146. 练习馆扩建屋面施工

我爱人参加了设计组的工作，他们的工作总的来说进行得还比较顺利，但就是迟迟未能将建筑立面确定下来。因为中国剧院地处西三环北路，其主入口在其南面的广场上，而西立面沿街成为人们关注的主要立面，为了尽快通过西立面的审查，她就让我也帮着出了几个立面方案供领导和专家选择，记得当时是画了 3 张彩色的铅笔草图，交出以后我就没有再过问，也没有留下底稿或拍照。又过了些日子，她回来告诉我，送去的 3 个方案中有 1 个方案起先被大家看好，但后来评委关肇邺先生欣赏我的另一个方案，认为文艺气氛比较浓厚，于是大家转而同意那个方案了，最后也是按此方案实施的。为此，中国剧院的设计组最后总结设计组参加人员的名单时，还把我的名字也列入了。当时的立面方案采用的都是白色瓷砖，只有每开间的花饰有些颜色，近年来随着该处工程的改扩建，立面格局虽然没有被改动，但颜色已不是原来的了。

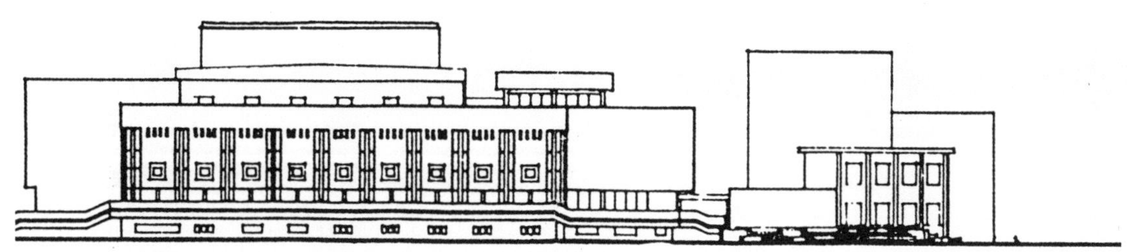

147

中国剧院建筑工程简介

中国剧院(即万寿寺工程)，是为纪念毛主席诞辰九十周年演出大型音乐舞蹈史诗《中国革命之歌》，由中央书记处、中央军委批准兴建的一座现代化剧院。

这项总建筑面积为11,000多平方米的大型工程，于一九八三年六月十六日破土动工，十二月底即完成了主体工程，一九八四年九月竣工。

中国剧院的建筑，富有民族风格而又有现代特色。整体建筑浑然一体，外观宏伟壮丽，内设有624平米、可供一千余名演员表演的多功能的机械化舞台，观众席位为1,700座，还有多类化妆室、排练厅、休息厅等。灯光、音响、空调等有关设施，具有设备自动化、操作程序化、效果立体化等特点。施工精细，装修考究，工程质量优良，安全可靠。有关专家鉴定认为，这是目前我国最先进的一座现代化剧院。

这座艺术之宫，是集体智慧的结晶，是建设者们用心血和汗水浇灌而成的。有全国三十多个单位的九十多名技术人员参加设计，北京市城建五公司、安装公司及北京重型机械厂等单位施工。工程建设期间，中央书记处和中央军委领导同志十分关心，多次亲临视察指导。北京市、国家物资总局和全国二百多个单位，给予了大力支持。

正式演出以来，这里的建筑艺术和舞台效果，赢得了各界人士和广大观众的赞誉。

万寿寺工程办公室

一九八五年一月

工程计划组

组　长：战仲信（兼）

副组长：王道祥　季雄伟

成　员：刘占湖　宿向前　颜廷兴　王利华　杨春生　张康淮　张洪岑　章科沦　刘朋生　刘振品
米　军　付玉春　刘德生　鹿丰成　丁木清　杜明俭　李宝德　刘　炤　王希增

工程设计组

组　长：陈仲良（兼）

副组长：许宏庄　李鸿博　吴　眞（兼）

成　员：娄继志　刘德才　张天骥　黄毓沛　金婉珍　钟廷冠　詹岩松　华万鼎　付达明　崔宝林
白兰生　乔永仁　李济民　梁敏芬　彭广烛　刘骥林　陆金根　陆承基　关滨荣　董立新
陈奇法　蔡益燕　刘　岩　曹孝振　李书德　张明忠　周人忠　权正环　张　宏　陆志承
严尚德　李化吉　洪　森　李书才　何式欧　王友庆　翁太茂　吴凤楼　李绍轩　褚　平
张智斌　薛莲莉　杜　兰　程开嘉　付德炫　尹杰卿　周长积　张淑琴　刘国琦　马国馨
李文新　纪　萌　方履森　宋长明　蒋　波　何作军　李瑞华　王亦民　赖明华　韩蕴瑆
杨　军　潘大庆　赵治平　郑长兴　朱仁普　王　英　盛允伟　王文基　陈登云　金荣宝
孙德仁　谢安富　陈志杰　王新刚　郭俊岭　黄宏喜　陆庆臻　郭庚瑞　张德庆　荀国强
陈跃珍　金伟晋　陈祖秀　汪克义

148

149

150

图 147. 中国剧院外立面平面图　图 148. 中国剧院设计组名单

图 149. 中国剧院西立面（现状）　图 150. 中国剧院南立面（颜色原为白色）

全国人大常委会办公楼方案

另一个方案设计就是全国人大常委会办公楼的方案。由于原人民大会堂南侧的全国人大常委办公楼的面积不够，不便于全国人大常委会工作的开展。当时按天安门广场原规划，大会堂和博物馆的南侧原准备建国家剧院和青少年宫，所以把全国人大常委办公楼的用地选在了人民大会堂的西面。记得当时工程要求得很紧，要求在新中国成立35周年时，也就是1984年10月能够竣工使用，并在那里会见各国议会代表。这是个难度极大的工程项目，听说张百发副市长曾向上级领导反映工程进度几近不可能时，领导反问："人民大会堂当时11个月就建成竣工了，怎么现在到不行了。"因为和老领导比较熟，所以张百发回答说："那时是什么时候？现在是什么时候？"一时传为故事。但在一切都还没有确定时，院里就要求事先做好准备。当时决定将工程交由九室承担，但发动全院征集方案。1983年12月5日，院里召开会议，布置了任务。虽然当时亚运会的筹备工作已经开始，但我还是按照院里要求提供了一个分区示意方案。12月13日，拿出总体规划和分区示意、面积计算。12月21日，提供了地下、一层、二层和顶层平面图，重新计算了面积（第一次计算的面积是19 hm^2，第二次计算的面积是21 hm^2）。原来要求的任务书已经找不到了，只记得楼内除安排全国人大常委办公外，还要安排最高检、司法部、中共中央政法委员会等单位。为了提高工程的可行性，还准备分两期实施。

当时提供的方案主要是大的分区设想和面积匡算，从现存的几张方案设计图中可以看出，当时的地形比较方正，所以设计了一个224 m × 168 m的合院式布置，在分区交通布置、剖面的空间和标高变化上，我还是动了一番脑子的，以期使其与人民大会堂既相近，又有较大的区别，表现时代和科学技术的发展进步。交出方案以后，我就没有再过问此事。记得在1984年4月和5月，我还曾去人大招待所讨论过方案，只是我不具体参与此工程，所以真是一点儿印象也没有了。当时为了抢工，还早早在用地内挖了一个大坑，清出了好多土方，后来在1985年4月16日，全国人大常委会办公楼工程下马，这个大坑就在现场被放置了多年，最后亚运会工程总指挥部设在这里，我们习惯性称之为"大坑"。

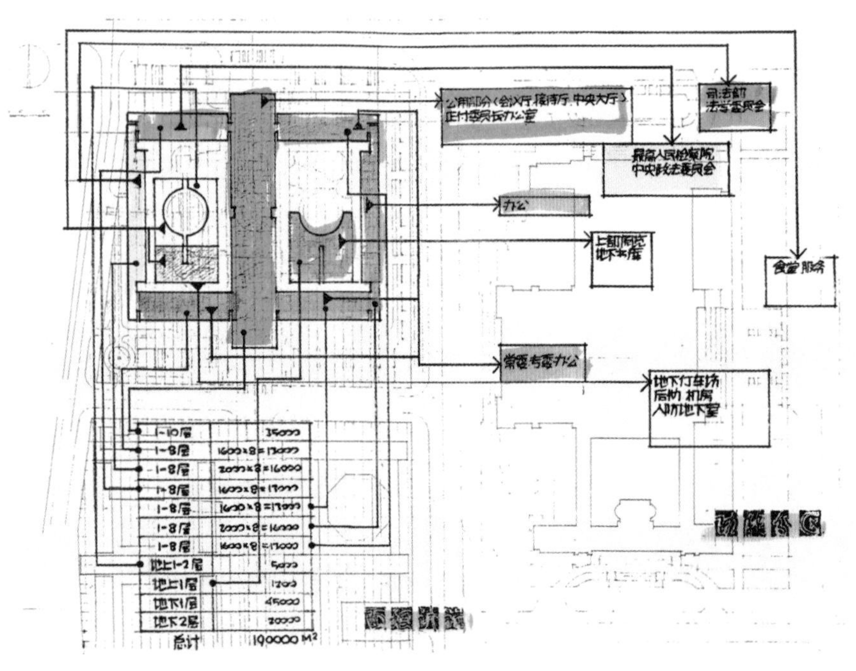

151

图151. 全国人大常委办公楼方案功能分区图

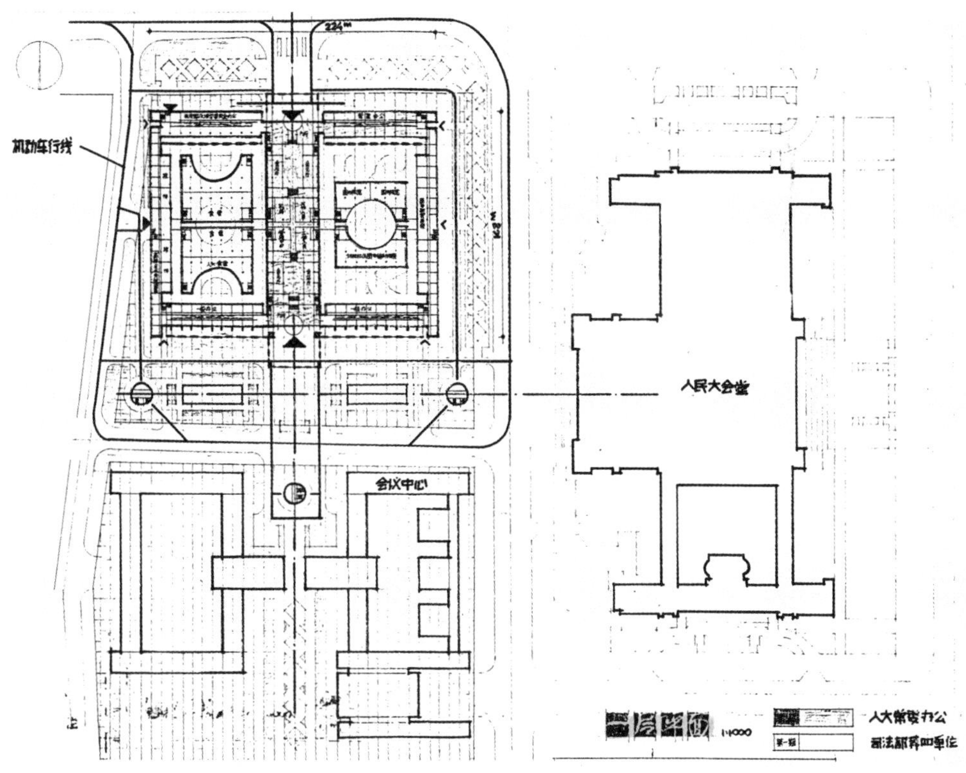

152

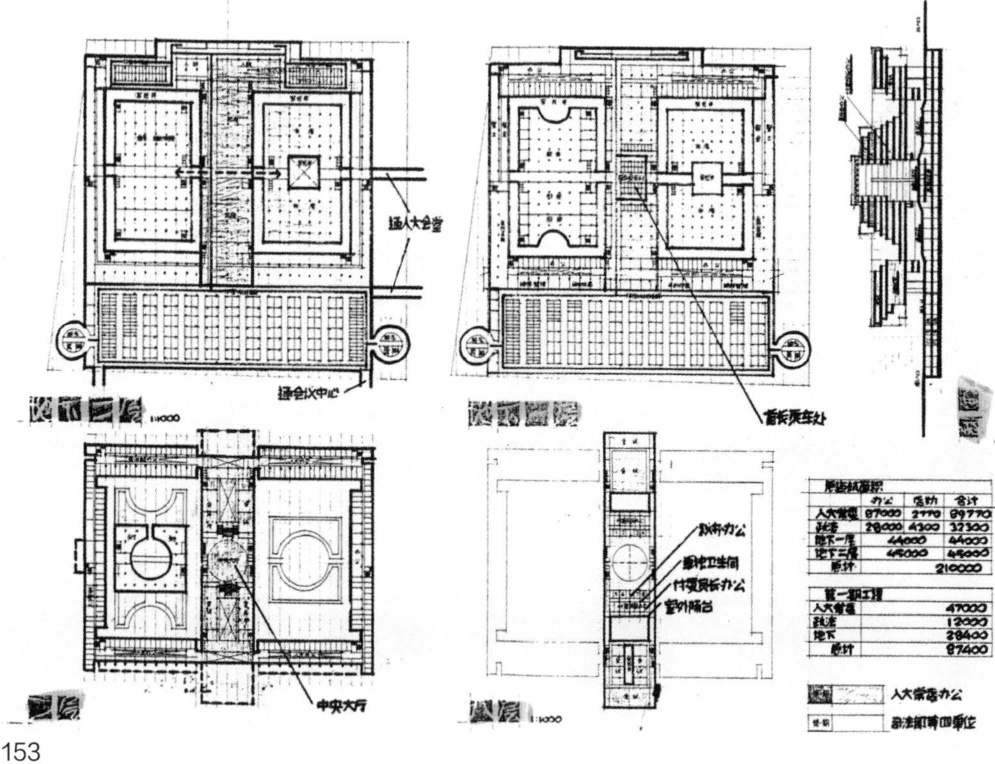

153

图 152. 全国人大常委办公楼方案一层平面图和剖面图　　图 153. 全国人大常委办公楼方案上部平面图和剖面图

清华读研

在亚运会工程进行中，我还为自己安排了一件“充电”的大事，那就是去清华大学建筑系攻读博士学位。在1987年的《人民日报》上，我看到了清华大学为在职人员提供再学习的机会，于是我先找四所谈了，四所所长刘克谦十分支持，并表示可以支持有关费用。然后，我请周治良和刘开济两位前辈分别写了推荐信。当时清华大学负责研究生事务的是王炳麟老师，他是建九班毕业的学长，我们在日本东京研修时，他正好也在东京大学生产技术研究所做访问学者，我们彼此都十分熟悉，所以王老师对我读博提供了许多方便，并告诉我，读博最高只能是高级职称，如果有了教授级高级职称就不能报考了。当时我还正为自己没有评上教授级高级职称而不快，不想却得到这样一个机会。9月份，我去汪坦先生家谈了报考之事。此前，城市规划、建筑理论和历史、建筑设计等几个方向都可报考，我想建筑设计在北京院利用工程本身就可以学习，最好还是学一下自己不熟悉的方向，也能拓展自己的知识面，在城市规划与建筑理论和历史两者之间，最后还是选择了后者，一来是自己对历史一直感兴趣，二来是考虑到我在日本研修时所积累的资料，从理论和历史角度做论文可能更方便些。11月9日，进行了面试，由汪坦、陈志华和关肇邺3位教授和我谈了一次话，我谈了我的想法，就算通过。

1988年1月11日，清华大学发来了录取通知书，这样我就“二进宫”，再次在汪坦先生门下学习（在大学期间，汪坦先生曾辅导过我别墅、教室楼和图书馆3个课程设计）。当时和我一起读博的还有中国艺术研究院的肖默，当时我已46岁了，与当时正在读博的赖德霖、陈伯冲、吴耀东相比，岁数真是大多了。因为是在职学习，所以汪先生在学校给研究生讲课时我就赶去上课，并选定了论文题目。虽然当时我已有一本《丹下健三》的专著，可我并不想只就此进行研究，最后选定了题目《日本建筑文化浅析——吸收与创新》，并开始了学习。但因亚运会工程和其他工程的缘故，论文答辩拖了一点时间，我直到1991年6月21日才完成答辩，答辩委员会有刘开济、高履泰、周维权、陈志华、吴焕加、费麟等先生，赖德霖是我的答辩秘书。

答辩之前还有一次外语和综合理论的考试，考官是王炳麟老师和卢绳老师。卢教授是清华大学

154

155

图154. 作者博士论文答辩（1991年）　图155. 作者从高景德校长手中领取毕业证书

156

外语教研组精通好几国文字的专家，王炳麟老师出生在日本。当时，我从日本回来不久，日文还没有放下，英俄文生疏了些，就选了考日文。卢先生拿了一本日文书，选了其中一段，是有关土木工程的，说："你先看半个小时，然后把它翻译出来。"这正好是我比较拿手的，因为在日本时，我翻译过很多资料，所以我拿过书来，随口就把内容翻译了出来，刚翻译了几句，我就听见卢先生用日语对王老师轻轻地说："这样的水准就不用考了吧！"于是轻松过关，也让我小小得意了一次。

7月8日，我从高景德校长手中领取了毕业证书，历经3年多的学习告一段落。跟随汪先生学习的这段经历，是对我的价值观和方法论都有提升的重要过程。汪先生是清华大学当时能秉持独立精神、自由思想的一位学者，他学识渊博，善于学习，敢于怀疑，也敢于否定。在学习的过程中，他多次对我指出："论文不是科普文章，而要从理论的深度进一步发掘；做论文如同在大海中，当在海边水浅时，可以有很大的水花和动静，但往深处进行时，就完全不一样了。"先生的言传身教对我产生了莫大的影响，使我收获很大。

图156. 作者和答辩委员会成员（1991年）（左起：费麟、陈志华、周维权、高履泰、刘开济、汪坦、作者、吴焕加、赖德霖）

若干方案设计一

刚果（布）的工程考察

1985年4月，我们正忙于亚运会可行性报告研究时，又插入了一个刚果（布）的工程。当时刚果（布）驻华大使冈加先生（J. C. Ganga）（后来的正式新闻中译为“甘加”）想在他的家乡建一所小住宅，从而联系了中国北京国际经济合作公司（BIECO），而BIECO很想以此为机会在西非开拓业务，于是，和北京院四所接洽，所里领导也想借此扩展一下工程内容，于是就有了刚果（布）工程的前前后后。

考察组一行7人是在1985年5月31日出发的。此前多次往来位于中山公园内的中国北京国际经济合作公司，介绍考察要求，等候有关出行的批件，那时出国审批还是比较复杂的，所以直到5月22日才取到批件，这时距离出发就只有一周的时间了，在这期间要完成办手续、领箱子、打预防针、学习外事纪律等一系列准备工作。5月31日，我们乘国航先抵达卡拉奇，后经亚的斯亚贝巴，又经停内罗毕，最后到达刚果共和国首都布拉柴维尔，住进当地的国宾馆。这是刚果政府为举办西非首脑会议而盖的十几栋小别墅，都是内容、风格完全一致的二层建筑，我们就住了其中的一栋。当晚市长在宇宙饭店宴请了我们，6月3日上午，市长接见了我们，向我们介绍完情况之后，我们开始展开工作，包括向使馆经参处汇报、看图纸资料、参观市容。

考察组一行7人，有带队的中国北京国际经济合作公司的总经理杨锦波、小丁（综合计划部负责人）和黄其光（翻译），技术人员有北京院的我和市政局的一个人，还有北京市政院的张愈（给

1

2

图1. 刚果河　　图2. 总统别墅外景

排水）和郭升杰（道桥）。刚果（布）位于非洲中西部，横跨赤道，东和南分别邻近刚果（金）和安哥拉，北接中非和喀麦隆，西南临大西洋，因位于刚果河下游而得名。刚果河是非洲第二大河，全长 4640 km，水量充沛（仅次于亚马逊河），水利资源丰富。国土面积 34.2 万 km^2，人口在当时有 160 万，以石油和木材为两大经济支柱，森林面积占国土面积的 70%，为非洲主要木材生产国和出口国，黑檀木和红木驰名世界。刚果（布）石油最高年产 700 万 t，是撒哈拉以南非洲第三大石油生产国。此外还有食品、纺织等加工业。大洋铁路是非洲最早的铁路。另外，这里是自由外汇区，非洲法郎（以下简称“非郎”）与法郎保持固定比价（10:1）可以自由汇出。1884 年这里成为法国殖民地，第二次世界大战中德国占领巴黎以后，戴高乐成立并领导“自由法兰西运动”从海外抗击德国的侵略，这里曾成为该运动临时政府在非洲的首府，戴高乐曾居住在这里领导抵抗运动。刚果（布）1958 年成为自治共和国，1960 年完全独立，1964 年和我国建交。刚果（布）和我国的关系一直比较好，在其首都已建成的人民宫工程是我国援建的，另外还有英布鲁水电站、恩古瓦比军校等工地，还驻有天津医疗队。中水公司和中建公司在此设有办事处，还有些技术专家组和合作组，如农场、坦克修理、人民宫技术合作组等。因而当地人民对中国人十分友好。在首都大街上，有手持自动步枪的士兵检查来往车辆，但他们一看车内是中国人，马上挥手放行。当地的老百姓一看见我们就用中文说：“你好。”我们在刚果（布）期间，总理和市长都接见过我们，电视台也进行过采访报道。另外援非的同志也知道，那时候当地万金油是必备物件，有了它办事就会方便很多。有一次我们路过体育场，正有足球比赛，想入内看一看，于是给了收票的每人一盒万金油，就进去了。为了考察组工作方便，刚果（布）方还专门安排了外交部礼宾司的女处长白玲任翻译，她曾在中国学习过中文，另外还配了一名厨师和一名服务员让·保罗。

在我们停留期间，刚果劳动党在 6 月中下旬召开了三届二中全会，研究自 1982 年以来由于基建战线过长，国营企业管理不善，经济逐年困难的情况，决定采取紧缩政策，调整计划，压缩基建投资，严格审批新定工程合同。当时西方的经济学家预测，刚果（布）修建的 1000 多千米公路工程交付使用后，将会对开发北部的森林和铁矿起到积极作用，其他的一些工业设施也将陆续发挥作用，预期刚果经济从 1986 年开始将逐步回升好转。

3

4

图 3. 布拉柴维尔市政厅

图 4. 中国援建的人民宫

为了尽快了解情况，我们先拜访了我国经参处和驻刚果（布）的各中方公司，一个是建设电站的中水公司，这个工程原来是由瑞士公司承接的，后中方在 1982 年 8 月 12 日来考察，指出原有方案的不足，提出了简单匡算。中水公司向我们表达了几点很重要的体会：首先，在技术上要取得对方的信任，尤其是勘测设计要做得细一点，这是工作的重点（后来请了加拿大专家来做技术审查）；其次是报价，报价很有学问，不能一下子报太高，否则会把人吓跑，要分段走，不要一下子全解决，不要过多地把不利因素全都加进去，当总价或分价高于对方心理预期时，必须讲出理由，不然会令人以为有一处价高，其他价格也高。如果可能，要算出两套价格，如一套是利用当地机械的价格，另一套是从中国调运机械来使用的价格。另外，资金来源上也要注意，这里国民经济人均 900~1000 美元，非郎当前有紧缩倾向，当时预测 1987 年后可能会恢复，因此不贷款很难做成生意。至于地方费用的偿还能力，这里不太会赖账，但可能会拖。另外也向我们提供了典型的建材价格，如水泥一般是用扎伊尔（下属有 4 个厂）的水泥，最高产量可达 70 万 t/a，出口时每吨 4 万非郎，过河费为每吨 9100 非郎。钢材是由西班牙进口的，Φ8-Φ32，10 种规格，在黑角交货平均 255 美元 /t。木材中成材 10 万非郎 / 方，红木 11 万非郎 / 方，石材准备自己搞加工场，块石 1.5 万非郎 / 方，碎石 1.4 万 ~1.5 万非郎 / 方，砂子 3000~4000 非郎 / 方，这些参考数据都为今后的估工算料提供了参照。

军事学校工地向我们介绍了当地的用工情况：此地劳动力很富余，特别是壮工，建设人民宫时，有当地工人 800 多人，其中技术水平高的不多，比较多的是司机，这些都包给法国人管理，法国人只来 2~3 人，在语言方面没有障碍。用黑人管理黑人时，工头要价是工人要价的一倍多，约 15 万非郎 / 月。在军事学校工地，中国来了 75 人，由其中 47 人带领着 310 个工人，平均每 8 个工人配一位中国专家，遇到看不懂图纸、技术较复杂的情况，中国专家就要多投入些。工人的工资水平是力工 210 非郎 /（h · 人），技工 230~260 非郎 /（h · 人），目前军校工地是 190~230 非郎 /h，人民宫工地是 200~268 非郎 /h。一般要试工，按 190 非郎 /h，考核期为一周，在这期间考察工人的劳动态度和技术水平（后来一般仅为 3 天）。按法国的劳动法，雇佣一年以上就要有劳动保险，超过 6 个月就要有预告费和休假费各 1 个月，所以 1 年实际要支出 1 年零 2 个月的工费。还要成立工会和民兵组织，不能解雇工会干部，所以工人在工作一段时间后就会踊动起来，人民宫工地曾有过 4 次罢工。所以不要搞计时，最好用小计件形式，采取包工方式时要保证质量，管理要细。另外，他们认为主要材料从中国运来比较合算，海运周期为 4~6 个月，耗损率为 20%，水泥运到这里还要降一级使用，小工具等在当地尤其贵，小五金一定要从国内运来，卫生陶瓷一般的用国内产品，高级的用当地产品；防水油毡也从国内运来……这些宝贵的经验都是从实践中总结出来的。在日常，我们也打探了一下我们周围几个人的月工资水平，外交部的白玲 13 万非郎，厨师 3 万非郎，服务员 4 万非郎。另外，在此期间，还有一个湖南长沙的代表团曾来考察过。

考察之前，刚果（布）方提出的合作项目有：城市道路工程、城市排水工程、市场工程、城市垃圾处理，所以我们现场考察了当地的市政设施、非洲市场、市政府大路改造、布拉柴维尔市的环形公路以及我国的援建工程等十余个项目。经向使馆党委和经参处请示，我们决定采取先易后难的方针，先寻找突破点和重点，就是排水工程和非洲市场。要对外提高信誉，要正确地估价，说出个道道，还有贷款问题，争取自筹 40%。

到达后的第三天，我们就去参观了 5 个非洲市场，同时又听取了有关方面的介绍，市场是市民活动的中心之一，一般经营鱼肉、水果、蔬菜、布匹、百货、家具、工艺品等，在当地商业活动中占有十分重要的地位。当时全市有 20 多个各种规模的市场，主要存在以下几个问题。

（1）原有设施已远远不能满足市场活动的要求，现有市场已远远超出原来的范围。

（2）市场缺少良好的规划和组织，缺少固定和有较好设备的摊位组织，缺少良好的覆盖设施，在人流、车流安排上都不理想。

（3）通风、采光、防雨等条件不理想，造成市场卫生条件很差，垃圾不能及时处理。

（4）防火条件差。

（5）缺乏必要的附属设施，如厕所、食库、管理用房、餐馆等。

布拉柴维尔市提出需要设计 4 个市场，也就是在市区的 4 个区中各建 1 个比较像样的市场作为样板，以此促进其他市场的逐步改造。它们分别是：

（1）巴刚果（Bacongo）市场改建，用地：120 m × 135 m=16200 m^2；

（2）蒙加利（Monngali）市场改建，用地：9328 m^2；

（3）温寨（Ouunze）市场改建，用地：44 m × 94 m=4136 m^2；

（4）波多波多（Potopotp）市场改建，用地：30 m × 35 m=1050 m^2。

在提出的市场改建方案中，我们按以下原则执行。

（1）提供永久性的市场覆盖设施，并规划整个市场的摊位布置和人流组织。其基本单元为：柱网尺寸（4.2~4.5）m ×（4.2~4.5）m，走道尺寸 1.2~1.5 m，标准摊位尺寸 1.0 m ×（1.05~1.33）m（重要摊位为 1.2 m × 1.2 m）。先按标准摊位布置平面，将来进行个体设计时再根据情况调整。

（2）以自然通风为主，在必要的地方设局部空调，要有良好的照明、防雨和排水设施。

（3）市场形式为二层，一层设鱼肉、家具市场，二层为百货、布匹、水果、蔬菜等，并为鱼肉市场提供集中的冷库或摊位处的冷藏设备。

（4）提供必要的附属设施，如停车场、警察用房、管理用房、厕所、餐厅等。利用内院和空地布置绿化、水面等，创造良好的休息环境。最后的方案内容见表一。

表一　非洲市场调研信息对比

项目名称	用地面积 / ㎡	建筑面积 / ㎡		总计 / ㎡	摊位数目 / 个		总计 / 个	停车数 / 个	造价 /（美元 / ㎡）
		一层	二层						
巴刚果市场	16200	9328	8784	18112	—	—	—	—	656
蒙加利市场	9328	市场：3888 柱廊：907.2	二层：3272.4 三层：534.6	8602.2	—	—	—	—	605
温寨市场	4136	2232	2432	4664	360	500	860	24	552
波多波多市场	1050	608	640	1248	105	150	255	10	512

最后提出的方案根据地形采取了不同的体形组合，有坡屋顶（单坡或双坡）、平屋顶，合理布置了交通和内院，因绘图条件有限，所以绘制的图纸比较粗糙，表现图用了轴测方式，也有室内透视。

另外，布拉柴维尔市的市长要求我们对市政府大楼的改造、扩建工程提出建议方案及估价，这是我们到达后新增的项目，后来又增加了人民宫广场的排水和立交工程。市政府位于布拉柴维尔市的中央区，建于20世纪60年代，由法国建筑师设计，是一栋2~5层的钢筋混凝土结构的建筑，二

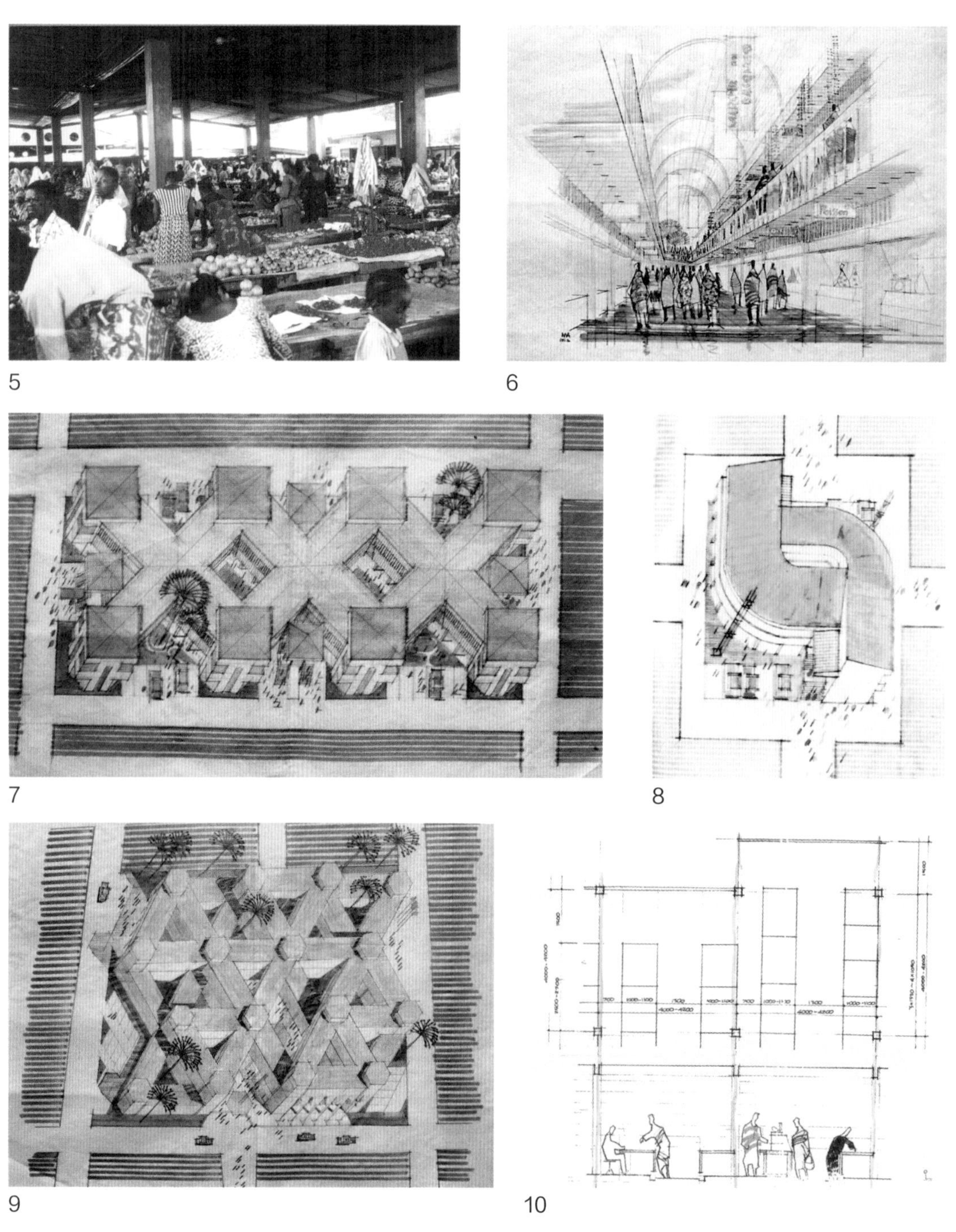

图5. 布拉柴维尔市非洲市场　图6. 非洲市场方案内景　图7~图9. 非洲市场方案
图10. 非洲市场方案单元示意图

层是大厅、展厅和会议厅，五层为办公室，总建筑面积为 4100 m^2。根据市政府提出的任务书，改扩建任务包括：①对原有建筑的内容按要求重新进行布置，并更换墙、地面、吊顶和门窗等；②重新装修原有建筑外立面；③增加电梯；④更新空调设备，并对上、下水，雨水，消防等进行检查，根据情况决定对策；⑤新建建筑物 3925 m^2，其中包括宴会厅和各部门办公用房；⑥扩建建筑物用地可利用原政府大厦周围的空地。

经考察和研究后，我们提出以下基本原则来满足市政府的要求：①要充分考虑建筑物前广场和由刚果河上望去的视觉艺术要求，体现时代特征和当地的文化传统；②原有建筑已建成 20 多年，其结构及施工情况并不了解，因此不宜做过大改动；③扩建部分可按多层或高层方式考虑，市长办公室、会议室等要设在扩建部分中，新老建筑要联系方便；④扩建的宴会厅要尽量与原会议厅、婚礼大厅部分接近，创造方便的使用条件；⑤增设 2~3 部电梯，另设 1 台专用电梯供市长使用；⑥外部道路、广场和停车场的规划要与新的道路、排水系统紧密结合，综合考虑，而政府大厦和刚果河之间的地段应作为公共公园，陆续进行整治，以为市民提供良好的休息娱乐环境；⑦有关内外装修做法以及材料和设备选定待进一步考察后决定。

为此，我们提出了 3 个初步方案供讨论。

方案一，新建部分五层，与原有的五层建筑间用电梯加以联系。在会议厅西端扩建宴会厅，这样在新老建筑间形成供内部人员使用的内院，并有单独出入口可供出入宴会厅和会议厅，市长办公室及会议室设于新建建筑顶层，可远眺刚果河景色。

方案二，新建部分为十层高层塔式建筑，市长办公室及会议室设于顶层，屋顶还有其他机房。宴会厅与原有大厅垂直连接，并在西北部设独立出入口，以便于这一部分的独立使用。

方案三，把新建办公室和宴会厅按 1 栋 12 层塔式建筑处理，在朝向刚果河方向设单独出入口。新建建筑与原有建筑只在二层部分用连廊相接，由于只需单独设计新建建筑物，因此结构处理上比较简单。

这几个方案都向布拉柴维尔市市长作了汇报，新建部分估价提出 1200 美元 /m^2 和 1500 美元 /m^2 两种标准，改建部分未做估算。他们对方案表示满意，并表示将用我们所提供的图纸资料向国家报

11

12

图 11. 在刚果（布）双方会见　　图 12. 作者在布拉柴维尔市市长处介绍方案

13

14

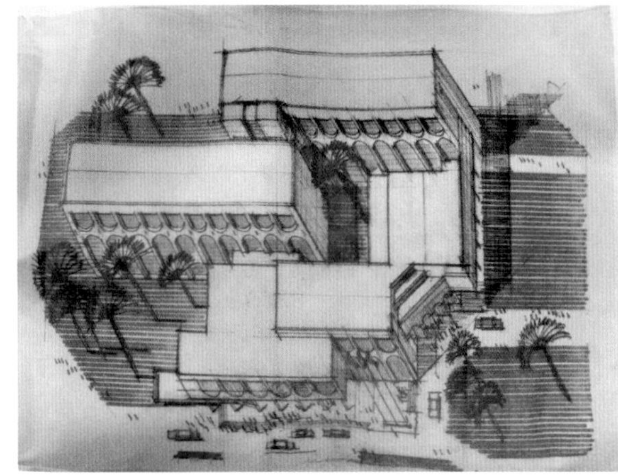
15

16

批立项，同时筹措资金，再同我方洽谈协议。

其实，这次考察还有一个任务就是对刚果（布）驻华大使冈加的小住宅用地进行踏勘，大使在7月中旬回到刚果（布），那块用地在布拉柴维尔市西南郊刚果河畔，总面积约为5 hm^2，市政道路位于用地东侧的河道西侧，地形由西向东倾斜，高差约十余米，用地位置上空有高压线穿过，当时没有用地的水文地质勘测资料，但目测可建用地高于刚果河的历史最高水位。7月14日，看完用地后，我们还到他们当时居住的住宅访问了，那是比较简单的一层平房，他们还招待我们吃了一顿具有刚果（布）当地特色的饭食。

在此期间，我们还接触了一家黎巴嫩的私人财团（COMISIMPEX），他们准备在此投资建设1座综合型商业中心，但因他们的条件比较苛刻，所以未深入谈判。另外，7月4日—8日，杨总和我还专门去了一趟扎伊尔共和国（现为“刚果民主共和国”），想了解一下那里的情况，看能否开展工作。我们看到了北京院援外建成的扎伊尔共和国金沙萨人民宫，这是由北京院七室援建、在1979年建成的工程。我们就住在金沙萨人民宫留守的技术专家的宿舍里。去金沙萨人民宫参观时，我们还看了演出和当地的婚礼，还路过卢蒙巴电视塔。后来，我们还参观了总统庄园，路上经过一栋台湾援建的中国传统形式的房子。虽想探讨技术合作项目的可能性，但扎伊尔共和国的局势不是特别理想，

图13. 作者向布拉柴维尔市市长介绍方案
图14. 作者在刚果（布）总统别墅
图15. 刚果（布）市政府大楼改造方案轴测图
图16. 刚果方案示意图

17

有时能听到枪声，所以我们很快又渡河回到了布拉柴维尔。我们在布拉柴维尔市原住在国宾馆的总统别墅，但到 7 月 15 日却搬出了别墅，住到了经参处的招待所。其原因是原来这里只住了我们一家，周围十分安静，所以我们也就自得其乐，但就在几天前，隔壁的两栋别墅搬来了新邻居，而且让人吃惊的是每栋别墅都有荷枪实弹的人在守卫，他们什么装束都有，有人干脆光了膀子，腰里缠着子弹带，还有一栋别墅前面停着一辆微型小坦克。后来一打听，才知道北面的乍得共和国内战正酣，而刚果总统萨苏有意为双方调解，故邀请了双方的领导人来商谈，但他们又彼此不信任，生怕在夜间有对方的伞兵或突击队来偷袭，因此气氛十分紧张。我们一看情势不对，也怕双方对峙，万一打起来殃及我们，于是请示了使馆和经参处，尽早离开了这个是非之地。

完成考察任务之后，我们分两批先后回国，临离开时还请经参处同志锯了几根巴西木放在行李里，那时去非洲回国大家都要偷偷带上几根，回去以后插在花盆里就可以成活，这也是大家非常喜爱的一种植物礼物。杨总和我于 7 月 21 日离开，经贝宁共和国抵法国巴黎戴高乐机场，这是我第一次到法国。到达法国的第一天，我们去了巴黎歌剧院、卢浮宫博物馆、凯旋门和埃菲尔铁塔。第二天，杨总要去访客，没我什么事，于是给我买了若干张当天的地铁票，我又拿了些法郎，带着一份地图早早出行了，先从旅馆乘地铁到达歌剧院，然后有时徒步有时乘地铁，去了德方斯、巴黎圣母院、乔治·蓬皮杜国家艺术文化中心、联合国教科文组织等地，最后在夜里十点多的黑夜中穿过好几条小巷走到歌剧院地铁站（因为就记得这一个地铁站）。那时马路两边停满了小汽车，也没有路灯，安静的小巷中就我一个人在街边走着，这时只要猛不丁出来一个人都会吓我一大跳，幸好一路无事，到夜里 11 点到达旅馆，而杨总比我回来得还晚，以后每次到访巴黎我都会想起那天的夜行。

去刚果（布）考察的事告一段落，这也是中国北京国际经济合作公司和我们院向非洲海外开拓

18

19

图 17. 扎伊尔共和国金沙萨人民宫外景　图 18. 布拉柴维尔市的街景　图 19. 布拉柴维尔市的小贩

20

21

22

23

的一次实践。和经援项目不同，就国际合作项目而言，如果依靠国际招标，我们的竞争能力较差，要接到工程就需要寄希望于通过贷款取得一标权，承接设计和施工。对设计单位而言，如果利用这种方式取得设计权，即使我们的设计费比外国事务所稍低一点，也有诸多好处，因为可以锻炼队伍，熟悉国外的设计业务，另外设计费还可以收取外汇现金，这对设计单位还是很有吸引力的。

但在许多方面，我们也存在很多弱点。我们的设计队伍还不适应国外的设计竞争局面。这和对外经援项目完全不相同，要想设计能站住脚，首先要在技术和信誉上取得业主方的信任，需要我们在国内或国外的业绩加以支持，宣传手段和方式还要适应这种对外的形势；其次，从设计队伍上讲，需要技术水平高、语言能力强、有管理经验并长期在外工作的管理和技术人员。以刚果（布）为例，当地生活条件比较艰苦，流行病较多，尤其是疟疾，发病率高达 10%~20%，对人心理上的威胁较大。另外，我们需要尽快了解境外的通用做法，因当地没有现成的规范，对于原宗主国的规范也很不了解，套用我国的规范又需要得到当地的认可和适应当地的具体情况；还有材料费、人工费、机电产品的性能等，都需要一个长期的过程才能掌握，这也和我们的现行体制很不一致。总之，需要一个长期、全面、综合的可操作方案。

图 20. 布拉柴维尔市的美国大使馆　　图 21. 布拉柴维尔市的戴高乐像
图 22. 布拉柴维尔市的旅馆　　图 23. 布拉柴维尔市的超市

冈加住宅

大使的住宅问题还没有完全解决。实际在去刚果（布）考察之前，这个工作就已经开始了。冈加是国际奥委会委员，与我国的国际奥委会委员何振梁很熟，也是对我们十分友好的人士。在1985年的早些时候，他曾经给我们看过一份国外建筑师为他做的住宅方案，是曲线型的二层建筑，一层右面是车库、服务用房，左面是客房和卧室，前面是花园，后面是泳池；二层设有客厅、餐厅、大平台、办公用房等，规模很不小。

24

后来冈加提出新的用地需求，要求面积能够加以控制，希望在800~900 m^2，布局紧凑，并能利用他已有的建筑材料等。于是在1985年4月份，我们提出了一个初步方案，那是结合我们所理解的非洲风格试做的一个方案，从体形上看和非洲的民居有些相像，是曲线型的，但实际上房间形状什么的都不太好用。从刚果（布）考察回来以后，我们根据现场地形和河流走向，并考虑到将来付诸建设时的施工便利性等，在1986年2月，对方案做了比较大的调整，加上大使也希望能带有中国特色，于是采用了合院的方案。总建筑面积为867 m^2，一层为车库、服务用房、客厅、夹层餐厅、平台和泳池、客房等，二层是主卧、子女卧室、办公室等，由我绘制了全部图纸和钢笔表现图。方案修改后，我们还去刚果（布）驻华使馆同大使交换过意见，很快收到了冈加先生的回信：“本人接受该方案，顺寄去一份由本人签署的复印件及一张占设计费用40%的支票4800美元”，并希望中方能尽快完

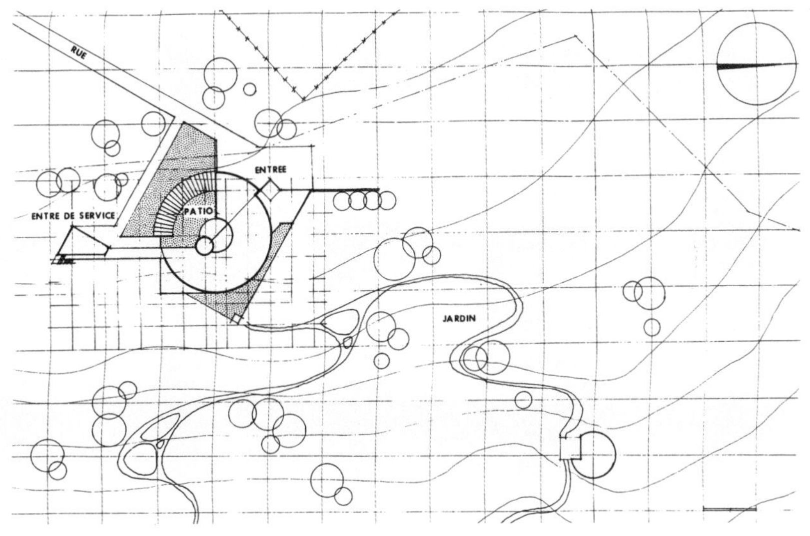

25

图24. 作者与刚果（布）大使讨论方案　　图25. 大使住宅最初方案总平面图

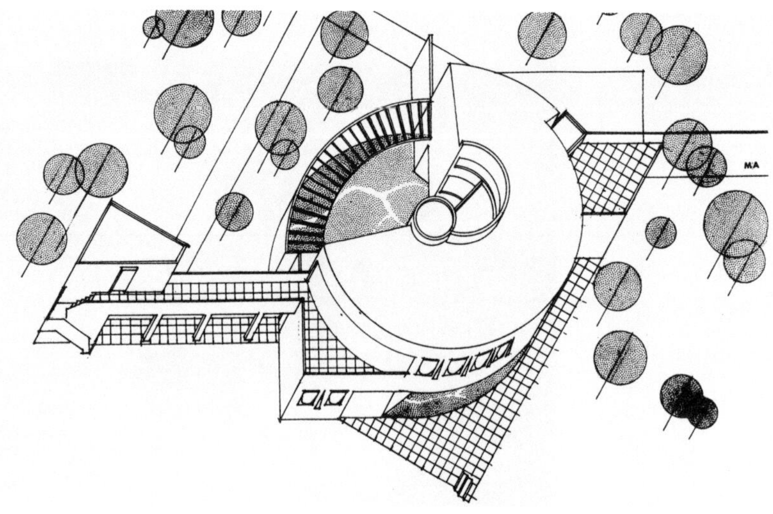

26

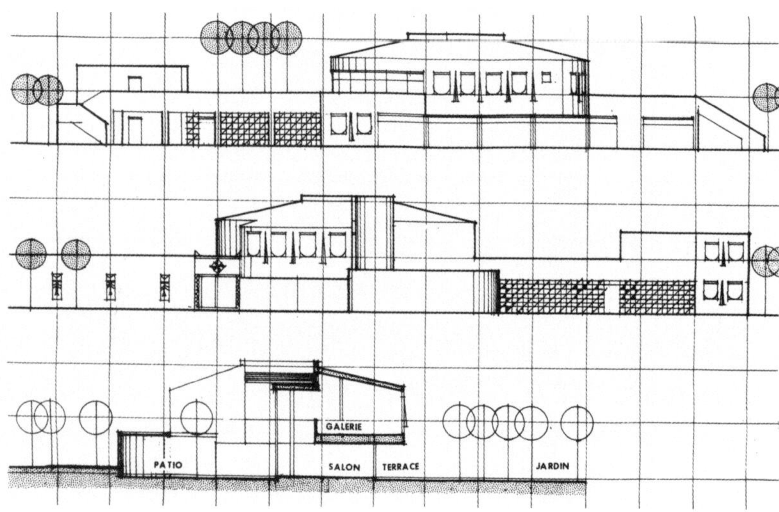

27

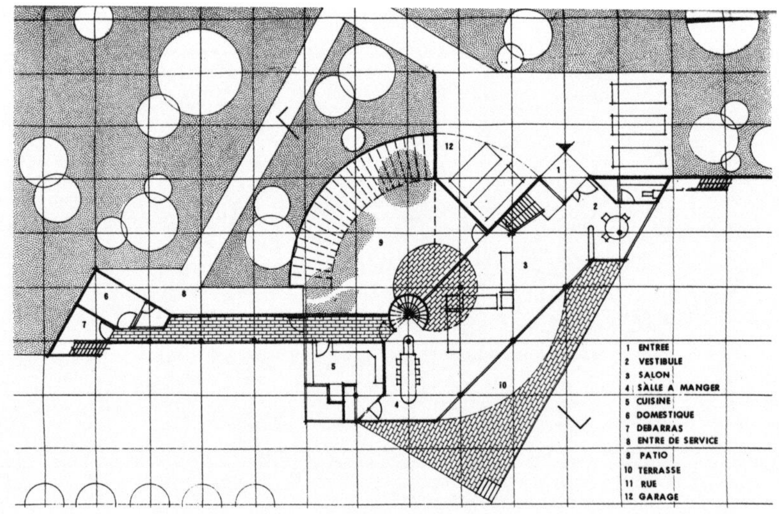

28

图 26. 大使住宅最初方案轴测图

图 27. 大使住宅最初方案立面、剖面图

图 28. 大使住宅最初方案一层平面图

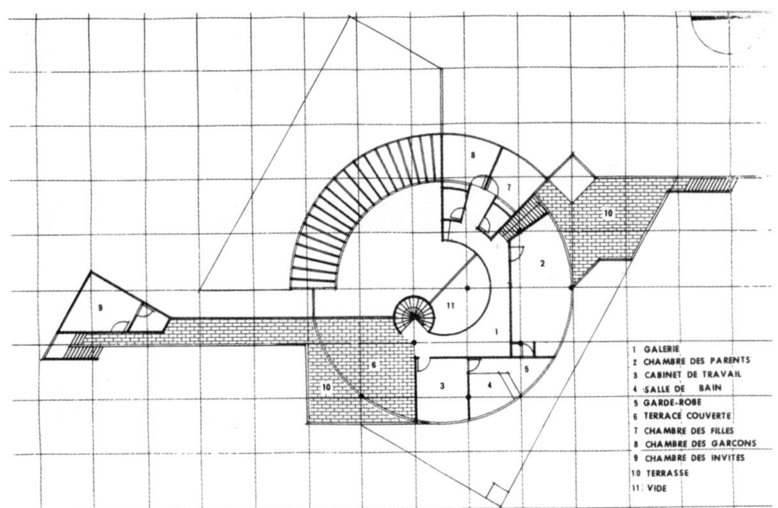

29

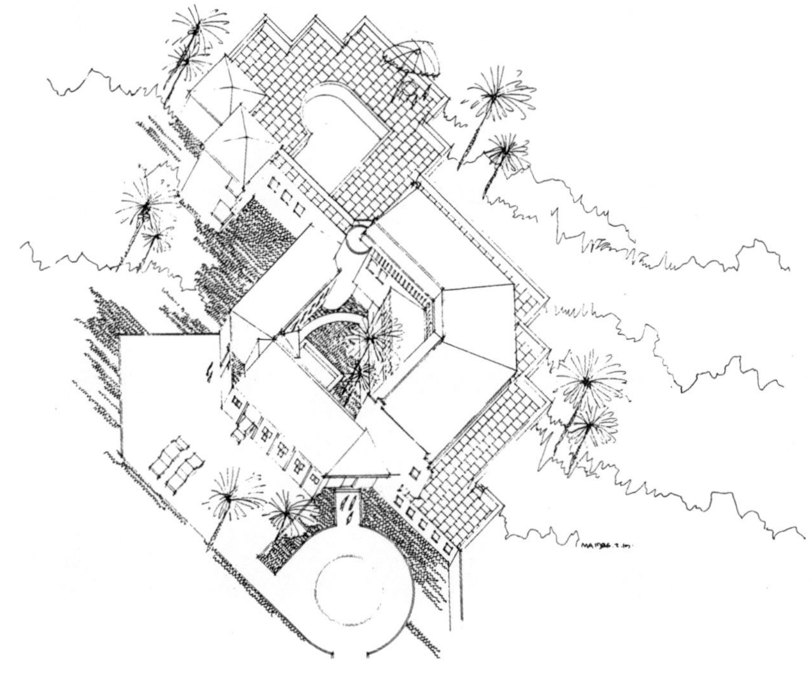

30

31

图 29. 大使住宅最初方案二层平面图　图 30. 大使住宅最后方案轴测图

图 31. 大使住宅最后方案剖面透视图

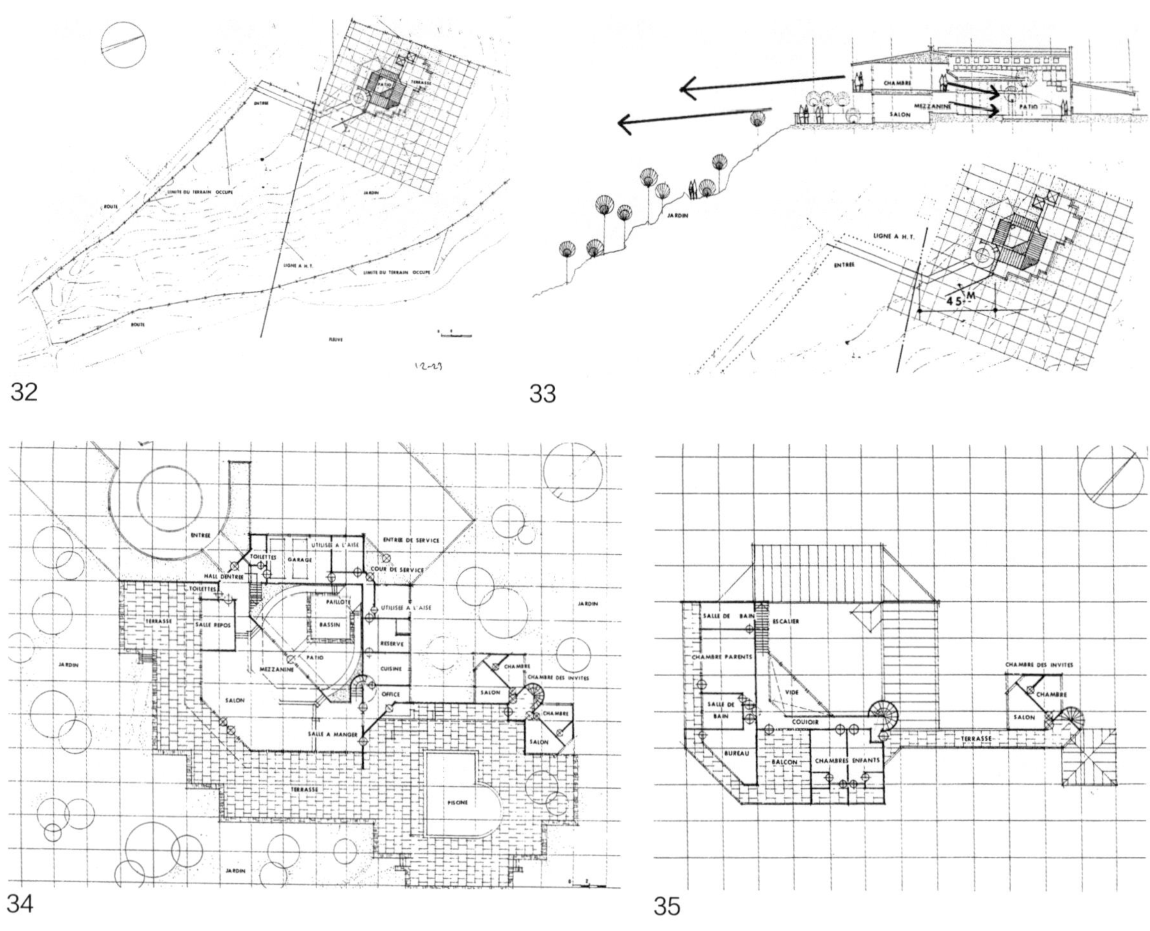

成初步设计方案，于5月的前半月提交，另外希望该初设方案中附有基础平面图及钢筋混凝土平面图。

同时，冈加在信中还提出了若干具体技术修改问题，集中有以下几点：①对住宅的第一要求就是安全；②希望尽量采用当地材料；③这座房子应作为中刚友谊的象征，是大使在中国度过的3年留下的不可磨灭的标志；④希望平面中的客厅、餐厅、夹层有3个不同的高度，客厅最低、夹层最高；⑤重新布置卧室及卫生间；⑥客房由3间改为4间。同时提供了当地雨量、温度、湿度、风力、地震及供电的情况。按此要求，我们小做调整后开始做初步设计。参加工作的除我任主持人和建筑负责人外，还有结构吴小平，设备曹越，电气王珝，概算辛志佩，所主任工程师王昌宁。最后在1986年5月19日完成了全部初设，共17张图纸（建筑8张，其他专业各3张），并提出了基础施工图。

总图上，我们把建筑物布置在用地西北较平坦的地段上，距用地内的高压线45 m左右；道路入口从西侧的公用道路引进；在布置上保证可从建筑物上眺望刚果河的自然景色，也考虑从河上望这栋建筑的景观。建筑平面按冈加先生的意见又进行了调整，使建筑物包围庭院形成合院，保证了很好的的私密性和安全性；在空间布局上设置了明显的主次轴线，轴线两面的形体基本对称，而在庭院端部设置了中国式亭子和喷水池假山，泳池方向是次要轴线。在剖面设计上充分利用自然地形，使客厅、

图32. 大使住宅最后方案总平面图　　图33. 大使住宅最后方案视线示意图
图34. 大使住宅最后方案一层平面图　　图35. 大使住宅最后方案二层平面图

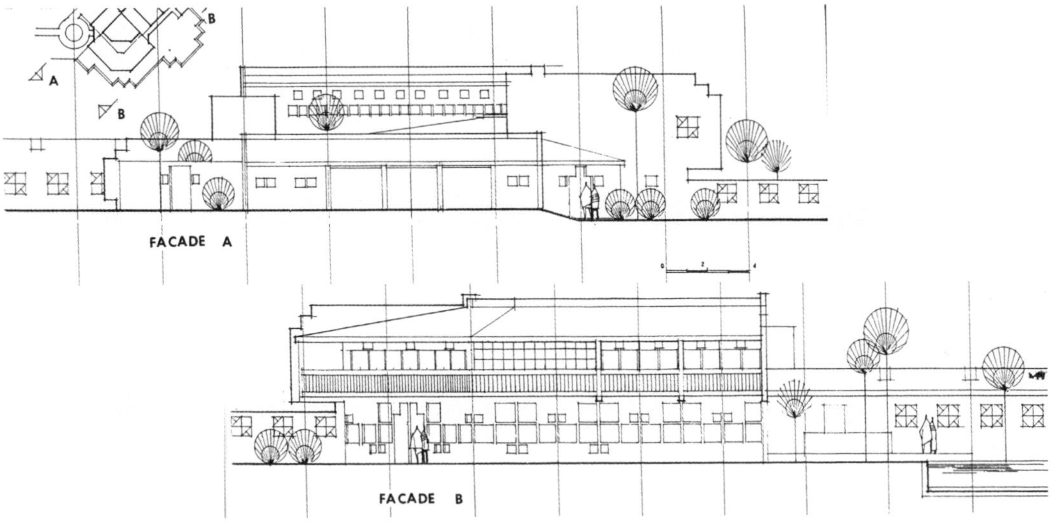

A
B
FACADE A
0 2 4
FACADE B

36

BALCON
CHAMBRES ENFANTS
63.95
MEZZANINE
61.45
PATIO
61.30
GARAGE
61.45
TERRASSE
SALON
60.55
COUPE A-A
A
B
B
A
CHAMBRE DES PARENTS
63.95
BALCON
ESCALIER
SALLE REPOS
61.0
PATIO
61.30
BASSIN
PAILLOTE
CUISINE
60.85
TERRASSE
60.50
COUPE B-B

37

DESCRIPTION GENERAL DE L'ETUDE DU PROJET
LA PRESENTE ETUDE DU PROJET SE BASE SUR LES TROIS PRINCIPES SUIVANTS:
1. ACCENTUER LES CARATERISTIQUES DES BATIMENTS TRADITIONELS CHINOIS DANS LE TRAITEMENT ARCHITECTURAL INTERIEUR ET EXTERIEUR DE LA MAISON AFIN D'EXPRIMER L'AMITIE ENTRE LES PEUPLES CHINOIS ET CONGOLAIS.

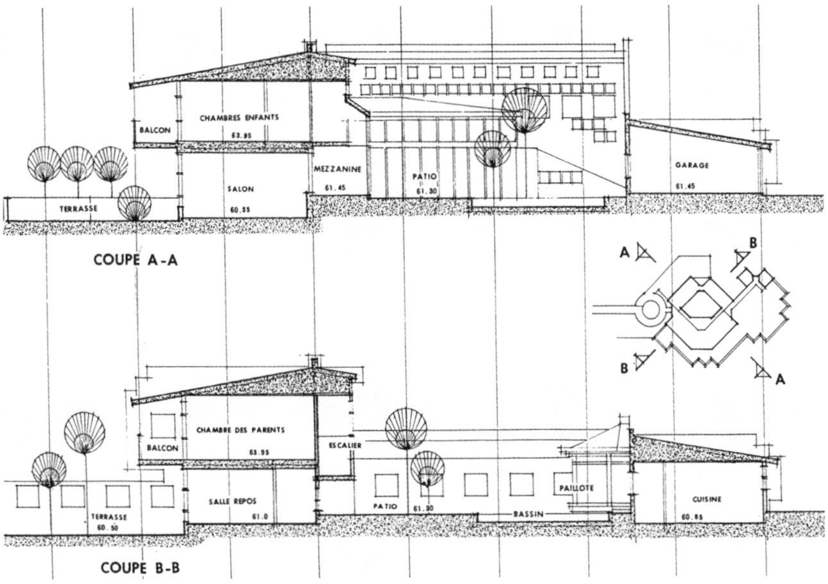

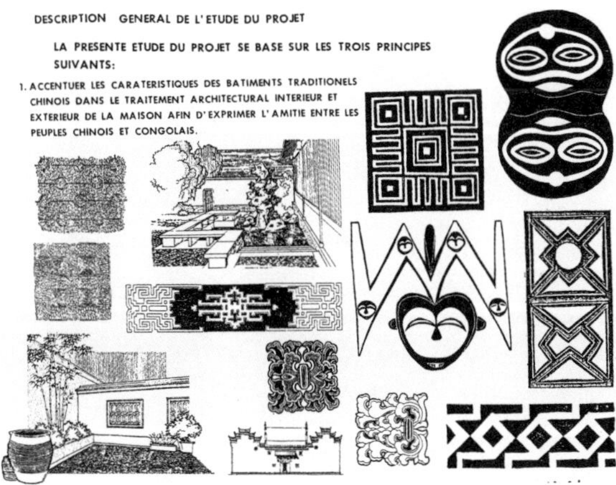

38

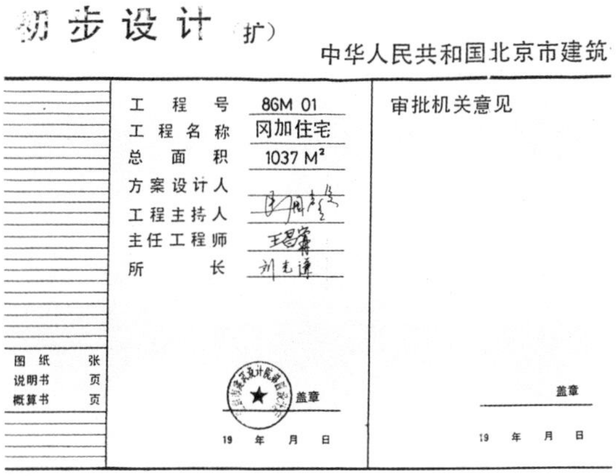

初步设计（扩）

中华人民共和国北京市建筑

工程号 86M 01

工程名称 冈加住宅

总面积 1037 M²

方案设计人

工程主持人

主任工程师

所长

审批机关意见

图纸 张

说明书 页

概算书 页

盖章

19 年 月 日

盖章

19 年 月 日

39

图 36. 大使住宅最后方案立面图

图 37. 大使住宅最后方案剖面图

图 38. 非洲和中国有关图案示意图

图 39. 大使住宅最后方案初步设计封面

餐厅和夹层三者间的高差为 90 cm，将上下空间连通，一、二层朝向刚果河处都有较大的平台，便于观景眺望。一层建筑面积为 604.3 m^2，二层建筑面积为 421.0 m^2，与原方案相比超出了 120 m^2，其中一层超出 74 m^2，主要是将客厅扩大了，增加了游泳池、机房、门廊和夹层；二层超出了 84 m^2，主要是将客房面积扩大了，并增加了一间客厅。此时大使已经在做回国的准备了，据说是刚果（布）足球队在非洲杯比赛表现不好，总统很不满意，因此要大使回国担任体育部部长。又过了两个月，7 月 16 日，刚果（布）方通知，因资金问题终止合同。

市长官邸方案

1986 年 2 月，布拉柴维尔市的市长来函，希望为他提供一份官邸的方案，并提出了用地地形图和初步要求。估计是我们在布拉柴维尔向他汇报相关方案时给他留下了印象，于是，在原大使住宅方案的基础上，我们根据地形条件细化了内部功能，进行了明确的分区，使主要房间都有很好的观景条件，有良好的室外庭园，同时将内外庭园连通起来，室外庭园通过住宅的架空部分与内院空间连在一起，各层图纸和表现图也是由我一个人完成的，方案图册完成后，和大使住宅方案一起被交给刚果（布）方，大使住宅有回音，但这个方案提交以后却没了下文。

40

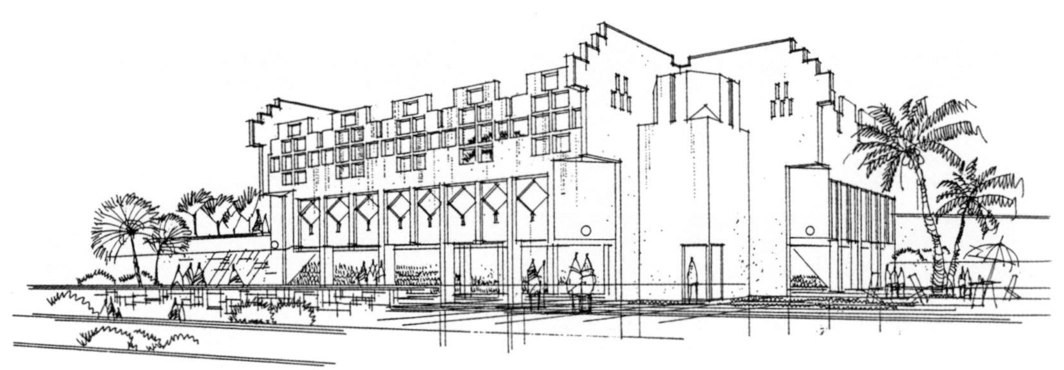

41

图 40. 布拉柴维尔市市长官邸入口透视图　　图 41. 布拉柴维尔市市长官邸内院透视图

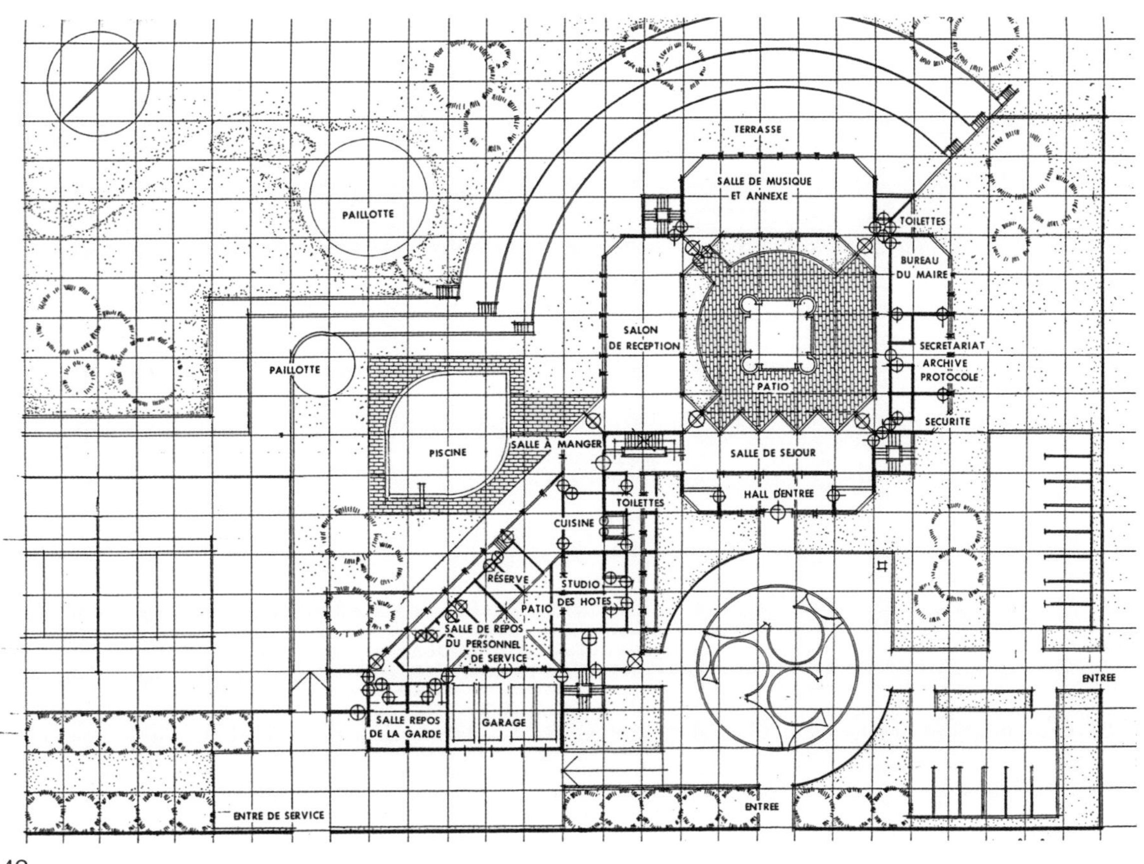

42

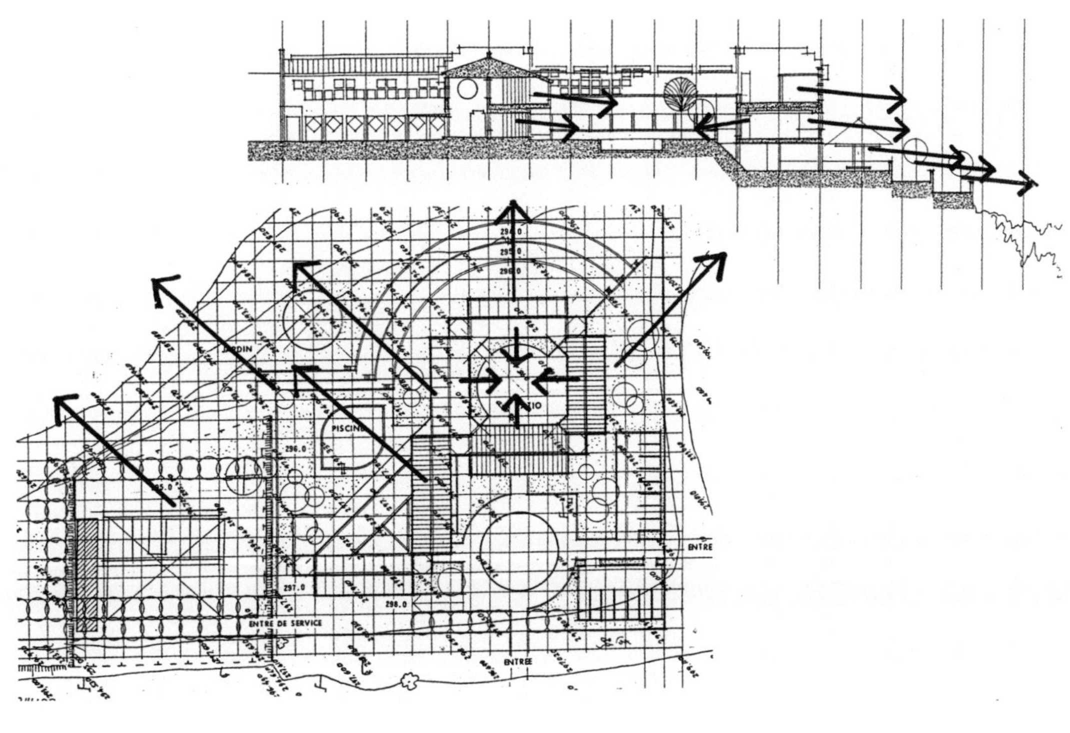

43

图 42. 布拉柴维尔市市长官邸首层平面图

图 43. 布拉柴维尔市市长官邸视线分析图

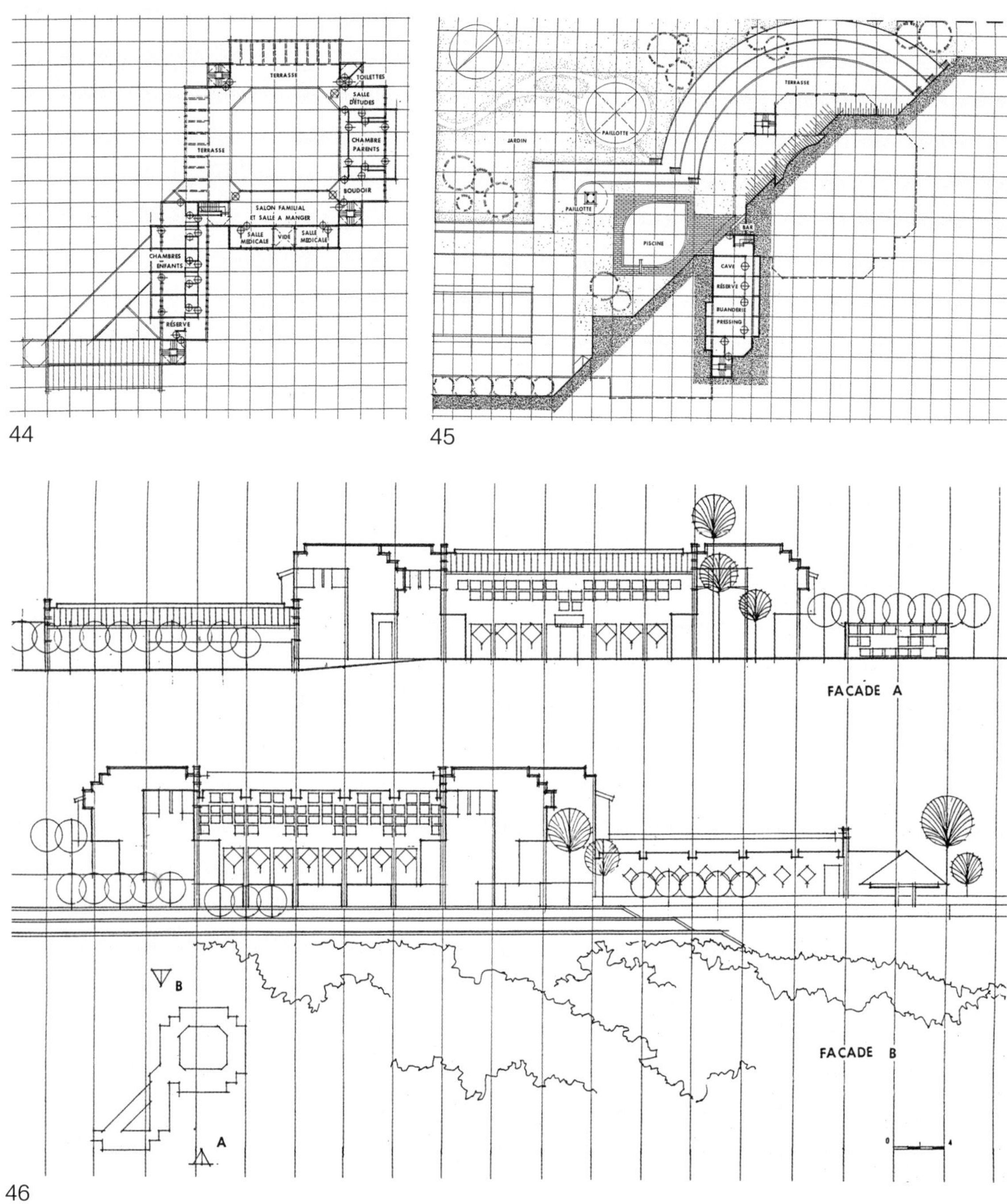

我参与刚果（布）工程以及与中国北京国际经济合作公司的交往差不多持续了一年半的时间，后来因为其他工程的关系，对上面那些工程的进展也没有再去过问，按说可以告一段落了，但13年后的一条消息又引起了我的注意。1999年3月，国际奥林匹克委员会的全体委员在洛桑召开会议，特别调查小组对投票决定2002年冬季奥运会举办城市时，盐湖城总计花费44万美元来贿赂有关委

图44. 布拉柴维尔市市长官邸二层平面图　　图45. 布拉柴维尔市市长官邸地下层平面图

图46. 布拉柴维尔市市长官邸立面图

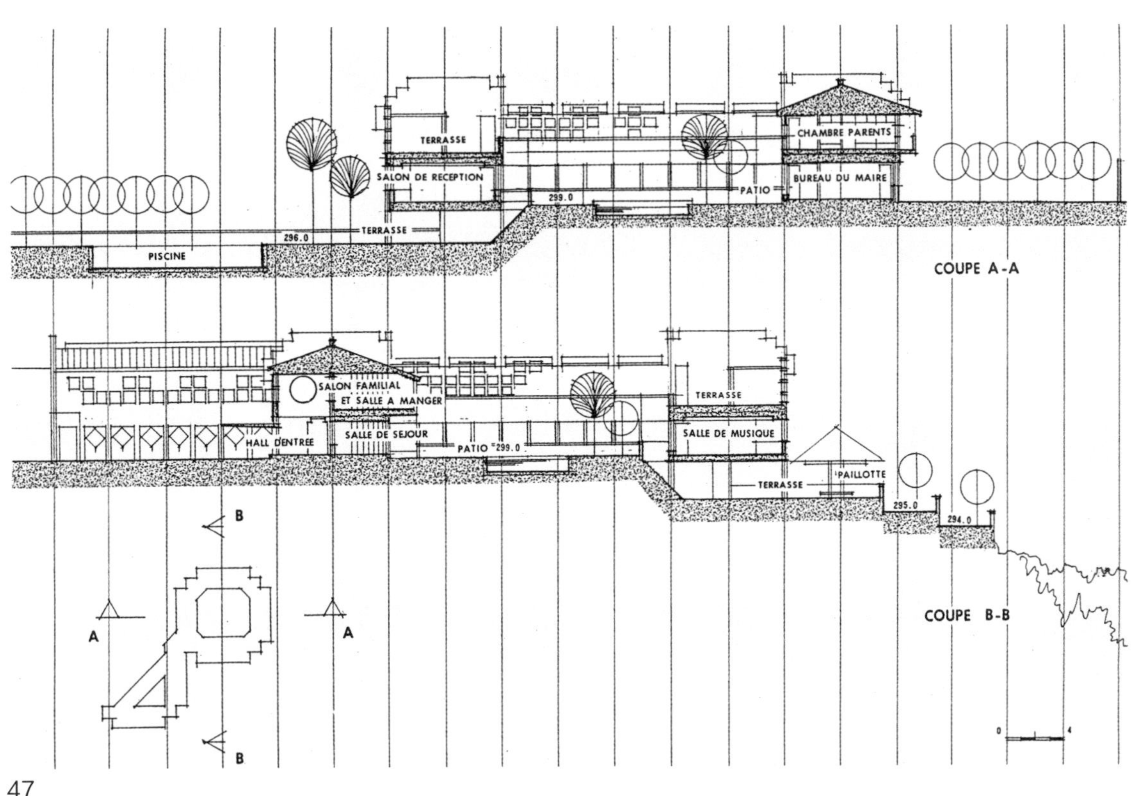

47

员一事进行了调查。执行委员会宣布将有多名委员被驱逐出奥委会，其中有一名是刚果（布）的奥委会委员，他的名字是甘加，我确信这就是曾在中国任驻华大使的冈加。消息称“来自刚果（布）的国际奥委会委员甘加是 3 个接受盐湖城免费医疗服务的非洲籍委员之一，而且他在犹他州的一栋房地产买卖中赚取了 6 万美元的纯利润，此举正是一名盐湖城申办委员会成员安排的结果。”在盐湖城行贿的 44 万美元中，“甘加一人独吞了 21.6 万美元，其中包括 7 万美元现金，他和家人的旅游费用 11.5 万美元，医疗费用 1.7 万美元，以及礼品和招待费 1.4 万美元。”最后的结局是甘加被驱逐出了国际奥委会。国际奥委会的副主席，瑞士人马克・霍德勒在 1998 年就表示：“现在奥委会的 115 名官员中，至少有 5%~7% 的成员公开受贿。”看来揭露出来的可能只是冰山一角。2000 年，国际奥委会通过改革方案后可能会为这个组织挽回一些信誉，而甘加则成为国际奥委会中的匆匆过客。

参与中日青年交流中心工程

从刚果（布）回来不到一个月，院里又安排我临时参与在北京将要兴建的中日青年交流中心工程。这个工程是 1984 年日本首相访华时与我国领导人共同建议，由中日友好 21 世纪委员会向双方政府提出的，由双方共同出资建设，以期把中日两国的交流重心转向两国青年的交流上来。1985 年 9 月 4 日，院长叶如棠找我谈话，说：“院九室承担的中日青年交流中心工程要到日本去和合作方讨论方案，院里希望你也一同去一下。”

图 47. 布拉柴维尔市市长官邸剖面图

这个任务来得非常突然，我一点思想准备也没有，同时对这个项目根本不了解。我和九室负责这一工程的李宗泽非常熟，原来在六室时一起共事过，他是建二组的组长，毕业于华南工学院（现为“华南理工大学”），是个能力很强、很全面的中年建筑师，以前也在老一室待过，除方案设计外，他对施工图也很拿手，尤其是写的字十分漂亮，在院里很有名。我当时有点犹豫，因为九室已经进行一段时间了，忽然插进去人家难免会有些想法。叶院长说：“关于工程设计没你什么事，主要是日方的建筑师黑川纪章提出，希望中方能派一个比较了解他的建筑师同去，这样能够便于双方在设计理念上的顺利沟通。”我这才想起 1984 年《世界建筑》准备推出一期黑川纪章专辑时，曾邀我写过一篇评介文章，因为在日本研修时，我除了参观过丹下先生的作品外，对在日本的丹下先生的学生如矶崎新、黑川纪章等人的建筑作品也比较注意。当时我以《走自己的路——记黑川纪章》为题写过一篇 2 万字的专题评论，登在 1984 年第 6 期《世界建筑》上。后来，黑川曾把这篇文章翻译成日文，全文登在他的《新建筑》特刊专集的后面，看来叶院长也注意到了这篇文章，我想可能就是这篇文章让院长想起了我。叶如棠当时还开导我：“这是一件对中日双方都有好处的事，事情办成了，就是双方的胜利。就像中美建交以后，中国说是中国的胜利，美国说是美国的胜利。”他主要是想打消我的顾虑，并明确我只管中日双方建筑理念上的沟通，不介入工程上的事。

早在两个月以前，李宗泽接手这个工程后，首先就提出了“和合”等 3 个方案，并以“和合”方案为基础和日方讨论。8 月份，黑川来华时也提出过 3 个方案，还曾在院里做过报告。当时，中方出面的单位是中华全国青年联合会（以下简称“全国青联”），日方出面的是日本国际协力事业团。

論文再録

海外における黒川紀章論

己の道を行く——黒川紀章論

馬国馨

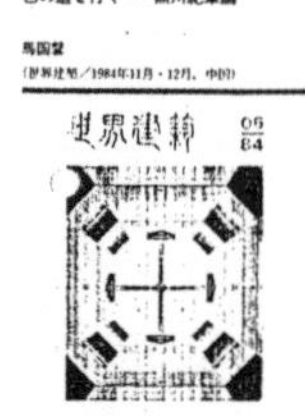

48

49

50

图 48.《走自己的路》日文译文　图 49. 北京院招待黑川纪章（左起：黑川纪章、叶如棠、黄南翼、张镈，1985 年）

图 50. 黑川与赴日中方代表团（左起：王鸿禧、作者、黑川纪章、吴学范、李宗泽，1985 年）

51

52

53

54

双方商定组成联合设计组先去东京工作。中日关系在那一段还比较紧张，所以，在这敏感时刻去日本，虽然交谈的都是设计上的技术问题，但出发之前的学习会上仍多次强调要坚持原则，不怕争论，但也不要动辄上纲，要创造较好的工作气氛。

规划用地位于朝阳区亮马河地区，北面为亮马桥路，西面为麦子店路，用地北面是美国、日本驻华大使馆，西面为公寓，东面、南面为公园。用地面积为 5.3 hm^2，规划条件要求空出东南角 1.25~1.5 hm^2，而在 3.75 hm^2 范围内设计建筑物，在北面和西面可各设一处出入口。

黑川在日本自民党各派系中，据说与当权的中曾根派走得还比较近，所以在日本为中日青年交流中心举办的设计竞赛中黑川取得了设计权，他自然也希望把这件事情办成功。我们的代表团共 4 人，有全国青联的吴学范，北京院九室的李宗泽、王鸿禧加上我，我们于 9 月 12 日出发经上海到东京，住千代田区九段的费尔蒙饭店（Fairmont）。到达东京的第二天，我们先去三井大厦拜访了日本国际协力事业团，下午去了黑川事务所，晚上参加了一个小的欢迎会。到东京以后，我发觉我的任务更轻松了，因为日方除参加设计人员外，还专门派了一位中日混血的本多女士负责联系，她的中文很流利，又是建筑师，省了我许多事。后来，黑川先生看我没有什么事，就说要不你也来做方案吧！

当时，黑川和李宗泽经过讨论以后，双方已取得了共识，准备在 5.3 hm^2 的用地上，在东面和西

图 51. 中日双方研究方案（李宗泽、黑川）　图 52. 中日双方研究模型　图 53. 吴学范与黑川讨论方案
图 54. 黑川在解释方案（后左：王鸿禧、本多）

面分别布置宾馆（中方承担）和剧场（日方承担），中间是承载着培训研修功能的桥型连接体（日方承担），从而形成一个三面围合的面北三合院。9 月 20 日中午，在事务所楼下吃饭时，我们还共同讨论，把这个方案称为“友好之桥”，准备以此为推荐方案报送北京市审批。按照北京市的规定，报送不能是一个方案，至少还应有一个比较方案，于是另外一个方案的设计、画图、做模型的任务就落在了我的身上。

当时大家商定，这个比较方案仍是三合院形式，只是把剧院放在中间，将宾馆和培训研修楼分列两旁，而 3 栋建筑在二层部分用一个连廊连接成一个整体。在合院的南侧有一块空地，黑川对这里的几个庭园也很感兴趣，想搞一处日式庭园，我们讨论并决定将其命名为“友好之庭”。整个工作进行得比较顺利，大家在彼此讨论后都能取得一致意见，常常要工作到夜里才回旅馆。在黑川事务所的楼上能远远望见丹下事务所的办公室，我们经常加班到深夜时，一抬头看到丹下事务所的办公室也在亮着灯，于是大家感叹他们也在加班啊!

黑川先生还在 9 月 23 日举办了一次家宴招待我们，请了大仓饭店有名的中国料理“桃花村”来主理的菜肴。那次我见到了黑川先生的夫人，著名的影视演员若尾文子。文子夫人是日本有名的电影演员，曾拍过 250 多部电影，近 10 年又从电影界转入电视界，虽然已 52 岁了，但看上去仍非常年轻，那年还入选日本十大最佳女星。我们自然提出希望看看由她主演的影片，她说因为都是 16 cm 的，要用放映机，于是随手抽了一盒电视剧的录像带放了起来。影片讲的是明治时代的故事，片名记不得了。一开始就是由夫人主演的女主人公在上楼，在楼梯上和一个急急忙忙下楼的青年建筑师撞在一起，图纸掉了一地。这时黑川插话：“你看建筑师什么时候都是这么忙忙叨叨的。”接着又演到女主人公和建筑师在讨论设计平面，黑川又插话说：“我看肯定是面积超出了。”文子夫人说：“剧中情节还真是面积超出了。”黑川说：“我们也正为中日青年交流中心的面积超出而头痛呢！”后来又演到建筑师介绍立面设计，是典型的文艺复兴样式。黑川又开玩笑说：“这样的立面到北京规划部门审查肯定通不过。”老李也开玩笑说：“这个电视剧如果由黑川先生来演那个建筑师，一定会更加生动精彩。”文子夫人解释说：“我也不知怎么随手拿了一盘里面就有建筑师的内容。”黑川说：“我从来没看过她的影片，她在剧中老是非常温柔，可是回到家里就不是这样子了。”那天晚宴还有许

55

56

图 55. 黑川设家宴招待中方代表团　　图 56. 作者在黑川办公室

多有趣的情节，后来我在《建筑学报》2007年第11期上写了一篇回忆文章——《中日交流忆黑川》，这里就不再详述了。

57

在参观黑川先生位于六本木的私宅时，有一个细节我印象很深。我们在参观他的书房时看到了电脑和传真机，他说他是国际智库的成员，可以通过电脑和基辛格等交谈，现在想那大概就是现在的互联网吧！他还让我看了一本他特制的版画集，里面都是他的设计作品，他请人用浮世绘风格的版画手法加以表现。他特地翻到他设计的西德艺术展览馆的方案让我看，眼中闪过一丝调皮。我注意到这个方案中有一个连接通廊是被设计成正方形斜放的菱形断面，他说："这是我在1973年设计的。"我马上想到我设计的那个比较方案的连接通廊的断面形式和这个一模一样。黑川指给我看的意思无非是想告诉我："你现在使的这一招我早早就用过了"，展现出他的"得意"。

回国以后，设计组向中国共产主义青年团中央委员会书记处做了工作汇报，认为此次合作是基本成功的合作，并总结了以下几点体会（摘要）。

（1）要坚持友好合作的宗旨。中国共产主义青年团中央委员会书记处领导对此次赴日设计组十分重视，在设计组出行前多次提出了指导性意见。他们指出联合设计工作要以中日友好为宗旨，为中日友好服务；谈判要有理有节，要创造好的合作形式，要体现双方互利的合作原则。这些意见对我们设计组开展工作具有指导意义。

（2）出国前的准备工作十分必要。此次出访的准备时间极短，从9月5日确定人员名单到12日出发，仅6天。在集训中，大家思想上较重视，设想了首次联合设计工作可能遇到的困难，制定了若干对策，初拟了联合小组的工作日程，并着手构思新的设计方案。事实证明，这种准备是必要而有效的，它统一了组内人员的思想认识和对外表态口径，使我们在赴日后能主动地调整日方不合适的日程安排。

（3）中方设计人员的良好技术素质和拼搏精神是完成任务的保证。北京院领导十分重视设计组人员的选配，确定了3名中年设计人员。他们精力充沛，从事设计工作均在20年以上，思想解放、活跃。

（4）在日期间，设计组人员不辞辛苦，连续作战。每天早上8点多钟离开旅馆（离工作场所并

图57. 作者与黑川讨论方案

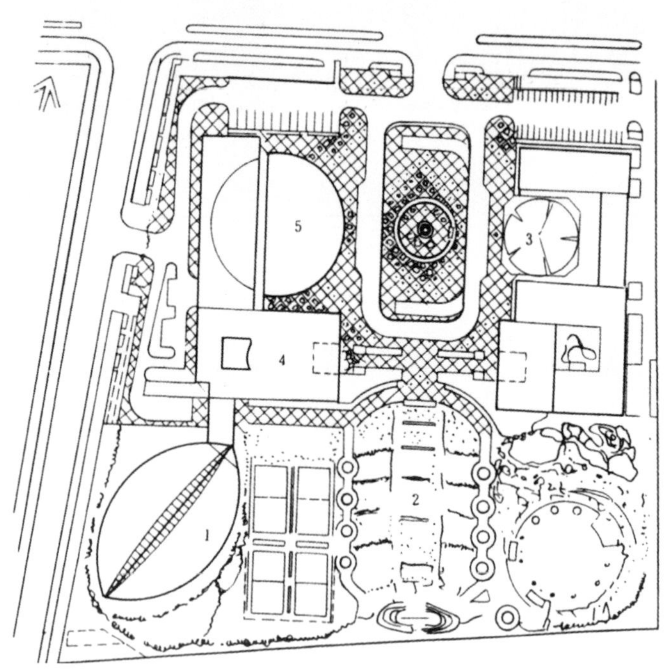

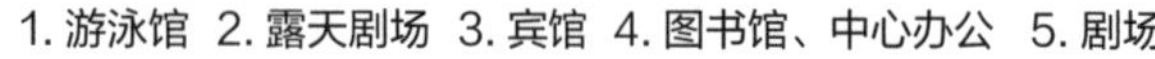

1. 游泳馆 2. 露天剧场 3. 宾馆 4. 图书馆、中心办公 5. 剧场

58

59

60

不远），晚上一般都在 9 点多钟回到旅馆，一天在外 12~13 个小时，除去路途及吃饭时间，全天实际伏案工作时间达 9 个多小时。在东京 18 天中，我们遇到日本两个国定三连休日，双方设计人员仅休息了一天。正是依靠这种拼搏精神，联合设计工作任务才得以如期完成。

在日本期间，除完成中日青年交流中心的工作外，北京院的潘文丽、魏大中、胡仁伟等，清华大学的邹瑚莹教授等都正在东京，另外原北京院的李曼曼也住在东京，因此我们都进行了拜访，我与原丹下事务所的多位同事也有会面。

回国后不久，一次在首都规划建设委员会（以下简称“首规委”）附近遇见日方驻北京的常驻代表波多野哲次。在东京工作时我们就比较熟，我顺便问他方案批下来没有，他回答说还没有。我故意逗他，开玩笑说：“我可听说上面对我那个比较方案更感兴趣。”波多野说：“那可坏了，我们老板要知道非昏过去不行。”但最后，还是大家共同推荐的“友好之桥”方案顺利通过。1986 年 11 月，我国领导人和日本首相还为这个工程奠基，工程由中国长城总公司和日本竹中工务店承建，几经周折于 1990 年 8 月全部竣工。此后，黑川在中国也承担了不少项目，如海南、深圳、郑州等地的项目，尤其是郑州的郑东新区规划设计，该项目规模还是很大的。常驻北京工地的波多野在工程中遇到问题时，也来找我咨询过几次。后来，波多野跳槽到另一家大公司——国际太平洋咨询公司，已成了建筑开发事业部次长，在日本杂志上专门介绍了北京的建设情况，并附上了他和我在一起的照片。但令人伤感的是，他因癌症于 2005 年去世了。而我和黑川先生后来在深圳、俄罗斯还有过多次会面的机会。他从最早具有乌托邦式的畅想，到追求建筑和自然、技术和人类、历史和现代的共生，

图 58. 中日青年交流中心总平面　图 59. 中日青年交流中心鸟瞰　图 60. 作者与波多野在北京

以至要把他的理想和主张付诸实施并实现对社会的改造。在俄罗斯见到他时，他特别强调："21 世纪是太平洋的世纪"，并对中国的社会主义制度很感兴趣，还专门要我把这几句话翻译给中国的其他成员。2007 年，他表现出投身政界的热情，2 月份，黑川宣布以无党派身份参选东京都知事，他表示"愿接受任何政党对自己的推荐"，并批判第三次参选的 74 岁的石原慎太郎的政治主张，提出把首都功能向地方转移，取消东京申办 2016 年奥运会以及自己将不拿薪水，只任职一届等 15 条承诺，成为参选的 14 名候选人之一。不过在 4 月，东京 1270 万人 50% 的投票率中，他最终得票排名仅为第四。到 5 月份，黑川又宣布他和新成立的"共生新党"将在东京选区参加参议员的竞选，同时他 73 岁的妻子若尾文子也将参选。黑川表示自己"和争权夺利的自民党、民主党不同，要通过切实反映国民的意见参加参议院选举"。但在 7 月 20 日的选举中，黑川并没有成功，他也不气馁，表示准备参加下一次的众议员竞选。这些耗时费力的竞选活动肯定对他的健康有影响，可能是劳累过度，他于 10 月因肝病去世，他的去世也可谓"出师未捷身先死，长使英雄泪满襟"了。又过了几年，在杂志上看到黑川事务所破产的消息，那就更让人感叹了。

梁思成纪念碑方案

1986 年是梁思成先生诞辰 85 周年，在北京院工作的清华大学的同学很多，所以院里准备向清华大学建筑系赠送一件梁先生的纪念碑，为此在院里举办了一次内部方案征集。作为梁先生的学生，参与此事自然是义不容辞的，于是我在 10 月 14 日完成了纪念碑的方案设想。当年，梁先生为了巩固新生的专业思想，专门在开学不久给我们上了建筑概论课程，给大家启蒙。那是我们上大学以后第一次见到久仰的梁先生。先生风趣的谈吐，严谨的板书，讲课的内容都给我们留下了深刻的印象，尤其是用生动的图解来说明"尺度"的概念，更是为我们大家所牢记。但在几十年后回忆细节时，却有了各种不同的版本和记忆，也是十分有趣的。

和校方商定将纪念碑的地点定在清华学堂南面的草地上（当时建筑系馆还在清华学堂），位于现有道路和规划道路之间的草地上，与现有道路有 50 cm 的高差，南面是旧水利馆和土木馆。用地条件不错，有从几个方向观看的有利条件，并且可以成为大礼堂前建筑组群的一部分。而我们对这片地方也比较熟悉，许多同学在上课以前常在这里背诵外文单词。当时我在方案说明书中主要考虑了以下几点。

首先，力求有时代感。随着时代的发展，人们的社会需求和审美观念逐渐形成了一个多层次的复杂系统，并且始终在发展变化之中。因此，冲破过去封闭的模式，体现发展和变革的时代，这是人们的普遍需求。其次，想采用比较抽象或变形的形式。因为我认为纪念性及其生命力取决于纪念碑本身的潜在内涵、隐喻性及可思维的空间。与单层次、单角度的具象表现相比，抽象的形式把要表现的内容深藏于形体之中，给观众以发挥想象力及自我解读的机会，有容许人们进一步思索的空间。观赏的层次多，解读的范围广，与具象的表现形式相比，对不同时代、不同对象有更强的适应性。当然，抽象的形式并非西方独有，东方艺术精神注意凝情成意，触物成趣，重意，重神，重朴，重拙。有时为了避免晦涩难解的抽象，也采取变形的半具象母题，以唤起人们的联想。此外，采用这类形式也与自己的兴趣爱好有关。

方案以 30 cm × 30 cm × 30 cm 的立方体为基本单元进行组合。基本母题是半具象的变形斗拱，造型源于汉代石刻壁画，由此可以联想起梁先生在中国古建研究及文物保护方面的成就。碑体上部层层收进，类似基础的外轮廓，也暗喻梁先生是中国建筑教育，古建研究、保护的先驱者和奠基人。由于用地仅有 10 m × 15 m 左右，背景又有一棵浓密的大树，所以将碑体设计为 1.8 m 高，外轮廓为 1.5 m × 1.5 m，多变和剔透的造型使其并不显得过分高大，正如诗人泰戈尔所说：“当我们大为谦卑的时候，便是我们最近于伟大之时。”简单的立方体组合变化显得单纯，有较丰富的可思维空间。而且考虑在透空的碑体内部装照明灯，在夜间的观景和寓意会更加丰富。

为了表现“纪念先哲，激励后学”的意图，浅色或白色石材的碑体一般采用细剁斧手法，但方案中几个特别注明的地方需做磨光处理，4 个立面各有 1 处磨光处理：西北立面为主立面，面对大礼堂和清华学堂，其磨光部分外廓隐喻斗拱的造型，西南立面为另一主立面，上面镌刻梁先生“为中国创造新建筑”几个字，东北立面镌刻捐赠单位名称，东南立面镌刻日期。之所以引用“为中国创造新建筑”“要创造适合于自己的建筑”等梁先生语录（分别出自梁先生于 1935 年 11 月发表的《建筑设计参考图集》序言和《为什么研究中国建筑》），是因为我认为这是梁先生毕生从事中国建筑研究和保护、从事建筑教育的最终目的。由于时代和条件的限制，建筑创作和设计并不是先生一生建筑活动的主要组成部分，但梁先生对此一向重视、不断思考，这句话将激励后学在研究传统的基础上有所增进、有所创新。同时，这句话内涵丰富，理解宽松，同样也可体现在繁荣创作上不同风格和不同流派的“百花齐放、百家争鸣。”

总图布置考虑了观赏的舒适距离和室外有亲切感的距离。西北主立面朝向大礼堂前草坪，碑体四周以草皮为主，散点放置一些 30 cm × 30 cm 的立方体作为石凳，与主体遥相呼应，可供同学在此早读，也有遍地桃李之寓意。

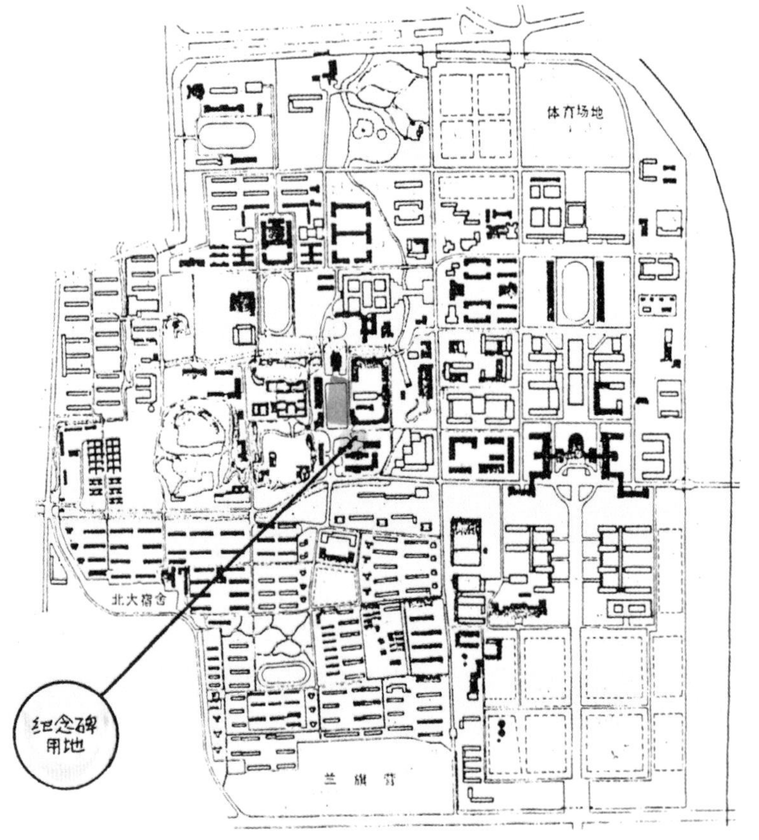

61

图 61. 梁思成纪念碑方案用地位置

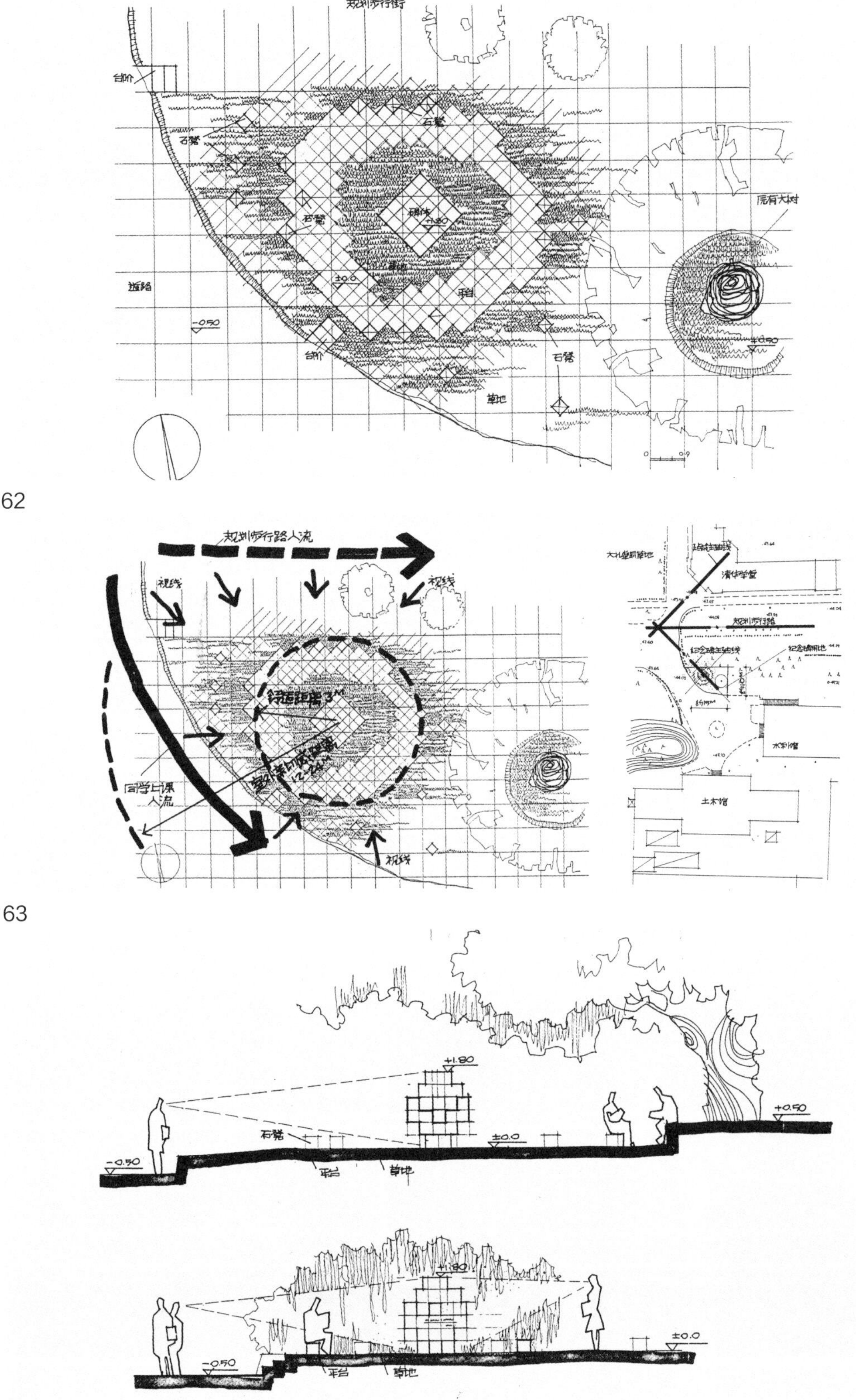

62

63

64

图 62. 梁思成纪念碑方案总平面图　　63. 梁思成纪念碑方案平面分析图　　图 64. 梁思成纪念碑方案用地视线分析

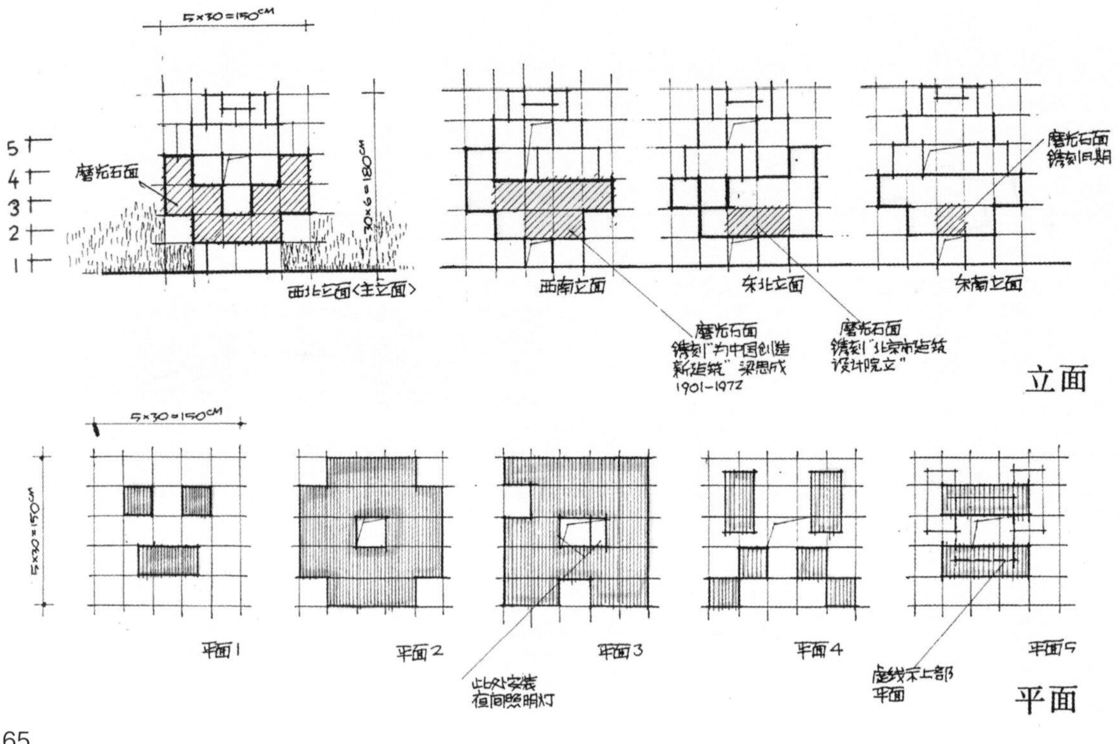

65

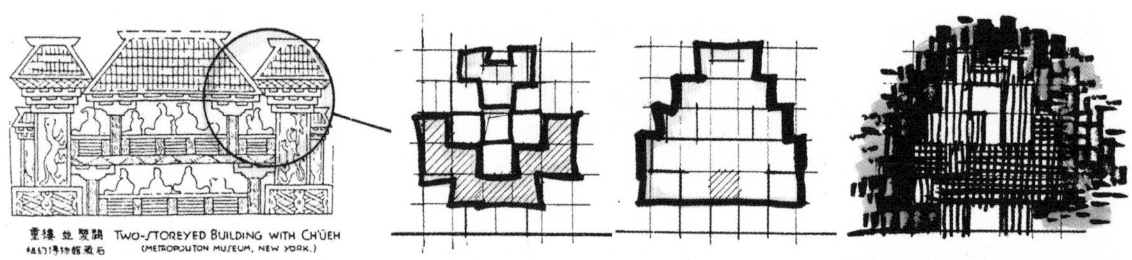

66

67

图 65. 梁思成纪念碑方案立面、平面图　　图 66. 梁思成纪念碑方案构思说明　　图 67. 梁思成纪念碑方案模型（组图）

当时之所以提出自己设想的方案还是基于重在参与，交到院里以后就没有了下文。最后，听说选定了一个外形似柱础的方案，我感觉一来是没有什么体形高度，二来也与校内已有的韦杰三君纪念碑雷同，但不管怎样，后来北京院的有关领导和清华大学建筑系的领导在纪念碑预定的现场举行了一次奠基仪式，我还为此拍了照片，但最后也像我交出的方案一样，不知什么原因，也没了下文。

68

为梁先生做一件纪念物的念头始终是清华学子的一桩心事。后来，借着我们建五班毕业 30 周年的机会，我们决定在 1995 年向清华大学建筑学院捐赠一座梁先生的雕像。由于我身处北京，所以和在京同学做的工作更多些。

在 1994 年，经建设部同班学友王景慧司长的推荐，我们邀请雕塑家司徒兆光教授友情参与创作（我在亚运会工程时与司徒教授也有过交集），而且当年司徒先生留苏学习时也曾见过访苏的梁先生，是创作的有利条件。在创作过程中，王景慧、孙凤岐和我陪同司徒先生观看了现场，拜访了林洙先生，后来俞靖芝、林峰、马丽、吴亭莉和我多次陪同学院领导和老师去司徒先生的工作室审查小样，对方案进行了多次调整修改，并在 3 月份最后定稿。

在此期间，我与清华大学建筑学院胡绍学院长一起商定了雕像的安放位置、基座做法。因建筑系馆正面空间比较局促，且往来的人流很多，不太适宜放雕像，所以最后选定了门厅北面的空间。正好墙面上是中国式斗拱和柱式的装饰和雕刻，前面的进深也比较大，我们当场决定了雕像基座的准确定位。雕像基座是简洁的整块灰色花岗石材，正面镌刻着梁先生手写体签名和生卒年月，侧面刻捐赠单位名称。对于基座的高度，我们还考虑到安装完毕之后，雕像应比一般人的高度稍高些，这样可保证人们在雕塑前拍照时不会遮挡雕像。

图 68. 梁思成纪念碑奠基（1986 年 10 月）（左起：熊明、吴良镛、王慧敏、宣祥鎏、潘祖尧、周治良、张孝文、梁再冰、梁从诫、李道增、张德沛）

69

70

71

1995 年 4 月 30 日，清华大学校庆日，新建成的建筑馆落成剪彩，同时梁先生的纪念雕像落成揭幕。除学院的领导和老师们、建五班的 80 多名同学外，梁先生的亲属、张镈总、张开济总、侯仁之先生、罗哲文先生等也都参加了，由王景慧代表建五班同学讲话，胡绍学院长和建五班吴亭莉一同剪彩，利用这个机会表达了我们对恩师的怀念和敬意。

72

2006 年，在清华大学建筑学院成立 60 周年前，我们又曾动议在清华大学东区建筑馆南侧草坪上修建梁思成和林徽因两位先生的室外雕像。当时，考虑到清华大学东区与西区相比人文氛围较为欠缺，想以此契机改善一下东区的人文环境，同时对于梁思成、林徽因两位先生的贡献和评价社会也已有公论。我们首先征得了北京城市雕塑建设管理办公室的原则同意，并向清华大学有关部门写了正式报告，但校方基建处以“室外建设的时机不成熟”为由未予同意，此后虽多方争取，但校方无意改变原议。我们的建议只好就此终止、无疾而终了。这些都是涉及梁先生的一些后话了。

图 69. 梁思成雕像与雕塑家司徒兆光（1995 年）　图 70. 清华大学教师研究雕像初稿（右起：陈志华、魏大中、赵炳时、林洙）
图 71. 梁思成雕像落成揭幕（1995 年 4 月 30 日）　图 72. 作者与梁思成雕像（1997 年）

深圳银行方案

1985 年 9 月，北京院深圳分院给四所来电，要求为深圳中央银行大厦的招标提供一个方案，当时就由我在很短的时间里画了一个方案的平立剖面图，然后交模型组做了一个模型，随后寄送去深圳，但听说并未中标，其中的具体情况我也没有打听。后来这个方案的主要构思在四所承接的北京上地的一个工程中曾被采用过，但我也没有过问。这个方案是我从日本学习回来做的第一个建筑方案，所以也是动了一些脑子的。

用地好像是在深圳蔡屋围，形状很不规则，欲建成的大厦由营业厅和办公的主楼和附属楼组成。由于深圳中央银行是特区政府的金融机构，是央行的下属机构，所以主要需满足以下要求：形象上力求庄重、大方；工作环境要求高效、舒适；从安保角度保证营业大厅、地下金库、现金提取的严密安全，便于防范应对各种突发情况。

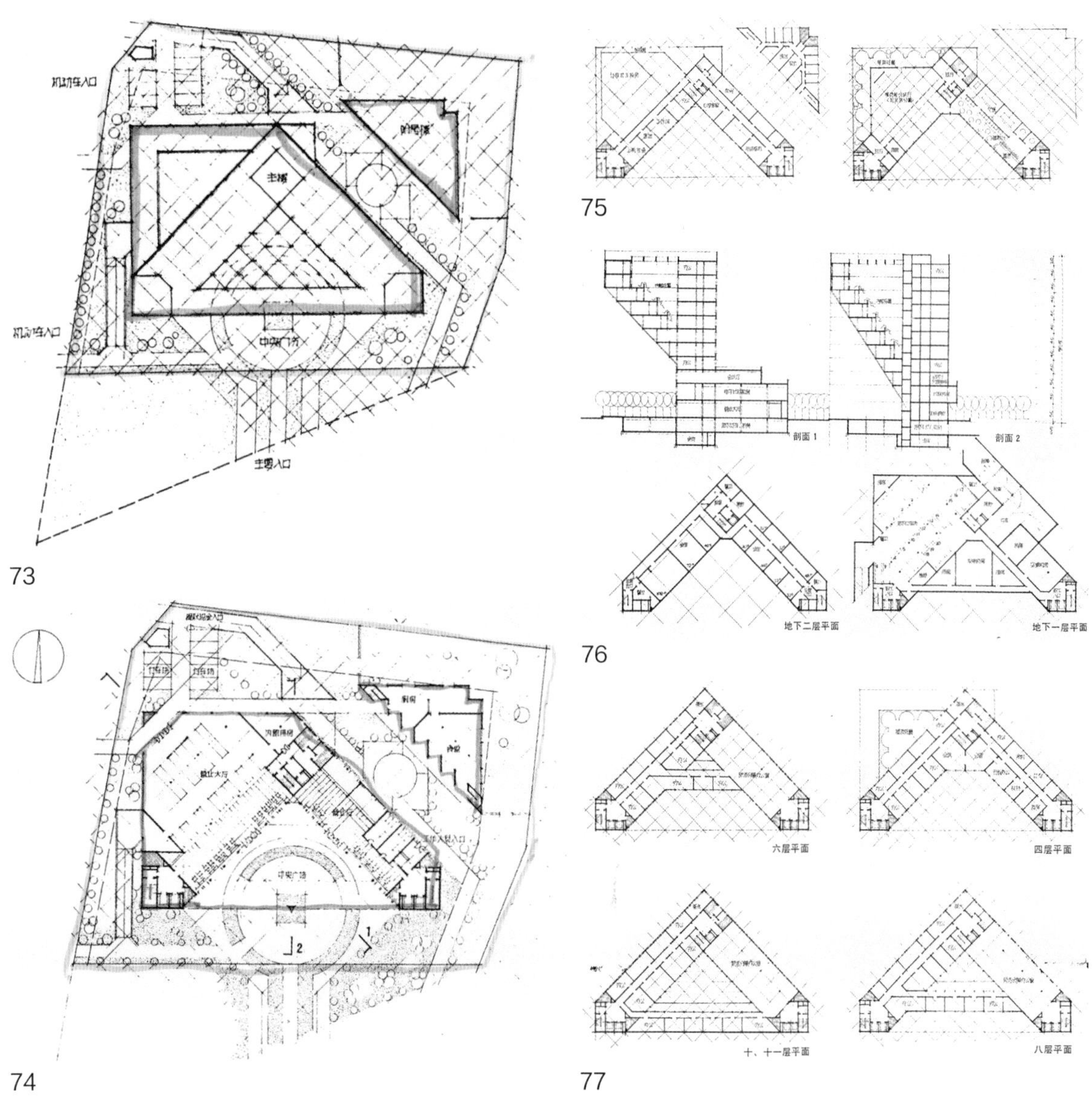

图 73. 深圳中央银行大厦方案总平面图　　图 74. 深圳中央银行大厦方案一层平面图
图 75. 深圳中央银行大厦方案二、三层平面图　　图 76. 深圳中央银行大厦地下剖面及平面图
图 77. 深圳中央银行大厦方案四、六、八、十、十一层平面图

78

主楼呈三角形，总高 50 m，标准层为“L”形，正面退后拨地线 11 m 和半室外空间一起留出了较大的回旋余地，体型简洁、对称厚重。门前的广场有别于一些封闭、沉闷的银行模式，开敞空间与半开敞空间结合，加以绿化栽植，力求创造出富有现代感的新型银行建筑形象。附属楼位于用地东北角，与主楼联系方便，二者间又有一定的缓冲，保证了不同使用入口各自的便捷性，减少交叉。

主楼部分一层为公共空间，地上二、三层和地下一层为半公共空间，地下二层为金库。主楼东北部低层部分为机房和多功能会议厅，“L”形的标准层随着层数的增加，在正立面处层层挑出，形成了三角形的办公平面。同时，在上部也形成了一个开敞的内庭，通过栽种绿植也为办公部分营造了良好的工作环境。入口处的半开敞空间和上部办公的开敞内庭是本方案的主要特点。当然，层层挑出的部分结构处理稍复杂了一些，最大挑出距离为 45m，我们考虑做两层高的立体桁架。主楼的总建筑面积为 1.7 hm^2，附属楼为 688 m^2。

中国科学院天文台方案

中国科学院天文台方案是在 1985 年进行的。此前，清华大学建三班的薛钟灵是中国科学院基建局的负责人，他曾邀我为三里河的中国科学院本部立面的改造提出改进方案。我提出几种设想交他以后，看中国科学院的立面最后也没有多大进展和改动，最后他送给了我一本厚厚的《中国建筑技术发展史》，让我收获很大。这次是他们在北郊一大片用地中陆续建了中国科学院的若干研究所，包括地球物理所、感光所、生物物理所、遥感所等。北京院好像设计了其中的感光所，用地南侧是清华东路和新建的中国科学院生活区，用地东面是北中西街。

设计内容包括天文台的科研区、行政办公区和工厂区。总图布置要求分区明确，围绕中心庭院互相呼应，而科研区要求形成独立的 500~600 m^2 的基本单元，各自可独立使用，便于管理。科研区经研究采取三排楼，进深为 6.9（7.0）m × 6.9（7.0）m，开间也为 6.9（7.0）m。各基本单元与公共部分如展览厅、图书馆、学术报告厅、会议室、电子计算机房、共用暗室等都能有方便的联系。在各基本单元中分别安排了光学实验室、恒量物理实验室、射电实验室、光电成像实验室、天体物

图 78. 深圳中央银行大厦方案模型照片

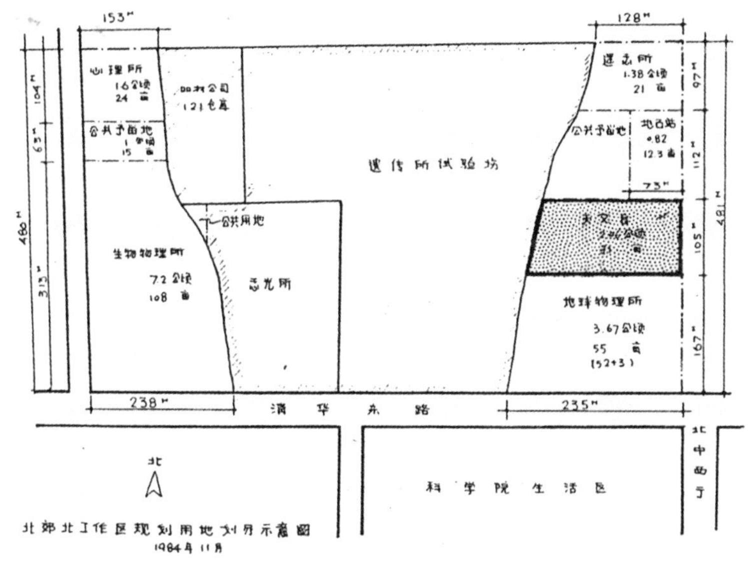

79

80

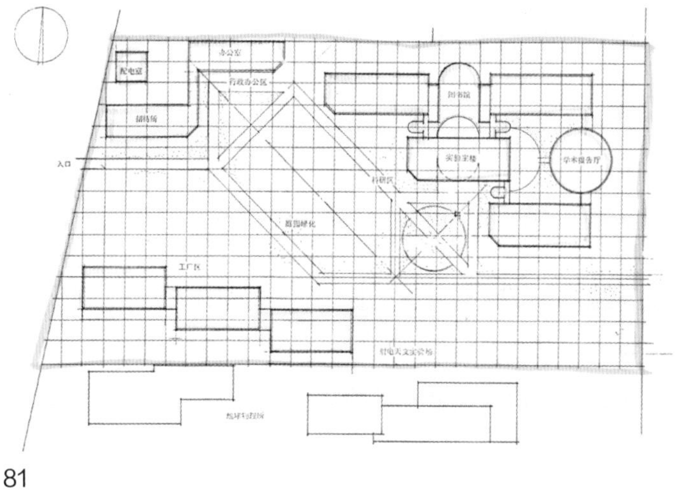

81

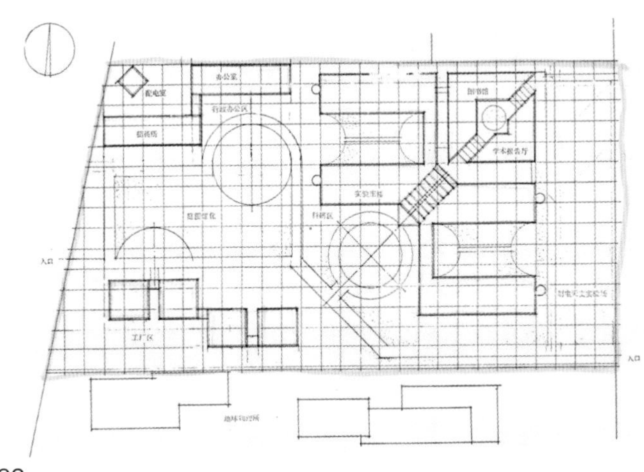

82

理实验室、太阳物理实验室、新技术实验室以及若干一般实验室，总高度为四层。当时提出了两种总体布置方案，都是东面为科研区，西北角为行政办公区和招待所，西南角为工厂区。院子里还要求有一个足够长的射电天文实验场。

薛钟灵把总体方案取走后，很快与我们商定了最后方案。当时我们考虑在立面体形和室内处理上努力表现中国古代至今的天文学成就，后来我们还考虑按照中国古代的一幅天文图来布置庭院的地面，以不同材质的分割组合形成十分有趣的地面，薛钟灵都答应由他来最后处理。建筑形成以后，我去看过一次，拍了一些照片，对于他们内部的处理等就没有

图 79. 中国科学院天文台用地位置

图 80. 中国科学院天文台建成照片

图 81. 中国科学院天文台方案一总平面图

图 82. 中国科学院天文台方案二总平面图

进一步过问。薛也是搞建筑的，他对中国科学院方面的需求肯定比我们更熟悉。前后参加工作的还有马丽、王兵、陈晓民、王立昕和戴昆。

厦门综合楼方案

1985 年 7 月，北京院的厦门分院接到厦门经济特区工程建设公司的方案设计招标邀请书，该公司准备在厦门湖里工业区兴建一座中国东南电子公司的综合大楼，总建筑面积约为 1.1 hm^2，楼高 15 层。任务书十分简单，没有更进一步的详细说明，厦门分院提供了用地的地形图，要求我们协助提出一些设想。由于当时的时间十分紧张，建筑物规模又不是太大，方案的工本费只有 2000~2500 元，因此我们只是提供了两种建筑单体的可能性，表示了建筑物一、二层及标准层的平面构成供分院参考，至于立面处理可以由厦门分院自行处理。由于标准层平面还有可能会变化，我们的设计在一定程度上也为立面处理打下了比较理想的基础。其中方案一为方形柱网，标准层为长方形抹角，面积为 566.3 m^2；方案二为三角形柱网，标准层为有斜面的长方形，面积为 711.6 m^2。将方案交出以后，我们就算完成任务，没有继续过问。

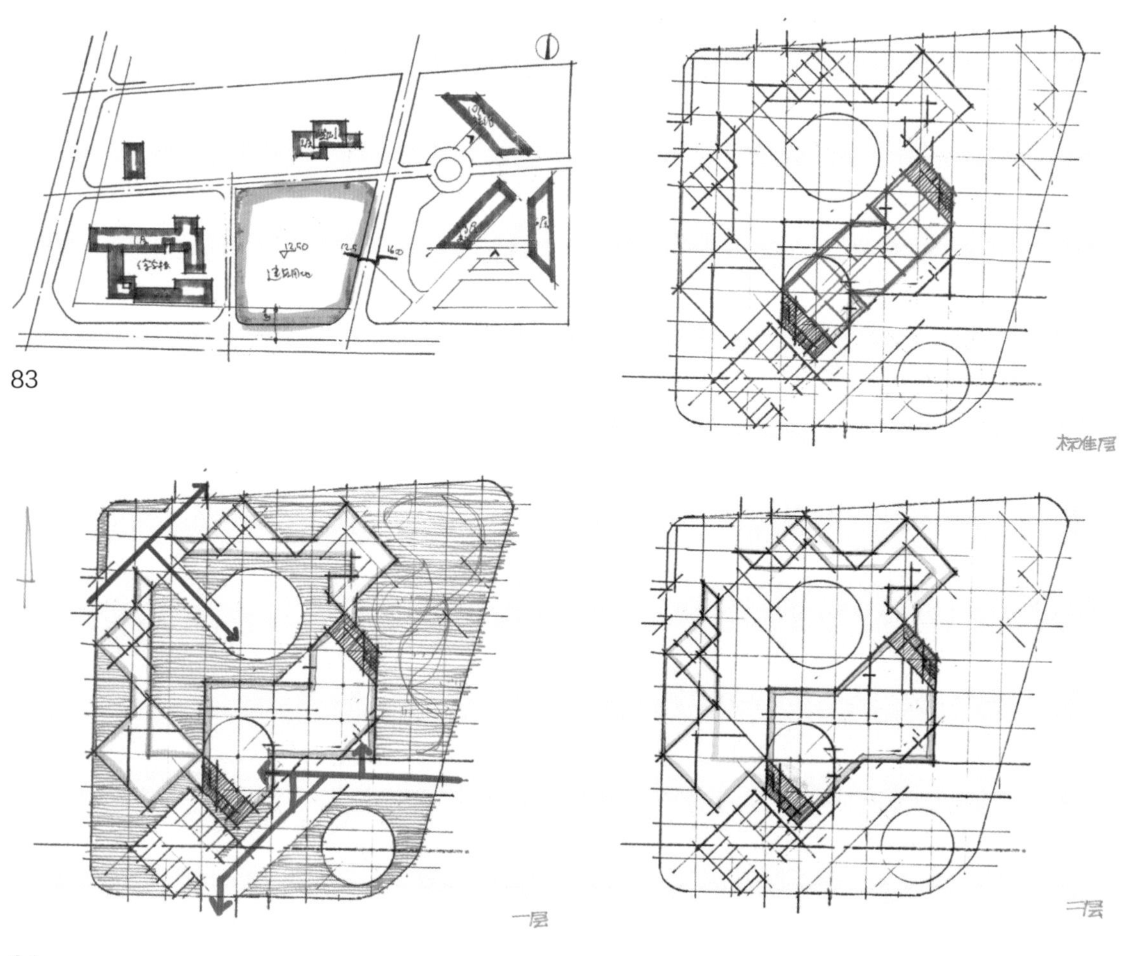

图 83. 厦门综合大楼用地　　图 84. 厦门综合大楼方案一：标准层、一层、二层平面图

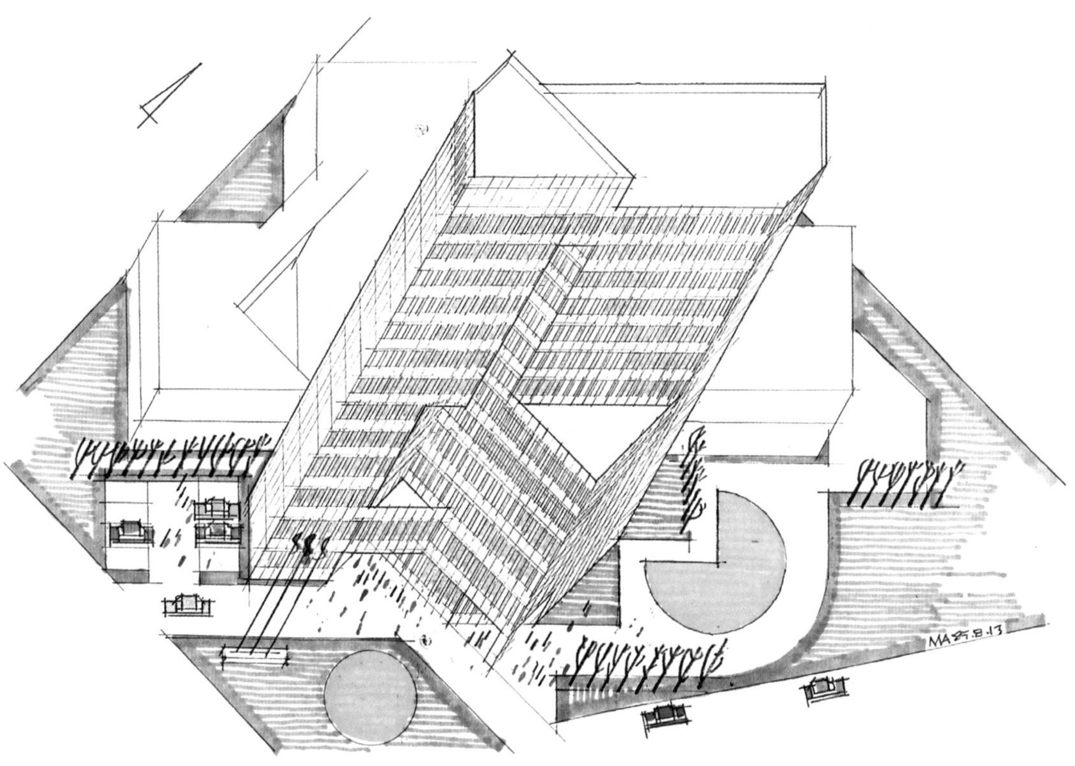

85

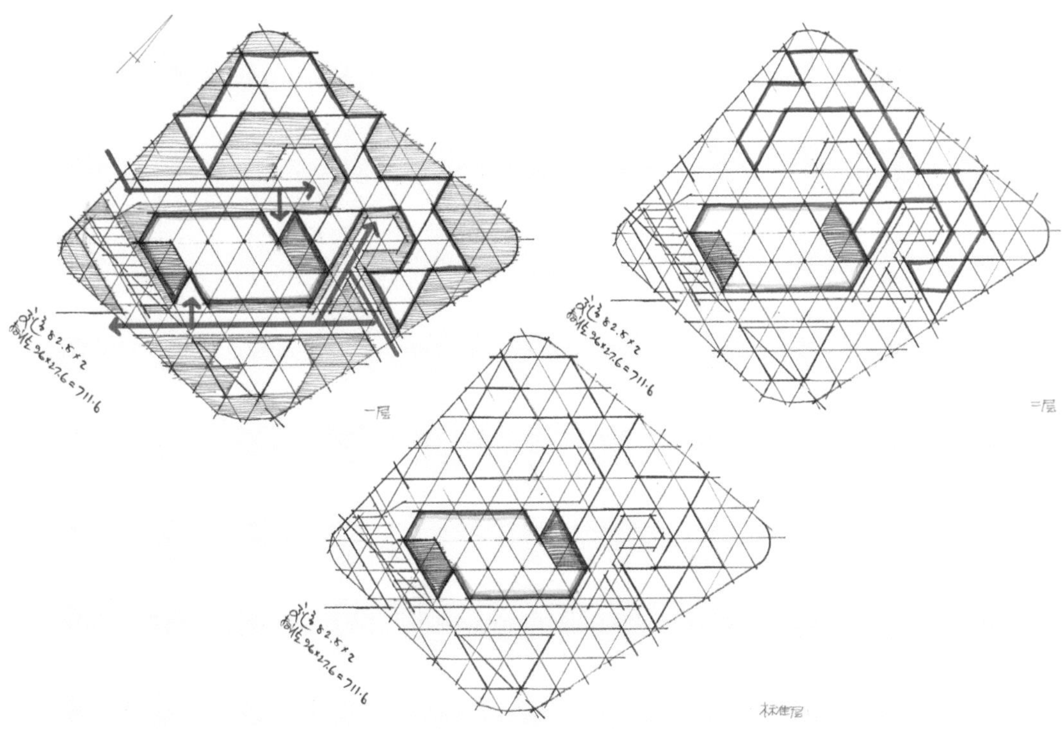

86

图 85. 厦门综合大楼方案一轴测图

图 86. 厦门综合大楼方案二：一层、二层、标准层平面图

若干方案设计二

天津体育馆方案

天津体育馆的设计方案是我们在亚运会设计工程当中参加的另一次设计竞赛，当时有国内多家设计单位参加。我们于 1988 年 4 月 20 日在天津介绍了方案，当时开会的伙食费是每人每天自交 0.8 元、粮票 1 斤（500g），可能现在的人都想不到吧！评选结果是没有一等奖，而根据票数，我们是二等奖中的第一名（共有两名二等奖）。当时我们曾在《建筑学报》1988 年 11 期发表文章介绍过，署名是参加方案设计的闵华瑛、王兵、马景忠和我，参加设计的还有滕慧（文章由我执笔）。但是这个工程后来并未在原地段建设，而是直到天津市为迎接第 43 届世界乒乓球锦标赛，才在 1994 年 12 月建成了新的天津市体育馆，但用地已经换在了天津广播电视塔的附近，坐席数也比这次竞赛设计的少了些，好像当中还曾发生过一段有关方案著作权的议论。

根据当时建设单位天津市体委所提出的要求，体育馆位于复康路南一侧，与南开大学主楼相对。在约 6 hm^2（250 m × 250 m）的用地上建一座可满足体操、五人室内足球、手球、篮球、排球、网球、乒乓球、羽毛球等比赛及进行其他大型集会和文艺活动的大型体育馆，观众容量为 1.2 万人（其中固定座位不少于 1 万席），比赛场地尺寸规定为 60 m × 35 m（后来建成的新体育馆固定座席为 6713 席，可举行室内田径比赛）。

通过对任务书的分析和实地考察，我们认为天津体育馆将是在 20 世纪 90 年代里建设的新型体育馆，也是我国几个直辖市中建造得较晚的一个大型馆。因此，必须吸取国内外以往建设的经验教训，尤其是在亚运会建设中积累的一些想法，结合城市的要求，使体育馆适应新时代的要求。所以，我们首先确定了以下几点想法。

（1）在功能上要满足举办大型国际性比赛和国内重要比赛的各种要求。

（2）造型上应有特色，有时代感，在天津城市美的创造中发挥重要作用，成为具有代表性、象征性的城市景观。

（3）要面向群众，能够多功能使用，为开发体育建筑新的经营管理方式创造条件，为适应未来的发展留有余地。

（4）充分重视环境设计的作用，并创造一个无障碍通行环境。

为了体现上述基本想法，在方案设计过程中，我们着重从 3 个环节入手，进行了一些初步的探索。

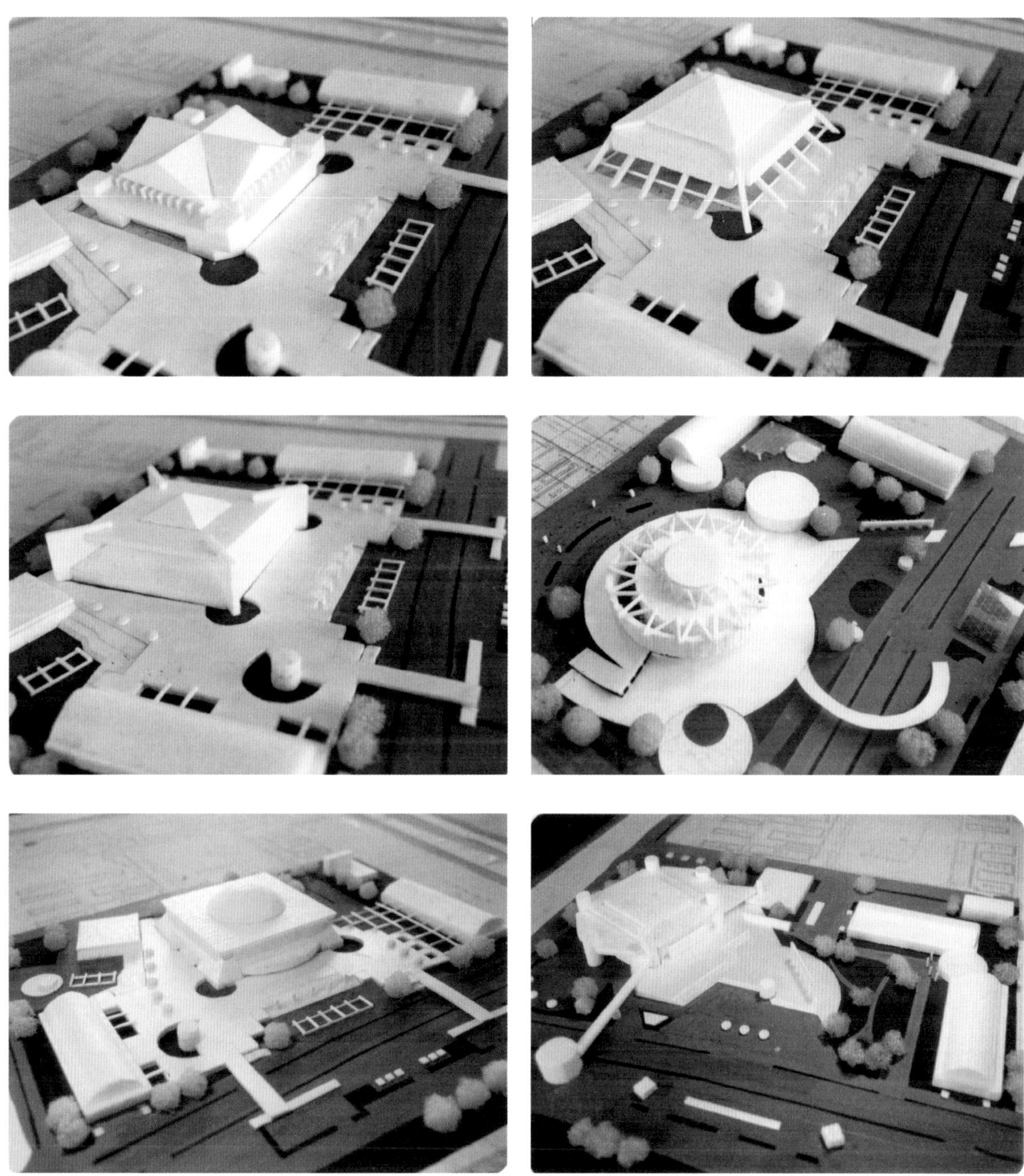

1

一、环境

各地陆续建造了一批体育建筑，承办了一些全国性或国际性的比赛，这批体育建筑也在城市环境美的创造中发挥了重要的作用。所以，我们不应把这个体育馆单纯地视为一个个体建筑的设计，它要受到所处特定物质环境、文化环境的制约，不能只局限于其自身的完整性，而首先要考虑它与

图1. 天津体育馆比较方案模型（6组）

整个城市、与所处的街区以及与各部分之间的联系及相互作用，并由此进行环境和体形的构思。

天津市是我国沿海主要的开放城市。我们认为天津市的主要性格里有一种国际色彩，这不仅来自于“万国之城”的历史积淀，而且随着改革开放的不断深入，它的国际色彩可能会更加强烈，这将是天津城市景观的重要特色。当时曾做过若干比较方案，但在最后我们采用了正方形的四棱锥体作为基本母题，在此基础上进而发展出中间的大四棱锥体相组合的雕塑感较强的基本体形，首先这种体形简洁朴素，新颖而富有表现力，在国内已建成的场馆中还从未采用过；其次，它与体育馆观众大厅的平面布置相适应，结构上采用空间幕形网壳，简单并易于施工；最后，由于建筑物位置坐南朝北，主要立面长期处在阴影之中，因此建筑物的轮廓起伏将对建筑形象起到重要作用，而锥体可进一步加强屋顶作为第五立面所起的作用，它不仅具有中国传统建筑的神韵，在不同光线下还会出现丰富的光影效果。屋面拟采用银灰色的彩色复合钢板屋面，色调高雅富有时代感；在屋顶上的采光窗不仅能起到节能的重要作用，而且在丰富屋顶的细部处理上也十分重要。我们认为，总高达41.2 m，平面上 112 m × 112 m 的体形不仅将成为这一地区重要的制高点，同时也将成为城市的重要标志物。

在总体交通布局上，我们坚持人车分流的原则，利用高架人行道和平台把这组体育建筑与城市联系起来，把主馆与原有附属训练设施和城市道路对面的停车场联系起来。这样，既避免了平时使用时对城市活动的干扰，又把这一组建筑有机地组织起来，形成比较完整的群体。将北入口作为面向主干道的入口，并在此设置了严整对称的广场，严谨端庄。而对于其他几个入口，尤其是东入口，考虑了与北入口不同的处理手法，以给人丰富多变的观感。我们还有意识地把东侧的高架人行道与原有南开大学主楼的主轴线连接起来，通过遥相呼应，形成整个城市空间的连续感。

此外，我们还在入口通道上设置了坡道，以求为残疾人创造一个无障碍通行的环境，为他们参加和观看比赛创造条件。

二、功能

体育建筑对功能工艺上的要求比较严格。在研究了广州全运会和北京筹备第十一届亚运会工程建设的基础上，我们在内场部分布置了贵宾、记者、运动员、裁判员、公安保卫人员的用房及机房库房等，并设了各自专用的入口。各部分房间的组合参照最新国际体育比赛的工艺要求加以布置，使之分区明确，可分可合，以利于比赛和平时的不同使用要求。将运动员和裁判用房的休息空间、更衣淋浴室和厕所成组布置，以便于独立使用，灵活调整。尤其在紧邻主馆的东南角，我们安排了原计划任务书中没有要求的一个小型的练习馆，从国际比赛的实践看是有此必要的。将练习馆与主馆用通道相连，使比赛场馆和练习部分得以配套使用，从而使其成为一组比较完善的体育设施。

在 85.8 m × 85.8 m 的正方形比赛大厅中，我们在观众席部分未设楼座，简化结构体系（关于这方面的理由，后面还要提到）。观众座位南北各 27 排，东西各 14 排，固定座位约 10000 席，在比赛场地四周设置了活动看台共 1400 席，以便于在面对不同比赛要求时可灵活变化。为了缩短视距，我们取消了观众席内的横向走道，只设了纵向走道，使得观众席最大视距为 43 m，这样还减少了在

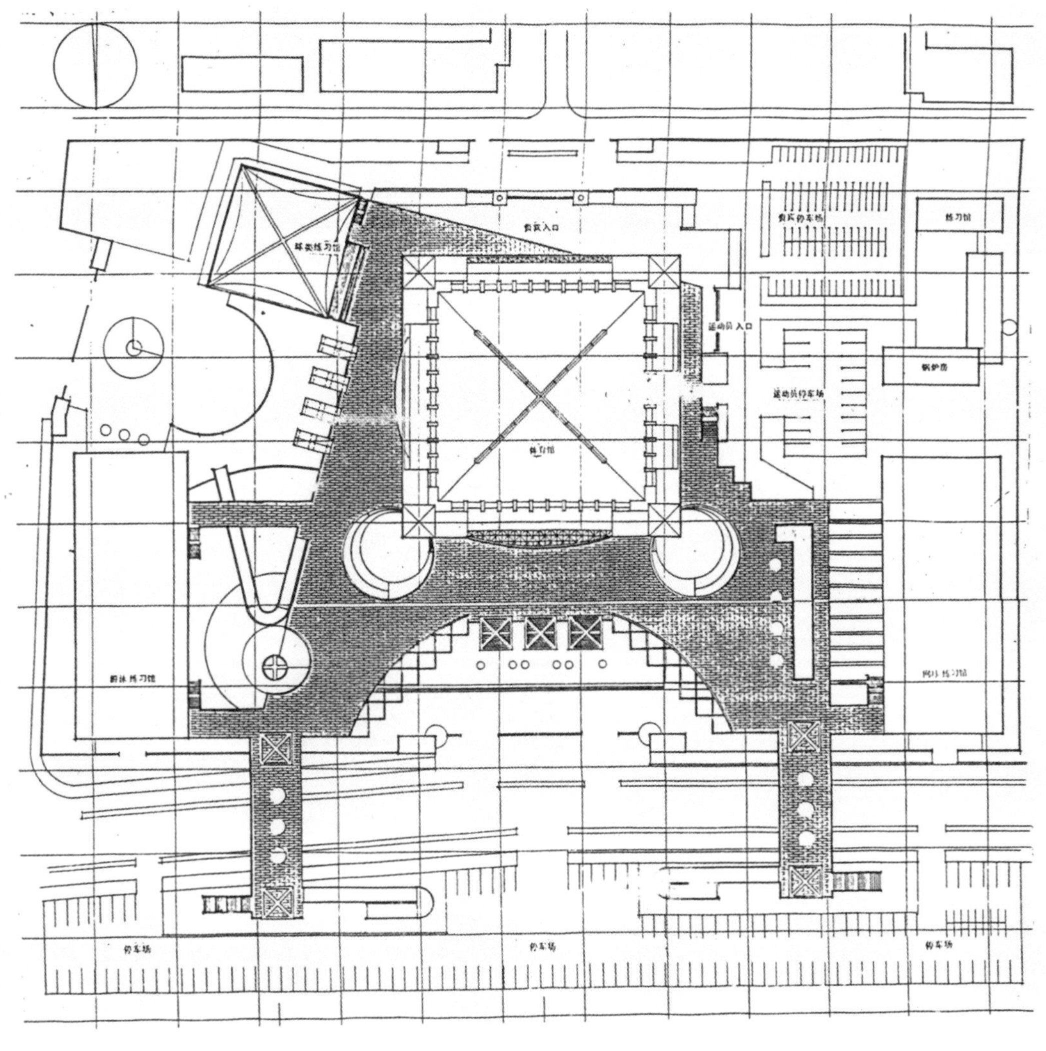

2

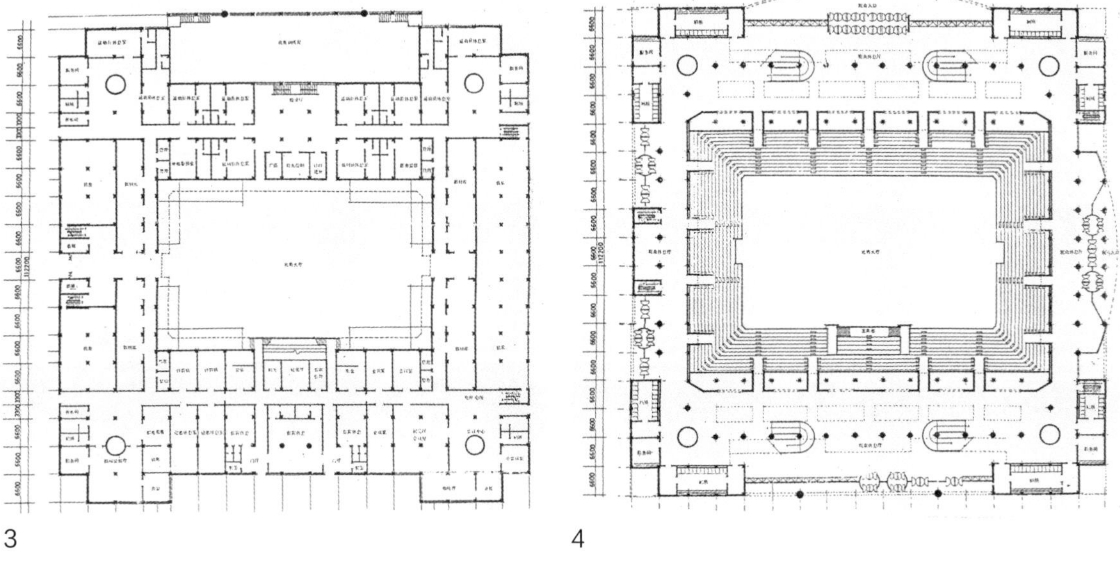

3 4

图 2. 天津体育馆方案总平面图　　图 3. 天津体育馆方案一层平面图　　图 4. 天津体育馆方案二层平面图

比赛开始以后，入场观众横向来回走动产生的干扰。为了保证安全，我们在观众席上下部共布置了27个疏散口，每个疏散口的宽度为2.2 m，从数量上看已远远超过国内已建体育馆，可保证全场观众在2.7 min内疏散完毕，同时这样也可以适应场内观众临时增加的情况，方便观众退场。在一层的观众休息厅中设置了局部夹层，夹层用坡道与下部休息厅相连接，这样既利于看台后部观众的休息与疏散，又大大丰富了休息厅的室内空间。在体育馆的对外出入口处，也吸取国外经验，设置了较少入口，以便于控制和计票，而出口门可全部向外打开，将看台下面的空间主要布置为商业内容，将厕所置于建筑外墙以利于通风换气。

我们还按照观众数目的千分之一布置了残疾观众的座位，共10席，另外，将厕所、饮水等设施设计得也便于残疾人的使用。

另外，我们还考虑了体育设施的多功能使用，如比赛大厅适应于不同使用目的的平面布置方式，同时设置了专用的对外出入口，汽车或叉车可以由此直接驶入室内比赛场地，这便于用来举行一些非体育性的活动，如展览会、音乐会等。观众休息厅因设有冷热饮和其他有关商业设施，所以可以在此单独举行中小型活动。一层的贵宾、记者、运动员用房等也都可以单独出租作为他用，如举办小型会议、展览会等。

三、经济

建筑形式的多样化还必须与我国的国情相结合，在当时情况下基建投资还很不宽裕，所以设计方案的经济性应该包含建设造价和建成后使用维护等多方面内容。如前述的简化屋盖结构方案，建筑的多功能使用，利用天然采光以节约能源，增加实墙面降低热耗等，都是在不影响使用的条件下，为节省造价而采取的措施。这里我们着重分析方案中的体积和高架平台问题。

体育馆的四角棱锥体最高点达41.2 m，较国内已建成的同规模馆要高出一些，这样的室内空间是否经济？因为这涉及馆内的声学处理、常年的空调采暖费用等，评委们肯定会议论到这一问题。为此，我们有意识地压低了观众席后部的高度（这也是不采用楼座方案的重要原因），使网壳屋盖的起点高度

5

6

图5. 天津体育馆方案模型

图6. 天津体育馆设计人员（左起：滕慧、马景忠、王兵、闵华瑛、作者）

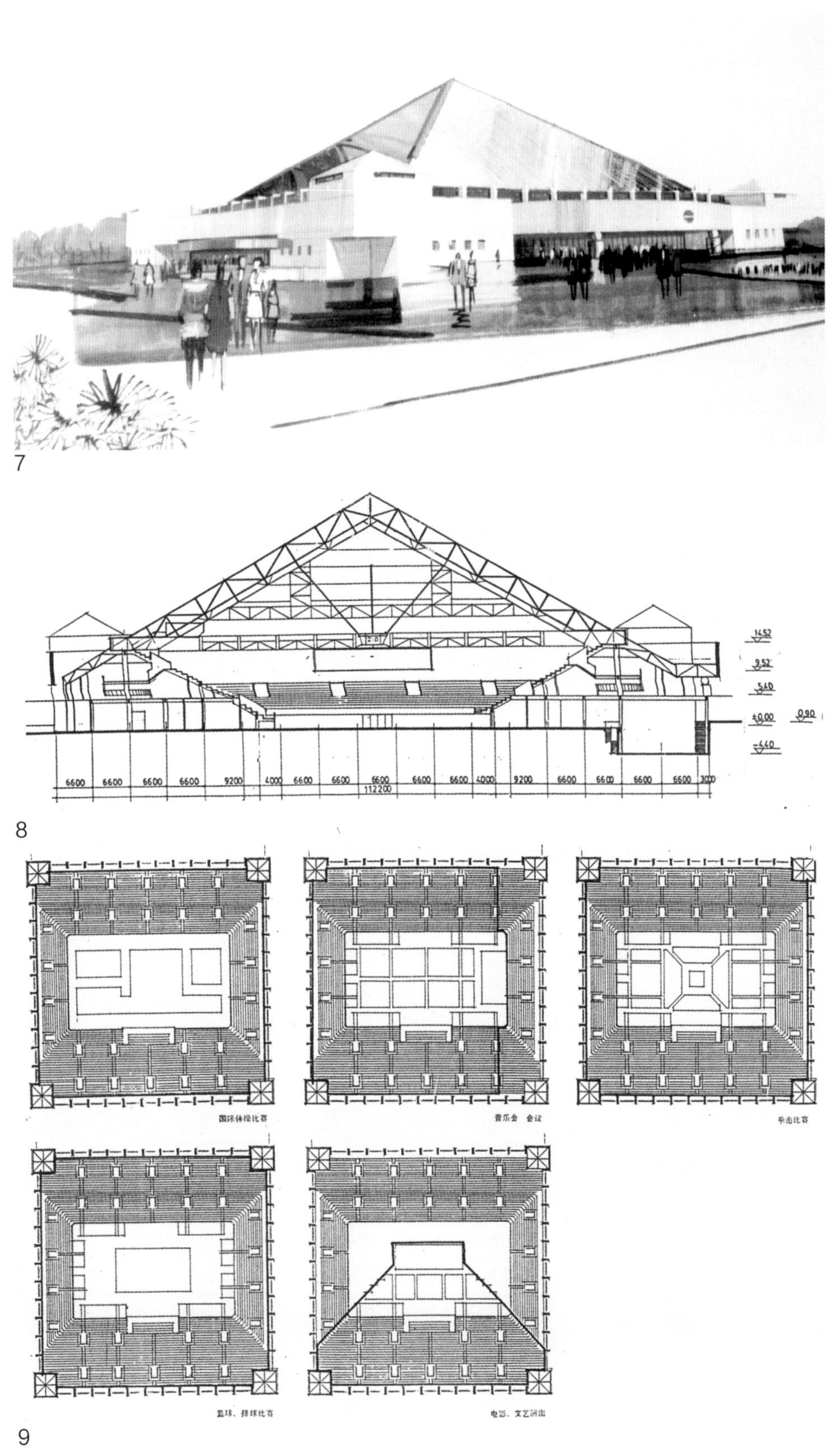

图 7. 天津体育馆方案透视图　　图 8. 天津体育馆方案剖面图　　图 9. 天津体育馆方案场地布置

控制在 18~19 m。而国内同类型馆采用平板网架，一般檐口高度都在 24~27 m，甚至有的达 30 m 以上。这样，四棱锥的体形虽然中间增加了高度，但由于起点较低，总的计算下来室内体积的增加是很有限的。经初步计算，如以网壳下弦计算总体积为 11.9 万 m^3，即 10.6 m^3/ 座，与参加竞赛的其他方案相比基本相当，但该方案的立面体形却有较大特点，同时也便于将来对室内灯光马道及吊灯加以升降，为多功能使用创造条件。当时法国建的巴黎贝尔西体育馆给了我们一定的启发。

另外，在总图设计中我们也布置了一定面积的高架人行道和平台，它除了能使人车分流，将主馆和城市以及用地内的原有建筑联系起来形成一个完整的群体，同时避免散场时对城市形成干扰外，还使平台下有大片的覆盖面积，在设计方案中我们并没有进一步对此进行详细布置，只是提出了我们的初步设想。从总造价来看，这些平台的确要增加一些投资，但同时也形成了灵活性较大的空间。可以在此安排一些半永久性或临时性设施，既可以布置一些馆内常感紧缺的附属面积，如库房技术用房等，同时也可以布置用作对外服务的设施，这样为创造体育设施的新型经营管理方式、多渠道创收提供了较为有利的物质条件，也为将来发展留有余地，避免过去一些临时建筑所造成的杂乱现象。

在方案创作过程中，北京院熊明、吴观张二位老总都曾给予指导。

埃及开罗体育馆考察

1989 年 6 月，四所根据我国对外经贸部援外司提出的要求，对我国援建埃及开罗警察体育馆的立项进行分析，为研究任务书要求及立项提出研究报告，并于 7 月 20 日至 8 月 18 日对埃及进行了考察访问，在往返途中顺访了巴基斯坦卡拉奇市和新加坡。代表团由对外经贸部援外司的司长带队，同行的有司里主要负责人夏云贵，还有国家体委的周保瑞，北京院的我和莫沛锵（结构）。其中夏云贵是学阿拉伯语的，老周经常在中东出差，阿拉伯语也可以，他们事先就教给我们许多常用对话。

当时埃及方面提供了一个资料，也可说是一个初步的设计任务书。因为埃及在开罗还缺少一个国际标准的体育馆，因此这个设施不仅要服务于埃及警察体协，还要用来召开阿拉伯地区的国家或国际性的比赛，为埃及的国家运动队服务，因此要求设施齐全、服务全面。

体育馆位于开罗市区，总用地为 2.6 hm^2，其中体育馆占地 1.3 hm^2。馆内观众席位为 12458 席（固定加活动坐席），比赛大厅 11500 m^2，可多功能使用，要保证手球比赛 20 m × 40 m 的场地，场地边留 7 m 的缓冲，为此比赛场地可为 35 m × 54 m，另外要有 2 个 300 m^2 的健身房，2 个训练厅共 850 m^2，更衣室可满足 300 人的使用，同时要有相应的更衣、洗浴、按摩、桑拿等设施。在一层还要布置可容 290 人的会议厅，可容 80 人的中会议厅和 46 人的小会议厅各 2 个，以及为运动员和工作人员服务的餐厅、小吃、厨房。另外还要有相应的行政办公、技术服务、通讯电脑、医疗服务等各类用房。

同时对空调、照明、通信、消防、广播电视、计时记分、同声传译等也都提出了相应的技术参数和要求。建筑总高度建议为 34 m（由室外地面计起）。另外需建可停 310 辆车的地下车库。

在去埃及考察之前，我们要做相关的技术准备。首先要按照埃及方要求试作方案。在此前我们曾参加过天津体育馆的方案竞赛，其造型为四面坡的金字塔形，我们认为此种造型也较适于埃及开罗这样的环境，与当地的金字塔形成呼应。整个体育馆接近正方形，比赛大厅为 60 m × 35 m，观众席长向 27 排、短向 14 排，固定座席 9000 席，观众席中不设横向走道，活动看台 1500 席。将训练厅、更衣室、贵宾室、工作用房、技术用房、机房、仓库等设于一层。于二、三层设观众席和观众休息厅，另外，将餐厅、会议室及一部分多功能用房置于三层，总建筑面积约为 3.0 hm^2。

因为援外项目的经济分析十分重要，所以在提出室内的装修做法、结构的主要形式、有关设备等采用中国国内产品以及相应的电气设备和体育器械后，我们进行了初步计算，造价为 3600 元 / m^2，总造价为 1.08 亿元。同时，提出如适当调整装修标准，可按 3300 元 / m^2 计，总造价为 9900 万元。（另外注明建材部分有 50% 采用国内材料，并不包括家具和陈设工艺品等）。为此，在 7 月 13 日，我们按不同的规模提出了 3 种方案的面积使用和造价分析（表一、表二）。

表一　面积和内容比较表

<table>
<tr><th colspan="2">项目</th><th>埃及方要求</th><th>方案 1</th><th>方案 2</th><th>方案 3</th></tr>
<tr><td colspan="2">容纳人数 / 人</td><td>12458</td><td>8000</td><td>10000</td><td>11700</td></tr>
<tr><td colspan="2">总建筑面积 / ㎡</td><td>34500</td><td>21600</td><td>26000</td><td>30000</td></tr>
<tr><td colspan="2">人均建筑面积 / ㎡</td><td>2.77</td><td>2.7</td><td>2.6</td><td>2.56</td></tr>
<tr><td rowspan="7">主要内容</td><td>场地尺寸 /m</td><td>35×54</td><td>35×60</td><td>35×60</td><td>35×60</td></tr>
<tr><td>比赛大厅面积 / ㎡</td><td>11500</td><td>6300</td><td>6750</td><td>7362</td></tr>
<tr><td>健身房训练厅 / ㎡</td><td>1450</td><td>1000</td><td>1000</td><td>1306</td></tr>
<tr><td>更衣室</td><td>300 人</td><td>4 组</td><td>6 组</td><td>8 组（870 ㎡）</td></tr>
<tr><td>会议厅</td><td>大会议厅 290 人
中会议厅 80 人 ×2
小会议厅 46 人 ×2</td><td>利用办公接待</td><td>利用办公接待</td><td>700 ㎡</td></tr>
<tr><td>餐厅小吃</td><td>450 ㎡</td><td>与休息厅合用</td><td>减小面积</td><td>餐厅 566 ㎡</td></tr>
<tr><td>贵宾接见</td><td>—</td><td>740 ㎡</td><td>740 ㎡</td><td>740 ㎡</td></tr>
<tr><td colspan="2">共同部分</td><td colspan="4">电脑中心、通信中心、医务急救、休息厅、厕所、仓库、机房、办公室</td></tr>
</table>

10

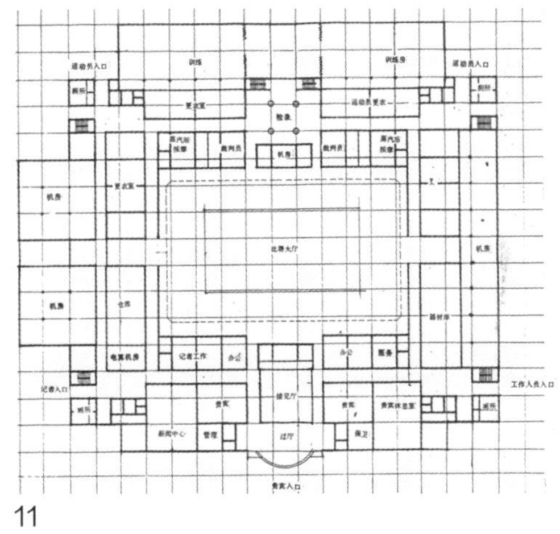

11

图 10. 埃及方用地模型

图 11. 研究报告中方案一层平面图

表二　造价比较表

项目造价 / 元	方案 1	方案 2	方案 3	项目	方案 1	方案 2	方案 3
建筑	2255	2714	3240	记分牌、标示牌	324	324	324
结构	2177	2620	3132	电梯	216	216	216
卫生	70	84	108	室外管线	216	216	216
照明电力	700	936	1080	围墙、绿化道路	432	432	432
通风空调	1011	1310	1512	合计	7790	9320	10800
消防	77.8	93.6	108	造价 / （元 /m^2）	3060	3590	3600
扩音设备、电话、天线	311	374	432	—	—	—	—

注: 如采用彩色显示屏幕须另计造价。

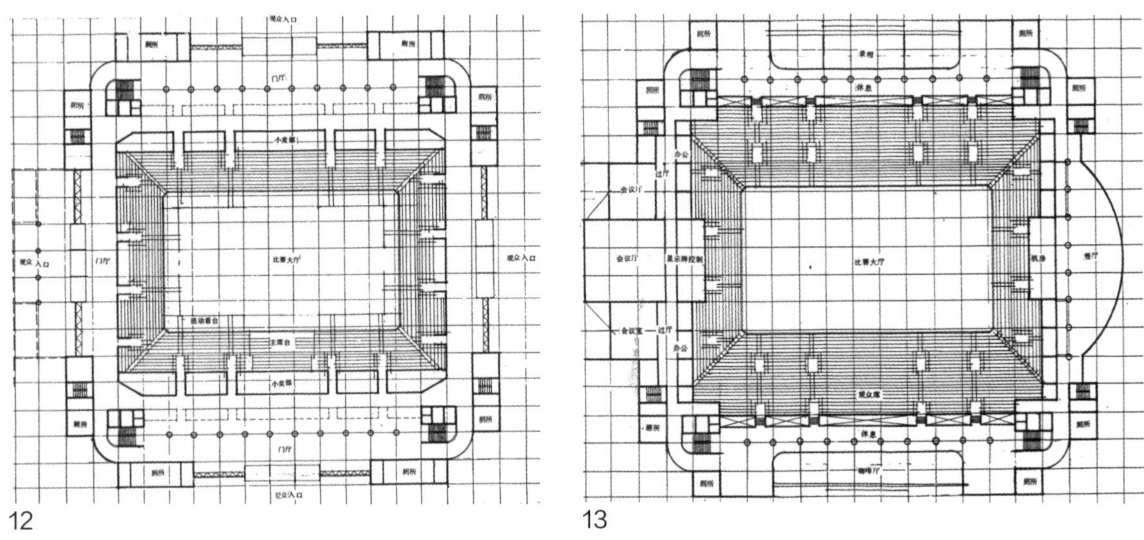

12　13

为了在出国考察谈判期间能更好地掌握情况，我们还专门整理了援外和国内有关相近规模的体育馆的相关数据（从 1973 年到 1990 年），包括场馆规模、建筑面积、场地尺寸、平均每座面积等指标。另外，还整理了我国援外体育馆的主要内部做法和装修标准。

我们于 7 月 20 日出发，经卡拉奇停留 2 日，参观了真纳墓，23 日一早出发去开罗，到了开罗以后发觉有几件行李没有到，大家十分着急，接待方开罗警方属内政部管辖，他们得知这个航班途中

图 12. 研究报告中方案二层平面图　　图 13. 研究报告中方案三层平面图

还要停留几处，最后抵达哥本哈根。于是，内政部向沿途停留城市的警方分别发去急电，注明这几件行李十分重要，如果发现了请马上予以扣留。果然很快就传来消息，这几件行李在罗马机场就被扣下了，过了一天行李就被送到了开罗。后来发现，原来挂在行李上的标签去开罗和去哥本哈根的颜色是一样的，都是深紫色，登机时正是早上，工作人员没有注意，只看颜色相同就都挂上了。在这场误会中，我们团长的行李也在其中，他的西装正装都在箱子里，幸好第三天埃及内政部长才接见大家，避免了尴尬。我的箱子也没到，而反转片胶卷都在箱子里，因而，我最后只好临时买了负片，拍了金字塔和考察的部分内容。在箱子没找到之前，接待方怕我们衣服不够，给我们每人发了一件运动服上衣。

因为是对外经贸部的任务，所以中方接待我们的是使馆经参处，而埃及方内政部接待安排我们住在内政部的俱乐部。我们去看了中国驻埃及使馆，那是一栋十分豪华的建筑物，据说是当年陈家康任大使时购买的。

在开罗，我们首先考察了开罗的有关设施，包括开罗的奥林匹克体育中心、训练设施、警察学校、开罗体育场、一个4500人的体育馆等。当时，国内援建的开罗国际会议中心已接近完工，我们也去

14

15

16

17

图14. 中方代表团在孟菲斯金字塔（右一为莫沛锵，右二为作者）

图15. 开罗警察学校

图16. 开罗奥林匹克体育中心

图17. 开罗国际会议中心（中国援建）

参观并了解了有关情况。这个会议中心是由上海市民用院设计的，上海民用院当时在开罗的有魏敦山总和滕典，他们非常热情地给我们介绍了许多情况，我们也向他们咨询了一些谈判中应注意的问题和一些细节。当时，魏总正在犯胃病，还专门陪我们参观了阿里清真寺。

在开罗，我们还和当地的事务所联系，让他们来介绍了有关情况。我们和埃及方讨论方案，当时在造价、进度、设计费等方面讨论得比较多。埃及方虽然基本同意我方提出的文本，但认为有些细节仍需要进一步讨论，不过这些都不是我们设计方需关心的事，是对外经贸部主要关心的了。

此后，我们还抽空参观考察了亚历山大、苏伊士运河、塞德港等地，在埃及的中建总公司河北公司经理部还邀请我们参观了他们在地中海边上承建的 10 月 6 日城（度假村）。本来中建公司还要接待我们去南方阿斯旺和卢克索，机票都已经买好了，但对外经贸部可能是经常来这里出差，因此不太感兴趣，以天气太热为由拒绝了，我们听了也无可奈何，失去了一次好机会。

在开罗时还发生过一件事，我们在驻地，有一天，莫沛锵忽然发现自己带的外汇丢了 100 美元，于是通过代表团向内政部警方报告，后来听说警方把当时负责我们住宿的士兵全部加以拷问，最后发现了是谁干的，很快就把那人押走了。

18

19

20

21

图 18. 作者与上海民用院魏敦山总　图 19. 作者与上海民用院滕典于国际会议中心内

图 21. 中埃双方会谈场面　图 20. 作者与埃及人员在金字塔

22 23 24 25 26 27 28 29

图 22. 埃及金字塔　图 23. 埃及狮身人面像　图 24. 尼罗河鸟瞰　图 25. 尼罗河沿岸风光
图 26. 开罗无名烈士纪念碑　图 27. 开罗市中心　图 28. 开罗街景之一　图 29. 开罗街景之二

30

31

8 月 18 日，我们经新加坡回国，当时住的旅馆叫河畔酒店（riverside hotel），我在旅馆门口观察周围地形和建筑时，有似曾相识之感，后来才想起在日本丹下事务所研修时，所做的设计方案中有一个国王中心就是要建在这个旅馆对面的用地上，我还为此画了 2 张大的室内表现图，但过去这么多年，这个地方也没有什么变化，看来工程没有继续进行。

开罗的项目在埃及时，上海民用院好像也曾过问过。回国以后有一段时间，我忙于参加学习班等事情，就没有再过问这个项目。

尼泊尔国际会议大厦方案

尼泊尔国际会议大厦方案是根据中国成套设备出口公司于 1987 年 12 月底发出的该项目考察设计招标书而进行的。当时以我们设计组的王兵和马景忠为主，分别提出了两个方案并交出，最后听说是由三机部四院中标。

当时的方案设计基本要求为：总建筑面积不超过 9000 m^2，总工程造价不超过 3000 万元，单方造价控制在 3000 元 / m^2 之内。其主要内容包括 1000~1200 座的国际会堂，200 座的中型国际会议厅，100 座的小型国际会议厅两个，可容纳 50 人的普通会议室两个，此外还要求有 250 m^2 的多功能厅，300 m^2 的展览厅，各为 100 m^2 的贵宾室和记者接待室，可停 10 辆车的车库及其他附属设施。

尼泊尔首都加德满都海拔 1324 m，多地震，设防烈度为 9 度，气候为亚热带季风气候，一年三季，其中每年 10 月至次年 4 月为凉季，雨量适中，主导风向为西、西南。用地暂定为加德满都市城区或近郊区的丘陵地带，临近主要交通干道。

我们当时确定设计的基本原则，首先是满足国际会议大厦的基本功能要求，这里应是人们汇集交流的场所，其功能区应有一定的灵活性和变通性，以便于人们对话和交流，从而增进各国人民的相互理解。同时，可以促进当地的城市开发，促进旅游事业的发展。其次，外部形象应有个性和时代感，除体现当地的传统形式外，同时体现中尼的传统友谊和合作，从而丰富城市景观。最后，还要考虑尼泊尔发展中国家的经济特点，充分利用自然通风和采光，注重环境设计。

图 30. 苏伊士运河风光　　图 31. 中建公司（10 月 6 日）

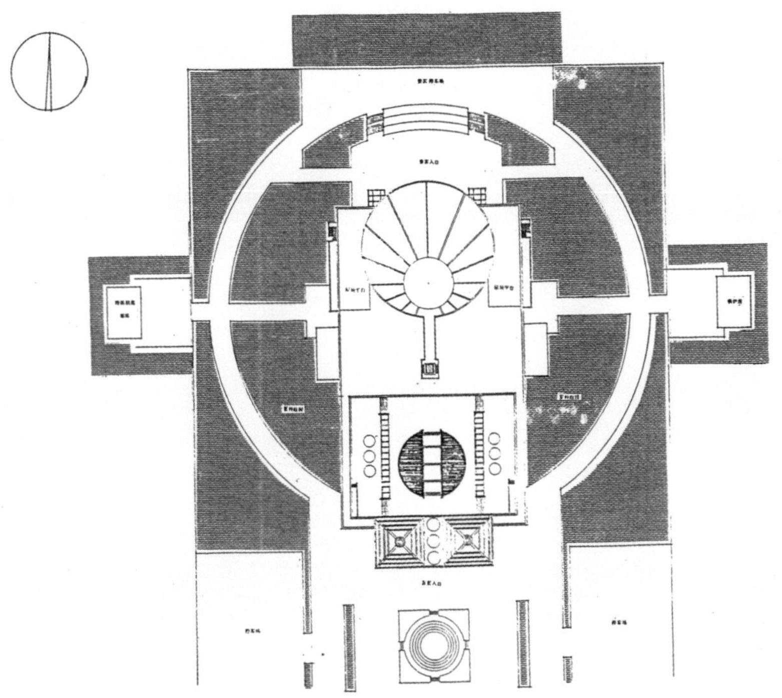

32

33

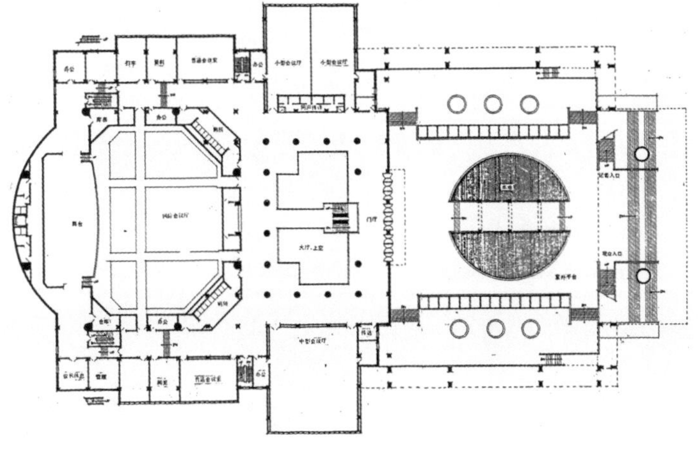

34

图 32. 尼泊尔国际会议大厦方案一总平面图　　图 33. 尼泊尔国际会议大厦方案一南立面图

图 34. 尼泊尔国际会议大厦方案一二层平面图

第一个方案是规整式布局的对称方案，在总图和个体中采用圆形、方形母题，分别象征宇宙、天国、超脱和世俗、尘世、大地。平面中轴线明确，各种入口分工明确，分区清楚，以中央大厅为核心，不同层高之间、各功能部分之间通过中央大厅相联系。圆形、方形母题在体形和立面上也予以强调，显得端庄稳重。

第二个方案采取较灵活自由的布局，以适应地形的起伏，同样利用圆形、方形的母题，通过轴线的转折和变换，不同标高的空间形成围合开敞的空间，便于多功能使用，立面上大小尖顶的起伏与喜马拉雅山的山峦起伏相呼应，拱廊和格架增加了总体的光影变化。

35

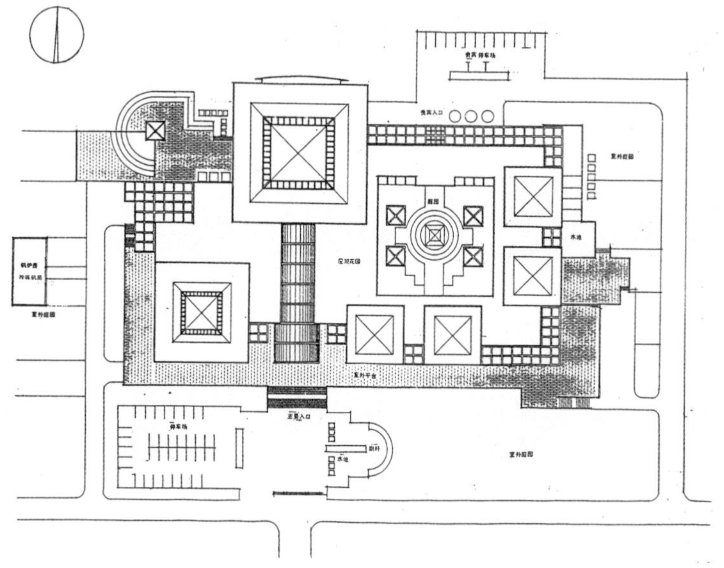

36

图 35. 尼泊尔国际会议大厦方案一透视图

图 36. 尼泊尔国际会议大厦方案二总平面图

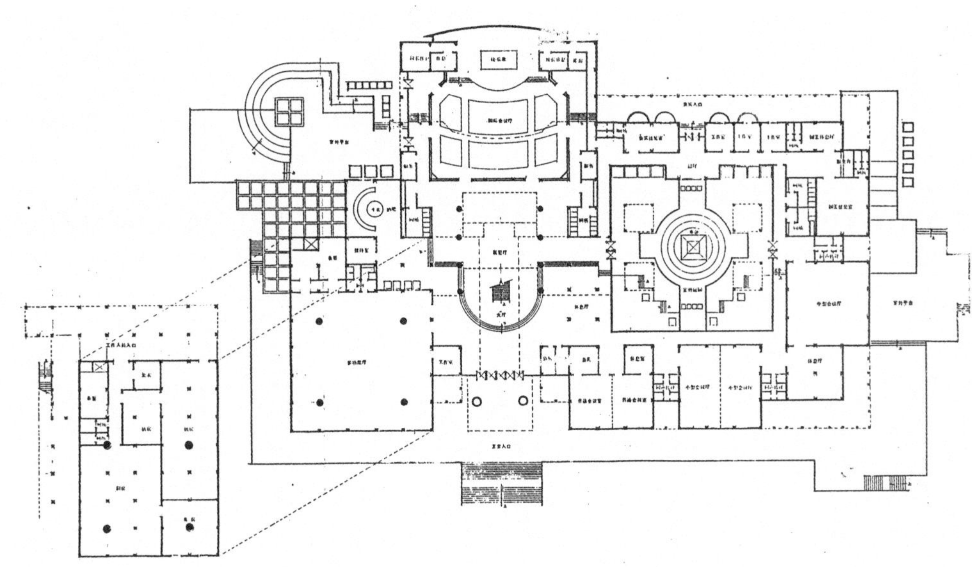

37

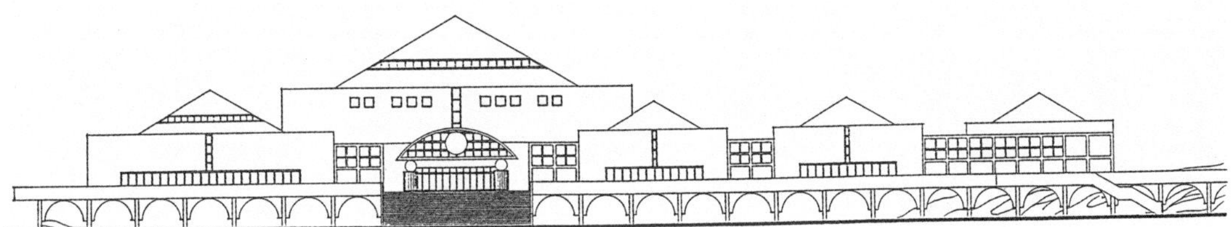

38

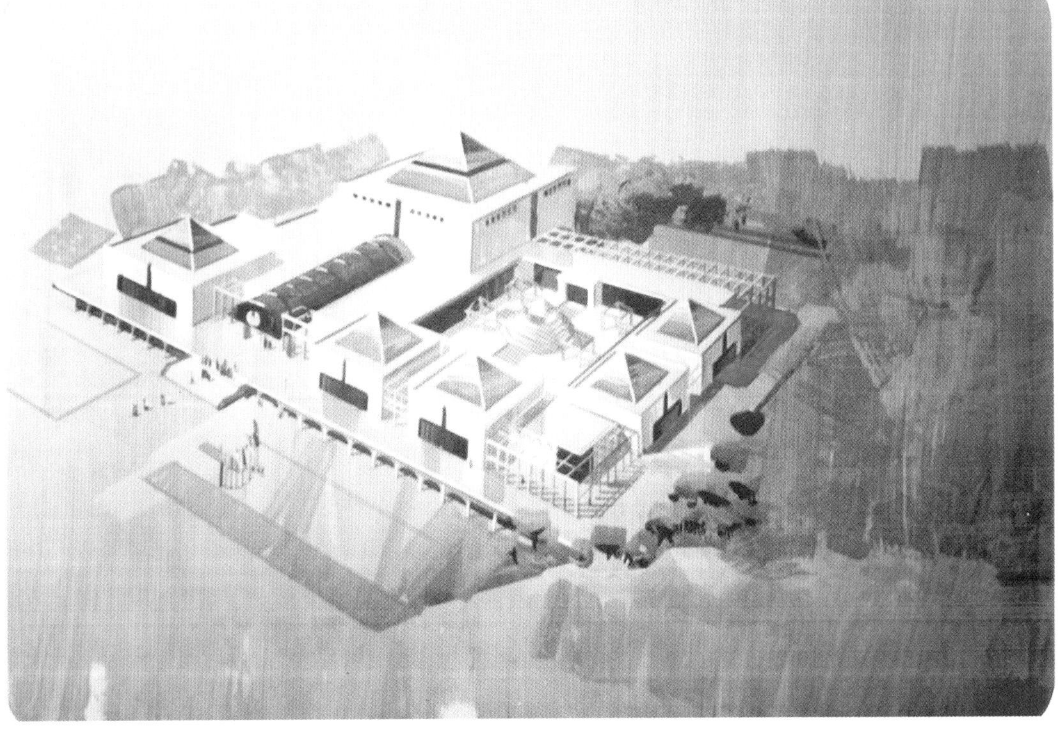

39

图 37. 尼泊尔国际会议大厦方案二一层平面图　图 38. 尼泊尔国际会议大厦方案二南立面图
图 39. 尼泊尔国际会议大厦方案二透视图

东京的国际竞赛

1989年3月—9月，我们北京院的设计小组参加了日本东京国际会议中心的公开国际设计竞赛。早在1988年底，日本建筑家协会就向世界各国建筑师发出了消息，这也是在这家协会成立之后，完全按照国际建筑师协会的职业标准举办的一次国际竞赛，并得到了国际建协的承认。我们院为了积累参加国际竞赛的经验，决定由院副总建筑师刘开济领衔，四所组成班子参加，所里由刘力和我协助，以在科研楼十层的亚运会设计班子为基础参加这一工作。这也是我唯一一次参加国际设计竞赛，虽然没有成功，但还是从中了解了相关程序，积累了经验，总结一下对我们还是有借鉴作用的。

因为是国际公开设计竞赛，所以应征参与者肯定会比较多，主办方做了细致的准备工作。仅设计要求而言，就分为前言、应征条件、设计条件3大部分。在前言部分指出：因为原在东京丸之内地区的东京都厅舍将于1991年在新宿建成新址，因此决定在旧址上兴建国际会议中心。考虑到东京是日本文化活动的中心，日本的演出、美术、音乐等活动多在此举办，尤其是今后人们的生活方式将会发生明显的变化，文化生活将更加多样化，所以在原有文化设施的基础上，建设能够方便地进行多种多样的文化活动的复合型文化设施十分必要；从巴黎、柏林、纽约等城市的经验来看，他们通过建设大型的会议和展览设施，使人们的交流和信息的交流更加方便，按照这样的发展路径，可使东京向国际城市进一步发展；另外，丸之内地区又处于东京的商务中心，和附近霞关的行政区、银座的商业区相邻，因此希望国际会议中心建成后可以吸引更多人的注意；如果设施内拥有方便联系的各种功能内容，也便于多功能活动的开展，所以主办方提出要便于使用，有易于亲近的空间，在设施配置上，要考虑细致，使其成为东京都新的象征，能被后世所称道。

在应征条件部分共列出了19个子项，具体如下。

（1）首先规定这是国际建协承认的一阶段公开竞赛，即一次就评出最后结果，而不是选出若干方案后再进行二次、三次竞赛。

（2）主办方是东京都。下设建设推进室，正式语言是日语和英语，尺寸采用公制。

（3）对不同国家的应征者有不同的要求。应征者若为日本建筑师，需有一级建筑士资格，若为国外建筑师，需要有从事该类建筑物设计和监理的资格。可以聘请建筑、结构、规划、剧场技术、

1

2

声学的专家协作设计，对资格没有要求。也规定了与评委、技术委员、专业顾问及与竞赛有关的东京都公务员等不能参与设计。

（4）在日程上，规定1989年3月15日报名截止，次日即发出设计条件，4月30日前提出质疑问题，6月30日发出质疑回答，9月20日下午5:00前为接受应征作品的最后时间，10月上旬发布竞赛结果。

（5）说明向应征者提供的文件包括设计条件、参考资料、信封和公文纸。

（6）提出了图纸要求。图纸为A0尺寸（84 cm × 110 cm），总平面、平、立、剖面图均为1/500，大演出厅平、剖面图各1张（1/200），规定提交数量要在6张以内，不能着色。透视图为A1尺寸（59 cm × 84 cm），外观一张，内景3张，至少要有两张图是着色的。说明书为A3尺寸（29 cm × 42 cm），在6页以内，左侧装订，不着色，文字需打印。模型规定1/500，由主办方制作周围环境，应征者只做用地范围以内的模型，并规定底座高5 cm，幻灯片为35 mm，5张以内。还规定在此文件以外的其他文件或以后再追加的文件均不予认可。

（7）提出问题的质疑书也有统一格式，统一信封（国外用航空寄来），答疑书应视为对设计条件的追加和修正。

（8）对于应征作品的提交方法，规定文件应放入封袋，模型需打包，国外应征的模型打包应便于海关检查，在二者的表面都要注明应征者的姓名和地址，而为了保证能匿名评审，在评委看到作品之前，必须将这些包装丢弃掉。

（9）一直到审查的最后都要保证隐藏应征者的信息。其办法是应征者用任意的一个外文和4个数字组成其代号，然后在指定的表格内把应征者的姓名、住址填好，放入指定的信封，在信封的外

图1. 东京国际竞赛任务书封面　　图2. 东京丸之内地区

面标注的也是这代号，作品上也是这个代号，在收到作品以后工作人员会把代号覆盖，然后换成另一套代号，原来代号的表格则被加以严密的保管。

（10）审查评委有 9 位，另有 2 位候补评委，其中 5 位为建筑师，分别为加拿大的阿瑟·埃里克森、意大利的格里高蒂、美国的贝聿铭、日本的丹下健三和槙文彦；另外 4 名为有实际经验的专家，其中 2 位是国外的，一位是西柏林国际会议中心的经营负责人，一位是法国乔治·蓬皮杜国家艺术文化中心的前馆长，另 2 位是日本专家。2 位候补审查员都是建筑师，1 位是日本，1 位是国外的。设审查会长和代理会长各 1 名，会长由评委选出，代理会长由会长指定。出席评审会的有评审委员、候补审查员和技术顾问，但只有评审委员有投票权，如有缺席时由候补审查员代理行使投票权。由评审会选定最优秀作品，优秀作品和佳作，并向东京都和国际建协提出全体签名的报告书。

（11）技术委员会由 8 名日本委员组成。分别是剧场、建筑、音响、结构、城市设计、法规、防灾方面的专家，负责技术专项审查，向评审会提出报告。

（12）技术顾问由日本建筑师进来廉担任，负责技术委员会的工作，并对竞赛工作进行指导。

（13）奖金总计 1 亿 2000 万日元，设最优秀奖 1 名，奖励 3000 万，优秀奖 3 名，各奖励 1000 万，佳作奖 12 名，各奖励 500 万。

（14）成果的发布和展出。东京都除了把评审结果通知获奖者外，还会公布他们的姓名。在评审结束后，除要完成审查会报告书外，还要公开展出应征作品，如果未获奖的应征者希望匿名时，需在应征表格中注明，可不公布其姓名。东京都要在结果公布后把审查经过制作成出版物。

（15）作品的返还。除获奖作品外，其余作品可由代理人在指定日期和地点直接领回，也可交付运费后由东京都代办运输手续。没有说明或到时未领取的，由东京都加以处理。

（16）设计。东京国际会议中心的基本设计、实施设计和工程监理工作，要保证实现获奖作品的意图，需要把必要的部分委托给获奖者。当获奖者不具备建筑士的资格进行以上工作时，应与一级建筑士事务所的法人代表或一级事务所中的一级建筑士合作；东京都和获奖者协议后可对设计进行修改；在舞台设备和其他剧场技术的设计上，必须和东京都选定的专家合作；当评审会认为获奖者没有实施能力时，可由获奖者选择和经东京都认可的一级建筑士合作；当不是因获奖者的原因，而国际会议中心的实现出现困难时，东京都要向获奖者支付与奖金等额的补偿金；获奖者应和施工单位无任何关系；与获奖者 6 月 30 日之后有关联的团队或施工单位不能参加本工程的投标。设计费按建设省关标准执行。

（17）著作权。作品的著作权属于各自的应征者，东京都可以使用最优秀作品用于国际会议中心的建设，所有的应征作品除了用于展出外，未得作者允许不得使用。

（18）作品的管理。从作品的接收到展览会结束期间，由东京都对作品加以管理，在运输时或其他时间内作品的损坏应由应征者负责。

（19）遵守竞赛规则。当应征者提出应征作品时，就视为完全接受竞赛的所有要求，出现以下情况时作品会被视为无效：登记表及作品有虚假的记载；在指定地点以外表示了应征者的姓名、住址或暗号，或另有纸附着的；或其他违反竞赛条件。同时，任何人不可对评审结果提出异议。当对竞赛条件的解释有歧义时，以日文本的解释为准，本竞赛的司法管辖地为东京都。

另外，还有一部分设计条件书，主要内容如下。

（1）提出了国际会议中心应具有的基本功能，并且附有各项设施的面积分配和基本功能需求的细目和详细要求。其主要内容见表一。要有可进行音乐演出、电影、时装表演、学术活动的发表和鉴赏的场所；开办包括国际会议在内的各种会议的会议厅；举办样品、商贸、与产业有关的展览会的展馆；提供有关文化活动和产业活动信息的场所；使来访东京的各国人，在这里获得各种有关日本东京信息的同时，还能与市民交流。

（2）用地。面积为 2.74 hm^2，属于商业地区和防火地区，占地面积无限制，容积率在 1000% 以下。用地因铁路而分为东西两块，本次仅用西面一块。在用地半径 500 m 内有 10 座铁路车站，除西面隔商务街即是皇宫外，东、西、北面都是东京的商务区，南面临近集中了商业银座和文化设施的日比谷。用地东面有高架铁路，东南角地下有地铁丸之内线通过，东面路宽 11 m。西面路宽 22 m，地下有铁路横须贺线穿过。南面路宽 18 m，地下有乐町线穿过，车站在南侧地下。北面路宽 37 m，地下有铁

表一　主要设施及面积表

序号	名称	面积或要求	主要用途
1	大会议厅 A	5000 座左右	举办国际会议以及使用电声的音乐演出
2	大会议厅 B	1500 座左右	举办国际会议、古典音乐及利用电声的音乐演出
3	大会议厅 C	面积 2000 ㎡左右	地面不起坡，用于展览、会议及时装表演等
4	大会议厅 D	厅面积 400 ㎡左右	地面不起坡，用于演出、电影及时装表演等
5	各会议室	总建筑面积 4500 ㎡左右	举办各种国际会议，演讲、讨论会等
6	迎宾设施	建筑面积 1500 ㎡左右	迎送宾客、举办仪式、国际会议的开幕式
7	A 展馆	展场面积 4000 ㎡左右	举办与产业有关的展览、小规模的样品展、交易会等
8	B 展馆	展场面积 1000 ㎡左右	举办美术、工艺、服装设计及工业设计的展览
9	市民信息中心	建筑面积 2600 ㎡左右	市民可自由出入，可在此获得各种信息，票务中心生活咨询，进行学习活动
10	国际交流沙龙	建筑面积 1300 ㎡左右	为外国人获取日本信息、日本人获得国外信息提供便利，可自由出入和交流
11	Studio 设施制作	建筑面积 1700 ㎡左右	制作节目，也可出租使用，专业或业余音乐录音
12	多功能展廊	总展示面积 3000 ㎡左右	长期展出科技产业或市民生活等
13	服务设施	建筑面积 4700 ㎡	为会议参加者、设施利用者服务
14	机房	面积 2700 ㎡	供冷热源

注：此处面积是指由墙或柱中心线所包围的水平投影面积。

路京叶线在施工，预计 1990 年完工。用地周围有给排水干管，煤气，强弱电设施，地质持力层在地下约 20 m 处的砾石层。

（3）到国际会议中心的步行者主要来自北面的东京车站和南面的有乐町站，要保证有步行通道，并在建筑内设地下通道。由于是开放设施，因此建筑物周围不设大门和围墙，要求用地内的道路可通行 11 t 重的大型卡车，并同时供大巴和一般车辆通行，地下停车场的出入口不能影响北面的道路。

（4）建筑物的设计要求。总建筑面积（包括停车场和供暖供冷机房）共 14 hm^2，限高 100 m。同时提出了对于使用者动线（包括各种流线的不交叉，伤残人使用、贵宾的单独路线等），防灾疏散（特别提出几个大观众厅和会议厅不要放于地下），结构和抗震，运输，噪声和震动，法规条例等的要求。

（5）造价总计为 960 亿日元（不含拆迁、展览品、计算机等设备的费用，机房设备费，开办费和设计监理费等）。

（6）工期。设计周期为评审结果发表以后 18 个月，工程进展预计 1991 年秋天拆迁完，之后 3 年时间用于建设。

之所以要把这次国际竞赛的应征相关条件介绍得如此详细，无非是想通过国外的这一个案例来了解比较正规的国际竞赛的规则及相关要点。改革开放以来，我国各地也陆续举办了众多的设计竞赛和招投标，在评审过程中发现许多相关的设计竞赛或招标文件很不规范，存在许多盲点和漏洞，希望在了解国际通用规则之后，使我们的招标或设计竞赛能更加规范，并与国际接轨。

上面所列出的这些要求，都是在报名以后才得到的。1989 年 3 月 1 日，在刘开济总的领导下，我们首先寄出了报名表，但当时我国还没有注册建筑师制度，所以报名表中的注册建筑师证书及号码这一项，经研究后我们复印了设计院的设计证书，请中国建筑学会加盖公章，另外附上了刘开济、刘力和我 3 人的技术简历，又附上了我们院在此前两年的两册设计年鉴才算解决。当时，正在东京研修的我院职工成了我们在日本的联络员。4 月初，收到竞赛组委会寄来的粉绿色封面的设计任务书，由我全部译成中文。众所周知，当时北京的情况也十分复杂，我们研究方案的主要时间在 6 月中旬到 7 月初。经过几次讨论之后，我整理了一份各层主要功能的草图，经刘开济总首肯后，即以此为基础完成各层平面图、透视图、说明书和模型。当时，参加方案工作的除刘开济总、刘力和我以外，还有王兵、姚玓、范强、张向军、张学军、奚聘白、朱琳等人。透视表现图是奚聘白画的，当时比较难画的是大会议厅（5000 座）的内景，正好我收集的国外资料中，有一张会堂的内景照片和我们的设计很相近，我们就以此为蓝本改绘了出来。说明书的中文稿是由我拟的，按照我们国内设计的习惯，设计理念总要和日本的历史和文脉扯上些关系，以表示对他们传统的尊重。于是我们找了他们在中世纪晚期的城郭建筑，自织田信长始，至丰臣秀吉时极盛，再到德川家康时衰落，其中的天守阁是最有特色的，其占据了城中的制高点，既是可供瞭望的地方，也是防御的最后据点，结构特别坚固，其基本构成就是由若干个天守阁组成的，其中最大的叫大天守，各天守阁之间用渡橹连接，也就是由主要空间和联系空间组成，这和我们所设计的国际会议中心的平面有若干相似之处，因此我们的设计方案就借鉴了天守阁的做法，除主要的会议和展览空间外，就由交通和服务空间联系起来。为此我们还给我们的设计起名为《新江户城》（*New Edo Castle*），因为东京都就是在原江户城的基础上发展起来的。说明书由刘开济总译成了英文。对于模型的表现，我们也考虑不用那种写实的表现方法，而是发挥北京院模型室的特长，全部由本色的木块拼装而成，从最后效果看还是挺不错的。9 月份是设计工作的收尾阶段。9 月 9 日院有关领导来看了最后的图纸和模型（当时的院长已由市政设计院的曲际水院长代理了），在规定的时间寄出。但对这种模型的包装和长途搬运，我们还是没有什么经验，所以等运到东京时，模型因黏结不牢，都变得四分五裂不成样子了，幸好当时北京院的职工张泽光正在东京研修，我们也在包装箱里附了一张拼装图纸，他根据图纸又重新组装起来才算渡过这一难关，当时我们听到这消息真是惊出一身冷汗。

设计竞赛自 10 月 2 日开始审查，10 月 30 日—11 月 2 日召开评审会，评选出最后方案。在年底，主办方给我们寄来了厚厚的有 500 页的一大本应征作品集，里面详细介绍了竞赛的全部经过。在登记申请阶段，共有来自 69 个国家的 2284 人登记，在质疑提出问题阶段有 116 人提出 1007 件质疑，最后整理成 655 个问题，分别用日语和英语作了回答，最后收到 50 个国家的 395 个方案（其中有 17 件是在截止日期之后、评审会之前收到的）。从应征者的名单看，有不少当时的知名建筑师，日本是东道主，应征的人自然是最多的，如菊竹清训、冈田新一、川崎清、毛纲毅旷等人，还有 3 位是我在丹下事务所研修时的同事，共有 129 个方案。中国有 15 个方案，除我们院的方案外，其他方案中用中文署名的有李道增、赵秀恒，从拼音上我能猜出来的有周儒、卢济威、黄康宇、戴复东、何重义、荆其敏，还有一个方案署名是我们院的张镈，参加者有胡庆昌、那景成、吕光大，都是我

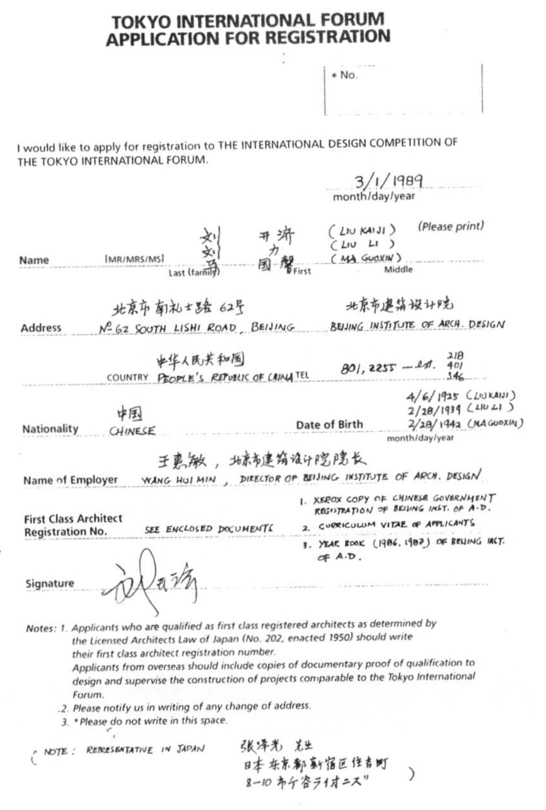

TOKYO INTERNATIONAL FORUM
APPLICATION FOR REGISTRATION

* No.

I would like to apply for registration to THE INTERNATIONAL DESIGN COMPETITION OF THE TOKYO INTERNATIONAL FORUM.

3/1/1989
month/day/year

Name [MR/MRS/MS] 刘 开济 (LIU KAIJI) / 刘 力 (LIU LI) / 马 国馨 (MA GUOXIN) (Please print)
Last (family) First Middle

Address 北京市南礼士路 62号 No 62 SOUTH LISHI ROAD, BEIJING　北京市建筑设计院 BEIJING INSTITUTE OF ARCH. DESIGN

COUNTRY 中华人民共和国 PEOPLE'S REPUBLIC OF CHINA　TEL 801, 2255 — ext. 218 401 346

Nationality 中国 CHINESE　Date of Birth 4/6/1925 (LIU KAIJI) 2/28/1939 (LIU LI) 2/28/1942 (MA GUOXIN)
month/day/year

Name of Employer 王惠敏，北京市建筑设计院院长 WANG HUI MIN, DIRECTOR OF BEIJING INSTITUTE OF ARCH. DESIGN

First Class Architect Registration No. SEE ENCLOSED DOCUMENTS
1. XEROX COPY OF CHINESE GOVERNMENT REGISTRATION OF BEIJING INST. OF A.D.
2. CURRICULUM VITAE OF APPLICANTS
3. YEAR BOOK (1986, 1987) OF BEIJING INST. OF A.D.

Signature

Notes: 1. Applicants who are qualified as first class registered architects as determined by the Licensed Architects Law of Japan (No. 202, enacted 1950) should write their first class architect registration number.
Applicants from overseas should include copies of documentary proof of qualification to design and supervise the construction of projects comparable to the Tokyo International Forum.
2. Please notify us in writing of any change of address.
3. *Please do not write in this space.

(NOTE: REPRESENTATIVE IN JAPAN　张泽光 先生 日本 东京都新宿区住吉町 8-10 市ケ谷ライオニス")

3

4

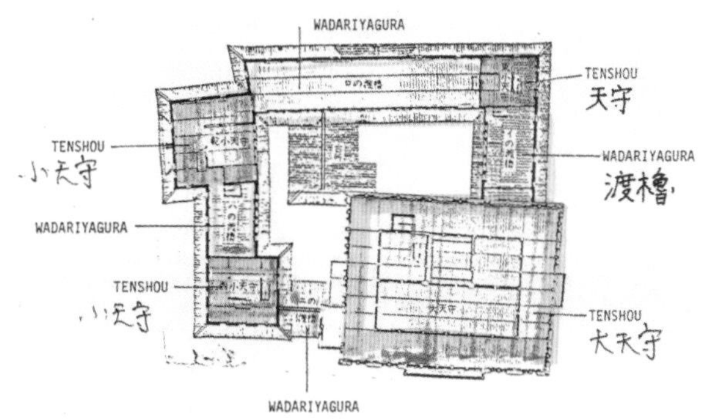

5

图 3. 东京竞赛报名表　图 4. 日本江户天守阁照片　图 5. 天守阁典型平面图

们院的老总，虽在同一个单位，但我们对他们方案的情况一无所知。还有几位的中文拼音名字我不太熟悉，彭培根是以加拿大籍身份参加的。国外建筑师有英国的斯特林、罗杰斯，奥地利的霍来因，伊拉克的哈迪德等，另有 16 个方案要求匿名。

对近 400 个方案的评审过程据介绍是这样进行的：收到应征作品以后，先由工作人员把模型和图纸全部拍摄下来，以备出版用，之后把图纸制成 A3 版，便于审查。同时，就一些主要内容进行检

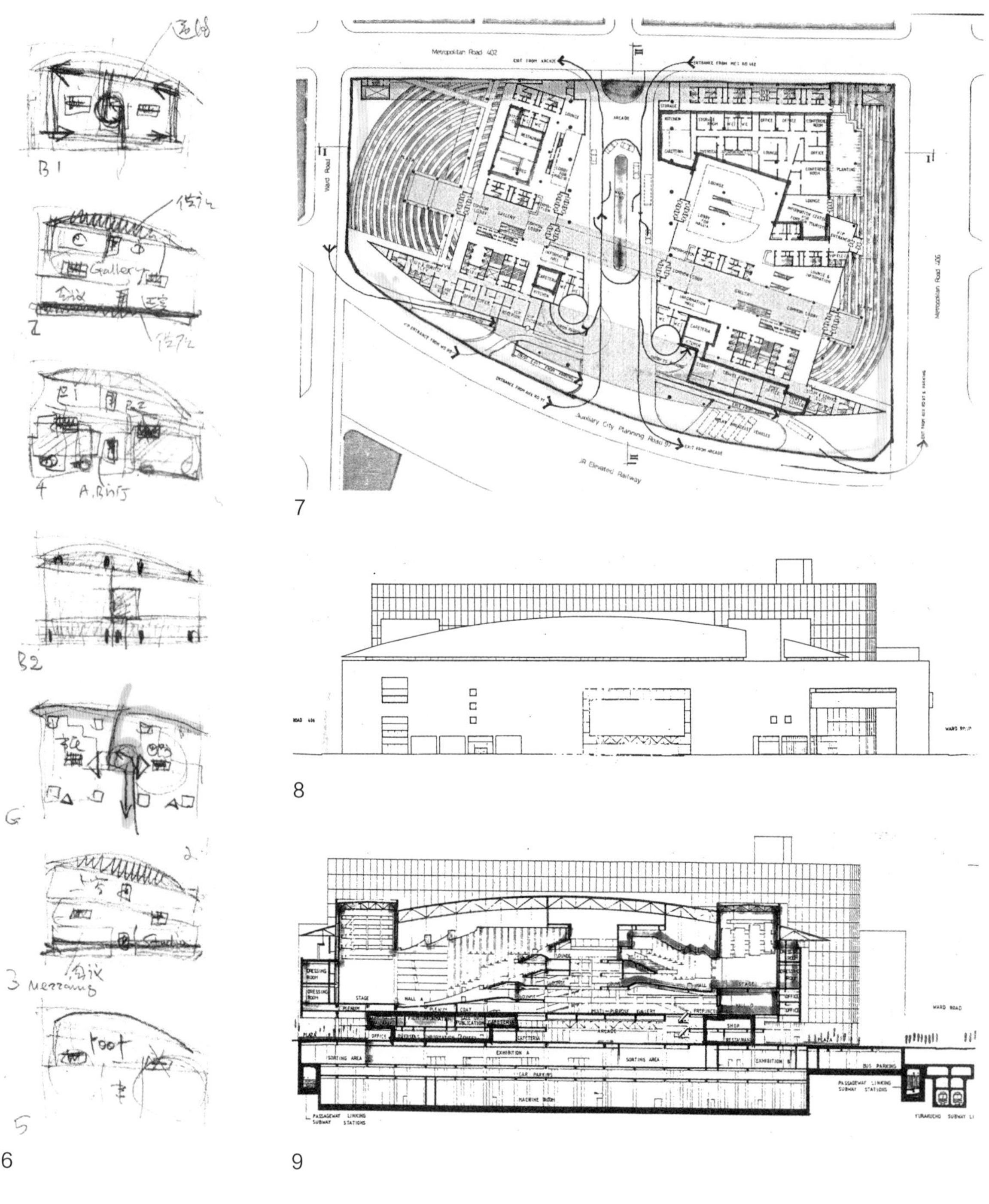

图 6. 竞赛方案草图示意图

图 7. 东京国际会议中心一层平面图

图 8. 东京国际会议中心西立面图

图 9. 东京国际会议中心剖面图

查，如图纸是否符合规定，设计方案是否达到要求：高度是否在 100 m 以内，是否把大会议厅放于地上，总面积是否未超过 14 hm^2 等，供下一步评审参考。技术委员会于 10 月 2 日—21 日从建筑、结构、音响、城市设计、防灾、法规诸领域进行评定。10 月 30 日，评委会首先决定把送交日期延迟的 17 个方案、图纸和模型不全的 11 个方案以及在设计中违反基本设计条件的 22 个方案标以红色标记（共 50 个方案）。其次，把经技术委员会审查，在各专业领域存在一些问题的共 234 个方案标以黄色标记。最后，对 111 个不存在技术问题的方案不做标记（中国提交的方案中，1 个被标了红色标记，9 个被标了黄色标记，5 个无标记）。在第一次审查会上，评委会准备把方案集中到 100 个左右，要求在无标记方案和黄色标记方案中各选 50 个（评委每人可分别推荐 20 个和 30 个），红色标

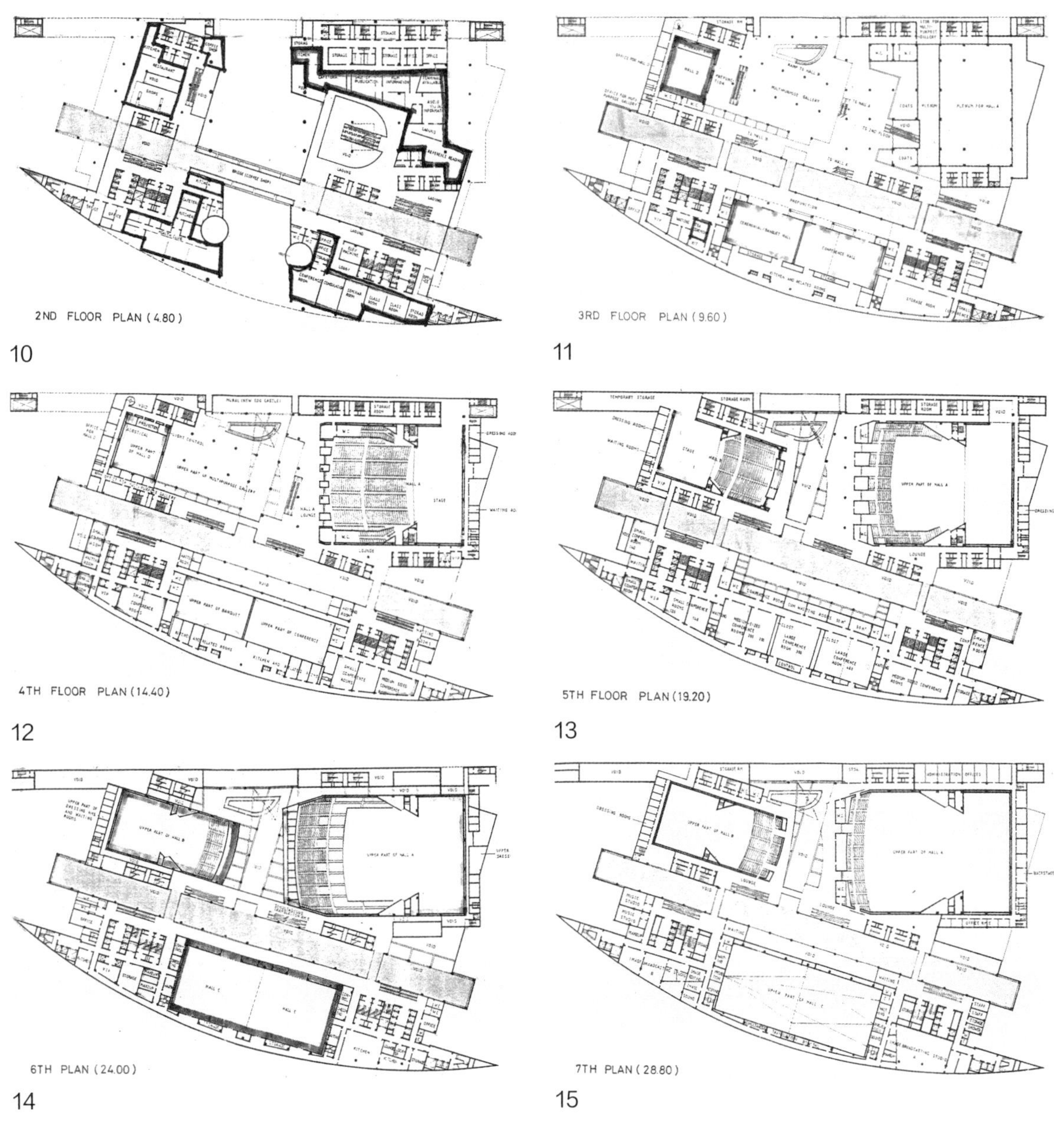

图 10. 东京国际会议中心二层平面图　图 11. 东京国际会议中心三层平面图　图 12. 东京国际会议中心四层平面图
图 13. 东京国际会议中心五层平面图　图 14. 东京国际会议中心六层平面图　图 15. 东京国际会议中心七层平面图

记方案原则上不予考虑。最后，决定在无标记得 2 票以上的方案中选定 44 个方案，得 1 票的 6 个方案中选定 4 个方案共 48 个方案进入下一轮；在黄标记方案中选出得 3 票以上的 29 个方案，并在得 2 票的方案中选出 12 个方案共 41 个进入下一轮。第二次审查会准备把方案集中到 30 个左右（评委每人可推荐 10 个）。工作人员把 89 个方案全部贴上绿色标记，以使所有的方案都在同一条件下审查，并逐个把各方案模型一一放到用地环境模型中，对其进行评论。最后有 69 个方案得票。把得票方案按票数分组后，再经评委举手表决，其中 23 个方案得到半数以上同意票，进入第三轮。11 月 1 日的第三次评审会邀请了技术委员会出席，提出其中 12 个方案中所存在的技术问题，评审会还对一个得票很高、技术委员会也没有提出问题的方案进行了质疑，之后技术委员会退场，评委按每人排除 7 个方案的排除法进行投票，集中到 16 个方案，然后，按每位评委推荐 4 个方案的方式进行投票，有 10 个方案得票，但只有 3 个方案得票 6 票以上，其他 7 个方案都在 3 票以下。最后，评委们推荐得票最多（9 票）的方案为最优秀方案，按规则还需要评 3 个优秀方案，除了已获 6 票以上的另 2 个方案外，又在获 3 票的方案中选了 1 个方案，其余的 12 个方案都获得了佳作奖。

在所有获奖的 16 个方案中，有 10 个方案是日本建筑师设计的。中国的方案在第一轮评审中有 7 个方案得票，但只有 3 个方案进入第二轮，即刘开济的方案（得 4 票），周儒的方案和戴复东的方案（各得 3 票）；在第二轮审查中，周儒的方案得 4 票，刘开济和戴复东的方案各得 1 票；但在进入第三轮的推荐中，这 3 个方案均被淘汰。整个评选过程的方案统计详见表二。以现在的眼光看，票决方式有利于评委独立思考，不受外景干扰，而举手表决方式相对弊病就会大些。另外，3 个优秀方案中有 1 个并未按票数最后决定，在程序上存在缺陷。

表二 东京国际竞赛方案评选过程

序号	国家	预审				第一轮审查					第二轮审查			第三轮审查		
		方案个数	技委会审查分类			无标记组		黄色标记组		推荐进入下一轮方案数	得票方案	推荐进入下一轮方案数	投票决定最后审查方案	决定名次		
			无标记	黄色标记	红色标记	得票方案	推荐方案	得票方案	推荐方案					最优秀	优秀	佳作
		395	111	234	50	82	48	122	41	89	69	23	16	1	3	12
1	日本	129	63	62	4	46	29	40	16	45	33	13	10		2	8
2	法国	33	1	26	6	2	2	13	4	6	5	2	1			1
3	英国	26	4	20	2	4	3	8	3	6	5	1	1		1	
4	意大利	19	3	10	6	2	2	4	2	4	4	1	1			1
5	中国	15	5	9	1	5	3	2	0	3	3	0	0			
6	美国	13	4	6	3	3	2	3	1	3	3	3	3	1		2

注：各国方案中未统计匿名方案。

16 17 18 19 20 21

最后获奖的是131号方案，是评委会全票推选的方案，是由美国的建筑师拉斐尔·维诺里设计的。他原住意大利，1944年出生于乌拉圭，后移民阿根廷，1969年毕业于布宜诺斯艾利斯大学的建筑和城市规划系，并开设事务所，1978年应哈佛大学邀请访美，此后决定定居美国，于1981年在纽约开设事务所，1987年取得美国国籍。

作为一个远在千里之外的美国纽约的设计事务所，为什么会对这个国际竞赛抱有如此大的兴趣呢？维诺里提了，当时他们的3点考虑：首先他们认识到这个工程对东京都来说十分重要；其次是他们看完竞赛的有关条件后，认为这是一项细致、组织得很好、质量很高的计划；最后一点考虑则涉及评委，维诺里说当了解了评委会的成员和他们的作品以后，他清楚地感知到这次竞赛评审的公正性可得以保证，以及按他们的方案实现时，有关技术上的问题可以得到技术委员会的支持，而评

图16. 东京国际会议中心外观透视图　图17. 东京国际会议中心内景透视图　图18. 大会议厅透视图
图19. 东京国际会议中心模型一　图20. 东京国际会议中心模型二　图21. 东京国际会议中心草模

委中与建筑设计有关的评委，全都是对各种尺度的建筑有很多经验的人。由此，维诺里决定全力投入完成这个竞赛。他动用了事务所近 20 名设计师一起干了 6 个月，每天要工作 14 个小时，所有设计都用 CAD 系统加以处理，还邀请了各有关方面的专家做方案的技术顾问。

维诺里说："我们在逐字逐句阅读竞赛条件时，并没有考虑胜负问题，而是把精力主要放在考虑业主到底需要什么上。我们乐于把方案的各种问题加以归纳，并愉快地用作品加以解决。"他说："我们理解这个竞赛基本上是创造一种新型的建筑物，这就需要采用一种极为直接而又谨慎的办法实现方案上的功能网络。构想出东京国际会议中心适合的功能，这是一件十分复杂的事情。"

维诺里强调："我们认为建筑在运作经营上的现实问题和城市设计上的问题具有同样的重要性。要和丸之内地区已有建筑的尺度保持一致，而特别重要的是我们并不认为必须用特别形式主义的解决方式，使这个建筑物表现得那样明显、突出。我们得出的结论是对东京这个城市来说，安静、沉稳大方的建筑是更为适合的。"所以，维诺里特别说明：我们没有特别强调什么，我们的目标是良好地平衡建筑极复杂的功能。由于希望这栋建筑成为东京的象征，因而我们的设计对用地周围的文脉来说是中性的、稳妥的，并具有很高的品位。

评委会在审查报告中是这样评价维诺里的方案的："在本次应征的作品中，对于提出的任务书来说，这个方案不仅是最恰当的，其功能组织也是最简洁的，同时也是充分考虑了用地的特殊条件之后设计得最巧妙的方案。

"亦即，通过设置多种多样的公共空间，满足了上述各种设施的功能要求，特别是面对国铁东京站和有乐町之间的步行人流，其公共空间的设计是让人亲近的。另外，大小 4 个厅的构成，不管是独立使用还是共同使用都可以充分满足需求。"

"结论是：这是个完成度极高的方案，当然也存在着若干技术问题，今后必须与东京都之间紧密联系，加以研究解决。"

在发表审评报告的同时，也随之发表了各位评委的意见，现把其中一些观点摘要如下。

加拿大的埃里克森认为，大部分方案中表现了晚期现代主义和高技派的倾向，尤其是日本的一些方案。在 20 世纪初就风靡一时的机械美学仍然给人们以深刻的感受。另一种倾向就像未来主义电影中的怪物似的机器。

意大利的格里高蒂认为在这次竞赛中表现了后现代主义的终结，技术主义也完成了历史使命。最优秀方案的设计本身十分细致，从美的意义上讲也是十分优秀的作品。而另外 3 个优秀作品各自表现了 3 种不同方向，从类型学角度而言是截然不同的。

日本的槙文彦把近 400 个方案大致区分为 3 类：一种是在用地当中成独自形态的外向型，一种是将用地作为一个整体，像潘多拉盒子一样的内向型，中间的类型只有很少几个。

槙文彦认为在审查过程中，要由技术委员会对各功能之间的相互关系、功能的先进性进行审查，这些都需要作为必要条件来进行审定。而审查员们所追求的超出功能条件之外的就是建筑构思，具体来说一是形（form），二是有无丰富的内外空间，三是国际会议中心作为一个整体在城市中的作用。

美国的贝聿铭着重分析了最优秀方案，他认为从城市设计的角度看，该作品是十分卓越的，它从空间上强调了周围的道路及街区。用地东面边界上的高架铁路是难点也是机会。从视觉和音响看，这个条件对于开发几乎是一个严峻的挑战，但反过来看，每天有那么多的乘客通过国际会议中心，不也具有很大的可视性吗?

针对许多方案在高架铁路和开发地区之间设置了广场一事，贝聿铭认为对这一地区来说这样做是错误的，这是进一步把高架线路所具有的不利因素扩大了。但中选方案是在沿线路布置了一个像凸透镜一样的玻璃盒子，人们可以通过玻璃看到展览和会议等公共活动的情景，夜间眺望，这里好像一个巨大的灯笼，其姿态极具魅力。

日本的丹下健三作为审查会长，简要地回顾了本次竞赛的过程，对审查员们在短短 4 天当中所做出的努力表示感谢，对获奖的各个方案的特点进行了分析，尤其是在分析由日本的由里知久、桥本修英和英国的詹姆斯・斯特令创作的 3 个优秀方案时，特别提及了由里知久的优秀方案，这是个很像法国乔治・蓬皮杜国家艺术文化中心的方案，它把 5000 人的大会议厅悬吊在空中，很有特色。另外，认为最优秀方案在有乐町到东京站间设置了相当宽的道路，是这个建筑的重要特征，其平面系统也极为明快。

为了比较我们的方案和最优秀方案之间的区别和差距，便于学习，我又研究了他们的设计报告。它由以下几部分组成：设计概念，对城市环境和建筑体积的考虑；建筑的交通及任务书的组织化；建筑构成和设计；结构体系；抗震；各种设备系统；防灾计划；音响系统。他们的方案的最大特色在于巧妙地利用了用地的曲线将其反转成为梭形的玻璃展厅（维诺里称之为“香蕉”），西侧则依长方形地形布置各主要厅室，二者之间的连接空间是公共花园。这样，将一个十分复杂的竞赛内容予以极为简洁、明快的动线和虚实体形处理，形成了信息和活动交流的场所，4 个主要大厅则由北向南，按体形大小不同顺序退台排列，其柱网方向与北面相邻街区的柱网方向保持一致。四个主要大厅的主入口都布置在西面的道路上。机动车利用东面与铁路相邻的服务道路进入地下三层停车库。从体形看，这基本是两组大的体形——曲线和规划体形在用地中组合在一起。

我们的方案和最优秀方案相比，在布置类型上比较相近，在体型上也相似。但在柱网布置上，我们在北面采用了与北面街区一致的柱网，在南面采用了与南面街区一致的柱网，希望表现对两面街区文脉的尊重，但这样一来，建筑的布置就没有那么简洁整齐了。另外，在交通组织上，虽然周围地铁交通十分方便，但我们考虑当会议中心被最大负荷利用时，如 5000 人大会议厅和展厅都同时使用，最大人流将接近万人，在如此繁华的商务区地段可能会引起局部交通拥堵，所以在一层建筑中部引进了一条内街，想在这里解决主要的交通落客，或许可以减少对周围外部街道的压力。但如此一来，由南到北的行人步行通道就必须在这儿中断，用自动扶梯来横跨过下部的内街，给步行者带来了极大的不便。从评审过程看，评委对这条步行街还是极为重视的，这是我们方案的一个重大硬伤。另外在设计说明中，最优秀方案也并没有非要在日本的传统或历史中寻找比附和联系，这也是和我们在设计观念上的一大差异。另外，从平面布置的秩序和技巧上看，我们的方案也还有改进之处。所以，比较下来，我们还是从竞赛实战中，从与各国应征方案的比较中，从观念的对比中学习到了不少东西，增长了见识。

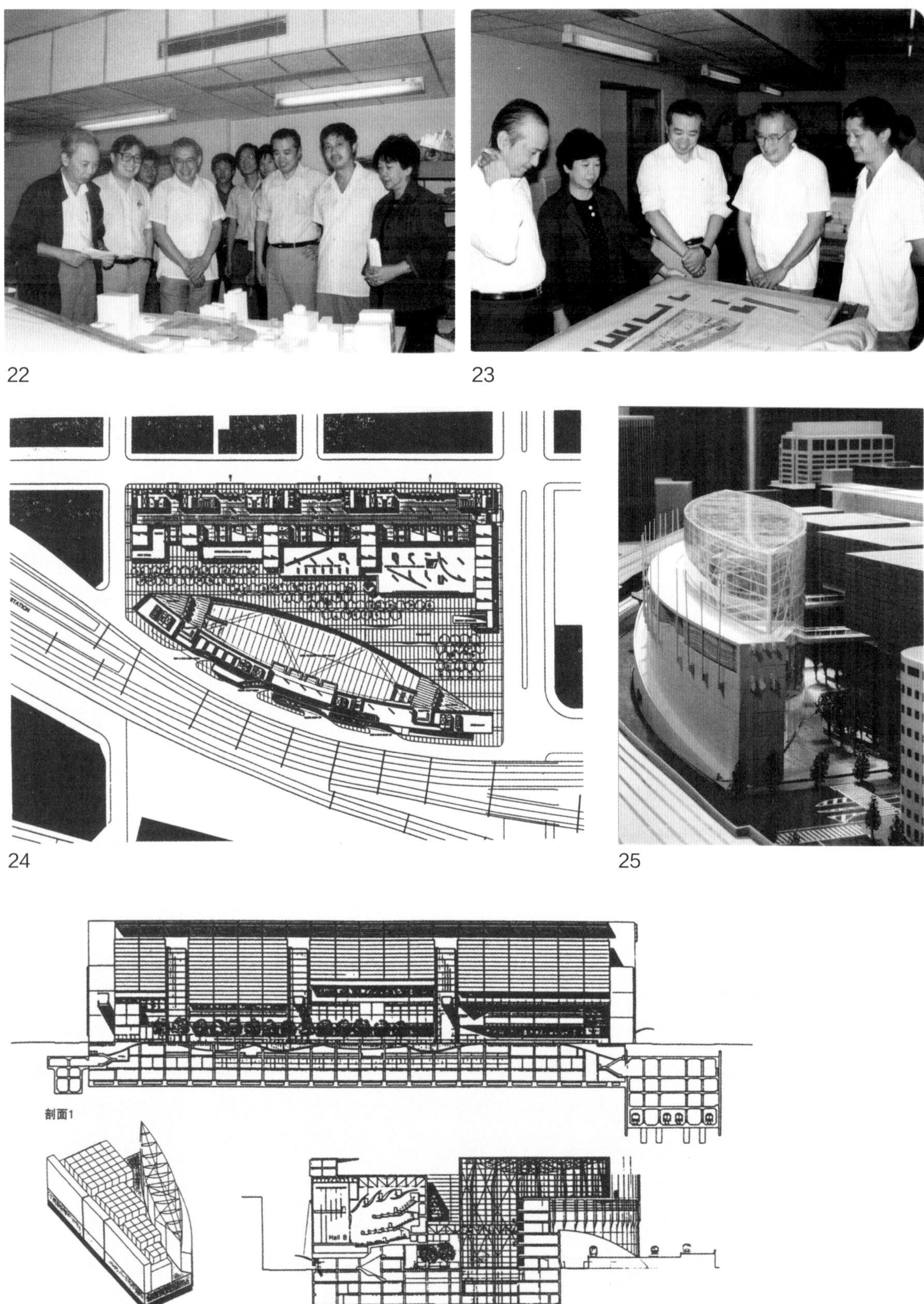

图 22. 院领导与最后方案（前排左起：宋融、刘力、刘开济、曲际水、作者、赵景昭；后排左起：马景忠、王兵、姚玓、范强）

图 23. 院领导审查方案（左起：熊明、赵景昭、曲际水、刘开济、作者）

图 24. 东京国际会议中心中选方案总平面图

图 25. 中选方案模型

图 26. 东京国际会议中心中选方案剖面图

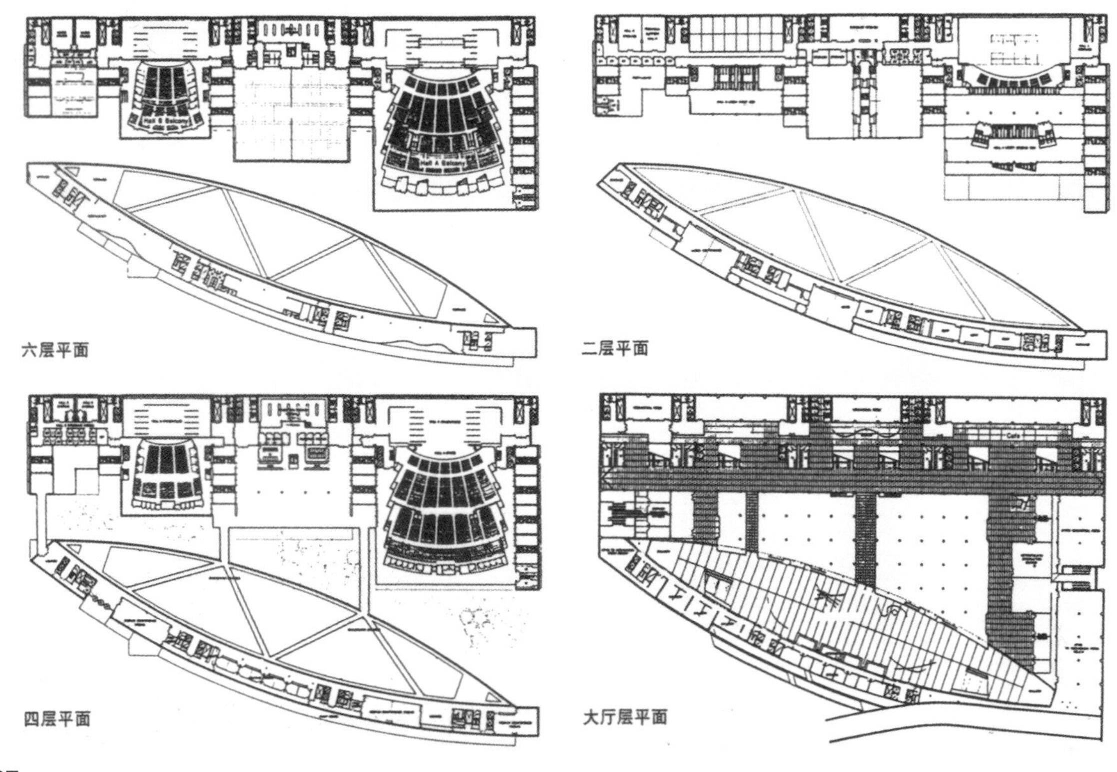

27

后来我一直对这个工程加以跟踪了解，以便对工程从设计竞赛到竣工使用有全面的研究。在国际会议中心的具体实现过程中，维诺里没有按竞赛要求和日本大设计事务所合作，而是招聘日本当地的建筑师成立了东京的维诺里事务所（仅有 9 人），在纽约事务所的 120 人中，则投入了近一半的人员，这主要是考虑主要的设计工作还是在美国进行，那里是事务所的大本营；另外，在日本也不可能继续接到很多工程。至于没有和日本设计事务所合作的原因，维诺里解释说：一是因为工程非常复杂且设计周期太短；二是因为日本一流的设计事务所，尤其是东京的事务所都十分繁忙。按照要求的时间表，应在 6 个月内完成基本设计，在 7 个月内完成实施设计，所以除了投入大量人力，按工程分成 8~10 个小组分头进行作业外，最主要的一点就是几乎都使用了 CAD 进行设计。过去维诺里对使用计算机并不很积极，但这次在如此紧张的日程要求下，不用计算机几乎是不可能的，所以使用了 IBM 的计算机，欧特可（Autodesk）公司的 Auto CAD 软件，在东京事务所设置了 7 台计算机。所有的数据以纽约事务所为中心，而东京则利用调制解调器（Modem）这种计算机通信手段从纽约取出数据，作业完成以后再将数据返回纽约。维诺里几乎每月都要到日本一次，停留 1~2 周的时间来解决各种设计问题。这种一体化的 CAD 系统保证了无论是在日本还是在美国都能进行设计，在东京事务所的主要工作则是对在消防等许多法规上的问题进行设计调整，以及和业主东京都方面进行各种交涉。

此外，维诺里还邀请了 2 个日本设计事务所（现代建筑研究所和椎名政夫建筑设计事务所）作

图 27. 东京国际会议中心中选方案上部平面图

为建筑设计的顾问。结构设计原定为与日本的木村俊彦事务所和英国的奥雅纳事务所合作，但后来英国方面不参加，木村也因事务所任务太紧而拒绝了，不过他推荐了 5 个由他事务所曾经的主要人员创办的结构事务所和维诺里合作。他们各自承担不同的部分，如 2 个事务所负责各大会议厅部分，另外 3 个事务所分别承担整体的震动解析、地下部分和玻璃展厅，在维诺里的协调下共同工作。日本的结构工程师对维诺里的结构知识给予了很高的评价："维诺里从某种意义上讲是那种创造合理建筑的建筑家，对结构非常了解。"整个国际会议中心除地下部分为钢筋混凝土外，其他都是钢结构、预应力混凝土板，主要是为了缩短工期和施工方便，考虑了整体的预制化。当然，在设计中，诸如将长 200 m 的 4 个大演出厅排列在一起而不设伸缩缝的一体化设计，梭形玻璃展厅地上近 60 m 高的空间以及像船底一样的屋顶结构等都是极具挑战性的课题。日本结构工程师在美国与纽约事务所的人员共同工作时，一开始的半年根本没有画图，而是制作结构模型，在结构骨架模型上进行反复讨论，以取得建筑和结构的共识。维诺里对整个工作充满了信心："我在日本的工作也不能说仅此一次，虽然这次基本要按照外国的做法来设计，但在日本工作令我十分安心，因为这里有历史的和现实的理由，那就是日本的传统建筑常常具有一种气质，即用最简练的结构表现其设计和本质的一致。另外从专业的水平上看，我认为日本结构设计师和建筑师专门化的程度，还不像别的国家那样高。"

国际会议中心的现场拆迁在 1991 年 9 月完成，原定 10 月份开工，但在现场又发现了江户时代的遗迹，要对此进行充分的考古调查，所以不得不推迟工期，最后国际会议中心到 1997 年 1 月才正式投入使用，总造价 1650 亿日元。建成以后，我有机会分别在 1998 年 3 月和 2002 年 5 月对其进行参观，尤其后一次还是为了考察国际会议中心工程，请业主方做了介绍。方案的实现基本保持了原竞赛方案的理念，没有太大的变动，但和业主沟通后得知还是有不少调整的，如原设计的"香蕉"形大厅的地下一层被取消，只保留了一层以上，原 4 个主要大厅一层的入口厅是互相连通的，现在也分别设置了入口（估计是为了管理方便），几个主要厅堂的形状和布置在技术设计以后也有调整。从国际会议中心的交通状况看，周围有国铁的 2 条线，地铁的 6 条线，9 个站，其中国铁京叶线的东京站和地铁有乐町线的有乐町站在地下一层和国际会议中心直接相连，从其他车站徒步走到国际会议中心的时间从 1 分钟到 9 分钟不等，有 6 个站的步行时间为 5 分钟，从成田和羽田空港都有方便的交通工具到达上述的车站。地下三层的停车场可停 420 辆车。从使用情况看，还是相当紧张，如从该中心 1998 年 1~3 月的使用情况看，4 个主要大厅的使用次数为 57 次共 73 天（其中 A 厅 18 次 22 天，B 厅 6 次 7 天，C 厅 27 次 31 天，D 厅 6 次 13 天）；展览 14 次 29 天。而从 2001 年 7 月份的使用日程看，艺术类演出 13 次 54 天，会展类为 17 次 27 天，而这些计划都是提前 2 个月排定的。

参观之后，对国际会议中心总的印象还是不错的，感觉确如维诺里所说不是那么张扬，与周围环境的融合也把握得很好，尤其是一层南北相通的步行街，在寸土寸金的繁华地带留出了这样大的为市民使用的空间，可以看出东京都的远见和亲民。有一次我去访问时已是夜里，步行街虽已人员稀少，但精心布置的绿化和巧妙的灯光设计仍令人感到十分亲切。另外，号称"大香蕉"的全玻璃梭形空间也很有震撼力，从地下一层到屋顶接近 60 m 的高度，鱼骨形的屋顶结构和空中的联系桥梁也使空间颇具视觉冲击力。因为是由业主陪同参观，所以也顺便征求了他的意见，他表示虽然室内

28 29 30 31 32 33 34 35

图 28. 东京国际会议中心建成后的大厅内景　图 29. 东京国际会议中心建成后的内景
图 30. 东京国际会议中心建成后的街景　图 31. 东京国际会议中心建成后的大厅仰视　图 32. 空中廊桥
图 33. 东京国际会议中心建成后的大厅俯视　图 34. 东京国际会议中心建成后的大厅夜景　图 35. 东京国际会议中心建成后的天花夜景

36 37 38 39

很高大神气，但有效使用的面积太少，刚达 50% 左右。他抱怨展厅面积只有 5000 m^2，远远满足不了需求。这让我想起这个工程在举行竞赛和开工建设时，正处于日本经济泡沫化的前期，日元升值，地价飞涨，刺激了房地产和股票的投机活动。之所以花费重金搞国际竞赛，是因为和高昂的地价相比，这些费用就算不得什么了，而且日本人又有追求洋货、追求正宗的传统，所以花费重金让国外建筑师来设计很符合那时日本人的心态。不想后来我们国家也走上了这条路，有的单位爱请洋人来做设计，哪怕是挂名都可以。但后来，日本的泡沫经济很快破灭，带来了长时期的经济不景气。所以，在这一畸形繁荣时期的大型公建就被称为“泡沫建筑”，表现为华而不实，过分追求高大和形式，看来国际会议中心也如实表现了这一时期的这种倾向，恐怕和业主的膨胀追求有关。另外，上部会议室的布置比较分散，在两三个区的 4~6 层之中，彼此的交通联系看上去也不算方便。至于会议中心在满负荷状态下的外部交通状况到底如何也没来得及问，这是我心中仍存在的一个疑问。

东京国际会议中心的方案竞赛时间并不是很长，但是把整个操作的过程，包括文件的内容、报名和答疑、方案交出、评审步骤等都作了较详细的交代，也是对规范的国际竞赛流程的一次了解。至于建筑师的构思、此后付诸实现的过程以及交付使用后的评价，也可以供我们在日后工作中借鉴，所以占用了一些篇幅。

图 36. 东京国际会议中心建成后的内景
图 37. 东京国际会议中心建成后的会议厅内景
图 38. 东京国际会议中心建成后的展厅内景一
图 39. 东京国际会议中心建成后的展厅内景二

两次申办奥运会

早在亚运会筹划阶段，我国就已经把目光投向未来的奥运会。亚运会的成功举办更激励了我国进一步申办奥运会的信心和决心。1990 年 7 月 3 日，我国领导人视察即将投入使用的国家奥体中心时就说过：“亚运场馆设施建设得这么好，我们一定要申办奥运会。”“你们办奥运会的决心下了没有？为什么不敢干这件事呢？建设了这样的体育设施如果不办奥运会是个浪费，就等于浪费了一半。”国际奥委会主席萨马兰奇在观看了亚运会的开幕式之后表示，看到本届亚运会成功的开幕式后，他和他的同事认为中国完全有能力组织好奥运会。在国家主席表达中国希望举办 2000 年奥运会的愿望后，萨马兰奇回答说：“如果中国提出申请，我本人愿意为中国提供帮助，现在时间已经很紧了，希望你们在亚运会之后，立即着手准备。”

申办 2000 年奥运会

2000 年召开的第 27 届奥运会是处于世纪之交的奥运会，这种百年、千年一遇的机遇被人们认为具有极大的象征意义。奥林匹克运动经过近百年的发展，已越来越显示出其强大的生命力，奥运会被认为是当前世界上规模最大、水平最高的体育盛会。奥运会的举办又会为主办城市在政治、经济、科技、文化、社会等方面带来一系列难以估计的收益。当时，除北京以外，悉尼、柏林、曼彻斯特、巴西利亚、塔什干、米兰、伊斯坦布尔等城市也参加了这场角逐，形成了奥运会史上前所未有的激烈竞争的场面。北京是第一次申请举办奥运会，尽管缺少这方面的经验，但申办本身表现了中国人民对奥林匹克运动的热情，表达了 12 亿中国人民希望奥林匹克运动在中国和亚洲能更进一步普及并发扬光大的愿望，希望奥林匹克精神与中国的古老文明得以充分交融，使开放改革的中国与世界各国能更加广泛地交流沟通，以实现和平、友谊、进步的目标。

下面是对 2000 年奥运会申办过程日程的主要回顾。

1991 年 2 月 28 日，国务院同意向国际奥委会申请在北京承办 2000 年奥运会。

1991 年 4 月，成立奥运会申办委员会，下设总体组、计划财务组、公关联系组、新闻宣传组、工程规划组。

1992 年 4 月 15 日，申奥报名截止，有北京、柏林、巴西利亚、伊斯坦布尔、曼彻斯特、米兰、悉尼、塔什干 8 个城市参与（塔什干、米兰和巴西利亚先后退出）。

1992 年 5 月 23 日，国际奥委会发出《奥运会申办城市手册》。

1993 年 1 月 11 日，我国正式向国际奥委会送交申办报告。

1993 年 3 月 6 日，国际奥委会 12 人考察团访问北京，中国政府重申：中国政府全力支持北京申办 2000 年奥运会。如申办成功，中国有能力、有条件办好这届体坛盛会，中国政府将在财力、物力和人力等方面给予充分的保证和支持。

1993 年 9 月 24 日，在国际奥委会 101 次全体会议上经过四轮投票角逐，最后悉尼获 2000 年奥运会主办权，北京仅以 2 票之差落选。

这次的申办工作对我国来说是一次全方位、多专业的全面考验，因为要涉及外交、联络、新闻、公关、宣传、财务、比赛、住宿、医疗、检疫、规划、建筑等各方面的内容，当时我们还提出了“开放的中国盼奥运”的口号。奥林匹克运动会申办委员会（以下简称“奥申委”）对于申办中的许多原则性问题都作出了相应的决定，如场馆布置要“相对集中、合理分布、交通便利、改善环境、综合利用”，对财政收支采取“三少一平”的策略，即少于 1996 年亚特兰大奥运会基建、电能等的开支，做到收支平衡或稍有盈余。在申办过程中，我们北京院承担了申办报告书中有关场馆规划部分的任务，以保证申办报告在 1992 年底准时送出。当时，奥申委负责工程规划部门的负责人员是王宗礼、依乃昌、周治良和朱燕吉，北京院由熊明院长和张学信副院长主持，具体参与体育设施规划的有马国馨、

1

2

3

4

图 1. 亚运会的成功举办　　图 2. 亚运会开幕式

图 3. 亚运会火炬传递　　图 4. 亚运会开幕式表演

单可民、王兵、陈晓民、程大鹏等人，而奥运村部分则由宋融和住宅所完成。设计工作及相关申办材料的准备自 1991 年 7 月开始，进行了调研和方案设计，从 1992 年 9 月起，陆续将场馆设施方案提交给各国际单项体育联合会以征求意见，前后修改调整多次后于 1992 年底完成。最后的申办报告共 3 册 457 页，分“基本内容”“奥林匹克内容”“技术内容”3 大部分，其中“奥林匹克内容”包括了奥运会设施和奥运村，占 316 页（当然里面还有相当一部分是已建设施）。

1991 年 11 月，北京市体委组织各有关单位赴希腊、西班牙和法国考察，由北京市体委主任率队，北京院是张学信副院长和我，时间是半个月。我们先到达巴黎，参观了马术协会和赛艇设施，这些都是我们过去不太熟悉的比赛项目。之后到达希腊，除了了解奥林匹克运动的历史，走访了古奥林匹亚、奥林匹克博物馆外，还参观了雅典奥林匹克体育中心，这里的大体育场、游泳馆和体育馆是由德国 Wedlplan 事务所设计的。大体育场利用地形和道路高差，使各种人流避免交叉，设计得十分巧妙，对我们很有启发，后来，雅典奥运会时又在大体育场上加了挑篷。我们还去雅典奥委会了解了他们准备申办雅典 1996 年奥运会的筹备情况，也参观了在雅典市内举办第一届奥运会的马蹄形会场。而我们考察的重点是西班牙的巴塞罗那，因为 1992 年的第 25 届夏季奥运会就在这里举行。西班牙在历史上曾分别于 1924 年、1936 年和 1972 年申办过奥运会，但均未成功。这里有很好的体育设施和体育传统，有 1200 多个体育俱乐部，1300 多个各类体育设施，举办过多次高水平的国际大赛。巴塞罗那奥林匹克组委会（COOB92，以下简称“组委会”）是我们第一个要访问的地方。组委会成立于 1987 年 3 月，位于城市西北迪亚戈纳尔区一个古色古香的院子里，是由西班牙政府、加泰罗尼亚自治州政府、巴塞罗那市议会和西班牙国家奥委会共同组成的，由巴塞罗那市市长马拉加尔任主席，下设体育部（负责体育竞赛组织）、运营部（负责住宿、接待、安保等）、资源部（负责行政、资金、商业活动、建设、通信、数据处理等），总计有 500 多名工作人员，工作紧张而有秩序 。

组委会资源部中负责城市规划和设计的设施部主任路易斯·米勒先生接待了我们。他所负责的部门有 30 多位工作人员，其中一半左右是建筑师，48 岁的米勒先生本人也是建筑师，他熟悉业务且精力充沛。除了组委会准备的各种介绍奥运会有关情况的材料之外，米勒先生还用幻灯片介绍了他们的主要构想。本届奥运会定于 1992 年 7 月 24 日—8 月 9 日召开，共设了 25 个比赛项目，计 257 个

5

6

图 5. 亚运会火炬　　图 6. 北京市体委组织去国外考察

小项，其中羽毛球和棒球是第一次被列入奥运会正式比赛的项目，还设置了3个表演项目：轮鞋曲棍球、回力球和跆拳道。根据奥运会的惯例，夏季奥运会结束后，还要于9月3日—14日举行第九届残奥会，预计将有各国的3000名运动员和1000名官员参加。

组委会在筹备过程中十分强调其总体规划应该是城市和奥运会规划的结合，举办奥运会的目的必须和城市的发展相一致，因此这次规划不仅是修建与体育比赛有关的设施，而且是城市的一次整体建设和整体改造。米勒先生说："我们的目标是用大约10年的时间改变巴塞罗那的面貌。这个变化可能要超过过去的60年里的变化。只是为了16天的比赛花费那么巨大的资金不是太可笑吗？"所以，他反复强调："我们要在16天的运动会之后还能给城市留下许多美好的东西。"在这个城市总体再建的目标中，首先是城市基础设施的开发，例如将周围地区的高速道路和汽车专用道路加以整修，使巴塞罗那和周围地区，包括郊区和加泰罗尼亚的其他地区交流十分方便；其次是除建设与奥运会有关的一系列重要的体育建筑外，还建设了包括博物馆等文化设施在内的各种设施，同时把街道更新，把整个城市加以整备。这一系列工作的总目标就是充分利用奥运会这个动力，使城市向地中海开放以进一步美化这个城市的正面，使巴塞罗那像她过去的光辉历史一样，再次成为地中海的中心城市。米勒先生特别强调，他们还准备把这些奥运设施变成地中海周围国家都可以利用的设施。

在设施的总体布局上，十分注意发挥城市自身的优势。米勒先生指出："我们将奥运会的主要比赛设施集中在市区的4个区，集中了约90%的比赛项目。"这4个区就是蒙锥克山区（11项比赛）、

7

8

9

10

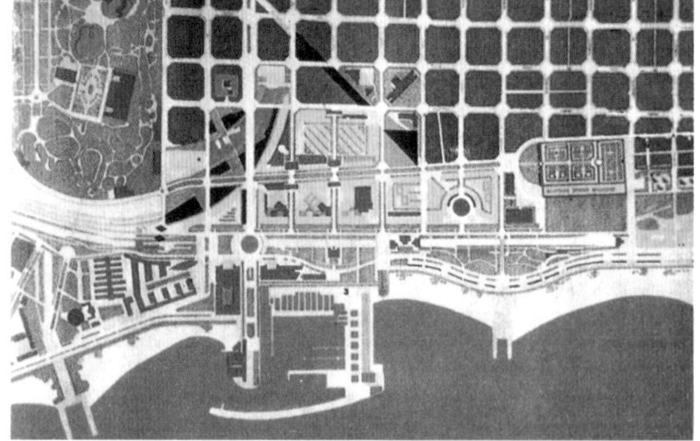
11

图7. 希腊雅典举办第一届奥运会的马蹄形会场　图8. 巴塞罗那奥运会徽　图9. 巴塞罗那奥运会主会场
图10. 西班牙巴塞罗那市鸟瞰　图11. 巴塞罗那城市规划局部

迪亚戈纳尔区（6 项比赛）、埃普隆区（5 项比赛）、海洋公园区（3 项比赛）。这 4 个区都十分接近主要的交通干线，区域之间交通半径为 5 km，20 min 车程可抵达。由于设施相对集中，交通便利，观众能在同一个赛区看到较多项目的比赛，这就能保证办成一个“方便”的奥运会。米勒先生告诉我们一个秘密：巴塞罗那组委会在申办阶段为了突出他们设施集中、联系方便的特色，在国际奥委会的委员们来这里视察时，特意提供直升飞机作为视察工具，使他们能从更为宏观和全局的角度来感受这一特点，88 个国际奥委会委员中有 65 名曾前来考察，想来这一定在他们脑海中留下了深刻的印象，而这种印象相信在最后投票时是很起作用的。

蒙锥克山区是奥运设施最集中的一个区域，距奥运村 6 km，改建和新建的奥运设施占地约 100 hm^2，修建新的奥林匹克体育中心时还考虑到将其 800 m 长的轴线与 1929 年博览会时建筑群轴线的处理手法相呼应，同时又结合地形和建筑物的位置采取不对称的配置方法，使之更加富有时代气息。

奥林匹克体育场是这届奥运会开闭幕式、田径比赛和马术比赛的所在地，建于 1929 年，原准备在 1936 年第十一届奥运会时使用，但因西班牙内战的爆发未能如愿。这次为了满足奥运会新的要求，还进行了设计竞赛，最后由著名的意大利建筑师维多里奥・格里高蒂负责设计。建筑师严格按照建设条件，把 30 cm 厚并具有古典主义风格的外墙全部加以保留，把原来的场内地面向下挖了 11 m，增加了观众席位，使看台观众席位总数达到 6.5 万席，游泳和跳水设施则利用原有的室外泳池和跳水池。

离主体育场不远处就是将来用作手球、体操和排球比赛的圣・约迪体育馆，由日本建筑师矶崎

12

13

14

图 12. 巴塞罗那圣・约迪体育馆　图 13. 巴塞罗那奥运村住宅　图 14. 巴塞罗那奥运村双塔

新设计。在馆前广场的许多根圆柱上，安装了许多根弯弯曲曲闪闪发光的不锈钢条，这是由建筑师的夫人宫胁爱子创作的抽象雕塑。体育馆总建筑面积为 57087 m^2，地下 3 层地上 8 层，固定观众席位 1.3 万席，最大容量可以达到 2 万人。巨大的屋盖尺寸为 128 m × 106 m，总重 950 t，屋顶高 45 m，是由日本结构设计师川口卫设计的顶升圆穹顶。这个工程于 1985 年 8 月开始施工，1990 年 9 月完工。

而新闻中心则利用这里原有的展览馆和会议宫等 4 栋建筑，其总建筑面积达 5.1 万 m^2。各大新闻社占用的办公用地面积为 1 万 m^2，公共大厅 2826 m^2，其中可容纳 600 名记者，预计在奥运会期间将接待各国记者共 1.1 万人，其中文字和摄影记者 4500 人，广播电视记者 6500 人。

位于城市东南海滨的海洋公园区是运动员居住的奥林匹克村，这里原来是市里的一些破旧仓库和闲置的工厂，这些破旧不堪的建筑把海面和城市隔绝开来，于是利用举办奥运会的机会对这一地区进行了全面的改造。这种建设和开发方式与以往各届奥运会在郊区寻找一块空地新建奥运村不同，它建在建筑密集的旧城区，也可称之为“旧城改建”。在这个总面积约 130 hm^2 的旧工业地区中，对 58 hm^2 的用地进行了全面的改造，其中新建的建筑物面积就达 67.8 万 m^2，并同时修整了 4 km 长的海岸线、15 hm^2 的海滨公园。与此同时，还新建了大量城市基础设施，包括机场新的航站楼、电视塔、城市雕塑等，从而使这地呈现出全新的面貌。通过考察即将举办奥运会的城市，我们增加了大量的感性知识，学习到很多东西。另外，在回程中，我们还去法国考察了自行车赛车馆。

1990 年，我国成功举办了第十一届亚运会，从中取得了一些经验，但奥运会规模更大，要求更严格，这次在场馆设施和总体布局上初步考虑了以下几方面。

（1）结合城市总体规划和奥运会的比赛要求，集中与分散相结合，确定比赛场馆。北京城市规划设计研究院对比亚特兰大奥运会拟定的比赛项目和总体布置，拟定了新建设施的设计要点。计划中的第 27 届奥运会，将设 25 个比赛项目，比赛日程初步定于 2000 年 8 月 26 日到 9 月 10 日。奥申委的规划部门在征求国际有关单项组织意见的基础上，结合北京现有和拟建设施的特点，决定了各项目的比赛场馆（表一），预计共需 26 个场馆，其中需新建 7 个。这些设施除帆船比赛的场馆位于秦皇岛以外，其他都在北京市，尤其是比赛项目比较集中的奥运城、21 世纪体育中心、首都体育馆、北京工人体育场和丰台体育中心等均位于四环路及其以内的范围，交通方便，体现了集中与分散相结合的原则，同时，这和北京市城市总体规划的设想也是一致的。这些比赛设施，除国家奥体中心和主会场紧临奥运村外，其他一般距奥运村 20 km 以内，行车只需 10~20 min，最远的场馆距奥运村 38 km，行车也只要 30 分钟。此外，这些设施与位于中国大酒店的国际奥委会奥林匹克大家庭总部，与位于奥运城的新闻中心的联系都十分便利。

（2）满足各国际单项体育联合会的严格要求和履行批准手续。这次申办奥运会与以往各届申办奥运会的不同之处在于国际奥委会要求本次申办城市各比赛项目的场馆和辅助设施在申办报告正式送出之前必须得到相应项目的国际单项体育联合会的检验和批准。对此，各国际单项体育联合会分别提出了适合奥运会比赛的有关标准和要求，诸如参加比赛的人数（队数）、官员数和规模，比赛和训练场馆的规格、数量和技术要求，运动员所需的各种附属设施和要求，记者、贵宾、奥林匹克大家庭和国际单项体育联合会所需的设施和要求，其他特殊要求等。在提出的场馆方案中，除各设

表一　北京申报 2000 年奥运会比赛设施一览

项目	场馆名称	观众席数 / 席	与奥运村的距离 /km	行车时间 / min
射箭	北京射箭场	3000	20	15
田径	27 届奥运会主体育场 *	100000	1	—
羽毛球	北京大学生体育馆	5000	6	5
棒球	丰台体育中心棒球场	12000	22	17
		8000		
篮球	21 世纪体育中心体育馆 *	15000	18	14
拳击	北京体育馆	8000	15	12
皮划艇	顺义水上运动中心 *	10000（其中 4000 固定）	38	29
自行车	昌平自行车赛车馆 *	6000	30	23
马术	大兴马术中心 *	35000~40000	36	28
击剑	北京国际展览中心	3500	6	5
足球	北京工人体育场	80000	9	7
	丰台体育中心体育场	40000	22	17
体操	首都体育馆	18000	11	9
艺术体操	首都滑冰馆	10000	11	9
手球	国家奥体中心体育馆	700	1	
	首都体育馆（决赛）	18000	11	9
曲棍球	国家奥体中心曲棍球场	25000	1	—
		5000	—	—
柔道	丰台体育中心体育馆	6000	22	17
现代五项	使用击剑、马术、游泳场地	—		—
赛艇	顺义水上运动中心 *	10000（其中 4000 固定）	38	29
射击	北京射击场	11100	20	15
游泳水球	21 世纪体育中心体育场 *	12000	18	14
跳水花样游泳	国家奥体中心英东游泳馆	6000	1	8
乒乓球	首都滑冰馆	10000	11	9
网球	21 世纪体育中心体育场 *	10000	18	14
		4000		
		2000×2		
排球	北京工人体育馆	15000	9	7
	光彩体育馆	3000	16	13
	首都体育馆（决赛）	18000	11	9
举重	北京体育学院体育馆	5000	10	8
摔跤	石景山体育馆	5000	24	18
帆船	秦皇岛海上运动场	5000	300	170

注：有星号的为新建设施。

施要满足上述各种现代化的标准和要求外，还要求在平面图中用不同颜色清楚地标明比赛区、运动员区、贵宾区、奥林匹克大家庭区、国际联合会区、记者区、观众区的各自位置。为此，北京奥申委自 1992 年 9 月起，将北京各场馆设施的布置和设想陆续提交给各国际单项体育联合会，之后或由国际单项体育联合会派员实地考察，或派专人进行联系，或通过通信联系征询意见，然后根据对方提出的意见和建议进行调整和修改。我们多次参加和有关国际单项体育联合会的座谈会，听取了他们对水上设施、马术设施的意见。到 1993 年 1 月，这些场馆设施都获得了各国际单项体育联合会的认可。

（3）这些设施和场馆的建设，应有利于城市的环境保护和生态平衡，有助于提高城市的环境质量。在这些新建设施中，除重要的建筑物外还规划和设计了大片的绿地、水面，采取了积极的环保措施和先进技术。经过对选址、建设及对周围环境的影响等方面的评估，北京市环保部门认为这符合环境保护的要求和规定，将促进北京的环保工作。

（4）遵循奥林匹克运动的宗旨。这些设施既要满足 2000 年奥运会比赛的需要，又要在奥运会后能够得以充分利用。许多国际奥委会委员和国际单项体育联合会的领导人在来访中都十分强调要发挥设施的作用以及节约投资等。在场馆的总体布局时就充分考虑了奥运会后，北京将成为中国奥林匹克运动的中心，场馆设施要能为广大的北京市民开展群众性体育活动和国际性比赛提供最佳条件，同时，还尽量考虑了场馆的多功能使用，除进行体育比赛和训练外，场馆还应该可供举办展览、会议、文艺活动等使用，以便发挥更大的作用。

在几个新建设施中，主要的设计内容如下。

1. 奥运会主会场

位于国家奥体中心南侧的 54 hm^2 用地上，将建设可容纳 10 万观众的主体育场及相应的练习和附属设施。这一设施的建设除考虑满足约 1800 名运动员的田径比赛外，还要考虑开幕式和闭幕式的要求，是本届奥运会最主要的设施。

早在为迎接亚运会建设国家奥体中心时，就考虑了南侧的规划和发展，这次在原来设想的基础上又进一步加以完善和调整。主体育场位于用地的中心位置，围绕主场的环形通路和主场北面、东面、西面的交通干线形成了主会场的主要交通骨架，与之相连的是主要的机动车停车场。步行观众主要利用环绕主体育场的高架平台以及东、西、南 3 个方向的高架通道，形成与机动车交通互不干扰、交叉的疏散系统，以在短时间内疏散众多观众和机动车，保证他们的安全。

用地的西北部为主要的练习场地、室内练习馆和检录处，利用地道和主会场的运动员入口处相连接；在用地南侧，拟布置信息中心和娱乐中心。在总体布置和环境设计上，利用环形道路、弧形水面和绿化、铺砌的处理，使之与北侧国家奥体中心形成呼应、联系的有机关系，使二者结合更为紧密和自然。

主会场的比赛场地为 400 m 的标准场地，共有 9 道跑道，其中直道处为 10 道跑道，弯道半径为 37.898 m，跑道内足球场地的尺寸为 105 m × 68 m，在比赛场地和观众席之间设交通沟，保证了观众和比赛区的隔离，也便于记者和工作人员通行和工作。观众席为双层看台，看台上周圈设雨篷，

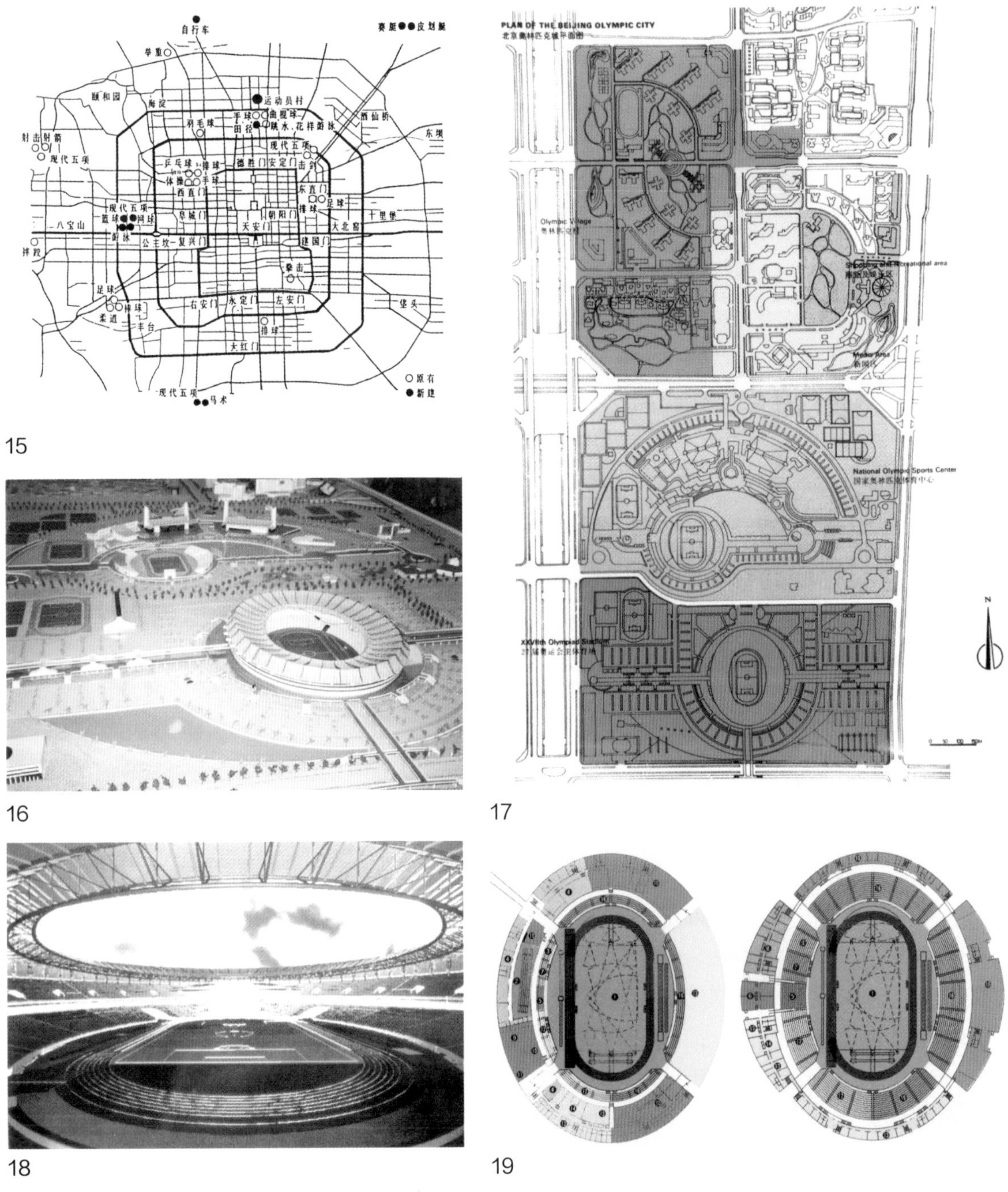

15

16

17

18

19

观众由一层看台后部的高架平台进入各层看台，东西向还有直达二层看台的疏散通道，在观众平台以下，将记者、贵宾和运动员用房分层处理，避免了各专用入口之间的交叉和干扰。在座席的设置上，根据有关组织的要求，满足了以下特殊观众分区使用的需求，即主席台 60 席、贵宾席 150~200 席、国际田径联合会和奥林匹克大家庭席 1000 席、贵宾赞助商席 100 席、赞助商 400 席。对于新闻记者工作区也有专门要求，即要设置可容纳 1000 名文字记者、300 名以上摄影记者，其中摄影区限制

图 15. 申办 2000 年奥运会场地分布图
图 16. 奥运会主会场模型
图 17. 奥运会主会场配置图
图 18. 奥运会主会场电脑效果图
图 19. 奥运会主会场一、二层平面图

16名）、100名广播电台和电视讲解员、50名电视观察员的工作区，在靠近场地处需提供40~60辆转播车的停车场。

2. 21世纪体育中心

该体育中心位于海淀区西郊五棵松，在复兴路与西四环路交叉口的东北角，总用地面积约为46 hm^2。用地西北面为市级儿童交通公园用地，东北面为搬迁用地，在交叉口处设有地铁出入口。在北京市的城市总体规划中，这里一直作为体育用地加以保留，在申办奥运会的规划中，这里是奥运会比赛项目比较集中的场地，将在此建设市级体育中心，包含多功能综合体育馆、游泳场、网球场、田径场（预留位置）以及相应的练习和附属设施。同时，国际奥委会副主席何振梁向我们传达了国际奥委会一名南斯拉夫委员的建议，新建中心可起名为“21世纪体育中心”，以表达面向未来、面向下个世纪的构想。

在体育中心的总体规划中，结合建设项目和用地特点，采取水面围绕建筑的整体规划构思，从4个方向进入场内的机动车干道呈风车状，将用地分割为相对独立的几个地段，所要求的各比赛设施就分别布置在各地段之中，便于各设施独立使用和管理，利用上可分可合，在机动车道旁设有机动车停车场，与场馆联系方便。而架空的步行道路又把各停车场和各设施互相联系在一起，形成了人车分流的交通体系。在必要时，人行步道还可以和城市的人行过街天桥和北面的儿童交通公园结合，使之互相联系得更加紧密，形成环境优美、现代化的大型比赛与运动相结合的体育中心。西北侧的儿童交通公园将融科学性和趣味性为一体，以此对儿童进行交通法规和常识的教育。也设想在没有比赛时，儿童交通公园和体育中心能融为一体，以丰富用地的活动内容。另外，在体育中心和儿童交通公园的交接处还布置了公交车站、出租汽车站和社会停车场。

多功能体育馆位于体育中心的西侧，奥运会时在此进行篮球比赛，参赛人员共24个队288人，观众席总数1.5万席（国际篮联要求1.5万～2万席），平面为两个错位相叠的正方形，单层看台，中心比赛场地40 m×70 m，场地的一端与练习馆相连，馆内可容两个练习场地。

游泳场位于体育中心南侧，奥运会时在此进行游泳和水球比赛。参赛的游泳选手约665人，水球男选手156人，游泳比赛池尺寸为50 m×25 m×3 m，在比赛池两侧各有1个同样尺寸和标准的练习池。观众席为三面看台，可容纳观众12000人（世界游泳联合会要求主游泳池至少可容纳1.2

20

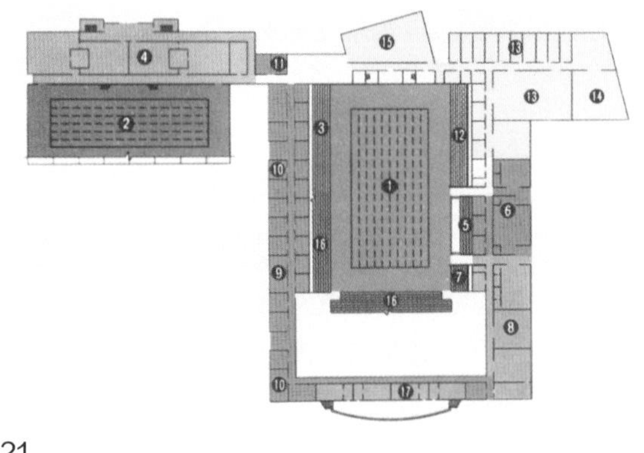

21

图20. 21世纪体育中心模型　　图21. 21世纪体育中心游泳馆一层平面图

万~2 万观众），其中两面为固定永久看台，南侧为临时看台，考虑了将来扩建跳水池的可能性。在练习馆外预留了较多的空地，以便将来扩建成群众性游泳活动中心。在观众席上按要求需留出贵宾和世界游泳联合会执委会席（600 席）、参赛队员及官员席（800 席）、记者席（300 席）。

网球中心则位于体育中心的东侧，参赛选手预计为男女各 128 人，按照国际网球联合会的要求，需设有可容纳 1 万观众的比赛场 1 处、4000 观众的比赛场 1 处、2000 观众的比赛场 2 处、200 观众的比赛场 7 处。另外，附近还布置有练习场地共 14 处和一些临时的附属设施。

3. 昌平自行车赛车馆

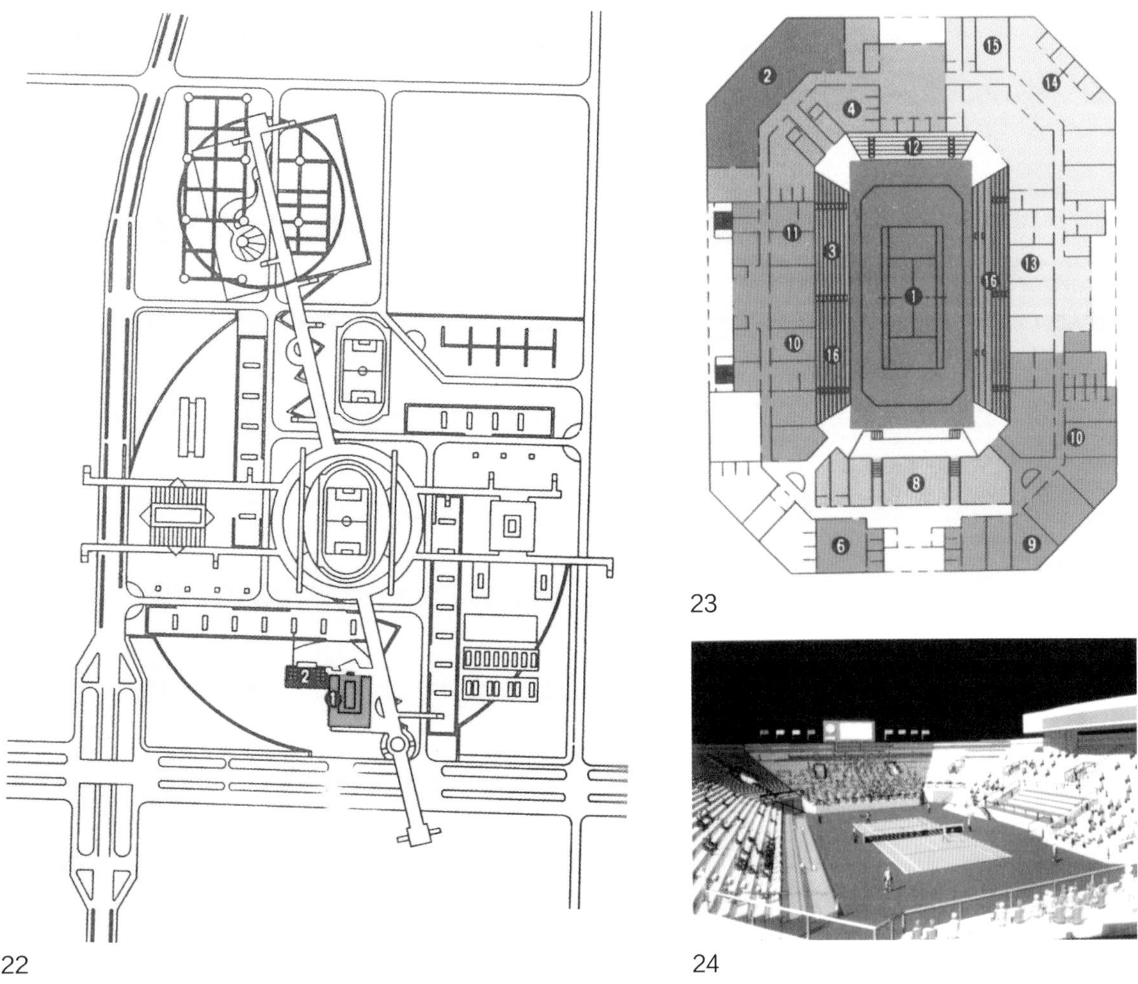

在第十一届亚运会时，在京张公路与昌平南环路交叉口处建有昌平自行车场。这次拟在原有自行车场东面再扩大 5 hm^2 用地，建设一个可容纳 6000 名观众的、符合国际比赛标准的室内赛车馆，这样形成一个总占地近 10 hm^2，可举办国际国内各种赛车比赛的全天候赛车中心。

室内赛车馆跑道的周长为 333.33 m，总宽为 8 m，在跑道内侧有 4 m 宽的保护区木面场地。同时，

图 22. 21 世纪体育中心总平面图　　图 23. 21 世纪体育中心网球场一层平面图

图 24. 21 世纪体育中心网球场透视图

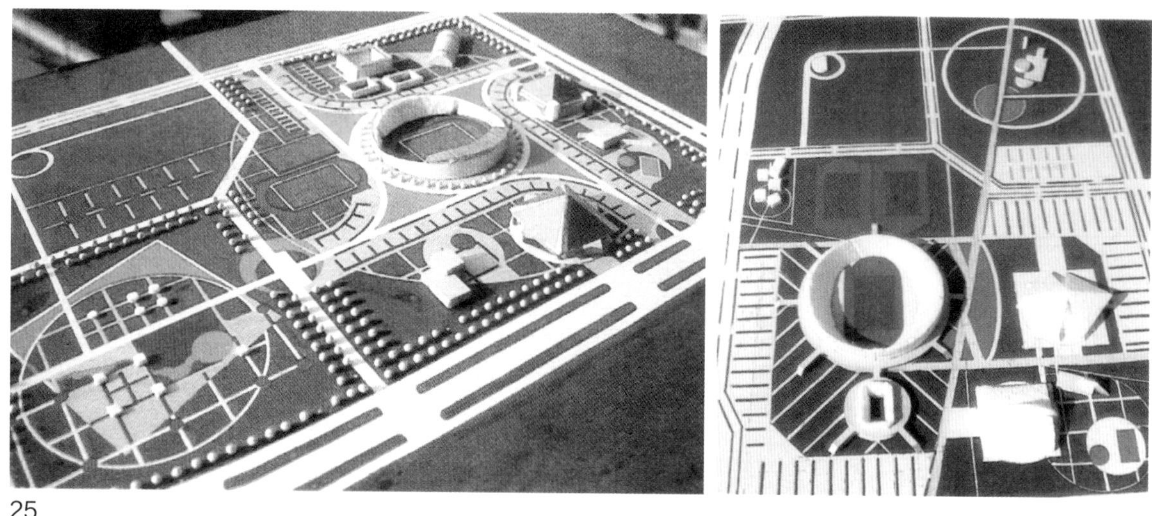

25

布置自行车队休息区共 45 个，场内还有练习和热身跑道。由于原自行车场贵宾入口位于西侧，新建赛车馆贵宾入口位于东侧，由此将场馆之间的空间处理为主要的观众入口和活动区，并设置了高架步行平台和北侧的主要道路、主要观众入口相连接，而运动员入口位于南侧，这样避免了各种流线的交叉。

4. 顺义水上运动中心

该用地位于顺义县城（现为顺义区）东北、潮白河向阳闸与牛栏山之间的河道东侧，总用地面积约为 230 hm^2。除在此进行奥运会的赛艇和皮划艇比赛外，还准备将其开辟为水上运动训练中心，这样和周围已建和拟建的体育娱乐设施一起，形成一个距市区较近的大规模体育游乐基地。

皮划艇参赛选手约 500 人，赛艇参赛选手约 600 人。比赛区由 2300 m × 135 m × 3.5 m 的比赛航道和 2300 m × 80 m × 3.5 m 的回划航道组成，靠近水上运动中心的潮白河一侧河岸经修整疏浚后将作为补充的水上练习场地。根据主导风向，航道为南北向。观众和运动员经京密公路由南侧进入场内，航道两侧为观众区、记者区、国际大家庭区和贵宾区、航道以南为运动员区，主要设有船库（上层为运动员休息室）和调船场等。可容纳观众总数为 1 万人，其中 4000 席为固定看台，布置贵宾、国际大家庭和记者席位，另外利用航道两侧的草地设置临时席位。

5. 大兴马术中心

根据国际马术联合会的要求，奥运会的马术项目将设跳跃障碍、盛装舞步和三日赛 3 个项目。拟在大兴县（现为大兴区）念坛水库地区新建马术中心，该用地总面积在 200 hm^2 以上，为几十年前修建的调节水库（未利用）。这里距大兴黄村镇中心约 3 km，用地的东侧和南侧均有城市道路与之相连。

马术运动在我国开展得还不是很普遍，因此人们对比赛场地、练习场地以及有关附属设施等了解得也比较少，国内也还没有符合标准的设施。根据国际马术联合会提出的要求，参赛运动员人数约 200 人，参赛马匹约 400 匹，主要比赛场地需满足以下要求。

图 25. 21 世纪体育中心过程方案（两组）

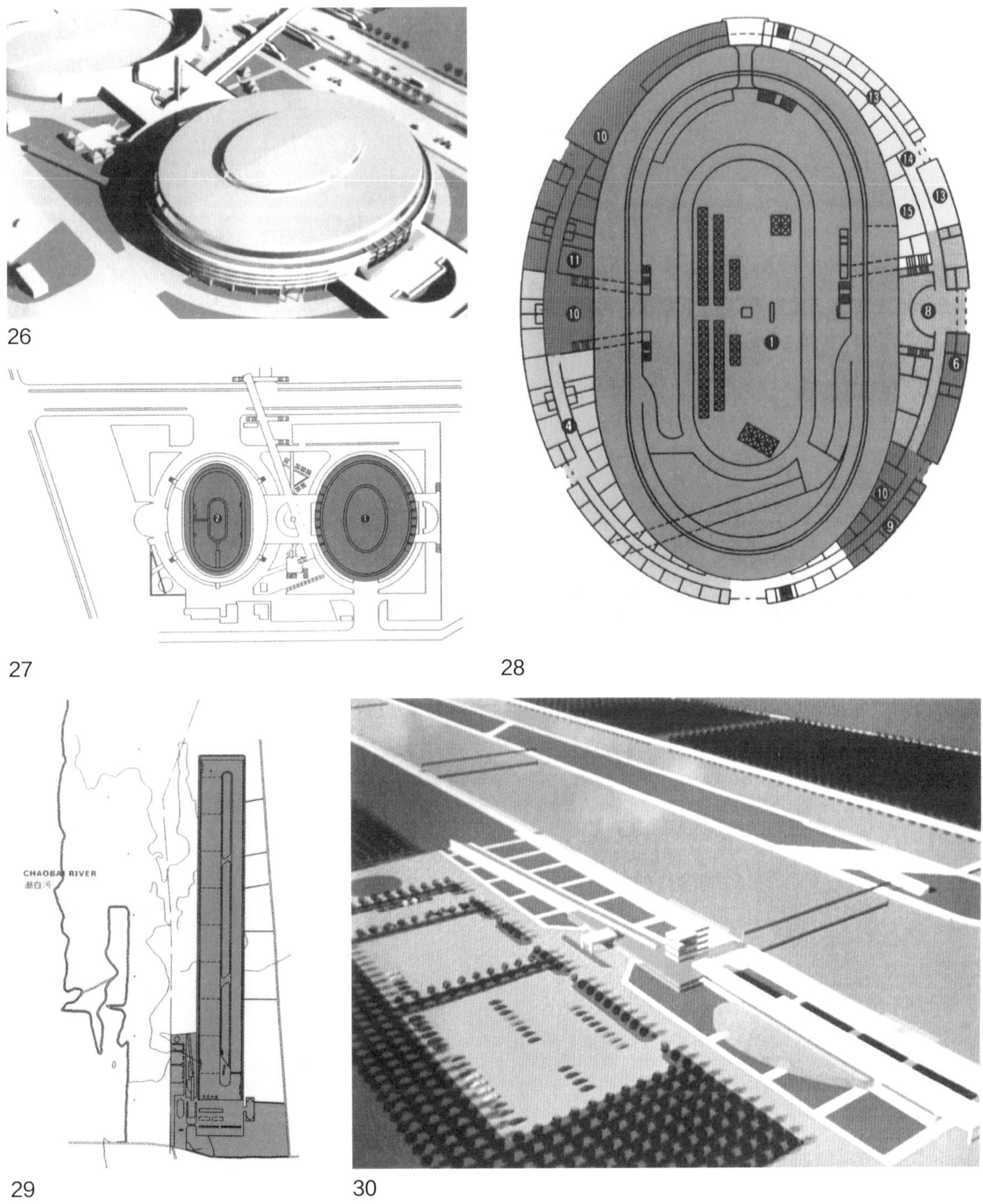

（1）跳跃障碍场地。比赛区 85 m × 120 m（草地），内设 12~15 个障碍，水塘障碍的水面宽度为 4.3 m，入场检录区 20 m × 60 m（沙地）。

（2）盛装舞步场地。比赛区 20 m × 60 m（沙地），入场检录区 20 m × 60 m（沙地）。

（3）三日赛场地。其中盛装舞步赛场同上，耐久赛的比赛路线需要在国际马术联合会的指导下，

图 26. 昌平自行车赛车馆透视图　图 27. 昌平自行车赛车馆总平面图　图 28. 昌平自行车赛车馆一层平面图
图 29. 水上运动中心总平面图　图 30. 水上运动中心透视图

由得到该联合会指定和认可的路线设计者进行设计。

马术比赛的练习场地也比较多，主要有以下几种：50 m×100 m 的练习场地 2 个（草地、沙地各 1 个）；直径 20 m 的圆形调教场 6 个（沙地）；40 m×70 m 的跳跃场地 4 个（3 个草地，1 个沙地），其中包括一大一小水塘障碍；60 m×20 m 的舞步练习场地 8 个（沙地）；奔驰用跑道 2000 m；3~4 km 的土路，其中部分为道路，不设跳跃障碍；设 6~10 个小型越野障碍的路线；40 m×80 m 的室内练习场。

此外，马厩的尺寸每间不得小于 4 m×3 m，并需附有储藏饲料的库房、修理马具车间、饲养员住地、兽医用房及治疗用马厩、在隔离地区的隔离马厩、供兴奋剂检测的马厩等。

由于马术比赛要求将观众区和运动员区、马匹区严格分开，所以将练习场地和附属设施设于用地的东南角，运动员和马匹入口设在南侧道路上；在练习场地的北面布置跳跃障碍场地（可容纳观众 2 万 ~ 3 万人，其中永久性座席 1 万席）和盛装舞步场地（1.5 万座，其中永久性座席 5000 席）；三日赛场地位于西北面，可容观众 5 万人，观众和贵宾入口设于东侧道路上，并有专用停车场。

1992 年 10 月，国际单项体育联合会在摩纳哥召开学术会议，会上除有体育专题报告，主题分

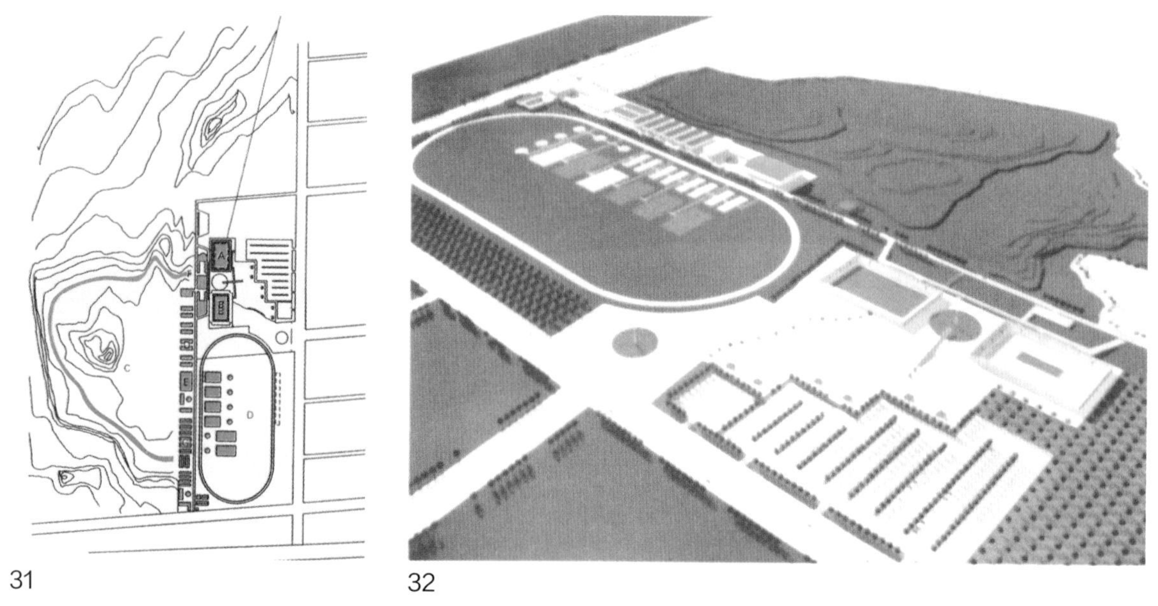

31　　32

别为体育的安全与舒适、体育设施的设计与管理、体育建筑的设备、电视转播等之外，还有论文交流，2000 年奥运的各申办城市在开幕式上有简单的报告，同时也借此机会做一些宣传，我和国家体委的楼大鹏、潘志杰一起出席这一会议，参观了将最后表决主办城市的会场，有机会接触了一些申办城市，了解了他们的申办情况。

悉尼这次申办表现出了强劲的势头，因为这是他们继 1992 年的布里斯班、1996 年的墨尔本之后，连续第三次争办，因此经验比较丰富，尤其在宣传造势上很有办法，如他们提出了“共享奥运精神”的申办口号，策划了有 4 hm^2 巨大尺度的申办标志。这次会议因为不是专门的申办会议，所以我们

图 31. 大兴马术中心总平面图　　图 32. 大兴马术中心透视图

33

34

只带了几个纸箱子的宣传品和纪念品，到会场后摆开没多久就被一抢而光。我在下面问悉尼代表团他们运来了多少，他们的回答是整整一集装箱，由此可见他们对每一环节的重视以及前期的巨大投入。柏林的申办是在1989年两德统一后的背景下，在1991年德国奥委会统一后的第一次会议上决定的。他们提出了“柏林感谢世界”的诱人口号，承诺修建一条与城市北环路平行的高速路以连接城市东部和西部。我特别注意到，在那时，柏林特别注重从人文和文化的角度介绍自己，并以此来打动世界。他们在申办宣传材料的醒目位置介绍了19世纪以来多位与柏林有关的各界文化人物，其中包括哲学家黑格尔，理论物理学家爱因斯坦和普朗克，自然科学家和探险家洪堡，考古学家谢里曼，画家珂勒惠支和贝克曼，剧作家和共产主义理论家、诗人布莱希特，导演荣恩哈特，电影导演、悬念大师希区柯克，音乐指挥家卡拉扬，电影演员黛德丽，拳击运动员施梅林，田径运动员欧文斯等。可见，他们在申办时不仅注重体育，而且更重视文化以及表现其文化特色的载体——人。伊斯坦布尔位于亚、欧两大洲交会处，如果在这里举办奥运会，将会是在两大洲举办奥运会的孤例，所以他们用“相会在欧亚交会处”的口号来提醒人们注意这一地理特色。他们安排的马拉松比赛有意将起点和终点安排在两大洲，应该说很有创意，而且从以后各届的连续申办看，伊斯坦布尔还很有锲而不舍的精神。英国继1992年伯明翰，1996年曼彻斯特之后，2000年再一次以曼彻斯特作为申办城市，他们邀请了自1928年以来英国的44名获奥运金牌的选手一起造势，由于他们积累了经验，有良好的人际关系，虽然2000年申办失败了，但看来也为后来伦敦取得2012年奥运会的承办权打下了基础。

之后，楼大鹏先行离开，我和潘志杰又去法国专门考察了马术学校、训练基地。在巴黎体育宫参观时已是晚上，正好那儿有一个会议召开，我看见国际奥委会主席萨马兰奇先生正从楼梯上走下来，马上跑上前去拍了一张照片，萨马兰奇先生看到忽然跑过来一个中国人给他拍照，可能也有些吃惊，可是马上又和其他人谈话，顾不上我们了。

我们在戴高乐机场登机时还有一个小故事。潘志杰和我在机场登机之前看见在机场走廊边上站着一个女孩子，她穿着咖啡色的带风帽的一件大衣，背着一个双肩背包，看上去十分普通。当时，我马上对老潘说：“那是巩俐！”老潘还不相信，觉得看上去怎么也不像。后来，我们到休息厅以后，不一会儿看见那个女孩子一个人走进来了。当时我很想印证一下我的判断是否正确，于是迎上前去搭

图33. 摩纳哥城市全景　　图34. 摩纳哥蒙特卡洛赌场

35

36

37

39

38

40

41

图 35. 悉尼申奥时的体育中心全景　图 36. 悉尼申奥时 4hm² 大的申办标志　图 37. 伊斯坦布尔申办的体育中心

图 38. 曼彻斯特申奥体育馆　图 39. 柏林申奥的人物宣传

图 40. 申奥标志（左起：柏林、伊斯坦布尔、曼彻斯特）　图 41. 2000 年奥运会最后投票地点

42

43

44

讪了一下，对她用英文问道："您是巩俐小姐吗？"她点了一下头，我马上改用山东济南话和她攀谈起来，因为我知道巩俐也是济南人，她也用济南话回答我，我们互相问了在济南分别住在什么地方，我还问她在法国干什么，她说正在拍电视剧《潘玉良》，这时我才注意到在休息室那里坐着许多人，看上去是摄制组的人。导演黄蜀芹是个个子很高的女子，看巩俐一直在和我说话，就派人来把她叫过去了。后来我很后悔当时没有给她拍张照片或和她合影，以满足一下"追星族"的心理，回国以后也可以借此炫耀一番了。

1993 年 3 月，国际奥委会考察团来京考察后，在 7 月 3 日公布了对各申办城市的考察报告，在关于北京的报告中对有关设施的评语，除去肯定的内容外，提出意见的部分现摘录如下。

"问题 8——奥运村。可容纳 1.5 万 ~2 万人，由 16 座高层塔楼建筑组成，其中最高的一座高 22 层，可提供合适的住宿条件。考察团认为高层建筑在奥运村中并不十分适用。奥运村至各场馆（除帆船场地外）的距离，是一非常积极的因素，平均用时 15 min，最长用时 30 min。"

"问题 12——比赛场地。关于场馆设施，现存场馆 17 座，8 座新建，各场馆尽管已获国际单项体育联合会的批准，但申办委员会已承诺，所有场地仍将进行改建和翻新。关于运动员更衣室和服务性设施，现有水平尚在相当程度上低于国际标准。考察团已对此向申办委员会表示关心并提请予以特别注意。申办委员会已提交书面保证，将邀请各国际单项体育联合会的专家来华协助，对所有设施进行现代化改建、翻新和扩建，并审核新设施的建设方案。"

当时，国际奥委会的报告中对悉尼的评价还是比较高的，没有提出什么问题；对曼彻斯特的评价也不低；对北京指出了优点，也提到了不足；对伊斯坦布尔提出的问题比较多。我认为从整体看考察团的评语还是比较客观的，当然北京最后没有申办成功更多的还是其他方面的原因。但这也提醒我们，像在奥运村的设计上，虽然 1980 年莫斯科奥运会也使用过高层住宅，但我们当时是否更多地是在关注赛后的销售；另外，当时首都体育馆的运动员休息室和淋浴分置两处，在内部不相连，考察团也注意到了这一问题，后来，奥申委马上根据国际惯例，让北京院单可民出图，对首都体育馆的运动员休息室进行了改造，此后休息室就成为国内各重要体育设施建造时大家所关注的重点部位了。

1993 年 9 月 24 日申办 2000 年奥运会表决结果，悉尼以 2 票之差获胜。对我们配合奥申委所做

图 42. 马术越野障碍赛设施　　图 43. 马术学校内景　　图 44. 萨马兰奇主席

的接待考察团准备工作，奥申委最后还专门给设计组发来了感谢函，其主要内容为：

感谢信

亚奥工程设计组：

在准备接待国际奥委会考察团的工作中，贵单位高度重视、认真动员，广大群众积极响应、全力协助、做了大量的工作，付出了辛勤的劳动，并在人员、设备诸方面给我委以极大的支持和方便，确保了考察团接待工作的顺利圆满完成。在此，谨向你们及全体工作人员表示衷心的感谢，并致崇高敬意！

“申办得人心，人心盼奥运”。通过这次接待工作，我们更强烈地感到，广大人民群众的理解和支持是我们做好申办工作的巨大动力，是夺取申办成功的可靠保证。目前，申办工作依然十分艰巨，让我们携手并肩，在各自的岗位上努力奋斗，再接再励，发扬团结、奉献、严谨、高效的精神，力争申办成功。

北京 2000 年奥运会申办委员会

1993 年 3 月 10 日

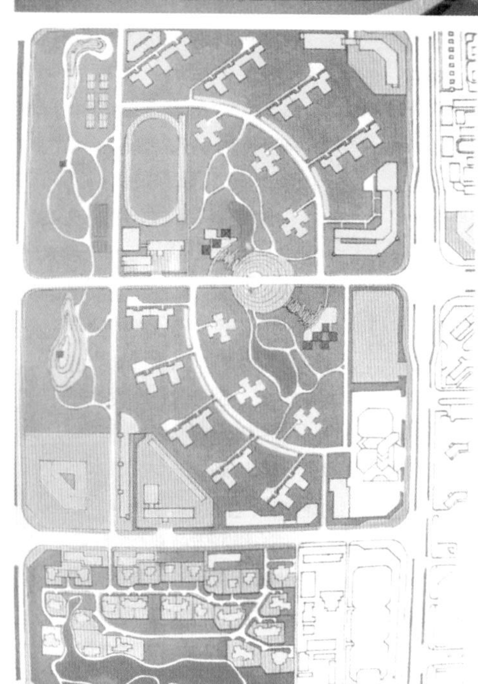

45

远东及南太平洋地区残疾人运动会

1994 年 9 月 4 日，在北京举办了第六届远东及南太平洋地区残疾人运动会，这是中国第一次举办的大型国际残疾人运动会，对我们的无障碍设施水准和接待组织能力又是一次考验。比赛项目共设了 14 项，在国家奥体中心和北京体育师范学院设了两个赛区，原国家奥体中心的无障碍环境考虑了观众使用的便捷性，但对运动员部分还有不少不足，所以要按照无障碍设施的要求，对不符合要求的部分做进一步的改造。为此，运动会组委会在 1991 年 7 月组织了一次去英国为期 10 天的考察。北京院参加考察的是周治良副院长和我。当时伦敦西北面的一个小镇艾尔斯伯里（Aylesbury）正在召开世界残疾人运动会，我们观看了开幕式、田径比赛、游泳比赛，对残疾人运动会的要求有了进一步的体会，如在赛前对残疾人的分级，这是一个复杂而细致的鉴定工作，也是保证运动会公正公平的前提；又如，在发达国家，对残疾人设施的考虑十分周到，细部也十分到位，这源于发达国家残疾人的构成与发展中国家有很大不同，发展中国家的残疾人大多是由优生优育的缺失造成的，先天性残疾占的比例相当高，而对发达国家来说，残疾人中相当大的比例是由交通事故、运动伤害等导致的残疾，其经济水准也有比较大的差别。另外，像这样世界性的运动会，许多设施并不追求高、大、上，如开幕式的运动场中没有观众看台，观众就坐在场边的草地上；室内体育馆的地面就是用水泥铺的，只有

图 45. 奥运村透视图和总平面图

在轮椅篮球决赛的前一天，用集装箱车拉来编好号的组装地板，花费几个小时把木地板铺好用于比赛，赛后马上拆走，这些做法对我们都是很有启发性的。

申办 2008 年奥运会

2000 年奥运会的申办，悉尼以两票之差获胜。对北京来说，虽然没有达到目的，但为此后申办打下了基础。到申办 2008 年奥运会时，北京已经积累了上次申办奥运会和多次举办大型国际赛事的经验。多年的改革开放和经济的飞速发展，开阔了人们的眼界，也为奥运会的申办提供了较雄厚的物质基础和经济实力。而国际奥委会和奥运会本身在这些年当中也发生了许多变化。从我们自己方面，在申办程序中，我们对过去很不熟悉的申办过程慢慢也比较了解了。首先，周治良总利用他和国际奥委会副主席、国家体委副主任何振梁比较熟悉的私人关系，陆续借来了许多国家城市的申办报告，记得先后收集到了塞维利亚、里约热内卢、悉尼、雅典、里尔、斯德哥尔摩、开普敦、巴塞罗那、布宜诺斯艾利斯、圣胡安等城市的申办书，而且有相当数量的申办书是为申办 2004 年夏季奥运会而制作的，这使我们有了离申办 2008 年奥运会最近的标尺。其次，也是通过何振梁的关系，我们找到了若干举办过奥运会的城市的组委会官方报告(official report)。这些报告都是按照国际奥委会的规定，在奥运会结束以后的规定时间里向国际奥委会提交的最终版本，其内容一般包括：组委会、组织和总体计划、财政资源、人力资源、比赛、奥林匹克文化、附录。我们先后收集到了慕尼黑、蒙特利尔、洛杉矶、巴塞罗那、汉城等城市的官方报告。上述两种文件是只有国际奥委会的委员才能拿到的，因此对我们来说是极为珍贵的。另外，我们还找到了 1980 年莫斯科奥运会后所出版的有关设施专集。

图 46. 考察世界残疾人运动会　图 47. 世界残疾人运动会入场式　图 48. 世界残疾人运动会用车
图 49. 世界残疾人运动会田径场　图 50. 世界残疾人运动会发奖　图 51. 世界残疾人运动会轮椅马拉松

通过对这些报告和资料的分析和研究，我们还是有不少收获的。

从申办报告和最终版本报告的对比中还可以发现，对于国际奥委会和申办城市这两个主体来说，申办成功与否将是一个重要的转折点。在申办过程中，国际奥委会占据主动位置，国际奥委会委员和考察团有至高无上的权利，因为他们掌握将主办权交给哪个城市的大权。但申办成功以后，主办城市则占据主动位置了，原来承诺的一些条件可以以财政问题、环境问题、民意问题等种种借口而加以调整和改变。如国际奥委会规定比赛设施应在开幕前一年试运行，可有一些国家在开幕前一天还在施工。又如北京在申办时，原把沙滩排球的比赛项目放在了天安门广场，到最后还是把它移到了朝阳公园。

从最终版本的报告中还可以掌握奥运会进行全程中的所有信息，除比赛过程以外，还包括运动员村的入住、餐饮、文化活动等情况，新闻媒体的运作，每一比赛项目的运作和结果，工作人员和志愿者的使用，等等。此外，对于申办书中需要明确标注的运动员、奥林匹克大家庭、新闻媒体、赞助商、一般观众所需的面积、房间以及对它们的不同处理方式也是很关键的，所以，许多利用已有设施的项目就用临时设施来加以解决，新建设施也可以缩小建设规模。对报告的研究有助于打破申办奥运会的神秘感，也使我们在筹备过程中有讨价还价的余地。

还有比较有利的条件是在举办亚运会和筹办奥运会的过程中，我们先后陆续实地考察了几个举办过奥运会的城市的设施。2000 年 2 月，我们考察了法国、西班牙、希腊和德国，如法国足球世界杯的举办地法兰西体育场、巴塞罗那奥运会以后的体育中心、雅典的奥林匹克体育中心、慕尼黑奥林匹克体育中心和科隆体育学院。悉尼举办完 2000 年奥运会后，我们北京院又于 11 月组团考察了悉尼奥运会的设施。这届奥运会被国际奥委会主席萨马兰奇称为“奥运历史上最精彩的一届”。利用举办奥运会来展示自己的国家和城市，几乎成了所有举办过的城市的出发点和常用手法，在这方面既有正面的成功例子，也有反面的沉重教训。考察了悉尼奥运会，我深感在举国一片欢腾的情绪下，还应保持冷静而理性的头脑。为此我专门撰写了一篇题为《悉尼奥运会的再思考》的论文，文中谈到面对奥运会这一难得的机遇，激动的心情是难以抗拒的，问题是掌握到什么程度。像美国的洛杉矶和亚特兰大，“举办的是某种实在的奥运会，他们不需要通过奥运会来炫耀什么，而更多的是想

52

Official Report of the Games of the XXV Olympiad Barcelona 1992

Volume II

The means

53

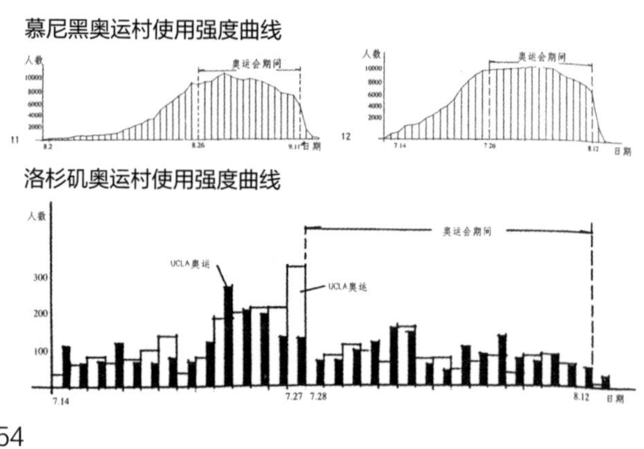

54

图 52. 申办 2004 年奥运会各国申办书　图 53. 悉尼奥运会报告书

图 54. 慕尼黑及洛杉矶奥运村使用强度曲线

55

56

赚取什么。”所以，我引用了国际奥委会主席罗格的话：“我们已经超过了平衡点。”“我们还应该制止奥运会的膨胀……奥运会的规模已经扩大到了一个城市能够承受的最大限度。”从罗格来说，他非常希望“世界上那些还没有主办过奥运会的国家和地区能够有机会举办一次奥运会。”这些观点对于国际奥委会的发展十分关键，也都给我留下了深刻印象。

北京从 1999 年 3 月起就对举办奥运会的主会场进行了踏勘和多方案论证。以汪光焘和袁伟民为首的领导小组对主会场位置进行了比较和论证。当时根据北京市总体规划，城市要向东南方向发展，所以先后选过 11 块用地，选择的大部分是东南部的用地，经专家讨论后，集中到北郊、定阜庄、垡头和亦庄 4 处。当时大家都比较倾向于东南方向的某处，但最后仍决定选用北郊中轴线上四环路以北的地段。2000 年 3 月，北京国际展览体育中心的国际规划概念设计竞赛更是揭开了奥运会筹办和规划建设的序幕，表示了北京申办的决心，这也是正式申办 2008 年奥运会之前的一次热身。当时，国内外 6 家设计单位提出了方案，经评委会评选，北京院提出的两个方案（包括独立完成的方案及与境外 RTKL 事务所合作完成的方案各 1 个）获得了二等奖（一等奖空缺，二等奖共 2 个），表现了我们在功能定位、布局、交通构架、生态环保、赛后利用方面的新理念，这时承担主要设计工作的都已是中年和更年轻的建筑师。参加工作的主要设计人员如下。

设计指导：马国馨、柴裴义

设 计 人：总体规划——王兵、陈晓民、刘康宏、李大鹏

体育中心——马泷、郝亚兰、刘小鸥、王晓朗、高阳

展览中心——丁晓沙、杨有威、周藤、余华

世贸大厦——姜维、李阳、宗澍坤

运动员村——崔克家、王敬、李亦农

国奥中心 B 区——柯蕾、孙勃

当时设计任务要求基本如下。

1. 规划范围

北京国际展览体育中心规划项目用地在北京北土城路以北的城市中轴线两侧，该地区为北京城

图 55.2000 年悉尼奥运会主会场　　图 56. 2000 年悉尼奥运会后主会场

市市区中心区域之一。规划范围包括 A、B、C、D 4 个区，含中轴路共约占地 405 hm^2。其中 A 区 56 hm^2（本次规划设计按现状考虑）、B 区 58 hm^2、C 区 261 hm^2、D 区 30 hm^2（本次规划设计按备用区考虑）。

2. 功能定位

北京国际展览体育中心项目规划所在区域位于北京城市中心大团北部，南北中轴线的北端，是以未来举办大型综合性国际体育盛会和大型国际展览活动等为主要功能的城市市区中心区域之一，其设施主要是为举办国际最高级别与最大规模的体育运动会而建设的；同时，中国国际展览中心（以下简称“国展中心”）与北京世界贸易中心（以下简称“世贸中心”）也将在这一区域兴建，其设施与大型体育设施在使用功能上有机结合，共同形成中轴线的北端高潮。

3. 规划布局与城市设计要求

（1）规划既要较好地体现传统中轴线的继承和延续，又要创造 21 世纪首都的新风貌，注重研究古老文明和现代文明的衔接与发展变化。

（2）国展中心与世贸中心的主体建筑作为该地区的标志性建筑，在四环路以北地区（C 区）安排，对其建筑高度无控制要求，但应体现城市中轴线的收尾，轴线在此形成高潮。宜将主体育场安排在C区，运动员村安排在 C 区，安排不下时，可利用 D 区。应在沿四环路以北 C 区的南部安排一些集中绿地。将网球中心和曲棍球 B 场安排在国家奥体中心南侧（B 区）。

（3）要做到国展中心与世贸中心和体育设施的有机结合，共同组成城市市区北部区域中心的形象，中轴线两端平面布局维持轴线对称格局。

在方案设计中，基于北京在新世纪伊始所获得的发展机遇，希望此次规划设计在满足北京市总体规划要求、符合北京市总体布局的基础上，为北京新城区的规划建设带来一种崭新的设计理念。在新的世纪，将北京建设成经济繁荣，社会安全，各项公共服务设施、基础设施及生态环境达到世界一流水平的历史文化名城和现代化国际都市。

在功能定位上，经过 50 多年的建设，北京城市的“分散集团式”格局已经基本形成。根据北京市总体规划要求，在城市建设中将把北京的北部地区建设成为以体育、科研事业为主体的新型城市集团。在此次规划设计中，我们也考虑不仅仅是使其单纯满足举办国际大规模赛事和展览的需要，更重要的是要使这一较大范围内的规划建筑群能够成为承办各种体育比赛、音乐会、展览、会议、娱乐及大规模商业活动的大型综合设施，充分满足市民多方位的生活需求。它与天安门广场的性质有根本的不同，因此，在规划设计中，无论是各建筑单体的外观，还是其内部设施的设计及赛后日常使用，都与单纯的体育及展览建筑有较大的不同。具体地说，就是更加注重它们的多功能性以及多用途的综合利用。规划者希望能够以在这里举办大型体育赛事及大型展览为契机，带动北京城区的发展，并与中关村科技园区相应形成城市北部地区的以体育、科研为主的新的文化中心，展现古都北京在新世纪、新时代的城市风貌。

在城市中轴线布局上，北京市总体规划将南北中轴线向南延伸 8 km 至南苑，向北延长 9 km 至公路一环南侧的北郊森林公园，总长 25 km 左右，并要求在其上安排一定的公共建筑，以体现北京新的时代风貌。本次规划是在1990年亚运会期间中轴线向北延伸基础上的又一次重要扩展，它将对中轴线北部的完善起到至关重要的作用。因此，在规划布局中，既要考虑本地区的功能和空间审美定位，形成中轴线上的重点景观，与天安门广场南北遥相呼应，在功能使用上有所区分，也要在建筑布局、交通架构、发展用地、轴线扩展上留有余地，不把文章做死，为后人留下进一步发挥的空间。

在交通组织上，我们从城市区域角度进行了思考，在充分利用区域周边的城市快速干道和次干道的前提下，确保总体规划中区内道路框架的畅通，将区内交通划分成地面步行系统、地下交通系统和空中交通系统3个层面加以组织。在地下交通系统中，又根据充分利用地下空间的设想，把轨道交通和机动车分层布置。在人车分流的条件下，形成由高架轻轨、机动车辆和地下铁路等多种交通方式共同组成的安全、迅速、便捷的多层立体交通体系。赛时交通组织将采用交通管制方式，确保专用道路的畅通。

另外，近年来，北京市经济高速发展，在取得巨大建设成就的同时，环境问题也日益严峻，如空气质量恶化，水资源严重匮乏，交通拥堵等等，已经成为新世纪北京发展的重要瓶颈。“绿色奥运”的主题正体现了全球对环境问题的关注。此次北京国际展览体育中心建筑群的规划同样也以如何创造良好的生态环境，并使之与原有城市环境相融合，作为此次规划的重要课题。为此，我们把保护和维持建筑周边环境生态系统的平衡作为规划新区与其周围自然环境共生的设计基础，尽可能减少对原有生态环境的破坏，同时提高规划地块的整体环境质量；把绿色引入用地中心区，使新区内大面积绿化带与原有城市绿化体系相沟通，共同构成系统化的网络关系，对调节局部气候、改善空气质量起到重要作用；利用各种自然条件，采用生态手段，在节省能源和环保的前提下，创造良好的

57

图57. 北京2008年申办书中奥运公园方案

室内外环境。

在赛后利用上，规划建设不仅仅是单纯满足举办奥运会等国际大规模体育赛事和大型国际展览的需要，更重要的是如何在周密考虑后利用这一国际性的课题。通过此次规划建设，不仅要满足多功能使用以及赛后的综合利用需要，而且要能够带动其周围地区的发展，在城市北部地区形成多种产业的综合开发与互动发展。

基于对城市背景和功能使用的分析，在具体的规划设计中，我们把国家体育中心布置在规划地块C区靠近国家奥体中心一侧，以便与已成规模的国家奥体中心结合，形成性质相近的大规模体育建筑群。同时，为了方便赛时运动员起居住宿，以及与主体育取得联系，相应地把运动员村布置在C区的西侧，与国家体育中心相距500 m，使之与国家体育中心形成沿北中轴相对布置的格局，二者之间用专用通道连接，以方便赛时使用。二者既分隔独立，又联系方便。考虑到人流集散及城市景观的需要，在国家体育中心与运动员村之间设计了一条400 m宽的绿色步行广场，使城市轴线得以良好地延续。

世贸大厦规模庞大，由会议、办公、酒店及商业4个部分组成，其510 m的高耸外形，将成为本区独特的城市景观，因此把它布置在C区北端的中轴线上，使之成为城市的标志性建筑，体现了城市北中轴线的轮廓起伏，并形成城市空间序列的高潮，同时在其两侧还对称规划了两块预留发展用地，以利于今后的发展使用；考虑到国展中心水平方向的尺度巨大，且其在使用中各种交通流线较为复杂，因此把它布置在北中轴的端点，为世贸中心提供了良好的背景。同时，国展中心的弧形平面轮廓以及体育中心和运动员村斜向放射处理，形成了本区总体上富有特色的表现，构成了明显的开敞动势，也进一步突出了中轴线的处理。

B区在国家奥体中心南侧，在这里布置了网球中心、曲棍球场及1个占地18 hm^2的体育公园，在整体上与国家奥体中心连成一片，形成了对国家奥体中心比赛场馆的合理补充。

规划区块内的D区则被规划为预留发展用地，有重大国际赛事时可辟为国际广播中心用地使用。

此后，在吸收国内外先进经验，尤其是参考历届奥运会、近几届奥运会举办经验教训的基础上，北京院又一次承担了申办书中有关场馆建设的设计和制作工作，在总计3卷589页的申办报告中，我们承担了奥运设施部分的369页。在“绿色奥运，人文奥运，科技奥运”的理念指导下，针对2008年奥运会的28个比赛项目，需提供37个场馆，其中32个设在北京，已建成需改造的有13个，计划兴建的有11个，为满足奥运会需要而新建的有8个，遵循了既集中又合理分散的原则，其中原国家奥体中心北面的奥林匹克公园，占地1215 hm^2，是场馆和设施最为集中的地区，另外还有大学区西部新区、北部旅游风景区等几片。2001年5月，国际奥委会考察团在评估北京的设施时，认为体育场馆的规划包括奥运村、记者村、主新闻中心和国际广播中心是严密的，奥林匹克公园在环保方面做得很出色，该公园的位置，到赛场的便捷和较短的交通用时，都说明北京提出了一个高质量的、以运动员为中心的体育规划，场馆的建设计划是可以实现的。评估委员会相信，在北京举行的奥运会将会给中国和世界体育留下独一无二的宝贵遗产。2001年7月13日，北京申奥获得成功，从此开启了中国与奥林匹克运动的紧密合作，也使中国更进一步地表现出自己在各方面的实力，更好地为奥林匹克运动做出自己的贡献。

在申办 2008 年奥运会的过程中，我主要参加的工作是前期的主会场用地踏勘，当时由北京市副市长主管这项工作，他精力十足，常常在晚上 10 点以后召开会议，一次夜里把我们叫到他家里汇报工作，还说 12 点要去世纪坛工地。在主会场用地选定以后，我还在国际奥委会考察团来京考察时，做了相关的技术支撑工作。为此，组委会还专门下发了纪念证书。记得在北京饭店听取考察团质询时，有件事让我印象十分深刻，即考察团先后两次问道：“你们让在用地上居住了那么多年的居民搬走，他们会高兴吗？”我方马上回答说：“他们可欢迎拆迁了，因为可以改善他们现在的居住条件。”可谁知没过不久，拆迁问题在全国就成了一个老大难问题了。

2002 年 7 月，对于 2008 年奥运会的比赛场馆及相关设施建设总体规划方案·北京市新建项目部分评估时，基于对奥运会和相关理念的理解，我提出了以下书面意见，摘要如下。

一、指导思想

组委会提出了以下原则，即：既要有利于奥运体育比赛，又要充分考虑赛后利用；坚持勤俭节约，充分利用现有体育设施资源，力戒奢华浪费，不搞重复建设（能利用现有场馆进行改扩建就不新建，

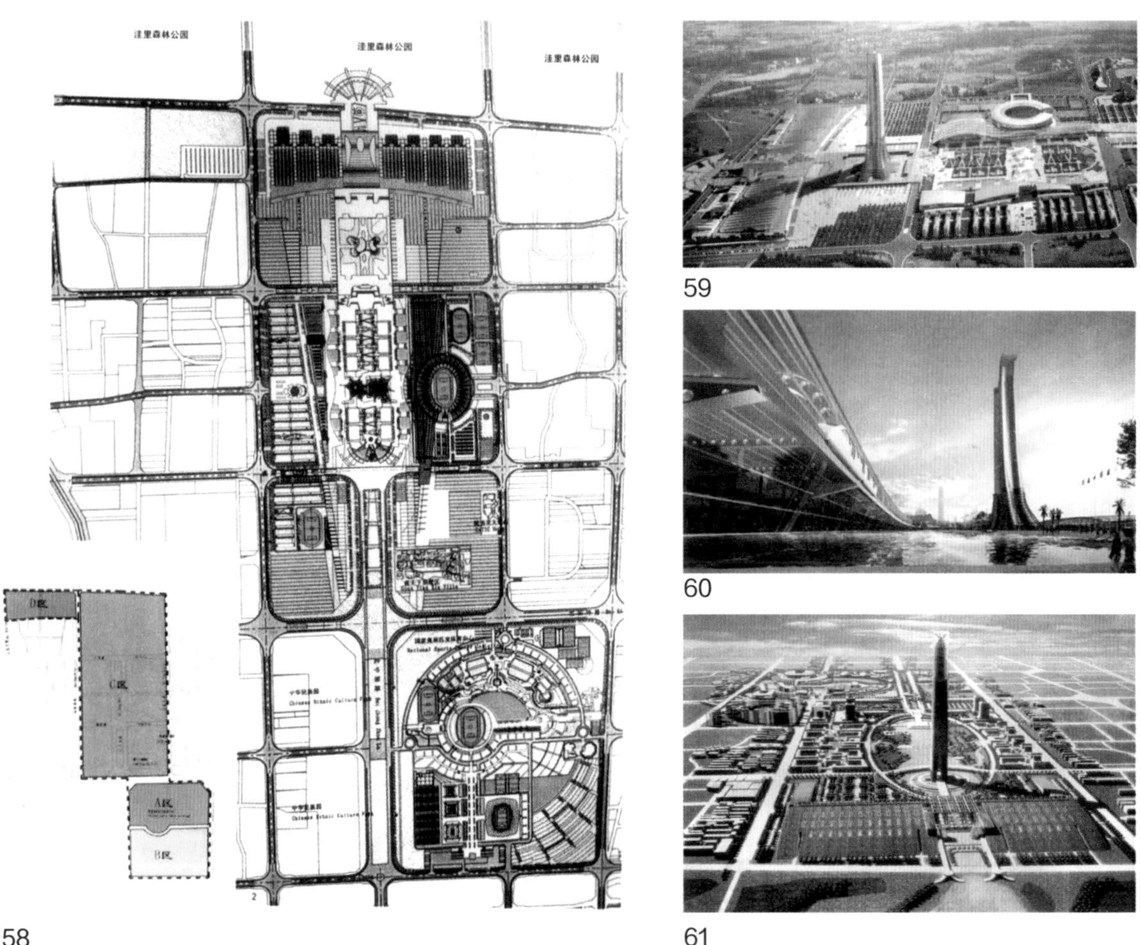

图 58. 北京国际展览体育中心方案总图
图 59. 北京国际展览体育中心方案透视图
图 60. 北京国际展览体育中心方案世贸中心
图 61. 北京国际展览体育中心方案二透视图

62

63

64

马国馨先生：

在接待国际奥委会评估团对北京申办2008年奥运会评估考察工作中，你作为主题7“竞赛主体构想”和主题8“体育项目”的陈述专家，为北京申办做出了积极的贡献。

特发此证，以资纪念。

二〇〇一年三月

65

66

能搞临时性场馆的就不搞永久性场馆）；创造体育建筑精品，充分体现可持续发展的理念。以上原则都是十分正确和必要的。

但与组委会提出的几条原则，尤其是“充分利用现有……不搞重复建设”的原则相比，似乎投入的力度还不够大，并且从比赛场馆的要求及内容看，也还有改进的余地。

二、总体布局

奥运会的主要比赛设施主要分布于4大地区，即奥林匹克公园区、西郊社区、大学区和北郊旅游区。而训练场馆基本也集中于这些地区，保证了奥运会期间运动员、记者由运动员村、记者村到各场馆的便利性，此前已论证过多次虽也有不同看法，但时至今日，按此总体规模布局还是充分满足了奥运会举办的需要，也基本保持了申办和筹办过程的连续性。

在总体布局中，北郊旅游区的两个项目需要引起注意：一是奥林匹克水上公园；二是顺义的乡村赛马场，该用地对于马术的盛装舞步、障碍赛等问题都不大，但对于三日赛中的越野赛，则可能会有问题，不是单纯有一块地就可以，同时从马匹检疫要求看，其对周边地区要求也很严格，对此希望也要有充分的估计。

另外，本次奥运会筹建需新建体育馆3个，其中国家体育馆设1.9万座（固定席座1万座），五棵松体育馆设2万座（固定席座1.6万座），北体大体育馆设1万座（固定席座6500座），加上北京原有的首都体育馆和工人体育馆2个万人以上的体育馆，就有了5个万人以上的体育馆，从已有各

图62. 国际奥委会评估团在北京的会议现场　图63. 国际奥委会评估团

图64.2000年申办书封面　图65. 申办2008年奥运会纪念证书　图66.2008年申办书封面

馆运营情况和北京市需求看，5个大馆似乎多了一点。

三、对北京市新建项目的评估

1. 国家体育场

对于国家体育场，从比赛和开闭幕式以及北京体育活动的开展看，需要新建，但对赛后利用，提得过于笼统，只讲“体育比赛、文化娱乐活动”还不够，应注意能否保证赛后的社会效益和经济效益。

2. 国家体育馆

关于国家体育馆的规模、定位及与北京市各设施的关系，在上面已经提到，此处不重复。

国家体育馆的赛后利用在本报告中为“体育比赛、文艺演出展览、公众娱乐和体育活动”“初步设想改造成艺术馆和流行音乐中心”。在奥林匹克公园的规划招标中，将此明确为“赛后兼作中国杂技马戏馆”，但从杂技演出特点看，此种设想并不妥当。

3. 国家游泳中心

游泳比赛馆的建设最需慎重，因为据国外经验，一个游泳比赛馆4年间的运营管理费用就将等于另外新建一个馆的土建费用。将来国家奥体中心英东游泳馆（6000座）和国家游泳馆相距如此之近，内容又相近，显得比较重复，是否有必要；建议可否游泳、跳水池按永久性建造，利用赛期处于夏季，座席利用室外或半室外，会后再改造成全部娱乐健身性的水上活动中心，以和英东游泳馆在功能上有所区分。

4. 五棵松体育馆

对于这一地区而言，体育馆设施还是需要的，问题是赛后这里是否需要1.6万座的馆（从42 m×24 m的比赛场地看，可开展的体育项目较受限制），也就是座席数和比赛场地需要匹配。

5. 丰台棒球场和五棵松棒球场

二者都是在赛后留下的1.5万座的永久性棒球场，相距也不太远，而棒球运动在我国还不属于群众性特别强的运动项目，丰台体育中心已有永久性比赛棒球场和练习场，因此还需考虑是否需要盖两个1.5万座的永久性棒球场。

四、工期问题

总体规划报告书中有关工程进度的部分几乎都是列在2006年年中竣工，从我国建设的实践看，这种工期安排极不妥当，也不必要。

按照国际奥委会的规定，各场馆基本在使用前进行1年的试用和调试，以保证比赛期间的使用效果，这就是说在2007年年中竣工即可。国外奥运会的实例除已建成部分外，新建部分在一年调试期间实际都还有需要继续施工和修改之处。

我们提前到2006年完工的理由据说是要增加调试的时间，但这样就带来了一系列的问题。

首先是缩短了设计和施工的周期，而这些时间对于设计和施工都是十分关键的，尤其是设计周期。实际上，许多使用中的问题如果在设计中考虑周到、全面，将为运营管理创造更好的条件。如果设计周期不够，草草出图，无论在经济上还是使用上损失都大，这已为许多正反两面的经验和教训所证明。

提出2006年完工的承诺虽比奥委会的规定还提前1年，但它并不能为我国加多少分，因为奥委会只关心奥运会期间的运行情况，提前1年和奥运会举办的成功与否没有什么直接联系。

如果说调试场馆需要2年时间，也不能说明我们对此项工作的重视，只能从另一个方面表明我们的技术无能，因为即使奥运会再复杂，也不需要用2年的时间进行调试，这是一个常识性的问题。

另外，提前到2006年完工，将使许多设施闲置，外立面和许多装修需在举办奥运会时重新装修，尤其是奥运村，如果在2006年完工，这2年内的安排和使用更为困难。

五、造价问题

（1）国家体育场总投资额29.96亿元，与广东为承办中华人民共和国第九届运动会而兴建的8万人体育场的投资额15亿元（他们对外称12亿元）、江苏为承办中华人民共和国第十届运动会而建的6万人体育场的投资额8.6亿元都相距甚多，希望能找出其主要理由。

（2）体育馆和游泳馆的造价可以和国内外有关实例再进行一下比较。

（3）五棵松和丰台的棒球场的造价均为8000元/m²，与之相比，网球中心造价为8000元/m²，曲棍球场的造价为7500元/m²，实际上后两者的场地包括基层、面层都有较高要求，而棒球场仅为草地和土地，所以这个价格的确定需要重新比较。

六、其他

从北京市地震构造看，奥林匹克公园所处位置可能距八宝山断裂带和黄庄——高丽营断裂带较近，在技术处理上需要注意。

2002年7月，我们把北京院编写的《北京亚运建筑》和《奥林匹克与体育建筑》两本书给洛桑国际奥委会寄去，在8月12日收到国际奥委会奥林匹克博物馆的回信，表示这丰富了他们的馆藏，并会使访客和研究人员产生极大兴趣。

在奥运会主会场的设计竞赛中，北京院的中年和青年建筑师发挥了他们的想象力和创造力，在最后入围的3个方案中，只有北京院的方案是由中国建筑师独自完成并具有全部知识产权的独特方案——浮空开启屋面的构想，应该说这是一个技术可行、操作方便、运营独具特色的方案。我曾先后参加了浮空屋面与有关单位研究的会议，觉得该方案虽然十分前卫但还是有充分前景的。当时，最后3个入选方案在会议中心展出供公众投票时，当时的主管副市长认为现“鸟巢”方案作者是普利

67

68

69

图67.《奥林匹克与体育建筑》首发会　图68.《奥林匹克与体育建筑》书影　图69. 国际奥委会博物馆的回信

兹克奖获得者，想用这个来为方案支撑门面，我当时对他说，不能只看名气，还要全面衡量比较方案究竟如何。为此我专门写了《奉献给北京奥运的创新理念》一文刊登在《建筑学报》杂志上，该文还被收录于中国工程院土木、水利与建筑工程学部编的《我国大型建筑工程设计发展方向》一书中，从原始创新的独特性、奥运会盛典的戏剧性、赛后利用的经济性、城市景观的丰富性、成熟技术的可操作性和内涵丰富的可拓展性 6 个方面介绍了浮空开启方案的特色。其实该方案除了和鸟巢各有特色外，浮空的屋顶还为使用创造了诸多可能性，是没有先例的，没有利用这次奥运会的机会得以实现，真是十分可惜。

70

71

在得知主会场将采用“鸟巢”方案时，2003 年 4 月 23 日，我又给国家体委何振梁同志以私人身份写了一封信。这封信的全文已在别的地方多次引用，此处不再重复。我从“鸟巢”方案的造价、技术创新点方面提出看法，尤其是“在奥运会这个展现我国经济、技术、组织水平的绝好机遇，在向全世界展现我国综合国力的十分敏感的问题上，我认为还需要多一点民族的自信心。”这点是我特意强调的。何振梁同志收到信以后，让他的秘书给我打了电话，说他现在已退休了，也不太方便讲话，当时我还很不理解（后来，在 2015 年何振梁去世以后，从一些回忆文章中，我了解到了他当时的处境）。首规委的黄艳主任为此专门和我通了近 40 min 的电话交换意见。她说，你提的 3 条意见：第一条关于造价的问题，是有点高，现在在千方百计瘦身了；关于技术创新不多，她认为还看不出来；第三条，因为上面已经定了，所以不好改了，但以后其他的奥运会项目就多交给国人来做吧。当时我说其实我最主要说的就是主会场，这是一个让中国人尤其是中国建筑师展露才华的绝好机会，不能白白丧失，可是看来已经不能改动了。后来我还发现在开幕式执导问题上，还有人提出让美国导演斯皮尔伯格来执导，幸好美国导演拒绝了，不然真让国人无地自容了。

此后，北京院参加了各次主要的国际设计竞赛，提出了我们的新理念，并陆续承担了市内外多项重要的奥运会工程设计任务，包括五棵松体育中心、国家体育馆、新闻中心、奥林匹克公园景观设计、青岛水上运动中心等，以及北京首都国际机场（以下简称“首都机场”）T3 航站楼、中国科技馆新馆、国展中心等相关工程。其中，五棵松体育中心和国家体育馆都是中国建筑师的原创作品。几代中国人的美好愿望从此得以逐步变成现实，造就了“同一个世界，同一个梦想”。北京 2022 年冬奥会得

图 70. 北京院设计的主会场“浮空方案”

图 71. 北京院设计的主会场“浮空方案”内景

以成功举办，我们又和世界人民“一起走向未来”。

从亚运会的筹办到两次奥运会的筹办、实施，再到冬奥会的建设，对于北京院来讲，前后延续了 30 多年，我们在各个时期努力完成了我们应做的工作，尽了力，出了成果，培养了人才，也获得了赞誉，并一步步走向更好地服务于社会、建设中国最卓越建筑设计企业的目标。

亚运会、奥运会的举办为中国设计人员提供了表现的舞台，是十分难得的机遇。从我国的实践看，举办大型体育赛事是振奋民族精神、增强民族凝聚力的重要手段，而体育建筑作为赛事的物质见证和赛后遗产，也是国家建筑文化的重要体现。亚运会、奥运会都是我们过去从未举办过的，但是通过自力更生和自主创新，我们还是较好地完成了任务。在创造我国先进的建筑文化方面，中国建筑师应该成为这一自主创新的主体，并责无旁贷。

从历史经验看，要实现自主创新，创新的平台和机遇必不可少，亚运会的自主建设就为我们提供了难得的机遇，我们常讲挑战和机遇并存，但笔者认为更大的挑战在于我们能否及时地抓住机遇。机遇常常转瞬即逝，错过了很难再遇到。对建筑行业来讲，在城市化和筹办奥运会的过程中，我们创造了许多好的机会，利用了许多机会，但也失去了一些重要的机会。日本通过 1964 年东京奥运会实现了建筑水平的飞跃，德国通过 1972 年慕尼黑奥运会展示了战后面貌，这两个国家都是第二次世界大战的战败国，但他们利用举办奥运会的契机展现了城市建设的水平。举办奥运会是展现我国实力，表现中国文化，把中国的建筑创意、技术能力推向世界的极好时机，但我们在某些关键环节上没有利用好这一点。前面曾经提到过，在亚运会设计过程中，我曾遇到法国建筑师泰利伯特，他是 1976 年蒙特利尔奥运会设施和法国、卢森堡一些体育设施的设计者，他在看到我们的亚运会体育中心方案后，曾几次以怀疑的口气问：“这是中国人设计的吗？是你们自己设计的吗？”当时这句话激起了我们努力去做好工作的决心。现在我们的实力更雄厚，经验更丰富，了解的信息更多，就更不应该妄自菲薄，更应充满自信，相信自己的能力。中国这样一个发展中的人口大国举办奥运会，需要有理念上的创新，需要有充分的民族自信，如何使更多的发展中国家能够举办奥运会，而不是被少数发达国家包揽，创造这种新的思路和经验是对弘扬奥运精神的最大贡献。在建筑设计上，中国的建筑师也已具备了在体育建筑上与国外同行一争高下的实力。此前所述，2003 年 3 月，北京举办了国家体育场建筑概念设计方案竞赛，经评委对 13 家参赛的成果进行评审，通过两轮投票选出了 3 个优秀方案，其他两家都是和外方合作提出的，只有北京院的“水波・浮空”方案是自己独立提出的，正如该方案设计人之一王兵在报告中所说：“这不仅仅是一个方案构想，而是中国建筑界的一声呐喊。”但这一呐喊并未引起需要注意的人们的注意。

2008 年奥运会取得了很大成功，也得到了很高的评价，但对于主会场未能以中国建筑师为主来设计，失去了中国建筑界以此为契机走向世界的机会，我始终是耿耿于怀的。我一直认为，这是有关主管部门决策上的重大缺陷。最后的主会场“鸟巢”工程虽然是由外方建筑师和中方技术人员共同完成的，并且中方在解决总体设计和技术问题、施工困难时贡献出了更大的力量，并也获得了一些奖项，但外方在对外宣传时对中方起的作用根本就不提，让人十分不平。联想到日本东京 2020 年奥运会主场的设计，在日本本土建筑师的齐心努力下，硬是否决了经设计竞赛已选定了的英国建筑师扎哈・哈迪德的方案，当然其中有造价、环境、体形等方面的问题，可是谁都能看出还是日本的民族自尊在其中起了更重要的作用。尽管后来的主场设计师——日本建筑师隈研吾也缺少体育建筑设计的经历，但他们执意要这样做，可以看出他们的真实目的。再回想在 2002 年日韩共同举办世界杯足球赛时，日本那么多新建赛场，没有一个是由国外建筑师设计的，不也可以说明这一点吗？相形之下，中国建筑师的声音太弱了。

此外还有一个实例，2003 年 8 月，我们私人旅游去越南参观了正在建设中的河内国家体育场，它是由现代建筑设计（集团）有限公司上海建筑设计研究院有限公司（以下简称“上海院”）设计的，体育场的国际招标最后是由德国 GMP 和上海院两家竞争，当时越南国内反华力量很强，有数万人签名反对由中国设计，但中国设计有两点优于德国设计：一是造价较低，二是工期可以保证东亚运动会的准时召开。犹疑之下，越南派团来上海考察了徐家汇 8 万人体育场等，最后决定由中方设计。因此，国内建设的成就将是国际竞争的有力保证，也是中国建筑师走向世界的重要支持。北京 2022 年冬奥会的设施，大部分就是以国人为主做的设计，这进一步证明了中国建筑师的实力，我们应该有这样的自信，虽然这一天来得晚了一点。

体育设施设计与基础建设

此间，我们又进行了两项有关体育设施的基础研究，与奥运会也有密不可分的关系。

一是新版《建筑设计资料集》（以下简称《资料集》）中有关体育建筑部分的编写。《资料集》是深受广大建筑设计人员喜爱的“天书”，是从事建筑设计不可缺少的工具书。早在 1964 年，就由建工部北京工业建筑设计院戴念慈、林乐义、龚德顺总负责主编了《建筑设计资料集》第一版的第 1 册，出版后极受欢迎，第 2 册在 1971 年内部发行（其实书稿早于 1966 年已完成），第 3 册由林乐义、石学海主编，于 1978 年出版，已先后重印过 6 次。23 年之后，在 1987 年，由建设部设计局和中国建筑工业出版社（以下简称“建工社”）共同组成了总编委会，由张钦楠任主任，陈登鳌、蔡镇钰、费麟等 6 人任副主任，开始了新的修订工作。由于当时我们一直在进行亚运会工程建设和申奥工作，所以设计局委托我院和哈尔滨建筑大学共同承担《资料集》中体育部分的编写。

由于当时亚运会工程十分紧张，所以编写工作迟迟没有开始，直到 1988 年的 7 月，我们才和建设部设计局张钦楠局长一起到上海华东建筑设计院，在第 7 分册主编蔡镇钰和副主编范守中两位的主持下，接受了这一任务，并布置了详细的工作程序和方法。但由于各种因素的限制，工作进展并不顺利。我印象中出版社拿出总共 150 万元作为启动资金，可相对于全国 50 多家参编单位来说，这无疑是杯水车薪，更多的是要依靠本单位来解决人力安排、经济效益等方面的问题。当时，北京院参加这一工作的只有单可民和我两个人（还有项端祈只参加了声学部分），工作进程安排和经费问题使我们根本没有外出调研的机会，更不要说去国外考察了，全指望

72

图 72.《建筑设计资料集》（第二版）第七分册书影

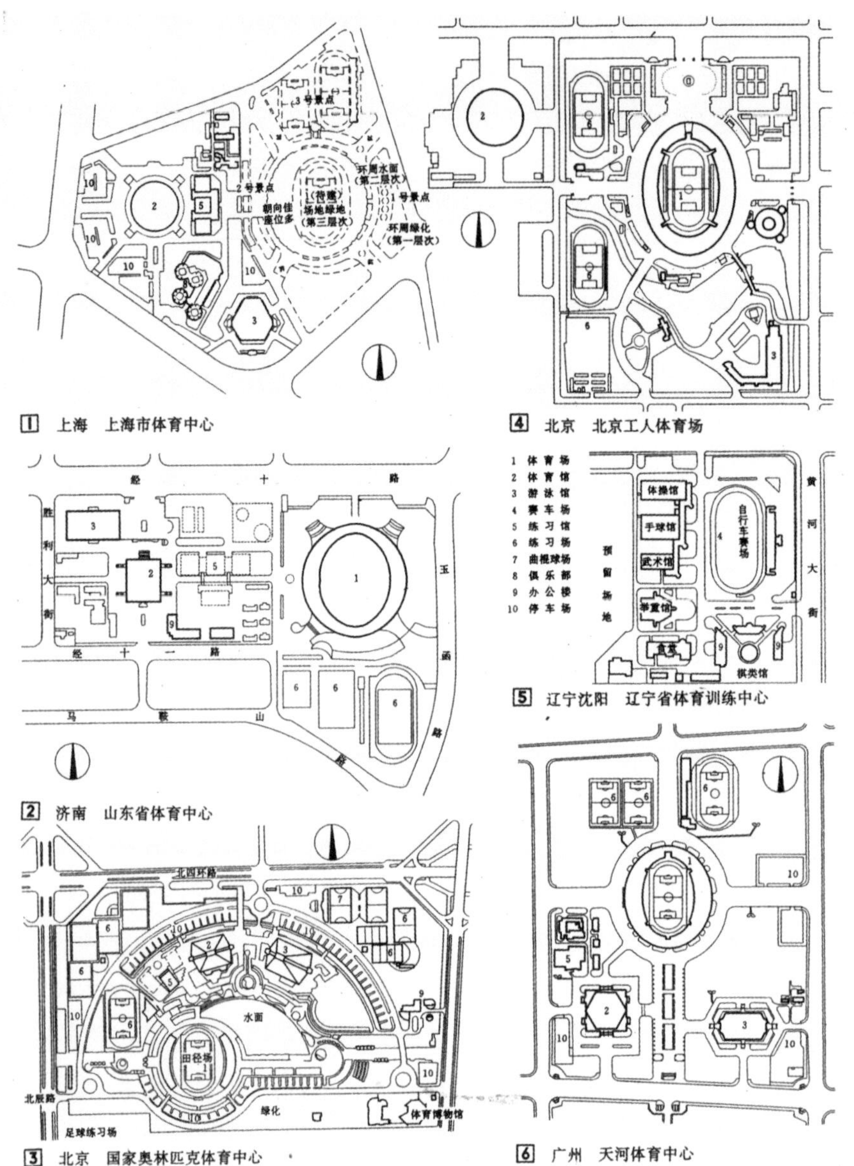

73

我们手头所积累下的一些设计经验和资料。体育部分内容按编写大纲要求，共8部分，我们承担4部分，哈尔滨建筑大学承担2部分，还有2部分是由2家共同承担，哈尔滨建筑大学由梅季魁先生领衔，有他的团队参加，国家体委的戴正雄从技术上把关。我们2家最后完成共89页的篇幅，是《资料集》各分册中篇幅最长的一部分。第7分册只有医院和体育建筑2项内容。

因为各种因素的影响，到1992年我们才开始具体编写工作。从外部来说，有一个与合作单位平衡协调的问题。最早我们双方提出的编写大纲总计140多页，与《资料集》的其他部分相比，相差悬殊，所以分编委会要求我们精简压缩。另外，我们内部所承担的部分也需要协调。最后，体育中心部分由10页压缩到6页，体育场部分由24页压缩到17页，体育馆和球类场地部分由35页压缩到21页，

图73.《建筑设计资料集》内容

水上运动部分由19页压缩到14页，冰雪运动部分由18页压缩到10页，其他运动设施部分由25页压缩到8页。这样便形成了第二版《资料集》体育部分的总体框架，便于分头进行工作。

按照编委会统一提供的版面格式，利用1993年底到1994年3月的时间，集中精力完成了初稿，其间和我们一直联系并不断催促我们的是建工社的老编辑彭华亮。当时我正在准备由建工社出版的一本专著的责编也是老彭，他无论从编辑业务上还是从具体工作上都给了我们很多指导和帮助，在提高图面的质量方面提了很好的建议。最后，为了保证插图的质量和风格一致，我们还专门邀请中国纺织工业设计院的计算机部门把全部插图用计算机绘制了一遍，在1994年9月全部完成并交稿。在这段时间，《资料集》的1~6分册早已交稿，在1994年出版，我们这本第7分册拖到1995年4月才正式出版。后来，出版社还准备出版建筑构造内容的分册，在第一版的第三分册有关建筑构造的这一部分，由北京院一室和情报所朱宗彦、李哲之、刘振秀等人完成了体育建筑的有关构造大样，共30页。但这次我们实在无力承担，而且在第7册中也已编入了部分构造大样，所以最后出版的第8分册只收入了常见和常用的构造大样，于1996年出版。

《建筑设计资料集》（第二版）这一鸿篇巨制在全国50多家设计单位和100多位专家的共同努力下，在部设计局和建工社的领导和集成之下，历时8年终于完成了，也是第一版出版30余年后的一次十分不易的修订。该书后来曾获得第二届国家图书奖以及第七届全国优秀科技图书一等奖，我们也为能在本书中参加部分工作而高兴。实际这对我们来说也是一次总结、提高和再学习的机会。

又过了22年之后，2017年《建筑设计资料集》第三版出版了，这一版在前两版的基础上内容有了更多的补充，这对设计人员来说当然是一件大好事，但后来看了2017年第三版的《后记》却让人不禁要说上几句。《后记》对第一版的评价为“为指引我国的设计实践做出了重要贡献”，是十分肯定的评价；对第二版的评价“由于内容缺失，资料陈旧，数据过时，已经无法满足行业发展需要和广大读者的需求”完全是比较负面的评价，没有任何肯定之处。按说任何资料都会有时代局限，同是建工社一个单位组织出版的资料集，前后两版都使用了二十来年，而前后评价褒贬如此鲜明，让参与第二版编写的50多家单位100多位作者情何以堪?

还有一项工作就是《体育建筑设计规范》（以下简称《设计规范》）的制订，《设计规范》是设计人员从事设计项目的基本依据。建设部早在1983年即以224号文发北京院，要求北京院承担规范的编制任务。在此前，曾由第一设计室吴观张、刘振秀等人进行过一些工作，但始终未能完成条文初稿，结果变成了一项旷日持久的欠账。

在亚运会工程基本告一段落的间隙（从1987年起），几乎与编写《资料集》同时，院里就把《设计规范》修订的任务交给了我们，当时规范的主要起草人有我、单可民、曹越（以上亚运会工程设计小组）、魏春翊（电气）、孙东远（消防）、项端祈（声学）、马晓钧（设备），而部里负责《设计规范》制订工作并与我们联系的是部标准所的张华。我们在《设计规范》制订的具体业务上并没有经验，所以张华在整个制订过程中给予了大量的指导和帮助，许多原则问题都是在他的指导下才定案的。如体育设施类型多，要求复杂，《设计规范》中应包含哪些内容是一个大方向问题。如类型太多又容易顾此失彼，经多方商讨界定为“供比赛和训练用的体育场、体育馆、游泳池和游泳馆的新建、改建和扩建工程设计”，此后，我们即在此原则指导下进行工作。又如《设计规范》在制订中还应与许多规则和规范相衔接，首先许多条文要考虑国家体育主管部门颁布的竞赛规则中对建筑的要求，有关国际体育组织对国际比赛也有相关标准（而且这种标准还经常修改），如田径场的弯道半径在实例中为 36~38 m，但国际田径联合会最新规定为 36.5 m，所以在《设计规范》中特别要求新建设施要按此标准执行；其次，要注意和有关行业规范的衔接，行业规范包括已颁布的《民用建筑设计导则》《建筑设计防火规范》《城市道路和建筑物无障碍设计规范》等，如体育建筑的观众疏散问题，由于观众数量多，所以安全疏散是设计中极为重要的计算内容，不同级别、不同观众数量对疏散的要求不同，过去设计中按疏散时间、疏散总宽度等有不同的方法，我们则参考相关规范，专门列出了疏散宽度指标，这实际是在以前的各种方法基础上提出的，同时，在条文说明中特别用了较大篇幅加以说明，并附上了防火规范中的相应条文。又如体育设施中的厕所数量，由于使用时间集中，也是在实践中经常遇到的矛盾，在亚运会工程中，就有政协委员专门为此发来建议。又如观众中的男女比例，由于目前设施的多功能使用，女性观众越来越多，而且如厕时间也较男性长，所以女厕的拥挤排队情况更为突出，最后，我们提出了相关指标和男女厕按 1:1 的比例修建，后来在执行中好像还产生了许多矛盾。

规范编制的任务虽然是在 1987 年接手的，但由于手头陆续插入工程，尤其是后来的首都机场 T2 航站楼的扩建工程，因此工作拖了好久，让管理单位很着急但却十分无奈，最后我们集中精力从事这一工作是在 1992 年，在 1993 年 4 月完成了征求意见稿，之后向全国 26 个单位发出征求意见的通知，最后有 20 家单位发来 238 条意见。根据这些意见，我们于 1995 年完成了《设计规范》的送审稿，但许多条文仍在不断修改和完善之中。2001 年 12 月，向 20 家单位发出了送审稿草案征求意见通知，于 2002 年 2 月收到了 12 家单位和专家的 159 条意见，我们汇总了这些意见，并列出了对意见的处理内容。我们十分感谢相关的领导、全国各地专家和同行对我们工作的支持，没有他们的大力协助，《设计规范》是不会那么顺利进行的，特此列出最后提出意见的 12 家单位和专家名单：中国建筑设计院潘云纲、李娥飞；天津市建筑设计院王士淳、张家臣；中南建筑设计院陆景兴；广州市设计院郭明卓；哈尔滨工业大学梅季魁；清华大学建筑学院和清华大学建筑设计研究院庄惟敏、詹庆旋；桂林市建筑设计院谭志民；北京院周治良、张铁辉。

《设计规范》在 2002 年 6 月 5 日召开了全国专家审查会，国家体育总局、公安部消防局、建设部、相关设计院各专业的专家经过讨论后，通过了《设计规范》送审稿。2003 年 5 月 3 日，由建设部和国家体育总局发 144 号文，批准《设计规范》为行业标准，并于 2003 年 7 月出版发行。历时 16 年的规范编制工作终于画上了句号，如果要算上部里下文的时间，前后经历了 20 年，

中华人民共和国建设部
国家体育总局

公告

第 144 号

建设部、国家体育总局关于发布行业标准《体育建筑设计规范》的公告

现批准《体育建筑设计规范》为行业标准，编号为 JGJ31－2003，自 2003 年 10 月 1 日起实施。其中，第 1.0.8、4.1.11、4.2.4、5.7.4 条为强制性条文，必须严格执行。

本规范由建设部标准定额研究所组织中国建筑工业出版社出版发行。

— 1 —

二〇〇三年五月三日

印发：各省、自治区建设厅、体育局，直辖市、计划单列市建委及有关部门、体育局，新疆生产建设兵团建设局，体育局，国务院有关部门，各有关协会，本部有关司，有关标准技术归口单位，本标准主编单位。

建设部办公厅秘书处　　2003 年 5 月 23 日印发

— 2 —

74

图 74.《体育建筑设计规范》的公告

在我手中也拖了 11 年之久， 想起来还是很不好意思的。但当时正处于我国申办 2008 年奥运会成功以后，要建设许多场馆的时期，《设计规范》尽管还有不尽如人意之处，但它的颁布总是让相关设施的建设有章可循。

作为《设计规范》编制的主持者，除了感谢张华等组织者、感谢关心《设计规范》编制的全国各地专家外，还十分感谢编制团队其他各专业的专家。在当时的条件下，我们仅靠一个单位的力量完成了这一工作，也是比较困难的，也因此带来了《设计规范》的局限和不足。但团队专家们的敬业、认真、全力投入还是让我十分感动的，因为他们绝大部分都比我的年纪大，经验和专业知识比我丰富。有了他们的全力投入和支持，才得以较顺利地完成任务。《设计规范》在 2004 年获得北京市科学技术进步二等奖。

另外，2008年奥运会的《奥运场馆设计大纲》获得北京市科学技术进步一等奖，虽然我也忝列其中，但主要工作都是年轻同志做的。

75

科学技术进步二等奖

奖励证书

为表彰在首都规划建设科学技术进步工作中做出贡献者，特颁发此证书，以资鼓励。

获奖项目：体育建筑设计规范
获 奖 者：马国馨
获奖等级：二等奖
证 书 号：GB200302082-01
奖励日期：2004年3月

首都规划建设委员会办公室
北京市规划委员会
2004年3月

76

科学技术进步一等奖

奖励证书

为表彰在首都规划建设科学技术进步工作中做出贡献者，特颁发此证书，以资鼓励。

获奖项目：奥运场馆设计大纲
获 奖 者：马国馨
获奖等级：一等奖
证 书 号：GB200302031-02
奖励日期：2004年3月

首都规划建设委员会办公室
北京市规划委员会
2004年3月

77

图 75.《体育建筑设计规范》审查会参会人员合影

图 76.《奥运场馆设计大纲》获奖证书

图 77.《体育建筑设计规范》获奖证书

北京西客站方案

1990 年下半年，亚运会工程基本告一段落，这时我们参加了北京西客站的方案设计，前后大约持续了半年多的时间。虽然我们只参与了方案设计部分，但在此过程中的学习和锻炼为此后的航站楼设计项目积累了经验。

1990 年 8 月 23 日，有关北京西客站设计竞赛的交底会议召开了，当时参加的 8 家单位是：清华大学建筑设计研究院、中国建筑东北设计院、铁道部第三设计院（以下简称“铁三院”）、建设部设计院、中国城市规划设计研究院、北京市中京建筑事务所、中国城市建设研究院、北京院。会议由市建委副主任崔凤霞主持，她指出，1990 年 7 月北京市长和国家计委、铁道部、邮电部原则上批准了西客站的设计任务书，要求 1991 年开工，1993 年通车，1994 年全部建成，为此要进行前期的准备工作。

早在 1959 年“十大建筑”之一北京站建设时，就明确会有一个西站考虑设在莲花池附近，其选址定点和规划方案始于 1975 年，当时万里同志任铁道部部长，成立了规划工作组，由铁三院和北京院做具体工作，后因“反击右倾翻案风”而作罢。第二次是 1983 年修建京奉线时，国家批准了修建西站的设计任务书，并正式宣布西客站站房的位置为正对羊坊店路，要求 1987 年投产（实际在 1981 年时多个站房位置的方案都被提出过，如正对羊坊店路、正对北蜂窝路、正对翠微路等），最后完成初设的汇总投资额为 14.54 亿元，远超批准任务书的 6 亿元，未获批准。

西站建设要与原北京站相辅相成，二者将来要在地下连通。西站站房的布局是南北开口，在南北两侧设站房。建设计划分两期，北站房一次建成，南站房预留发展，站台一期 6 个，11 股到发线，远期再加 3 个站台，6 股到发线，集结人数近期为 1.3 万~1.4 万人，远期为 2.0 万人。关于投资问题要投资切块，限额设计，分项包干。考虑铁道部出 14 亿元（第一期 11 亿元），北京市市政配套 7 亿元，邮电部出 1 亿元，所以当时竞赛的主要内容就是要设计两个站房，两个广场。8 月 24 日举行了一次答疑会，要求各单位在 11 月 15 日交出方案，具体内容为 1:1000 总平面图、流程图，1:300 的平面图、剖面图，1:1000 和 1:500 的模型各一个，并计划由甲方统一组织，在 8 月底到 9 月上旬组织设计人员去外地参观，费用各单位自理。

9 月 12 日，我们到访了上海站，9 月 15 日到访了沈阳站，9 月 19 日到访了天津站。这几个车站都是在 20 世纪 80 年代末先后建成的，属于那时最新的车站。他们所遇到的问题也正是我们需要解决的，当然核心问题还是如何方便旅客，同时又便于管理。火车站的建设实际涉及城市的综合改造，

1

2

3

4

由此带来城市布局、城市交通的变化及对局部地区甚至是整个城市的影响。考察过后，我印象极深的一是站前广场的交通组织，进出站的不同人流、车流十分复杂；二是为旅客服务的餐饮、住宿及其他商业等内容的安排，如沈阳的综合楼形式或天津的龙门大厦的集中处理，而这些模式同时又涉及管理体制和传统观念。还有旅客站台问题，是采取高站台还是低站台？高站台的标高和列车入口齐平，自然是最佳处理，但那时的车站大多只有在第一站台是高站台，其他站台都是低站台，这使得拿着行李的旅客或老人上下尤其不方便，但之所以这样做就是因为铁路方提出，高站台工人检修不方便，设立检修通道每个都要多花 50 万元，因此该问题迟迟得不到解决。另外，还有车站的形象问题，一般车站都被当作城市的门户，于是对其外观设计有十分强烈的标志性的要求。由于站房本身的高度有限，于是建筑师就会运用在站房上加塔楼、加综合楼等设计方式，直到现在，还有把候车大厅本身的高度做到五六十米的例子。

当时，北京院安排了两个所参加，即由一所和四所分别来做方案，并在方案的发展方向上有所分工：要求一所的方案更具传统特色，四所的方案更具现代特点。一所的方案设计由朱嘉录负责，四所的方案设计由我负责，主要参加人还有王兵、胡越、张向军、潘宇、王明霞、刘杰、李晓东、奚聘红和范强（清华大学的学生在这儿实习）等人，设计指导为熊明总建筑师。因为我这是第一次

图 1. 天津火车站主站房　图 2. 天津火车站配楼　图 3. 沈阳火车站鸟瞰图　图 4. 沈阳火车站施工中

遇到复杂的交通建筑设计，所以在解决下面几个问题上下了特别大的功夫。

1. 广场的布置和人流、车流、物流的组织

虽然此前在解决亚运会工程的人车分流问题上已积累了一些经验，但其复杂程度远比不上西站这种交通建筑。根据我们的经验，先要整理一份清晰的工艺流程图，这将成为我们设计的基本依据。通过流程图，减少在设计中各种流线的交叉干扰，同时据此千方百计地缩短旅客的行走距离，并由此形成总的布置原则：南北站房、商服分级、立体布置、人车分流、路线短捷、集散迅速。

根据西站所处的地理位置、北京市已建成区和待发展区的规划及道路交通网的布局要求，北京西站应发展成为南、北站房，中央连通的特大型综合客运枢纽站。第一期建设可以先开发北广场和北站房，但从长远看，南、北广场和站房应处于同等重要的地位，尤其是南广场和站房与丰台区负责的南开发区相邻，具有更大的发展潜力，它在规模上应与北站房相匹配，形成各种设施成龙配套的综合组群。

南、北广场均采用立体分层、人车分流的方式，以适应将来的发展。对北广场来说，由于受用地限制，广场进深仅 140 m 左右，如按站房总长 672 m 计，站前广场总面积为 9.4 hm^2，但城市道路从广场内穿过（直通隧道宽 2 m × 12.25 m），使广场的实际可利用面积仅有 4 hm^2 多一点，十分局促。为此，我们分层设置了专门的车行广场和步行广场，扩大了广场容量，除车行广场面积为 4.24 hm^2 外，还有地下步行广场 2 hm^2，架空步行平台 0.8 hm^2，可以保证安全、通畅、秩序，并形成多通路、多层次的广场空间效果。

北广场的主要车行广场标高与基本站台相同，为 48.05 m。由北面和东面城市道路来的机动车辆一律通过西三环中路上的立体交叉转向由西面进入站前车道，离开广场的北行、西行的车辆可在广场东端掉头，广场上的机动车全部为单向通行，没有自行车和步行人流的交叉和干扰。尽管从局部看，有些车辆要绕行一段路程，但从整体系统上看，站前交通能够保持简单有序的行车模式。

在站前单向通行的体系中，站前总长约 460 m 的中心广场是设计的重点。站房前主要由 2 条通过车道、2 条进近车道和 2 条停车带组成（入口两侧扩大为 3 条停车带），每条停车带长 300 m，可以保证各种车辆在指定的地点停靠。考虑到综合楼内旅馆、公寓的人流在整个车站人流中所占比例极小，所以进入旅馆和公寓的车流也在站前解决，而不另设入口广场。

地面公共交通在很长一段时期内将是西站的主要交通手段，交通量很大，为了保证上下车旅客的方便和步行路线最短，我们结合各层平面布置，将公交车辆东西两组共 10 条停车岛设在站房前最接近出入口的位置，在停车岛处设可通向上层或下层步行广场的

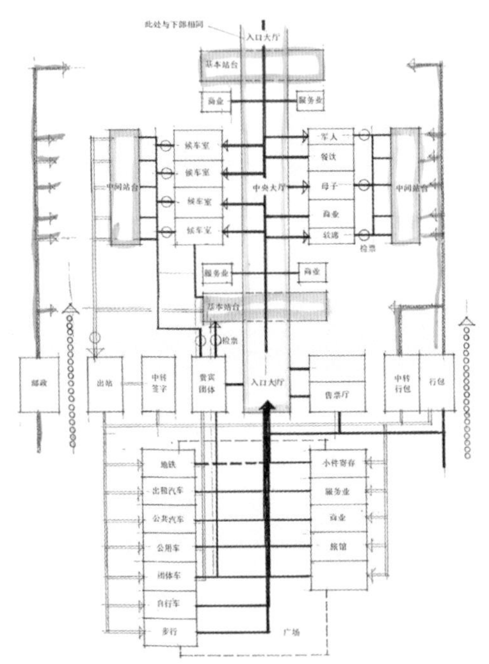

5

图 5. 最初方案功能流程分析图

楼梯和自动扶梯。停车岛也可作为出租车的乘车岛，为灵活使用创造了条件。在公交停车场的两端各设 0.3 hm^2 的停车场，以供停放出租车、团体车和临时停靠车，其他车通过广场上的坡道进出地下车库。在隧道的东端设一个转弯路口以解决广场中北行和西行车辆的转向问题。

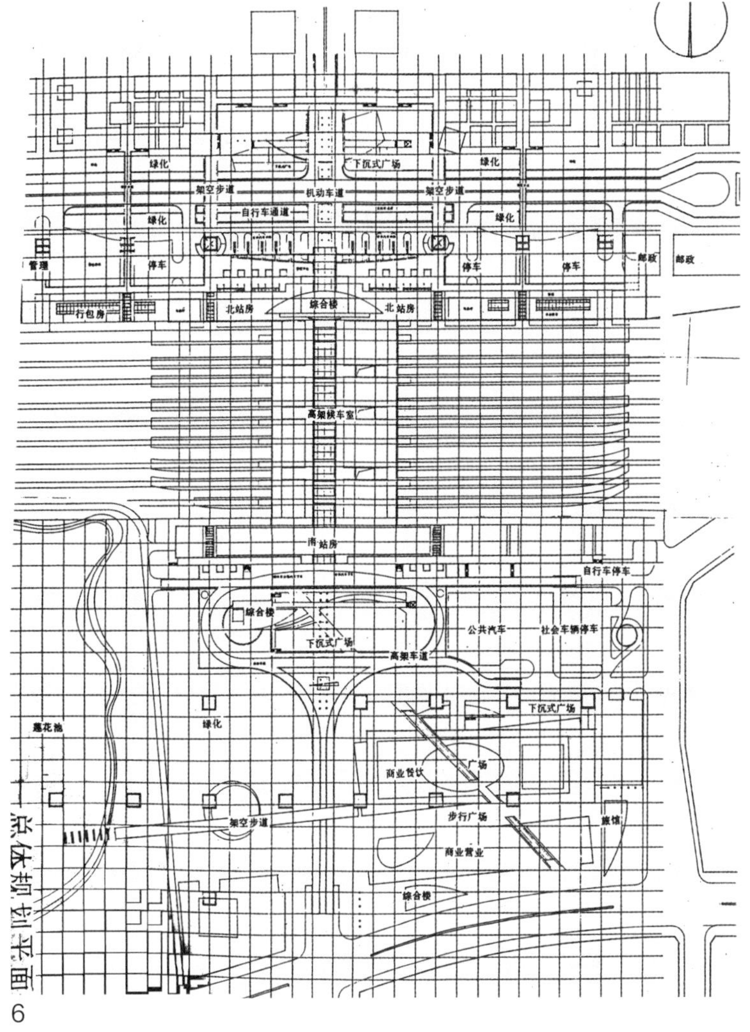

主要的步行广场位于车行广场下面，其标高与车站的出站口相同，均为 43.05 m。各方向来的步行乘客可以在本层内方便地进入站房各部。根据我国特有的国情，在设计中需妥善地解决自行车的存放和车流组织问题。我们利用车行广场和地下机动车直通隧道之间的夹层空间设置了自行车通道和停车场。它比较接近站房，但又被控制在外围而不能进入站前区。自由通道还可以使自行车流、步行人流与南广场相联系。为了减少对站前的干扰，将自由通道设于广场东侧。

在东西出站口和进站厅前设有 24 m 宽的步行广场，以便于疏导大量集中出站的人流。人们可以通过自动扶梯、楼梯等方便地到达上层的公交和出租车停车岛及下层的停车库。同时，利用空间按站房内和站房外两级布置商业、服务业，前者解决乘车前的餐饮、购物应急需要，而后者服务内容和门类更为齐全。

在车行广场上部还设局部架空步行平台，其标高与高架候车厅相近。车行广场停车岛上的乘客可通过楼梯到达平台，直接进入候车厅；跨越莲花池东路的高架人行步道的设置，使道路北面的乘客可直达广场和站房。

步行广场下面为地下停车库和站房的供应入口，其标高与地下车行隧道标高相同，为 38.25 m。本层内设专门的道路和停车场地，以解决综合楼、商业和服务业的进货、储存、垃圾运输等问题（如果能从隧道处增开两个单向出口进入本层，则使用更为方便）。

图 6. 最初方案总体规划图

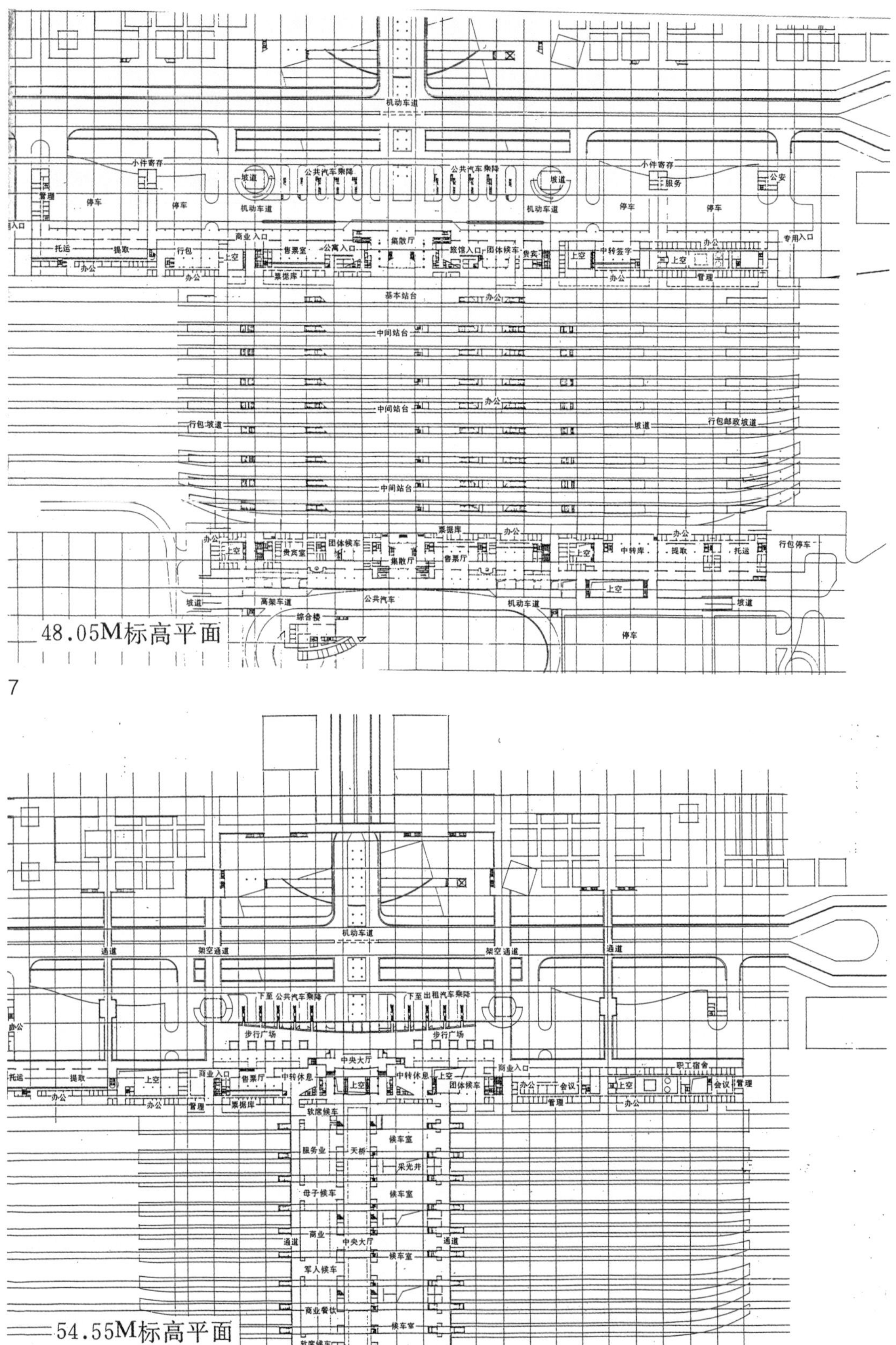

7

8

图 7. 最初方案标高 48.05 m 处功能平面图　　图 8. 最初方案标高 54.55 m 处功能平面图

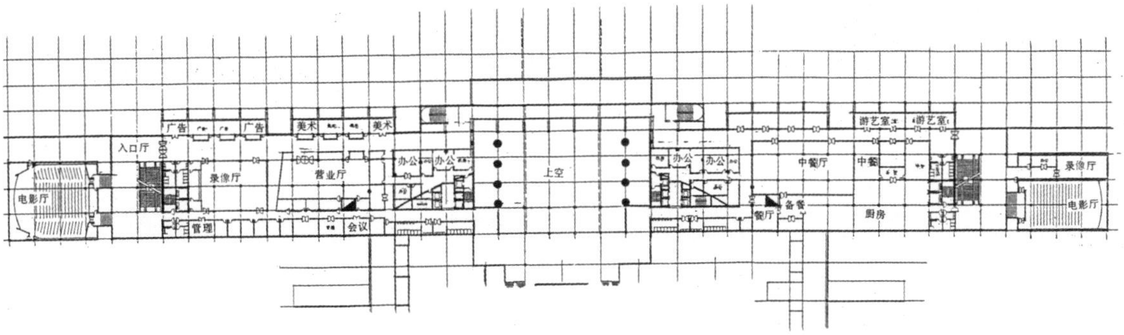

9

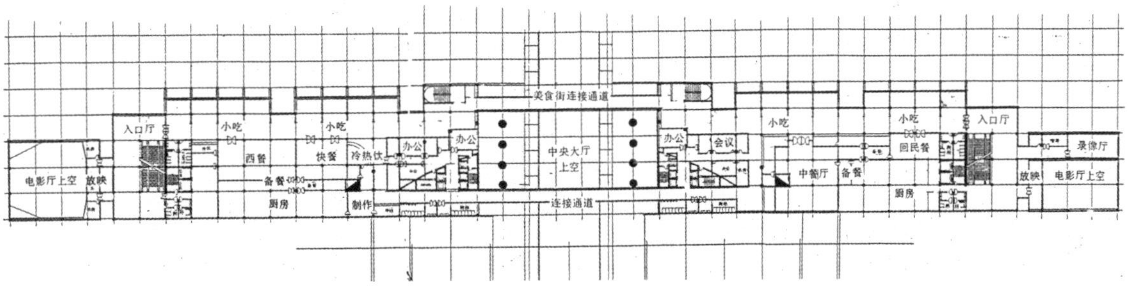

10

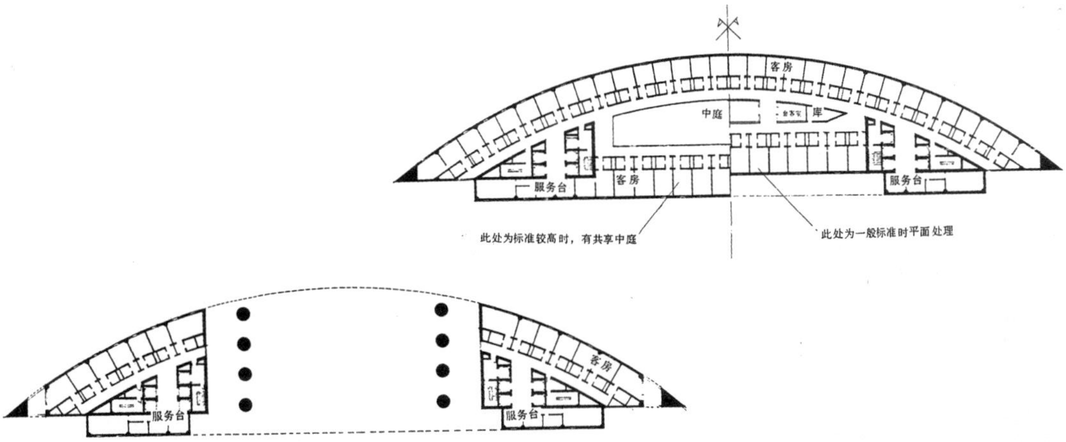

11

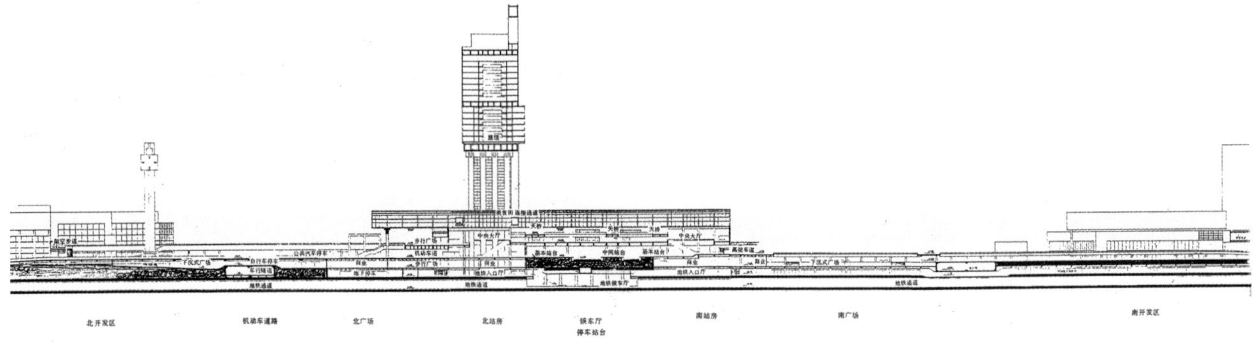

12

图 9. 最初方案标高 59.55 m 处功能平面图

图 10. 最初方案标高 64.55 m 处功能平面图

图 11. 最初方案综合楼功能平面图

图 12. 最初方案南、北广场功能剖面图

地铁的出入口厅及连接站房出入口的通道也设于地下层。地铁站台位于南北站房之间，标高31.95 m，这样可以方便南、北站房进出站的旅客乘坐地铁。站台长度为180 m，从国内外经验看，这会为发展留有充分的余地。

南广场的处理方式与北广场基本相同。在与基本站台标高相近处设主要车行道及广场，架空面积为1.56 hm^2。各种机动车辆从东部和南部经坡道进入站前，单向行驶。站房前各种车辆停车带长度近200 m。广场东面为2 hm^2的停车场，用于社会车辆及公交车辆停靠。停车场下面为地下车库。

由于机动车均利用高架车道，因此站前广场全部为自由步行区。自行车停车场设在南面道路引桥下和广场东部引桥下。在广场内部布置绿化和庭园，并在广场西侧规划高层综合楼1座。公园方向比较开阔，使广场与公园的景色融为一体。

2. 南、北站房布置

由于站前广场采用了多层方案，可以为各种旅客提供不同标高的入口，能够把大量集中的人流根据不同的去向加以疏导分散，减少了入口处的拥挤和混乱，如下部步行广场主要为步行、骑自行车和坐地铁的人流服务，上部车行广场主要服务于团体、贵宾、公交乘客和机动车乘客。

进站旅客通过各层的入口，经南北入口厅后，以最短路线进入24 m宽的中央拱廊，它和南、北入口厅在空间上连为一体，拱廊两侧布置600~3000 m^2的大小高架候车厅共8个，考虑到候车模式必随交通事业的发展而变化，我们在两侧候车厅布置了商业营业厅，在拱廊上部设夹层和连接天桥，除少数办公用房外，还有商业和餐饮服务。这些临近候车厅的设施可以方便旅客利用短暂的时间购物或休息，改善候车环境和质量，丰富中央拱廊和候车厅的空间，营造活跃的气氛。

北站房分多层和高层两部分，力求各区界限清楚、入口明确、有分有合、联系方便。站房进深32 m，不压基本站台，以保证该站台的使用。多层站房和高架候车厅共6.3 hm^2，最顶部的两层是营业厅、中西餐厅、电影录像厅等，站房入口厅的上部通过廊道把两翼的服务设施联系起来，形成商业美食街；中间的两层为售票厅、进站厅、团体贵宾候车厅、中转休息室、行李房、办公室以及旅馆、公寓的入口厅；最下面两层为商业设施和库房。

高层部分为旅馆和乘务员公寓，总面积为9.8 hm^2。主楼面宽136 m，最高处高134 m，与95 m高的中国人民革命军事博物馆和115 m高的中央电视台一起构成丰富的城市轮廓线。站房综合楼作为首都门户的标志及象征，采用门状的巨型结构，给人以深刻印象。为了减少主楼巨大体量所造成的威压感，标准层平面在北向采用弧形处理，曲面处理减少了北立面上的阴影区，平滑的平面、“S”形曲线和银色光亮的墙面，自然让人联想起交通建筑所应具备的“4S”特

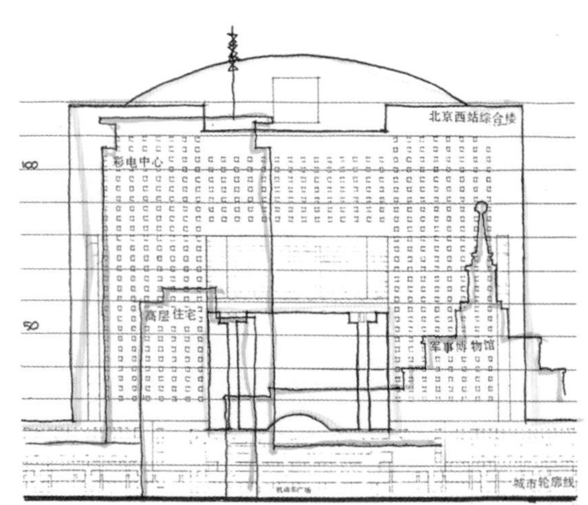

13

图13. 最初方案高度分析图

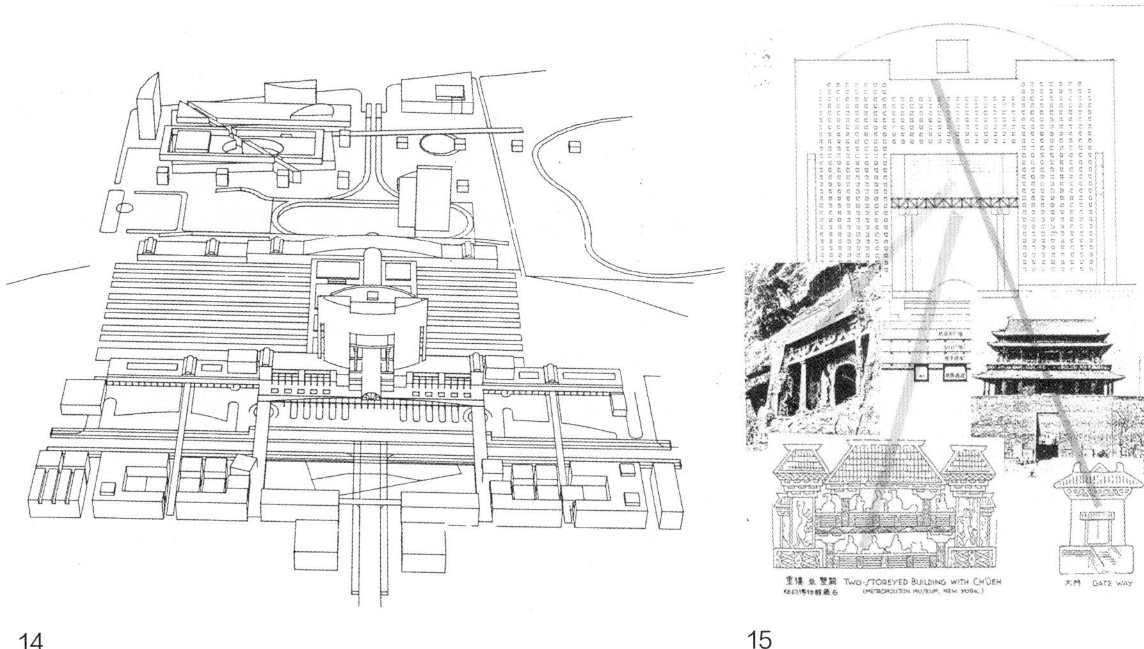

点，即迅速（speed）、舒适（safety）、安全（security）、服务（service），加上顶层富有特色的起伏轮廓，整个站房高耸、明快、富有特色。考虑到北京为文化古城，以及西站地处莲花池畔的特点，我们对综合楼的中央门洞处做了重点处理，通过巨大的列柱，连接和承托的构件，颜色及材料的对比，使人能迅速联想起中国建筑的某些重要特征，紧密结合现代与传统的特点。

考虑到南站房邻接广场南部丰台区开发的综合性商业文化娱乐中心，因此南站房必须具备一定的规模，南站房规划为 7.3 hm^2。

在南广场中还规划了 95 m 高的独立塔式综合楼，可作为办公写字间，也可以在此安排旅馆或公寓，总建筑面积为 3.8 hm^2，它以不对称的方式形成南广场的构图中心，从几个方向都成为主要的对景，并与南开发区互相呼应，与莲花池公园的大面积绿化融为一体，形成这一地区新的景观。

3. 南开发区规划

南开发区与南广场、南站房既有联系，又有区别，该区总建筑面积为 27.4 hm^2。为了减少对南站房和站前广场的干扰，我们使开发区的建筑物与南站房保持一定的距离。通过东西向的轴线，用步行街和架空廊道将东西区连为一体，靠近莲花池公园的西区为文化娱乐区，东区为综合商业区，以 25 m 高的多层部分形成基本轮廓，同时有 60 m 高的旅馆来丰富街景。在通往站前广场的方向设斜向步行街，用一连串的广场、院落的交错、渗透形成兴趣中心。

4. 节能节资，创收节支，方便施工，利于管理

西站是一项耗资巨大的国家重点工程，在资金和工期都十分紧张的情况下，在规划设计阶段为创收节支创造条件是工程顺利进行的关键所在，而且我们认为这些措施应该是全面的、积极的、综合的。

图 14 . 最初方案 CAD 分析图　　图 15. 最初方案立面参考图

西站这样功能复杂、规模巨大的交通建筑，其在设计和施工上都具有很高的难度。因此，本方案以 8 m 柱网为基本模数（可以满足旅馆、商业、办公和车库的要求），列车站台处采用 12 m 柱网，交通核体按 80 m 间距匀称布置，体现现代设计方法中简单明了的结构格局。由于采取了统一的控制格网，整体上形成了有规律的对位关系，使得放线简单、施工方便；如果在进一步的设计中控制梁柱的统一断面尺寸，利用造型美观、可以重复利用的施工技术，其效益将更明显（这些都是我们在亚运会国家奥体中心曾采取过的行之有效的方法）。

由于北广场有多层，地下、地上工程量都很大，为集中工作面，减少工程不规则的多处开挖所带来的不便和浪费，方案将地下工程部分控制得十分规整，并力争在有限的平面尺寸中多创造出一些使用空间（如利用夹层的步行广场），这为将来的正式使用创造了可能性和灵活性。

建筑节能是方案设计中的重要内容。在高层综合楼的立面设计中，我们没有采用大面积的玻璃幕墙，而是在实墙上开小窗洞，避免了能源的浪费。

由于在亚运会工程时，我们积累了自己动手做模型的经验，因此十分用心地完成了西客站第一轮方案的模型制作。当时负责模型制作的有胡越、姚远、苑泉等人，最后大家连夜加班完成。当时南广场在方案设计时并不是重点，胡越他们就边做模型边设计，其中需要大量的白色球形树，便以中药的水丸作为材料，其大小恰好符合模型需要。为了做出规则的树阵，大家着实费了好大的气力呢！这组模型（尤其是总体模型）是我们参与多次竞赛中最满意的一组。

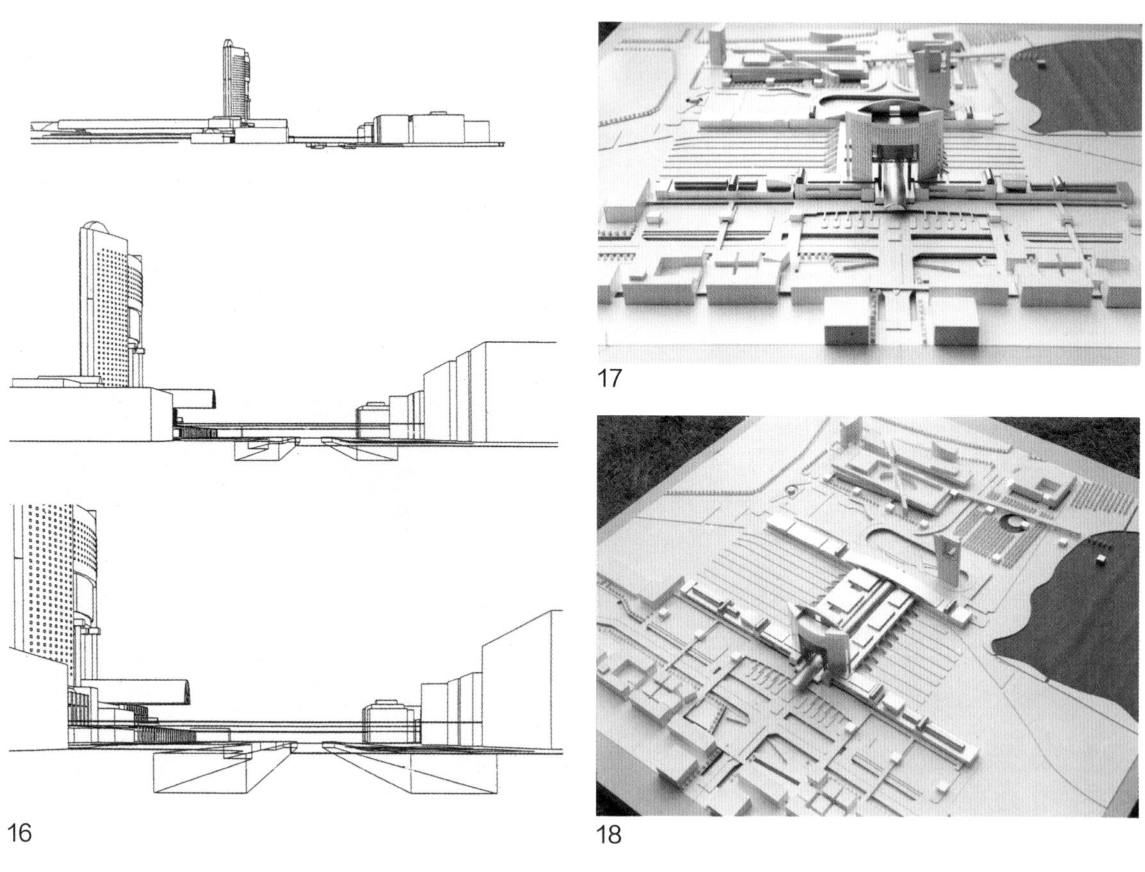

图 16. 最初方案街景分析图　图 17. 最初方案总体模型之一　图 18. 最初方案总体模型之二

19

20

21

经过 2 个月的奋战，方案如期在 11 月 15 日交出，11 月 26 日参与评审。当时是按方案交送的时间排定顺序，除北京院提交了 2 个方案外，铁三院也提交了 2 个方案，这样便是 7 家单位参与，共提交了 9 个方案。最后我们的方案并未入选，当然我们有些失望，因为其他方案的设计重点都在主体建筑，而我们的设计重点则在于主体分层交通组织等方面。当时我也有点儿怀疑，功能如此复杂的方案，各参与单位不做介绍，众多评委在不到一天的时间里就评选完毕，我想恐怕他们连逐个看方案说明书的时间都没有，估计这次只是征求方案而已。8 月份领导小组成立，其间他们对实施方案的一些原则性问题又进行了多次研究，如地铁的可行性研究、地下候车方式的研究、人防的需求、任务书的报批（1990 年 3 月编制，10 月报出）等，另外西站建设涉及十几个单位，包括铁路局、公

图 19. 最初方案主楼模型一　　图 20. 最初方案主楼模型二　　图 21. 最初方案透视图

安局、安全局、工商管理局、银行、园林局、公交总公司、人防办、环卫局、海关、邮电、市政局等，每一个单位的需求都很复杂，像铁路局本身就需要公安综合楼，列车乘务员楼、单身宿舍、食堂、浴室、行车调度室、客票管理室、联运包装广告室等。公安局包括西站分局、消防中队、交通中队、治安防暴队、派出所、收容转运站、武警营房及其他业务用房等。这也需要协调的时间。1991 年 1 月 19 日，领导小组会除了确定方案的设计条件外，还最后确定了由铁三院和北京院作为总体设计单位，并进行了工作内容的划分。1 月 21 日，两院领导碰了头，3 月 4 日—5 日，我们专门去天津访问了铁三院。早在援非建坦赞铁路时，我院和铁三院就有过合作，那时北京院派出了巫敬桓、凌信伟和徐豈凡，帮助他们解决站房的建筑设计问题。但在实际接触中，我还是感受到了中央单位和地方单位在理念上和工作上存在着许多矛盾，包括诉求、利益等方面。互相谅解、互相支持、互相磨合是工作中绝对需要的。因为后来我们的班子很快转入了其他工作，我对此项工作没有介入太深。

此后，院内几次讨论方案，张镈、张开济、赵冬日、方伯义、白德懋、傅义通、熊明、宋融、吴观张等专家都参加并发表了重要意见，大家的看法也不完全一致，并且对地下候车方案也没有完全放弃，并希望一所再做一个地下方案。当时北京市领导放话“没有民族形式的我不看”，所以一所的任务就更重一些。我们这一组的任务仍是在比较现代的形式上进行探索。大家要在一个总体平面的基础上做出多种体形立面。1991 年 7 月前，立面体形方案一共做了两轮，5 月完成第一轮，7 月完成第二轮。但是，当时我正忙于博士论文的写作和修改，有关立面体形的研究就多由王兵等同志执笔操作了。

第二轮立面方案中，我们做了 2 个圆形的塔楼，因为西客站的北立面是主立面，但长期背阴，如何突出其轮廓，减少其威压感是设计考虑的主要方面。圆形的优点是东西两端没有明确的边界，在阳光的照射下，北立面也能有光影变化。为了表现现代气息，我们用了银色的外饰面，当时国内还没有合适的模型材料（除非喷漆），我从日本回来时带了一张银白色的饰面纸，一直没舍得用，这次便将它用上了。我觉得模型的总体效果还可以，可是领导同志看方案时，铁道部的一位副部长调侃了一句：“这不是给我们做了 2 个大高炉吗？”5 月 24 日，北京市领导在城建档案馆审查方案，当时市主要领导的讲话主要有以下几点。

22

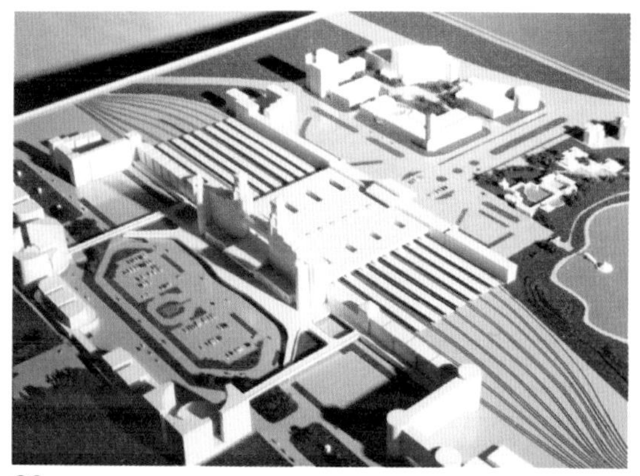
23

图 22. 北京院老总（左起：赵冬日、张镈、张开济）

图 23. 北京院一所最初方案

（1）车站建设是个大事，这也是 20 世纪北京要建的最后一个车站，要吸收各地的优点，其设计水平不仅要超过老北京站，还要超过其他所有的车站。

（2）投资概算控制在 23.5 亿元，其中铁路系统投资 15.8 亿元，北京市投资 7.7 亿元，要限额设计，不能超额。

（3）北京作为政治中心、文化中心、交通中心，人口和客运流量肯定要增加很多，此工程越往后拖，费用会越多，没有将其列入“七五计划”是个失误。

（4）北京市面临污染、住房、人口、交通等问题，首先要解决交通问题，不解决这个问题北京发展不好。

（5）主楼设计要有首都风格，体现时代精神、民族特色，要体现建筑师的匠心独运，最少要出 2 个方案后再看，主楼要把旅馆做出来，里面不能杂乱。

（6）采取地上候车的方式。

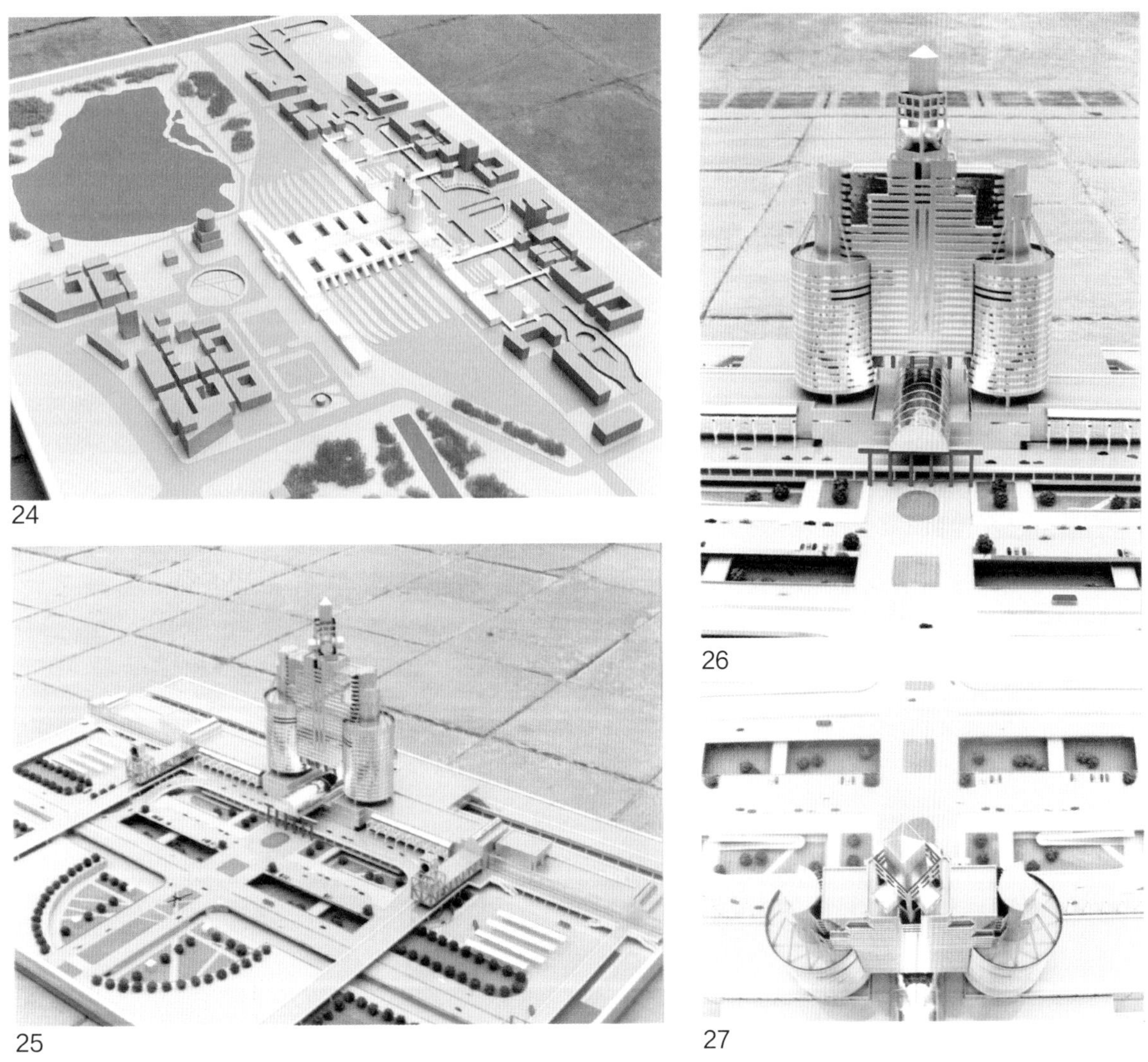
24
25
26
27

图 24. 第一轮方案总体模型　图 25. 第一轮方案主楼模型一
图 26. 第一轮方案主楼模型二　图 27. 第一轮方案主楼模型俯视图

按领导精神，大家另做的立面方案就都是传统形式或传统变形了，很明显，我们这一组的方案是陪衬方案，但我们也加上了坡顶，把原来的圆形塔楼改为 45° 斜放的方形塔楼。6 月 11 日，院里老总们审查，有张镈、张开济、赵冬日、傅义通、白德懋、张德沛等人，会上他们对单设旅馆没有异议，但意见并不一致。张开济总说："看了以后很失望，立面太像王府饭店，那是外国人做的。"张镈总认为："有很大进步，但还要深入……我是'屋顶亭子派'，我做'大屋顶'，也反对'大屋顶'，关键是（要处理好）宾主关系和轮廓关系。做古典形式要抓住精髓（对中国国家图书馆现方案和新大都饭店原方案都不满意），要做就要做得地道一点。关键是轮廓，檐口部分是第六立面。现在方案有点儿主次不分，轻重不分。"赵冬日总基本满意，他第一反对长广场，第二反对在站房上做旅馆，第三希望做地下候车室，但没能实现。他说："现在的造型都是因为领导要求。北京有两种风貌，一是首都风貌，二是古都风貌。一种是亭子派、复古派，另一种是洋风貌，两个都不对，应该是中而新。对中国国家图书馆我不赞成，图书馆还挑什么阳台。"最后按照这些意见修改后，我们在 7 月 10 日交出了第三轮方案。

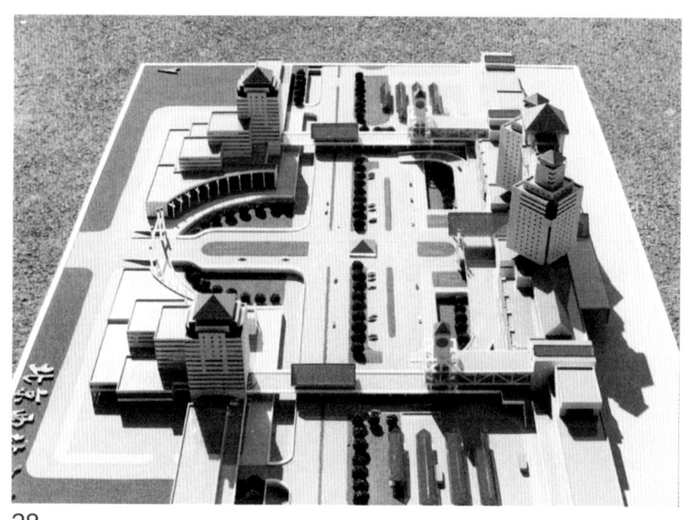

28

29

当时我们在设计说明书中特别强调了站房的 4 个特点。

（1）现代特点。因为铁路交通事业在我国现代化建设中与能源工业一样居于重要地位，所以要体现比较现代的体形和科技手段，显示出交通事业的重要地位。

（2）标志特点。西站是首都的重要门户，应有与众不同、明确易懂的外部形象，以形成车站建筑独特的标志性，尤其公寓楼更是处理的重点，坡屋顶的顶部处理、斜方形端部、站前的时钟都应有突出特征。

（3）传统特点。考虑到西站地处北京文化古城和金代莲花池旁的环境特点，其体形取材于传统

图 28. 第二轮方案总体模型　　图 29. 第二轮方案主楼和北广场模型

五凤楼形制，四坡攒尖和小攒尖顶互相呼应。在低层站房中央入口也同样采用三角形或四坡处理，通过变形和隐喻，利用色彩、构件、虚实对比等，让人们能联想起中国建筑的某些特征，感受到传统文化在新历史条件下的延续和新生，做到现代和传统的结合。

（4）技术特色。综合楼可采用全新施工方法，以钢筋混凝土核心筒体作为主要支撑结构，利用核心筒伸出的翼墙加强筒体的刚度，中间利用转换层支撑上部各层，可以多层次立体平行作业，既节省用地也缩短工期。

做完这一轮方案之后，我们就没有再介入有关西客站的设计。一是最后选定了传统形式很强的方案，由张镈总指导，以朱嘉录、陆世昌为首的设计班子承担了设计任务；二是从 7 月初起，我国就准备申办 2000 年的夏季奥运会，另外北京市也正在筹备 1994 年开幕的亚洲和太平洋地域残疾人运动会。7 月 11 日，我们去北戴河讨论申奥问题。7 月 23 日，我们去英国考察世界残疾人运动会。随后，我们参与了奥运会的申办大纲和相关方案的制订工作，所以我们便得以从西站的方案设计工作中脱身。1991 年年底，我被任命为院副总建筑师。

1991 年 12 月，西站工程建设总指挥部成立，西站工程从 1993 年 1 月开工到 1996 年 1 月春节前才竣工。在总体设计单位下面又有许多设计单位参与。一所朱嘉禄的设计组面对着众多的矛盾和问题，事非经过不知难，只有亲身经历过才知其中之甘苦。

作为曾参加过一段时间设计工作的设计师，同时又是市民和旅客，我后来搬家住在了西客站附近的莲花池西面，还是有些粗浅感受的，也想简单总结一下。

北广场前的交通一直为人们所诟病。其面积局促是一个原因。主广场从站房到道路北红线的进深为 59 m，从规划之初大家就觉得狭窄，但铁三院设计的线路早已定下，不能更改（这点我们一直很不理解，线路似乎也应服从总体）。广场地下有东西隧道通过，对解决过境交通问题起了很大作用，但地面上除了上、下行的道路外，隧道上面的面积都做了绿化，对解决停车问题的小循环没有起到作用。原设计考虑了用西面的莲花桥立交作为向东、向北车辆调头的空间，但无形中加大了西三环的拥堵压力。莲花桥下另有一条可以到达西客站的掉头辅路，但只能通行小汽车，且许多人对这条

30

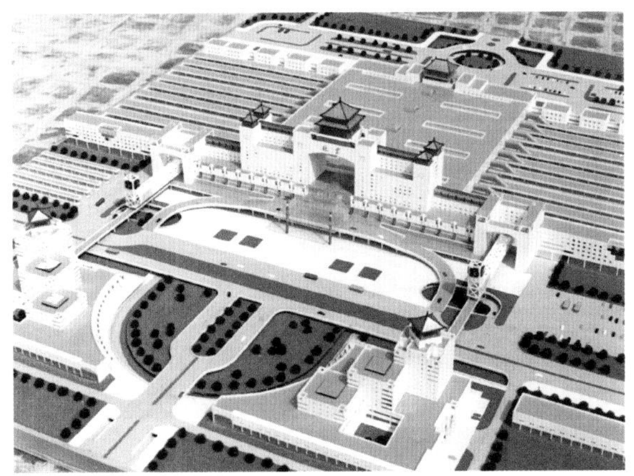
31

图 30. 实施方案南广场表现图　　图 31. 实施方案总平面模型

32

33

34

35

36

37

路不太熟悉，因此也加大了莲花西路的压力。当然，还有一个重要原因是南广场始终没有起到较好的疏解分散作用，按说南广场完全可以分散北广场的客流，但直到今日仍未形成完整的交通体系。2006 年，工程才开始启动， 可是从南蜂窝路经过广莲路到南站房前的交通一直很不顺畅，莲花池公园南有条很宽的马路一直闲置，没有发挥作用，和西面的莲宝路连接也不好，加上六里桥处的交通

图 32. 西客站建成全景　图 33. 西客站侧面　图 34. 西客站北入口门头　图 35. 西客站北入口细部
图 36. 西客站北入口的入口层　图 37. 西客站南广场主楼

38

39

拥堵，人们使用很不方便。南开发区的建设也比较凌乱无序，远没有北广场严谨整齐，只能说是总体控制不太成功。

从这些年的发展看，当时对北京市人口和交通的增长估计很是不足，尤其是节假日和客流高峰时段对周围地区的干扰极大。到2007年，旅客已达15万人，最大高峰日客流达30万人。我们的最初方案曾设想在广场设10组停车岛以方便旅客上下车，但实际在西客站始发的公交线路就有近20条，过境的公交线路有十几条，南广场始发线路有近10条，过境的线路有十几条，都大大超出了我们的估计。这些公共车辆的调头、进站、出站都对广场交通造成了一定的影响。另外我们最早在地面车行道和地下隧道之间设计的步行夹层其实还是很实用的。因为步行道横穿隧道上部只要有2 m多高就可以了，这样便能够疏散地面人流的压力。

另外，对于垂直于西客站的地铁线路，在设计之初，铁路部门曾要求地铁的客流必须从客站外出地面后再进入车站，这无疑是极不合理的。现站台设于股道下面，出入口在站房地下部分还是合理的，也为发展留下了余地。其实从1号地铁军博站到西站只有一站距离，但因长期没有方便的连通方式，使得许多从地铁军博站下车的旅客必须搭乘一段“黑车”才能到达西站，十分不便。我曾多次在不同场合向主管和地铁管理部门提出建议先用盾构法开通军博站到西客站的地铁，并在内部安排一趟列车往返（国外这种实例很多），这样可以便利大量旅客换乘，但并未得到响应。这条被称为9号线的线路直到2007年才开工，而且是从两端开始建设的，到2011年才通车试运行，这已是6年以后的事情了。如果再说点“事后诸葛亮”的话，如果当年在修地铁时顺便再修一条南北向直通的汽车隧道的话，可能对南北向交通矛盾的缓解更为有利，目前西客站周边的交通紧张也和西站占地太长，阻断了南北向的交通有关，当然这可能会涉及更多的技术问题。

最后，我还想说一下西客站的建筑艺术问题。西客站可以说是在20世纪末建成的带有强烈传统建筑色彩的最大的一组建筑群了，但其建成以后，我们听到了许多批评意见，例如在门式建筑上架了大屋顶花了很多钱，施工时工人出了工伤事故，等等。平心而论，造成这些现象的原因是多方面的。有人对采取传统形式不满意，其中包括对当时主管领导有意见，包括对有些建筑的评论不够实事求是，

图38. 西客站大厅内景　　图39. 西客站近景

40

包括将建筑的使用功能与建筑形式交织在一起，也包括个人的审美爱好等多方面因素。但西站建成已有多年，我从地上地下各个角度对西客站的外观观察过多次，我认为除去使用上有人流增加、管理水平等多方面因素影响外，其建筑处理还是比较成功的，尤其是北广场，雄浑大气，有很强的标志性。从羊坊店路南望，可以看到西客站的剪影，空透虚实的轮廓在晨昏阴晴的不同光线变化下十分丰富，在东西向道路上看，其体形错落有致，比例尺度得当，在繁忙的道路上，人们并不因南面的高大建筑而感到压抑，整个广场南北的几个传统屋顶，高低大小有变化，四坡顶、十字脊及其细部处理都拿捏得很到位，半圆形的广场和长方形的主广场也很有变化和呼应，夜景的处理与其交通建筑的性格也很相称。而从莲花池公园望去，则是另外一种景象。莲花池公园作为金代遗址，从文脉延续来看，车站建筑群的传统风格与公园的整体环境十分协调，公园也成为北京西站的重要景观。我并不是主张都去模仿此类建筑，我自己也不太愿意做这样的建筑，但从运用传统技法处理如此庞大的建筑群组的角度看，我一直认为这组建筑群的建筑艺术处理得还是比较成功的，像这样规模的采用传统形式的现代交通建筑，在国内还是不多见的，可称传统建筑形式的成功之作，理应占有它应有的历史地位。但南站房的处理似乎在力度上弱了一些，显得有些虎头蛇尾。与北广场的建筑群相比，南广场让人有杂乱无序之感。这些也是我一直想找个机会发表的观点，在此提出，敬请批评指正。

图 40. 从莲花池公园望西客站南北站房

机场航站楼设计

首都机场 T2 航站楼的设计和建设，是我设计工作中遇到的又一个新课题。T2 航站楼作为一种为现代交通服务的大型交通设施，它的设计和建设除了人流、物流、信息流等十分复杂的关系和功能要求外，还包括众多的专业配合和协作，为我们带来了一次新的挑战。

首都机场是我国最主要的门户机场和国内外航空运输的枢纽和中心。1959 年，最早的老航站楼和第一条东跑道建成，1974—1984 年对其进行了扩建，建成了 T1 航站楼和西跑道，此后虽陆续有小的改造和扩建，但已远远无法满足民航事业的飞速发展，因此进一步的扩建和新建酝酿形成。院领导及时注意到了这一趋向，但因原设计 T1 航站楼的主要建筑负责人刘国昭、倪国元、顾铭春等人

1

图 1. 首都机场 T2 航站楼鸟瞰照片

都已不在院里了，于是早在 1988—1989 年，赵景昭副院长便跟我们打了招呼，希望我们能够在有关航站楼的信息资料和技术方面都做些准备。当时也正好是亚运会工程的后期，我们主要配合工地施工，并参与收尾工作，便也有了一些时间和精力来做准备。

武汉天河机场方案

第一个试做和练习的项目就是在 1989 年 12 月参与的武汉天河机场的方案竞赛。

天河机场最早由中国民航机场设计院在 1989 年 9 月设计了总体规划设想，之后由天河机场建设指挥部在 1989 年 10 月提出了方案竞赛说明书，即本期建设的高峰吞吐量为 1700 人次 /h（即年旅客吞吐量 420 万人次，年飞行驾次约 3.9 万驾次），而最终发展的年旅客吞吐量为 1600 万 ~2000 万人次，年飞行约 18 万 ~20 万架次。

这是我们第一次参加涉及机场及航站楼的竞赛，所以在方案中着重考虑了以下几个方面。

（1）总体规划。中国民航机场设计院提出了天河机场的总体规划设想，这是基于机场的特点和分期建设所提出的较切实可行的方案。我们在尊重原总体规划的基础上，从空中形象、交通组织和航站楼轮廓等要素出发，进行了局部的调整。总体布置是 3 个套叠在一起的圆环，加上中间的主干道，象征由汉口、汉阳、武昌 3 镇所组成的武汉市的形象，增强了其在空中的可识别性。交通组织的主

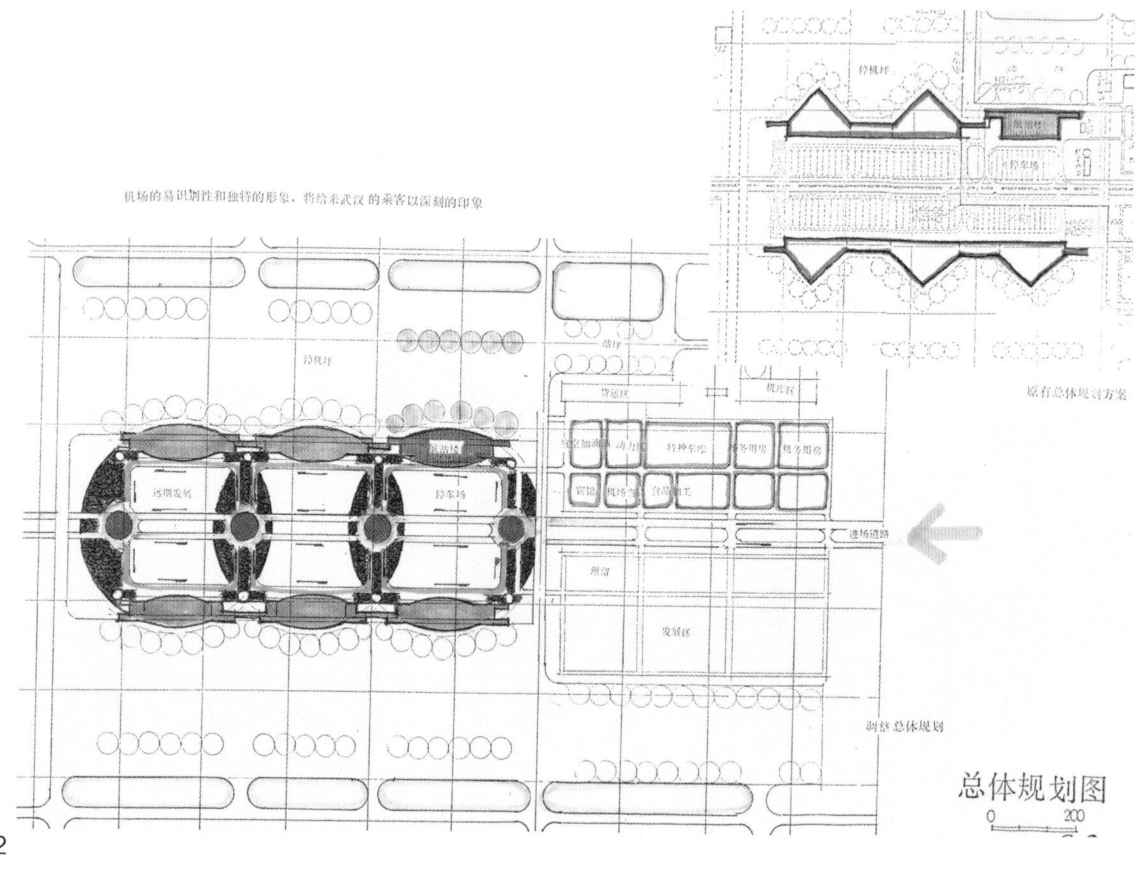

图 2. 武汉天河机场总体规划图（原方案为右上，调整方案为左下）

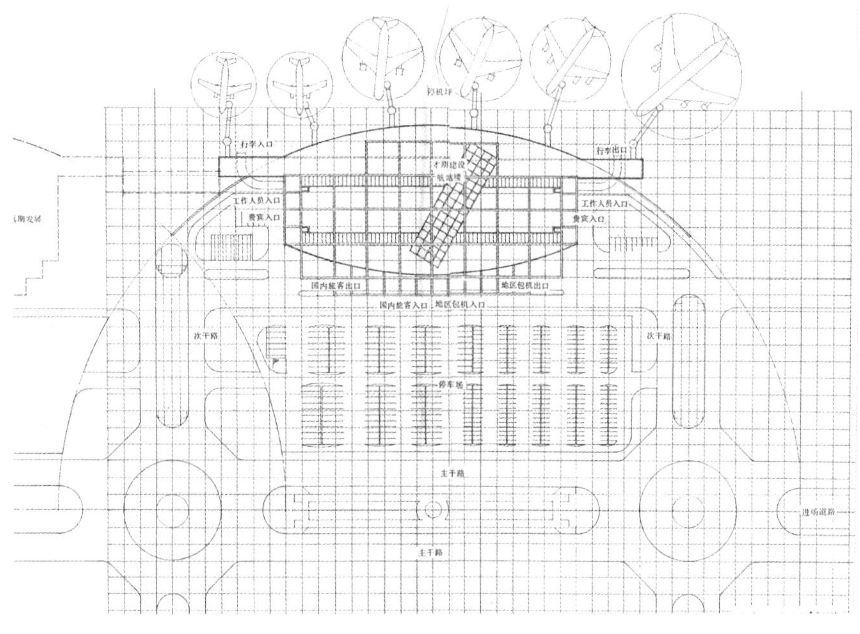

3

4

5

图 3 . 武汉天河机场总平面图　图 4. 武汉天河机场一层平面图及流程分析　图 5 . 武汉天河机场二层平面图及流程分析

干路采用圆环式转盘，将来可以扩建成立体交通形式。

（2）着重处理航站楼旅客的进出港流程、行李流程、工作人员和贵宾流程，做到简洁合理，避免交叉。而建筑设计在满足工艺要求的基础上，避免华而不实，并考虑在工艺和流程变化时的可能性和灵活性，如将剖面形式设计为一层半式，但预留了将来扩建二层，使旅客能从上下层分别进出港，梭形平面保证了主要使用区足够宽敞。

（3）作为城市的空中大门，武汉天河机场要有明显的标识性和易识别性。除了要有明显的时代特色以外，还要努力表现与黄河中原文化相互辉映、以长江中游江河地区为代表的荆楚文化，这是中国文化的重要组成部分，对古代思想和文物领域有重要影响，同时还要表现出民众性和通俗化的特点。因此，荆楚文化粗犷豪放、生动活泼的格调，丰富瑰丽的浪漫主义色彩，新奇精巧的造型，变化多端的图案，都是我们建筑构思的重要源泉。

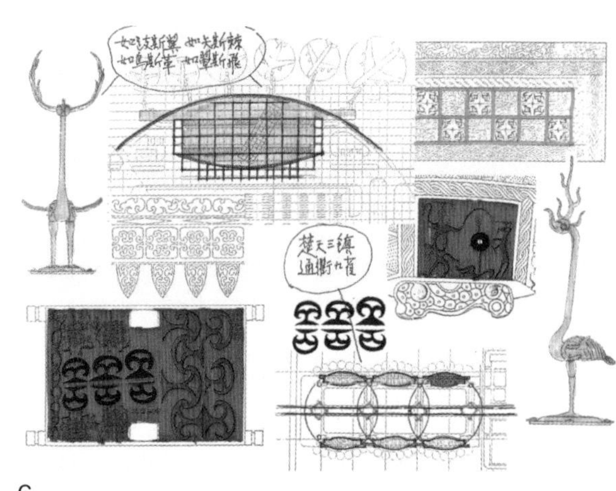
6

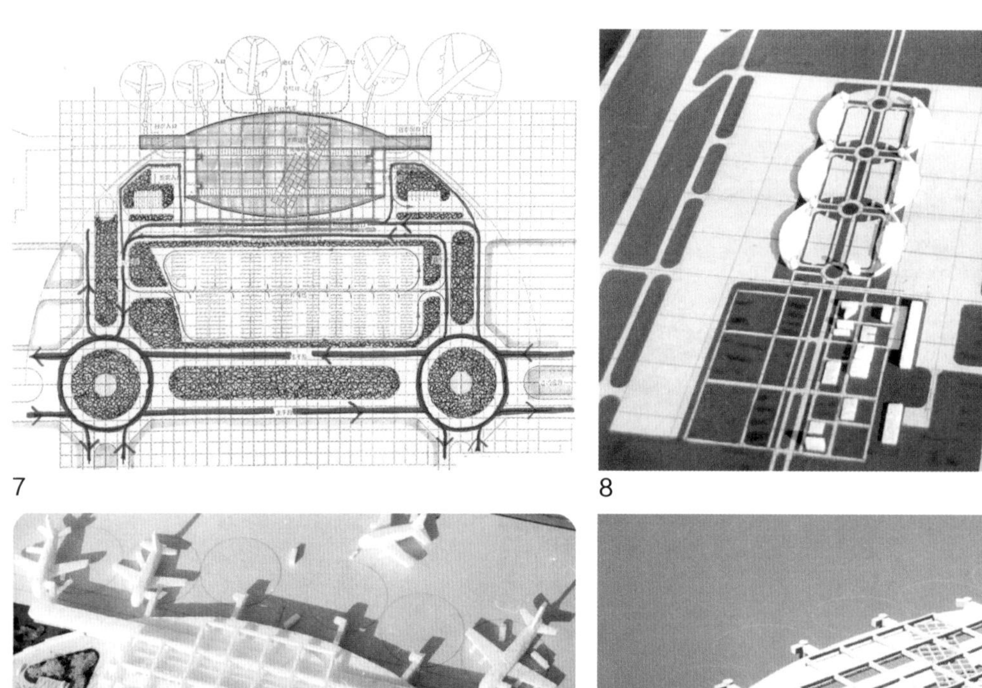
7　　8

9

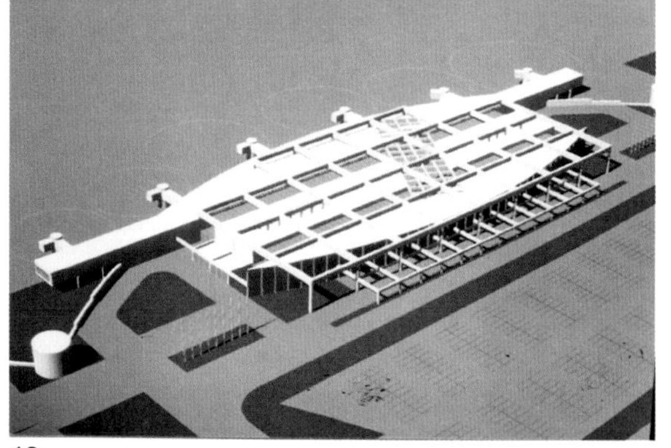
10

图 6. 武汉天河机场主要构思图　图 7. 武汉天河机场交通组织图　图 8. 武汉天河机场总体模型图
图 9. 武汉天河机场航站楼模型　图 10. 武汉天河机场电脑表现图

考虑到武汉地区的气候特点，在采取先进技术的同时，注意节约能源、施工方便、经济可行。在屋顶的第五立面上，我们做了重点处理，用屋顶隔热处理的构件，表现规整的正方形与圆弧的互相穿插、交融，形成丰富的阴影效果和细部处理。在节能方面，采取在屋顶上设高度为 30 cm 的空气间隔层，在室内组织良好的自然通风，控制建筑体积和层高，利用绿植解决低层部分的辐射热等措施。

竞赛方案设计主要由刘开济总指导，由我和王兵负责，参加的还有姚玓、陈晓民、胡越及装修组。我还为此专门绘制了一张室内透视草图，为装修组绘制表现图使用。1989 年 12 月 19 日，王兵和我去武汉汇报方案，在当晚近半夜时入住建发宾馆。当时已经入冬，我们只觉得房间内奇冷，一夜都是和衣而卧，棉衣都没有脱，第二天起来才发现，原来窗帘后面的窗户大开着。第二天开标也很“神秘”，我们汇报完就回来了，当然最后也未被选中。但不管如何，这对我们来说都是一次实战和练兵。当然，后来天河机场也没有按中国民航机场设计院的总体规划发展。

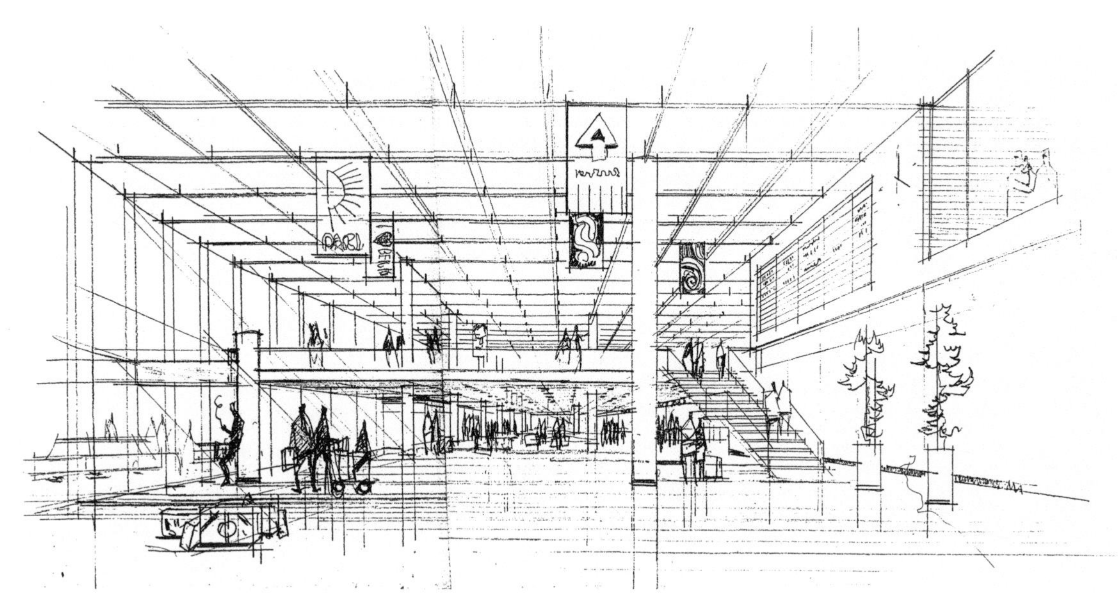

11

鲍里斯波尔机场方案

1990 年 3 月，我们又有了一次设计航站楼方案的机会。当时，北京对外经济合作公司准备参与国外的航站楼投标，建设地点是在苏联加盟共和国乌克兰地区的鲍里斯波尔机场。当时我们也不知道这个机场在哪座城市，直到最近看报纸才了解，原来其就是乌克兰首都基辅的机场。当时提供的材料和备忘录内容十分简单，主要包括以下几点。

机场负担国际和国内航线的运输，属于苏联国内的一级空港。1987 年，该机场的运输量为 52.4 万人（其中国际航班 29.7 万人，国内航班 22.7 万人），预计 2010 年时将达到 150 万人 / 年（其中国际航班 90 万人，国内航班 60 万人），使用机型为图 -154 和雅克 -42，预计 2010 年运行密度为

图 11. 武汉天河机场室内透视草图（作者绘）

10200 架次，昼夜最大密度为 61 架次，高峰小时为 7 架次。新建航站楼通过能力按 1000 人 /h 计（其中国际旅客 600 人 /h，国内旅客 400 人 /h）。新建航站楼面积控制在 33000 m^2 以下，体积控制在 150000 m^3 以下。其他配套设施在本设计方案中暂不考虑。

由于有此前天河机场方案竞赛的基础，因此分析工艺流程、功能分区等方面的问题对我们来说就比较简单了。在方案中，我们采用了剖面为二层式的进出港方式。从提供的照片资料看，现场 1965 年原建的航站楼的屋盖是拱壳形，因此，我们在方案的平面形式和立面造型上也都采用了曲线形式，以与原有建筑相协调。最后方案的总建筑面积为 32500 m^2。

航站楼方案的构思、图纸绘制和模型制作主要都由姚玓完成，范强也参加了。因为任务书比较简单，所以大家只提出了一个示意方案，方案交出去以后也没了下文。

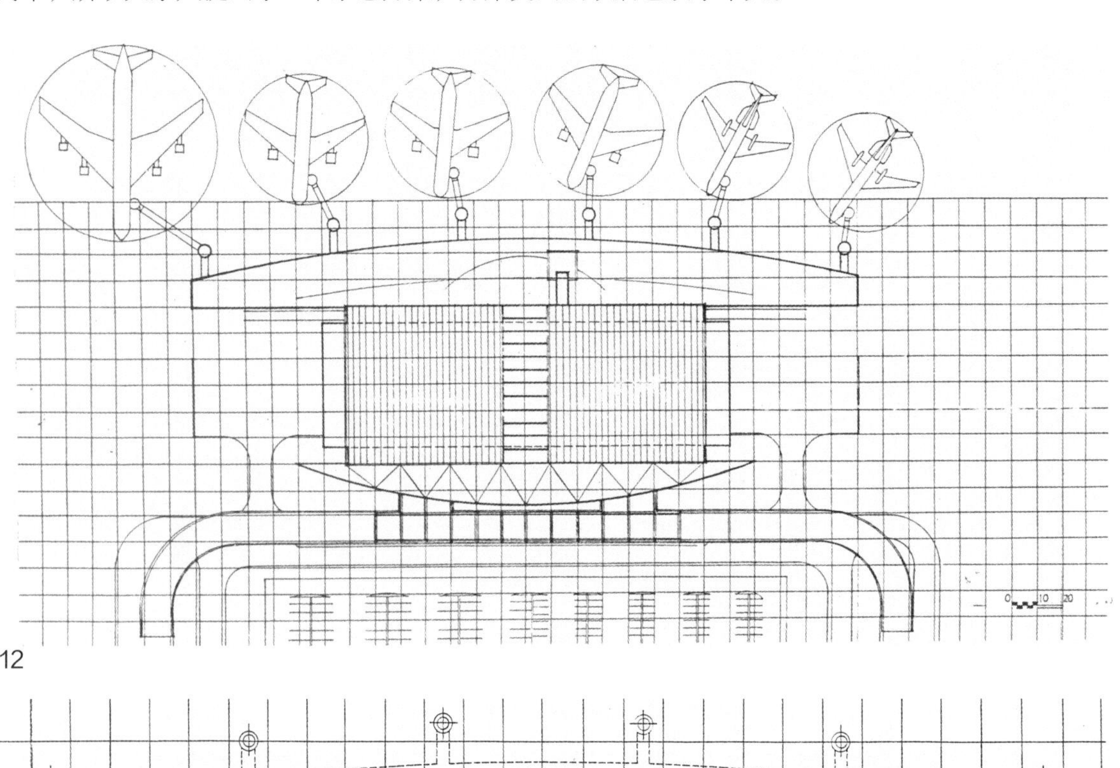

12

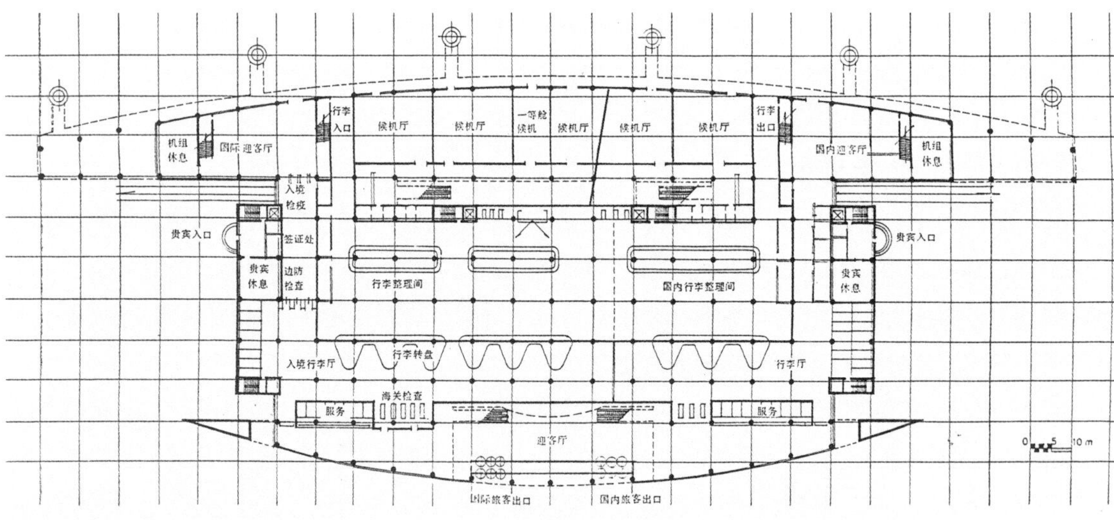

13

图 12. 鲍里斯波尔机场总平面图　　图 13. 鲍里斯波尔机场一层功能平面图

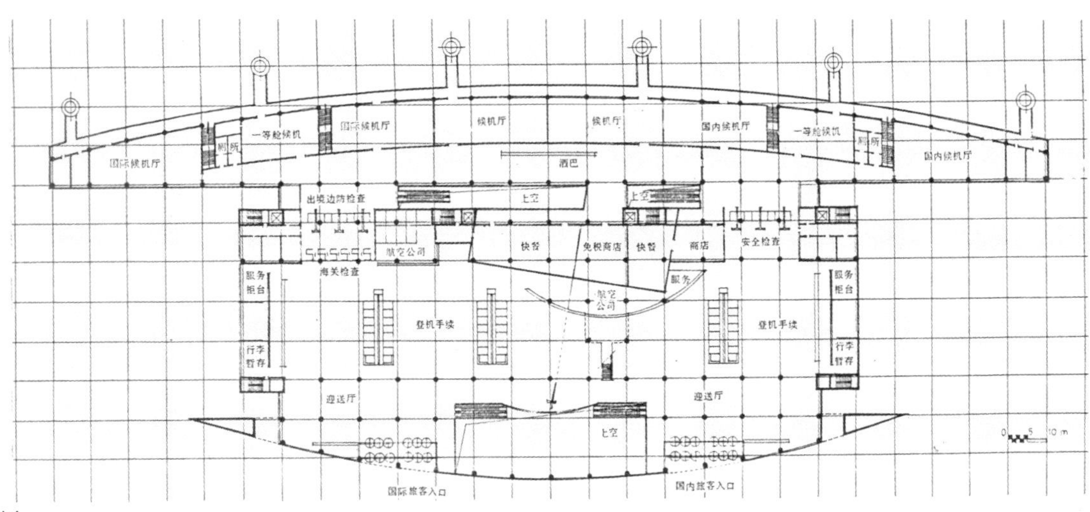

14

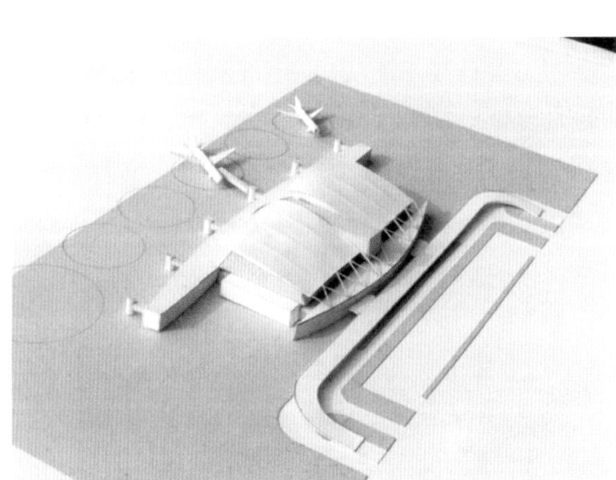
15

16

首都机场 T2 航站楼和停车楼

此后就进入对首都机场 T2 航站楼的扩建工程的详细介绍，首先梳理一下首都机场航站区扩建工程及航站楼工程建设的大事记。

1987 年 6 月 8 日，国务院批准了首都机场航站区扩建工程项目建议书。

1989 年，首都机场委托日本国际协力事业团提出的机场航站区扩建工程可行性研究报告完成。

1990 年 8 月，民航总局上报由中国民航机场建设工程公司完成的《首都机场航站区扩建工程可行性研究报告》。

1990 年 12 月 26 日—29 日，对机场扩建工程及设计方案进行评估。

1991 年 5 月，民航总局报国家计委《关于申请调整航站区扩建工程设计任务书的函》。

1991 年 7 月 19 日，在北京华谊宾馆对机场扩建方案进行评估。

1991 年 10 月，民航总局上报《首都机场航站区扩建工程可行性研究报告补充报告》。

图 14 鲍里斯波尔机场二层功能平面图　图 15 鲍里斯波尔机场模型一　图 16 鲍里斯波尔机场模型二

1992年1月24日，讨论首都机场航站区扩建方案。明确北京院为顾问咨询单位。

1992年2月13日，讨论机场扩建平面。

1992年6月16日，国家计委《关于审批首都国际机场航站区扩建工程可行性研究报告的请示》经国务院批准通过。

1992年10月5日，首都机场航站楼方案招标起动，有北京院、美国洛克希德－马丁公司等4家单位参加。

1992年11月23日，《北京首都国际机场航站区扩建工程旅客航站楼设计要求任务书》发出。

1993年1月11日，北京院机场航站楼设计组成立后，完成投标方案和模型，并于12日下午向评委介绍。

1993年1月27日，机场宣布美国洛克希德－马丁公司的方案中标。

1993年3月15日，美国洛克希德－马丁公司介绍概念方案的修改。

1993年4月6日，首都机场扩建工程领导小组在国家计委召开会议，审查并原则上通过经专家论证的航站楼方案。北京院作为航站楼总体设计单位，对方案调整修改以后进行平面和立面设计。

1993年6月14日，机场工程领导小组在北京市城建档案馆召集有关方面会议，国务院副总理听取了汇报，对航站楼方案进行了审议。

1993年6月21日—27日，北京院机场设计组参观深圳机场和上海虹桥机场。

1993年7月15日，机场指挥部向北京院正式委托航站楼设计任务，工程编号为93-129。

1993年7月23日，机场指挥部提出航站楼设计任务书补充说明。

1993年8月5日，民航总局和首都规划委员会发出《关于北京首都国际机场扩建工程总平面规划方案的批复》。

1993年9月14日，国务院总理等人在中南海审查了首都国际机场新航站楼方案模型。

1993年9月27日—10月16日，航站楼初步设计完成。机场指挥部组织包括北京院在内的各有关单位共15人赴加拿大和美国的6座城市，考察了8个机场项目。

1994年7月12日，在华谊宾馆审定航站楼工艺流程方案。

1994年10月3日，首规委崔凤霞副主任来北京院谈初步设计修改。

1994年12月6日，民航总局向民航总局和首规委发出《关于首都国际机场航站区扩建工程部分配套项目初步设计和概算的批复》。

1995年2月27日，国家计委发出《关于首都机场航站区扩建工程项目建议书的批复》。

1995年3月25日，民航总局和首都机场邀请加拿大B+H设计事务所修改工艺流程。加拿大B+H设计事务所介绍航站楼内流程修改方案。

1995年4月22日—25日，国家计委委托国际工程咨询公司等单位组成专家组，对中国民航机场建设工程公司提出的《首都机场航站楼扩建工程可行性研究修改报告》进行评估。

1995年6月3日，中国民航机场建设工程公司提出《可行性研究修改报告的补充材料》，审定工艺流程，由北京院进一步调整方案，并进入实施方案设计及初步设计阶段。

1995年7月17日，国家计委副主任陈同海听取机场汇报。

1995年8月23日，首都建筑艺术委员会听取机场航站楼方案汇报。

1995年8月25日，民航总局局长听取汇报。

1995年9月，机场航站区扩建工程航站楼初步设计文件完成。

1995年10月1日，航站区扩建工程主体项目航站楼工程正式开工，施工单位为北京城建集团。

1995年10月3日，国家计委发出《首都机场扩建工程领导小组会议纪要》计办建设（1995）617号。

1995年10月5日，经国务院批准，调整组建了首都机场航站区扩建工程领导小组，陈同海为组长，张百发、鲍培德、汤丙午为副组长，确定孔栋为扩建工程指挥部总指挥。该小组在亚洲大酒店审查航站楼初步设计，10日向国家计委汇报审查内容。

1995年10月6日，国家计委发出《关于首都机场航站区扩建工程可行性研究修改报告的批复》。

1995年10月12日—14日，国家计委在怀柔召开航站区扩建工程初步设计审查会，审查通过了扩建工程可行性研究和造价匡算。

1995年10月19日，国家计委发出《关于首都机场航站楼扩建工程航站楼等三个主体项目初步设计的批复》。

1995年10月21日，机场工程指挥部发出《关于深化首都国际机场航站区初步设计的通知》。

1995年10月23日，国家计委发出《关于首都机场航站区扩建工程列入1995年新开工项目计划的通知》。

1995年10月26日，首都机场航站区扩建工程奠基，国家领导人多人出席。

1995年12月21日，首都机场停车楼工程初步设计审查。

1996年2月7日，向国家计委汇报钢筋砼、钢结构设计和航站楼装修标准。

1996年3月8日，国家计委审查停车楼概算。

1996年3月4日，首都机场航站区扩建工程领导小组召开会议，审议并通过首都机场航站区扩建工程初步设计，确定了工程总概算。

1996年4月1日，国家计委下发《关于首都机场航站区扩建工程初步设计及总概算的批复》。

1996年4月3日，航站楼设计单位向施工单位北京城建总公司技术交底。

1996年4月5日—24日，机场指挥部组织有关单位考察日本东京成田机场、大阪关西机场，着重考察行李系统和停车场。

1996年7月25日，为设计进度问题，指挥部给北京院发文。

1997年1月8日，航站楼内装修评审。

1997年2月27日，在国门路大饭店进行航站楼消防设计评审。

1997年5月16日—17日，机场指挥部会同有关单位对航站楼主体混凝土部分进行质量验收。

1997年7月4日，评审航站楼照明方案。

1997年7月8日，国务院办公会上，总理和副总理等人在中南海审查航站楼内外装修方案。

1997年10月26日，首都机场停车楼结构部分完工。

1998 年 2 月 23 日，在机场宾馆审查航站楼贵宾休息室方案。

1998 年 5 月 27 日，在九华山庄消防局审查停车楼方案。

1999 年 3 月 1 日，在九华山庄消防局审查航站楼装修方案。

1999 年 4 月 21 日，在金金宾馆消防局审查航站楼地下食街方案。

1999 年 8 月，航站区扩建工程按预定计划基本建成。

1999 年 8 月 16 日，航站楼进行国际国内各系统调试。

1999 年 8 月 21 日，有关市领导视察首都机场扩建工程。

1999 年 8 月 26 日—27 日，消防部门对航站楼工程验收。

1999 年 9 月 8 日，航站楼等 8 项工程通过民航总局及北京市建委组织的初验。

1999 年 9 月 16 日，国家领导人视察了 T2 航站楼，对这个重点项目在国庆 50 周年前建成表示满意并指出，一个好的机场，要有好的服务，要让旅客感到方便。

1999 年 9 月 17 日，航站楼工程竣工，20 日投入试运行。

1999 年 10 月 1 日，首都机场国际、国内航班全部迁至新航站楼内运行，迁移转场工作一次成功。

2000 年 12 月 2 日，国家竣工验收委员会对首都机场航站区扩建工程验收。

首都机场的最初选址工作始自 1950 年。国务院在 1954 年批准开始建设后，建成了 2500 m 长的东跑道和 1.1 hm^2 的第一代航站楼。当时，该建筑是由北京工业建筑设计院的许介三等人设计的，于 1954 年 10 月竣工使用。之后，为了适应开辟国际航线的需要，在 1966 年的扩建中，将跑道延长到 3200 m，增加了滑行道和停机坪等。随着国际交流和机场运输量的增加，在 1974—1984 年进行了第二次较大规模的扩建，包括新建的 6.1 hm^2 的航站楼（现 T1 航站楼），指挥调度楼和 64 m 高的指挥塔，3200 m 长的西跑道，延长的东跑道及相应的道路、广场、站坪、维修基地等。T1 航站楼于 1979 年 9 月 27 日落成，由北京院四室的刘国昭、倪国元、顾铭春等人设计。在建设过程中，国务院总理在 1971 年 10 月 9 日听取方案汇报时曾指示："要经济、朴素、实用、明朗。搞得太大、太堂皇了不好，不要到处搞灯光。" 此后，在 1988 年、1992 年和 1993 年，T1 航站楼又进行过 3 次改造和扩建。

随着改革开放的深入发展，我国民航事业发展迅速，飞机数量增多，飞行架次增加，客货运量均有极大增长。在这种形势下，首都机场的原有设施与发展需求之间的矛盾日益突出，航站区的再次扩建已势在必行。从上面的工程大事记中可以看出，1987 年国务院即批准了扩建工程的项目建议书，自此到 1992 年的 5 年间，工作内容主要是围绕可行性研究报告，扩建设计任务书，对规模、投资、分期建设等内容进行评估，审议修改和批准。

我最早看到的一份报告是由日本国际协力事业团在 1989 年 1 月提供的研究报告。这份报告很长，共 200 多页，其内容分为 5 章，分别是结论与摘要、本项目的背景、北京首都机场现状、修建计划、修建计划的可行性。其主要结论是以 2000 年需求为目标的扩建计划，在技术、经济与财务等任意方面均为可行。报告对首都机场 1975—1985 年的吞吐量和社会总产值间的关系进行了分析，提出到 2000 年，与 1985 年相比，国际客运、国内客运、国际货运、国内货运将分别约增长 4 倍、6 倍、4.4

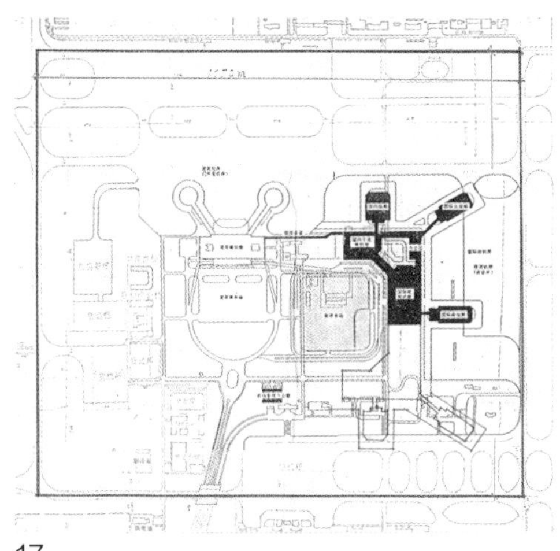
17

18

倍和 2.5 倍。为此，需要建设一个 12.9 hm^2 的航站楼，机坪机位数由现有的 20 架增至 41 架，概算总造价为 4.4 亿元，预计由 1990 年开始设计，1994 年完工，并提出了若干比较方案和推荐方案。中国民航机场设计院在此报告的基础上，于 1990 年提出了航站区扩建工程的可行性研究报告，并提出了一次建成和一次规划多期实施的方案。

但实际上，这时对可行性研究报告的估算规模已远远跟不上国家经济发展和航空事业的发展速度。例如，可行性研究报告提出，1992 年国民经济增长速度预计为 5.82%，实际达到了 12%。在 1992 年航站楼设计公开招标所提出的设计任务书仍是参考可行性研究报告的数据而提出的。任务书将 2005 年作为本期航站楼及站坪的设计年份，其运量预测见表一。任务书提出，航站楼总建筑面积 19.2 hm^2，其中国际航班 7.23 hm^2（30 m^2/ 人），国内航班 11.98 hm^2。现有航站楼 7.0 hm^2，全部改为国内航班，因此需新建航站楼 12.21 hm^2（国际航班 7.23 hm^2，国内航班 4.98 hm^2）。客机坪总机位 39 个，现有 20 个，计划新建 19 个近机位（国际机位 12 个，国内机位 7 个）。停车场车位 3075 个，现有 1075 个，需新建 2000 个。大客车、面包车、小车车位数量比例按 1:3:6 考虑。另外，任务书提出了国际和国内旅客的流程，并要求 1993 年 1 月 10 日完成方案设计。但考虑到数据偏于保守，所以在设计时都考虑留有充分的余地或有所突破。当时参加投标的单位除本地的北京院外，还有美国的洛克希德 - 马丁公司和美国的嘉纳 -HOK 公司以及和新加坡的 1 家公司。

在我们北京院提出的投标方案中，主要考虑了以下特点：在规模上为将来发展留有充分的余地，充分发挥老航站楼的潜力；在管理体制上寻求突破，以便于机场的管理和发展；在结构方式和工艺流程上力求简洁，尤其在管理模式上，我们参考了国外大航空枢纽的经验，提出将国际航班和国内航班明确分开处理，其中将国际航班集中于新建的航站楼，采用便捷的前列式布置，国内航班则在原有航站楼基础上挖潜扩建，在卫星厅基础上扩建指廊，而在总机位上满足设计任务书的要求，二者之间有方便的联系。这样，功能分区明确，管理和人员配置也比较方便。但这种使用模式当时并不为国航公司等基地公司看好，他们还是希望将国内和国际航班都布置在新建的航站楼内。

图 17. 日本提出的机场可行性研究报告附图示意（1989 年）　　图 18. 可行性研究报告透视图

表一 机场运量预测

	预测内容	所属区域	2005 年	终端
1	吞吐量（万人次 / 年）	国际	667.4	1500
		国内	1378.2	3330
		合计	2045.6	4830
2	飞行架次（万架次 / 年）	国际	3.75	8.71
		国内	11.32	24.24
		合计	15.07	32.95
3	高峰旅客量（人次 /h）	国际	2410	4545
		国内	4990	10090
		合计	7400	14635
4	机位 / 个	国际	12	19
		国内	27	35
		合计	39	54

注：本预测表引自首都机场航站楼区航站楼设计要求（1992 年 11 月 23 日）。

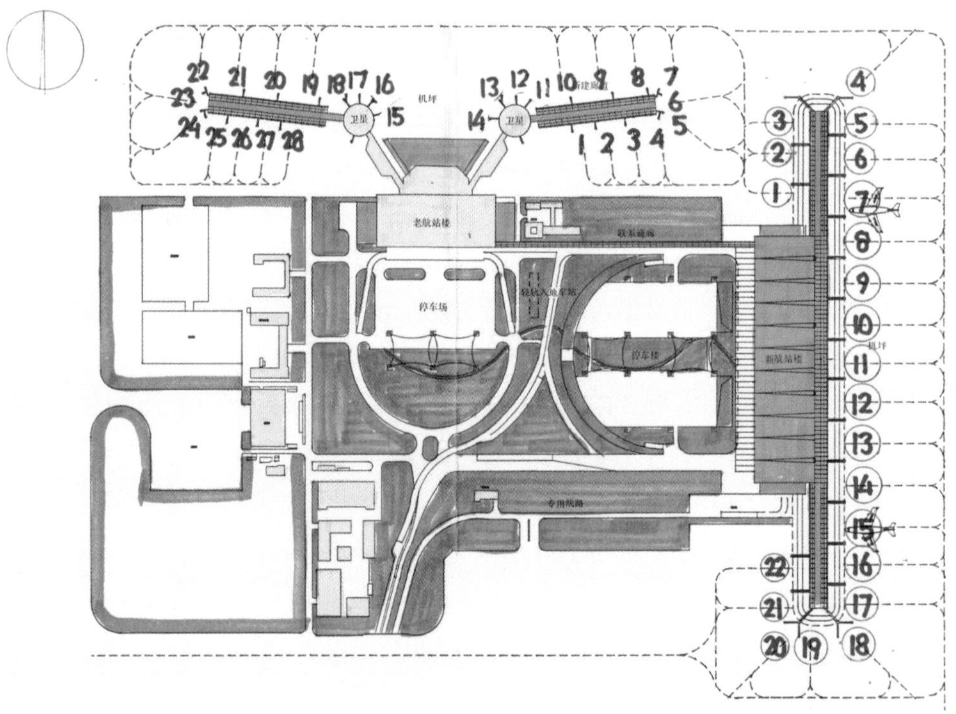

19

图 19. 首都机场 T2 航站楼方案投标方案总平面图（1993 年）

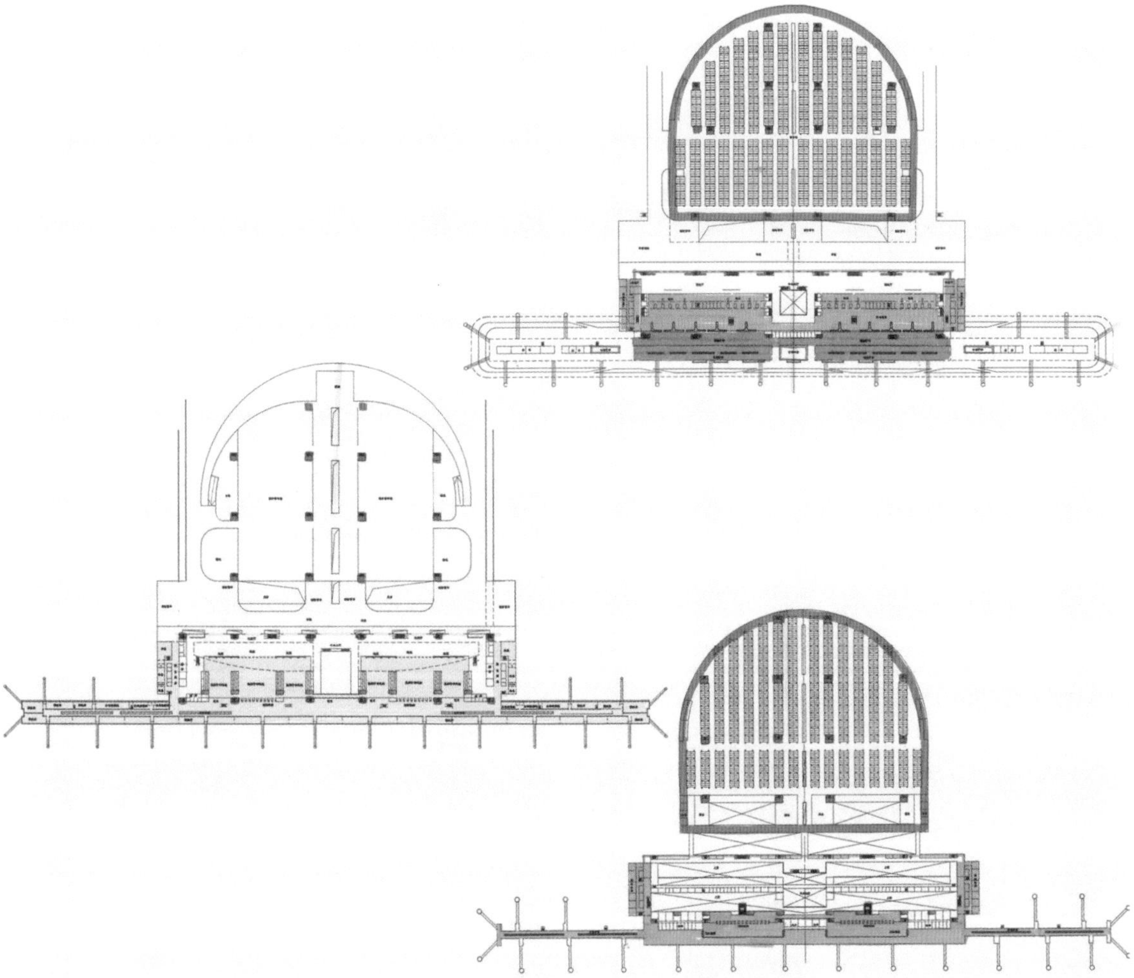

20

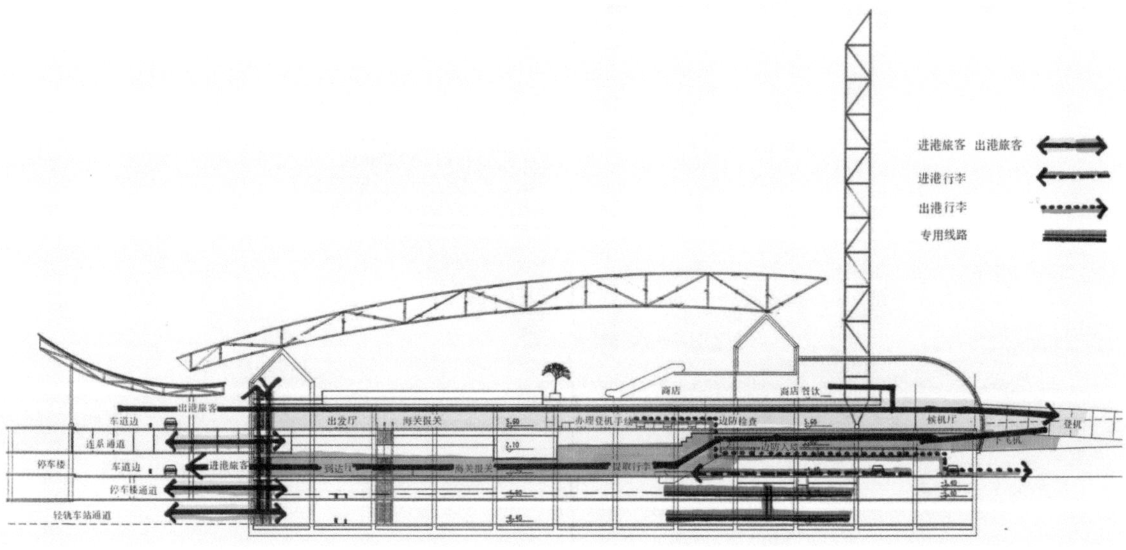

21

图 20. 首都机场 T2 航站楼方案投标方案各层平面图

图 21. 首都机场 T2 航站楼投标方案剖面图

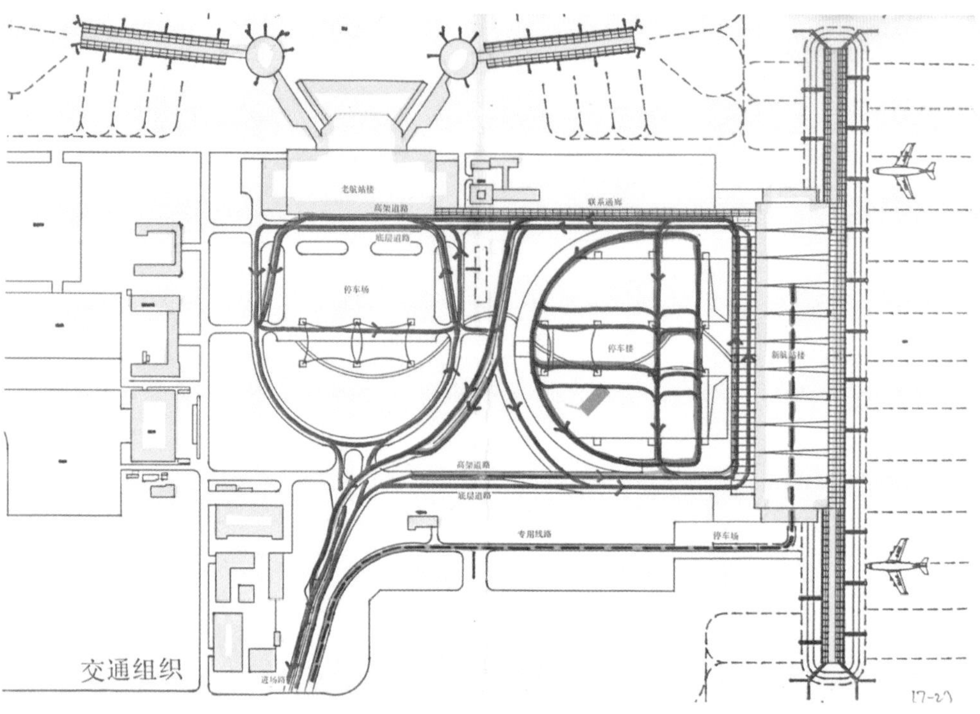

22

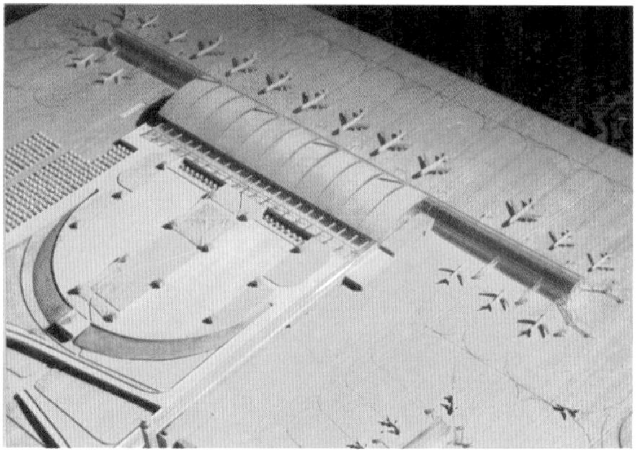

23

24

25

图 22. 首都机场 T2 航站楼投标方案交通组织图

图 23. 首都机场 T2 航站楼投标方案模型（两幅）

图 24. 首都机场 T2 航站楼方案投标方案表现图（1993 年）

图 25. 洛克希德 – 马丁公司中标方案模型

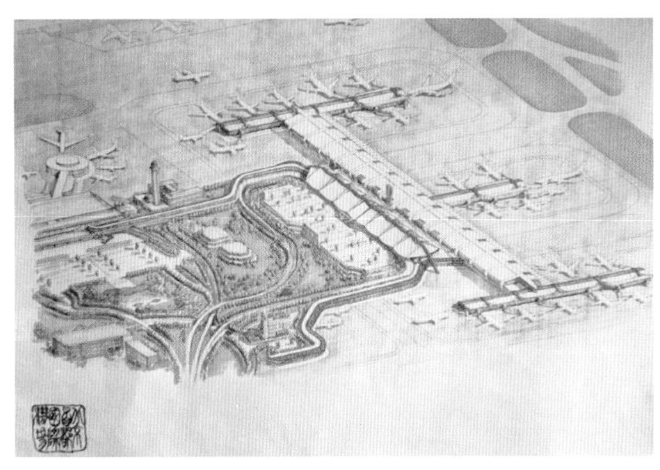
26

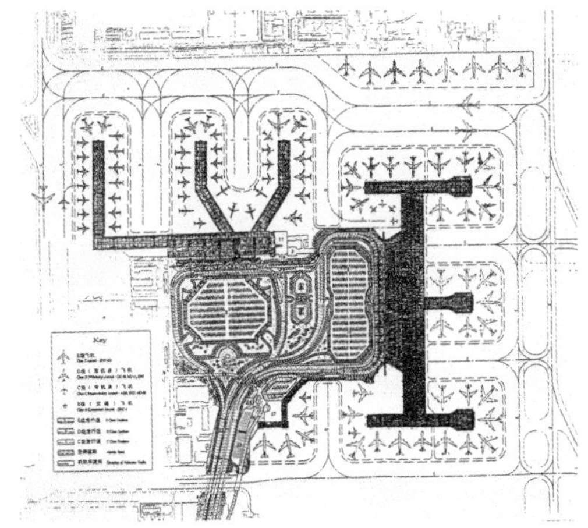
27

1993 年 1 月 11 日—14 日， 对中外设计单位提出的各方案进行了评审，在会上我第一次见到了航空界和设计界的前辈和专家，如吴问涛、许介三、钱昆沈、殷渭涛、肖晋嵘等人，还有民航总局的蒋作舟司长，他和我同年从清华大学毕业，读的是工民建专业。当时参加会议的人员还有机场的总经理孙金皋，市规划局副局长单霁翔。最后，美国洛克希德－马丁公司的方案被选定为基础方案（我当时认为这可能也和该公司有意投资参与机场建设有关）。该公司于 1993 年 3 月提出了修改方案，主要概念如下：航站楼分 T2、T3 两期，T2 航站楼包括 20 个近机位，T3 航站楼包括 13 个近机位，最后达到 33 个近机位、8 个远机位。一期中有 7 个机位供国内旅客使用。旅客动线为出港在二层，进港旅客由二层上至三层转换层，然后下至一层提取行李。T2 航站楼总面积为 13 hm^2。首都机场的建设原来计划引进外资，但后来未被批准，仍由国家投资，此后美国洛克希德－马丁公司也未再参与。

1993 年 3 月，指挥部要求 T2 和 T3 两期要统一规划、统一设计、同步施工、同期完成，新楼建成后再进行老航站楼的改造，此后还提出航站楼前的停车楼工程应与航站楼的设计同步进行。1993 年 4 月初，由北京院开始对原概念方案进行调整和修改，从技术、结构上加以落实，并在此基础上完成了航站楼的方案设计。在 5 月底，我们提出了 3 个立面方案，并完成了相应的模型制作。由于当时北京市强调“古都风貌”，所以我们在方案中，对此有所侧重。

方案一是在出港大厅上部采用 5 组四坡攒尖顶，中间 1 组为重檐形式，各组尖顶之间用玻璃采光带解决采光问题；方案二的出港大厅采用大跨度具有东方特色的凹曲面屋顶，并设置采光天窗，增加虚实对比；方案三的出港大厅采用凸曲线的屋顶，表现现代结构技术的大跨度结构。几个方案的通廊和指廊部分也分别采取了不同的处理方式。

1993 年 6 月 14 日，领导小组召开会议审查航站楼方案，当时领导小组的组长为国家计委副主任姚振炎，副组长为管德和曹汝价，成员有李端绅、崔凤霞、李军、蒋作舟、孙金皋等人。相关国家领导人出席听取了汇报，同意航站楼一、二期工程一次规划、一次设计、同步完成。会议原则上同意航站楼斜坡式屋顶的设计方案，同时提出屋顶外露的钢架要尽量压低，坡屋面也可考虑双向坡，

图 26. 洛克希德－马丁公司中标方案表现图

图 27. 洛克希德－马丁公司中标方案总平面图

28

29

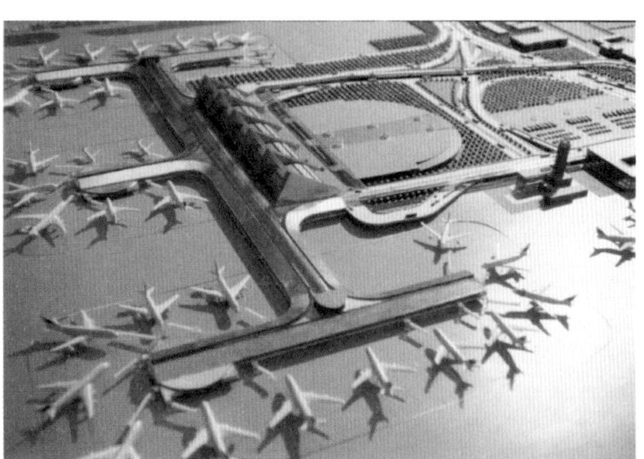

30

图 28. 调整方案一模型（两幅） 图 29. 调整方案二模型（两幅） 图 30. 调整方案三模型（两幅）

31

采光窗分为 5 个单元，其中 1 个可以加大。此后 9 月 14 日的上午和下午，相关国家领导人在中南海听取了汇报，审查了航站楼的方案模型，并指出：首都机场航站区的扩建是“重中之重”“迫在眉睫”“应该抓紧去办”。那天审查方案时，所有参会的人只有我带了一个傻瓜相机，于是我在审查现场所拍的领导同志的照片，就成了那次审查会的“独家孤本”。但因各种原因，这些珍贵照片也无法面世。

在党中央和国务院的关注下，首都机场航站区的扩建被列为国家“九五”期间的重点工程。除航站楼外，还包括站坪、楼前道路、停车楼、货运站、供电工程、污水处理厂工程、供热工程、制冷工程、场内道路、特种车库、供水工程、排水工程、燃气供给设施、生活垃圾厂和绿化工程等 16 项。当时参加的设计单位很多，中国民航机场建设工程公司是本项目的总体设计单位，负责总体规划、空侧工程以及统一协调、汇总、审核整个工程；另外北京院是航站楼、停车楼的总体设计单位；北京市市政工程设计院负责前广场道路系统和楼外综合管线设计；中国航空工业规划设计院负责楼宇自动化管理系统设计；广电部设计院负责楼内广播电视设计；国防科工委指挥学院负责楼内公众问询系统设计；公安部第一研究所负责 X 光机安全检查系统设计；上海 102 厂负责行李自动分拣系统设计；北京市煤气公司负责楼内外天然气系统设计；北京市内电话局负责总配线室和外线设计；民航局计算机信息管理中心负责楼内离港系统设计；民航华北局航务中心负责航班信息服务系统设计；民航 SITA 中心负责 SITA 系统设计。

为了更好地学习国外机场的设计和管理经验，首都机场总经理孙金皋带队，组织北京院、市政院、市消防局等单位共 15 人，于 1993 年 9 月 27 日—10 月 17 日对加拿大和美国的 6 座城市、8 座机场的 10 个航站楼进行了参观考察，包括加拿大多伦多帕尔森国际机场的 T2、T3 航站楼，美国亚特兰大哈兹菲尔德 - 杰克逊国际机场，纽约肯尼迪国际机场，新泽西纽瓦克国际机场，芝加哥奥黑尔国际机场 T1、T5 航站楼，洛杉矶国际机场，洛杉矶波班克国际机场，旧金山国际机场。在美国时，洛克希德 - 马丁公司接待了我们。

图 31. 最后调整方案模型（两幅）

北京市建筑设计院

设计任务委托单

建设单位（公章）　　地址：首都机场内

联系人：　　所在科室：工程科　　电话：

建设地点：（区、县、街道名称）首都机场

任务批准文件：　　上级审批单位：民航总局

委　托　设　计　项　目

序号	工程项目	建筑面积（m²）	层数	栋数	单位造价（元/m²）	照明	给水	卫生	暖气	煤气	热力	消防	动力	通风	天线
1	航站楼	24万	3	1		√	√	√	√	√	√	√	√	√	√
2															
3															
4															
5															
6															
7															
8															
9															
10															

室外工程：　道路　围墙　室外管线

批准总投资　万元　备注：

提供的设计文件及资料

规划局设计条件通知：____张　地形图：____张

文字资料：1 册　图纸资料：____张

情　况　介　绍

1. 现场是否已钉桩：____ 2. 建设用地是否属占用农田：____

3. 地上物处理如何：____

4. 有无污水排放条件：____ 5. 地下有无市政管线及人防沟道：____

6. 新建或用原有锅炉房：____ 7. 有无三废及三废治理方案：____

8. 施工单位：____ 联系人：____ 电话：____

基建单位负责人：（盖章或签字）　199　年 7月 15日

任务安排	设计室签收
该工程定为院级项目。请四所安排设计。 工程编号为：93-129	年　月　日

*本委托单一式三份。由建设单位填写后送院计划科

32

这些机场航站楼由于建设时间、规模、使用的条件不同，管理方式也不尽相同，所以呈现了多种特色，开阔了我们的眼界和思路，如国外机场大多由多个航站楼组成，数量少的有 3 个，多的有 8~9 个，一般将国际航班会集在一栋航站楼内，航站楼的形式基本为卫星式、指廊式和前列式 3 种，各航站楼间用自动步道、巴士或轻轨加以联系。机场位置适中，与城市间有良好的交通联系，一般车程都在 30~40 min。机场本身有良好的停车设施以满足停车需求，一般可停近万辆车，最多的如亚特兰大机场可停 3.2 万辆车。我们对进出港形式尤其是行李分拣方式进行了考察，大多数采用了激光扫描分拣托运行李，再由行李车运抵飞机处的方式；也有如纽瓦克机场，是将行李分拣后由传送带直接运送到指定的飞机处，这样传送带的距离就很长了。由于在机场中转的旅客较多，所以各机场在设计时对中转旅馆的设置也十分注重，一般将其设在机场附

33

34

图 32. 首都机场 T2 航站楼委托任务书

图 33. 机场考察团在亚特兰大

图 34. 机场考察团在加拿大

近，甚至紧临航站楼，对旅客十分方便。通过考察吸取国外机场的先进经验，对改进首都机场的设计有许多启发，如出港交通的改善、国际旅客进港边防检查空间的扩大、候机厅的环境及开敞程度、卫生间数量的调整、自然采光的合理布置、停车楼空间的开敞式布置等。

我们在旧金山考察时还有一次巧遇。有一天，我们一行人正走在旧金山的街头，人群熙熙攘攘，一个人从我们边上擦肩而过，瞬间我大叫一声："高鲁冀！"那人走出不远回过头来，他果真是高鲁冀。他是我们同行的民航蒋作舟司长的大学同班同学，和我都在学校乐队，他吹长号，我吹萨克斯。在异国的茫茫人海之中，我竟能一眼发现他，也真是有缘了。

晚上，他如约来到我们住的宾馆。在大学毕业后，他被分配到北京第一建筑公司，1966 年参加了清华大学二校门处毛主席雕像的建设，此后就成了这方面的专家，参加过许多毛主席像的建设，甚至包括在毛主席家乡韶山等地的建设，后来他还参加过毛主席纪念堂前群雕的施工 。他当时是《文汇报》驻美国的记者，我们考察团的蒋作舟、马丽和我都与他熟识。他了解了我们来美国考察机场的目的后，还写了一篇新闻稿发在了当地的华文报纸上，后来他还把这条新闻复印寄给了我。多年之后，等我再遇到高鲁冀时，他又当了牧师了。

1995 年 3 月，民航总局和首都机场邀请加拿大 B+H 建筑师事务所修改工艺流程，该事务所参与设计的建筑师是刘嘉峰。工艺流程主要根据旅客的安全便利性、航务的协调性、扩展的适应性和经济上的有效性进行修改。主要内容为将原有的中指廊取消，将"山"字形平面调整为"工"字形平面，机位数由 33 个增为 36 个；将值机柜台由前列式改为岛式；将值机柜台由 162 个增加到 168 个（国际值机柜台设 80 个，国内值机柜台设 88 个）；将行李处理系统中的处理厅由 3 处改为 2 处；将行李转盘由 14 个增加到 17 个（国际行李转盘设 8 个，国内行李转盘设 9 个），从数量上有较大改进。但现在看来，取消中指廊，增加停机位，增加的停机位都在端部，增加了大部分旅客在候机楼内行走的距离，为旅客带来了不便。另外，在 4 个端头增加的机位有的也不太好用。1995 年 6 月，工艺流程通过审定，之后由北京院再次调整建筑方案，进入实施方案设计及初步设计阶段。

35

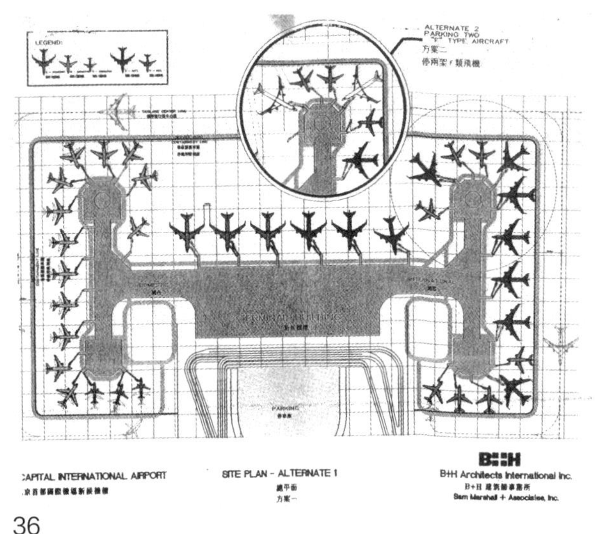

36

图 35. 旧金山巧遇（左起蒋作舟、高鲁冀、作者）

图 36. 加拿大 B+H 事务所工艺流程修改图

1995 年 10 月，经国务院批准，调整了领导小组。10 月 1 日，航站楼工程正式开工，首都机场航站区扩建工程的领导小组组成如下。

组长：国家计委副主任 陈同海。

副组长：北京市常务副市长 张百发。

中国民航总局副局长 鲍培德。

国家开发银行总工程师 汤丙午。

扩建工程指挥部组成人员如下。

总指挥：孔栋。

副总指挥、总工程师：王在洲。

副总指挥：栾德成。

副总指挥：刘桂欣。

总指挥助理：马锡和。

总指挥助理：匡欣。

总指挥助理：黄刚。

扩建指挥部提出的八字工作方针是："内和、外顺、科学、高效"。

北京院参加 T2 航站楼工程的主要人员如下。

院总协调：李铭陶。

院技术指导：程懋堃（结构）、曹越（设备）、王谦甫（电气）。

四所总协调：董建中。

工程主持人：马国馨、马丽。

建筑负责人：王兵、陈晓民。

参加工作的还有吴凡、王立昕、戴昆、郝亚兰、杨有威、杨海宇、李岩等。

结构负责人：张承起、王春华、覃阳。

参加工作的还有张世忠、靳海卿、吴中群、冯阳等。

设备负责人：周靖、潘旗。

参加工作的还有周艺。

电气负责人：石平 。

参加工作的还有赵伟、罗继军、陈丽华、孙大玲、高红、韩全胜等。

37

38

39

40

图 37. 航站楼设计组部分同志（左起：王兵、吴凡、马丽、张承起、陈晓民、作者）

图 38. 作者在机场工地

图 39. 设计组在现场（左起：覃阳、张承起、作者、王春华）

图 40. 工程主持人与城建公司李清江总

经济负责人：张鸰。

41

我们与领导小组交集有限，主要是和指挥部及其下属的技术处、工程处、计财处、物质处等部门打交道更多。指挥部各位领导在整个建设过程中指挥有力，总指挥孔栋是干部子弟，其父孔原是老革命，长期从事地下谍报工作，新中国成立之后任海关总署署长、外贸部副部长、全国人大常委会副秘书长等；其兄是孔丹。孔栋虽然年轻但能力很强，负责和国家计委的沟通。王在洲总工对业务十分熟悉，我们在互相讨论的过程中加强了磨合和了解，从而使工程进展得十分顺利。而工程处的各位技术人员在设计工作上对我们的帮助很大，我们也在几年的共同战斗过程中结下了深厚的友谊，至今难忘。没有他们的大力协作，我们是不可能顺利完成这一任务的。与我们打交道比较多的有赵永安、郝伯华、李宝才、刘金玉、刘卫、张海燕、王再涵、厉洋、张宏钧、张潇、马宁、宋薇、龚明、张庆宇、王润光、石亚军、徐伟、陈国新、王炳银、吴志军、李青、李金栋、袁学工、陈少云、李至隆、徐永华等。

42

城建总公司的总指挥是徐贱云，他后来在首都的几个大工程，如国家大剧院等都发挥了很大作用，后任北京市丰台区委书记。公司总工程师是李清江，下面具体负责的工长是李建华，他后来也参与

43

44

图 41. 设计组部分同志在工地　　图 42. 北京院航站楼设计组部分同志（坐者左起：作者、李铭陶，站者左起：王兵、陈晓民、郝亚兰、王立昕、马丽、吴凡、杨有威、姚远、李岩）

图 43.T2 航站楼开工典礼前看方案　　图 44.T2 航站楼开工典礼

了 T3 航站楼的建设，在不断积累机场施工管理的经验后，到参与大兴机场工程时，他已是独当一面的项目经理了。

45

在 1996 年 4 月，我们还去日本考察了成田机场的行李系统、大阪关西机场的停车设施和行李系统，同时也考察了一些产品厂家。

首都机场的历次扩建都是在不影响日常航空业务的情况下进行的，本次扩建也不例外。本次扩建除了要满足航站楼本身功能、流程、技术和造型方面的要求之外，还要受到现场用地和已有道路的制约、机坪和滑行道的限制，以及由于塔台对跑道有通视的要求，需要控制新建筑的高度等。新航站楼位于现 T1 航站楼以东，平面呈“H”形，进出港主要入口朝西。建筑南北总长 746.4 m，东西指廊总长 341.8 m，中央大厅为 338.8 m × 120 m（以上均为标识尺寸），建筑最高点为 28.65 m。建筑为地下一层（局部地下二层），地上三层，各层层高分别为 6.0 m、6.1 m、4.5 m、3.6 m，下部基本柱网为 9 m × 9 m 和 9 m × 18 m；二层出港大厅与办票大厅为 27 m 和 36 m 跨度的大空间，这样可以保证在不同尺度的空间分别采用不同的柱网，更为经济。航站楼西侧与新建停车楼相邻，二者之间在地下一、二层和地上一、二层分别有通道或道路连接。新航站楼与现 T1 航站楼之间除有机动车道路连接形成联系和循环外，在地上二层还设有双向自动步道的专用廊道，供步行旅客使用。

在旅客的进出港流程上，二层为出港层，旅客在车道边下车经出港大厅（海关）、办票大厅办理登机手续后，经安全检查（卫生检疫、边防检查）后进入候机厅登机离港，远机位旅客在一层候机（上述部分括弧内为国际旅客进出港流程）。一层为进港层，为避免现 T1 航站楼进出港旅客人流交叉的问题，进港旅客需经登机桥和隔离廊后，乘专用进港自动扶梯和电梯到达三层进港廊道，国际进港旅客的卫生检疫和边防检查大厅也设在三层，然后经专用自动扶梯进入一层行李提取厅（海关检查）和进港大厅，这种处理方式在国内之前的航站楼设计中很少采用，所以当时有的旅客还不适应，但现在的空港规模更大，旅客进港的形式也更加多样。国际和国内的贵宾休息室分设在中央大厅南北端的一～三层。在本次设计中，我们除了考虑了国际国内旅客的一般进出港流程及隔离区内中转的流程布置外，还考虑了对以下流程的设置：国际过境旅客的联检手续和专用候机厅的流程、已办理入境手续的国际旅客行李的提取和海关检查后进港的流程、国际航线国内段的不同旅客的离港和进港流程，尤其是国际航班国内段可能是中国特有的情况。

在旅客行李运送流程上，采用了国内首次引进的机场行李自动分拣系统，保证了行李分拣的准确度和速度。其处理能力为在运营高峰期每小时可处理出港行李 8000 件、进港行李 6500 件。出港时，

图 45. 机场设计组在日本考察

46

47

48

49

50

51

52

53

图 46. 航站楼表现图之全景　图 47. 航站楼表现图之办票大厅　图 48. 航站楼表现图之出港大厅
图 49. 航站楼表现图之进港大厅　图 50. 航站楼表现图之进港连廊　图 51. 航站楼表现图之外立面和登机桥
图 52. 航站楼表现图之行李提取厅　图 53. 航站楼表现图之旅客休息厅

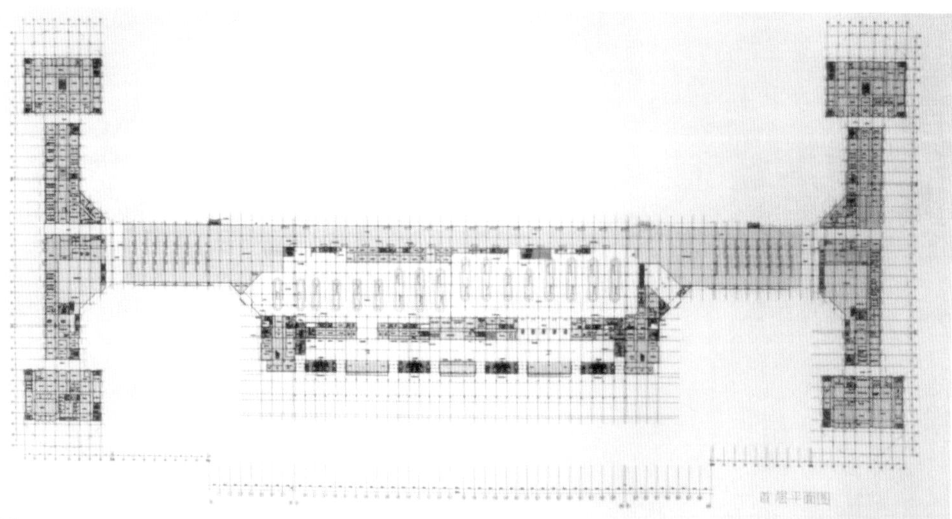

54

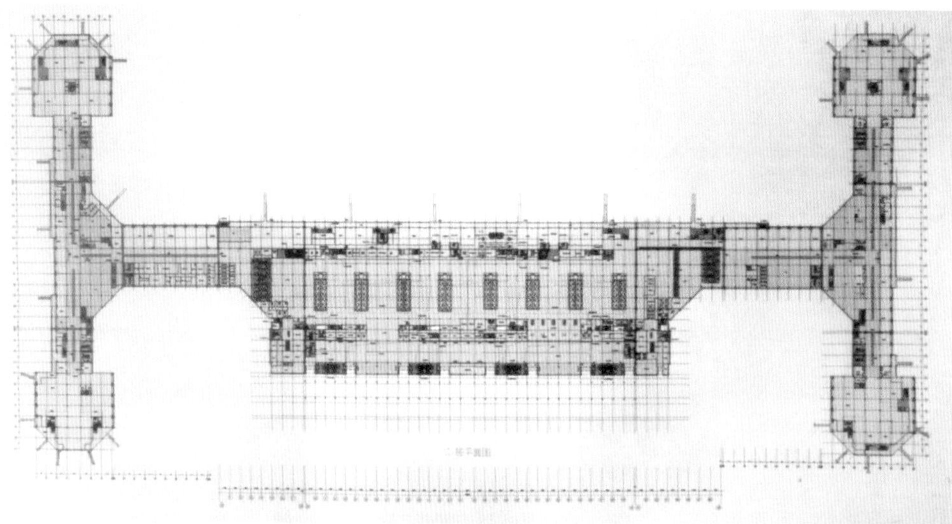

55

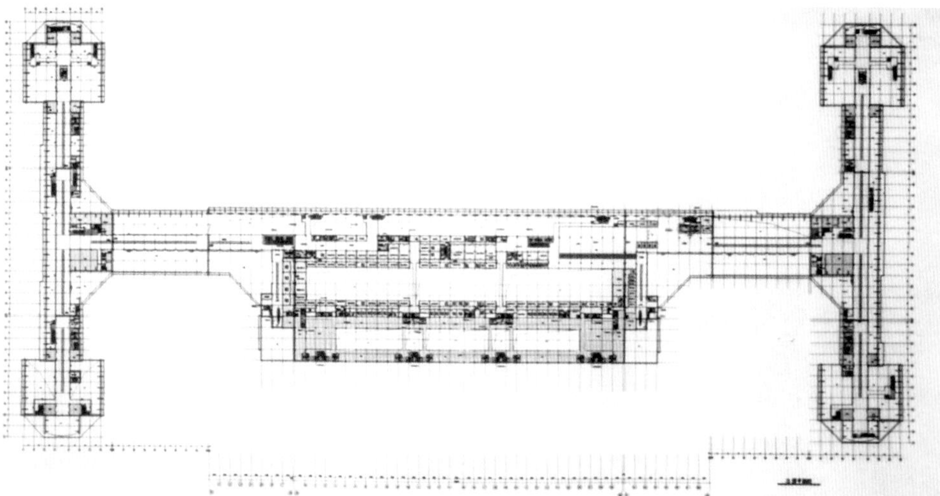

56

图 54. 航站楼一层（进港）平面图　　图 55. 航站楼二层（进港）平面图　　图 56. 航站楼三层（进港）平面图

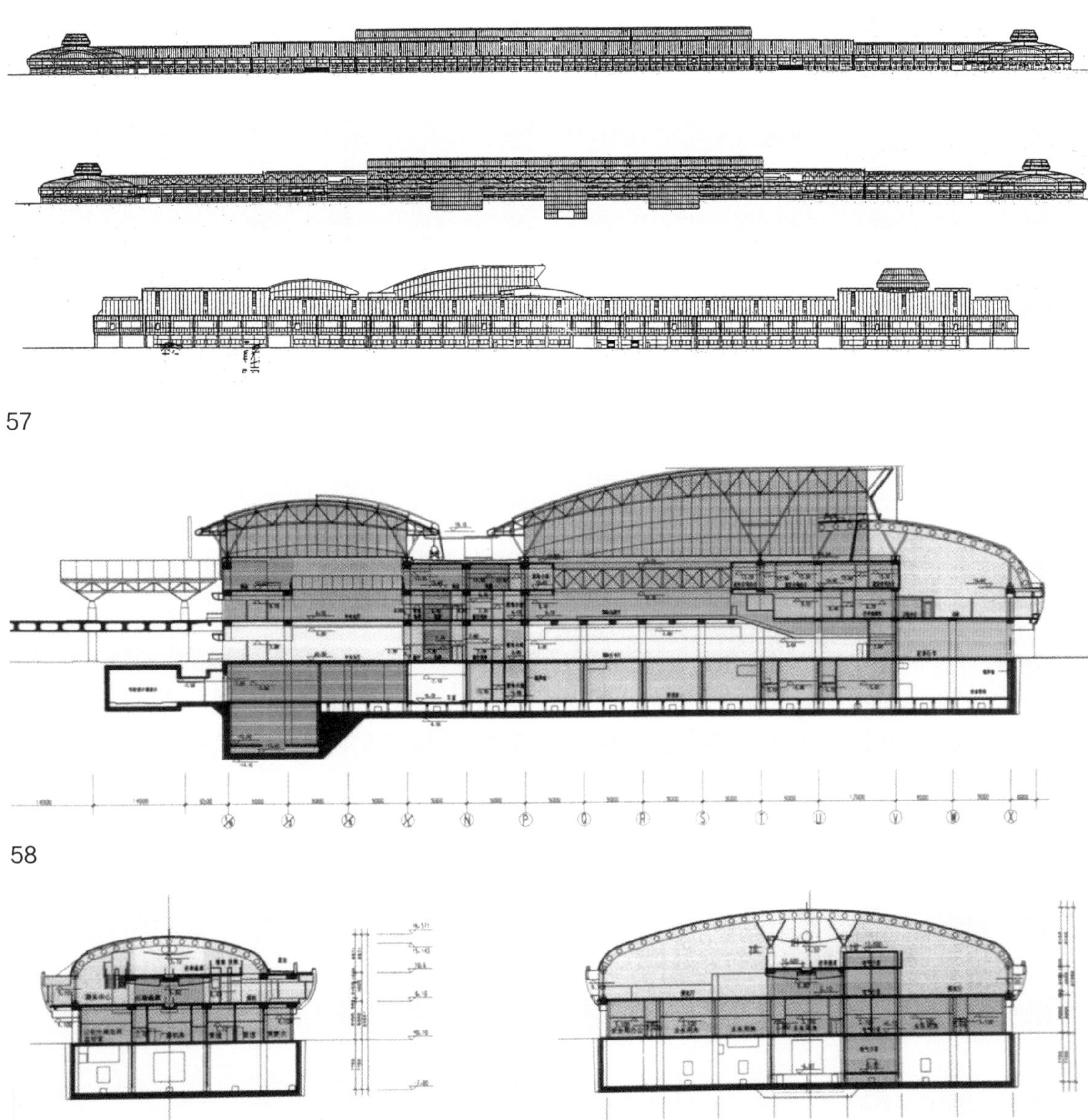

57

58

59

行李在办票大厅的值机柜台，在旅客办理手续和托运行李的同时，地勤人员也会对行李进行安全检查，使托运行李的安全得到充分保障。托运行李被贴上条码标签后，由输送皮带运送到国际和国内行李分拣大厅，行李的条码信息被读取后，行李翻盘自动将行李倒入与航班相应的滑槽。国际国内分拣厅共设 44 个分拣口滑槽，同时还配备了两套早交行李存储系统，可处理提前 3 小时交运的行李。另外，还有到港中转行李的专用输送带，使行李可被准确地按航班进行分拣。进港行李被装卸到进港行李输送带以后，将被送往一层行李提取厅中与航班相应的行李提取转盘。进出港的大件行李分别利用专门的输送带和货梯输送。

图 57. 航站楼立面图　　图 58. 航站楼剖面图之一　　图 59. 航站楼剖面图之二

表二 首都机场各代航站楼技术指标对比

	建设年份/年	总建筑面积/m²	概念形式	机位数/个		高峰人数/(人/时)	年旅客量/万人	值机柜台数/个		行李转盘/个		停车场规模/辆
				近机位	远机位			国际	国内	国际	国内	
老航站楼	1955—1958	11000	正面式	—	—	240	—	—	—	—	—	455
T1 航站楼	1975—1980	58000	卫星式	14	4	1500	350	46	43	4	2	650
	1988、1992、1993	78000		—	—	3000	870	—	—	—	—	—
T2 航站楼 *	1955—1999	326500	混合式（指廊+直线）	36	8	9210	2625	80	88	8	9	5174

* 备注：T2 航站楼建筑面积中包括地下室架空层 4.0 hm²。

要保证航站楼的正常运行，必须有高科技的现代化管理，要有先进的设备和系统来对业务和生产系统作支撑。航站楼内有 14000 个信息点，除上面提到的值机柜台系统和行李自动分拣系统外，还包括综合布线系统，安全检查系统，离港系统，航班信息显示系统，广播时钟系统，公众问讯系统，电视监控系统，内部通信系统，无线转发系统，地面信息系统，泊位引导系统，楼宇自控系统，旅客登机桥系统，电梯、扶梯、自动步道系统以及消防自动报警系统等。通过先进的现代化技术的保障，能够实现对设备的自动控制，也能够对信息资源进行及时管理并提供信息服务，航站楼的智能化程度也将进入新的层次。

航站楼工程的技术要求高，系统复杂，配合单位多，施工周期紧张，还会受加工订货的制约，以及条件和情况的变更会引起工艺和使用要求的调整等，都增加了设计和协调工作的难度。

创新的思想

20 世纪末，第一批大型航站楼的建设是我国民航事业发展的新起点，在北京、上海和广州新建的 3 个主要机场当中，上海和广州机场的新建任务分别采用了法国和美国建筑师的设计方案，并采用中外合作设计的方式进行。由于全部是新建工程，因此设计的自由度也较大。只有首都机场的航站楼工程是这些工程中最早进行设计和开工的，除工艺流程由加拿大修改设计外，其他全部设计工作均由我国工程技术人员承担。由于是现场扩建，不是新建，为了保证机场的正常运行，限制条件很多，技术难度大，这既为设计人员带来了严峻的挑战，同时也是展现我国建筑师和工程技术人员能力的极好机会。

由于航站区控制塔的高度限制，航站楼的体形与其超长的长度相比显得有些低矮。在方案讨论过程中，民航总局的专家多次向我提出，要注意控制航站楼的高度和体积，以免对国内其他机场的

60 61 62 63 64 65 66 67

图 60. 航站楼底板施工（1996 年 4 月）　图 61. 航站楼工地（1996 年 8 月）　图 62. 航站楼大厅屋架（1997 年 11 月）
图 63. 航站楼屋架安装　图 64. 航站楼施工中（1997 年 10 月）　图 65. 航站楼大厅上部屋架安装完毕（1997 年 10 月）
图 66. 航站楼屋顶钢屋架（1997 年 10 月）　图 67. 航站楼钢梁施工（1997 年）

68 69 70 71 72 73 74 75

图 68. 航站楼薄壁钢梁施工 图 69. 航站楼薄壁钢梁安装就位 图 70. 航站楼屋面板安装完毕（1998 年 4 月）
图 71. 航站楼指廊外墙板安装（1998 年 4 月） 图 72. 航站楼指廊室内（1998 年 5 月） 图 73. 航站楼出发层雨罩
图 74. 航站楼出发层雨罩施工（1998 年 5 月） 图 75. 航站楼进港边防检查大厅（1998 年 7 月）

76
77
78
79
80
81
82
83

图 76. 航站楼边防检查大厅施工　图 77. 航站楼屋面施工（1998 年 7 月）　图 78. 航站楼进港通廊外立面（1998 年 7 月）
图 79. 航站楼两端山墙处理（1998 年）　图 80. 航站楼立面檐口处框架（1998 年 7 月）
图 81. 航站楼立面檐口处幕墙安装　图 82、83. 登机桥（1998 年 8 月）

84

85

86

设计产生影响。为了体现改革开放后的现代化航站建筑的特色，体现中国的时代特征和中国文化的魅力，在工艺流程调整以后，我们对外立面造型和立面处理也在原有方案的基础上做了较大的修改。在外部造型上，经过多方案比较，我们采用了匀称柔和的曲线，加上现代的外墙材料以及不同色彩的运用，表现出流畅、升腾、向上、活泼的外形轮廓以及与众不同的特色，同时形成了丰富的内部空间。

为人服务的出发点

航站楼设计的关键是要处理好人流、物流和信息流之间的协调关系，而其中最核心的问题是人的问题。要全方位、多层次地满足各种旅客的不同需求，形成高效、准确、安全、方便的进出港流程和休息环境，使旅客有宾至如归的感受，同时为工作人员和服务人员提供便利的条件。

航站楼设计要处理好地面和空中交通的顺利转换，设置流畅、快捷的流线。由于航站楼的规模大，到各登机口的距离长，并有由三层廊道进港等流程布置的特点，因此必须尽量减少旅客的步行距离，为其提供方便的层间联系。为此，我们在楼内设置了51台电梯、63部自动扶梯和26条自动步道。在室内厅堂的装修上，首先我们重点处理好人流比

87

图84. 航站楼外立面施工（1998年8月）　图85. 航站楼屋架钢梁大样处理（正片）　图86. 航站楼出港大厅内景
图87. 航站楼屋面主结构造型草图

较集中的二层出港大厅〔264 m×（18~27）m〕、办票大厅（282 m×49.5 m），一层行李提取厅（321.8 m×50 m）、进港大厅〔264 m×（18~27）m〕，三层国际旅客边防检查大厅（63 m×27 m）以及包括各指廊端部候机厅（66 m×63 m）在内的各候机厅。在具体处理上，结合航站楼建筑的特点，通过室内空间高低不同的变化，暴露的结构构件，简洁朴素的墙面、地面，通透精致的细部处理，形成亲切、宜人的尺度，减少旅客在超长超大空间中的威压感，增加亲切感。尤其在各候机空间中，由于二层候机室与三层进港廊道在空间上可流通，在二层候机的旅客除了有安静、舒适的休息空间外，还可以看到三层进港旅客的活动，形成视线上的交流。这种静中有动的环境，增加了建筑空间的趣味性。其在室内色彩上清爽、淡雅、统一、协调，布置上富有人情味。

在完成进出港活动的同时，还要满足各种旅客的不同需求。除了必需的问讯、行李寄存、售票、邮政电信、旅游咨询、医疗、旅馆服务、班车服务外，还在隔离区内外设置了面积近 2 hm^2 的中西餐厅、食街、咖啡厅、商店、精品屋、书店、美容店、酒吧、录像厅、计时休息室等服务内容。还设置了近400部公用电话和自动取款机等，并为特殊旅客提供特殊服务，如为母婴提供母婴休息室等，为伤残人提供专门加工的盲道、解决层间交通问题的专用电梯、专用厕所坑位和专用电话等。在对外交通方面，除乘出租车、班车外，旅客还可通过各层与停车楼的联系通道到停车楼内乘车。此外，我们还在地下预留了将来与城市地铁连接的专用通道，并安装了自动步道。

由于航站楼内的活动要求准确、及时、明了，因此航站楼内还要通过各种手段突出旅客急需了解的信息，及时提供航班信息、登机到达信息、时间信息、方向指示信息、行李到达和提取信息以及服务信息等。通过以上各个系统，从视觉、听觉上分别提供详尽的服务。

可持续发展

可持续发展的观点实际是以寻求一种有利于持续发展的社会、技术、经济、管理的新体系为目标，建立一种良性循环的体系，建立新的资源环境观。我们结合航站区的实际、使用运行的特点，采取综合设计的方式，主动地考虑行之有效的措施，以保证既满足当代的需求，又为日后的发展留有充分的余地，其中涉及节约能源、材料的再生和循环使用、环境保护等一系列课题。

在节约能源上，除了采用合理能源、提高设备节能效率以外，还要减少不必要的能源消耗，使建筑体形与机场航站区的高度限制相结合，注意控制室内厅堂尤其是一些超大型厅堂的体积，将一些大空间根据不同使用功能加以分隔，使能源的利用更趋合理；在外立面处理上，除采用银灰色铝合金蜂窝板的曲线形外墙板以及注重保温隔热技术外，结合北京地区冬夏温差大的特点，有意识地控制外墙玻璃面积，减少能耗；在大面积的金属屋顶上，除做好保温隔热措施外，按 18 m 的间距设了 1.5 m 宽的采光天窗，通过自然采光，使厅堂宽敞明亮；还有节能型灯具、节能型自动扶梯和自动步道的使用，为运行管理打下了较好的基础；另外，通过现代化、智能化的各系统，对各系统和设备进行自动控制，以保证这些系统时刻处于最佳状态，提高效率，减少能源的消耗。

材料的再生和循环使用要求我们最大可能地利用可再生、可重复使用的资源，在材料寿命结束时，可以翻新、重新使用或安全处理，从而有效地回收。材料选用铝合金的内外墙板，室内大面积的金

图 88、89. 航站楼休息厅鸟瞰
图 90. 休息厅内景
图 91. 指廊端部休息厅
图 92. 航站楼远机位休息厅
图 93. 航站楼休息厅与公用电话
图 94. 休息厅与灯具
图 95. 航站楼指廊端头休息厅
图 96. 航站楼走廊厅及天花板葵花形处理

97

98

99

100

101

102

103

104

图 97、98. 航站楼贵宾休息厅内景　图 99、100. 航站楼头等舱休息室内景　图 101. 进港大厅商店

图 102. 进港大厅旁的咖啡厅　图 103. 厕所内景　图 104. 航站楼内附墙式公用电话

105

106

属吊顶、金属柱面等都使用可再生利用的建材，减少人类对矿产品的需求；地面材料选用无污染的绿色建材，在花岗岩地面的采用上，则通过专门的检测中心来控制对人体有害的放射性物质。

在环境保护上，除了注意航站楼超长的体形对周围环境的影响，注意与周围环境的协调之外，还要注意内外噪声对航站楼的影响，处理好楼内垃圾的集中、存放和运输，采用节水型的卫生洁具，扩大室内外的绿化面积等。

室内设计

在首都机场 T2 航站楼的整个设计工作中，室内设计的工作量很大，又与土建设计有着极为密切的联系，因此对建筑师来说是极大的挑战。

在这次航站楼公共区室内设计中，我们独立完成了公共区的主要厅堂的室内设计，包括一层的进港大厅、行李提取厅，二层的出港大厅、办票大厅、出港通廊和全部公共候机厅，三层的进港通廊和国际旅客边防检查大厅以及公共区内的全部厕所。至于贵宾休息室、头等舱休息室、商店和免税店、餐厅、咖啡厅、食街等内容，则由指挥部和使用单位通过招标式委托确定装修设计单位，在我们的总体设计的控制下进行工作。

我们体会到，由于航站楼规模大，平面尺寸长，旅客的行动大多靠步行或乘自动步道、自动扶梯，行进速度较慢，在候机时能够对周围环境进行仔细的观察和体验，因此，室内环境要比室外形象给人留下的印象更为深刻。对于进出港旅客和迎接人员来说，航站楼的室内是最主要的逗留空间，一般都要停留几十分钟到一个小时，如果加上特殊情况，停留的时间将会更长。我们根据旅客在办理登机手续和候机、进出港过程中的不同需求及不同心理特点，设置了不同的空间环境，创造了具有特色的气氛，给人以温馨宜人的尺度感和亲切感，减少进出港时的紧张焦虑感。

在决定这些主要厅堂的室内设计时，指挥部曾建议将全部室内设计交由其他装饰公司做施工图，当时也有装饰公司愿意免费承担这一工作，这种做法确实可以大大减少我们的工作量，责任也可以由大家分担，是个省事的做法，但我们仍决定由设计组自己来完成，虽然工作量要增加很多，也不会获得额外的报酬，当时我们主要是基于以下考虑。

图 105. 航站楼休息厅吸烟区　　图 106. 国际候机区商店

首先，由设计组完成此项工作可以使建筑整体较准确地体现建筑师的设计意图，总体效果得以控制。在土建设计过程中，建筑师对室内设计的格调和处理手法已经逐步形成一套比较完整的思路，对土建设计中的问题和难点了解得也比较透彻，在土建施工过程中，还要根据现场的实地感受和施工后的现实情况，审时度势地及时加以修改和调整。所以，从掌握统一的手法、把握整体全局的品位、控制总体格调、及时配合调整等方面来讲，建筑师完成此项工作具有极大的优势。

其次，航站楼厅堂的室内设计并不是简单对墙、顶、地的处理与装饰，而是与结构、设备、电气等专业协同作业以及各种专用设备的配合协调过程，要综合表现这种成果。对于吊顶平面而言，除了表现建筑上的分格、剖面、交接外，还要表现灯位、风口、自动喷洒、烟感温感探测器、扬声器、噪声探测器、电视监控、吊装显示器、时钟、引导标识、疏散指示灯以及防火卷帘门、伸缩缝等的设置，要解决上部的埋件和吊挂。机场大面积的吊顶材料采用的都是金属方板或条板，因此要求其定位准确、整齐，有规律性，要求各专业在“三边”过程中不断协调。建筑师经过土建设计，对其中的关系比较了解，并与各专业人员配合默契，从而可以避免施工中的缺、错、碰、漏等问题。

最后，从建筑创作的过程来看，施工图纸完成后的加工订货，和厂家、精装修单位的二次深化设计是设计工作再创造的重要环节，也是建筑师绝不能忽视的过程。从当时国内加工厂家的情况来看，一般设计力量都比较薄弱，局限于简单地复制设计图纸，或满足于低水平的加工制造方式；而国外厂家或合资企业承担的工作，又常是针对具有一定技术难度的部件，经常没有现成的产品，需要特殊的加工和安装方式，且国内外厂家仅起技术指导的作用；对加工、安装、维修方式等更要求简便易行，符合中国的具体国情，如航站楼内二、三层进出港通廊的弧形浮云吊顶，出港大厅、办票大厅南北山墙的三维折线玻璃幕墙，指廊端部三维玻璃幕墙等都是没有先例可循的技术难题，需要由设计人员与加工厂家反复讨论、多次修改，才能找出切实可行的技术方案，取得较理想的效果。

后来，指挥部也明确要求，凡由我院承担设计的厂家的加工图纸和装修公司的二次深化设计图纸，都必须经北京院负责人员逐页审查签字以后才能付诸实施。这是工作量极大、内容十分庞杂的细致工作，但也是一项能控制装修制作质量的十分有效的措施。在工程后期，我们始终坚持这一规定，保证了施工的质量。

107

108

图107、108. 航站楼出港大厅

首都机场 T2 航站楼二层为主要出港层，三层和一层为进港层，加上在进出港流程中有许多结合我国国情的具体要求，使得我们可以根据这些使用特点，加上节约能源等可持续发展的要求，采取灵活的模式，把空间处理得更为经济、合理，有大有小，有高有低，有分有合，而非一个一览无余的、看上去十分神气的超大空间。以类似于中国传统手法的空间处理手法，沿着旅客进出港的流程展示高低大小的空间变化，使旅客认为这些空间彼此流动连通，但同时又有高低、收放、明暗的对比，利用通透的隔断形成变化的空间序列，增加了空间的交流和趣味性，从而使旅客在数百米长的步行或换乘扶梯、步道的出港或进港过程中，并不会感到单调，而能感觉到步移景异，体会到亲切的尺度感和人情味。表三、表四是旅客在进港和出港流程的空间序列变化。

表三 国际出港流程的空间序列变化

行进流程 主要手法	车道边	进港大厅	海关	办票大厅	安全检查 边防检查大厅	出港通廊	候机厅	登机廊
空间大小	较大	大	小	最大	小	小	较大	小
空间高低	较高	高	低	最高	低	低	高	低
空间明暗	较亮	亮	最亮	亮	最亮	较亮	最亮	亮
表现结构	暴露结构	暴露结构	—	暴露结构	—	—	暴露结构	—
处理高潮	—	重点	—	重点	—	—	重点	—

表四 国际进港流程的空间序列变化

行进流程 主要手法	隔离廊	进港通廊	边防检查大厅	过厅	行李提取厅	海关	进港大厅	车道边
空间大小	小	较大	大	小	大	小	较大	较大
空间高低	低	较高	最高	低	高	低	高	高
空间明暗	亮	较亮	亮	较亮	最亮	最亮	亮	较亮
表现结构	—	部分暴露结构	暴露结构	—	—	—	—	暴露结构
重点处理	—	—	重点	—	重点	—	重点	—

同时，结合在表三、表四中所列出的重点空间的使用特点、空间特征，充分运用建筑词汇和手法来创造空间特定的气氛和格调。表五是一些主要建筑空间的基本尺寸和主要装修做法。

表五 主要装修空间的基本尺寸及装修做法

层数	空间名称	长度/m	宽度/m	高度		主要做法		
				吊顶底 /m	屋架处 /m	吊顶	墙面	地面（花岗石）
一层	进港大厅	264	18-27	4.9	—	300 宽弧型金属吊顶和格片	铝复合板微晶玻璃	双井红 + 珍珠白
	行李提取厅	321.8	50	3.0，4.8	—	金属格栅与方板	铝复合板	双井红 + 珍珠白
	远机位候机室	37	36	3.0，4.8	—	600 方板	铝复合板	崂山灰
二层	出港大厅	264	18~27	2.98	12.5~16.3	600 方板及屋顶穿孔板	铝复合板微晶玻璃	654+623
	办票大厅	282	49.5	2.98	12.5~22.55（最高）	600 方板及屋顶穿孔板	铝复合板	654+623
	出港通廊	—	12	2.7~3.1	—	300 弧形浮云吊顶板	铝复合板	623+654
	候机室（东侧）	—	18	3	14.4（最高）	屋顶穿孔板	铝复合板及铝单板	623
	候机室（南、北侧）	—	9	3	10.5（最高）	屋顶穿孔板	铝复合板及铝单板	623
	候机室（指廊端头）	66	63	3	13.07（最高）	600 方板及屋顶穿孔板	铝复合板及铝单板	623
三层	进港通廊（南北向）	—	12	2.9，3.7	—	300 弧形浮云吊顶	铝复合板	666A+ 珍珠白
	进港通廊（东西向）	—	12	2.9，3.9	—	300 弧形浮云吊顶	铝复合板	666A+ 珍珠白
	国际边防检查大厅	63	27	2.8，4.8	18.20（最高）9.8（最高）	300 弧形浮云吊顶板，屋顶穿孔板	铝复合板	666A+ 珍珠白

暴露结构构件

在航站楼设计中，越来越多的实例都采取暴露结构的做法，与交通建筑的性格比较契合，同时，设计合理的结构本身就有优美的造型，是室内装修的重要基础构件。我们慎重地决定屋顶结构体系，并力求其简洁明了，如出港大厅和办票大厅是航站楼内主要的大空间，我们采用了下部斜杆支撑的焊接空间薄壁钢管屋架，梯形断面，杆件简单并考虑检修方便；在候机厅采用了“工”字形的薄腹钢板梁，下部斜杆支撑，受力合理的连接节点和曲线形的钢板梁及腹板上规律的圆洞都使结构体系轻盈美观；屋架和梁上的采光窗布置则表现出结构体系本身独有的韵律和节奏感。在屋面波形金属穿孔板的安装上，我们有意识地把结构体系中的檩条和斜撑等杆件体系隐藏起来，只有主要的结构构件在屋面板的衬托下十分突出，同时有利于屋面反射照明的效果。三层国际进港边防检查大厅位于屋架和钢板梁两种结构体系的交接处，我们用弧形的浮云吊顶板作为过渡，使这一空间从视觉上显得十分丰富，有较强的光影感。

由于防火要求，墙面和吊顶全部采用金属材料，金属屋顶的内侧采用波形金属穿孔板，除耐火等级高外还便于再生利用。考虑到厅室内的声学效果，全部吊顶均穿微孔后附吸音纸或无纺布。墙面主要采用 3 mm 厚的铝复合板，结合墙面分块以 1000 mm 为基本宽度模数，最大长度为 2100 mm。在出港大厅的交通核心部位，为了突出自动扶梯和电梯厅，采用浅黄色的微晶玻璃干挂做法，由于材料色调均匀，所以与大厅的其他部位有所区别但对比并不十分强烈。旅客进出港流程中路过的所有厅室都是连通流动的，为了突出这一特点，在需要加以分隔的地方，我们大量使用了 2100 mm 高的玻璃隔断，以 3000 mm 宽为基本模数，既保证了使用上的分隔要求，提升了旅客的安全感，又增加了空间的层次。公共区屋顶、墙面和吊顶的主要生产厂家见表六所列。

表六 主要生产厂家简表

建筑构件		生产厂家
屋面		澳大利亚 BHP 公司
吊顶		荷兰亨特公司
墙面	铝复合板	美国雷诺兹公司
	铝单板	江苏合发集团

公共区地面全部采用花岗石。从设计角度看，我们曾希望在国际航线的候机厅采用地毯地面，但未被甲方接受。花岗石分块以 900 mm 为基本模数，在每 9 m 的范围内预留宽缝以防止地面伸缩变形。

对航站楼这样巨大规模的建筑，我们力求其在公共区实现色调统一，以增强建筑的整体感，形成良好的背景。屋顶穿孔板、各种吊顶板以及全部暴露的结构构件的防火涂料全部采用灰白色，墙面除进出港大厅的微晶玻璃外，其他铝复合板和铝单板的墙板全部为浅灰色，门均为深灰色。这些色彩都是航空器内部常用的色彩，容易引起人们的联想。另外，因光影和环境的变化，同时还有小面积发丝不锈钢的银灰色散布其中，色彩并不会使人产生单调感。室内色彩的主要变化表现在花岗石地面上：出港大厅和办票大厅采用冷色调，厚重沉稳的石材作为大厅的基调，使旅客心情平静。在旅客办完安检手续进入购物或候机的隔离区，则采用中性的灰色调，只在一层和三层的进港流程空间中采用暖色调石材，以使到港旅客有宾至如归、温暖宜人的感受。几处重点部位的处理具体如下。

（1）连系桥。在出港大厅、办票大厅和候机厅处，按照流程和平面布置的特点，我们设置了若干连系桥，并根据人流量和所在部位，采用了处理手法不同的玻璃隔断。它一方面隐喻航站楼是连系地面和空中交通的桥梁，同时也使连通流动的空间增加了层次感，而桥上桥下旅客的活动以及彼此视线的交流又增加了空间景观的趣味性。

（2）值机柜台。在二层办票大厅内分设了国际和国内各 4 个值机岛，共 168 个办票柜台，这是航站楼出港流程中的重要组成部分。由于值机岛位于宽敞、无柱的高大空间之中，为了强调值机岛和各值机柜台，我们专门设计了具有独特造型特点的值机柜台上部构架，其弧形的钢梁、上部开敞通透的格栅、细巧的钢缆拉索都成为大厅内极具特色的组成部分。设计一方面要突出值机岛和值机柜台的编号，要满足柜台照明、航班显示屏的设置要求，在色彩上与柜台的深蓝色保持一致；另一方面，其处理手法要与整个航站楼的风格相协调，如弧形的曲线与二、三层进出港通廊的吊顶曲线遥相呼应，而弧形钢梁上开圆孔的做法也与候机厅的“工”字形钢梁做法相同，保持了局部与总体的连贯和呼应。

（3）曲线浮云吊顶。一层进港大厅和二、三层的进出港通廊虽然位置和功能都不相同，但均采用了不同断面形式的曲线形金属浮云吊顶，使其成为航站楼内很有特色的组成部分，但其手法和作用各不相同。为了减少一层进港大厅这个狭长空间的单调感，并对进港旅客在方向上加以引导，我们使用了一端为圆弧形的金属吊顶，还在圆弧处用反射灯光予以强调。在二层弧形与折线相结合的金属吊顶内，我们不但要在此处十分紧张的空间内妥善地处理其中的管道、桥架，又要在吊顶面上布置暗槽

109

110

111

112

113

图 109. 航站楼出港大厅鸟瞰　图 110. 进港通廊局部　图 111. 航站楼办票大厅连廊
图 112. 航站楼出港大厅连廊　图 113. 使用中的航站楼出港大厅

灯、风口、扬声器等，还要使空间不显得过分低矮，强调行进的方向感，因此，我们一方面利用弧形的上翘使旅客感觉空间轻盈，另一方面用中间的暗槽灯模仿飞机内部放置行李处的天花处理，使旅客产生联想；至于二层通廊交接处类似葵花形的金属吊顶组合，则是在较长的通廊中方向变换处强化重点的一个处理。三层的弧形吊顶主要为了妥善遮挡暴露在结构下的风道、管线、桥架和反射灯，使空间显得更为规整；

114

115

116

117

118

119

图 114. 国际进港通廊
图 115. 航站楼办票大厅
图 116. 三层走廊及商店
图 117. 使用中的航站楼办票大厅
图 118. 航站楼值机柜台
图 119. 办票大厅值机柜台细部

（4）壁画和自动扶梯厅。考虑到航站楼具有时间性且流动性极强，我认为在公共区设置全永久性的雕塑或壁画并不完全符合航站楼的性格，吸取 T1 航站楼壁画无法移动的教训，最终设置了 3 处半永久性的壁画，这样可以根据发展和需要适时加以更换和调整。第一幅丙烯壁画位于三层国际边防检查大厅，面对等候入境的旅客，因为入境旅客在此处要停留一些时间，尺寸为 54 m × 2.8 m，内容是蜿蜒起伏的长城，在光线的照射下，具有很强的感染力和震撼力。另外，在国际和国内由三层到达一层的自动扶梯厅的迎面墙上，也分别设置了主题为“飞天”和“北京风光”的美术作品。这些点睛之笔适时地向到达中国的国际旅客和到达北京的国内旅客展示了最具民族特色和地方特色的形象，和周围朴素的装修形成明显的对比，使旅客加深了印象。这些作品都是中央美院袁运甫教授的团队创作的。

（5）航站楼公共区内的卫生间。这是室内设计的另一个重点部位。之所以这样讲，一方面是因为卫生间的数量和服务常常是判定一个航站楼的服务和卫生质量的重要标准；另一方面，卫生间常常是旅客投诉的重点对象。在设计过程中，还有香港的一位政协委员对此专门提出了建议，希望有足够的厕位、足够的空间，符合卫生原则，满足不同使用者的需要，同时他还附上了对香港和台湾的调查报告，要求争取女性如厕的平等权利。所以在卫生间的数量、位置及设计原则上，我们都做了一定的努力。表七就是对航站楼内公共区卫生间情况的统计。

120

121

122

123

图 120. 边防检查大厅内装饰画
图 121. 作者在机场（1999 年 10 月）
图 122. 国际进港装饰画
图 123. 国内进港装饰画

表七 公共区卫生间情况

项目	地下一层		一层		二层		三层		合计
	男	女	男	女	男	女	男	女	
卫生间数目 / 个	2	2	9	9	16	16	11	11	76
洗手盆数目 / 个	10	8	41	52	105	150	66	75	207
小便斗数目 / 个	18	—	79	—	157	—	79	—	333
厕位数目 / 个	10	8	39	51	72	93	51	68	392
其中伤残人厕位 / 个	2	2	8	8	15	15	11	11	72

有关公共卫生间设计标准如下。

卫生间采用迷路式入口遮挡视线，入口外和入口处设置明显男女厕图形标识。

设施标准：每组厕所内设嵌入楼板的蹲便器，其余为坐便器，所有厕位均与地面齐平，没有高差，设 1800 mm 高厕位隔断，门内开。每组卫生间内设伤残人洗手池、坐便器和小便斗各 1 个，洗手池处设通长镜子、皂液组合、烘手器，出口处有整容镜。

（6）公共区的室内陈设。我们确定了边防检查、安全检查、登机口柜台的定位和做法以及全部候机厅内的座椅排列图。结合柱灯布置，按中距 3000 mm 将座椅背靠背成组排放，全楼内共采用了 2 种形式 3 种色彩的座椅，但在实际排放座椅时也有些改变。我们还选定了附墙式和独立式公用电话，并为其选定位置。有些设施是有关单位自己提供的，如各银行的外汇兑换机和自动取款机，其型制各不相同，显得很不整齐，但陈设会随使用情况的变化而经常加以调整。

（7）室内的绿化布置。我们向使用单位提出了室内绿化的布置原则和建议——植物应真假结合，品种不宜太多太杂，结合厅堂性质布置绿化，但有的已经订完货了（如套盆，我们建议订白色或黑色，但已订了红色），有的布置方式也随现场情况发生了变更。

124

125

图 124. 边防检查柜台　　图 125. 边防检查大厅

本着“拓宽思路、优化设计”的原则，航站楼还有一些部位是通过招标或委托专门的装饰公司进行精装修设计的。表八就是一些精装修部位及设计单位的简要介绍。我们作为总体设计单位，对防火分区的专业接口提出审查，对标高控制、交接部分的做法和用材等提出建议，协调各专业矛盾。考虑到许多商业、餐饮、服务部分的装修常常随承租单位的变更而修改，我们认为精装修单位应有一定的自由发挥的余地。当然从现在的结果看，有的地方设计得比较理想，有的设计包括用材、用色及设计技巧等，还有改进的余地。

表八 精装修部位及设计单位

名称	设计单位
国际贵宾休息厅	罗启源设计工程有限公司
国内贵宾休息厅	中央工艺美术学院环境艺术发展中心
国航国际、国内头等舱、公务舱	北京市建筑工程装饰公司
国际头等舱休息室	罗启源设计工程有限公司
国际隔离区餐厅	北京塞特雅里郎餐饮有限公司
国际免税商店	方罗（香港）设计工程有限公司
国内隔离区餐厅	北京港源建筑装饰工程有限公司
公共区三层餐厅（国内部分）	江苏省建筑设计院
公共区三层餐厅（国际部分）	深圳市设计装饰工程公司
进出港大厅商店	北京津梁装饰工程有限责任公司
商店、咖啡厅	深圳市设计装饰工程公司
地下一层食街	深圳长城家具装饰工程公司

航站楼内主要的厅堂，如二层出港大厅和办票大厅由福建天华建筑装饰工程有限公司施工；二层北半部的候机厅和出港通廊由深圳海外装饰工程公司施工；二层南半部的候机厅和出港通廊由深圳长城家具装饰工程公司施工；一层进港大厅、行李分拣厅和三层进港通廊、国际边防检查大厅由城建集团所属各分公司及长城、港源、亚泰等装饰公司施工；二、三层进出港通廊的弧形浮云吊顶由城建长城公司施工。这些施工单位不但根据室内设计图做出了翻样图纸，而且依照现场实际情况和误差做了细致的深化设计，并设计了为解决施工误差的细部做法等，为室内设计意图的顺利实现做出了很大的努力，同时在保证施工质量上取得了可喜的成绩。至于精装修部位的施工单位，由于其数量较多，在此就不一一列举了。

126

127

128

129

信息和认知

人们生活在现代社会中，时时处处离不开对环境的了解和对信息的认知。从行为科学的观点来看，认知世界是个体对客观事物总的看法和评价。随着城市规模的扩大，各种设施和建筑的内容更加复杂化和多样化，因此无论是常年生活于其中的人们，还是前来利用设施的人们都需要及时掌握准确而必要的信息。因为对信息的认知将影响到人的反应，进而影响人的行为。对于首都机场现代化的新航站楼来说，表现和传递的信息内容多种多样，需要完整的信息体系、充分的信息手段来加以表达。除去信息的传递和认知外，信息传达和表现的手段又和建筑空间、建筑环境甚至整个城市紧密地结合在一起，成为构成环境和空间不可缺少的组成部分。航站楼建设实践为我们提供了对公众视觉信息的组织和表现上做些初步尝试的机会。

信息的分类及传达

机场航站楼属于功能性、工艺性极强的公共交通建筑，除了对人流、物流的处理以外，对信息流的处理也是设计的重要组成部分。它既包含一般民用建筑所必需的公共信息和标识，同时又包含与航空业务活动相关的各类信息，依靠这些信息的传达，航站楼才得以正常地开展业务工作，顺利运转。对于这些信息内容，我们将其分为以下 5 类。

图 126、127. 进港大厅　　图 128. 航站楼出港大厅端部　　图 129. 行李提取厅

（1）民航的业务及时间信息。航空业务是航站楼的主要业务，因此为进出港的旅客、迎送客者、机场和航空公司的工作人员以及机场的常驻雇员提供日常必要的信息服务是航站楼正常运行的重要保证。这部分信息内容及处理方式见表九。

表九 民航信息内容及处理方式

序号	项目名称	信息内容	设置位置	安装方式	发光与否	数量/个	规格 /mm	备注
1	大显示屏（LCD）	出发、到达航班时间，办票登机信息	进出港大厅明显位置	壁装	发光	6	8000×2300×300（进港厅） 8000×2300×300（出港厅）	—
2	显示屏 1（LED）	航班名称和登机信息、登机口编号、当地时间	候机厅登机口	吊装 门装	发光	54	1800×600×120（候机厅） 2400×690×120 （远机位候机室）	—
3	显示屏 2（LED）	行李提取信息和行李转盘编号	行李提取厅入口和行李转盘上	座装	发光	40	3000×1700×120 （行李提取厅入口） 2200×500×120 （行李转盘上）	—
4	显示屏 3（LED）	出发和到达行李信息	出发、到达行李分拣厅分拣口	吊装	发光	70	800×240×120 （进港行李分拣厅） 600×240×120 （出港行李分拣厅）	—
5	显示屏 4（LED）	海关和边防检查有关要求	出入境边防检查厅和入境海关检查处	壁装 座装	发光	5	4590×3840 （三层入境边防检查大厅） 3672×1989 （二层出境边防检查大厅）	—
6	显示器 1（CRT）	航班信息	办票大厅值机柜台上	吊装	发光	176	688×445	单个
7	显示器 2（CRT）	进出港航班信息	公共区和隔离区内的明显位置	吊装 座装	发光	204	688×445	4 个或 8 个一组
8	世界时钟	世界时区区分及时间	进港大厅	壁装	发光	1	11000×3000	单面
9	数字时钟	表示当地时间（有的有日期）	公共区和办公区的明显位置	吊装 壁装	发光	108	—	单面或双面

进港大厅中央的世界时钟是表现航站楼性格的重要陈设，当时中标的国内厂家没有十分成熟的设计，所以参照国际上的做法，不是一个城市标注一个时间的方法，而是把全球的时区划分表现出来，这样可以呈现更多城市的时间。我们提出了初步的设计想法，由指挥部邀请中央美院柳冠中教授对钟面的图形和用材、用色进行了设计，取得了比较程式化的做法。

（2）方向及位置引导信息和标识

首都机场 T2 航站楼的规模很大，水平和垂直动线长且复杂，无论是特定还是不特定的对象，进入熙熙攘攘的航站楼以后，首先需要明确航站楼内主要设施的构成，认清自己所处的位置，进而去到自己要去的场所。因此，十分需要在行动路线中和分岔点为其提供清楚明确的方向和内容标识，以使人们尽快做出正确的判断，其内容及处理方式见表十。

表十 方向和位置信息内容及处理方式

序号	项目名称	信息内容	设置位置	安装方式	发光与否	数量/个	规格 /mm	备注
1	设施综合平面	公共区整体构成，用图形标识设施位置及所处位置	公共区隔层的明显位置	壁装	发光	11	2800×2800	未全部安装
2	设施分层局部平面	隔离区内的构成，用图形标识候机厅和主要设施	出港层隔离区内	壁装	发光	4	2000×1400	—
3	水平引导灯箱	用图形和文字标识主要设施的水平动线引导	公共区动线分岔点及设施所在位置	吊装 壁装	发光	211	1300（1800、2200）×250×150	单面或双面
4	垂直引导灯箱	用图形和文字标识上下层的构成内容和垂直动线引导	上下层垂直动线分岔处（主要指自动扶梯处）	吊装 壁装	发光	80	1300（1800、2200）×250×150	单面或双面
5	紧急疏散口方向	用图形和文字标识疏散用的紧急出口位置方向	全楼内	吊装 壁装 地装	发光		—	单面或双面
6	显示屏 5（LED）	边防检查旅客引导	出港边防检查口上方	吊装 壁装	发光	24	764×306	—

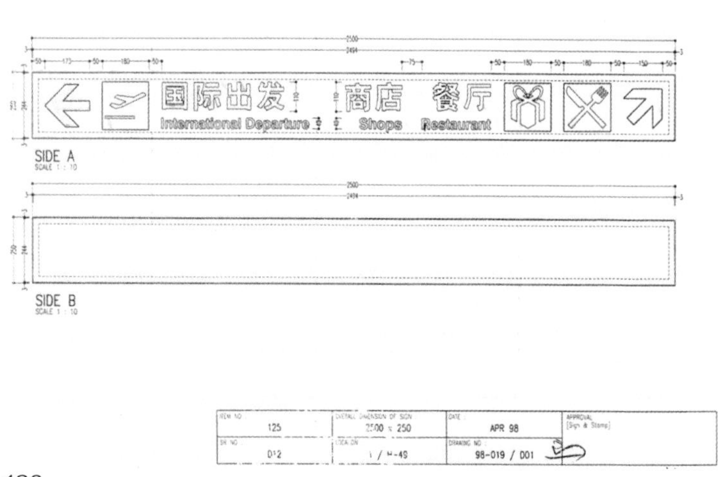

130

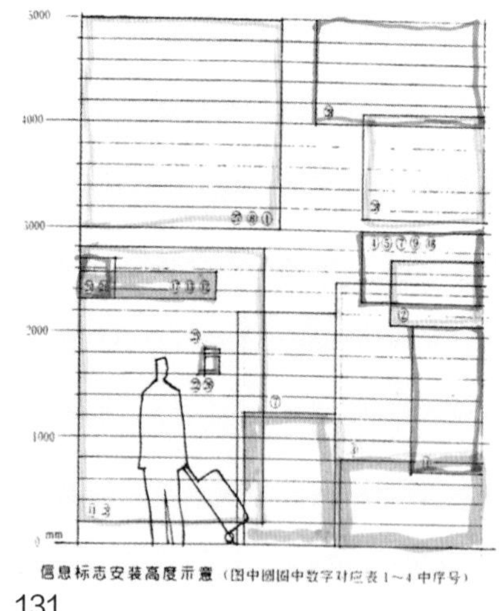

131

图 130. 航站楼引导标志设计　　图 131. 信息标志安装高度示意

（3）设施提示或警告信息。提示或警告信息标识是对方向引导信息的补充，虽然没有箭头指向的引导，但人们在沿动线行进的过程中，随时可以看到各种公共设施的名称和内容，从而使自己行动的目的性和准确性得到进一步的提示和确认，加深认知的印象和刺激程度。其内容及处理方式见表十一。

表十一 提示及警告信息处理方式

序号	项目名称	信息内容	设置位置	安装方式	发光与否	数量/个	规格/mm	备注
1	字标	“北京”二字	面向机坪的建筑正面	座装	发光	1	5000×7000	
2	设施名称灯箱1	在人流动线上用图形和文字表示设施名称	主要动线上	吊装	发光	60	1300（1800）×250×150	单面或双面
3	设施名称灯箱2	用圆形和文字表示设施名称	公共柜台及设施上防火入口处	吊装	发光	18	7860×700×200	单面
4	设施编号灯箱	表示办票大厅内值机岛和值机柜台编号	值机岛和值机柜台处	吊装	发光	216	—	单面
5	编号标识	用图形和数字表示候机厅、值机柜台和行李转盘编号	候机厅、值机柜台和行李转盘处	壁装	不发光	86	416×416×26	双面
6	设施公共信息1	用图形和符号表示附近的设施内容（如厕所、电梯、吸烟室、商业服务等）	公共设施附近	壁装	不发光	333	416×416×26	双面
7	设施公共信息2	用图形符号表示该设施的内容（登机口、厕所、消火栓、电梯等）	该设施处	壁装	不发光	982	300×300（登机口）	单面
8	设施名称灯箱3	超重行李收费	收费处	吊装	发光	16	—	单面
9	紧急出口灯	紧急出口位置	疏散楼梯口	壁装	发光	—	—	单面
10	房间编号牌	房间编号	全部房间门上	附门	不发光	—	—	—
11	警示标识	用图形提示禁止入内、禁止吸烟、小心触电等	内部办公、配电盘及电气机房	附墙附门	不发光	518	150×150	单面

（4）其他信息。其他信息主要是指具有商业或公益性质的一类信息，这类信息一般被投放在公共场合的适当位置，通过广告或多媒体等手段来表现旅游、交通、旅馆、服务以及商业和产品方面的内容。其他信息处理方式见表十二。

表十二 其他信息处理方式

序号	项目名称	信息内容	设置位置	安装方式	发光与否	数量/个	规格（mm）	备注
1	组合屏幕	滚动广告和旅客动态	进出港大厅	壁装	发光	4	3174×2595×723 5290×1811×723	
2	广告屏	商业和公益广告	公共区和候机区（根据设计决定）	嵌入壁装	发光	176	7992×2516×150 7992×2000×150 6000×1000×150 8000×2800×150	
3	面面通	多媒体信息查询	公共区和候机区	座装	发光	60		
4	触摸屏	多媒体信息查询	公共区和候机区处	座装	发光			尚未安装

设计过程及设计要点

（1）设计过程。按照正常的设计程序，公共建筑内的视觉信息计划是一项互相关联的整体系统工程，在国外一般有专门从事这方面策划及设计的 平面设计（graphic design）或标识设计（sign design）公司与项目建筑师配合，对所需要的内容进行全面的规划和设计，但我国当时还缺少在这一专业领域较有经验的公司，有的厂家由于设计能力有限，只能承担部分工作。本次航站楼工程即由我们建筑师与指挥部配合，结合加工厂家和安装单位，进行总体策划、设计，直到细部处理。

调查计划阶段的主要任务包括明确目的、提出目标，了解环境和空间的地点和特征，把握整体动线流程，提出需表现的信息的基本概念、内容和分类，管理和组织方法，与有关使用单位的协商和调整。

设计阶段的主要任务包括决定设计方针和原则（包括信息的种类、数量和构成）；了解相关的法规、技术标准和行业标准；结合动线流程及分岔点决定设置的位置、数量和安装方式，并按不同使用者的动线进行复核；决定表现方式（形态、色彩、材料、加工方法、表面处理等）；各专业配合完成有关设计图纸。

制作安装阶段的主要任务包括完成标书、招标，加工单位提出制作详图（或制作实样）并得到有关方面的审核和确认批准，加工制作和质量控制，现场安装调试，竣工检查验收。

调整管理阶段的主要任务定期维护检修，对应使用需要及变化及时进行补充和调整，形成专门的管理体制。

（2）设计要点。从标识设计的一般概念讲，设计无非是对文字、图形、色彩、材料、照明、安装等因素因地制宜的活用。但从行为科学的角度讲，则要结合心理学、社会学、人类学等相关学科的成果，从而引导、控制、解释人的行为，达到预期的合乎逻辑的目标。我们尝试着将其归纳为以下几点。

①相似连续。行为科学认为知觉的成立要求外界刺激必须达到一定的强度，才能有效地引起视觉感官的反应。航站楼内虽然有着承担不同功能的多种信息系统，但按照格式塔学派（gestalt psychology）的观点，可以通过接近、相似、连续的原理，使不同的信息内容在空间上彼此接近，使同样或相近的刺激反复出现，这样便于人们在接受这些信息时能有意识地加以整合，以形成完整准确的认知印象。由于航站楼内信息的种类繁多，表达方式不同，加工厂家也不一致，因此我们在信息标识的组织、设置、构图、手法上，在力所能及的范围内体现相似连续的原则，如在文字的字体选定、字距、笔画粗细上力求相似接近；在色彩处理上，除了遵守有关法规和技术标准对不同性质标识的色彩规定外，我们结合航站楼室内装修墙面的主要色调浅灰色，选定各类信息标识，均以类似主要显示屏、显示器的深灰色为基调，用此基色把不同厂家加工的各类标识统一起来。

②利视易认。视觉信息传递固然和接受对象的动机、经验、识别能力有关，但作为公共信息，要达到明显好懂、利视易认的标准，如航站楼内方向引导和设施名称的灯箱数量多，作用大，因此在照明方式和灯箱的图底处理上进行了实地调研和比较，我们比较了深底亮字和亮底深字两种做法后选定了深底亮字的做法，在深色背景上突出了文字的亮度，视认效果较好。在图形符号的选用上，以图形或图像为主要视觉符号的做法在国际上被称为“无声向导”，特别适用于不同语言文种的环境中，利用约定的图形，人们能够一目了然，找到自己的目的地。我国参照有关国际标准化组织的规定，已经制定颁布了标识用图形符号的标准。为便于人们熟悉理解，必须严格按标准执行。在照明处理上，根据经验，图底为彩色、图形为深色的情况，视认度更好。有关实验结果也表明，如果男女卫生间的两种图形标识并列在一起时，色彩并不会影响人们视认，但如果其标识是分别单独设置的，就需要用色彩加以区别，这样较利于辨认。另外在材料上，要尽量避免使用易造成干扰或错觉的镜面或抛光材料。

当然，信息文字图形符号的视认还取决于人与符号标识间的距离、人行动的速度、标识本身及周围的亮度等。

③集中紧凑。由于航站楼内信息标识系统的种类和数目都很多，因此，为提高标识效率，在每一组信息显示单元的画面布置上，要尽量突出主题，减少无用的面积及无关的内容，使构图紧凑，加强相同面积内信息显示的内容和强度，以求在有效的面积内提供尽可能多的信息，如候机厅登机口处的 LED 显示屏，按常规只显示航班号、终点站、经停站、备注栏和登机口编号等信息，而我们则利用显示屏上的空闲空间增设了当地时间和疏散方向标识，增加了展示信息的种类和内容。对用量较大的引导标识灯箱，国内常见的做法是将标识尺寸设置得很大，但显示的文字和图形却很有限，我们则在同样文字图形大小的情况下，把外廓尺寸缩小，这样既可以使图面紧凑，信息突出，还可以节约造价。

④统一协调。信息显示系统是室内环境和装修设计的重要组成部分，因此其设计风格、色彩用料、细部处理乃至放置位置等必须与室内空间的环境处理、吊顶、墙面以至地面的分割模数以及有关设备机电各专业的设施彼此协调，以求各得其所，相得益彰，如进出港大厅的空间都比较高大，信息标识安装时不宜采用吊装的方式，但如采用地面座装又会影响室内空间的使用，因此采用了壁装方式；如引导灯箱经与厂家共同研究节点做法后，悬挑出 1800 mm，最终效果较为理想；又如航站楼中的广告灯箱，在以往的实践中常常不包括在装修设计的范围之内，也有的虽有所布置但数量不能

满足需要，以至使用单位在竣工以后还要临时拉线补装，环境效果就不甚理想，因此，我们在室内装修设计中，就根据机场广告公司提出的原则和要求，将广告作为室内装修设计的一部分考虑，在进出港大厅，需要突出有关航班信息等内容时就不布置广告，以免主次不分，喧宾夺主；广告灯箱的做法与墙面金属板的模数相一致，采用嵌入式做法，使之与周围环境融为一体。

⑤安装管理。在室内设计中，首先要确定信息标识的安装部位。按照经验，信息显示部位与人的正常视线高度接近最为理想，即信息标识距地 1500~1600 mm 最为理想，但从实际使用情况看，由于空间形状、流线布置、功能安排等方面的原因，不可能将所有的信息标识都设置在预定范围内。实验证明，在前述各种视认距离的基础上，在最小有效视距范围内以仰角不超过 10° 为宜，因此，常将其布置在距地 800~2500 mm 的范围之中，当然，显示面积较大时，布置在距地更高的位置也可以避免视线上的遮挡。航站楼内各类信息显示标识的安装高度见图 131。在安装上，还要密切配合相关专业取得妥善的细部处理方法，如建筑专业除定位、连接、固定考虑分缝分块外，还要考虑预留孔或现场开孔，与周围的最后收头，因为这常常是施工最后才进行的安装工作；结构专业要根据设备重量决定与结构的连接方式（焊接、栓接），预埋件的位置和做法；电气专业则需解决电源线、信号线的敷设与引入，进出线孔、检修方式、控制开关方式等。

航站楼内人流量大，活动紧张，其中信息标识显示系统不但会影响室内环境的效果，而且会直接影响人们的使用，关系到楼内的服务质量。可以说信息标识显示系统的完整有效，是人们活动准确、高效、安全、方便的最重要的保证。我们应该在全过程、全范围设计和落实好这一系统。

全过程是指信息标识系统应在调查计划的基础上，在初步设计时就有总体设想，在技术设计时不断深化，到施工图和装修设计时最后落实，自始至终贯穿设计，另外，这一过程还应包括竣工以后的调整管理。但在工程实际操作中，由于各子系统不能同步完善，致使总体设计中缺项不断，加工订货跟不上进度，加工厂家水准不整齐使协调工作十分吃力；不断提出新的要求，使设计始终处于补充和完善阶段，结果很容易顾此失彼，系统不整齐，表现方法不易统一，甚至各种标识彼此干扰，或有的赞助或使用单位介入太晚只能将就凑合。

全范围是指在首都机场航站区所有对外公共部分的信息标识系统的整体配套。本次扩建工程中，我院承担了航站楼和停车楼两项工程，所以在我们控制范围内的信息标识系统都是比较统一协调的（虽然停车楼中并未按设计要求全部实现），但对于非我院承担的部分，如进出港的车道及外部道路系统，我们就无能为力了。

虽然我们在设计阶段就对信息标识系统做了周密细微的考虑，但千变万化的使用要求和实践的检验会使这一系统所存在的问题和不足暴露出来。在首都机场竣工和正式运行以前，机场当局就组织了若干次机场工作人员以旅客的身份沿流程动线行进的检查，并根据反映提出了整改意见。主要问题表现在：需要标示的信息数量不够，有的信息内容表示不明确，有的信息在表现方法上需要改进，有的信息在位置和视线上存在干扰等。首都机场 T2 航站楼在正式交付使用以后也陆续反映出了一些类似的问题，我们根据大部分意见进行了修改和调整。

从另一层意义上讲，随着全球信息技术的飞速发展，以数字式为主的信息传输方式、以光纤为

132

133

134

135

代表的通信新材料、网络化的信息交换模式以及电子计算机的不断创新，获取信息的方式发生巨大变化，新的信息获取方式不断出现，人们获取信息设施的数量和档次不断提高，所以人们认为，由因特网和未来的信息高速公路为主体的第四媒体的作用可能会超过传统媒体，尤其在公告信息服务领域可能会带来新的革命性的变化，对此我们也需要有清醒的认识和相应的对策。

在航站楼今后长期的使用过程中，信息标识系统的不断完善只能依赖使用单位的协调和规范。作为设计单位，我们只能为它提供一个基本的框架和体系，建筑竣工以后就无法更多地参与其中，更何况有些可移动设施（包括一些公告牌、文字说明等）根本无法包括在设计范围之内。因此，在长期使用过程中，如何保证新增信号标识与原有系统协调统一，如何保证各驻场单位不会各行其是，是对使用单位管理水准、美学观念的一次检验。从现实情况也可看出，自行加工的房间号码牌虽然做工精细，但其在尺寸、色彩、做法上都与其他标识做法不尽协调；现场许多文字公告也用一些极不规范的手段呈现，歪七扭八的手写字体等都显得不是很和谐，管理有待进一步规范和提高。

室内的光环境

空间视觉环境和光有着密不可分的关系。光环境是由天然光照明和人工光照明构成的，二者既可单独表现，有时又相辅相成。随着技术的发展、时尚的变化、时代潮流的发展，人们的需求也有

图 132. 进港大厅海关出口　　图 133. 信息显示屏安装

图 134. 进港连廊及广告　　图 135. 航站楼出港大厅及显示屏

所侧重和变化。其基本要求是提供舒适的可视环境或称之为明视照明，或塑造以趣味和爱好为追求的气氛照明环境，这构成了照明设计的不同品位和层次。

首都机场 T2 航站楼是在 20 世纪末建成的我国规模最大的航站楼之一。几个超长超大尺度的主要公共厅堂是过去建筑设计实践中很少遇到的。这里的工作环境、厅堂气氛、信息显示、广告标识、防灾疏散、维修管理等都需要适宜方便的明视要求。在此基础上，还要结合功能使用、旅客行为和人们的喜好，创造出一种氛围和情调，在繁忙混杂的交通建筑中，通过光的配置制造出愉悦新鲜和具有人情味的环境。

绿色照明，就是通过科学的照明设计，采用效率高、寿命长、安全性能稳定的照明电器产品，从而达到高效、安全、舒适、经济，达到节省能源，减少环境污染，满足人们的需求。

根据航站楼的功能和性质，决定其特有的格调和品位。航站楼是业务繁忙的交通建筑，要求一年 365 天，一天 24 小时都有保证正常工作和运转的光环境，加上航站楼所处首都和首都机场作为国家交通枢纽的地位，都要求照明设计和光环境必须与其地位和作用相称。

同时，光环境的处理还需要各方协同，一体化进行考虑。这一方面包括土建、装修、电气、生产厂家和施工安装等方面的互相协同配合，另一方面包括对其效果的整体全局的考虑，并在此总体构思的指导下，根据不同的功能使用和空间性质，根据其尺度、形状和用材，按照业主所提出的照度标准，具体部位具体处理，从而达到既有总体效果，有统一的格调和手法，同时又有所变化，具有丰富个性和特征的细部，并在此基础上避免不必要的“噪光”。

为了保证合理地选用及布置光源和灯具，在设计总体框架的指导下，日本 ODELIC、日本松下、英国索恩、荷兰菲利浦等公司参加了投标。各投标厂家根据任务书的要求提出各自的设计方案及计算结果，通过分析比较，对各主要厅堂的照明方案进行综合和调整，然后确定中标厂家，并由中标厂家对承担的部分按确定的方案再次进行计算和调整，最后敲定各部分的细节。航站楼中的主要公共厅堂采用了日本 ODELIC 公司和日本松下公司的产品。

在对照明手法的研究中，首先考虑的是对自然光的利用。为实现可持续发展节约能源的目标，应用自然光已经成为光环境设计中的重要课题。自然光又可分为阳光和天空光，前者一方面会产生强烈的阴影，有时也会带来眩光，但另一方面阴影可以增加空间的立体感，同时阳光随着时间的流逝也会产生角度和强度上的变化，这给室内环境带来了丰富的表情。阳光的射入，经常会给人置身自然之中的联想，加上相关的室内环境处理，会使封闭的室内空间产生更为开放和宽阔的效果。这种气氛对于航站楼这种性质的交通建筑来说还是十分必要的。所以，在整个航站楼的曲线金属屋面上设了 105 条宽 1.5 m 的采光天窗，总采光面积约为 3600 m^2，天窗间距为 18 m，上部采用透明玻璃，使出港大厅、办票大厅和候机厅这一类的空间表情更为生动，并在这些厅堂上安装侧窗，使比较柔和的天空光或周围反射光可通过侧窗透射进来。照明手法一般来说有直接照明、间接照明、亮度照明和透过照明 4 类。从 20 世纪 90 年代中期的一个调查表中可以看出，尽管美国、欧洲国家、日本在照明手法上的侧重有所区别，但直接照明还是占绝大比例的（表十三），因为这种照明手法效率高，能够保证照度，但处理不好易眩光。间接照明是利用天花或墙壁反射扩散的光线，比较柔和，但有时存在立体感差的问题。在航站楼这样的交通建筑中，还是要以直接照明的手法为主，然后结合装修处理，使用以背景照明和直接照明相结合的复合手法，然后根据不同空间和功能有所区别和变化。

照明风格一般可以分为技术型风格、现代风格和古典风格，这和时尚以及人们的喜好也有密切关系。表十四就是一个有关照明风格的统计，从中可以看出，对于现代风格和古典风格的运用，各地区有较大的差别，但技术型风格仍是照明风格的主流，因为它从照明技术的角度出发，追求最佳的效率和结果。从各国航站楼光环境的设计实践看，绝大部分采用的也是这种风格，这也将是北京首都机场 T2 航站楼照明风格的主流，也较容易体现交通建筑的性格。

表十三 照明手法的统计（以公共建筑门厅为例）

照明手法	美国	欧洲国家	日本
直接照明	62.0%	77.0%	70.0%
间接照明	11.0%	12.5%	17.4%
亮度照明	26.0%	8.0%	5.0%
透过照明	1.0%	2.5%	7.6%

136

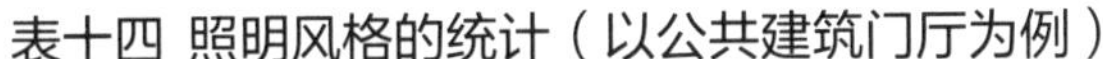

表十四 照明风格的统计（以公共建筑门厅为例）

照明手法	美国	欧洲国家	日本
技术型风格	60.0%	76.7%	79.0%
现代风格	13.0%	23.3%	19.0%
古典风格	27.0%	—	2.0%

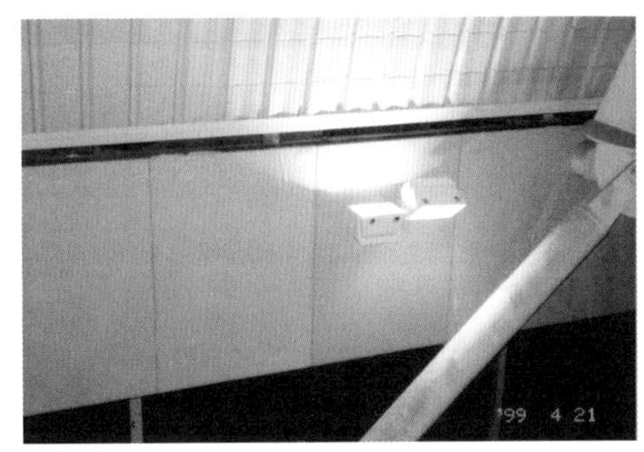

137

在光源的选择上，根据照明风格，从节能和高照度的倾向出发，大量采用日光灯和金属卤化物高光效放电灯。表十五就是对白炽灯、卤素灯和金属卤化物高光效放电灯的一些性能的比较，选用时除表十五中所列出的性能指标外，还要考虑灯泡的尺寸、允许安装的角度、启动方式、维修保养等因素。另外，高光效放电灯还会因设置场所的环境、使用条件、管理状况而有明显差异，其中环境的侵蚀性气体、温度、湿度、电源电压变动，使用时间，点灭频度，震动以至污损等都会成为灯泡老化的主要诱因。航站楼根据业主的要求，在招标条件中将显色指数（Ra）定为 80，色温为 3800~4300 K，与早上日出之后的日光色温相近。另外，要根据配光曲线来决定所要采用的灯具的类型，并注意其安装方式，可调角度范围，灯具尺寸大小，用材、色彩、镇流器的安装，更换光源的方式等。表十六是航站楼各主要厅堂所采用的灯具统计，表十七是对离港大厅灯具的统计。根据统计，整个新航站楼灯具的总套数为 62962 套，灯具的总灯管数为 94864 根，灯具的总功率为 4677726 w，各主要厅堂的设计照度及有关厂家的平均计算照度见表十八及相关厅堂照度曲线图所示。

图 136. 走廊吊顶侧面的灯具采用直接照明与间接照明结合的方式

图 137. 利用侧墙反射灯光

表十五 各种光源的性质比较

有关性能	白炽灯、卤素灯	金属卤化物高光效放电灯
发光方式	温度放射	放电
调光	可连续调光	不能调光
光谱	连续分布	不连续分布
演色性	好	较差
寿命	短	长
色温	低	种类较多
发光效率	低	高
其他	—	灯泡瓦数一般较大

表十六 航站楼各主要厅堂采用的灯具小计

层数	部位	灯具数量总计	灯光根数/根	功率小计/W
一	进港大厅	3056	5433	474958
一	行李大门	5267	10959	332921
二	离港大厅	3658	3658	234040
二	办票大厅	2795	2795	169220
三	候机厅	11547	17779	1060130
三	过检大厅	5111	7313	789409

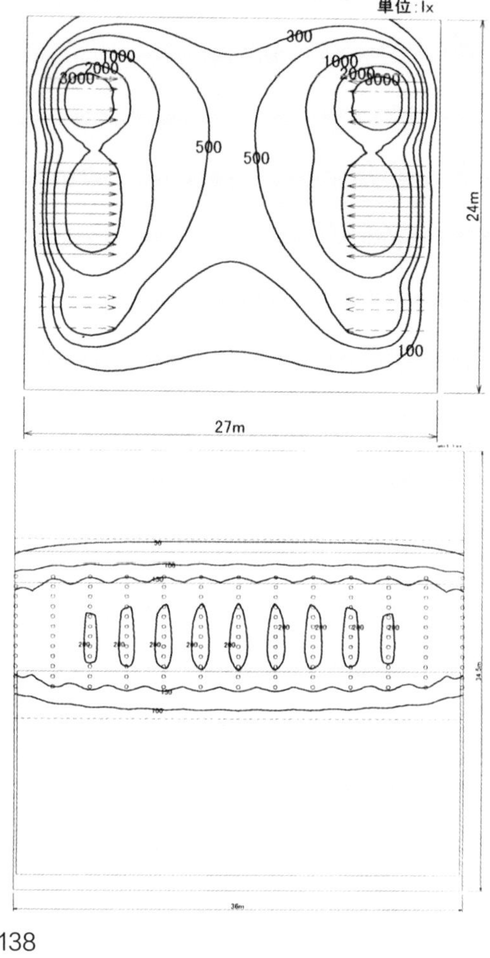

表十七 离港大厅各类灯具统计

序号	类型	数量	灯具数/个	灯管/个	功率/W	功率小计/W
1	筒灯	878	1	878	32	28096
2	筒灯	132	1	132	42	5544
3	投射灯	47	1	47	250	11750
4	投射灯	45	1	45	150	6750
5	投射灯	47	1	47	1000	47000
6	提升灯	47	1	47	700	32900
7	吸顶灯	2400	1	2400	40	96000
8	提升灯	12	1	12	400	4800
9	壁灯	50	1	50	24	1200
	合计	3658	—	3658	—	234040

图 138. 三层进港廊道水平照度分布（组图）

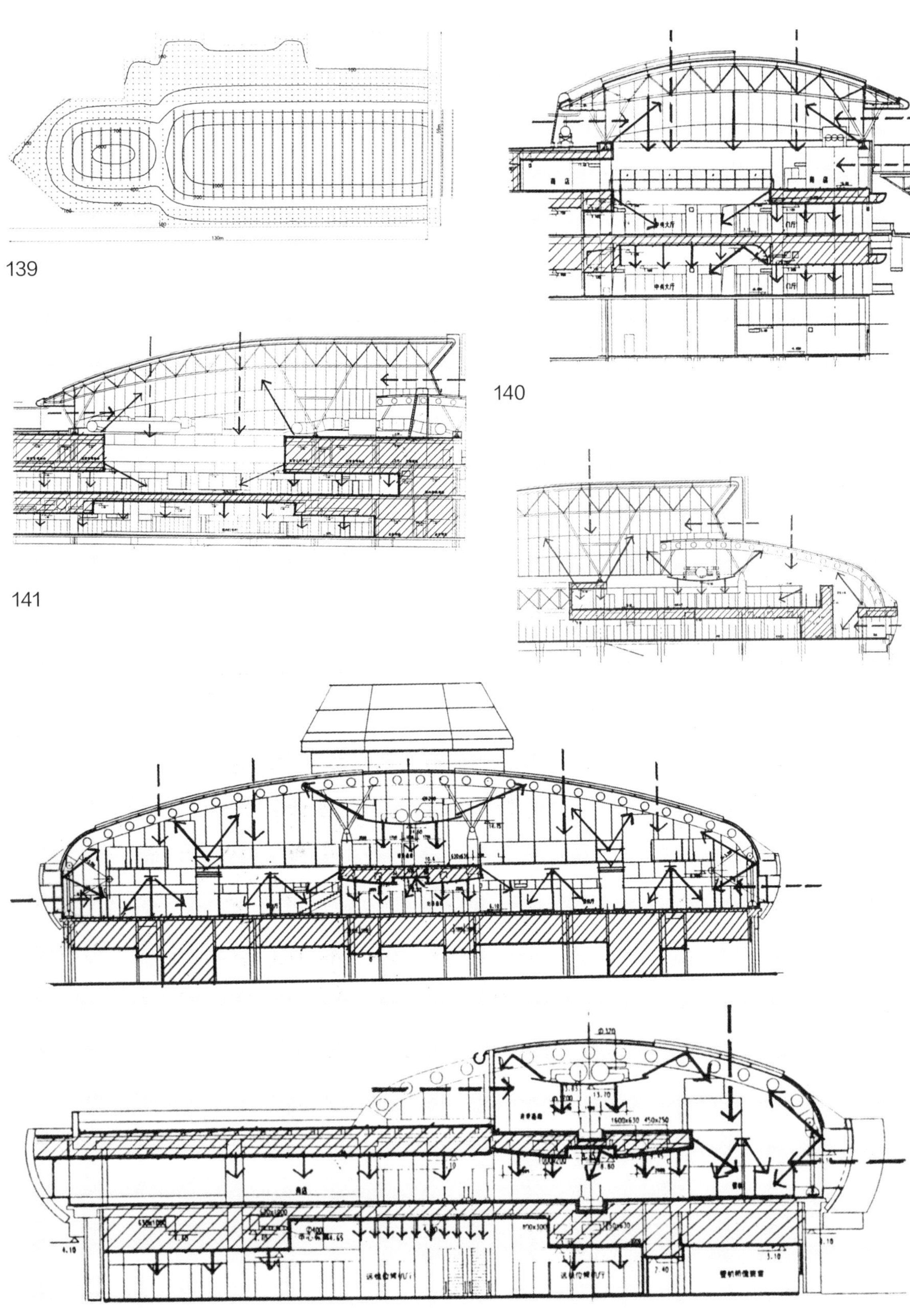

图 139. 一层行李厅水平照度分布

图 140. 进出港大厅照明方式

图 141. 办票大厅和行李厅照明方式

图 142. 候机厅和进出港道廊照明方式

表十八 各主要厅堂照度表

部位		设计照度/lx	平均计算照度/lx	实测平均照度/lx	测定厂家
一层进港大厅		400	525	560	日本 ODELIC
二层办票大厅	高空间	500	540	556	
	低空间	400	513	610	
二层出港大厅		400	453	481	
一层远机位候机室		400	475	524	
二层候机厅	南北侧指廊	400	498	563	
	东侧候机厅	400	436	433	
	指廊端头	400	410	526	
二层出港通廊		400	471	429	
一层行李提取厅		400	471	780	日本松下
三层边防检查大厅		400	471	436	
三层进港通廊		400	150	280	
二层车道边雨罩		300	—	374	

灯具细部的研究

首先，灯具的设计要与建筑装修方案相协调。当灯具是被布置在天花板上时，应考虑布灯的位置，与喷洒、电视监控、扬声器、风口、引导讯号等彼此间位置及效果的协调，同时考虑天花板上部管线的走向、灯具安装所需要的高度、灯具的散热及防止漏光等。当灯具位于墙面时，应考虑灯具色彩与墙面的协调，安装位置与装修分块、分缝的关系，同时根据装修全局及使用要求决定灯具的安装高度和角度。

其次，需研究连接方式和固定方式，按照电气的有关规范规定，当灯具本身质量超过 3 kg 时，灯具不能利用建筑的吊顶龙骨来支持，必须有独立的吊件或支撑件，这时需要确定其位置和预埋件的连接方法；当灯具被安装在墙面上时，如果墙面为铝合金复合板，需要单设固定灯具的支架，并精确地决定出线孔的位置和连接的方式。

还有就是有关检修和控制方法，在主要的高大空间中，必须在确定方案的同时决定检修方式。如出港大厅和办票大厅的室内高度最高为 16 m 和 22 m，由于灯具数较少，且没有其他检修要求，为不破坏屋顶装修的完整性，我们没有设置屋顶检修马道（可以必要时临时架设），而是采用了自动升降的投光灯，可以下降到距地面 3 m 的高度。同时，航站楼内灯光的分区控制，定时开关，是否纳入楼宇自控系统等控制方案和控制方式也需根据不同的使用要求在设计中予以体现。有关的附图就是航站楼内一些主要厅堂剖面的自然光和人工光的布置方式示意。

建筑师必须进一步提高对光环境经营的认识，这包括工学和美学两个层面的思考。随着新技术、新光源、新材料的出现，运用光的新手法不断翻新，需要科学和精确地设计和计算，才能达到绿色照明的目标。另外，对光的营造，以光造景，也是人们审美方面的需求。在这样的条件下，建筑师在掌握室内环境的总体效果时，必须事先就有充分的估计和思考。而我们对此则是逐渐认识、逐步熟悉的，因此在手法设计和气氛的营造上就不够主动、自觉，思路也还不够开阔，需要将此作为教训来吸取。

与光环境营造有关的各方应该尽量提前介入，以便使各方对此尽早取得共识，为共同的目标而同心协力。由于我国目前实际只能依靠建筑师、电气工程师、有关业主和厂家等方面协同来完成光环境的创造，因此从进度安排上，应该越早介入越好，这样就会更加主动。一般情况下，常常是在装修阶段时，大家才深入研究光源的布置、气氛的营造，但有许多工作实际在土建施工时就应该预留好相关铺设条件了，所以，在工程实践中，我们需要进一步总结经验教训。

光环境的营造需要实践的检验和修正。根据航站楼施工调试的经验，在按照施工图纸把灯具初步安装定位以后，对于投光灯的位置、角度、投光方向、避免眩光等问题还需要根据现场装修的具体情况以及现实效果的感受，对所有厅堂的所有灯具挨个进行调试，然后，从不同角度观察，以求得最理想的布置，有时还要做必要的修改，如我们对送客大厅、办票大厅的投光灯的位置进行过多次调整，最后将角度调整到不会形成眩光的位置；对二层入口雨罩处的灯具进行排列组合，调整过多次，并及时进行照度测试比较，为防止眩光还增加了格栅。

停车楼设计

为保证新航站楼的正常高效运转，必须有一座与之规模相配套的现代化汽车停放设施。首都机场停车楼计划停车 5000 辆，这也是当时北京停车数量最多的停车楼，因此我们在设计时面临许多挑战。

一、停车楼的建筑设计原则

机场停车楼除必须符合一般公共停车楼的要求外，还有其特殊的功能特点，就是要保证新航站楼和航站区其他部分的正常运行，以提高效率，安全可靠。为此，停车楼的建筑设计须遵循以下原则：

（1）与首都机场航站区的扩建规划，陆侧的总体交通组织设计相协调，在总体设计原则的指导下进行停车楼的各项设计。

（2）合理布置停车楼的流程和管理系统，其中包括：方便汽车的进出、联系、存放、寻找车位；方便旅客在停车楼与航站区其他部分的联系和寻呼；设有简单方便的收费、指示、计量等管理系统。

（3）保证使用和运行的安全可靠。停车楼的停车量大，易燃物多，汽车尾气污染严重，因此须有安全可靠的消防系统、安全疏散体系和环境保护措施，以保证万无一失。

（4）管理使用上的灵活性。为提高使用效率和经济效益创造条件，同时考虑到将来各种条件变化时设施的适应性。

停车楼位于新建航站楼西侧，外廓尺寸为 127.8 m × 256.8 m，其东侧距航站楼主体西侧 72 m（按轴线计），由于条件的限制，两座建筑的中心线并不重合，南北相距 27 m。

二、停车楼在交通组织方式上须着重解决的问题

1. 与外部交通的联系

按照陆侧的道路系统设计，停车楼与该系统在不同标高均有方便的联系。

首层：停车楼四周有交通环路与陆侧道路连为一体，东、南、西、北侧各设出入口 1 处，总计出口 4 处，入口 4 处。

二层：停车楼屋顶层与航站楼东、北、西三侧之间有出入口 5 处，其中与东侧航站楼间有出入口各 1 处。

地下二层：与航站楼的地下交通联系通路有出入口各 1 处相连。

2. 停车楼内部层间的联系

在首层与顶层屋面之间，布置了两组坡道，每组由上行和下行直线形坡道组成，坡道宽度为 3.7 m。

由首层至地下四层之间的汽车层间交通依靠布置在停车楼 4 角的 4 个 3/4 圆形坡道解决，坡道为双车道，每道宽 3.8 m，其中 2 个坡道为向上行驶，2 个为向下行驶，定向定位，保证车辆上下通畅快捷。

这种形式的主要特点是：

（1）车库布局整齐简单，车辆进出方便，与陆侧的交通规划结合紧密。

（2）内外交通路线简洁明了，通行方便，干扰少，易管理。各层间标记清楚，便于司机记忆辨认。

（3）立面简洁，在地面以上只有一层，体形对航站楼立面遮挡少。

（4）平面布置具有一定灵活性，可以适应在使用中出现的各种变化情况。结构体系简单明了，便于施工；

（5）面积指标较为经济。

3. 停车层内的交通组织

由于停车楼每个停车层停车数量近千辆，所以每层内的交通组织主要考虑了以下原则。

（1）停车库内设环状主要行车通道，汽车按逆时针方向单向行驶，该通道与层间设联系坡道，停车区的行车通道相连，行车路线无交叉。

（2）停车区内的行车通道按交通组织规定，均为单向行驶。

（3）所有行车通道均为双车道。

新建停车楼与新建航站楼两者之间的方便联系是保证使用的重要前提，因此需要保证下列联系。

（1）机动车的联系。停车楼屋面层的停车场可以与高架路及出港车道相联系。首层的停车层可以与地面环路及进港车道相联系。在地下二层也设有通道与地下车道连接。

（2）步行旅客的联系。出港旅客可通过顶层屋面从停车层进入航站楼。进港旅客可通过首层进入停车楼。此外，地下二层联系着停车层与航站楼，地下四层还可与停车层及地铁通道相联系。

三、停车楼各层技术参数

停车楼内基本柱网尺寸为 9 m × 18 m、18 m × 18 m，各层面积指标及可停车数量和类型见表十九。

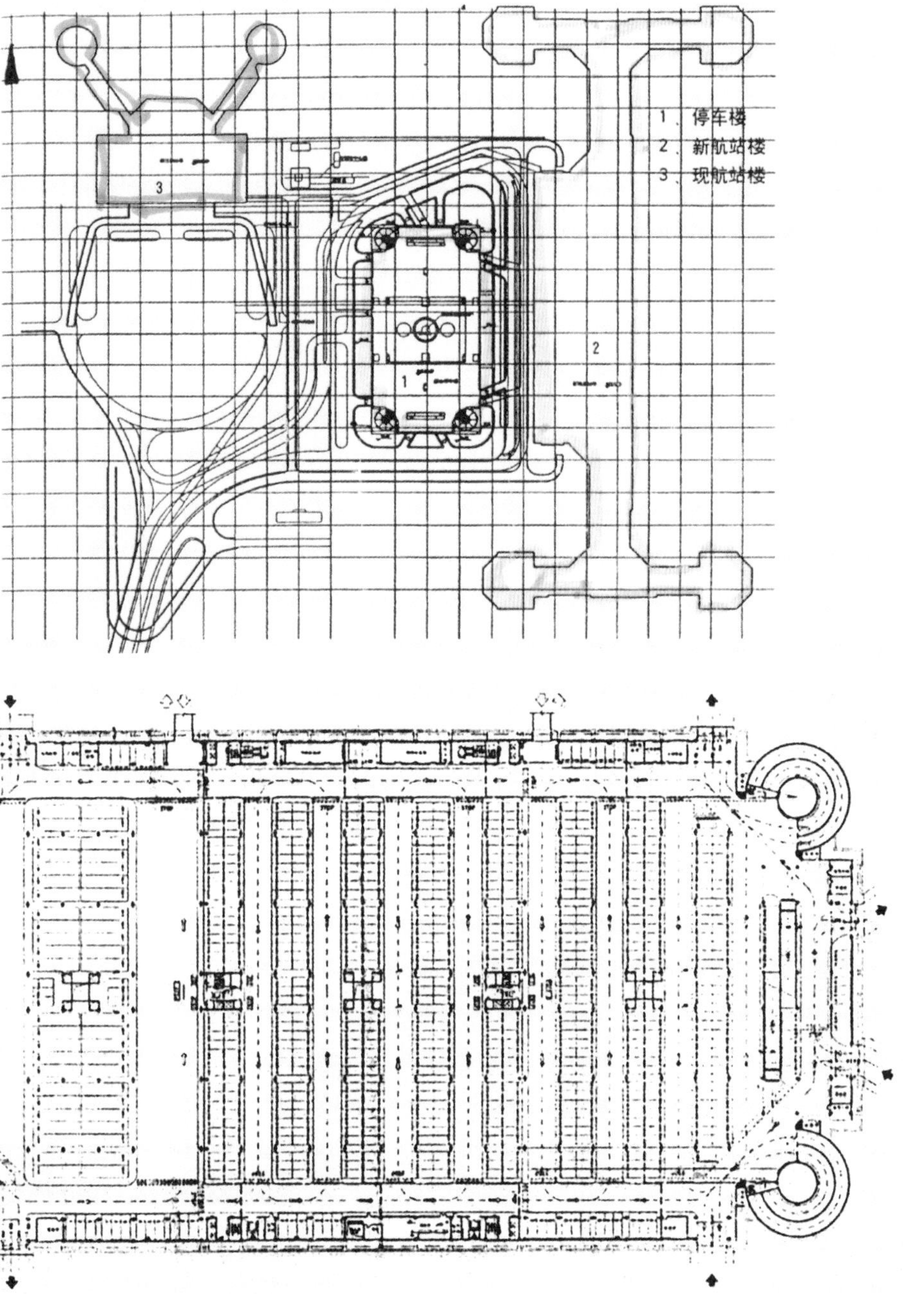

1、停车楼
2、新航站楼
3、现航站楼

143

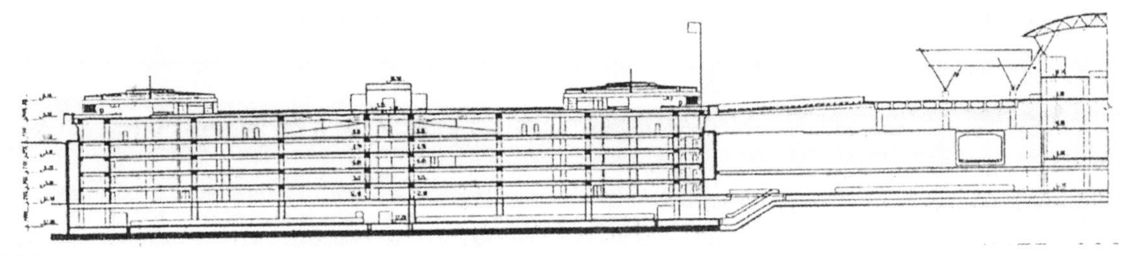
144

图 143. 停车楼总平面图及一层平面图　　图 144. 停车楼剖面图

145 146 147 148 149 150 151 152

图 145、146. 停车楼施工现场　图 147. 停车楼内部坡道　图 148. 停车楼坡道上部采光井
图 149. 停车楼楼内梁上预留管道孔洞　图 150. 停车楼坡道外立面　图 151. 航站楼入口雨罩
图 152. 出港入口雨罩内景

车位基本尺寸：停放标准小轿车按2.3 m×5.3 m 计（9 m 柱网可停放 3 辆，18 m 柱网可停放 7 辆）；大客车车位尺寸按 3.3 m×12.0 m 计；面包车车位尺寸按 2.5 m×6.5 m 计。

车辆停驶存放方式：90 度垂直存车，倒车进，顺车出。行车通道按双车道计，宽度为 7.20 m。

153

圆形汽车坡道：双车道总宽度为 8.5 m，外道半径 14 m，曲线坡度 4.97 %；内道半径 9.7 m，曲线坡度 7.37%；横坡坡度 5%。

直线形坡道：上、下行分开，坡道宽度各为 3.7 m，坡度 10.87%。

表十九 停车场各层面积及停车数量

部位	建筑面积 /m²	可停车数量和类型
屋顶层	2303.40	625 辆特种车
首层	33462.06	698 辆大客车、面包车、小轿车
地下一层	32485.84	960 辆小轿车
地下二层	32485.84	947 辆小轿车
地下三层	32439.04	973 辆小轿车
地下四层	32987.20	968 辆小轿车
地铁通道层	1693.73	—
合计	166857.11	5171 辆

剖面数据：首层可停放大客车，层高 4.5 m，控制梁下净高 3.5 m，可通行高度为 3.35 m；其他各层高 3.1 m，控制梁下净高 2.3 m，每层楼面利用楼板结构双面找坡 2.53%，利于排水。屋面结构板四面找坡 4.76%，用于屋顶排水。

四、停车楼内的系统

停车楼内设有收费管理、车位控制、车辆控制及内部管理等系统。

1. 收费管理系统

流程：入库—车辆显示计数—停车票或卡—横杆开启—停车—出车—收费处交停车票—计算—交费—横杆开启—出库。

根据当时我国国情，设计采用自动收费系统加人工收费辅助方式。所有入口为自动管理，设全

图 153. 出港入口雨罩内景

自动出票验票装置，所有出口设全自动验票装置加人工收费装置。对 4 处可供大车使用的出入口设置了双层出票装置，以便大车司机操作。为方便司机交费，节省等候时间，提高出入效率，在停车楼各步行出入口附近，设置了中央人工收费装置。

2. 车位控制系统

流程：入库—各层车位空满显示牌—车辆计数器诱导灯（方向）—闭路电视—各层空满显示器—停车信号表示灯—出库显示信号—车辆计数器—出库。

为了便于管理，减少无效行车时间，设计中对各停车层做了合理分区，其中屋顶层设 2 个分区，其他各层分别设 5 个分区，共设 27 个分区，车辆按楼、层、区做分级管理。车辆数据采集技术采用在各控制点地面下预埋感应线圈，当车辆通过后，可自动向中央处理器提供信息，从而统计停车状况，并反馈给空满显示器。

停车楼上段根据分级管理的原则，在进入停车楼的公路处设远端楼内空满显示器。在停车楼各车辆入口处设各层空满显示器。在进入各层的汽车坡道处设目的层的空满显示器。在各分区入口处设该分区的空满显示器。

3. 使用引导系统

为了保证停车楼的正式运行，方便初次造访停车楼的人员的使用，在停车楼分别为人、车设立引导系统。采用标识、地面画线、色彩标记，全面引导司机迅速寻找车位和车行出入口，指示行人航站楼方向、步行者出入口及楼内竖向交通等设施。

色彩标记：为了便于记忆，标志性明显，在各停车层选定特征明显的色彩作为该层标识，在入口、行车通道上的所有柱子、明显的构件上都标以该层色彩，同时注明分区编号。

信息标识：主要标示出口、入口、电梯、紧急出口、楼梯、电话等内容。

交通标识：标示直行、转弯、高度限制、休息室、卫生间、禁止驶入、禁止停车、限速等内容。

地面画线：行车方向标识、停车限制线、车位线、车位分区及编号等。

结合航站区的总体规划，在停车楼屋顶布置了喷泉、草地和矮灌木，并且还布置了座凳，以利于旅客休息，这些约占停车楼屋面 1/3 的面积，约合 10000 m^2。当旅客走出航站楼，首先映入眼帘的就是一个开阔、生动、优美的绿化广场，彩旗飘扬、泉水涌动，体现出象征着首都北京欢迎海内外宾朋的友好态度。

五、停车楼中的特殊设计内容

1. 消防与通风排烟

由于停车楼的规模很大，每层面积约有 32000 m^2（屋顶层除外），为了解决消防与通风问题，我们在建筑四周分别设置近 3 m 进深的连续下沉窗井，从而基本满足开敞式车库的要求。加之楼内设置了自动灭火装置，经与有关部门共同研究，最后我们将防火分区控制在 5000 m^2，防火分区间用非燃烧体隔墙及防火卷帘门分隔，汽车坡道处用水幕与停车区分开，在外墙各层楼板之间，利用高度大于 0.8 m 的结构梁板间隔，以防止层间的火灾延烧。

停车楼每层设有 6 组楼电梯，其中最远工作地点至楼梯间的距离不超过 60 m，汽车坡道也被用作疏散口。停车楼进深约 120 m，故排烟深度为 60 m，其中 30 m 外圈利用窗井自然排烟，中心部分采用排烟井机械强制排烟。

2. 柱网与结构

结构网柱作为停车建筑专用的形式，其选择对使用功能和效率有十分重要的影响。我们分析本工程自身的特点，其一是流量大，其二是使用者类型众多，不一定是职业司机，因此最初确定结构柱网为 9 m × 9 m 和 9 m × 18 m，局部柱网为 18 m × 18 m。这种柱网相对于 8 m × 8 m 的常规柱网，停车条件及行车条件都有明显改善，18m 的停车间距比 2 个 9 m 的柱网增加了 16% 的停车数量。

为保证停车空间的净高，同时不增加建筑地下深度，结构的梁、板采用了有黏结预应力技术，使 18 m 跨的主梁高度控制在 0.8 m，仅为跨度的 1/22；另外，所有楼内设备管线均穿过 0.8 m 高的梁中预留的孔洞，其中最大的预留洞口尺寸为 2.0 m × 0.3 m，充分体现了设计中各专业的默契配合。

停车楼的主要设计人员包括以下几位。

建筑：马国馨、邵韦平、刘杰、唐雁；

结构：张承起、王国庆；

设备：周靖、张光照；

电气：石平、杨维迅。

在停车楼方案确定以后，主要的建筑设计工作都由邵韦平负责。

使用和验收

在工程投产使用以后，工程指挥部和施工单位北京城建集团扩建工程指挥部都出具了报告，对北京院的工作给予了肯定的评价。

工程指挥部在 2000 年 1 月的工程使用报告中写道：

首都国际机场航站区扩建工程是国家“九五”期间的重点建设项目、北京市国庆 50 周年献礼项目。党中央和国务院对扩建工程给予了极大关注，有关国家领导人指出：首都机场航站区的扩建是“重中之重”“迫在眉睫”，应该"抓紧去办"。新航站楼工程是航站区扩建工程中的核心工程，其投资额和工程量都是整个扩建工程中最大的。该工程由北京市建筑设计研究院作为总体设计单位，除完成了航站楼土建及设备机电专业由初设到施工图的全部设计外，还完成了公共区各主要厅堂的室内装修设计；同时协调了楼内外各有关单位的设计工作。该工程自 1995 年 10 月开工，于 1999 年 9 月竣工，并于 1999 年 11 月 1 日正式投入运行使用。

首都国际机场是我国对外开放的重要窗口，是我国改革开放的空中门户，是我国最大最繁忙的航空交通枢纽，也是在北京、上海、广州三大机场的扩建和新建任务中，唯一由我国技术人员独立完成全部设计的航站楼。面对知识经济时代的到来，这也是对我们知识创新和技术创新能力的考验。在航站楼人流、物流和信息流的处理上，设计院和各参施单位一道，深入现场，克服各种困难，发挥了设计人员的才智。根据审定的工艺流程，妥善地处理各厅堂和房间的功能和布置，认真地处理各相关专业和单位的关系，从而保证航站楼工程功能合理，流程顺畅，造型美观，设施齐全，维修安全，运行方便，在室内各主要厅堂的设计上用材适当，朴素大方，主题突出，亲切宜人，具有与众不同的特色。

在航站楼工程中，大量采用了新工艺、新材料、新技术、新设备，从而保证首都机场能步入世界较先进机场的行列。在确保建设质量、按期竣工投产的情况下，首都机场扩建工程还做到一次控概到位，节省投资数亿元的好成绩。

国家领导人在1999年9月16日视察了航站楼内的各处设施，对这个国家“九五”重点建设项目在国庆50周年前夕建成表示满意。在试运行和正式运行期间，航站楼内各部分运转正常，经受了实际运行和操作的检验。对于在试运行过程中暴露出的矛盾和问题，及时做了调整和修改，使首都机场从设施到服务都已向现代化国际空港迈进。

2000年10月，北京城建集团收到的首都机场工程指挥部在施工单位的报告如下。

首都国际机场新航站楼工程施工单位对设计单位的评价意见

首都国际机场新航站楼工程于1995年10月开工，由城建集团总公司负责总承包施工，在长达四年的施工建设期间，与北京市建筑设计院紧密结合，互相支持，圆满地完成了新航站楼的建设工作，获得了国内外有关人员的好评。

首都国际机场新航站楼是国家“九五”期间重点工程，整个工程难度大，要求高，内容复杂，工种繁多，因此在设计上具有很大的难度。北京市建筑设计研究院作为航站楼单体设计的总体设计单位，很好地完成了负担的各项设计工作，满足了施工要求，确保了航站楼工程建设的按期高质量完成，受到参施单位和城建总指挥部的高度评价。

由于本工程属于“三边工程”，在1995年10月开工时初步设计刚刚审批，整个工程还有很大的调整工作量，但设计单位在困难的情况下，及时提出了刨槽图、底板施工图、施工准备图，保证了施工进度。在整个工程进展中，设计单位急施工单位之所急，按施工进度提前拿出必要的图纸，保证了施工及加工订货的要求。

施工过程中，由于技术要求复杂，技术创新点多，大量采用了新技术、新工艺和新材料，因此对施工难度精度的要求都很严，设计单位很及时地派驻工地，详细交底，随时解决施工中所遇到的困难，尤其到了后期，设计院全体常驻工地，不分昼夜，共同努力，与施工单位齐心协作，密切配合，使有关问题都及时地得到处理。

另外，在施工进入装修阶段以后，设计单位对二次装修如加工订货、深化图纸要进行详细审查，反复讨论，保证了装修的质量。同时，在施工过程中，与装修单位、加工厂家一起，在现场解决了大量问题，使室内装修取得了很好的效果。

在调试阶段，设计单位的工程师积极配合参加了各项工作，甚至放弃了假日休息，对发现的问题和不足，能和总指挥部及时研究，提出方案，供给图纸，保证了机场的正常运行和使用。

从使用之后一年的情况看，北京市建筑设计研究院的设计图纸满足了各方面的要求，图纸表现内容充分，设计质量高，与我们施工单位的配合也十分默契，使整个工程取得了良好的社会效益和经济效益。

2000年12月2日，首都机场航站区扩建工程经国家竣工验收委员会讨论，通过了国家竣工验收证书。内容分为以下七个部分。

一、验收范围

共20个子项。

二、建设依据

国家计委、国家环治局、民航总局、首规委办等单位文件共13份。

三、工程概况

（一）建设规模及主要设施。（包括航站楼、站坪、楼前道路系统工程、停车楼工程等18项工程）。（二）完成的主要工程量。（包括各类建筑60 hm^2，土方225万 m^3、混凝土48万 m^3、桥梁22座总面积4.2 hm^2、道路场坪总面积66 hm^2、高低压电缆线64.7万m、雨污水管线2.1万m、安装各类设备6374台（套）、绿化面积5.87 hm^2，1万 m^3 贮油罐12座、供油管线45 km。

四、建设过程

五、试运行情况

六、资金来源及招标执行情况

机场工程批复概算为872041万元，竣工决算为829847万元；供油工程部分批复概算46371万元，竣工决算32194万元，均控制在批准的概算范围之内。

七、验收结论

国家竣工验收委员会原则同意北京首都国际机场航站区扩建工程建设、试运行情况报告和民航总局、北京市人民政府联合组织的初步验收报告。经检查验收认为本次交付验收的北京首都国际机场航站区扩建工程，其项目规模和标准符合批准的可行性研究报告和初步设计的内容，符合国家和民航有关技术标准和规范及国际民航组织公约有关附件。航站区布局合理，功能分区明确。各系统功能齐全，设施设备先进。出入境检查检疫、公安、安检、消防、绿化、卫生劳动保护等设施均已按国家有关规定同步建成，符合各主管部门的审批意见和专业要求；工程档案资料齐全，符合国家和民航的档案归档要求；总投资控制在批准的概算之内。

北京首都国际机场航站区扩建工程指挥部与设计、施工、监理单位团结协作、密切合作，质量保证体系齐全，措施得力，管理科学，工期合理，投资控制较好。本次交付验收的单位工程共61项，全部合格。其中，航站楼、站坪、货运站等48项工程被评为优良工程，单位工程优良率78.7%，工程总体质量优良。

国家竣工验收委员会认为北京首都国际机场航站区建工程已经建成，试运行情况良好，经验收合格，同意交付使用，投入正式运营。

国家竣工验收委员会要求：

1.北京首都国际机场航站区扩建工程指挥部组织各有关单位对本次验收中提出的问题抓紧整改、完善，逐项落实。

2.北京首都国际机场航站区扩建工程指挥部要抓紧上报工程决算、编制财务决算，尽快报请有关部门进行竣工决算审计和办理固定资产移交工作。

3. 北京首都国际机场航站区扩建工程指挥部要尽快进行隔油池和污水厂改造工程的实施，工程完成后由民航华北管理局组织验收。

4. 污水处理厂、航空垃圾焚烧厂等主要环保设施已按要求同步建成，要求扩建工程指挥部于2000年12月底前上报环保部门组织验收。

5. 北京首都国际机场环境噪声处置方案已经国务院批准，要求北京市有关部门抓紧组织实施。

6. 北京首都国际机场股份有限公司及各驻场单位要加强管理，做好人员岗位培训，管好用好各项设施，充分发挥项目效益，为促进北京首都的经济繁荣和民航事业的发展做出贡献。

首都机场 T2 航站楼和停车楼工程先后获得了北京市科学技术进步一等奖（1998 年）、北京市优秀工程设计一等奖（2001 年）、建设部优秀建筑设计一等奖（2002 年）和全国优秀工程勘察设计奖金质奖（2002 年）、国家优秀工程勘察设计奖（2002 年）等。

整个过程虽然时间紧，难度大，要求高，但是设计班子的匹配十分理想，配合十分默契，顺利地克服了一个个难关。院和所领导在总指挥部的协调为工作的按期完成提供了重要的条件，李铭陶副院长作为总协调，在与几方沟通、进行协调工作方面起了重要的作用。还有几次重要会议，还烦院长吴德绳亲自出马，和总指挥部进行沟通。四所董建中所长在协调所内人员调配、专业配合等方面起了重要作用。另一位工程主持人马丽和我是大学同班同学，我们在学校和单位长时间共事，加上她的设计经验也十分丰富，所以我们分工合作配合得十分默契。青年骨干王兵、陈晓民、吴凡、王立昕经过工程实践锻炼后都能独当一面，独立完成各种复杂的工作。

在航站楼和停车楼工程中，为结构设计提出了许多难题。以张承起为主的结构设计克服了许多困难，如航站楼基础工程为超大型带柱墩双向预应力弹性平板筏基，基础尺寸为 77.5 m × 32.9 m，整个筏基不设任何结构缝。上部结构的各分区及入口处雨棚均为超长、超大结构，为解决变形和裂缝问题，采取了一系列行

154

荣誉证书

马国馨 同志：

你参加设计的 北京首都国际机场扩建工程新航站楼

在全国第十届优秀工程设计项目评选中获得金质奖。

特发此证，以资鼓励。

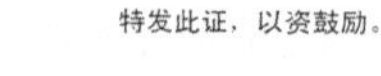

主要设计人：

全国优秀工程勘察设计评选委员会

二〇〇二年十二月

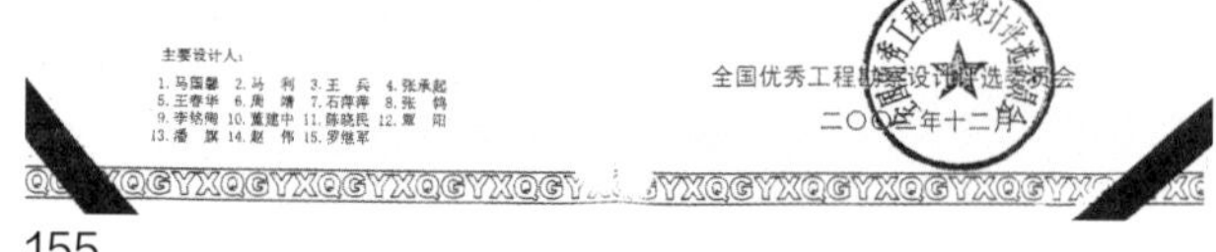

155

图 154. 作者在竣工验收单上签字　　图 155. 航站楼工程获奖证书

北京首都国际机场航站区扩建工程

国家竣工验收委员会签字名单

	姓 名	单位和职务	签 字
主任委员	张国宝	国家计委副主任	
副主任委员	鲍培德	中国民用航空总局副局长	
	汪光焘	北京市人民政府副市长	
委员	宋朝义	国家计委基础产业司副司长	
	匡 新	国家计委基础产业司铁道民航处处长（会议秘书长）	
	刘 勤	国家计委投资司副处长	
	刘 霞	国家计委外资司副处长	
	汤丙午	国家开发银行原总工程师	
	邵长利	建设部建筑管理司质量技术处处长	
	潘文灿	国土资源部规划司司长	
	薛祥中	国家环保总局监督司副司长	
	马 勇	海关总署口岸规划办公室处长	
	邢海潮	海关总署监管司处长	
	孔繁宇	公安部出入境管理局边检处副处长	
	薛祥中	国家环保总局监督司副司长	
	李 捷	国家审计署投资司副司长	
	隋 露	中国建设银行处长	
	蒋作舟	民航总局机场司司长	

（续下页）

（接上页）

	姓名	单位和职务	签字
委员	高世清	民航总局规划司副司长	
	董法鑫	民航总局机场司建设处处长	
	洪上元	民航总局机场司建设处副处长	
	王志清	民航总局规划司投资处处长	
	赵文力	民航总局办公厅档案处副处长	
	徐 青	民航总局运输司国内运输处助理调研员	
	李学良	民航总局公安局三处处长	
	邓先荣	民航华北管理局副局长	
	谢惠武	中国航空油料总公司副总经理	
	贾 森	北京市人民政府办公厅处长	
	郭浚清	北京市发展计划委员会常务副主任	
	栾德成	北京市建委副主任	
	姚 莹	北京市首规委办副主任	
	林 铎	北京市管委副主任	
	苏 文	北京市城建档案馆副馆长	
	谭林峰	北京市消防局防火部副部长	
	刘希模	北京市顺义区人民政府副区长	
	方友鑫	首都机场集团公司董事长	
	李培英	首都机场集团公司总裁	
	王战斌	北京首都国际机场股份有限公司总经理	
	孔 栋	北京首都国际机场航站区扩建工程指挥部总指挥	

156

航站楼面积计算

楼 层	原面积	现面积	面积增减	原 因
-12.4	1450.00	1450.00	0.00	
-6	50393.00	90180.59	39787.59	原满堂基础未使用部分未计入
±0.00	85746.00	87732.95	1986.95	局部外墙凹进部分少计
+6.1	87410.00	92357.00	4947.00	外墙挑出部分少计
+10.6	42503.00	43678.86	1175.86	增加部分房间
+14.5	0.00	9843.55	9843.55	增加屋顶机房面积及屋顶板面积
控制塔	1256.00	1256.00	0.00	
总计	268758.00	326498.95	55740.95	

说明：1).-6.0 米，原初步设计阶段深基础没有利用，只做回填。按建筑面积计算规则不计算建筑面积。后经指挥部同意，增加了架空板，本次将这部分面积计算在内，故面积增加 39787.59 平方米。

2).±0.00，原初设时 I，III段是按外墙皮内包面积计算建筑面积。现施工图是外柱廊，外墙退进，因而按建筑面积计算规则按柱外皮内包面积计算建筑面积。同时穿过建筑物的过街楼原按北京市规定计算的。现根据全国建筑面积计算规则，穿过建筑物的过街楼应计算建筑面积。而本工程是由国家投资的大型公共建设项目，应按国家规定的建筑面积计算规则计算建筑面积。这一层面积增加 1986.95 平方米。

3).6.1 米，II 段原初设是按外墙皮垂直内包面积计算建筑面积，现外墙出挑，因此增加了建筑面积 4947 平方米。

4).+10.6 米，II 段在原来建筑面积的基础上增加了部分房间，因而增加 1175.86 平方米。

5)+14.5 米 II 段的屋顶板上原为设备管道，不计入建筑面积，后经指挥部同意做了防水及保护面层，此处面积增加 8000 平方米，另 II 段东侧屋架下部，指挥部同意做了花岗石面层，此处面积增加 1142.4 平方米，另本层机房增加 701.15 平方米，因而总计增加。

北京市建筑设计研究院经济部

1999 年 8 月 24 日

FAX: 64562546

157

图 156. 国家竣工验收委员会签字名单　　图 157. 航站楼面积计算说明

北京首都国际机场航站区扩建工程国家竣工验收
建设、设计、施工、使用单位交接签字名单

	单位名称	单位代表	签 字
建设单位	北京首都国际机场航站区扩建工程指挥部	孔 栋	孔栋
设计单位	中国民航机场建设总公司	姚亚波	姚亚波
	北京市建筑设计研究总院	马国馨	马国馨
施工单位	北京城建集团有限责任公司	徐贱云	徐贱云
	中国航空港第八工程总队	张禄斌	张禄斌
使用单位	北京首都机场集团公司	李培英	李培英

158

159

160

161

162

图 158. 建设、设计、施工、使用单位交接签字名单
图 159. 航站区扩建工程竣工典礼（1999 年 9 月 16 日）
图 160. 作者与王在洲总工
图 161. 作者与总指挥孔栋
图 162. 总指挥与北京院领导（右起：孔栋、李铭陶、董建中、吴德绳）（1999 年 9 月）

之有效的构造措施，尤其是中央大厅屋盖采用了“大悬臂非对称埋藏式（体内）多折线型预应力张拉一曲线型焊接空间薄壁钢管结构”，不仅艺术效果美观，其总用钢量（屋面板加檩条 + 钢架）仅 50 kg/m^2，首都机场 T2 航站楼单位面积用钢量为 62.45 t/m^2，比同期修建的国内另一座大型机场的 224.17 t/m^2 节省很多，大量节约了钢材。

需要综合考虑设备专业的供冷、供热、给水等管线，许多大口径管线需避让航站楼内其他设备，如行李传送带等设备。管道的各种支座、热补偿器也需根据不同部位采取不同的处理方式。对空调的设计，根据不同的空间特点，有针对性地采取不同方式，同时满足建筑装修的整体效果。内部消防设计则包括消火栓、喷淋、水幕、水炮、气体灭火、灭火器及防排烟等全面消防灭火系统。电气部分中，强电全楼设 1 个开闭站、2 个发电机房、8 个变电室、86 个配电小间，共采用 4 台 800 kVA 发电机、28 台变压器、69 面高压柜、300 余面低压柜、近 2000 个配电盘。而弱电部分全楼设大小机房 40 个，弱电小间 86 个，涵盖了综合布线、楼宇自控、消防、广播、监控、时钟、航班显示、气象服务、离港行李检查、无线转发等三十几个弱电系统。电气负责人石萍日夜加班，顾不上看病检查，结果工程刚一竣工就住院动了手术。

严格说起来，第一次独立做这样大的航站楼工程，我们的能力和经验还是有所欠缺的，从专业知识到具体操作都缺少经验，而且当时能与之配合的各专业的设计单位也较少，全要我们自己来承担，虽面临很大的压力，但在各方协调配合下，也顺利完成任务。在机场航站楼的建设上，我们由此积累了经验和教训，也为北京院此后的机场设计打下了基础。随着此后首都机场 T3 航站楼、昆明机场、深圳机场等一系列工程实践的进行，到面对大兴国际机场工程时，我们就能够应对自如了。

另外，T2 航站楼在使用过程中，尤其是在 T3 航站楼还没有建设之前，由于功能的要求、使用的转换、规模的扩张等，经历了多次修改和扩建，因此其内部的改动也是比较多的，如机位的扩大、休息室的增加等，这对其内部的改动提出了很多新的要求，都是后来使用中必须面对的一大问题。

T2 航站楼的建设，由于层层把关，保证了概算控制到位，最后取得了节约投资的好成绩，这在国家大型公建建设中是为数不多的案例。另一个突出的成就是，在 2003 年春天，“非典”疫情肆虐北京的时刻，对于大量人流聚集的公共建筑来说，良好的通风环境是保证健康的重要条件。由于航站楼外楼的外立面窗户都是可以开启的，加上屋顶设有作为采光和防烟的可开启天窗，因此，航站楼内的气流交换条件十分理想，保证了“非典”期间航站楼的正常使用。另外，由于功能、流程等方面的需求，航站楼内进行过多次扩建和改造，最后都较好地满足了机场的要求。有人还告诉我一个小故事：在航站楼竣工时，他们曾专门请人从中国古代传统理论的角度进行评价，对方提出航站楼朝西面应有一片水面，实际上，在航站楼西面可停 5000 辆汽车的停车楼二层屋顶上，已经设计了 3 个大的圆形水池。这并不是我们有意为之，只是一次巧合吧。

若干设计方案三

中国戏曲学院排演场方案

中国戏曲学院排演场是根据文化部 1988 年对戏校改建教学用房的批复，以及戏校基建办公室的任务书、规划局的设计条件等文件，从 1989 年 5 月开始设计工作的。最初我们提出了 2 个方案，经校方多次研究后，确定了最终方案，我们于 1990 年 10 月完成了中国戏曲学院排演场的初步设计。但后来工程并未继续进行，停顿了较长一段时间，后来听说整个学校都搬走了，排演场又换了一个地段，由另外的设计单位接手了。

排演场原用地位于宣武区半步桥中国戏曲学院原排演场，用地十分紧张狭窄，用地东侧有 2 棵古树，主要入口朝北，入口处的道路规划宽为 25 m，场地中需留出不小于 3.5 m 宽的消防车道，同时建筑之间需有 9 m 的防火间距。规划控制建筑高度为 18 m，舞台部分允许女儿墙深 22.9 m。在设计中既要考虑排演场的单独使用，又要考虑其和学院内原有建筑联系的便捷性。

京剧是我国文化艺术宝库的瑰宝，是中国广大人民群众喜闻乐见的一种艺术形式。京剧从形成比较完整和稳定的体系至今已有 200 多年的历史，是一种结合了说唱、表演、音乐、舞蹈、美术、文学等的综合艺术，是具有强烈中国特色的戏曲表演形式，同时又是经过高度提炼的美的精华，其程式化的动作、雕塑性的亮相、象征性的环境、高度选择的戏剧冲突表现了内容与形式的交融无间。因此在建筑创作中，我们需要结合现代科学技术，从京剧艺术中汲取营养，在继往开来、承前启后、推陈出新的基础上，满足其各方面的需求，创造出具有特色的新型京剧表演场所。

最初提出的 2 个方案在功能布置上大体相同，但在结构柱网布置上、建筑处理手法上各有特色。观众厅可容纳 900 人，局部设二层楼座或包厢，内部设计了镜框式舞台和伸出式舞台结合的形式。由于用地的限制，我们在舞台一侧布置了侧台和绘景间，在立面上采取了不同的处理方式。

最终方案在我们与使用单位研究后得以确定。最终采取规整布局，以在狭窄的用地中取得最大的效益。总建筑面积为 6250 m^2，观众厅的尺寸为 24 m × 27 m，930 座，共 35 排，采用一坡形式，但后 8 排提高，形成假楼座，另设局部楼座包厢为观摩用，观众可以分别从一层和二层进入。舞台的尺寸为 24 m × 15 m，除镜框式台口和侧台外，台唇、乐池以及舞台的前部还可形成 5.5 m × 9 m 的伸出式舞台，使观众可从三面观看戏曲表演。在声学设计上，观众厅总容积为 4600 m^3，平均每座容积为 4.95 m^3，总表面积为 1800 m^2，混响时间考虑中频为 1.2 s，低频提高 20%，为 1.4 s，并

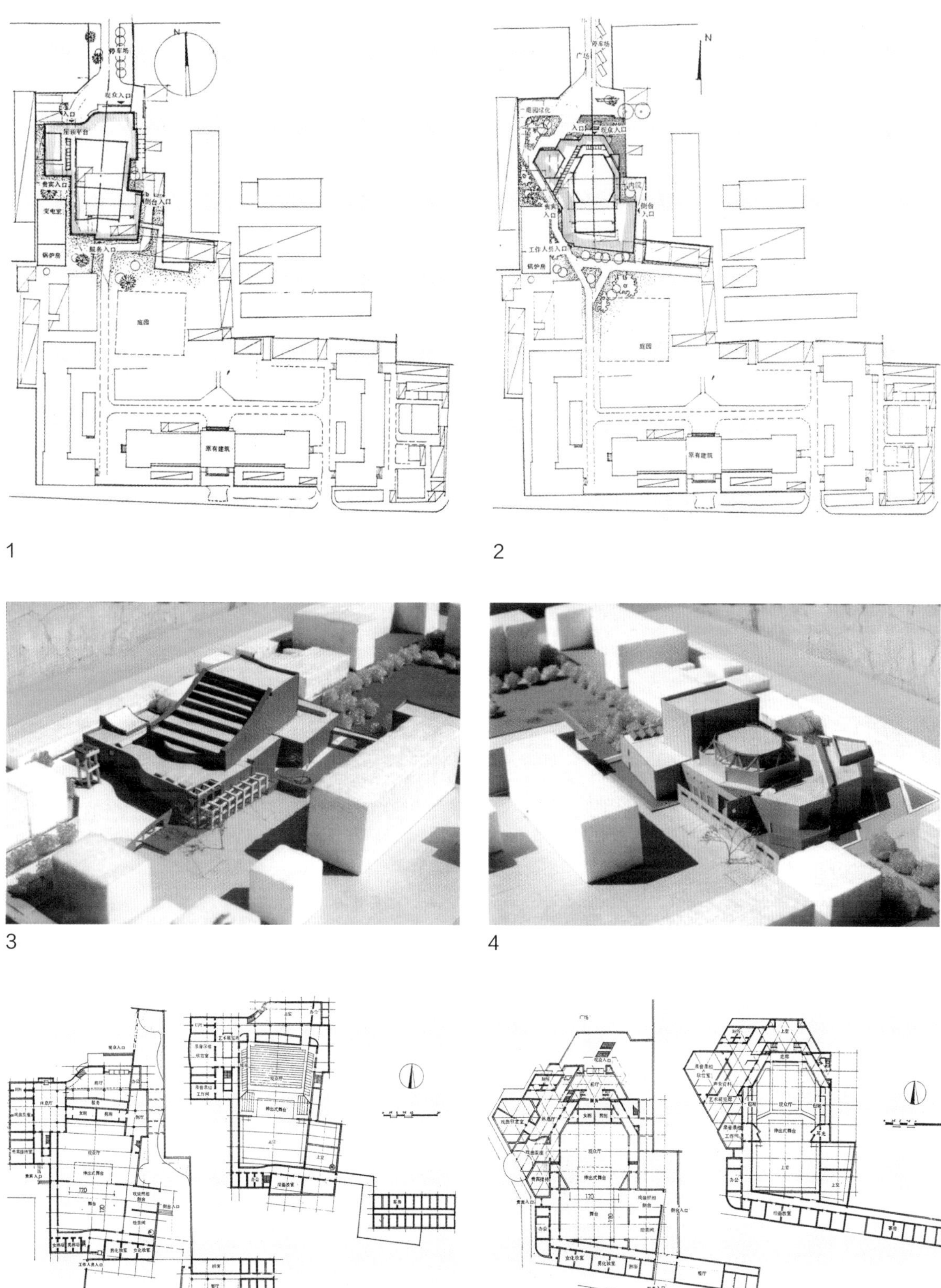

图 1. 戏曲学院排演场方案一总平面图　　图 2. 戏曲学院排演场方案二总平面图

图 3. 戏曲学院排演场方案一模型　　图 4. 戏曲学院排演场方案二模型

图 5. 戏曲学院排演场方案一 一、二层平面图　　图 6. 戏曲学院排演场方案二 一、二层平面图

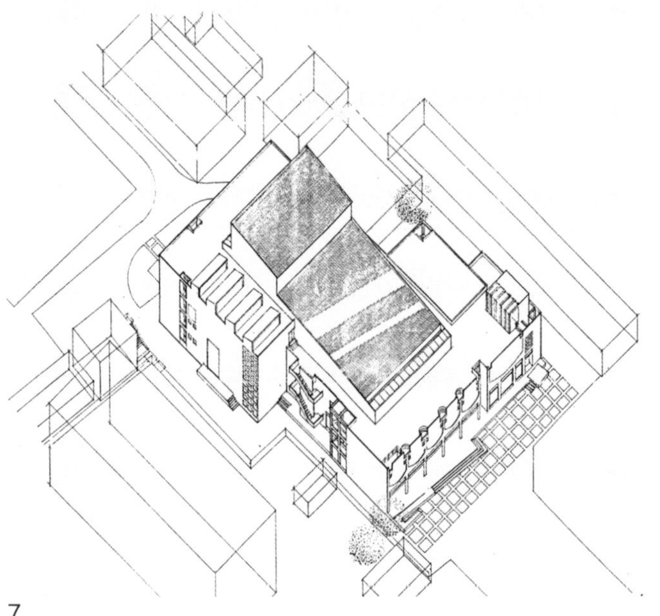

7

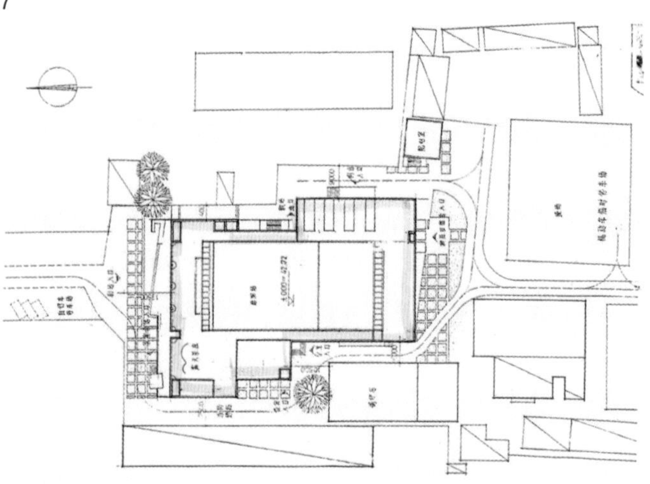

8

9

考虑了可调混响和容积：可调混响幅度为 0.2 s，在前后两部分座席间设置厚绒帐帘，可调整容积 1/3 左右，两侧包厢下也可设置可调帐帘。立面处理以面砖为主，除尺度上考虑与校园原有建筑协调外，其他处理力求简洁，并适当表现京剧的特点。对于舞台设备，考虑设手动吊杆 18 道，电动吊杆 18 道，侧光灯架 6 套，顶光灯架 3 套，前台区有 4 块液压驱动的升降台。

参加中国戏曲学院方案设计的人员还有范强、王兵、姚玓、姚远，初步设计时的主要工作均由范强执笔。学院方的联系人是郑玉湖，负责此工程的副院长是曹宝荣，她读书时主修京剧文场中的器乐专业。有一次去学院，我们还遇到了学院的另一位副院长朱文相，他刚一说出他的名字，我就说："咱们是高中校友。"他在北京六十五中时比我高一级，我对他的名字有印象。他毕业于北京师范学院，毕业后在中学教语文，后来去了中国戏曲研究院研究生部，师从张庚、阿甲等名家研究戏曲表演理论，之后在中国艺术研究院戏曲研究所继续研究工作，1987 年调入中国戏曲学院。我见到他时，他刚调入中国戏曲学院没多久。再后来，我才得知他已在 2006 年去世。在他去世以后，我才了解到他不

图 7. 戏曲学院排演场最后方案轴测图

图 8. 戏曲学院排演场最后方案总平面图

图 9. 戏曲学院排演场最后方案模型

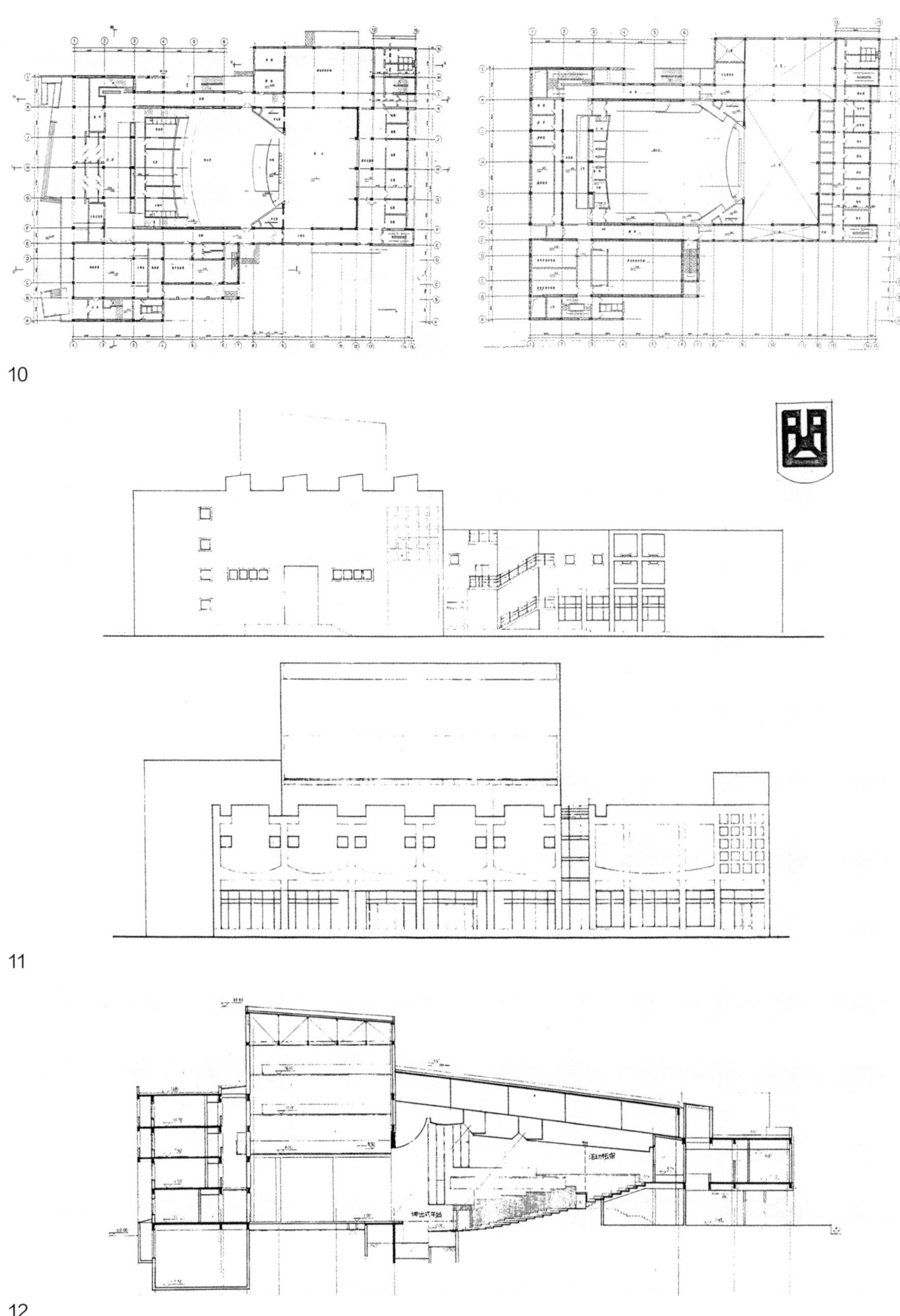

10

11

12

图 10. 戏曲学院排演场最后方案平面图

图 11. 戏曲学院排演场最后方案立面图

图 12. 戏曲学院排演场最后方案剖面图

仅是我高中校友，还是中国营造学社创始人朱启钤的孙子。他的岳父是四小名旦之一宋德珠，可是已经没有机会向他了解这方面的情况了（虽然我的大学同班同学中还有一位朱启钤的外孙子）。

美国雷诺赌城方案

美国雷诺赌城方案的由来我已经记不清楚了，好像是有一个外方投资集团准备在那里修建一座赌城，包括住宿、餐饮、赌博及相应的配套设施。雷诺据说是美国的第二大赌城，规模仅次于拉斯维加斯。投资方在 1990 年 4 月找到我们，希望我们提供一个能满足这些要求的设计方案，并特地指明必须采用中国传统的大屋顶建筑形式。当时我们在刘开济总的指导下开展设计，设计组成员除我以外还有王兵、范强、董笑岩、张向军、王明霞等人。我们主要向其提供了简单的平面构思示意，如若干幅表现图。大家把图纸完成交出以后好像没下文了。

13

14

15

外交部方案

外交部方案是在 1991 年底进行的。早年曾考虑将外交部建在东长安街上，北京院为此做过若干次方案，但始终没有定下来。后来外交部选定了东四十条路口东南角的一块用地，听说是因为该用

图 13. 美国雷诺赌城设计组和模型（左起：王兵、董笑岩、作者、刘开济、范强）
图 14. 美国雷诺赌城表现图
图 15. 美国雷诺赌城模型

地距外交部原有的住宅区比较近，所以得到了部方的肯定。外交部方案一直由院里其他所主要负责，但为了集思广益，院里也要求大家都提出一些设想。

由于外交部办公楼是涉外单位，因此外交部对其办公区的保卫工作十分重视，对于防窃听、窃照等都提出了严格的要求，同时由于其地处道路转角，为了方便车辆进出及满足相关礼仪的要求，于用地西北角空出了较大的地段，以便于举办外事活动时车辆的进出或举行小型的仪式。主要办公部分采取围合的形式布置，将保密要求高的房间布置于远离沿街的地方，沿东南—西北方向布置建筑的主轴线，主楼和配楼形成对称式布局，以体现政府办公建筑的庄严大气。针对中心主楼部分，我们考虑了两种布置形式，包括板楼方案和塔楼方案，并考虑了街景的起伏变化以及当时市里提出的表现传统特点的要求，采用了坡顶或小亭子的处理方式。我们勾了些草图交出也就算完成任务了。外交部工程最后由建设部建筑设计院中标，其设计采用了立面小窗的弧形主楼形式。

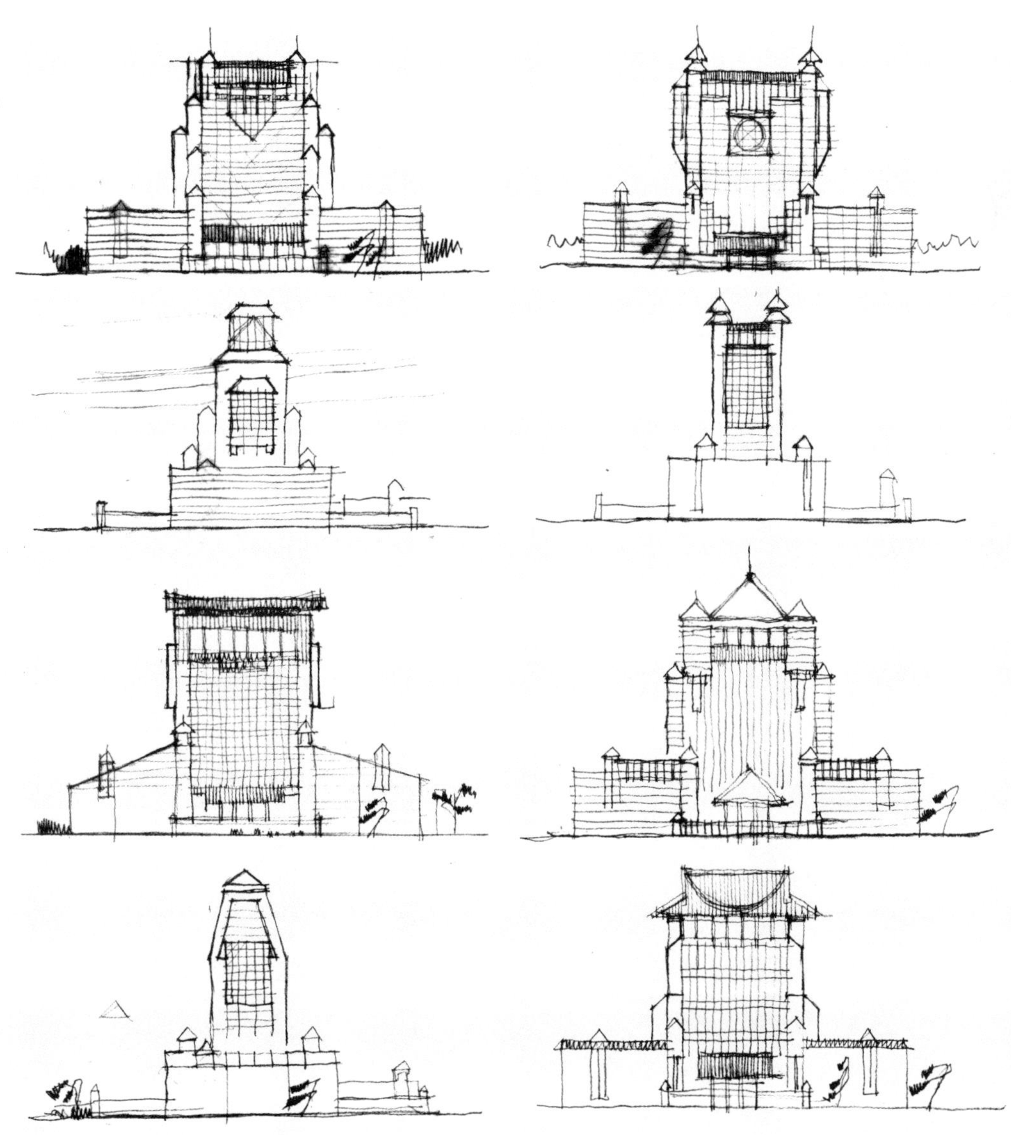

16

图16. 外交部立面方案示意（正面、侧面）

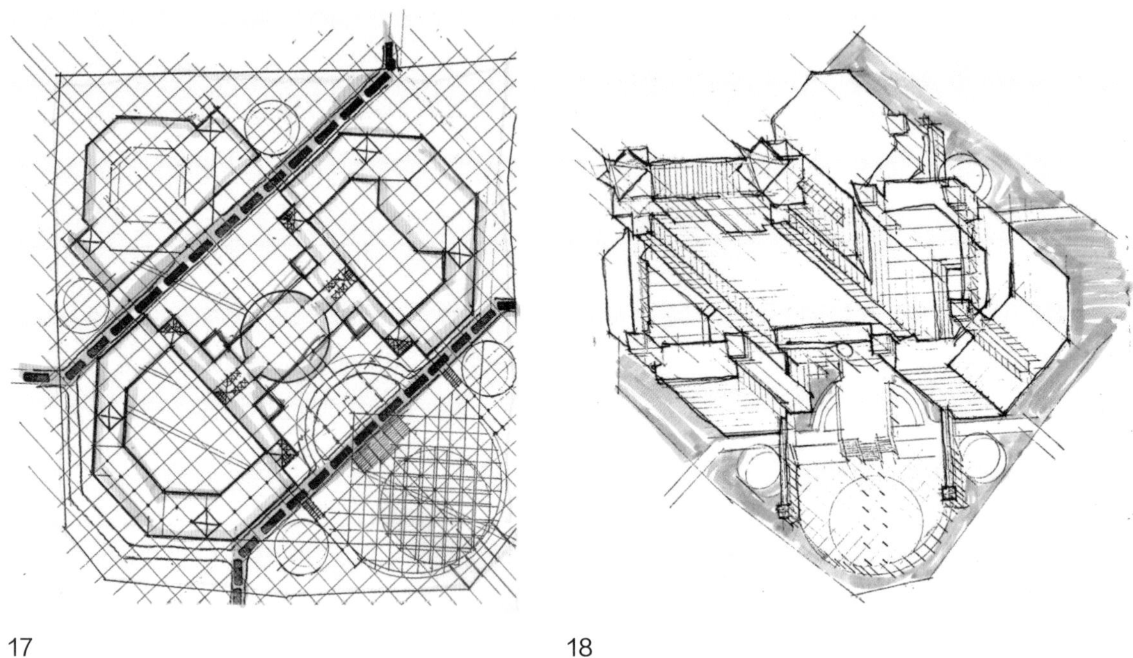

17 18

京津花园方案

京津花园方案是在改革开放以来房地产开始开发时，京津国际房地产股份有限公司决定在廊坊开发区内新建别墅区，业主方根据京津两地居住现状和客房需求、市场走向以及经济收益预测等，委托我们进行方案的设计。我们在刘开济总的指导下，经讨论后由王兵执笔，与各专业配合，于1992年10月完成了最后方案和相关图纸的绘制，然后工程交由我院永茂事务所具体实施。因忙于其他工作，我们并未进一步跟踪和注意其实施情况，只是听说方案在逐步实施过程中改动很大。

京津花园用地位于京津高速道路的一侧，距京津两地各为60 km，距北京市区边缘仅3 km，总用地面积45 hm^2，可建设用地37.8 hm^2，地形基本平整，多为农田，用地范围内没有古树和重要文物遗址。规划部门提出建筑密度为0.2~0.3，容积率为0.5~0.6，建筑层数平均为2.5层，业主方提出的任务书要求总面积为19.08 hm^2，其中别墅430栋（8.12 hm^2），公寓3栋（4.08 hm^2），花园大厦1栋（4.33 hm^2），俱乐部1栋（1.65 hm^2），寄宿学校1栋（6000 m^2），行政办公楼1栋（800 m^2），其他用房2104 m^2，按此计算，容积率为0.56，建筑密度为0.2。

在我们给出的设计方案中，别墅区建筑面积为150 m^2左右的有260栋，200 m^2的有113栋，300 m^2的有42栋，400 m^2的有6栋，600 m^2的有2栋。另外我们还设置了3栋785 m^2的迷你旅馆，1处714 m^2的四合院。在公寓大楼中设置了192套三室一厅，56套四室一厅，同时配有库房商店。在花园大厦中设置了商业、餐饮、娱乐厅、银行、邮政、出租写字楼等。在俱乐部中设置了室内游泳、网球、保龄球、桑拿、餐饮娱乐等项目。

业主要求环境高雅、风格独特、设施齐全、安全方便、经济灵活，因此，我们着重在总体环境上进行设计，以使其隔绝外部噪声和各种干扰，形成被绿化包围的花园别墅区。局部环境则在考虑

图17. 外交部方案总平面图　　图18. 外交部方案轴测图

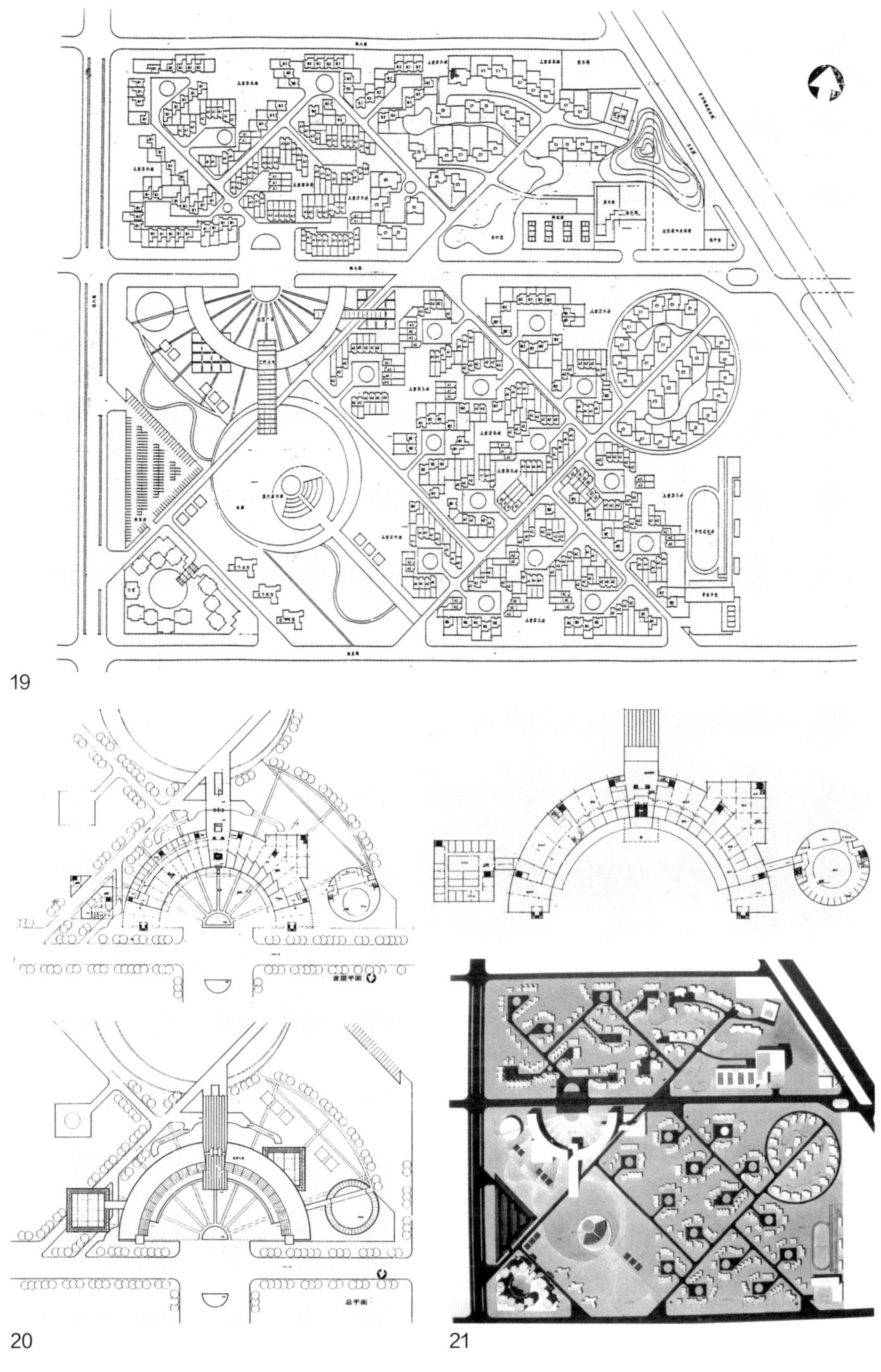

图 19. 京津花园总平面图　　图 20. 京津花园大厦总平面图、各层平面图　　图 21. 京津花园彩色住区图

22

朝向和日照的基础上，塑造围合半公共空间，使其成为公共空间和个人私密空间之间的过渡空间，便于人们的交流和活动，使其具有国外社区生活的气象。另外，每栋别墅都界定出专属花园和服务院的范围和位置，便于形成各具特色的私密空间。

在规划手法上，我们没有采用简单的行列式布置，而是力求错落有致，使街景富于变化，各组团内包含不同的具有标志性和特色的小品。由于建筑个体较多，因此立面整体比较丰富，每组居住建筑内包括 11~25 户不等，利用单元的组合，通过拼连、凹凸、错接等方式，与尽端式道路相结合。而单栋式建筑除布局活泼外，还有水面穿插其间，其环境设计也和各居住组群形成有机的统一整体。道路系统明确，过境交通和组团内交通分工明确，尽端式支路减少了外部车辆的干扰。儿童活动场地与机动车道路完全分开。同时，我们在规划中考虑了分期开发的可能性，将北部作为第一期开发用地。

图 22. 京津花园总模型（三幅）

在造价估算上，原业主策划报告给出的是1861.8元 / m^2（不含地价），我们按北京地区的标准（没有优惠政策）计算后得出的造价为 3845 元 / m^2，相差一倍还多。其中除不同地区税费不同、产品采用标准、压缩施工费用等因素外，原造价的条件也是难以满足的，我们建议业主方再根据实际情况加以研究。

在总体规划的基础上，我们还设计了京津花园大厦的初步方案，按照规划将主楼设计为五层的半圆形建筑，向北形成半圆形广场，西面的圆形建筑（三层）和东面的方形建筑（二层）都与主楼在二层部分相连通。广场半径为 45.0 m，大厦的放射性柱网的柱距按半圆分为 24 等分，4 排柱网的柱间距分别为 6 m—6 m—8 m—8 m。

在首层和二层设置金融中心、邮政银行、购物中心、餐厅、娱乐空间、展示厅等，还有进入办公部分的专属门厅，三至五层为写字楼；东楼首层为门诊，二层为办公管理空间；西楼首层为旱冰场，二层为舞厅，三层为多功能厅。总建筑面积为 3.19 hm^2，写字楼部分为 1.04 hm^2，商业部分为 3100 m^2，餐饮娱乐部分为 7286 m^2。

厦门国际科技商城方案

厦门国际科技商城方案是 1992 年年中北京院厦门分院要求设计的，当时厦门技术创新联合公司受国家科委（现为科技部）中国技术创新公司的委托，准备在厦门新建国际科技商城，作为厦门高新技术产业开发区的配套工程。北京院厦门分院已经按任务要求提出了两个方案，但可能是业主方对方案数量有要求，因此分院要求本院再提供一个第三方案，就是在这个背景之下，院里要求我们

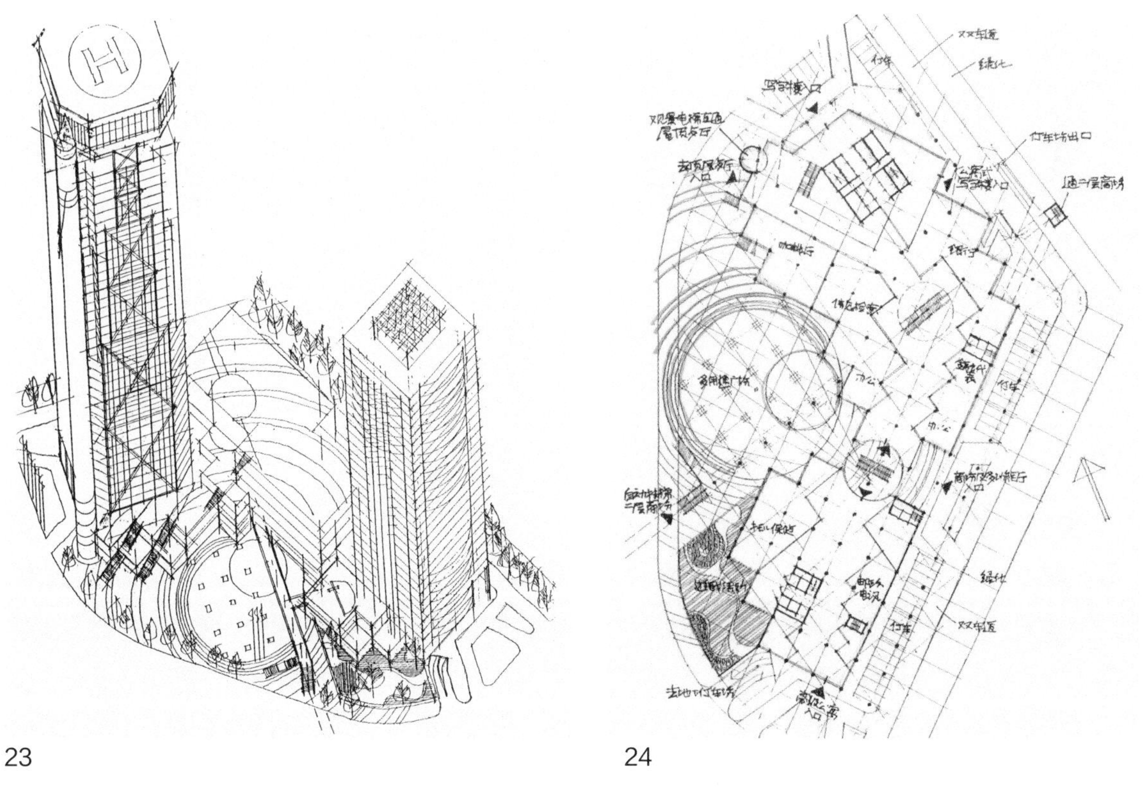

图 23. 厦门国际商城轴侧图　　图 24. 厦门国际商城一层平面图

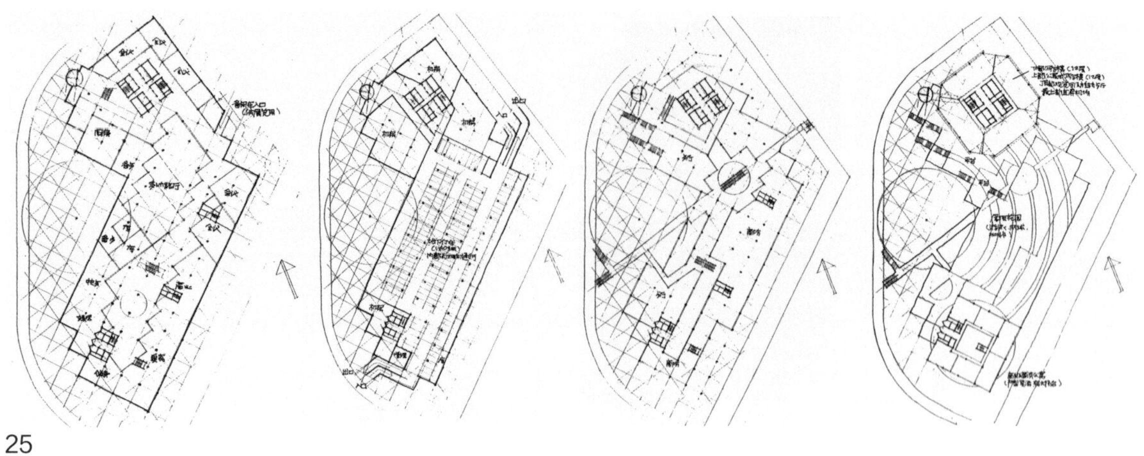

25

提出一个方案，完成图纸以后发往分院。至于后续的结果我也没有继续过问。

商城的用地选在厦门市西端特别区内一号地块，占地 15.7 hm^2。特别区是一个集商业、金融、游乐、高级公寓为一体的商业区，为填海而成，地处新老市区交会处，西临大海，南靠市区，北面是西堤公园及东渡港区，东对湖滨南路。一号地块在整个区划的最西端，三面临海，风光迷人，与鼓浪屿、台商投资区隔海相望，处于厦门市主要商业区。

福建省建委提出的规划条件：建筑总规模为 12 hm^2，容积率为 8，建筑密度控制在 40%~45%，绿化覆盖率为 30% 以上，对建筑高度暂时不作限制。因此，业主方提出，写字楼面积为 4.5 hm^2，大开间，以便于二次设计；公寓式写字楼面积为 1.0~2.0 hm^2，按单元式设计，功能上可作办公室或改为公寓；高级商务公寓面积为 3.0 hm^2，内设大、中、小单元；多层群楼面积为 25 hm^2，内设多功能厅、商场、餐厅、健身房、游泳池、网球场等；地下一层设停车场。业主方要求主体建筑高度在 100 m 以上。

我们的设计方案将写字楼和商用公寓式写字楼结合在一栋中，共 44 层，其中写字楼 32 层，公寓式写字楼 12 层，顶部为旋转餐厅，有观光电梯可直达屋顶，设直升机平台，使其成为主要的标志性建筑，保证高级公寓、所有写字楼都有好的朝向和观景条件，并设有观景电梯为公寓住户和来访客人提供观海景体验。为保证使用和观景，裙房采用层层退台式，在道路边缘即有自动扶梯和台阶，可乘此到达各层。裙房最顶部是屋顶花园、网球场和咖啡店。各功能部分均有独立的出入口。地下车库可停车 140 辆，柱网统一，便于施工，柱网与进入商场和多功能厅的主要道路的走向一致。

由于时间限制，我们只提供了各层的平面布置图和一张轴测透视图，厦门分院可据此作进一步的改进和加工。

青岛市民中心外立面

1992 年 8 月，北京市科学技术协会组织各界专家去青岛休假，北京院有熊明总、郁彦总和我参加。北京市科技干部局接待了我们，在最后一天时招待我们到青岛新区开发指挥部，向我们介绍了开发区的情况，重点介绍了新政府中心的办公大楼，当时青岛市准备把老市区的政府办公楼转移到新区来。新办公大楼呈弧形布置，前面的道路和广场十分神气，但整个建筑物全都以玻璃幕墙作为立面材料，

厦门国际商城各层平面图

对此我们认为，其一是政府中心的办公大楼应是庄重、明朗、大方、具有时代特点和地方特色的，全部采用玻璃幕墙给人的感觉过分商业化，不符合政府办公建筑的形象。其二是青岛本地所产的花岗石远近驰名，这种当地材料不但耐久性好，而且可以使建筑呈现庄重华贵、坚实有力的效果。当时开发区指挥部要求我们提出立面方案以供参考。回到北京以后，我们提出了将花岗石面与幕墙相结合以及在大片花岗石墙面上开窗洞的处理方案，同时为了向他们介绍当时石材墙面的几种新的施工方法，以代替国内当时常用的湿式工法，我画了 3 种不同的构造处理方式供甲方参考：第一种是干式施工法，也就是干挂法，接缝处可以开敞也可以封闭，石材厚度为 4 cm；第二种是组合式施工法，石材和预制外墙板形成整体式墙板，与结构固定，石材厚度为 3 cm；第三种是钢框架法，把石材嵌入钢框架，每个框架单元可达 3.5 m × 2.6 m 左右，如按石材厚 3 cm 算，其总重约为 1.1 t，这种做法对精密度的要求较高。

把有关建议提交指挥部后，我们就未再过问。后来，我们又去青岛市新政治中心时，见其效果如图 27 所示，这是当地设计单位的最后设计了。

26

27

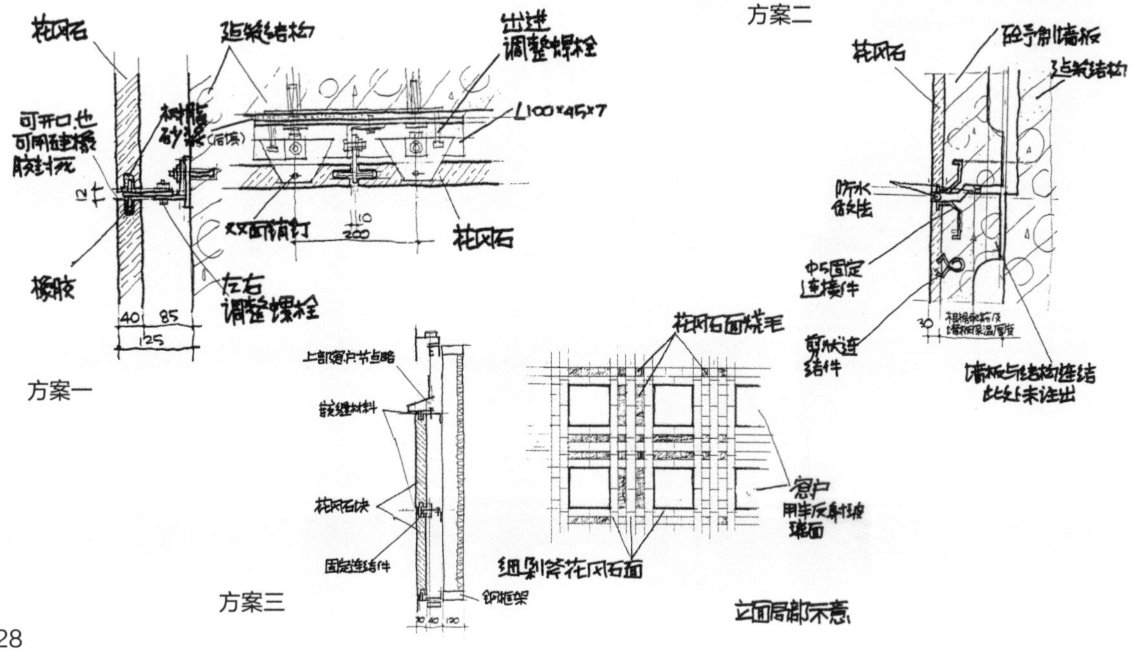

28

图 26. 青岛市政府中心原立面方案　　图 27. 青岛市政府中心完成立面

图 28. 三种花岗石做法手绘示意图

长春解放军兽医大学多功能体育馆

长春解放军兽医大学（现吉林大学农学部）多功能体育馆是我们于 1992 年 10 月受委托设计的。校方考虑这是在 20 世纪 90 年代校园内新建项目，因此应和原教学主楼一起形成崭新生动的建筑群和活动中心，但他们认为校园内原有建筑的造型和处理不够理想，因此要求新建筑应有所突破，建筑风格和造型要新颖，形成校内新的景观。在功能上，校方要求以体育比赛为基础，同时兼有会议、演出、电影、健身、娱乐等多种功能，使一馆多用，从而探索使用和管理上的新途径。另外，原教学主楼为 8 层，因此校方也提出建筑师在设计时应考虑新建筑的第五立面，对此给予必要的重视。

在总平面上，我们充分利用原教学主楼已形成的中轴线和楼前广场，使新建体育馆和图书馆遥遥相对，与主楼有机结合，形成新的景观。交通方面，利用原有道路满足不同功能的入口要求。在建筑处理上，力求与原建筑协调一致。

在平面处理上，用地面积为 65 m × 135 m=8840 m^2，主入口朝中央大道，门前有较大广场，满足校方举办各种活动的要求。观众席为 2290 席，活动座席 240 席，共 2530 席，固定席位 25 排，不设楼座和横向走道，最大视距为 32 m。比赛场地尺寸为 24 m × 40 m，位于观众席和舞台的中间，场地上空净高 13 m。当多功能使用时，比赛场地覆面保护以后，上面可放置临时座椅。疏散口除观众席后部的四处外，在场地两端也设置了备用疏散口两处，保证多功能使用时的疏散。观众席对面为舞台和主席台，一侧右侧台，后舞台下部架空，为仓库和机房，设有升降台，便于临时座椅的存放。

29

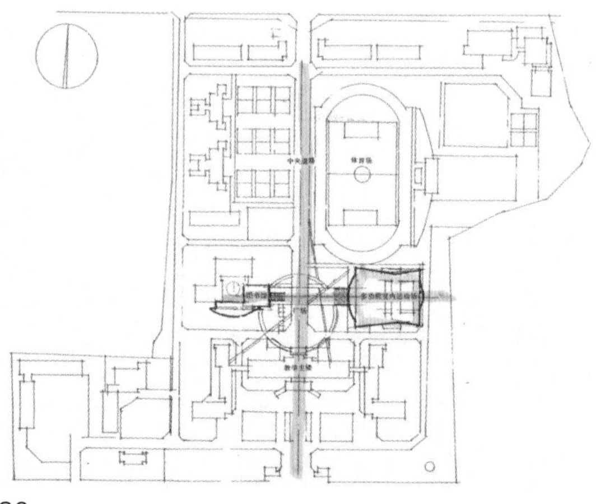
30

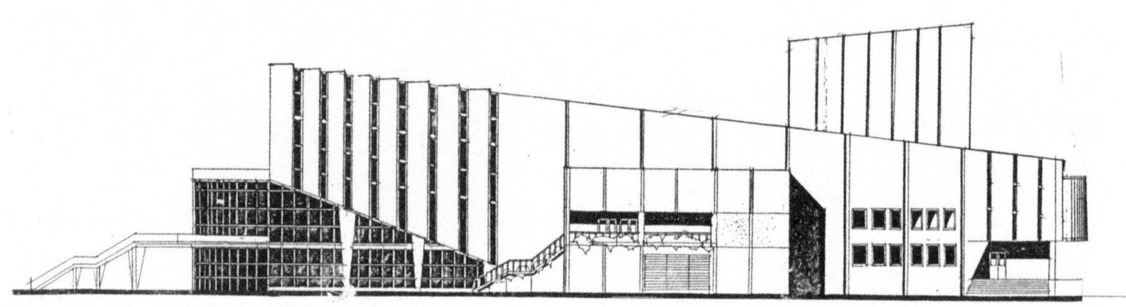
31

图 29. 长春解放军兽医大学体育馆模型 图 30. 长春解放军兽医大学体育馆总平面图
图 31. 长春解放军兽医大学体育馆立面图

总建筑面积按轴线计为 5895 m^2。

设计主要由王兵、王立昕和郭明华等人完成。方案通过后，交给第四设计所完成后面的初设和施工图。工程进行得还较顺利，竣工验收后，业主方也较满意。但现场我是一次也没有去，也没有派人去拍过完工以后的照片。

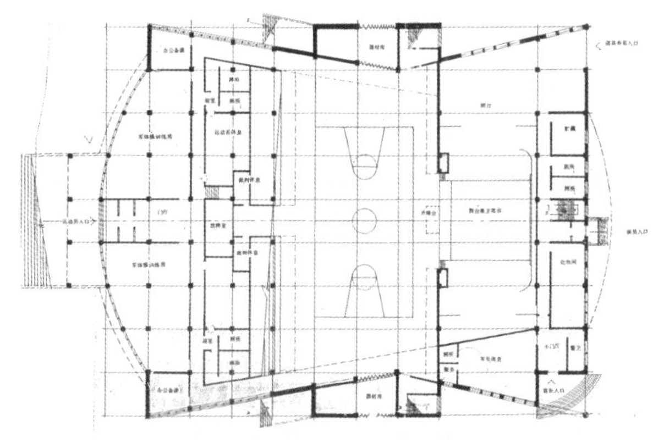

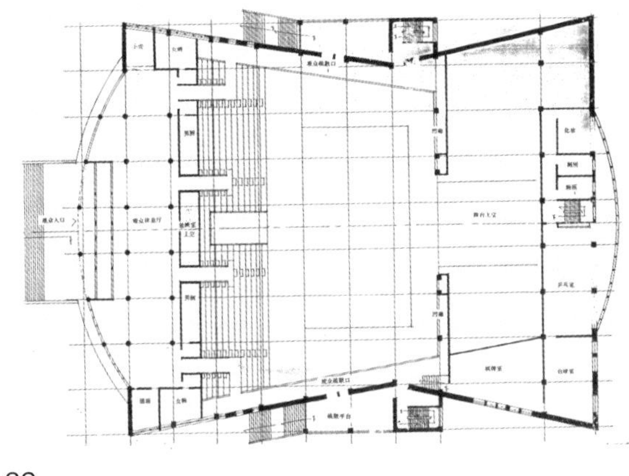

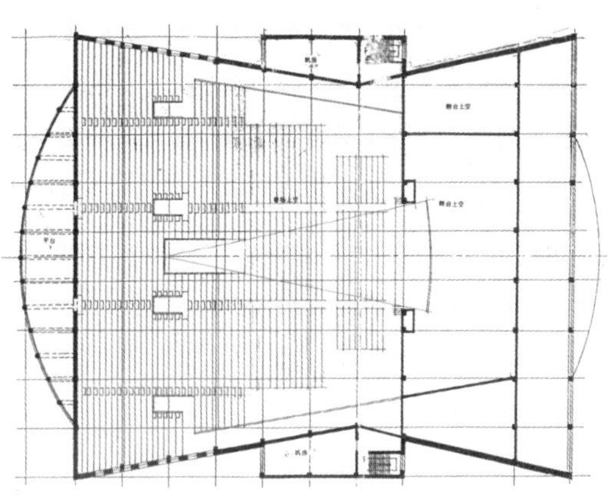

32

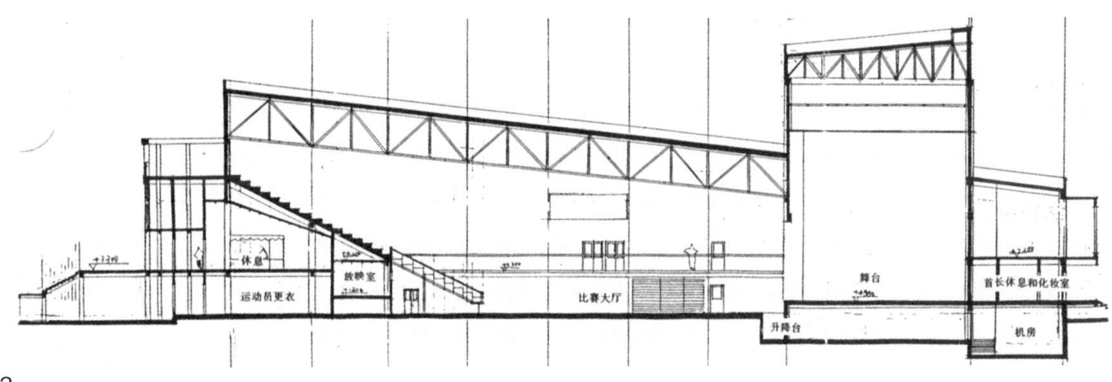

33

巴基斯坦国家艺术馆方案

巴基斯坦伊斯兰共和国伊斯兰堡国家艺术馆方案是中国北京国际经济合作公司与我院第四设计所在 1992 年 7 月共同提出的一个方案。当时委托方对方案提出了如下要求：保存国家收藏的艺术作品（馆藏将不断扩充）；设置专门的展厅和画廊，展出艺术大师的固定展陈或临时展陈；提供艺术展览和文化艺术交流的场地和会议报告厅；设置艺术研究设施；除了作为富有民族艺术与文化标志

图 32. 长春解放军兽医大学体育馆各层平面图　　图 33. 长春解放军兽医大学体育馆剖面图

的纪念性建筑外，希望能通过艺术馆的建设进一步加强中巴两国和两国人民间的传统友谊，使之成为中巴友谊新的见证。

国家艺术馆位于伊斯兰堡，伊斯兰堡是巴基斯坦的政治中心，是从20世纪60年代起开始建设的新型现代化城市，被认为是伊斯兰传统建筑与现代建筑紧密结合的城市，因而国家艺术馆首先应是一个现代化设施，要利用现代的科技手段来满足人们在各方面的需求，尤其在收藏和展出等主要环境上，使现代手法与传统特征紧密结合为一体。所以无论是其总平面布局还是围合的庭院，其内部空间处理、墙面分格和砌筑装饰等都应尽量采用当地的常用手法。

因为委托方并未提供现场的详细资料，所以我们只能根据其功能要求试做一个初步方案，待有进一步的资料后再做调整。

在总平面上，尽量将其布置紧凑，除宿舍和车库外，将其他功能都集中在一栋建筑之中，这样可以节约用地、便于管理。国家艺术馆的主要核心部分位于二层，游客通过坡道和台阶可直接到达展

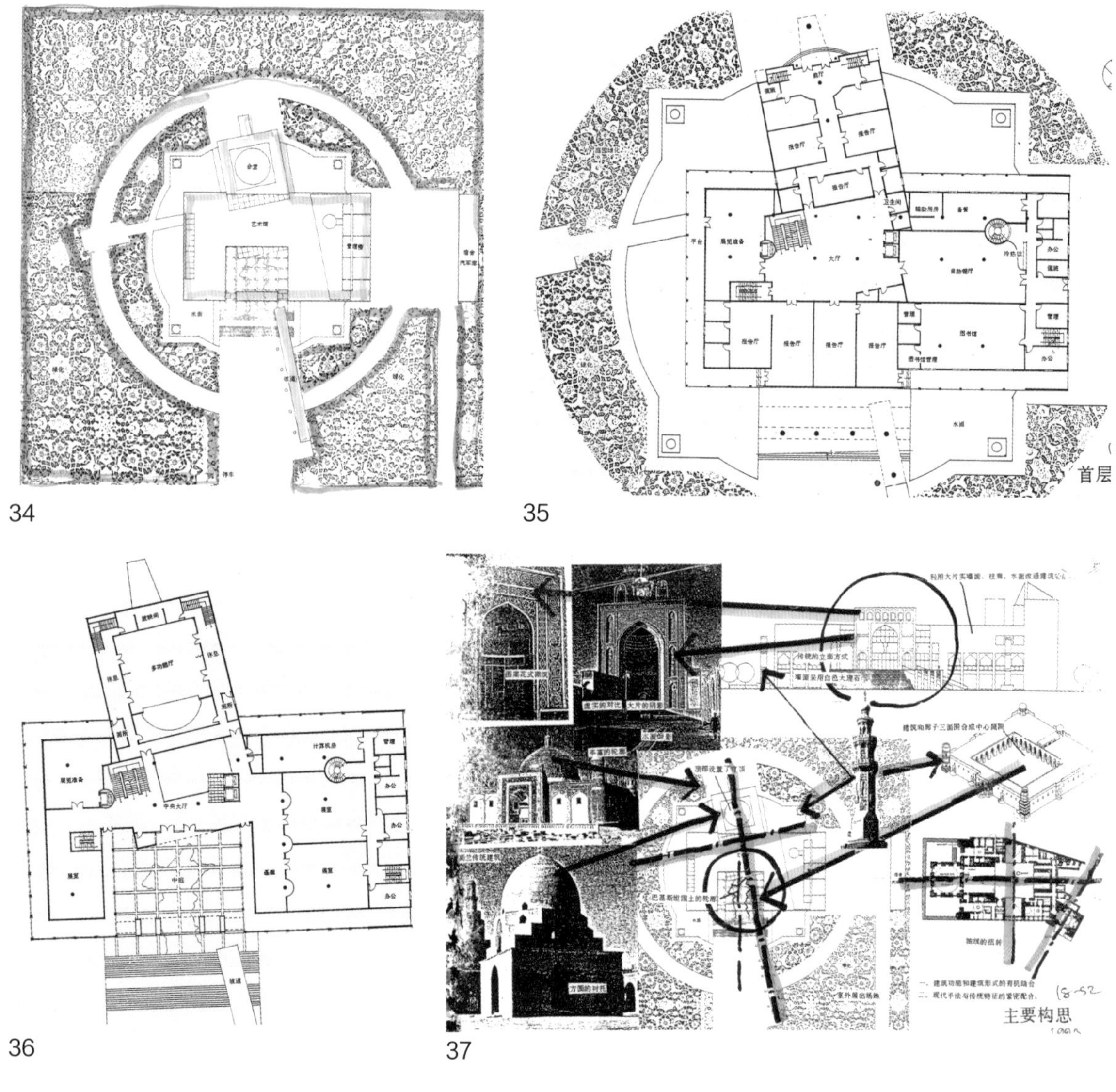

图34. 伊斯兰堡国家艺术馆总平面图
图35. 伊斯兰堡国家艺术馆一层平面图
图36. 伊斯兰堡国家艺术馆二层平面图
图37. 伊斯兰堡国家艺术馆主要构思

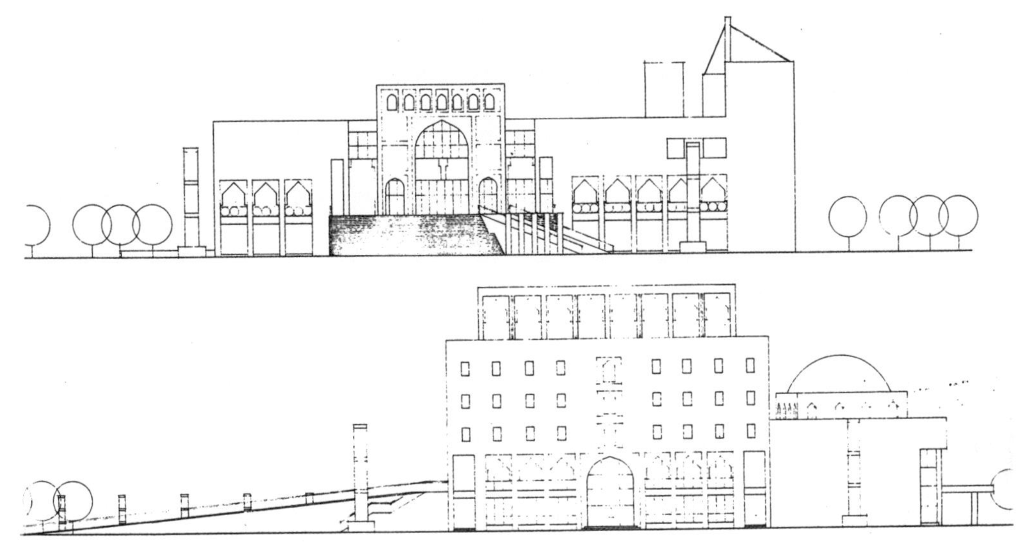

38

39

40

厅和多功能厅。我们在一层布置了不同方向的入口，不同人流可以分别到达会议报告厅、展厅、图书馆、餐厅及办公区域等；而在地下部分设置了藏品库、教室、机房与部分办公室；另外在3~5层还设置了部分办公室和研究室。初步计算总建筑面积约为9800 m^2。

考虑到伊斯兰堡地处热气候地区，因此在立面和体形设计时，我们结合了当地的气候和民族宗教特点，利用大片的实墙面、柱廊、水面等满足隔热降温需求，以节约能源。通过尖拱、壁龛、柱廊等增加立面上的层次，同时形成丰富的光影效果。我们通过设计穹顶，使之成为建筑中的重点，使轮廓线更富于变化。此外，我们还结合轴线的扭转、虚实的对比、高低的变化，并使用传统的图案以增强其文化性和装饰性，以此形成建筑的主要特征。设计主要由王兵、陈晓民完成。

山东省济南市方案

从1991年起，我们陆续承接了一些山东省济南市的设计工作。济南是我出生的地方，但来北京工作以后，我很少接到济南的设计业务。后来我的发小董世民来北京找到我，希望北京院能够和他

图38. 伊斯兰堡国家艺术馆立面图　　图39. 伊斯兰堡国家艺术馆模型

图40. 伊斯兰堡国家艺术馆模型一层入口

们合作，介入一些位于山东省的工程，当时陈杰院长一直关注这一工作。自此以后，我们在几年之中陆续做了一些方案。在审批过程中，我还认识了山东省人民政府办公厅的刘主任、济南市规划局的汤局长。汤局长是北京院结构专业汤志勇的哥哥，而他们哥俩又都毕业于北京育英中学，和我是高中的校友。另外，济南市建筑设计研究院的总建筑师邵琦毕业于清华大学，是北京院张光恺的同班同学，他父亲邵力工是中国营造学社成立后，1933 年首批进入故宫测绘的主力人员，时任学社的法式助理和绘图员，承担了大量的勘察测绘工作。他们对我们在济南的工作提供了很多帮助。

我们所承担的第一项任务是山东省人民政府（以下简称“省政府”）的办公楼。省政府位于济南老城区的中心位置，北面毗邻著名的大明湖，省政府大院呈长方形，南北长 450 m，东西宽约 250 m，是在过去的政府衙门的基础上逐渐形成的。用地内除包含办公建筑外，也有一些住宅，当时

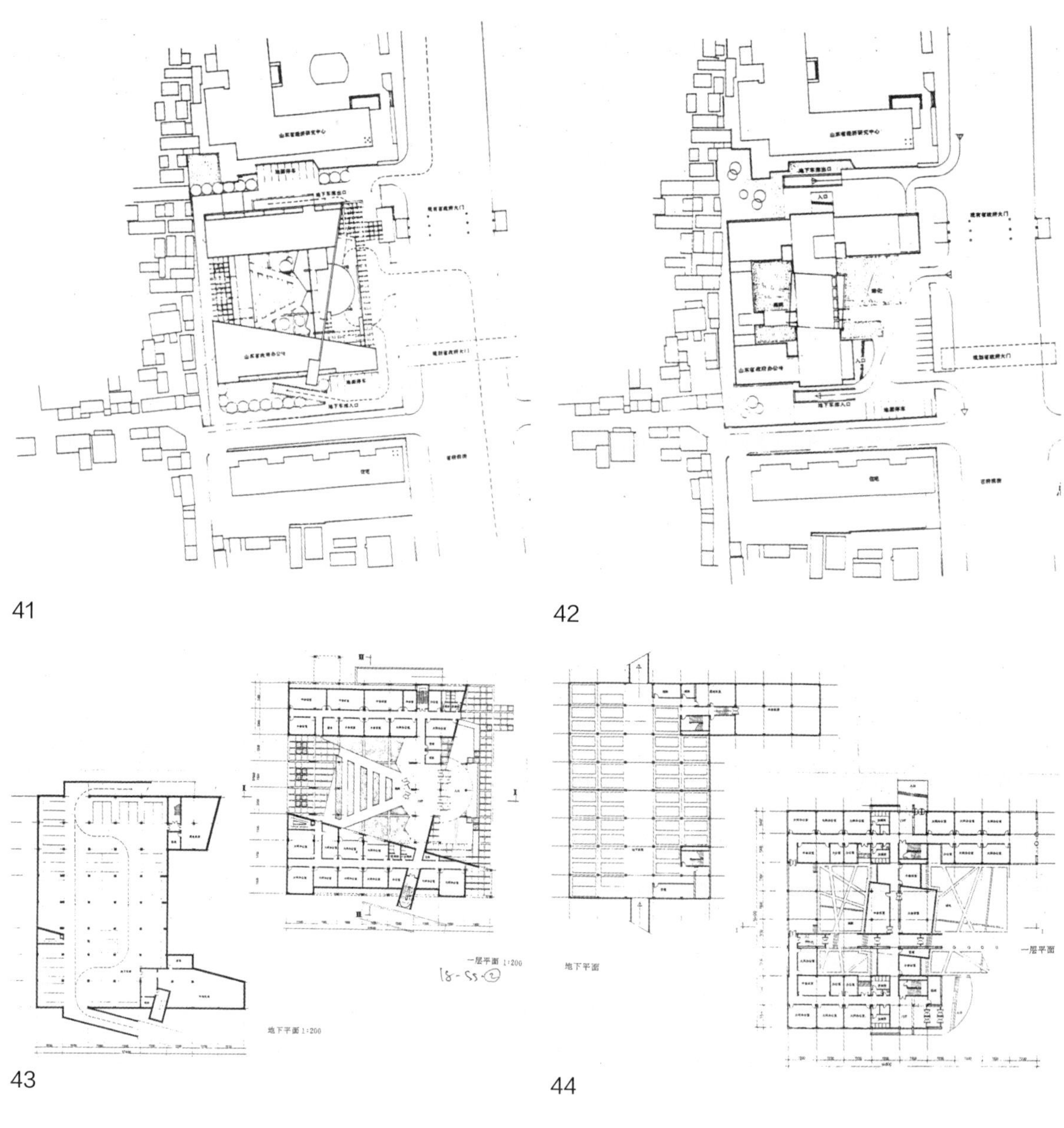

41 42 43 44

图 41. 山东省政府办公楼方案一总平面图
图 42. 山东省政府办公楼方案二总平面图
图 43. 山东省政府办公楼方案一平面图
图 44. 山东省政府办公楼方案二平面图

省政府办公面积严重不足，有许多厅局只能在外面办公，所以我们想利用省政府入口处西面的用地，先建一栋办公楼以解用房之急。

省政府大院中心与南面的省政府前街隔一条大道相对，用地南面为省政府西街，省政府当时的入口比省政府东、西街要后退很多。用地北面是五层的山东省经济研究中心，用地以南与省政府南街相对的是一栋四层的住宅楼。虽然省政府规划把入口推到距十字路口较近之处，但用地现状一时还不会改变。

当时参与此工作的有王兵、范强、姚远，后期有蔡克、顾尚岐和安学同。我们在 1991 年 4 月提出了 2 个方案，基本是地下一层，地上五层，按南北 2 部分考虑，便于其中各部门分别使用。对于平立面的处理，我们基本采用了比较现代的手法，总建筑面积地上部分为 9500 m^2，地下部分为 2400 m^2，但方案一直搁置。直到 1994 年 5 月，经与业主方讨论和专家评审，考虑到实际使用，我们最后采用了比较简单的“L”形平面，在转折处的入口部分做重点处理，在立面形式上，为使其和省政府的一些老建筑保持协调，我们决定采用传统形式——在屋顶上面铺黄色琉璃瓦。1995 年 6 月，我们去济南研究立面做法，经常委讨论后，同意幕墙和面砖石材的做法。工程由中建八局负责施工。

此后，我们于 1994 年 6 月承接了山东省纪委监委办公楼的任务，其用地位于经七路纬二路的一个独立地段上，当时是由北京院四所的张中增负责这一工程，陈杰副院长直接参与，在 8 月 5 日审查。省政府办公楼和山东省纪委监委办公楼后来都顺利建成，我也曾去看过。

1994 年 10 月，省政府办公厅的刘主任又来和我们谈，他们准备重新规划省政府大院。当时在邓小平同志南方谈话以后，山东省在经济、文化、科技等方面都有长足的发展，成为当时的发达省份之一。因此，省政府大院就显得有些跟不上时代了，需要我们提供一些规划改造方案供研究。

因为用地面积有限（规划用地约 8.95 hm^2），用地内又有若干栋建筑和住宅楼不能拆除，原有建筑多为 4~5 层，所以我们与规划部门进行了商讨。商讨后，规划部门初步同意将新建建筑高度控

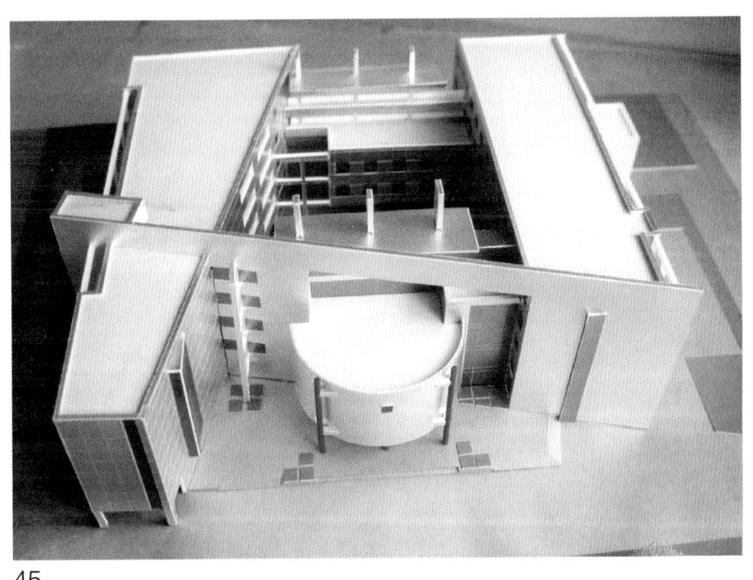
45

46

图 45. 山东省政府办公楼方案一模型　　图 46. 山东省纪委办公楼方案一

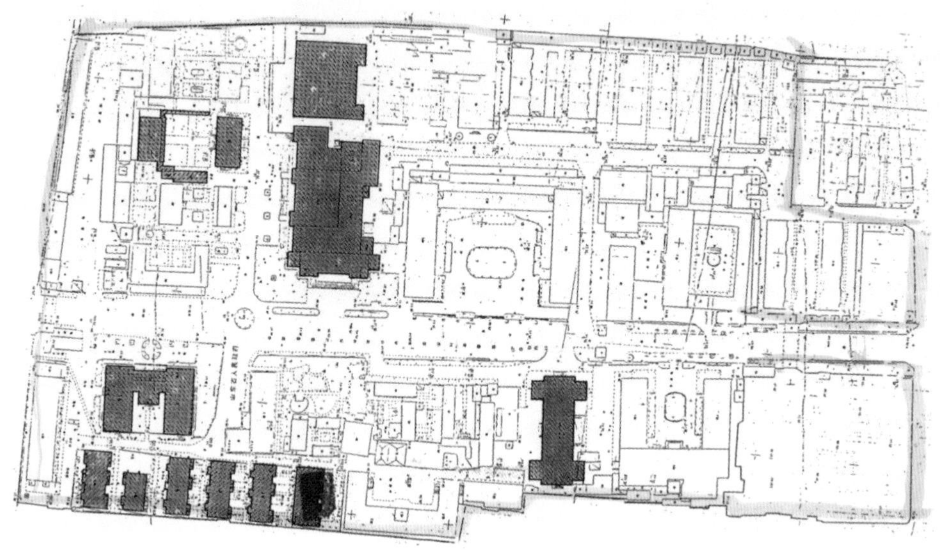

47

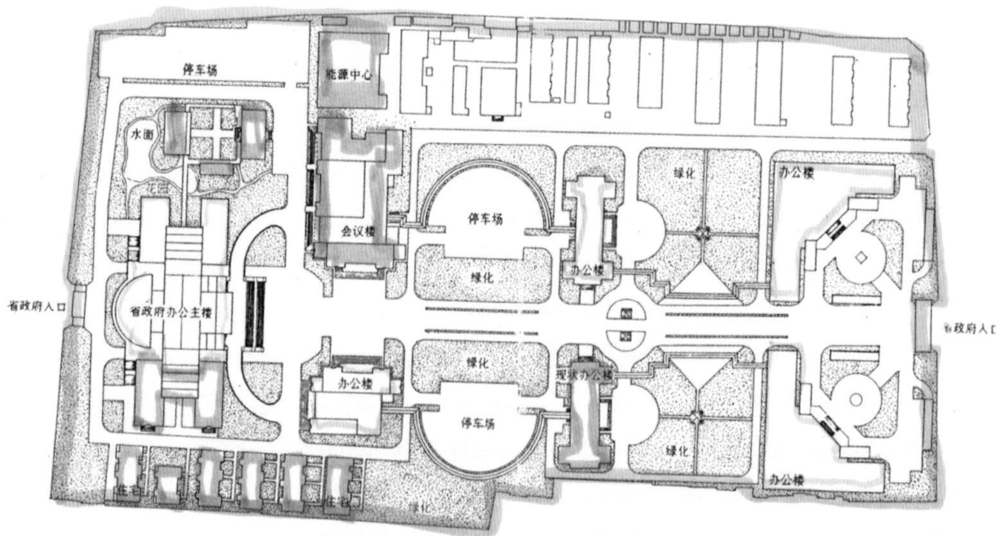

48

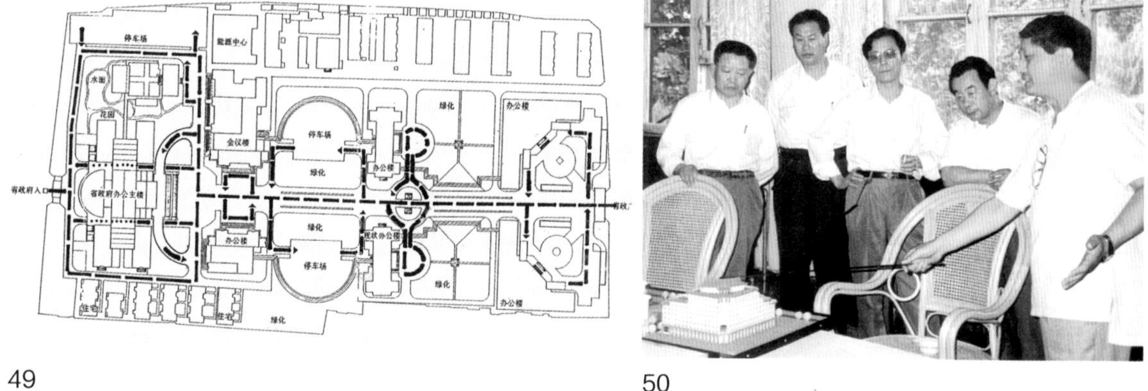

49

50

图 47. 山东省政府大院现状

图 48. 山东省政府大院规划总平面图

图 49. 山东省政府大院交通组织图

图 50. 作者向省政府领导汇报

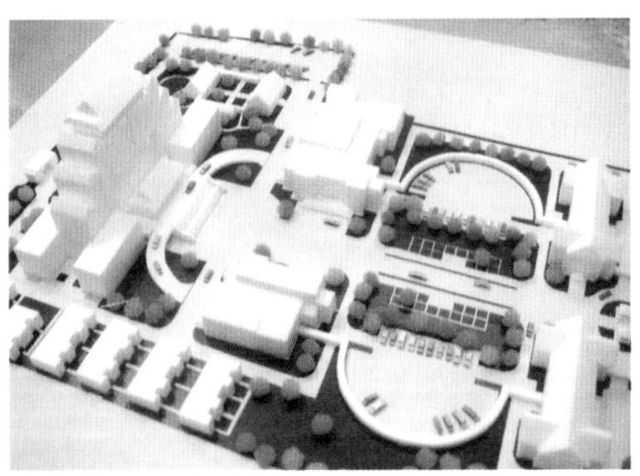

51

制在 50 m 以下（即层数不多于 12 层），同时我们还考虑到省政府所处位置和周围环境的特点，尤其用地北面就是大明湖和大明湖景区，所以我们决定采取民族形式和现代手法相结合的方式，使大楼既有省政府办公建筑的特点，又能与环境相辅相成。

规划方案以原有的南北道路为省政府建筑的中轴线，在轴线两侧分别布置了 3 组不同形式的对称建筑和大小不同的院落。用地最南端为 2 栋“L”形建筑，形成入口处建筑环抱的“U”形格局，具有亲民开放的特点，其后的 2 组建筑在平面形式上与原有建筑基本对称，加上部分连廊，在空间延伸上有开有合，院落间的绿化各具特色。而在中轴线的最北端是省政府的主楼，无论是规模、体量还是造型都是最突出的，成为省政府大院的主要标志。

在交通组织上，以南北大道为主要道路，并设置了支路。通过支路可以便捷地到达每一栋建筑，并在其中集中设置了 3 处停车场，最多可停 270 辆车。

同时，为了保证省政府在改造期间仍可正常办公，我们提出了分期建设的方案，即由南向北逐步展开。第一期建设约 3 hm^2，第二期中部建设 8000 m^2，最后建设北端的主办公楼，约 2 hm^2。这样计算下来，总用地面积 10.4 hm^2，规划用地面积 8.95 hm^2，总建筑面积 7.25 hm^2，其中新建面积 5.8 hm^2，绿化面积约 4.7 hm^2，停车面积 2.6 hm^2。建筑密度 19%，容积率 0.81，绿化率 0.52。

1994 年 5 月 30 日，我们在省办公会议上向山东省领导汇报。当时的山东省副省长在听取汇报后，问了几个问题，最后表示同意。但后来不知是什么原因，最后省政府的改造一直也未推进，再后来省政府办公厅的刘主任调任山东省水产厅，这件事就更无人过问了。

图 51. 山东省政府大院模型

若干设计方案四

1993 年初，我们完成了用于申办 2000 年奥运会的有关场馆部分的任务，而首都机场的扩建任务刚刚开始，尚有一些时间，于是在 1993—1995 年间，我们又陆续承担了一些其他工程的方案设计，其中有的工程建成了。

唐山市高新技术产业开发区住宅方案

唐山市高新技术产业开发区的住宅方案设计是北京院在 1993 年 1 月布置下来的任务，北京院要求各单位都认领一块儿地进行设计，并提出相应的方案、绘制出表现图。唐山市高新技术产业开发区建设开发总公司为此发出了邀请函，并提供了征集方案的说明书。当时我们负责的是北 8 号组团的方案设计，并在不到 1 周时间里就完成了任务。

我们的设计满足了开发区总体规划中所提出的用地位置、入口方向、组团内独立式和并联式住宅的数目要求，利用尽端式道路形成一个相对独立、安静、安全的居住环境。至于平面设计，我们则根据要求合理布置内部空间，使房间大小适当，庭院绿化丰富，结构简洁，便于施工。因时间所限，我们只提供了北入口的方案，从总平面图看，也有南入口的布置。

其中并联式住宅设置在 20 m × 30 m 的用地内，由两户并为一栋，有各自的前院和内部庭院，每单元建筑面积为 220 m^2，使用面积为 169.8 m^2。而独立式住宅则设置在 20 m × 15 m 的用地内，平面上利用采光内庭，并围绕内庭布置各房间，每户建筑面积为 278.4 m^2，使用面积为 218.6 m^2。

其建筑风格可以自由变化，我们考虑到当时国内此类住宅或为仿西古式，或为仿中古式，所以只提出了较现代、新颖的立面方案，之后其他设计人员也可以在此基础上进行改造。

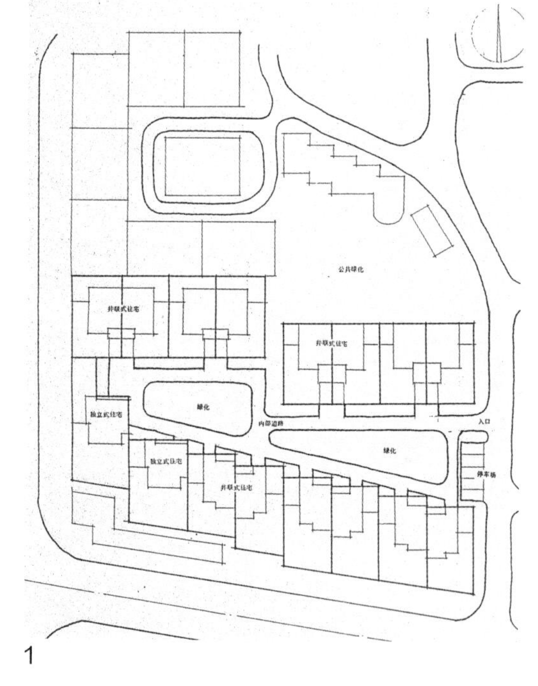

图 1. 唐山住宅组合总平面图

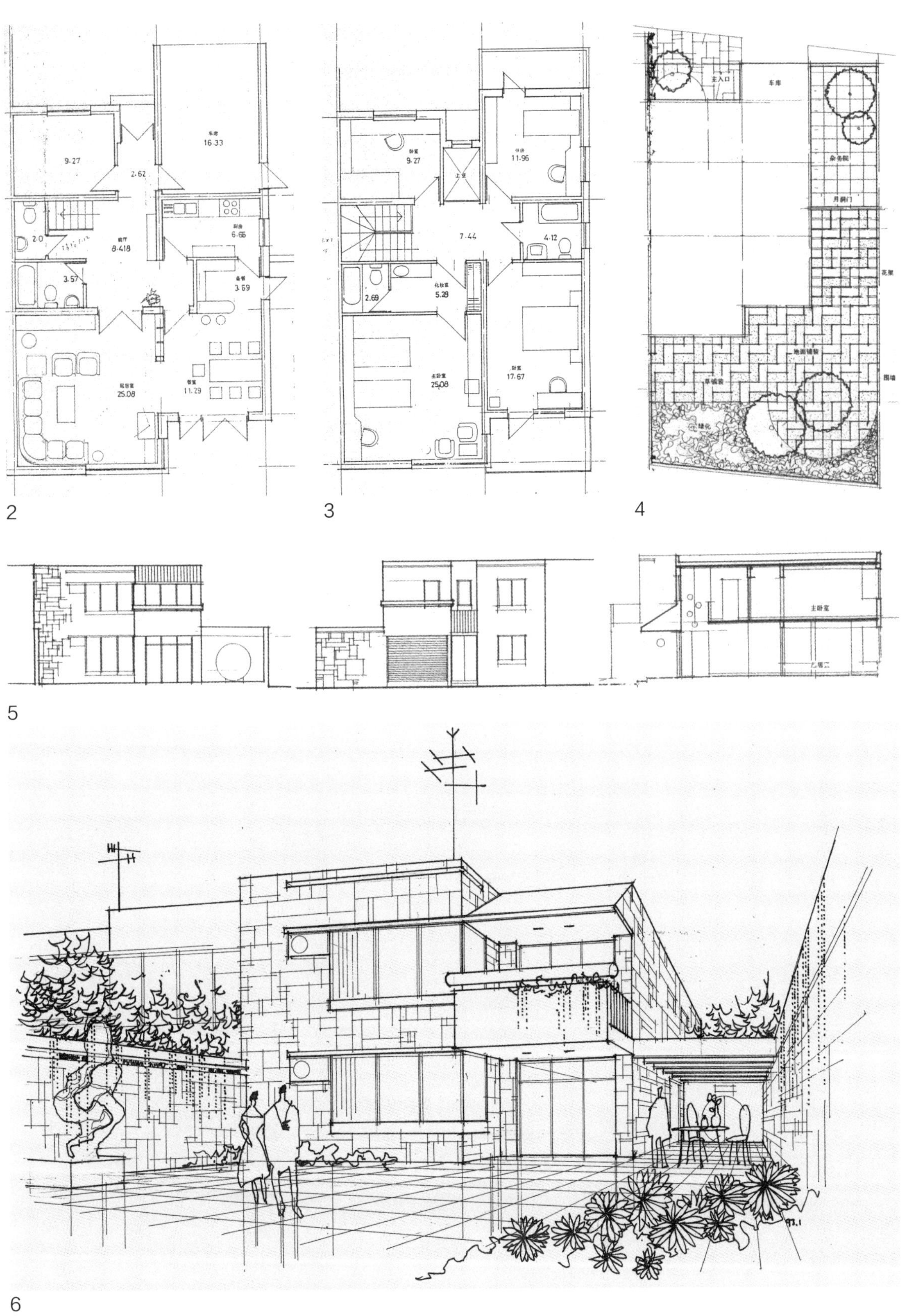

图 2. 唐山住宅方案一，一层平面图　图 3. 唐山住宅方案一，二层平面图　图 4. 唐山住宅方案一，庭院布置平面
图 5. 唐山住宅方案一，立面图　图 6. 唐山住宅方案一，透视图

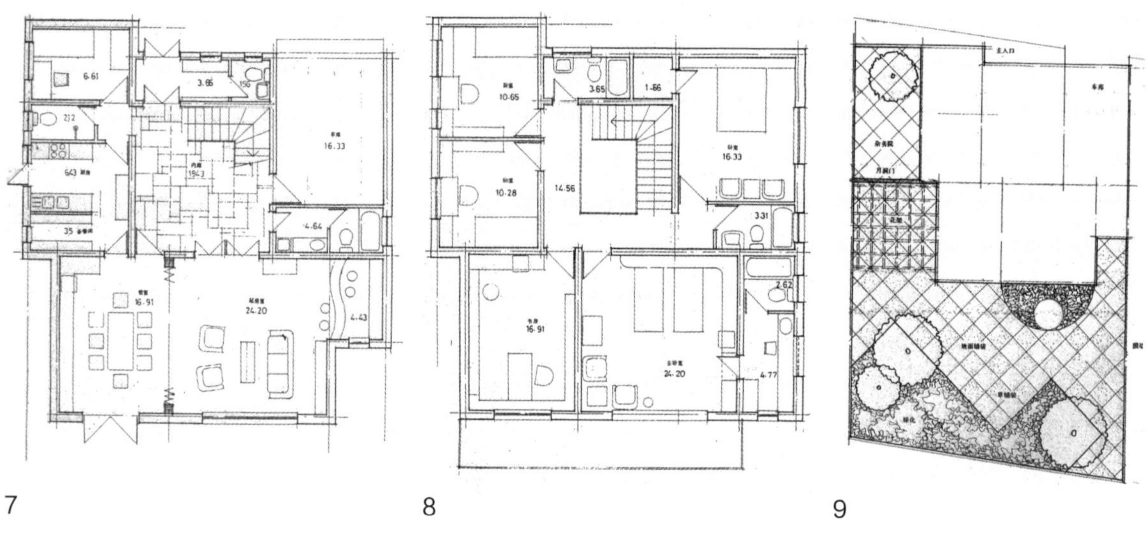

7 8 9

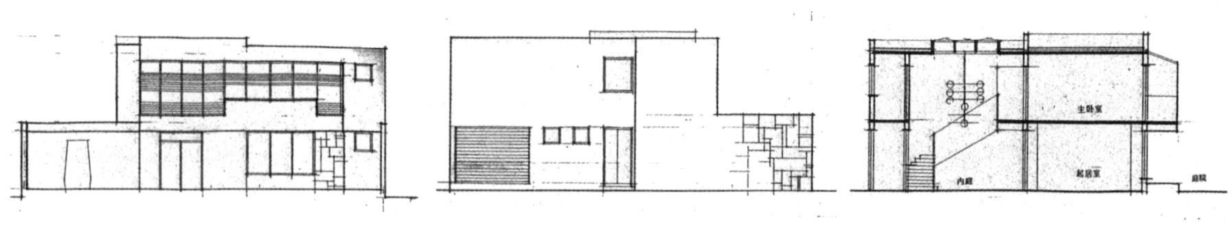

10

11

图 7. 唐山住宅方案二之一层平面图　图 8. 唐山住宅方案二之二层平面图　图 9. 唐山住宅方案二之庭院布置平面

图 10. 唐山住宅方案二之立面图　图 11. 唐山住宅方案二之透视图

整个组团用地约 0.68 hm^2，我们布置了 14 套并联式住宅，2 套独立式住宅。占地总面积为 4240 m^2，其他可作道路、公共绿地、游戏场、公共停车场之用。

方案交出之后未听到任何后续消息，我们也没再关注。

中共青岛市委党校方案

1993 年 3 月份，中共青岛市委党校（以下简称“党校”）委托我院进行党校新校区的规划设计工作，在院党委书记王玉玺、副书记白俊琪的率领下，我和八室刘晓钟等同志一起去青岛现场踏勘，了解设计任务情况，然后由刘晓钟及八室完成了此后的一系列方案、施工图及施工配合工作，整个工程在青岛市政府和党校的配合下，进展得比较顺利。我们去时，被安排住在原青岛总督府，这里是接待国家领导人和外国贵宾的重要场所。在睡了一晚以后，王玉玺书记问接待方：我住的那间客房哪位首长住过？对方的回答令大家捧腹大笑。

12

13

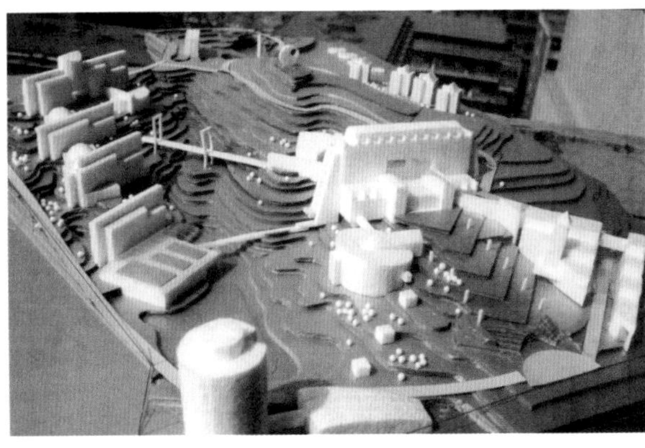
14

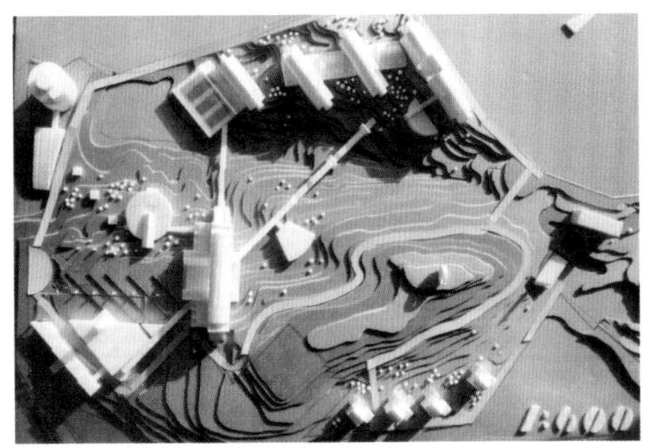
15

保定国际金融市场方案

1993 年 6 月，我们接受了河北省保定市国际金融市场工程的委托，工程的建设单位是中国银行保定分行和保定银燕房地产开发有限公司。在此前建设单位曾邀请过几家设计单位参加投标，已有

图 12. 北京院人员去青岛现场考察　图 13. 青岛总督府　图 14. 青岛党校方案模型　图 15. 青岛党校方案模型

了 7 个方案，但规划、建筑部门的专家经评审后认为这些方案均不理想，于是又委托我们提出方案。我们于 6 月 5 日踏勘现场后，于 7 月 26 日提出 2 个方案供讨论。方案的基本情况如下。

本工程位于保定市新区的中心部位，在两条主干道东风路和朝阳路交叉口的西南角。路口北侧为保定市委（14 层）、东面为燕赵大酒店（14 层）、南侧为纺织大厦（14 层）、西侧为保定生产资料交易市场（12 层）。此处交通方便，距火车站约 1km，南部有长途汽车站，有 4 条公共汽车线路从这里通过。

建设用地面积为 1.72 hm^2，其中 0.39 hm^2 用于城市道路。用地南北长约 117 m，东西长约 121 m。基地原为农田，地形较平整，没有古树和永久性建筑。

由于该建筑地处城市干道的重要地段，规划部门要求建筑北侧退红线 30 m，东侧退红线 20 m，容积率不小于 4。本期工程建筑面积控制在 2.5 万 ~ 3.0 万㎡，其他面积留在二期工程完成。建筑密度控制在 40% 左右；用地周围的城市基础设施、上下水、强弱电等较齐备，由城市统一供热。

我们听取了城市规划管理部门和建设单位的意见后，对现场进行了实地考察，并仔细研究了此前各投标方案的优点、缺点，确定了设计的基本原则。

（1）要从保定的城市整体角度、从城市设计的观点来看待国际金融市场的规划和建设。该市场是保定市新区中心部位的重要建筑物。其重要性除体现在建筑本身所具有的功能外，还体现在城市景观上，是新区具有代表性、标志性的建筑。保定市规划部门对这栋建筑有较高期望，因此在设计上，一方面我们需要结合城市规划的要求，妥善处理交叉路口处广场、交通、停车、绿化等方面的关系，使路口处成为具有较强吸引力的公共绿化广场；另一方面我们还要照顾路口的街景，即在与周围建筑呼应、协调的同时，突出国际金融市场本身的特点和作用，使之成为城市景观的重要景点，并成为古城的新标志。

（2）全面协调国际金融市场的内部功能，妥善处理各部分间的关系，以期达到分区明确、功能合理、使用方便的目的。本建筑的使用功能比较复杂，根据设计任务书的要求，建筑主体由地下 2 层、地上 24 层（其中有 2 层为设备层）组成。建筑物最高点距地 98 m，其中 1~3 层为裙房，包括银行营业大厅、证券市场、宾馆和写字楼的大堂、咖啡厅、酒吧、中西餐厅和多功能厅等；4~9 层为银行内部办公室及会议室等；10~14 层为出租写字间，要求大空间，可灵活分隔；16~24 层为宾馆，每标准层有 21 间客房，其中 23~24 层要设 6 套总统级客房，分为大套和小套 2 种不同的标准。地下 1 层为车库和设备机房，地下 2 层为仓库，地下室按 6 级人防考虑设计。

（3）对于国际金融市场的设计既要考虑国际性、金融性建筑所特有的性格，又要充分考虑保定的城市规划和城市景观。

虽然从内容上看，它是一个有银行、宾馆、写字楼等多方面功能的综合性建筑，但还是应以银行金融业务为主。因此在品位和特征上，其必须与一般的旅馆、办公楼、商业建筑有所不同。规划部门希望该建筑的体形不是单调的方盒子，我们也力求在体形变化的基础上使建筑端庄、大方、稳重，表现出与众不同的个性。

由于建筑物总高度接近 100 m，又位于路口转角处，因此建筑形式在兼顾 2 条主干道的同时，

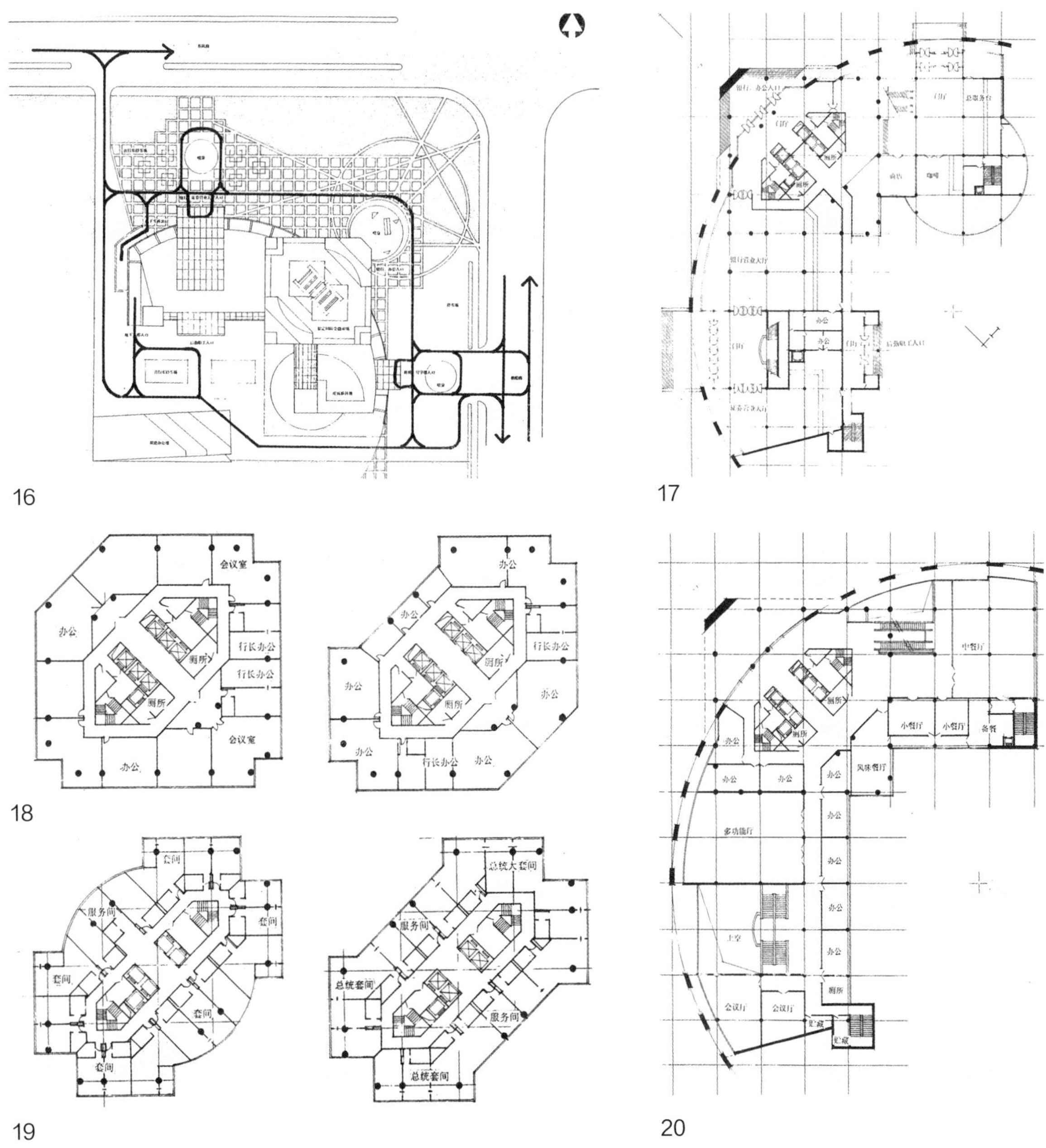

还要考虑四面八方的景观，所以在立面处理上，我们并不特意突出建筑的某一个立面，而是要求各个立面都能表现其个性。为达到上述要求，我们在设计中利用体形凹凸的变化、各种直线和曲线的穿插、材料质感的对比，使其更具时代气息和现代感，与周围建筑在体形、色彩、材料、手法上有较大的区别。

（4）在规划、设计时，按照保定市及北京地区的标准和法规并结合现实，努力做到节约投资、控制标准、精打细算、便于管理、方便维修、立足眼前、考虑长远，并为分期分批建设创造条件。

基于以上原则，我们在总平面布局上，首先使其满足规划提出的后退红线的要求，在指定范围内布置主楼和附属建筑。将银行部分营业厅出入口设在东风路一侧，宾馆、写字楼门厅设在朝阳路

图 16. 保定国际金融市场推荐方案之总平面图

图 17. 保定国际金融市场推荐方案之一层平面图

图 18. 保定国际金融市场推荐方案之 7~9 层平面图

图 19. 保定国际金融市场推荐方案之 19~24 层平面图

图 20. 保定国际金融市场推荐方案之 2 层平面图

一侧。将主体建筑布置在用地的东北角，在南面和西面设置 3 层裙房，形成主体突出、裙房舒展的总体格局。在用地西南侧布置二期工程，因此留有较大的余地。

在道路系统的布置上，将用地的主要机动车出入口设在朝阳路一侧，机动车可以左转或右转，在东风路侧设 1 个次要出入口，机动车在此只能右转，用地内围绕主楼和裙房形成环形通路。东侧和北侧的道路主要供外部车辆使用，地下停车库的出入口也设在这里；南侧和西侧的道路供内部使用，在必要的情况下也可以环通，作为消防环路。

主楼和裙房的北侧和东侧是公用通道和广场，在其间布置水池、绿化、铺装等，在北侧和东侧的主要入口处布置地上停车场和自行车停车场。

设计方案的基本柱网尺寸为 8 m × 8 m，主楼底层部分为 36 m × 36 m 的正方形，中心核心筒 45° 斜向成六边形布置，内设 6 部电梯，1 部消防电梯，2 部疏散楼梯和管道竖井、厕所等。中心核心筒随各层的不同使用功能和电梯台数的变化而逐渐缩小，使面积利用更为合理；同时整个主楼的体形也随内部的不同功能需求而逐段收进，使建筑外形富于变化但又不乏严肃、大方。外墙的局部采用曲线形，使立面显得更为生动。

将底层裙房部分沿道路交叉口的转角处理成圆弧形柱廊，柱廊与主楼交接处穿插咬合，使二者接合更为自然，这样的做法，一方面突出了主楼，另一方面又在低层部分形成了流畅生动的曲线，给人以深刻印象。在北侧和东侧低层的裙房入口处，用玻璃拱廊对此加以强调，使柱廊部分有所变化。

建筑立面高层部分按规划部门的意见以玻璃幕墙为主，采用半反射玻璃，塔楼上部的圆弧形墙面采用部分石材形成对比。低层以花石饰面为主，以突出金融建筑稳重、端庄、开朗、大方的特点。

在建筑物屋顶轮廓线的处理上，我们也欲使其与众不同。除去电梯机房、水箱间和冷却塔等必需的功能房间凸出外，整个建筑顶部呈半圆透空的曲线形，以此暗喻中国银行的行标，使人们从很远的地方就可看到，增强建筑的象征性和标志性，而且体形的变化也为建筑的夜间照明提供了条件和可能。

另设计 1 个比较方案：利用圆形而有变化的主楼和曲线形的低层相结合，通过流畅的曲线使建筑的特点更为突出。

主管部门审查后认为，设计充分吸取了前一阶段几个方案的优点，不论是从城市景观、功能要求、交通组织还是从体现金融建筑所特有的个性方面都有较大改进，符合城市规划要点提出的要求。所以我们在推荐方案的基础上修改完善，开始做初步设计，并在 9 月底完成。

设计内容包括地下 2 层、地上 24 层（其中 2 层为设备层），建筑最高点 98 m，1~9 层包括银行营业大厅、证券市场、银行办公室、会议多功能厅等。1~3 层还包括宾馆和写字楼大堂、咖啡厅、酒吧、中西餐厅等。10~14 层为出租写字间，16~24 层为宾馆，其中 23~24 层为总统级客房。地下安排停车库、机房、仓库和银行金库等。推荐方案的总建筑面积为 3.1 hm^2（其中地下 4500 m^2），第一期建设的建筑密度为 26.1%，容积率为 2.33。

这个工程是我们与保定市建筑设计院合作完成的，保定市建筑设计院完成了施工图纸，整个工程进展较为顺利，只是甲方拖欠了一部分设计费。1995 年 4 月，听到工程已竣工并交付使用的消息，

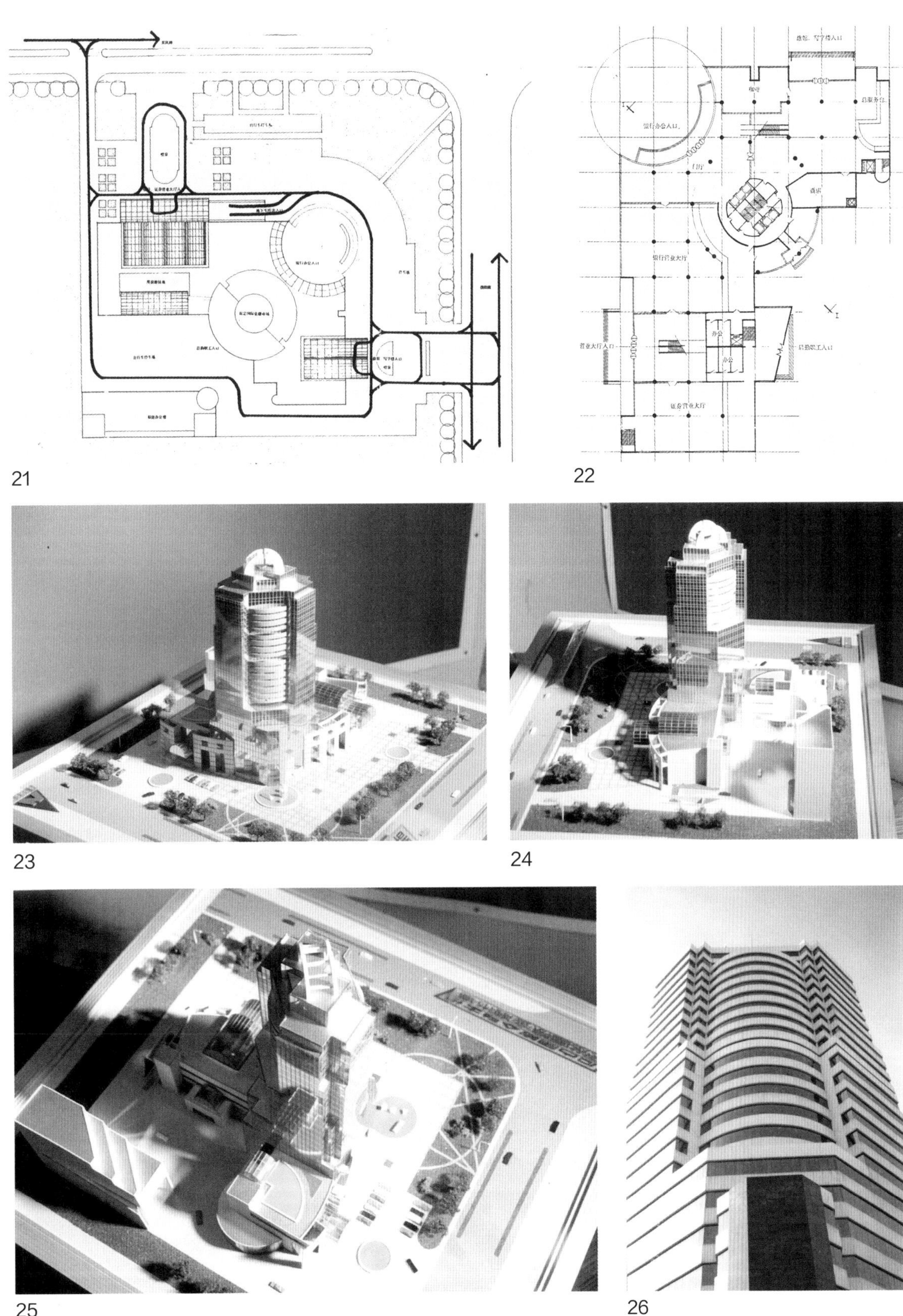

21 22 23 24 25 26

图 21. 保定国际金融市场比较方案之总平面图
图 22. 保定国际金融市场比较方案之一层平面图
图 23. 保定国际金融市场模型照片之一
图 24. 保定国际金融市场模型照片之二
图 25. 保定国际金融市场模型
图 26. 保定国际金融市场主楼

27

28

29

30

我们还去那儿拍了些照片，还顺便到顶层的行长办公室去看望甲方，行长当时没有思想准备，以为我们是来要账的，满脸尴尬之色，实际我们并未提及此事。

方案创作的主要执笔人员是王兵、陈晓民和董笑岩，另外齐征也参加了工作。方案完成后，我曾以“城市、功能、形象、经济”为题在《建筑创作》1993 年 2 期发表过介绍文章。

广东澄海县体育馆方案

1993 年 11 月，我们所设计的广东澄海县（现为澄海区）体育馆方案是一位与我们相熟的清华大学老学长介绍来的工程。为了适应澄海县撤县建市和汕头经济特区的扩大范围，县体育运动委员会在调研了周围地区的各类体育馆后，提出了他们的设想，并希望我们提出设计方案。当时小组里参加工作的有王兵、董笑岩、戴昆、王立昕和陈晓民。方案送出以后没了下文，在此只做一个简单的记录。

体育馆位于市中心广场东南侧，用地面积为 2.5 hm^2。市政府大楼位于用地西侧。体育馆要求总建筑面积为 1.01 hm^2，比赛场地 24 m × 44 m，设置 2500~3000 个座位（其中活动座位 300 个），

图 27. 保定国际金融市场入口
图 28. 保定国际金融市场底层裙房之一
图 29. 保定国际金融市场底层裙房之二
图 30. 保定国际金融市场电梯厅

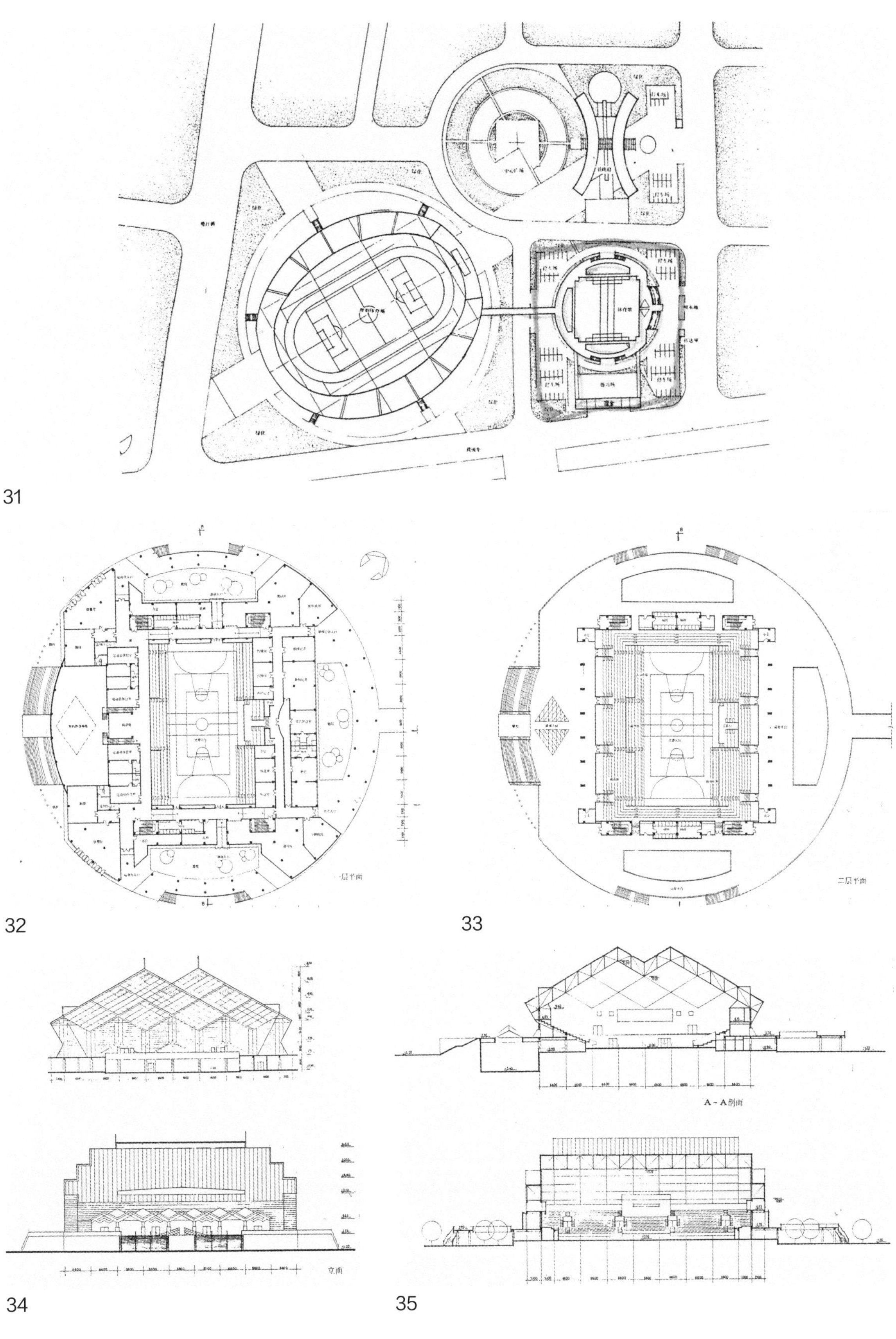

图 31. 澄海县体育馆总平面图　图 32. 澄海县体育馆一层平面图　图 33. 澄海县体育馆二层平面图
图 34. 澄海县体育馆立面图　图 35. 澄海县体育馆剖面图

36

要求可供篮球、排球、手球、体操等国际比赛使用，也可供文艺演出、集会之用。造价为 2500 万 ~3000 万元（不包括征地费）。

总图上，其与北面规划建设的 2 万人的体育场形成有机整体，并利用二层平台将二者联系起来，而体育馆本身在轴线上与东面的规划县政府大楼有所呼应，使政府大楼和体育馆的布局严谨，互相呼应，主次分明。练习馆位于主馆西侧，和运动员宿舍等形成独立的区域。

因为体育馆的规模较小，所以我们将主要观众席置于南北两侧，座位总数为 3650 个（活动座席 480 个），为充分发挥建筑的使用功能，并考虑到南方的气候特点，我们没有设置专门的室内观众休息厅，而是将二层室外的平台作为休息厅使用，这样可以增加一层的实际使用面积，为一馆多用、以馆养馆创造条件。除刻意使比赛大厅具有多种使用功能外，也使其他处可以有对外营业、转换内容、灵活使用的可能性。另外，平台下部的架空部分也可以灵活加以改造。室内剖面处理按原任务书要求设置净高为 13 m，考虑体育比赛的特点和杂技、文艺演出的需求，室内最低点为 17.2 m，最高点为 21.0 m，结构露明，其中部分设置浮云吊顶。

体育馆的立面设计采用双坡屋顶，为突出馆的个性和时代特色，突出第五立面的作用，双坡屋顶轮廓有较大的起伏变化，而东西山墙部分用菱形母题使其层层重叠收进，使建筑更加富于雕塑感。屋脊处理让人联想到潮汕地区的民居，同时屋顶布置有采光天窗，非比赛时用自然采光实现节能目标。两种颜色的金属屋面与山墙的玻璃幕墙反复折射后，可以形成丰富而生动的画面。

北辰网球馆

1994 年 3 月，根据北京市副市长提出的要求，准备在国家奥体中心以北、亚运村五洲大酒店北面的一块用地中建一座室内网球馆。当时不知是什么原因，亚运村的负责人宋融总对此工程不感兴

图 36. 澄海县体育馆透视图

37 38 39 40

趣或不很积极，于是委托方就找到了我们。由于当时我们正在干的工程中正好有一点空隙时间，而屋顶材料的厂商——香港的马程和我们合作较多，提供的屋顶材料效果也比较好，建筑内部功能要求也比较简单，就是两片室内标准网球场地和相关的附属设施，因此方案很快就被确定下来了，全部图纸完成得也很快。该工程主要由设计组内的马丽、戴昆和王兵共同完成。四所各专业配合完成了此项任务。

中国现代文学馆和中央歌舞团方案

中国现代文学馆工程设计是我们在 1995 年 3 月接到的任务，其地点位于朝阳区芍药居，同时我们还收到了位于用地北面的中央歌舞团（现称“中国歌舞团”）工程的设计任务。此前中国现代文学馆位于北京西郊的万寿寺，所在场地属于临时借用，所以需继续建设新馆。当时中国现代文学馆的主管副馆长是舒乙，他与我们洽谈了多次，谈了他们的设想。巴金先生早在 1981 年 2 月就提出建设文学馆的倡议，后经中国作家协会讨论批准。委托方提出，此馆除了要包含中国现代文学的展厅、藏库、研室究、办公室等内容以外，还希望其中能有空间布置一些名作家书房的原貌及他们捐赠的藏书、手稿等，使观众有身临其境的感受。

图 37. 北辰网球馆施工中　图 38. 北辰网球馆屋面网架　图 39. 北辰网球馆外屋面　图 40. 北辰网球馆室内

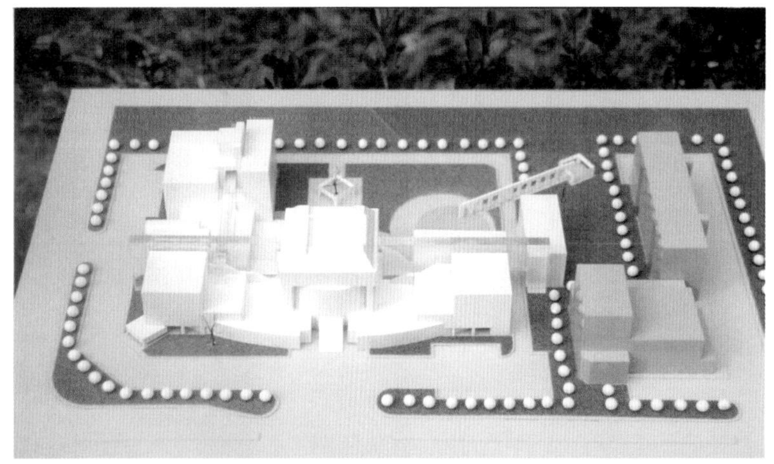
41

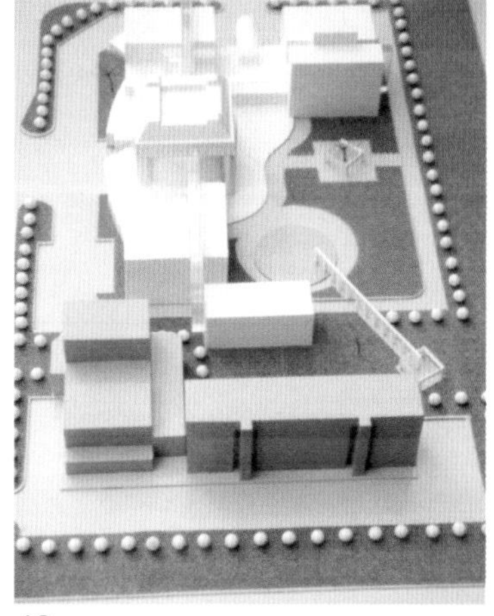
42

43

44

因用地比较方整，所以在我们的方案中，建筑被沿街布置成“L”形，以将用地的其他部分尽量空出来备将来二期工程扩建之用。为使工程尽快进行，我们还在 1995 年 3 月 14 日向建设部部长侯捷作了汇报。在方案设计过程中，我们广泛征求了各方面的意见，尤其是作家们的意见。1995 年 4 月 14 日，我们邀请了许多在京作家，如李準、周而复、梅志等，向他们介绍了方案设计，舒乙也携方案到上海，向中国现代文学馆馆长巴金老汇报方案，并获得首肯。与此同时，中央歌舞团方案进展得比较顺利。正当我们准备深入进行中国现代文学馆的设计时，甲方突然来文宣布设计中止，这使我们一头雾水，感到莫名其妙。后来，我们才听说，设计任务被转交至另外一家设计单位了。

现代文学馆和中央歌舞团两个工程当时由王兵和王立昕主要负责。

通县东方住宅区方案

通县（现为通州区）东方住宅区的规划方案是在 1994 年由海南华润房地产开发总公司委托，在 1994 年年中进行的。其地点位于通县徐辛庄镇，温榆河北岸，东临小中河，北至顺义县（现为顺义区）界，西至吴各庄村，总用地 107.3 hm^2，四周均有 30 m 宽的规划道路。用地平整，标高为

图 41. 中国现代文学馆模型之一（1995 年 3 月）

图 42. 中国现代文学馆模型之二

图 43. 向建设部侯捷部长汇报（1995 年，右起：作者、舒乙、侯捷）

图 44. 中央歌舞团模型

22.20~28.33 m，地上没有古树，地下没有重要文物遗址。规划部门提出的设计条件为：除道路和红线位置外，建议建筑以低层为主，高级住宅区 2~3 层，容积率 0.4；公寓写字楼 9 层以下，绿地比例 45%，总建筑面积 42.9 hm^2。

业主方根据市场需求和房地产开发经济效益分析，提出本区预计常住人口 5000 人，暂住人口 3000 人，流动人口 2000 人。规划设计内容有别墅区（5~6 种类型，分为若干组团），公共建筑区（包括商业区和游乐区），教学区（小学和幼儿园），服务保健区（办公区、医疗保健中心），公寓写字楼区（包括职工宿舍），动力区，室外娱乐设施（包括水上乐园、钓鱼区、泳池等）。

在东方住宅区的总体环境和局部环境设计上，我们沿袭了此前在京津花园规划设计时所依据的原则，使其功能清楚、分区明确、居住区被包围在绿化之中，隔绝了外界干扰。同时考虑由公共空间—半公共空间—私人空间之间的隔绝与过渡，既便于人们的交流和活动，同时又创造出有个性、有特色的私密空间。而公共建筑被布置在全区的适中位置，设施齐全，交通方便，具有标志性和良好环境。

在规划手法上，我们注重总体效果与个体类型紧密结合，考虑到不同国家和地区的客户的爱好和需求不同，设置了各种类型的住宅形式。同时，通过环境设计来解决建筑与城市和环境的矛

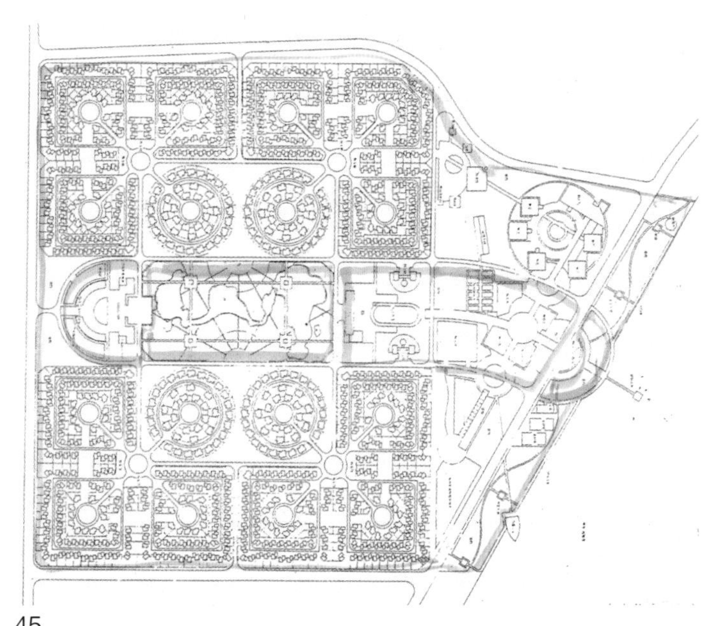

45

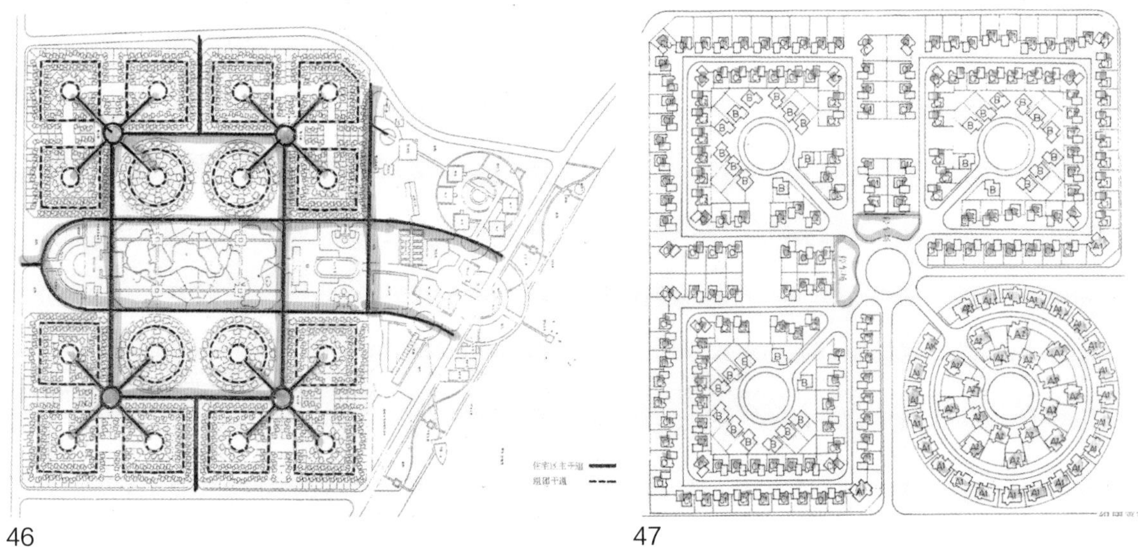

46　　47

图 45. 东方住宅区总平面图　　图 46. 东方住宅区道路规划图　　图 47. 东方住宅区组团平面及户型

盾，以形成有特色的有机统一群体。道路系统明确，每一组群都从干路上引出支路或环形尽端路，在道路布置上有意减少外部车辆的直通，减少无关车辆的进入。通过分隔道路骨架，并根据需要和销售情况进行分区，对组群加以控制和调整，增加交通的灵活性。一般分为 16 大组团，每一组团由 40~70 栋别墅组成，其中布置绿化、停车空间和公共空间。大组团之间设有绿化带相联系。

我们提出的 2 个方案的主要区别在于公共建筑区的住宅和布置形式，方案一的公共建筑被布置在沿温榆河处和中间地段，主题突出，与东、西隔壁区联系方便，从而形成整个区域的中心。动力部分布置于东南下风方向。而方案二的公共建筑布置在用地北面和中间部分，中心和北面的绿化仍予以保留。

当时我们只是着重于提出一种居住组合的理想方案，从整体构图上形成较为规整、整齐的形象，当然在这样大的居住区中，如何保证其特色和可识别性，解决交通和内部组织管理问题还有待于进一步深入研究。方案主要是由王兵执笔的。参加工作的还有马丽、王立昕、戴昆、陈晓民和王永健。最后，我们好像没有制作模型，交出规划方案以后也没有得到进一步的回馈。

银海国际会议中心方案

银海国际会议中心是广东银海（集团）股份有限公司计划在广东省海陵岛旅游度假区开发建设的一座集会议、展览、居住、购物、娱乐于一体的国际会议中心项目。委托方希望利用这个项目来争取有关会展和游客，以取得较好的社会效益和经济效益。我们于 1994 年 5 月提出了初步方案供业主方研究。方案主要由王兵执笔完成。

海陵岛是广东省第二大岛，占地 108 km^2，距广州市 280 km，距阳江市 30 km，是粤西、粤中和粤东的海上中转站，在广东省的发展中占有重要的地位。银海位于该岛的中部，有曲折的海岸、

48

49

50

图 48. 银海国际会议中心模型一　　图 49. 银海国际会议中心模型二　　图 50. 银海国际会议中心模型三

20 km 长的沙滩，环境优雅，全年中可游泳的时间达 8 个月以上，阳光明媚，空气清新。

银海国际会议中心位于中心区和住宅区之间的一块三角形的地段上，基地面积约 11.6 hm^2，背山面海，视野开阔，南侧临城市景观大道，地形北高南低，大部分用地较平坦，高差约 5 m，后面山地部分起伏较大。

任务书要求总建筑面积为 8.8 hm^2，由 4 部分组成：国际会议大厦 2.1 hm^2，包括能容纳 1500 人的大会议厅和中小会议室；0.55 hm^2 的展览厅；五星级宾馆 3.9 hm^2，包括 400 间客房以及相应的餐

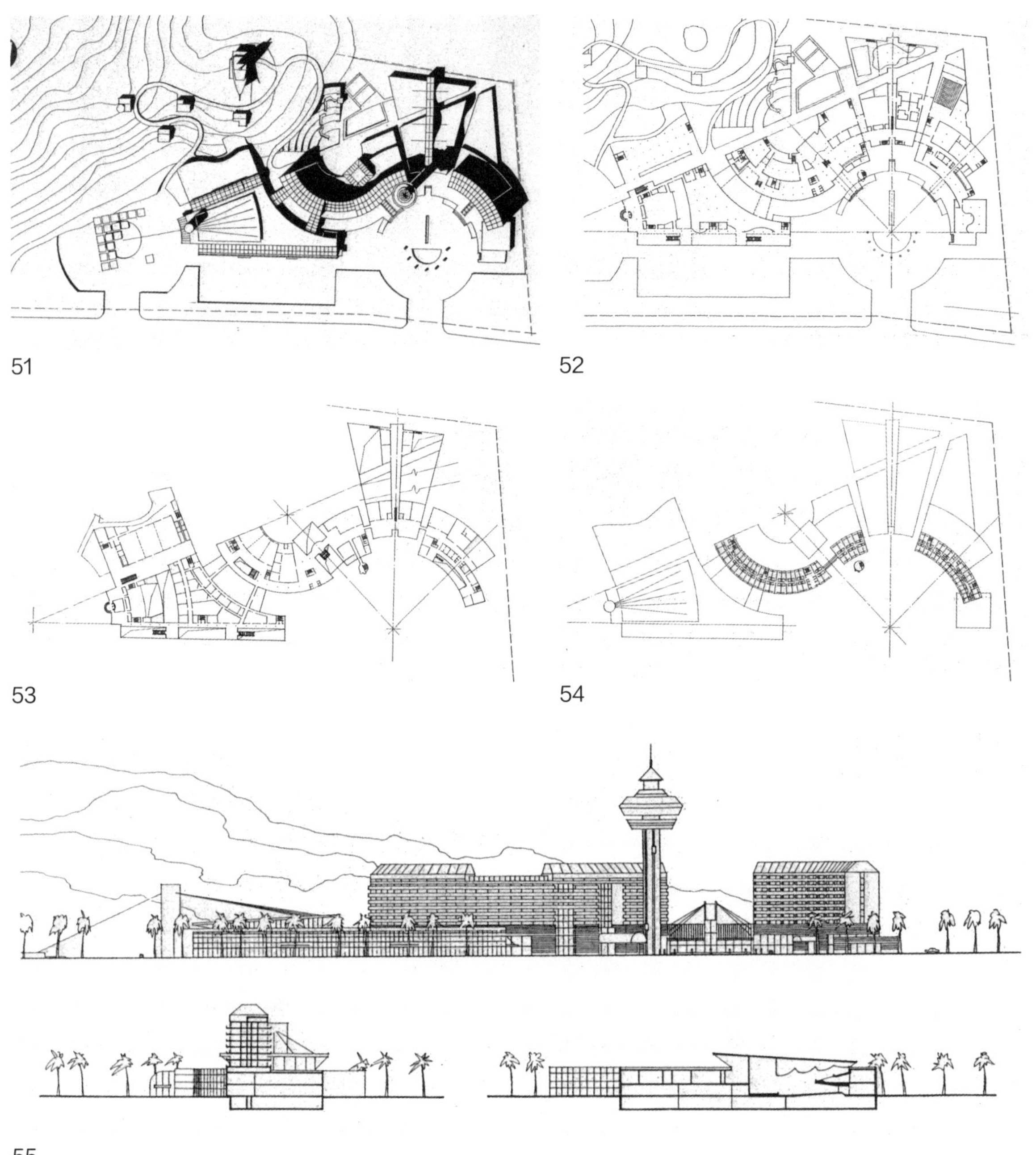

图 51. 银海国际会议中心总平面图
图 52. 银海国际会议中心一层平面图
图 53. 银海国际会议中心二层平面图
图 54. 银海国际会议中心 3~9 层平面图
图 55. 银海国际会议中心立面图

厅服务购物设施；三星级宾馆 1.8 hm^2，230 间客房；娱乐宫 1.0 hm^2，包括室内外泳池、戏水乐园、健身娱乐设施等。第一期建设容积率为 0.75，建筑密度为 20%。

在总体布置上，我们结合用地形状与地形起伏，将国际会议大厦置于用地一侧，两栋宾馆成"S"形，将娱乐部分置于两栋宾馆之间，形成负阴抱阳、藏风聚气的形态；将餐厅、花园及 5 栋别墅置于山顶。两个广场分别设置，以保证各部分在使用时互不干扰。城市道路与内部道路分工明确，使用方便。

3501 厂改造方案

1994 年 9 月，我们在刘开济总的指导下，完成了 3501 厂的改造开发方案，这也是院里交办我们的任务。3501 厂位于朝阳区东大桥，是原部队总后勤部的被服厂，后要利用外资进行房地产开发。当时北京市政府的刘玉令秘书长和北京市规划局的李准都过问了此工程，并讨论了有关设计条件问题，很快我们做出初步模型，并送院里和规划局讨论，初步认为可行。在 9 月 30 日，我们向业主汇报方案，他们没有提出什么问题。之后我们也与美方投资、新加坡方交换过看法，他们准备回去进一步研究。12 月份北京市规划局宣祥鎏、李准等领导讨论后，将地上面积定为 40 hm^2。到 1995 年 1 月，美方拿来了图纸和模型，根据审查意见又做了相应修改。

工程进展得比较曲折，后来因机场工程，我们也没有进一步介入，最后修改的方案和建成后的建筑好像与原来的设计完全不同了。

56

57

华泽中心大厦方案

华泽中心大厦是我们在 1995 年前后参与的方案。用地位于朝阳门立交桥的东北角，与新建的外交部大楼隔路相望。其任务书要求总建筑面积为 22.25 hm^2，其中写字楼的面积为 11.5 hm^2，商业面积为 6.2 hm^2，餐饮娱乐的面积为 1.4 hm^2，车库的面积为 2.2 hm^2，地段位于朝外大街商业区的龙头位置。

方案采取中庭大空间设计方式（中庭尺寸为 95 m × 95 m × 65 m），四面为写字楼，在西北角处

图 56.3501 厂改造方案（1994 年 9 月）　图 57.3501 厂改造方案（1995 年 1 月）

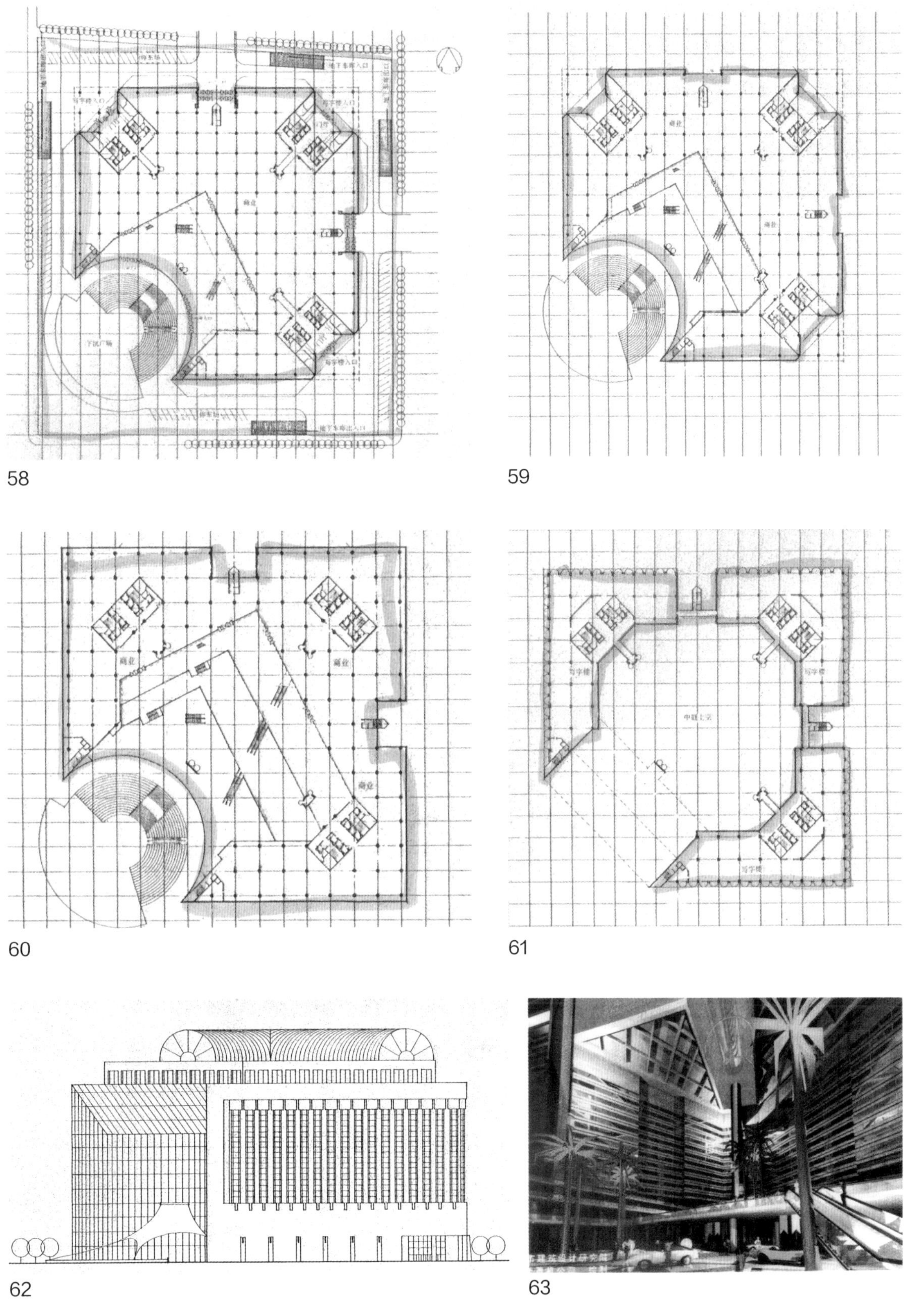

图 58. 华泽中心大厦一层平面图　图 59. 华泽中心大厦二层平面图　图 60. 华泽中心大厦三层平面图
图 61. 华泽中心大厦标准层平面图　图 62. 华泽中心大厦立面图　图 63. 华泽中心大厦室内透视图

敞开，可以看见朝阳门立交桥。大厦呈方形体量，在西南角处做了削角处理，以与立交桥呼应，同时应用围合空间设计了圆形下沉广场，增加了空间的层次。中庭和商业空间采取逐层退台的处理方式，并于中庭四角设置了观光电梯。

三峡大厦方案

三峡大厦也是院里交给我们的项目，1994 年 12 月提出项目，1995 年 1 月我们对此进行了讨论。其总建筑面积为 9~10 hm^2，高度为 80 m，功能为高档写字楼，适当考虑商业用途，地点在东二环路的西侧，距当时正在筹建的华润大厦很近，用地中还有古树。有几家设计单位分别提出了方案。在紧张工作后，1995 年 1 月 23 日，院里通知工程将推迟进行，但后来工程没有进行下去。

承德市人民银行方案

1995 年 3 月，为设计位于承德市中心的中国人民银行（承德市中心支行）办公楼，我们专门到现场进行考察。基地东面为中国工商银行大厦，正面与中国银行、保险公司大楼相望，总用地面积为 2500 m^2，总建筑面积为 7600 m^2，立面为深窗洞和深红色墙面。

此外，我们前后设计过北京龙山国防教育活动中心、国家航天局办公楼、亦庄职工活动中心、城区变电所、阜外金融街 B 区等。

以上这些工程除我之外参加的还有马丽、王兵、陈晓民、王立昕、戴昆。因为是和第四设计所一起进行的，所以很多方案完成之后，我们就全力投入机场设计中而无暇顾及这些方案了。

64

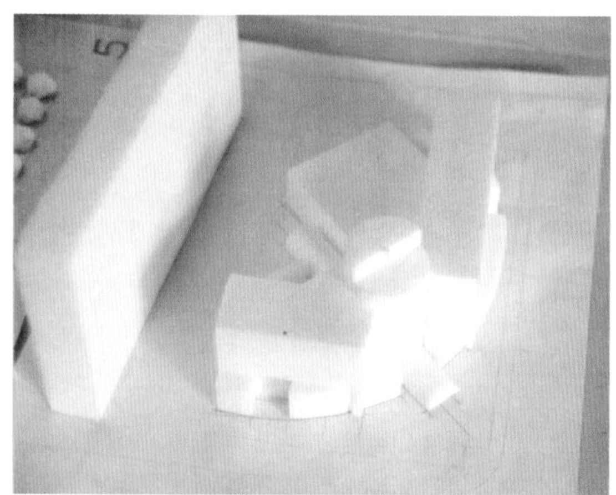
65

图 64. 三峡大厦方案　　图 65. 城区供电所方案（1995 年 2 月）

浩气千秋民族魂

中国抗日战争是中国人民抵抗帝国主义武装侵略的一次完全的胜利，是东方反法西斯主要战场上的胜利，同时也是中华民族精神的胜利，即面对强敌，不怕牺牲，为全民族的光荣和后世的光荣理想而奋斗的伟大民族精神的胜利。在1995年抗日战争胜利50周年之际，我们承接了在卢沟桥宛平城南规划建设中国人民抗日战争纪念碑和雕塑园的任务，并在2000年，抗日战争胜利55周年时竣工开园。对于参加这一工作的艺术家、建筑师、工程师和广大施工人员来说，这是一次重温反法西斯战争和抗日战争历史，重温伟大的民族精神和爱国精神，增强民族凝聚力和民族自信的极好机会。

规划建设大事记：

1995年2月6日，北京市市委领导决定委托中央工艺美术学院雕塑系设计中国人民抗日战争纪念雕塑。

1995年4月4日，首规委办公室发出关于宛平城抗战纪念地居民搬迁地点问题的请示。

1995年4月7日，提出宛平城南抗日战争群雕的设计要求。

1995年4月27日，设计人员现场踏勘。

1995年5月19日，设计人员与雕塑家在中央美院讨论总体规划方案。

1995年5月26日，北京市召开有关工作会议，决定成立宛平城改造领导小组。市委常委、市委宣传部部长强卫任组长，市委副书记李志坚、常务副市长张百发任顾问。

1995年6月7日，首艺委和中央美院讨论方案。

1995年6月12日，召开群雕规划设计方案审查会，李志坚、强卫主持。19日发出审查纪要。

1995年6月21日，强卫主持召开市委常委会，审议群雕规划设计方案。市委市政府领导尉健行、李其炎、李志坚、张百发、陈广文等和相关单位负责人、专家参加会议。

1995年6月27日，北京市有关领导审查讨论规划设计方案。

1995年7月7日，在宛平城南举行纪念抗日战争胜利50周年和中国人民抗日战争纪念雕塑园奠基仪式。

1995年7月28日，中共中央宣传部组织中共中央办公厅、中国人民解放军总政治部、文化部、国家文物局等单位审看和商讨规划设计方案，刘云山主持。31日会议纪要发出。

1995年8月8日，北京市委宣传部李牧副部长在中央美院主持召开抗战纪念群雕内容审议会。

1995年8月22日，江泽民总书记针对老同志来信批示：“应考虑在卢沟桥建一个抗日战争胜利的纪念碑，使我们后代永远勿忘这段历史。一切侵略者必将遭到彻底的失败，人民胜利万岁。”

1995年9月8日，市委宣传部向市委、市政府提出报告。

1995年9月13日，市委宣传部讨论雕塑园设计情况。

1995年9月25日，中共中央宣传部翟泰丰听取汇报。

1995年10月24日，丰台区宛平城改造开发指挥部提出关于抗日战争胜利纪念碑的设计要求。

1995年11月13日，强卫主持召开协调会议，听取工作汇报，决定将抗日战争胜利纪念碑置于中国人民抗日战争纪念雕塑园内。

1996年1月31日，纪念雕塑1m泥塑稿完成，组织专家顾问审查。

1996年3月11日，中国人民抗日战争纪念群雕立体设计稿新闻发布会暨开展式召开，强卫、张百发等参加。

1996年3月23日，北京市在召开“两会”期间，邀请全国政协港澳委员观看立体稿方案。

1996年4月30日，中共中央发布《关于中共中央办公厅对建立中国人民抗日战争胜利纪念碑问题的批复》。

1996年6月22日，市委召开中国人民抗日战争胜利纪念碑选址工作会议，李志坚主持，议定选址于雕塑园内，与中国人民抗日战争纪念馆在轴线上呼应。

1996年7月15日，首都城市雕塑艺术委员会（以下简称“首都城雕委”）在中央美院召开群雕定稿评审会，首都城雕委主任宣祥鎏主持。

1996年7月25日，市委宣传部召集会议，研究纪念碑体位置及做法，李志坚、龙新民主持，张百发参加。

1996年9月11日，召开市宛平城改造开发领导小组第三次全体会议，研究工程分工职责及汇报进展情况。龙新民主持。

1996年9月19日，中共中央宣传部在中央美院召开中国人民抗日战争纪念雕塑园群雕方案审定会，原则上同意群雕创作方案。

1996年12月28日，市委召开投资问题座谈会，并确定首都城雕委主任宣祥鎏为雕塑艺术总监。

1997年1月15日，市委常委会研究工程资金问题。

1997年2月4日，首都城雕委召开抗日战争纪念群雕（1:1放大稿）评审会，宣祥鎏主持。

1997年2月15日，市委宣传部和市规划委办公室领导龙新民、刘述礼、李牧、赵知敬等在中央美院审看纪念群雕放大稿。

1997年3月11日，首都城雕委审定抗日战争纪念碑规划方案。

1997年3月20日，召开市宛平城改造开发领导小组第四次全体会议，听取工程进展情况，审议有关方案，龙新民主持会议。

1997年3月26日、31日，首都城雕委在中央美院召集会议，部署抗日战争纪念碑造型设计，决定纪念碑在雕塑园中的位置，宣祥鎏主持。

1997年4月20日，首都城雕委在全国范围内征集中国人民抗日战争纪念碑设计方案，后收到应征稿件26件。

1997年6月6日，市规划委召开会议，研究宛平城及中国人民抗日战争纪念雕塑园外部市政工程项目综合方案。

1997年10月24日，中共中央宣传部主持召开中国人民抗日战争纪念碑碑体设计小样审定会，在报送4个备选方案中选定“压碎侵略者的战争机器”方案报中共中央办公厅审批。中共中央宣传部办公厅和北京市委分别发出意见和请示报告。

1998年1月12日，中共中央办公厅对上述报告发出办理意见函，同意选用“压碎侵略者的战争机器”方案，希望认真组织实施。

1998年6月4日，首都城雕委研究抗战群雕基座尺寸和做法。

1998年7月24日，北京市委、市政府听取有关中国人民抗日战争纪念雕塑园和纪念碑工程情况汇报。

1998年8月3日，首规委在雕塑园现场实地研究纪念碑高度问题，最后确定高15m，赵知敬主

1

2

3

图1、图3. 中国人民抗日战争纪念雕塑园全景　　图2. 中国人民抗日战争纪念雕塑园落成典礼

持会议。

1998年8月10日，北京市政府办公厅召开会议，研究工程建设有关问题，决定成立雕塑园工程业主委员会，全面负责雕塑园和纪念碑2项建设任务，落实工程建设资金，汪光焘副市长主持。

1998年9月21日，在群雕放大现场，首都城雕委召开雕像放大稿（7尊）评审会。

1998年10月14日，雕塑园工程业主委员会（以下简称“业主委员会”）召开第一次会议。

1999年2月14日，首都城雕委审定纪念碑（中部）七分之一放大稿。

1999年4月20日，北京市召开中国人民抗日战争纪念碑和业主委员会会议，会上要求尽快签订设计合同，尽快审查概算，并下设办公室负责日常工作。

1999年5月27日，首都城雕委审定中国人民抗日战争纪念碑1:1放大稿。对雕塑整体效果予以基本肯定，宣祥鎏主持会议。

1999年6月3日，首都城雕委评审中国人民抗日战争纪念群雕中4尊雕塑的足尺放大稿，宣祥鎏主持会议。

1999年6月16日，雕塑园业主委员会研究总体绿化方案，雕塑铸造质量等问题。

1999年6月29日，在首规委办公室6月4日召开的“抗日战争雕塑园和纪念碑初步设计”审查会议的基础上，业主委员会发出审查意见，同意初步设计方案。

1999年9月14日，在雕塑放大现场，首都城雕委召开30尊雕塑原大玻璃钢模型评审会，此后运往南昌由工厂铸铜。

2000年1月21日，业主委员会召开雕塑园绿化方案协调会。

2000年2月17日，首都城雕委现场审议纪念碑和群雕基座造型。

2000年2月19日，北京市政府召集会议听取工程进展、群雕制作、纪念碑碑体碑名设计汇报，副市长刘敬民主持，李志坚、龙新民、汪光焘出席。

2000年4月4日，北京市政府召集会议，研究工程建设的有关问题，刘敬民主持。

2000年4月19日，雕塑园现场安装群雕中的第一尊《欢呼胜利》。

2000年5月16日，雕塑园内最后一尊雕塑《铜墙铁壁》安装完成。

2000年6月8日，业主委员会召集会议，确定雕塑园工程石材安装标准。

2000年6月15日，由北京市第二建筑工程公司负责的雕塑园土建工程全部完工。

2000年8月3日，在雕塑园现场，首都城雕委及雕塑评审委员会对雕塑的铸造艺术进行质量验收。

2000年8月9日，北京市市长刘淇和副市长汪光焘视察雕塑园。

2000年8月15日，在雕塑园举行北京市纪念中国人民抗日战争胜利55周年暨抗战纪念雕塑园落成仪式。北京市市长刘淇主持，北京市委书记贾庆林发表讲话，各界代表4000余人出席大会。晚上安排有“浩气千秋民族魂”文艺晚会。

以上的大事记可以体现出本工程的重要性和紧迫性，各主管方面和领导对其都十分重视，反复召开会议，多次评论审查，以保证工程的顺利进行和最后效果。

中国人民抗日战争纪念雕塑园和纪念碑的设计任务，涉及如何利用宛平卢沟桥地区在抗日战争历史和文物保护方面的优势，通过雕塑园的规划设计，进一步完善爱国主义教育基地的建设。无论在政治性、艺术性还是规划设计方面，都对任务本身提出了极高的要求，这对雕塑家、建筑师来讲，也是一次难得的机遇和挑战。在长达 5 年的设计和建设过程中，由于有各级主管和领导的层层把关和指导，参加本项目的各单位进行了系统的密切配合，比较顺利地完成了这一工作。

工程设计单位如下。

总体规划及建筑设计：北京市建筑设计研究院

工程主持人及方案设计：马国馨

建筑负责人：吴军

结构负责人：祁跃

设备负责人：张弘

电气负责人：李军

纪念碑外观设计：丁洁因、郝重海（中央美院雕塑艺术创作研究所）

38 尊雕塑设计、监制：中央美院雕塑系（名单见后文中所列）

绿化设计：北京市园林古建设计研究院

国内外有许多类似的反法西斯战争和抗日战争纪念题材的建筑国内外有许多实例，这些实例无不结合纪念主题、创作时的时代特点、技术条件、人们的审美取向，从而提出有强烈感染力、视觉表现力的表现手法。以国内已有的关于抗日战争主题的许多纪念物来说，其手法体现出了若干人们耳熟能详的“定式”：如有的实例集中于主题雕塑的创造，形成焦点突出、一枝独秀的效果；有的偏重于纪念物建筑形象的创造，用有特色的建筑造型或建筑物的围合，创造特定的环境和氛围；有的用各种数字的表象来传达特定的意义；有的利用具象或变形的警钟、醒狮、刺刀来明喻或隐喻重要的哲理……我们在面对这一任务的挑战时，一方面考虑要不落前人窠臼，避免有似曾相识之感；另一方面考虑在城内已建成的抗日战争纪念馆中，建筑物和其中展品均十分突出，已采用了大型浮雕的全景式表现手法，因此要注意设计手法；另外在表现手法上也要与宛平古城融合，更多地表现传统的空间意识和创作手法在新时代背景下的取精用宏，努力创造出全新的理念和手法。为此，我们着重在以下几方面做了诸多努力。

1. 遵从地区总体规划的指导

雕塑园位于北京市区西南宛平城的南侧，是包括卢沟桥、宛平城在内的“以爱国主义教育为主的文化旅游区”的重要组成部分。按照宛平城地区的总体规划，本地区将形成东西向的“文物古迹轴”和南北向的“抗战轴”的基本骨架，并以此构思指导该地区的建设。

在“文物古迹轴”上有全国重点文物保护单位卢沟桥和北京市文物保护单位宛平城。其中卢沟桥是北京现存最古老的石造联拱桥（1189 年始建，1192 年建成），因横跨卢沟河（即今永定河）得名。桥身加引桥总长 266.5 m，宽 9.5 m，桥上共有石狮 492 只，马可 · 波罗在其著作《马可 · 波罗游记》中曾记述过此桥。桥东、西还有乾隆御书的“卢沟晓月”碑和康熙 37 年重修桥的记事碑各一座。宛平城建于明崇祯 13 年（1640 年），原名拱北城。清时改称拱极城，是捍卫京师的卫城，1928 年

4

5

后始称宛平城。全城东西长 640 m，南北宽 320 m，是华北地区唯一保存完整的两开门卫城。1987年，修建于城内宛平县署旧址上的中国人民抗日战争纪念馆落成。此外，桥西还有格局尚存的岱王庙。因此在规划中提出了对“文物古迹轴”中卢沟桥的保护和修复、宛平城的保护和修复、轴线附近永定河水面的整治等内容，另外也准备在永定河西规划建设能够进一步强化文物古迹内容的景点。

而“抗战轴”则是一个与“文物古迹轴”相垂直，并以中国人民抗日战争纪念馆为中心南北延伸的轴线，与原有的东西“文物古迹轴” 相比，“抗战轴”的纵深更长，规模更大，气势也更为恢宏，全部完成建设需要更长的时间。首先在“抗战轴”上有若干历史遗址，如宛平城北、“七七事变”的战场之一——铁路以北原回龙庙一带、城东沙岗等，在这些历史遗迹上建设需要保护原有地貌树林，或恢复当时的典型场景和环境气氛。其次，围绕这一轴线还计划布置烈士陵园、抗日战争纪念塔等内容，尤其是轴线北端的首钢钢渣山，很早以来就被人们认为是利用地形制高点布置大型纪念塔的理想地点，但由于首钢搬迁等许多具体问题，这一设想恐怕在短时期内还难以付诸实施。

中国人民抗日战争纪念雕塑园则位于“抗战轴”最南端的一块三角形用地上，南面为京石高速公路，北面是宛平旧城，其东西长约 800 m，南北最长处约 300 m，总用地约 14 hm^2。此地段最早是用来规划建设以中国抗日战争为题材、以艺术形式进行再创造的兼有教育和娱乐功能的“抗日文艺园”。但随着抗日战争纪念雕塑园及抗日战争纪念碑内容的确定，最后决定建设这样一个可供进行爱国主义教育、举行抗日纪念活动的重要场所。由此，我们定位分析了雕塑园和纪念碑在总体布局及内容设置时应注意的事项。

（1）由于雕塑园和纪念碑位于南北“抗战轴”上，因此它是陆续建设和不断完善的这一雄伟纪念建筑组群的重要组成部分。

（2）从整个“抗战轴”的总体布局看，轴线南端可以说是本地区的第一个参观地，是宛平城内抗战纪念馆的序幕，由此逐步展开本地区的各种纪念内容。轴线上的每个纪念节点在功能和作用上

图 4. 卢沟桥　　图 5. “卢沟晓月”碑

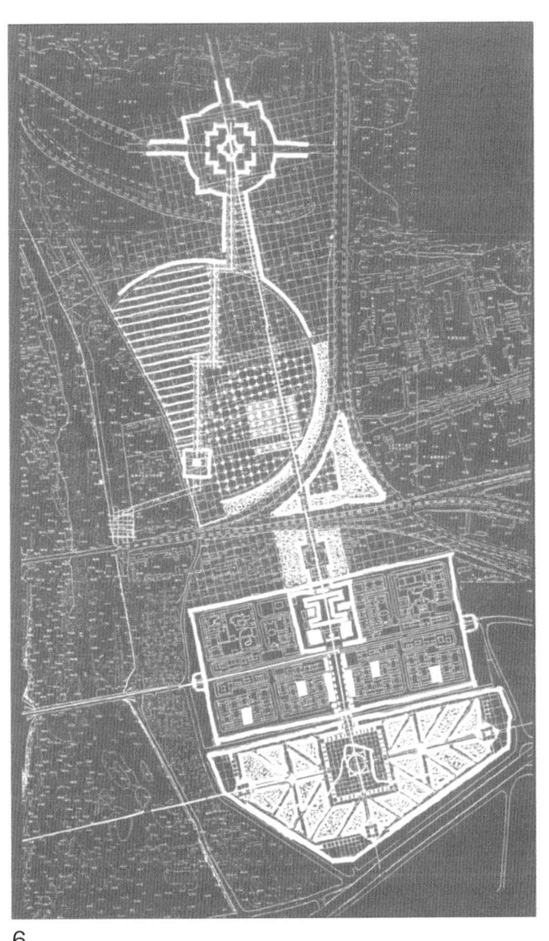
6

7

8

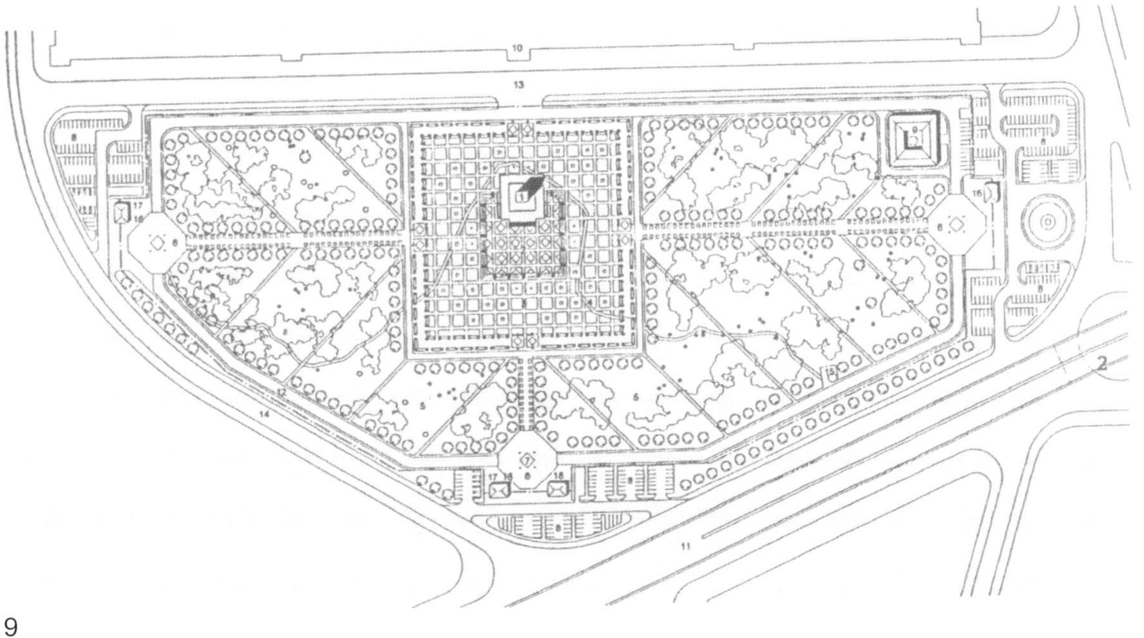
9

图 6. 抗日战争纪念轴线总体规划（示意）　图 7. 雕塑园与宛平城模型一（1995 年方案）
图 8. 雕塑园与宛平城模型二（1995 年方案）　图 9. 雕塑园总平面图

又有各自的分工，随着参观者的行进，起到逐步引领参观思绪、烘托纪念氛围的重要作用，从而引出轴线北端的各个纪念节点，直至轴线北端的大型纪念塔。因此，正确领会和把握本区的功能和作用是总体构思的关键环节。

（3）由于雕塑园和纪念碑紧临文物保护单位卢沟桥和宛平城，因此规划时应注意保护文物古迹，在发扬原有特色的同时突出抗日战争的纪念内容，达到社会效益、环境效益和经济效益的统一。

为此，我们也曾在此前有关单位规划概念的基础上，对南北"抗战轴"试做了研究性的总体方案，由此来把握该地区的宏观总体规划和空间布局，从总体和全局对规划建设的雕塑园进行思考和把握。

2.领导、建筑师、雕塑家和各方面专家的紧密合作

中国人民抗日战争纪念雕塑园和纪念碑是在宛平地区继中国人民抗日战争纪念馆之后的另一次重要建设，对于这样重要的历史题材工程，其创作难度不言而喻。

（1）在纪念碑和雕塑园的设计和创作过程中，通过多次审查和研讨，我们在创作指导思想上不断深化，并在原则问题上取得共识，从而指导整个工作沿着正确的方向前进。

早在1995年4月，提出抗日战争主题和雕塑时，就要求体现以下几方面的内容：

①体现中国共产党领导下的抗日民族统一战线，体现中国共产党在抗战中的主导地位；

②体现"工农兵学商，一起来救亡"及海外侨胞、国际友人支持抗战的广阔画面；

③体现国共两党合作，共同抗战的内容；

④战争场面要有正规军、游击队、地道战、地雷战、青纱帐等内容，总的基调是悲壮、胜利、艰苦卓绝、英勇壮烈。

在此基础上，经过反复讨论，我们确定了雕塑园的主题紧紧围绕国歌中："起来！不愿做奴隶的人们，把我们的血肉筑成我们新的长城……"的方向，并由此展开雕塑园区的总体规划设计、雕塑创作和景观设计等各个环节。

在具体创作上，还需要处理多方面结合的问题：

①纪念性和艺术性结合。要突出纪念性，而这种纪念性又是通过艺术形象表现出来的。

②教育性和观赏性结合。要突出教育性，同时也要通过具有观赏性的形象和情节来加以体现。

③英雄行为和揭露暴行结合。以突出英雄行为为主，在艰苦卓绝的抗日战争中，侵略者实行了大量惨绝人寰的暴行，铁证如山，但与此同时"中华民族决不是一群绵羊，而是富于民族自尊心与人类正义心的伟大民族，为了民族自尊与人类正义，为了中国人一定要生活在自己的土地上，决不让日本法西斯不付重大代价达到其无法无天的目的"（毛泽东），这种"在强敌面前竖起脊梁"的精神就是伟大民族精神的体现。

（2）建筑师通过总体规划的创造和把握，为雕塑家提供了可以充分展现创作才艺、充分表现雕塑语言的平台。

此前我已有过多次在重大工程如国际俱乐部、国家奥体中心等工程中与美术家、雕塑家及艺术家合作的机会，所以我们彼此熟识，大家能够在相互切磋、研究的过程中为共同创造一个美好环境的目标而努力。这里不仅要满足物质功能的环境需求，还要在视觉上、生态上、社会和精神方面使人们的各种需求得到满足，使之具有强烈的纪念性、艺术性和时代性。

在这组雕塑园和纪念碑群中，建筑物所占的分量很少，只有东、西、南3个入口处的传达室和辅助用房，所以此处规划中更为重要的是如何通过总体策划，在空间、群体布置上为群雕创造良好的氛围，更多地通过雕塑、绿化、景观小品的组合来塑造庄严、肃穆的艺术景观区。由于三角形用地南北进深小、东西进深大的限制，在总体布置上不容易形成常见的层层深入的纵向线形布局，为利用东西两侧的空间，我们也设想过使建筑横向伸展，总体呈比较自由的不规则布置，但在最初的几轮讨论中，各方面很快就认可了使建筑位于中轴线上，以规整的正方形雕塑园为基本构成的矩阵构想，大家认为这种布局符合中国传统严谨、规整的规划手法。同时，在这种十分方正的布局中，又采取了多组群雕而不是1尊纪念园雕或1组群像的方式，来表现抗日战争时全民一心、同仇敌忾的英雄气概，既具备中国传统碑林的形式，同时又有秦、汉兵马俑布阵的气概，如同在一个150 m×150 m的严谨空间中，凝固了在那艰苦岁月里种种可歌可泣的场景。这种不规则的群体雕塑园中不同角度的构图丰富，而38尊不同内容的群雕在表现和功能上又互相关联，形成了浑然一体的连续性画面，多角度、多空间地增强了人们的印象。

在整个园区中，除中心的正方形雕塑园外，步行道路系统我们采用了放射状与方格相结合的方式，这种45°角斜向的道路较易适应用地的不规则形状，同时从四面八方形成十分规整的向心感，更突出了园区的中央部分。同时结合园区的规则总体布置，在其中穿插了一条蜿蜒曲折的卵石枯河，从外形上与我们的母亲河——黄河十分相近，隐喻由西向东流去的滔滔流水，同时也打破了园区过于规整的几何构图，使总体布局更富于变化。

在雕塑园的创作过程中，建筑师和雕塑家互相启发，从而各自发挥自身的艺术特点和优势。我们提出了总体方案，不断听取各方面的意见，通过灵感的不断撞击、融合而产生新的构想。建筑师作为协调者、实施者和技术支持者，通过对专业的总体把握，为艺术家的充分施展提供适宜的舞台。

在抗日战争纪念碑的构思和布置过程中也是如此。根据有关方面在园中建一个纪念碑的意向，我们先后提出过将其布置在3个不同地点的3种方案，方案一是让纪念碑与抗日战争纪念雕塑园相结合；方案二是将纪念碑设在宛平城内，使其位于“抗战轴”上，在雕塑园与抗日战争纪念馆之间的适当地段建造；方案三是在卢沟桥西侧的河西村或宛平城北钢渣山上建一座高大的纪念碑或塔。在讨论中我们认为，方案三的条件还不成熟，资金投入也比较大；方案二可以形成“抗战轴”上三位一体的宏伟气势，但拆迁和资金问题也较难解决。经比较，方案一较易实现，可与雕塑园同时建成，由此确定采纳方案一。

之后，我们从建筑规划的角度试做了几种方案供选择：在纪念碑的位置上，有处于东西轴线和南北轴线交点上的方案，有位于东西轴线稍微偏北的方案；在纪念碑的形式上，也曾提供过独立式、高耸式、多点式、围合式等各种碑体的造型供比较选择。最后在150 m见方的雕塑园中心设50 m×50 m的下沉式广场，在此广场的北侧设两层碑座及纪念碑。之所以选取下沉式广场，是想使整个雕塑园区和纪念碑的设置较好地与北面的宛平城墙相协调，并避免对文物产生过多的干扰。宛平城的东西有顺治门和威严门城楼，南侧为高度约10 m的城墙，为此将雕塑园内群雕的总高度定为

5.5 m，其中基座高为 1.5 m，上部雕塑高 4 m 左右，基座下为 1.8 m × 1.8 m 的平台，这样便使宛平城墙和绿化成为整个园区既具历史感又有特色的背景。在中心纪念碑处也采用了下沉式广场，这样一来可以避免中心广场部分过分高耸，对宛平城和整个园区形成视线上的阻隔；二来在纪念碑前的下沉广场举行群众集会时，-1.1 m 的标高使人们在观看纪念碑和群雕时有较大的仰角，可以增强雕塑的纪念性，同时下沉广场周围的台阶又可作为参观者较好的休息场所，但又不影响园区的总体景观。另外，下沉广场也增加了纪念碑基座的层次，使之与人们的观念相符合。在中心广场下方，我们曾考虑过设置地下展厅或纪念厅，但因各种原因，最后并未付诸实施。

整个雕塑园区除中心区群雕和纪念碑外，大部分布置为绿化和景观，只在东、西、南 3 个入口处布置了些许配套用房，并在色彩和形式上力求与宛平城协调，高度也控制在 4 m 以下。在园区内，结合地形起伏布置了草地与修剪规则的灌木，尤其在东、西、南 3 个方向的主要通路上，通过布置修剪成几何形状的常绿灌木，进一步烘托中心区的纪念气氛。而在中心园区的外围，植栽了两排 2 m 高、修剪规整的高绿篱，这样一方面可以遮挡视线，增加层次，另一方面还可作为外部园区和中心园区的过渡，两排绿篱之间形成安静且较隐蔽的休息空间。在中心园区内除甬路外未放置雕塑的正方形区域内，全部铺设嵌草砖，这样既增强了中心园区宁静、肃穆的气氛，也便于人们行走和拍照。另外在园区内间植若干造型较好的松柏来丰富轮廓线。因整个园区北侧因距宛平城墙较近，故在此种植了两排高大的雪松，这样既美化了城墙，也使其成为凝重的背景，而宛平城墙也成为从较高视点俯瞰整个园区的绝好地点。

（3）雕塑家们充分表现。雕塑园的纪念群雕是由中央美院雕塑系的全体教师参与、集体创作的，这是在雕塑界总结中华人民共和国成立以来历次重大题材的创作和探索经验的基础上，充分吸取中国传统手法和国外纪念性雕塑形式表现的一次重大创作。

在雕塑园的总体构思上，我们提出的具有传统特色及时代特色的矩阵式布局很快获得了雕塑家们的认同。他们认为“首先是主持纪念雕塑园环境设计的马国馨，他提出了一个具有中国传统审美特色的空间氛围的构思，从大的布局上给我们以充分施展才能的前提，可以肯定，他的构思是建立在中国建筑界几代人对于古今中外建筑与环境文化遗产及现实经验充分理解与实践的基础之上的。”中央美院钱绍武先生认为：“历时 14 年的中国人民抗日战争的内涵无比广阔、无比生动而丰富，因此用一个单体的传统式的纪念碑来表达是远远不够的。当建筑家马国馨同志提出环境规划方案时，我们在多次研讨后达成共识，确定了一种平面的、多体的环境布局规划。并进一步确定将 38 座群雄柱体集中矗立于宛平城外的纪念地中。这种布局有序而多变，可以形成壮阔肃穆的气氛，既打破了欧洲一般性纪念碑的条框，突出了我们东方文化的特色，又能充分体现中国抗日战争规模的辽阔与壮烈。社会各方认为这个纪念群雕的创作设计，是极有创意、极具特色的。”吕品田教授认为：“柱形群雕‘无中心’的整体布局，具有类似中国古典建筑和兵马俑方阵那种横向展开的浩荡形式感和木结构般的‘架构感’。单体上采用类似连环画和山水长卷式的散点流观结构，既策应整体上的铺排性，又增强自身叙事上的时空转换自由性。对民间美术造型、压缩、叠加等手法和处理技巧的借鉴，为强化造型叙事性提供了技术支持。这一切均有可能增加大众对群雕的认同感，也显示了纪念

10 11 12 13 14 15 16 17

图 10. 中央美院雕塑系主任隋建国介绍方案　图 11. 作者介绍方案　图 12. 作者向市领导汇报方案

图 13. 北京市有关老领导讨论规划方案　图 14. 作者向中宣部汇报方案　图 15. 抗日战争纪念碑布置方案模型之一

图 16. 抗日战争纪念碑布置方案模型之二　图 17. 抗日战争纪念碑布置方案模型之三

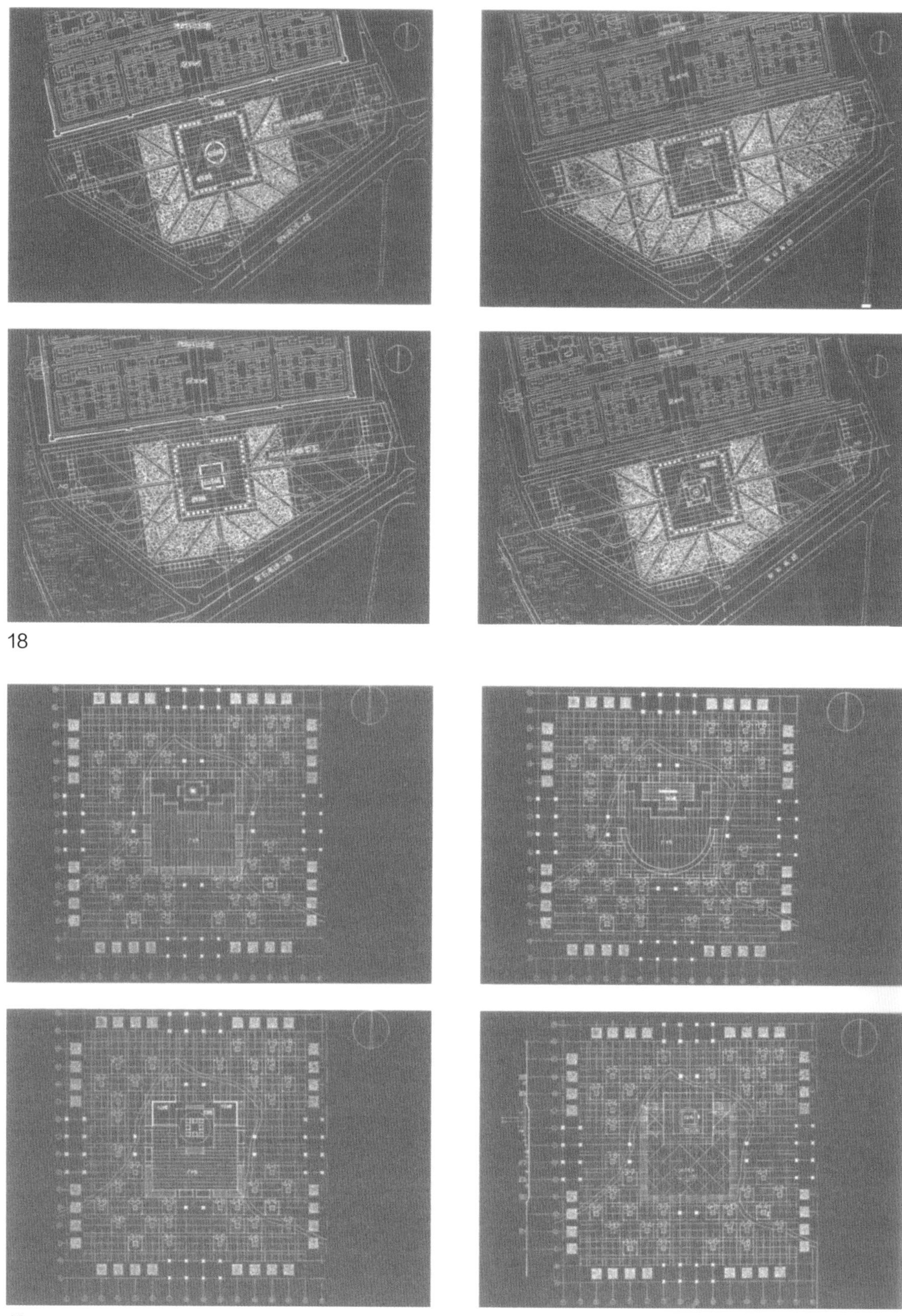

18

19

图 18. 抗日战争纪念碑布置方案图　　图 19. 抗日战争纪念碑布置于北侧方案图

性雕塑形式的新走向。目前的群雕方案效果和以往的‘英雄主义’风格样式拉开了距离，似乎融进了某些后现代因素。中心式结构被解散成非中心式结构，刚直的写实样式被掺进柔性的表现成分，以至在品格上没有以往矫饰性‘崇高’的疏异感，而显得平实、朴素，让人在削弱‘审美距离’的‘亲近’中真切而强烈地感受到群雕的沉雄力势。出于主题、叙事和布局结构需要而融入的后现代因素，增强了群雕的感染力。”

正是在这一平台上，围绕《义勇军进行曲》歌词的主题，雕塑家按所表现的内容，把群雕分为“日寇侵凌”“奋起救亡”“抗战烽火”“正义必胜”4 组，经过交换意见和多次调整，最后确定 4 组雕塑从园区东北角开始布置，按逆时针方向，每组雕塑占据园区的一个方位，彼此错落布置，在基座台面处，用不同色彩的花岗石示意不同的分组，但又浑然一体。这也是用 38 尊雕塑来表现一个主题的首次尝试，38 尊雕塑占据了巨大的空间，从整体上形成巨大的视觉冲击，而每尊雕塑由于题材和手法的不同，又表现出各自的个性，显示出雕塑家们高度的热情和高深的艺术造诣。

纪念群雕的分组、主题和主创人员如下：

1）日寇侵凌（共 9 尊）

①“三光”罪孽 （杨靖）

②家破人亡（郝京平）

③惨绝人寰（孙家钵）

④狂轰滥炸（王少军）

⑤“731”魔窟（周思旻）

⑥南京大屠杀（张伟）

⑦山河破碎（隋建国）

⑧虐杀劳工（陈科）

⑨腥风血雨（杨靖）

2）奋起救亡（共 7 尊）

①中华怒吼（王伟）

②万众一心（孙伟）

③义演义捐（于凡）

④赤子报国（孙伟）

⑤送郎参军（于凡）

⑥生产支前（王伟）

⑦钢铁洪流（盛杨，陈桂纶）

3）抗战烽火（共 11 尊）

①血肉长城（段海康）

②同仇敌忾（司徒兆光）

③铁流激荡（隋建国）

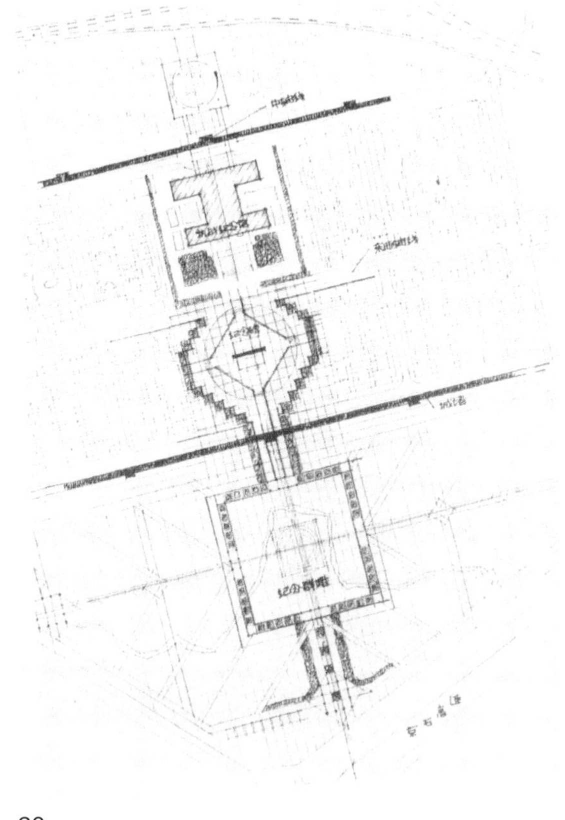

20

图 20. 抗日战争纪念碑布置方案图

④大刀雄风（吕品昌）

⑤复仇怒火（吕品昌）

⑥战地救护（张大生）

⑦军民情深（郝京平）

⑧巾帼赞曲（司徒兆光）

⑨血色童心（张大生）

⑩血战到底（王中）

⑪寸土不让（张大生）

4）正义必胜（共 11 尊）

①欢呼胜利（王中）

②运筹帷幄（段海康）

③战马嘶鸣（曹春生）

④南国劲旅（盛杨，陈桂纶）

⑤芦荡雁翎（曹春生）

⑥地道奇袭（董祖诒）

⑦铜墙铁壁（陈科）

⑧破袭风暴（钱绍武）

⑨雷震神威（董祖诒）

⑩雪地英雄（钱绍武）

⑪中流砥柱（盛杨，陈桂纶）

21

22

23

钱绍武教授在评论群雕的创作时认为，这次的群雕创作本着向后代负责的态度，反映中国人民抗战的气氛、情感、基本历史事实，有真实性、有激情，力求体现国歌的精神。本着责任感和创作激情，大家走上了“无法之法为至法”的艺术道路。当我们一旦不在乎什么主义时，创作的形式也就自由了。这次创作有 6 个特点：第一，不是以某个历史中心人物来表现事件全貌；第二，叙事性与纪念性相结合；第三，绘画性与雕塑性相统一；第四，柱体四面和一面相统一；第五，总体气氛和细部情节相统一；第六，空间和时间相统一。

同样，在中国人民抗日战争纪念碑的创作中，经向全国主要艺术院校和雕塑单位广泛征集方案，及组织各方面专家评议和领导审议，最后确定了 4 个碑体设计方案上报。

①“压碎侵略者战争机器”（中国雕塑艺术创作研究所丁洁因、郝重海设计）；

②“警钟长鸣”（沈阳鲁迅美术学院雕塑系田金铎设计）；

③“大刀颂”（四川美术学院叶毓山设计）；

④“大刀烽火”（北京市建筑艺术雕塑工厂赵磊设计）。

最后选定“压碎侵略者的战争机器”方案。该方案由巨大的花冈石和被碾压的侵略者武器残骸组成，寓意中国人民打败日本侵略者。花岗岩巨石象征人民的力量，武器残骸象征一切侵略者必将

图 21. 雕塑家创作手稿一“军民情深”　图 22. 放大稿局部　图 23. 雕塑家创作手稿二“运筹帷幄”

失败。建筑设计也为方案的最后实施提供了必要的技术支持。碑心采用壁厚 300 mm 的现浇钢筋砼筒体结构，内部设检修梯，外部石材全部采用干挂法，石材选用了樱花红。

3. 重大历史题材的实现是集体智慧的结晶

宛平地区这一反映抗日战争题材的创作和建设，虽然只是该地区规划“抗战轴”纪念组群中的一小部分，但由于该题材对纪念性和艺术性有重要要求，因此本工程每一阶段的审查、完善、调整和最后完成，都凝聚了从各级领导到设计、创作、施工各有关方面人员的智慧和辛勤劳动。

由建设大事记中可以看出，整个雕塑园区和纪念碑的构思决定过程是十分细致和慎重的，在每次会议和审查中，都有许多新的想法和好的创意补充，使创作方案更趋完善，以 38 尊群雕为例，从群雕的总体构思到各单体内容的确定，都进行过多从探讨，仅仅是雕塑语言的运用就经历了泥稿、立体稿、1:7 放大稿、1:1 放大稿、足尺制作稿等多次审看，从而保证了群雕的创作质量。当时雕塑家为制作足尺大样，借用了 798 厂的高大厂房，这也促进了此后 798 艺术区的形成。

由建筑师配合的群雕基座部分，同样是通过足尺实样的制作，经过专业人士和各级领导的比较，最后才确定将基座的高度由 1.8 m 降至 1.5 m，并决定了基座的用材、标牌的做法等。

在纪念碑主体高度的确定上，同样经历了通过实样审看决定的方式。当纪念碑的位置定在雕塑园中时，有关方面即提出“纪念碑体量不宜太大，但分量要重，要能体现领导的批示，还要考虑周围环境因素”。由于纪念碑建成后将成为整个园区的点题之笔，是园区的视觉中心，因此在纪念碑

24

图 24. 抗日战争纪念碑方案示意（组图）

图 25. 市委召开纪念碑选址会议之单霁翔　　图 26. 市委龙新民（中）及赵知敬审查方案

图 27. 中宣部徐光春、市委李志坚审查方案　　图 28. 雕塑家们讨论方案（左起：李桢祥、司徒兆光、董祖诒）

图 29. 张百发讨论雕塑放大稿　　图 30. 雕塑家曾竹韶与隋建国在讨论　　图 31. 作者与美术家刘迅

图 32. 作者与雕塑家隋建国（左一）孙伟（左二）

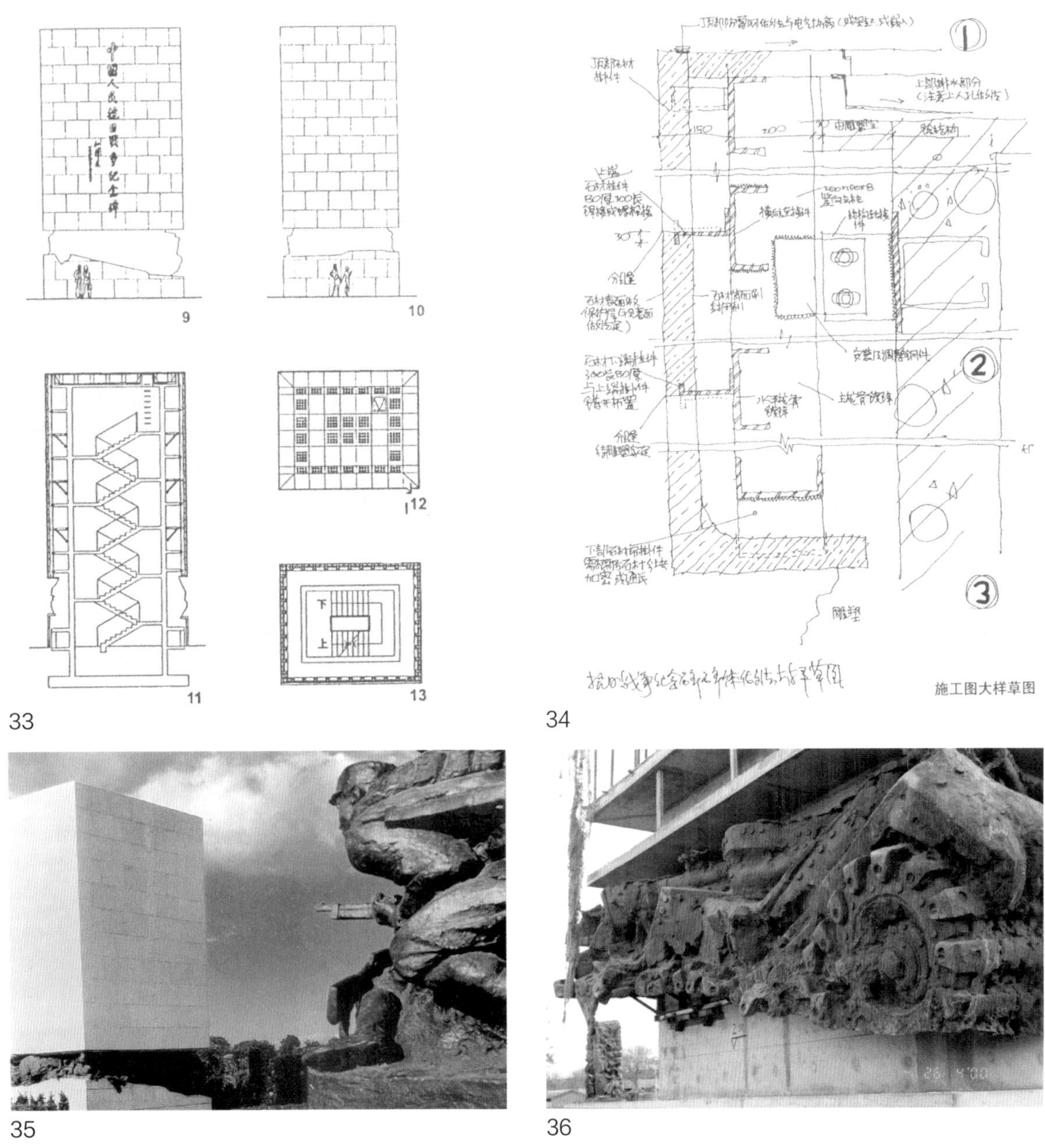

的布局和表现形式确定之后，碑体的高度就成为十分重要的问题，因其既要与宛平城互相协调，又要与雕塑园区在“抗战轴”上所承担的序幕作用和第一参观地相称。最后有关部门在工地现场按碑体大小用脚手架搭了几个供审看的高度，在有关领导和专家从现场的不同角度反复观看讨论之后，最后将碑体的总高度确定为 15 m。从建成效果看，这个高度还是比较适宜的。此外，纪念碑正面的题字排列和分行方案也是经过对效果图的多方案比较后才最终确定的。

宛平城作为“七七事变”的爆发地，在抗日战争史上有着重要地位，是中国人民重要的抗战纪念地，因此雕塑园与纪念碑的建成，除去本身的政治意义和历史意义外，在整合整个宛平地区，改善本地

图 33. 纪念碑平、立、剖面图　　图 34. 作者手绘纪念碑做法大样
图 35. 纪念碑和眺望近景　　图 36. 施工中的纪念碑

区的环境，不断完善本地区的纪念性内容方面也起着重要作用。2004 年，中国人民抗日战争纪念雕塑园在建设部和文化部主办的“第三届全国城市雕塑建设成就展”上获特别奖。

研究当代雕塑历史的专家孙振华认为：在 20 世纪 90 年代后期开始，公共艺术的概念在国内频频出现。公共艺术不能等同于户外雕塑，虽然公共艺术可以使用包括雕塑在内的许多艺术形式来呈现，诸如建筑、园林、绘画、水体、表演、多媒体、大地艺术等等，但这些艺术形式并非天然的公共艺术，它们如果要成为公共艺术，必须符合公共艺术的价值观，具有公共艺术的方法论。

“在城市公共空间，给人留下深刻印象的公共雕塑作品还有 2000 年 8 月 16 日正式开放的中国人民抗日战争纪念雕塑园……作品以《义勇军进行曲》的歌词为创作主线，按中国人民抗日战争历史沿革分为‘日寇侵凌’‘奋起救亡’‘抗日烽火’‘正义必胜’等 4 个部分围绕着纪念碑竖立，这种竖立的形式被称为中国传统的碑林形式。青铜柱上雕塑着上千个为中华民族的解放事业浴血奋战的中华儿女形象，栩栩如生地再现了半个多世纪前中国人民前仆后继、惨烈悲壮的历史场景。这组群雕由中央美术学院雕塑系师生设计制作，打破了过去集体创作的模式，保留了每个教师个人化的面貌和语言，因而具有较强的当代性。”

在对雕塑园的总体评价方面，美术评论家徐恩存认为：“在纪念性雕塑中消解‘中心’，是这组群雕在设计前需解决的重大问题，几十尊柱式雕塑呈无中心状，排列成方阵，形成拔地而起的‘势’，在近乎抽象的形式语言中又有强烈的中国特点。最重要之处，首先是他们把这一宏大主题向自己内心靠近，即在面对重大历史事件时确证自我的体验深度，因而在寻找外部表现形式时，更注意内心体验的形式表现；其次，他们着重提了现实主义艺术精神魅力不衰的问题，雕塑界长期存在着‘拿来主义’，导致人们对现实主义的误解与创作道路的狭窄。事实上，现实主义在中国的前景仍然极为乐观。这次创作，雕塑家们在总体和谐的氛围中，自觉行使了个人的话语权力，选择了现实主义的创作手法——把中心意识形态与公众情感表达融入具体的个人话语空间，重新定位主体经验和情绪感觉。这是一种从自发到自觉的转变，从反映、表现至创造的飞跃，但它又不仅仅是在狭隘的个人情感和民族经验内流连，而是基于个人，又超越个人，进入‘非个人化’的创造过程，使个人话语展示着人类的普遍情感，以便进入重大艺术秩序的建构中；它又接受历史和现实的给予，让人类、现实和历史同时敞开。抗战群雕创作给我们提出了许多值得思索的问题，它不仅复归了个人话语，而且过渡到对新艺术话语空间的营建，这是一种重建‘新传统’的努力。”

司徒兆光教授总结说：“抗战群雕不是单纯的政治口号，而是艺术，它要求与内容相适应的表现形式。这次创作在形式上有新的思考，表现在以下 4 个方面。

（1）‘无中心’的布局形式。雕塑园的设计者马国馨提出了‘无中心’的构想。近现代的一些纪念性雕塑形成了比较固定的历史模式，纪念一个历史事件或人物要有一个中心像或具体的英雄，并由此呈主次序列展开。而雕塑园内的这组群雕没有那种突出的中心形象，没有出现具体的战役、人物，而是对抗日战争这一重大历史事件采用高度概括的手法，表现全民族同仇敌忾的英雄气概。

（2）碑林式的群像。14 年全民抗战，内容极其丰富，单一的中心模式已无法承载其内涵，因而建筑师提出柱式碑林的方案，这被大多数人认同，认为这充分契合国歌‘起来，不愿做奴隶的人们’

的深刻内涵。

（3）叙事性。以往的模式强调浓缩的形象，难免简单、直白，这里的叙事性是应抗日战争内容之需自然生成的，能做到内容丰富是这次创作的一个收获。

（4）集体创作的新形式。先前的集体创作体现集体智慧而模糊个性。这次把塑造38尊雕像的任务具体分配给全系几乎所有的教员，每人负责两尊。柱体形式的大构图一致，但具体的处理手法由个人决定，形体的造型都十分具有个性，远看是碑林，近观每尊雕塑风格各异，耐人寻味。”

俄罗斯功勋艺术家库巴索夫认为，“中国人民抗日战争纪念群雕在作品中应用了所有可能的欧洲写实造型艺术表现手法和中国传统造型艺术特有的表现手法，为世界大型纪念性主题雕塑史册上又增添了一部成功的作品。”

美术家们反复强调了其“无中心”的布局形式，而实际上工程完工时，由于中途设置了“抗日战争纪念碑”，“无中心”形式还是变成了“有中心”的形式，这也是使设计人感到十分无奈的。因此如果按照原规划的设想，在“抗战轴”最北端应该有一个分量更重、内容和表现更为全面的纪念物（雕塑）作为整个轴线的结束，当然这个构思的实现恐怕还需要时间，还要不断完善原规划意图。而在雕塑园区内设置表现这一重大历史题材的纪念碑，无论从位置、体量、重要性等方面，与历史题材的重要性相比，都有不尽人意之处。但不管如何，雕塑园的创作仍是一次重要的探索。

37

38

39

40

图37、图38. 雕塑1：1放大稿在798厂　　图39、图40. 雕塑组群

41 42 43 44 45 46 47 48

图 41. 雕塑组群和宛平城墙　图 42. 雕塑组群　图 43. 雕塑《铁流激荡》　图 44. 雕塑《巾帼赞曲》
图 45. 雕塑《同仇敌忾》　图 46. 雕塑《破袭风暴》　图 47. 雕塑《雪地英雄》　图 48. 观众与雕塑

由于资金、工期和一些其他原因，工程中还有若干未尽之处。如雕塑园位于宛平城南，与城内的中国人民抗日战争纪念馆在同一轴线上，无论是从参观线路角度考虑，还是以地区的整体性角度考虑，二者之间都应该有一个方便的连接通道（如地下通道、在城墙开洞，或由城墙直接联通等），但因涉及文物保护以及宛平城的下一步改造，这一问题在当时就未进一步研究；又如计划中为雕塑园内 38 尊群雕设计了夜间的灯光照明，后因工期问题也未安装，这对园区的夜景呈现也有一定影响。另外，园区内绿化方案也未完全按照设计意图实现。

从发展的眼光看，这种具有重大意义的历史纪念地始终处于一个动态的、不断完善的状态之中，工程竣工以后，还会面临着补充、增加、维护、管理等众多课题。围绕历史纪念地的主题，保持园区的纪念品位，保证每一部分均为精品，保证表现手法上的连续性和一致性，对园区的发展来说是至关重要的。

中国驻印度使馆改造

雕塑纪念园竣工一周以后，因四所的项目——中国驻印度大使馆的新楼及老馆的改造工程，我们去印度考察调研约两周。中国使馆用地约 12 hm^2，是中印关系在尼赫鲁时期印方提供的用地，当时

49

50

51

52

图 49. 中国驻印度大使馆　图 50. 作者和印度建筑师里瓦尔　图 51. 甘地陵墓　图 52. 印度门

53

54

我国交了 300 万卢比的赞助费，此后用地租金仅 1 卢比。大使馆原由北京院四室设计，从图纸上看（图纸是在 1952 年和 1996 年完成的）涉及的人员有：张镈、沈文瑛、孙恩华、王英华、孙家驹、何业光、李安生等人。当时还健在的有叶平子、肖正辉、刘志英、邹维良、马欣、冯颖、张树东等人，老馆外形大方，结构耐用，但管线均已老化。

当时我们对新德里的有关情况进行踏勘了解，参观了德里周围的印度新老建筑，拜访了当地著名的建筑师拉吉・里瓦尔，印度 1982 年举办亚运会时的运动员村就是他的作品。我们从考察中了解到印度建筑文化的多元化和包容性，内容和形式也十分丰富，其文化体系也十分复杂，多种宗教文化不断更替、交换和融合，形成了十分独特的特色。

由于中国大使馆用地边上就是美国驻印度大使馆，是美国建筑师斯东在 1954 年设计的，其典雅主义的风格也风行了一段时间，大片花格墙的处理对我们也有一定影响，但由于形势和时代的变化，使馆现在高墙铁网、警卫森严，防止外来袭击倒成了其主要特色了。

图 53. 原新德里亚运村外景　　图 54. 美国驻印度使馆

工作中终身学习

我自从大学毕业进入社会以后，就进入了终身学习、不断充电的阶段，在不断做设计或研究工作的同时，也在不断地学习讲话和写作的技巧。

讲话是人们日常交流最主要的方式，尤其是建筑师，要和业主、领导、厂家以及众多各方人物打交道。可我在学校并不是善于言辞的人，而且性格十分腼腆，那时政治学习、开会发言，我几乎都要“憋”到最后一个，而且讲起话来又是脸红，又是出汗的，很是别扭，可能因为我的这些“老气横秋”的特点，同学们给我起了“马老”的外号。但是参加工作以后，无论是作为工作队员和甲方打交道，还是后来当了小领导，我都需要在公众场合讲话，形势逼人，不得不改变。后来我也在工作中慢慢适应了，遇到各种场合也能应对自如了，以至于了解我的人都认为，和以前相比我好像变了一个人。另外，我一直十分佩服会讲话、会表达的人，觉得他们讲话具有逻辑性，条理清楚，能抓住重点，能够语出惊人而又恰如其分，所以每次听到别人精彩的讲话，我都会觉得这是一次很好的学习机会。

从事设计工作并不是单纯地做方案、画表现图、画施工图，也需要与文字打交道。经过几十年的工作历练后，我在这方面也有了一点点长进。因为我的文学或文字水平一般，仅限于高中三年对中国文学进行系统的、较完整的学习，在大学期间基本仅对专业知识进行了学习，即使有些文学爱好，也只作为业余活动。

工作以后，我和文字打交道，除了写发言稿或学习心得外，很大一部分就是写方案的说明书。我所经手的工程或项目的说明书，几乎都是由我亲自执笔的，久而久之自己的文字组织和表达能力也得到了锻炼。而且在我设计的几个重要工程当中，初步设计里面建筑部分的说明书也全部是由我起草成稿的，尤其其中的建筑技术部分，这为我提供了极好的学习机会。

在工程进行当中，更重要的就是起草工程洽商，这其实是在施工过程中十分重要的一个变更环节，不仅要涉及设计的修改、做法的调整，更多的还要涉及工程造价，甚至是工程的法律责任。因此，除了要仔细研究甲方、施工方提出的洽商内容之外，对于设计方面的洽商更要字斟句酌、反复推敲。我从接手国际俱乐部工程起开始独立写洽商，那时体会还不深刻，等到自己主持工程以后，才真正体会到写洽商的人员责任重大，一个洽商签下去，会涉及许多专业、许多做法以至造价问题和最后的效果。在设计当中常有考虑不周或不妥之处，常常要依靠洽商来加以修正。在做毛主席纪念堂工程时，这个问题表现得就很突出，当时主体有 5 个施工单位同时进行施工，在施工中发现问题后，分别来找设计单位写洽商。一开始是多头找多头，做法不一致很容易出问题，彼此矛盾，所以指挥部很快决定，毛主席纪念堂上部工程的所有洽商设计单位统一由我签字，施工单位由技术组的万嗣铨签字，这就要求我们对所有的图纸和各部分做法都十分熟悉和了解。现在看来，当时因为工期的限制，施工和设计的矛盾还是很明显的。我私下常调侃说，看似简单的一两页洽商，实际是几方的“斗智斗勇”，在不断地“讨价还价”中达到最后的一致，尤其是比较重大的工程，有些看似不太重要的洽商常会牵一发而动全身，稍不注意就会使全局陷入被动。如后来有一个重点工程，施工单位在某处梁底标高的控制上差了 1~2 cm，于是就要求把吊顶标高降 1~2 cm，一般来说人们不会注意到这种变化，似乎对大局无影响，但在这个工程中，吊顶的标高不仅会影响某一局部，而且会影响一连串厅堂的标高控制，这时设计单位就必须坚持原则，要求施工单位对局部做适当的剔凿。这种坚持当然会引起施工单位的不满意，但设计单位的立场在这时真似千钧之重，不能轻易改变。同时洽商中的用词、提法、语气、灵活程度也有很大的弹性，都需要在实践中逐步体验和掌握。

文字表达体现的是一种综合能力，需要建筑师学习如何进一步整合、消化并将其加以表现，这不仅涉及文字功底，还涉及思维能力，需要建筑师有清晰的逻辑，并进行严密的论证。所以从日本研修回来以后，我蠢蠢欲动，一直想发表一点儿东西。1984 年，我在学术刊物《世界建筑》第 5 期上发表了我的第一篇论文《从两个饭店的设计人看日本建筑界的一些动向》，那是我将在广州举办的讨论会上的一次发言整理成文发表的文章。第一次看到自己的文稿变成正式的铅字，我的兴奋之情可想而知，后来这篇文章还得到了高亦兰老师的表扬，这也大大提升了我的兴趣和信心。那时，北京院技术管理室的徐镇是多个杂志的编委，他很热心地帮我到处联系和推荐，所以很快我便在杂志上发表了一些文章，其内容大多是在日本研修时就整理好的，如在《古建园林技术》1986 年第 1、2 期连载的《日本桂离宫及其大修》就是涉及日本古建筑保护的文章。1986 年 6 月，我在《建筑师》杂志上发表的第一篇文章是刊登在第 25 期的《游乐园建设的若干问题》，这是我将在河北涿县（今涿州市）的一次讨论会上的发言整理而成的。《建筑师》杂志的特点之一是可以发表长文，我曾有一篇长文在该杂志上连载三期，杂志社的杨永生和王伯扬二位都给予我很大的支持。徐镇是这两本杂志的编委。我在《建筑学报》上发表的第一篇文章是 1985 年 5 期的《关于建筑设计竞赛》，介绍了各国在设计竞赛上的一些做法。之后由于我不断投稿，以至成了《建筑学报》编委会的成员。我将一些主要工程的总结都发表在《建筑学报》上，如国家奥体中心和首都机场航站楼，都有 3—4 篇总结连续发表，以至《建筑学报》的编辑开玩笑说：“你这都快写成连续剧了。”由于我经常参加一些学术会议或研讨会，有时也有杂志约稿，如《美术》杂志 1986 年的第 3 期是关于环境艺术的专辑，经约稿，我写了《环境杂谈》一文。后来，我又在 1994 年 12 期的《美术》杂志上发表过一篇文章，但大多数文章都还是发表在建筑类杂志上。

开始时，我也有小小的计划，每年争取至少发表 2 篇文章，但后来机缘巧合，经常会超出原订计划。尤其是北京院在 1989 年也有了自己的刊物《建筑创作》，我发表文章就更方便了。久而久之，我积存了不少文章。

等到逐渐淡出一线以后，我产生了把这些文稿分类结集的想法。我的第一本专著是由中国建筑工业出版社出版的“国外著名建筑师丛书”中的《丹下健三》一书，由于我第一次出书，对出版流程完全不了解，那时还需要作者把每页的版面设计都做出来，责编彭华亮先生给予我很大帮助。1986年，我交出全稿，1989年书才出版。虽然我等待得十分着急，但最终看到厚厚的铅字书籍，我内心还是很有成就感的。本书共414页66万字，有不少照片和图纸，是这一系列丛书12本中篇幅最长的一册，并获得了第三届全国优秀建筑科技图书部级一等奖。这本书前后印了多少次我没有统计，那时也没有合同观念，对版税问题也就不去追问了。

1999年，北京院成立50周年，院里准备出一套学术丛书，共11册，我利用这个机会出版了一册《日本建筑论稿》，全书共259页57万字，收录了14篇涉及日本建筑的文章，还收录了我后来在清华读博的论文《日本建筑文化浅析——吸收与创新》（占了90多页）。

此后，又隔了很长一段时间，在2007年，于北京奥运会前，《体育建筑论稿：从亚运到奥运》出版，收录了我写的有关体育事业、体育建筑及奥运会等内容的论文25篇，全书共287页42.5万字。书中绝大部分文章都是发表过的，只有一篇《关于国家体育场的一封信》是私人寄写的一封信件，但是里面表明了我对某一工程的看法，自己觉得还有些道理，于是也收录在里面了。本书是我对从事体育建筑设计和研究工作的一些心得小结。

这时，由于我已没有了设计工作的负担，因此出书的速度也比过去更快些，两年之后的2009年1月，我又出版了《建筑求索论稿》，其中收录了28篇文章，全书共202页36.6万字。因为前两本书都是围绕某一专题写的，所以我想将此想法继续。《建筑求索论稿》涉及建筑创作、建筑评论、建筑历史等内容，并未收入有关设计作品的文章，但特意收录了4篇我参加方案评审时的文字评审意见，这些是提供给方案评审组织方的报告，都没有公开发表过，因其体现了我对一些重大问题的看法，所以收入其中以立此存照。

之后，我又连续出了3本专著，分别是《礼士路札记》，于2012年在天津大学出版社出版，全书收录了44篇文章，共212页26万字；《走马观城》，于2013年在同济大学出版社出版，全书收录了14篇介绍各国城市和建筑的文章，共296页38万字，这本书是中国社会科学院的叶廷芳先生向我介绍的约稿，当中虽有些曲折，但经责编刘芳女士和来增祥社长的关照，本书顺利出版，为了增加可读性，书中共有300张图片；《求一得集》于2014年在中国电力出版社出版，这是一本关于中国工程院院士的文集，全书共收录了19篇文稿，共259页28.3万字，书前有中国工程院院长徐匡迪院士写的总序，除了有4篇文章曾收录于以前的专著中外，其他则是有意选取了各个方面具有代表性的文章首次发表。感谢责编梁瑶女士。

2016年8月，我出版了第三册论文专集《环境城市论稿》，全书收录了40篇文章，共236页35万字。这是我在工作和设计中，在我国城市化的进程中，对环境和城市以及城镇化、城市交通、遗产保护、绿色低碳等问题的论述和思考。

2016年底，我还整理了一本手绘图稿，取名为《老马存帚——手绘图稿全集》，全书共259页，按照我的成长历程分为1959—1965（清华求学）、1968—1980（北京院工作）、1981—1982（日本研修）、1983—2008（北京院工程和调研）、2009—2016（退居二线）5个时期，收录了水彩、钢笔画、速写、表现图、人像、封面设计、资料收集等各类画稿共 270 幅。我只是一个业余的美术爱好者，因工程关系也做了一些表现图，所以只是敝帚自珍，选取了积存画稿中的一部分成集，求教于方家。图书出版以后收到挚友向欣然的直率评论："您老兄的水彩实在是不敢恭维！"

我的最后一本论文专集《集外编余论稿》在 2019 年 4 月出版。这本书收录了一些已发表过的文章以及之前无法归入已出版各集中的一部分文章，另外还有一部分新写的文章，共 48 篇，216 页 34 万字。这本书的内容就很庞杂了，包括住宅、外国建筑师、建筑构造、各种作序，等等。

还有两本文集是关于人物的，一本是 2015 年 5 月出版的《长系师友情》，其中收录文章 31 篇，全书共 296 页 29.8 万字；另一本是《南礼士路 62 号——半个世纪建院情》，是为纪念北京院成立 70 周年，由生活・读书・新知三联书店出版的，其收录文章 25 篇，全书共 309 页 21.4 万字，含 143 幅照片和插图。这也是我第一次和这个知名的出版社合作，从书名到文章编排方式，责编唐明星都提出了很好的建议。我原本想为之起名为《半个世纪建院情》，但责编建议改为现名，将原书名作为副标题，我原觉得这样一改，书名很像是悬疑小说，但从最后的实际效果看，改得还是很有道理的。为赶上公司庆典，出版社加急出版，最后在中国国家博物馆举行了首发式，书店郑勇总和唐明星编辑都出席了。这两本书的主要内容是对师友、同学、同事的回忆和怀念，其中有 10 篇文字是重复的。从我 2000 年写第一篇人物类的回忆文章算起，积少成多，已发表了 40 余篇，这也是"无心插柳柳成荫"，是我原来根本没有想到的。

2021 年是母校清华大学成立的 110 周年，我自己也已进入耄耋之年，于是整理了自己前后所写的涉及清华大学的内容，包括回忆师友、发表讲话、求学回忆、评论序言等文章共 45 篇，以《难忘清华》为题出版，全书共 383 页 35.8 万字，其中有 17 篇曾在别的书中发表过。

文字类的书籍除以上各种之外，我还出版过 4 册打油诗集，分别为《学步存稿》（2008）、《学步续稿》（2010）、《学步三稿》（2012）、《学步余稿》（2020），在其中分别收录了自己不成熟的诗作 106 首、100 首、139 首、207 首。我对古诗还是没入门，这些大多只是游戏自娱而已。

另外，自 1981 年我有了相机以后，便在公务考察、私人旅游、会议评审、日常生活等不同场合，拍了不少正片和负片，加上 2008 年以后开始使用数码相机和智能手机了，我也积存了数万张底片和照片，想为它们寻找一个"出路"，不然最后都发挥不了什么作用，于是先后出版了若干本摄影集。

摄影集中，一部分是 4 册人像摄影集。受清华大学老校友摄影家张祖道的作品《刹那——中国当代文化名人剪影》一书的启发，2011 年，在清华大学百年华诞之际，我出版了《清华学人剪影》，收集了在清华学习、生活和工作过的领导、师友、同学共 241 人（其中女性 50 人）的照片。2012 年，《建筑学人剪影》出版，其中收录了建筑、规划界的领导、同事、朋友共 227 人（其中女性 20 人）的照片。2014 年是中国工程院成立 20 周年，以此为契机，我出版了《科技学人剪影》一书，收录了 240 位工程院和科学院院士的照片，其中包括工程院院士 195 人，科学院院士 38 人，两院院士 7 人，其中女性 11 人。以上 3 册均以拍摄的时间为序，并对所收入的每一位院士的生平都做了简要的介绍。2020 年，利用北京院成立 70 周年的机会，我出版了《建院人剪影》，收录了曾在北京院工作过的领导和同事共 246 人的照片（其中女性 66 人）。与之前 3 册照片排列按本人拍摄时间排序不同，这

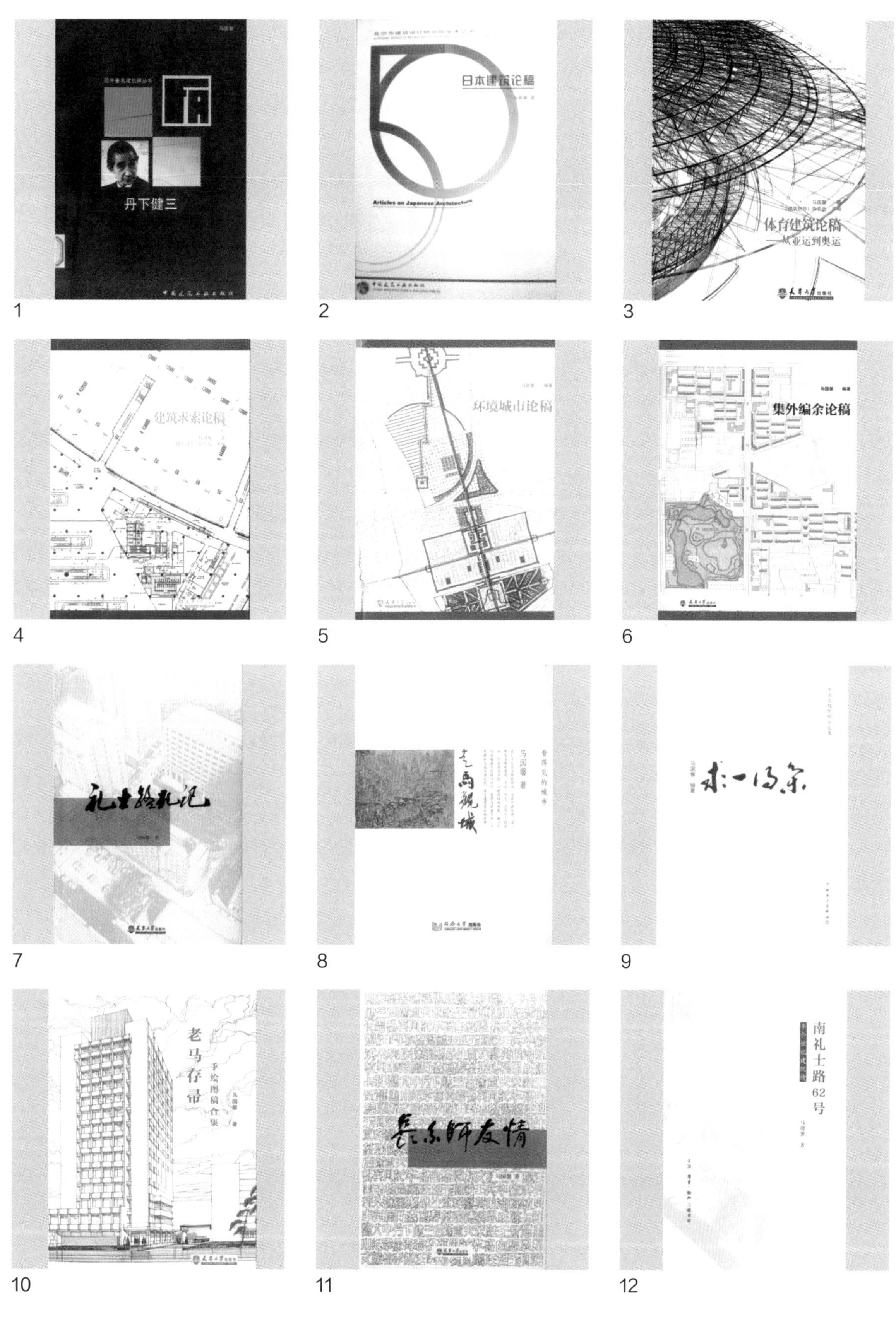

图 1.《丹下健三》书影　图 2.《日本建筑论稿》书影　图 3.《体育建筑论稿——从亚运到奥运》书影
图 4.《建筑求索论稿》书影　图 5.《环境城市论稿》书影　图 6.《集外编余论稿》书影
图 7.《老马存帚——手绘图稿合集》书影　图 8.《礼士路札记》书影图　9.《求一得集》书影
图 10.《长系师友情》书影　图 11.《难忘清华》书影　图 12.《南礼士路 62 号——半个世纪建院情》书影

本书中的照片是按照被摄者入职年代排列的，以 10 年为一组，每组内文按拍摄时间排列。

这 4 本人像摄影集的特点是，被摄的人物除院士们的知名度稍高以外，其他大多是从事教育、科研、设计等方面的人物，并不为社会和广大民众所知，但他们都在不同岗位做出了贡献，我摄影并出版的出发点就是想为他们留下一份人物档案。由于本人摄影水平有限，因此这些人物照片说不上是真正的人像摄影，只是记录而已，而且受条件所限，书中收录的人物也只是我所能接触到的，有一定的局限性。自这几本小册子出版以来，其中收录的人物已先后有 170 人去世，这也说明了留存各种人物形象的必要性。

我还以《寻写真趣》为标题，出了 4 本摄影集。前 2 册是着重于对专题的表现，在“建筑和人”“俯视大千”“名人留踪”“江河湖海”的标题下各选取 100 幅照片加以反映。从第 3 册起，我又想从“图像证史”“以图叙事”的角度来讲述一个事件、一个过程，于是以“图像亚运记忆”和“从双子塔到新世贸中心”为副标题分别讲述了一段历时 6 年，一段历时 30 年的拍摄经历。其中第 3 册集中回顾了亚运会奥体中心工程的建设过程，第 4 册讲述了纽约世贸中心从建成，到经历“9・11”事件，然后又重新建设的故事，其中许多照片均属于“历史文献”了。

在以上这些出版物中，有相当一部分封面是由我自己设计的，这是我十分感兴趣的工作。

在这一阶段，我还主编和参编了不少书或丛书，其中有一部分是挂名，真正参与的主要有大学建五班的几部文集，即《班门弄斧集——建五班诗文集》（2003）、《班门弄斧集——建五班书画集》（2005）、《班门弄斧三集——清华大学建筑系建五班（1959—1965 年）入学 50 周年纪念集》（2009）、《画忆百年清华》（2011）（以上各册均由清华大学出版社出版）、《清华建五纪事——毕业 50 周年（1965—2015）纪念》（2015）和《朝华夕拾——怀念应朝》（2021）。

最后还要感谢天津大学出版社，我上面提到的众多出版物，只要没注明出版单位的，都是由天津大学出版社出版的。出版社的韩振平、杨欢等领导以及诸位责编，为我提供了许多便利，使许多时间非常紧张的书籍能在很短的时间内克服诸多困难按时完成。以金磊总为首的《建筑创作》杂志社和《中国建筑文化遗产》编辑部的全体同人在录入、装帧、编排上给予我极大的支持，没有他们的全力协助，顺利完成这样多的出版物是根本不可能的。尤其是我近年患帕金森后，手写字迹十分难于辨认，给他们的录入工作带来极大的困难，在此我也是要一并致谢的。

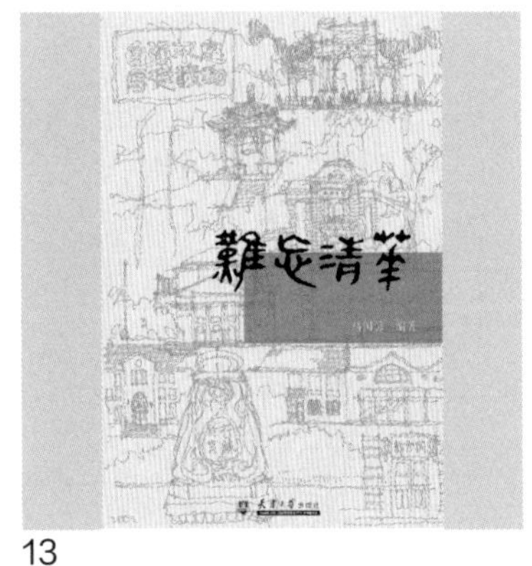

13

14

15

图 13.《难忘清华》书影

图 14.《学步存稿》书影

图 15.《学步余稿》书影

图 16.《清华学人剪影》书影 图 17.《建筑学人剪影》书影 图 18.《科技学人剪影》书影
图 19.《建院人剪影》书影 图 20.《寻写真趣 3——图像亚运记忆》书影 图 21.《寻写真趣 4——从双子塔到新世贸中心》书影
图 22.《班门弄斧集》书影 图 23.《班门弄斧续集》书影 图 24.《清华建五纪事——毕业 50 周年（1955—2015）纪念》书影

附录：作者著作目录

序号	书名	出版时间	出版社
1	《丹下健三》	1989	中国建筑工业出版社
2	《日本建筑论稿》	1999	中国建筑工业出版社
3	《体育建筑论稿——从亚运到奥运》	2007	天津大学出版社
4	《建筑求索论稿》	2009	天津大学出版社
5	《环境城市论稿》	2016	天津大学出版社
6	《集外编余论稿》	2019	天津大学出版社
7	《礼士路札记》	2012	天津大学出版社
8	《走马观城》	2013	同济大学出版社
9	《求一得集》	2014	中国电力出版社
10	《长系师友情》	2015	天津大学出版社
11	《老马存帚——手绘图稿合集》	2016	天津大学出版社
12	《南礼士路 62 号——半个世纪建院情》	2018	生活·读书·新知三联书店
13	《难忘清华》	2021	天津大学出版社
14	《学步存稿》	2008	天津大学出版社
15	《学步续稿》	2010	天津大学出版社
16	《学步三稿》	2012	天津大学出版社
17	《学步余稿》	2020	天津百花文艺出版社 天津大学出版社
18	《清华学人剪影》	2011	天津大学出版社
19	《建筑学人剪影》	2012	天津大学出版社
20	《科技学人剪影》	2014	天津大学出版社

续表

序号	书名	出版时间	出版社
21	《建院人剪影》	2020	天津大学出版社
22	《寻写真趣》	2009	天津大学出版社
23	《寻写真趣 2：名人留踪百图 江河湖海百图》	2011	天津大学出版社
24	《寻写真趣 3：图像亚运记忆》	2017	天津大学出版社
25	《寻写真趣 4：从双子塔到新世贸中心》	2021	天津大学出版社
26	《敝帚集——素人之书》	2016	—
27	《敝帚集——素人印稿》	2017	—

作者参编书目

1	《班门弄斧集：清华大学建筑系建五班（1959-1965）诗文集》	2003	清华大学出版社
2	《班门弄斧续集:清华大学建筑系建五班（1959-1965年）书画集》（2005年）	2005	清华大学出版社
3	《班门弄斧三集:清华大学建筑系建五班（1659-1965年）入学50周年纪念集》	2009	清华大学出版社
4	《画忆百年清华》	2011	天津大学出版社
5	《清华建五纪事——毕业50周年（1965-2015）纪念》	2015	天津大学出版社
6	《清韵芳华：张五球纪念册》	2018	—
7	《朝华夕拾：怀念应朝》	2021	—

退休之前的工作

自中国人民抗日战争纪念雕塑园竣工以后，我就再没有亲自做工程。很快到了2002年，年满60岁，到了退休的年龄，于是我向有关领导提出了这件事，他们回答，关于院士退休的事，我们要等上面的文件，不想一等就是十多年。当然回想起来，在这段时间里，我还是做了一些事情的。

有关社会工作

在亚运会工程的后期，在刘开济总的指点下，我开始参与一些由在中国建筑学会领导下的一些工作，尤其是从1989年起筹备成立建筑学会建筑师分会的工作，参与起草有关章程。分会成立后，于1999年任建筑师分会副秘书长，和刘开济总等前辈多次参加建筑创作和理论委员会的活动，先后在深圳、宜昌、长沙、贵阳、成都、银川、南昌等地举办活动。2001—2009年任建筑师分会理事长，

1

图1. 建筑师分会杭州筹备会

参与由中国建筑学会领导的相关活动以及建筑创作奖和青年建筑师奖的评选等。2004 年，按中国建筑学会来函要求，我向国际建筑师协会（以下简称“国际建协”）推荐了 10 项 20 世纪建筑遗产名单。同时，我还参加了中国建筑学会和中国体育科学学会下属的二级分会体育建筑专业委员会的工作。从 2001 年起，我任体育建筑专业委员会副主任委员，并由中国建筑学会推荐担任了国际建协体育与休闲建筑工作组的联络员。此间在北京举办的两场国际研讨会（分别是于 1990 年举办的北京亚运会设施的国际研讨会，以及 2008 年举办的奥运会设施的国际研讨会），我在会上都做了主旨发言。国际建协体育与休闲建筑工作组的国际活动内容十分丰富，经常在各地举办学术报告，可是因为单位的外事经费有限，所以境外的国际会议我只参加了 1998 年 3 月在日本东京举办的“寒冷的积雪地区

2

3

4

图 2. 国际建协体育与休闲建筑工作组北京会议（1990）　图 3. 长野冬奥会考察（1998）　图 4. 作者在长野

的体育设施”学术会议。在会上，举办方介绍了日本长野冬奥会的设施，只有我一人代表中国建筑学会去参加，在东京开完会后又去长野进行了考察。

自2000年起我开始担任中国建筑学会第十届理事会的副理事长，2004年12月中国建筑学会命我率团去台湾参加“第十届海峡两岸学术交流会”。此前我参加过1988年10月在香港举办的第一届两岸建筑学人交流会和1990年10月在北京清华大学举行的学术交流会，原定两岸轮流举办，但因种种原因，第十届两岸交流会拖延了数年才得以举行。由于有许多新的情况，所以出行前国务院台湾事务办公室还专门把我叫去交代了有关事项，我们全团共25人，是由各地方学会的代表组成的，刘洵蕃和方鸿淇为副团长，周畅为秘书长。在台北、台中和高雄三地共举行了3场研讨会，我、周畅和曹亮功分别作了学术报告。在台湾同行的支持下，10天的行程十分顺利，我参观了许多地方。

5

自1990年起，我开始担任由中国建筑学会主办的刊物《建筑学报》的编委，参加了在上海、深圳、海口、杭州、成都、珠海等地举办的编委会会议，每次都有不同的收获，并与各地编委进行了很多交流。在珠海举办那次，编委会还安排大家到澳门参观了莫伯治老设计的新华社澳门分社的建筑。我到各地开会肯定要参观当地的新老建筑，从各地学习到了很多东西。因工作关系，我也有多次编委会没去参加。从2002年起，我开始任第六届编委会主任，坚持办刊的“综合性、学术性、权威性”，关注行业热点、推动科技进步、回应当代问题、倡导学术民主，在编辑部同人的努力下，取得了较好的成绩。2013年，在中国建筑学会成立60周年之际，我获得了学会颁发的特别贡献奖。

图5. 两岸学术交流会

6

从 2001 年起，我担任了中国科学技术协会（以下简称“中国科协”）主席团的常委，前后任职两届。在任常委期间，我的主要工作是定期召开常委会，研究有关工作问题，另外每年还要在一个省份或城市举办学术年会，如在乌鲁木齐、福州、海口等地都举办过围绕某一主题的学术年会，同时也下设若干分会场，这种活动也是对各地学术活动的支持。另外中国科协下设一个人文委员会，我也参加过他们举办的若干次会议。中国科协委员中有各个学会的人员，大家专业都不相同，一起工作使我的知识面扩展不少。

7

与此同时，我还从 2001 年起担任了北京市科学技术协会（以下简称“北京科协”）的副主席，此前北京院的熊明总也担任过该协会的副主席。北京科协的主要活动是在本市举办学术活动，定期举办会议，以推进科学普及方面的工作。后来又举办了社会科学界和科技界两界的联席会议，参加这些活动收获还是很大的。当时历届北京科协的主席，

图 6.《建筑学报》编委会在成都的合影

图 7. 中国科协在新疆举办的科技年会

如顾方舟、陈佳洱、顾秉林等都是有名的科学家，待人十分亲切。两界的联合会议更是给人很大的启发，尤其在热点问题讨论上，可以听到从事社会科学研究不同学科和不同观点的表达，对人启发很大。

我还曾任北京市自然科学基金会的委员，该基金会的主要任务是每年提出申请基金项目指南和对申报项目进行评审，决定哪些项目可以立项。因为每年申请的项目数量巨大，要通过评审决定哪些是重点项目、哪些是面上的一般项目，从而决定资金资助的力度。这对许多科研单位来说十分重要，立项就意味着可以利用基金开展课题研究工作。而基金会的成员基本上都是各个资助学科的专家，与他们接触也是很好的学习机会。

北京市在市委组织部和人才局的领导下还组织了专家联谊会，我曾任副会长，经常组织各行业专家的联谊活动，包括参观考察、联谊交流、书画文体等方面的内容。原来在方庄有一个固定活动地点，活动比较频繁，内容也比较丰富，后来搬了地方，主管单位也不断变化，从市委科干局推到人才局等单位，加上专家们也都很忙，联谊会就有点名存实亡了。

1997 年，我当选了中国工程院院士，因为年纪较轻，所以不久以后就出任了土木、水利与建筑工程学部（以下简称“土水建学部”）的副主任，除了要参加每年工程院的两次全体会议，主持学部的会议和在选举院士年份主持选举工作外，还要定期参加主席团的会议，参与一些问题的商讨。在这个过程中，我受益匪浅，尤其主席团的一些成员都是该行业的主要领导或主要学术带头人，在讨论过程中会受到很多教育和启发。有几次主席团的会议在外地举办，如在上海、广州等地，这样

8

图 8. 中国工程院土水建学部合影（2003）

也增加了许多学习的机会。

另外，随着当时我国城市化的快速发展，大型公共建筑工程设计出现了一些价值观混乱、“标新立异”、迷信国外设计等倾向，为此中国工程院土水建学部在 2005 年 5 月出版了《我国大型建筑工程设计发展方向——论述与建议》一书，其中分综合性论述和若干重大工程问题的讨论与建议两部分，共收入论文 40 篇，26 万余字，其中收入了我有关北京奥运和国家体育场的 4 篇文章。重大工程主要围绕国家大剧院建设的问题提出一些意见。2006 年 12 月，又以土水建学部的名义出版了《论大型公共建筑工程建设——问题与建议》一书（本书收录的论文与建议，主要选自 2005 年 5 月土水建学部联合中国建筑学会、中国土木工程学会举办的工程科技论坛，以及 7 月举办的座谈和讨论会）。此书收入了各方面的报告、论文和发言共 25 篇，25.5 万字，其中收入我的论文 1 篇。而本书前面有 1 篇《大型公共建筑工程建设中的问题与建议》是由我做最后文字上的修订后以学部名义发出呈有关领导部门的报告，分主要问题、对策与建议 2 部分，于 2005 年 8 月 15 日发出，此后建设部等六部委曾就针对此类问题专门发了文件，但最后看来收效也不大。

9

10

由于中国工程院院士、原邮电部副部长朱高峰的推荐，从 2007 年起至 2023 年，我还担任了邮票选题咨询委员会的委员。该委员会每年要召开若干次会议，以决定下一年纪念邮票和特种邮票的出版选题、内容和枚数，其委员组成多样，有政治、宣传、历史、艺术、体育、外交、展陈、设计、科技等各方面的代表，所以在讨论选题时经常会发生比较激烈的争论，各种问题的分析也是让人十分增长见识的，所以我参加这个会议十分积极。

2008 年成立中国文字著作权协会时，中国工程院让我作为代表参加，与作家、艺术家们一起研究协会的成立。首任会长为作家陈建功，我是副会长之一，但此后事情并不多，只开过有限的几次会，再后来就卸任了。

2014 年，经中国文物学会和中国建筑学会批准，成立了 20 世纪建筑遗产委员会，我是两位主任委员之一。从成立至今，20 世纪建筑遗产委员会已经进行了 7 批建筑遗产的认定共 697 项，同时举办了多次学术研讨会和推介活动。我先后去南京、池州和深圳参加过有关活动，其他活动都是在北京参加。在此过程中，我从各位领导和专家学者那里学到很多新的知识，加强了对于建筑遗产文化保护的认识。

从 1997 年起，我还担任了第九届、第十届北京市政协委员，在参政议政的学习中也曾认真提过两个建议和提案，一是建议在故宫太和殿大修时，向观众开放大修现场，以增强大家的文保意识；

图 9.《我国大型建筑工程设计发展方向——论述与建议》书影　图 10.《论大型公共建筑工程建设——问题与建议》书影

11

12

二是建议北京地铁的各条线路用汉字命名，这样可以发挥中国汉字文化的特点，比用单纯数字来表示更有文化内涵，也好记忆，但发出后都没有什么响应。

还有若干社会工作，就不一一列举了。

方案评审

自 20 世纪 90 年代起，我参加过很多全国各地招标或竞赛方案的评审，许多项目国外建筑师也有参加，他们做的方案中的巧思给人很大启发，所以我对其中许多方案都做了较详细的笔记，也准备将其中的一部分记录整理成书。下面简单整理一下自 1999 年以来 10 年中我参与的主要评审项目。

1999 年：国家大剧院方案、湖北武汉剧院方案、北京肿瘤医院扩建方案、深圳会议展览中心方案、北京奥运会用地选址方案、援斐济苏瓦多功能体育馆方案、深圳游泳馆方案、华北局控制中心方案。

2000 年：广州白云机场初设审查、南京火车站方案、广州国际会展中心方案、杭州纺织博物馆方案、长沙体育城方案、武汉华中理工大学（现华中科技大学）体育馆方案、杭州新校园方案、南

图 11.20 世纪建筑遗产委员会推介会（2022.6）　图 12.20 世纪建筑遗产委员会赴安徽考察

京紫金山瞭望台方案。

2001年：杭州UT斯达康方案、深圳会议展览中心方案、广州国际会展中心评审、成都足球场方案、北京金融街B区方案、郑州大学方案、北京CBD中心区方案、上海火车站方案、北京石景山雕塑公园方案、北京金地国际花园方案、深圳华为公司方案、武汉南岸嘴规划方案、中国人民解放军第306医院方案、桂林市龙泉新区城市设计。

2002年：北京市社会科学院研究生院方案、中国电影博物馆方案、中国财税博物馆装修方案、北京经济技术开发区方案、经济适用房住宅方案、合肥政务文化新区方案、北京西西工程方案、南京大学城方案、北京沙河高教园区方案、南京奥体中心初设评审、福建大剧院方案、四川工业学院（现为西华大学）校区方案、中国海洋石油公司方案、北京危房改造方案、中央档案馆方案。

2003年：凯达大厦方案、北京亦庄开发区方案、上海环球影城论证、广州第二少年宫方案、中国工程院院部方案、中国井冈山干部学院方案、上海浦东干部学院方案、苏州会展中心方案、合肥奥林匹克体育中心方案、合肥绿叶生态园林集团方案、奥运交通中心方案、华能公司办公楼方案、国家体育馆和奥运村方案评估、南通体育会展中心方案、西安汉景帝阳陵博物院方案、五棵松体育中心方案、中央电视台方案、北京丰台汽车城方案、中华人民共和国驻纳米比亚共和国大使馆方案、西安关中民俗艺术博物院方案、新视野会展中心方案、王府井大厦方案、总政四道口住宅方案。

2004年：故宫地下展厅方案、中石化科研办公大楼方案、银川清真寺方案、郑东新区方案、广东省博物馆方案、合肥体育中心审查、南京绿地集团高层方案、国家体育场初设审查、金华剧院方案、中央美院美术馆方案、钱学森纪念馆方案、成都青羊区规划、广州塔方案、河北博物院方案、郑州博物馆方案、合肥文化艺术中心方案、五台山佛学院方案、拉萨火车站方案、商务部改扩建方案、东莞广播电视台方案、中国音乐学院音乐厅方案、国家会议中心初设审查。

2005年：广州火车站方案、侵华日军南京大屠杀遇难同胞纪念馆扩建方案、延安火车站方案、北京市道教协会方案、成都北部新城方案、珠海华发集团方案、深圳宝安国际机场扩建方案、中国人民解放军国防大学办公楼方案、中山博览中心方案、天津电视中心方案。

2006年：北京海军总医院方案、上海虹桥站方案、江苏省人民医院方案、华为北京总部方案、成都双流机场扩建方案、郑东新区大厦方案、广州电视中心方案、西安丝路风情园方案、北京中关村创新园方案、福州南站方案、厦门西站（现厦门北站）方案。

2007年：总政黄寺营区规划、青岛海洋博物馆方案、北京地铁十号线方案、西便门小区10号院改造方案、中石油昌平培训中心方案、中国海关博物馆方案、海军指挥中心方案。

2008年：中铁房地产长春项目方案、杭州东站方案、南水北调环境工程方案、中国航空集团总部大厦方案、清华教育部重点实验室方案、中国大连高级经理学院方案、宁波火车站方案、深圳航天公司方案、085工程方案、全国农业展览馆扩建咨询、南开大学图书馆方案、北京体育大学训练基地配套用房。

2009年：南昌西站方案、中联办培训中心方案、天津滨海高新技术产业开发区高层方案、信阳及驻马店车站方案、神华研究院和低碳所方案、钱学森纪念馆方案、大连干部学院方案、国家会展

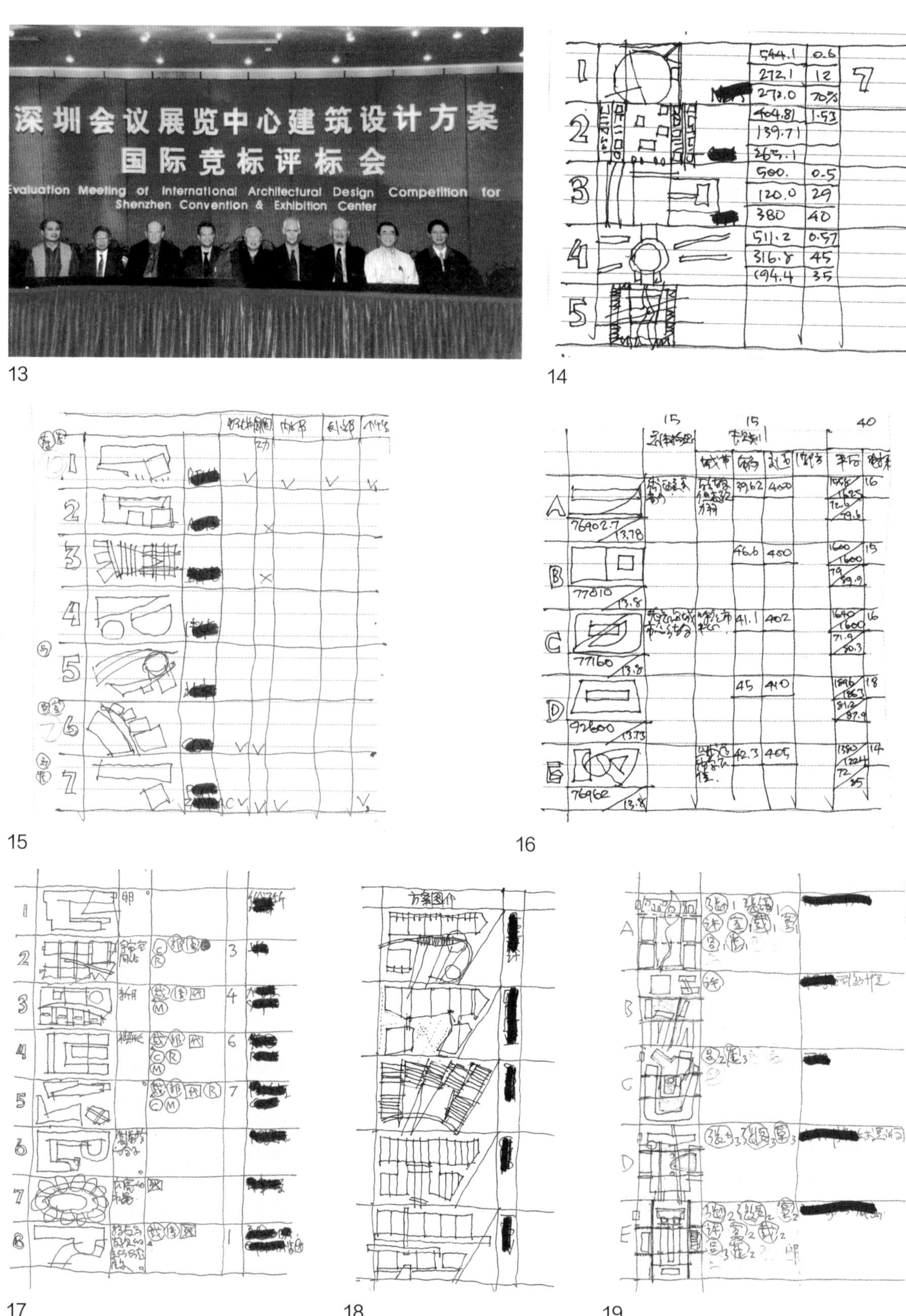

图 13. 深圳会议展览中心建议设计方案国际竞标评标会　　图 14. 桂林市龙泉新区城市设计

图 15. 中国电影博物馆方案　　图 16. 深圳新世界中心方案　　图 17. 广州第二少年宫方案

图 18. 苏州会展中心方案　　图 19. 北京汽车展览中心方案

中心（天津）方案、北川纪念园方案、廊坊周王庄综合楼方案、中国人民解放军海军潜艇学院方案、吐鲁番新城方案、012 工程方案。

评审的结果有一部分是没有下文、不知所终，有一小部分按评审意见进行建设，后来比较多的做法是由评审专家提出 3 个优选方案供有关方面选择。总的来说，许多招投标方式还不是很规范。还有的工程评审要求写出书面报告，尤其是一些比较重要的工程或与自己意见不完全一致时，我都会认真书写一份报告，说明自己的看法，如中国国家博物馆的改造方式、中央电视台的方案、侵华日军南京大屠杀遇难同胞纪念馆扩建以及最近的北京工人体育场的改造等。

关于身体状况

进入老年以后，我的身体状况就大不如前了，尤其是 60 岁以后，身体陆续出现一些症状，不得不引起自己的注意。由于生活方式的不科学，在常年的体检中，陆续检查出一些老年人常见的问题，如高血脂、高血压、高血糖，除此之外还有高血尿酸，我也戏称自己是“四高山人”，但是有些病症还是不能大意的。

一是心房颤动（简称“房颤”）。过去有过症状，但并未注意，直到有一次心率达到 180 次 / min，久不能缓解，让人无法忍受，我去小区的医务室进行检查，做了心电图说是房颤要马上送急诊，我才知道这个毛病的厉害。关于房颤这个疾病，有的时候服药可以缓解，也有多次发作最后去医院急诊的情况。有一次急诊从当天晚上开始输了一晚液，老伴儿一直陪着，快天亮时才转窦性心律，为此我下定决心根治，于 2017 年 2 月在首都医科大学附属北京安贞医院做了射频消融手术，术后效果还可以，控制得比较理想。

2013 年 8 月有一次房颤发作时，我在急诊室待了一夜也未改善，于是被收留住院，在住院期间做了糖尿病的耐糖测试，结果被医生告知我患了 2 型糖尿病，但可以不用服药。于是我开始加强体育锻炼、控制饮食，尤其控制摄糖量，但我这个人嗜糖的习性难改，所以只能小量多次控制，并定期检查糖化血红蛋白的指标，几年下来，指标时有起伏，但一直没有服药。

二是从 2012 年起增加的眩晕的毛病。突然发作时天旋地转，有时还伴有恶心和出虚汗，一般平卧一两个小时就可以恢复正常，但经常发作给人的心理压力很大，也曾住院检查或请专家会诊，但都不能确定是颈椎病、耳石症还是梅尼埃病，只是劝告我少低头看书和写字，可这又是我难以做到的。有几次在公众场合发作让接待方也压力很大，如 2013 年在北京院办公室犯病，我被急救车送到医院急诊，晚上才回家；2015 年 6 月，在中国工程院开会时，我因病住中国人民解放军第 306 医院；2016 年去承德考察时，一天早上，我忽然犯病，叫了医生来，虽然很快好了，但也担心再犯，于是第二天就回北京了；2018 年，在清华大学艺术馆关肇邺院士学术展的开幕式进行中，我忽然犯眩晕了，当时被人扶到椅子上休息，虽然很快缓解了，但大家也不放心我自己一人开车回家，于是派人开车把我送回家；2021 年 7 月，重庆市科学技术协会邀请我去参观，在最后一天我犯了病，也是给接待方带来许多麻烦，让人家提心吊胆的。所以自此以后，我基本不外出出差了，以免给接待方增加负担。同时我发现，由于年纪大了，外出换了地方睡不习惯，而睡不好也容易犯病，此后再加上新冠疫情暴发，我就基本上不外出了，实在要参会的话，我就采用线上的方式了。

70 岁以后好像也是个添病的时候，一段时间以来，我发现右手常不可控制地抖动，同时在走路时也感觉右脚经常拖地，一开始因为影响并不大，所以并未太重视。后来经人提醒，于 2019 年 8 月去北京世纪坛医院神经内科进行了检查，医生说像是早期帕金森病，此后我也一直没太注意。后来一位患帕金森病的学长向我介绍了治疗经验，并提醒我这是不可逆转的老年病，需要重视起来，于是我在 2019 年 8 月到北京大学人民医院找了神经内科专家，专家确诊是帕金森病，自此开始按医生意见每天准时服药，并根据情况定期复查，其间根据医嘱服药量有所加减，病情有所控制。虽知道这个病无法逆转，但治疗仍有一定效果，可以延缓病情的发展。但令人不快的是，由于这一病症，写字十分受影响，就是字越写越潦草，不用说别人难认，就连我自己有时认起来都很困难。

许多医疗专家都主张老年人“带病生活”是一种正常现象，所以我对此并没有太多惊恐，认为这是自然规律，只是感觉给生活和工作带来了一些不便。

工作室的运营

在 2003 年前后，北京院决定成立一些名人工作室，包括以我的名字命名的工作室，当时我很犹豫，因为从工作安排和个人精力各方面考虑，对于再经营一个工作室我实在是力不从心。但公司建议可以由别人主管日常工作。考虑到可以为青年建筑师提供一个平台，让他们在工作中更好地成长，我便勉为其难地答应下来。

十几年中，工作室发生了一些变化，一开始是挂靠在第一设计所的，由解钧建筑师负责，工作室先后设计过 2008 年奥运会青岛赛区的帆船比赛设施、四川建川博物馆聚落的知青生活馆等工程。后来，工作室于 2008 年 12 月改为营销主体，由柯蕾高级建筑师任工作室主任和设计总监，负责日常设计事务，除了新接一些工程、参加工程的投标或方案设计外，还接一些未完工程的后延施工图任务。也有一些工程需要我出面或过问，但总的不是太多，因此给柯蕾增加了不少担子。柯蕾在设

20

21

图 20. 工作室部分同志合影　　图 21.《马国馨工作室》作品集书影

22

23

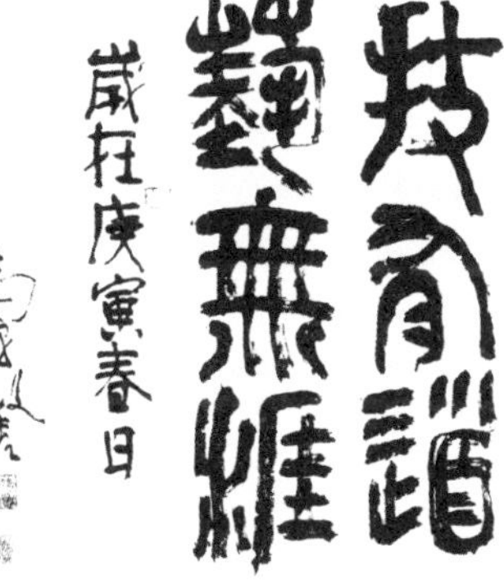

24

25

26

27

28

图 22. 中国电影博物馆室内（2007）　图 23. 重庆国际博览中心外景局部（2014）　图 24. 技有道 艺无涯

图 25. 无锡市中华赏石园　图 26. 北京银行科技研发中心　图 27. 中建材三新产业研发中心

图 28. 武钢（北京）人才创新基地

计和管理上都很有经验，她父亲又是原来局规划院的老领导，和我十分熟识，我们配合还比较默契，也让她费了不少心思。现在她是公司副总建筑师。

工作室独立运营后，手头延续的工程有中国科学技术馆新馆（2008 年）、中国电影博物馆（2007 年）、重庆国际博览中心（2014 年）等，无锡市中华赏石园是地矿部寿嘉华副部长和建设部仇保兴原副部长过问的项目，于 2012 年竣工；还有办公类建筑，如中国石油科创基地（3.6 hm^2，2014 年）、北京银行科技研发中心（37.4 hm^2，2014 年）、中建材三新产业研发中心（三期共 35 hm^2，由 2012 年至今）。另外还有北京市档案馆新馆（11 hm^2，2019 年）、丰台区档案馆（2.4 hm^2，2022 年）、全国政协太平桥大街 4 号院办公楼加固改造工程等（因涉及全国政协，也向夏宝龙副委员长等汇报过几次）。此外工作室设计过不少图书馆、博物馆、会展中心、档案馆、科技馆和科技传播中心以及一些概念设计或提升方案，也有若干项目获奖。自 2012 年起，先后有 4 年时间，我每年都会去美国探亲，每次半年，所以工作室业务全仗柯蕾主任和全体同仁惨淡经营以及公司的支持，才得以维持和发展。

工作室让我对经营理念题词，当时我总结了“技有道　艺无涯”6 个字，也是我对于设计工作的粗浅体会和心得。工作室的人员也是有出有进，目前在册工作的有 15 人，他们分别是柯蕾、周游、黄汇、郭志龙、高静、王旭、杨皞、杨波、钟晓英、冯小鸥、张晶晶、马步青、张晓东、孙舒宜和李若。

曾在工作室工作过的有：耿大治、吴量子、胡亭亭、孙哲、孙彦亮、尹晓煜、王晓朗、顾若虹、杨正道、张强、柴星汉、张楠、卢松楠、杨达、邹晓周、刘冠初、王亮、陈磊、白莹、梁娇、朱晓亮、王雨彤、孙庆日、刘乐文、刘文墨、晁华绪、张叶兰、彭勃、李心、尼宁、靳江波、杨皓、檀建杰、盖鄚、孙鑫菲、张然、刘欣、游晨龙、欧阳雨霏等人。

感谢柯蕾和所有在工作室工作和曾经工作的同志，感谢他们为工作室的顺利运营所作出的努力。

退休和探亲

前面说过，我的退休问题一直没有正式解决，与其他同事相比，我又继续工作了好多年，倒是完成了清华大学蒋南翔校长所提出的“至少为祖国健康地工作五十年”的目标。

到了 2012 年，我们老两口要去美国帮助儿子照看孩子，探亲时间至少要半年，也无法正常工作，于是利用这个机会我又给公司领导写了一封信，正式提出退休问题，在信中我说：

“之所以没有办理退休手续，我想还是源于许多人概念中的‘院士没有退休’一说，实际上这是对院士政策的误解。工程院章程第三条规定，中国工程院院士是国家设立的工程科学技术方面的最高学术称号，

BIAD
北京市建筑设计研究院有限公司
BEIJING INSTITUTE OF ARCHITECTURAL DESIGN

证　明

中国工程院院士马国馨，身份证号：110[illegible]，按照北京市委组织部要求已于 2019 年 4 月 19 日办理完成退休手续，特此证明。

北京市建筑设计研究院有限公司
2019 年 5 月 22 日

图 33. 退休证明书

为终身荣誉。整个章程中只有这里出现了‘终身’二字，但并没有院士可以不退休的规定和待遇，这还是由各单位决定的事情。

在我超期工作的十年中，由于社会兼职较多，占用了不少工作时间；另外自己整理个人设计和学术心得，也花费了不少精力。同时家中有年逾九旬的岳父，其看病、护理及住院等也用去一些工作时间；加之随年龄的增长，我自己高血压、高血脂、高血尿酸等各种症状也有增无减，这样对院内设计和科研工作的参与，无论从时间上还是深度上都可谓不称职。为了给更多年富力强的同志尽快走上技术领导岗位创造条件，所以在反复思考之后，特提出申请办理正式退休手续。

我在设计院已工作了 47 年，对院各级领导和同志的关爱和支持始终充满感激和热爱之情，即便退休以后，也不妨碍继续做力所能及的工作，还会关心我院的工作和需求，有鉴于此，恳请有关领导予以批准。”

当时上面各级领导也十分关心有关院士退休的规定和文件，院领导经请示后回复说有关正式文件将要发下来，等发下后会按文件精神办理。这样后来相继发出了有关院士退休和退出领导班子的规定。2018 年 5 月，有关院士退休正式文件发出后，按市委组织部要求，我于 2019 年 4 月 19 日正式退休，并由单位发文到中国工程院院部备案，这样退休问题总算画上了一个正式的句号。当然办完退休手续以后，公司继续返聘了我，同时给我提供了更好的工作条件和专项基金的支持，创造了更好的工作环境，这让我十分感激。

去美国探亲前后经历了 4 年，每年在美国生活半年，等到孙辈已较大，儿子他们也可以应付时，我们就不再过去了。利用在美国的机会，我积累了一些关于美国社会情况的资料，准备有时间时做一些小结。

时间过得飞快，转眼我已年过八十。但在这段时间里，秉持聚沙成塔、积跬步成千里的意念，我所写的各类文章竟也出版了数百万字，虽然看来质量和品位都极一般，不少垃圾文章，但总是自己的心血的结晶，敝帚自珍，如有那么一点点能够有用或能存世，那就十分欣喜了。

半世寻觅求一得（代后记）

在回顾了自己在北京院50多年的生涯后，我列出了这样一本“流水账”。在半个多世纪的学习和工作中，我没有像时下许多建筑师那样系统地总结出许多观点或创造出若干理论，但片断的体会还是有一些的，现择其要者列出一些，这都散见于以前我所发表过的文章之中，这些对学界来说也是见仁见智的事情，正好以此求教于同行方家。

关于工程设计

工程是将知识和技术转化为现实生产力过程中的关键环节，是创新活动的主要战场。而工程设计又是将知识、信息和技术加以优化、选择、集成而转化为一个全新的整体解决方案的思维过程和实践活动，在正确并符合客观规律的设计概念指导下实现设计的全过程是设计工作最重要和最困难的核心环节。加上工程设计的问题求解具有非唯一性，同一问题可以通过不同的方式加以解决，不存在唯一的客观判断对错的标准和程序。设计是成功、平庸、拙劣还是错误的，都取决于对最佳方案的分析和选择。设计创新的推动需要理性地反思，考虑各种可能的方案，敢于尝试和接受新思想或非主流观点，并通过精确、科学的实践，甚至要冒一定程度的风险。

（2017年8月）

从创新的层次上看，原始性的创新能够产生前所未有的东西，开创一个新的起点具有极大的难度，但未必尽善尽美，而改造性的创新则可以使其不断改善完美。而不论哪一个层次，都要求具有旺盛的创新精神和正确的创新方法。对于建筑设计这个以应用技术为主的行业，改造性创新占了其创新内容的大部分比重。

一般来说，建筑设计全过程中的创新可以分为以下4个环节：

（1）方案设计阶段的创新；

（2）方案构想转变为施工图绘制阶段的创新；

（3）由施工图到整个施工过程的创新；

（4）在经营使用过程中的再创造。

（2001年4月）

从北京院的历史发展中，我还体会到这种创新绝不是建筑专业单方面的创新，也不是仅停留在方案和创意阶段的创新，而应该贯穿创作全过程，并且需要各专业协同全面创新。在实践中不乏这样的事例：一个看上去好的构思由于没有抓紧创新的各个环节，最后变得面目全非；而有的案例在方案阶段看上去并不十分突出，但由于后续环节的调整和努力，成果却十分精彩。长期以来，人们常常只注重第一环节的创新而忽视了后三个环节的创造，以为有了好的创意肯定就有好的成果，实际上设计成果的形成和完善是一个不断优化、比较、选择、调整、判断和综合的过程，在由粗入细、由宏观到微观的不断深入过程中，同样渗透着诸多创造性的活动，有些因素如材料变更、造价削减、使用调整等对于原构思有时会产生决定性的影响，这时非常需要主创人员事必躬亲，及时做出正确的判断和调整。而各专业的创新过程也需要根据新的形势逐渐深化认识。

（2004 年 9 月）

必须准确而及时地抓住机遇。我们讲“挑战和机遇并存”，其实最大的挑战就是要抓住摆在我们面前的稍纵即逝的机遇。我们已经失去了不少可利用的机遇，以北京奥运会为例，奥运场馆的建设对于我们建筑设计和施工行业来说是一个展现和提高水准的极好机会，国外的奥运举办国都是利用这一机会来展示本国在建筑设计上的水准的，而我们在却白白地错过了这大好的机遇，将这机会拱手让于外人（尽管中国建筑师也表现出了独特的创意）。

（2004 年 10 月）

在工具理性和价值理性两种理性的观点中，工具理性是十分重要的，现代化的大部分内容都是工具理性的。但如果在工具理性的指引下，片面强调功利的取向，同样也会陷入困境，这时需要价值理性的内容来加以平衡，需要人们有一种价值提升的力量来使现代化的过程更加健康，如城市建设中出现的“追求视觉冲击的奇奇怪怪的建筑”“盲目崇洋”“追逐第一，豪华奢侈，盲目攀比”等乱象，就需要通过“适用、经济、绿色、美观”的建筑方针，考虑我国人口、资源、环境的国情，考虑可持续发展的主流价值判断来加以认识和调整。我们在现代化过程中不仅要考虑“如何去实现”，还要考虑“为什么要如此”。

（2017 年 4 月）

关于建筑师

建筑师是一个把技术和艺术相结合进行物质产品创造的职业。建筑师在接到一个工程时，根据他的美学观念、价值观念对这个工程的未来会有一个理想，当然这个理想一开始也不那么清晰，而是模模糊糊的，随着设计的进展、思路的不断条理化变得越来越清楚，从而在最后形成一个比较完整的想法和构思，也就是物化或形象化的理想。但这个理想是否符合城市环境，是否符合业主要求，是否符合我国技术、经济、国情，还要受到各方面的考验。所以随着工程的进展，理想主义者的理想中可能会掺入越来越多现实的成分，最后理想主义者就变成一个现实主义者了。

但是建筑师还应是一个有理想的现实主义者。最初的理想也不全是乌托邦，里面也有许多现实的成分。在当前的创作环境下，影响工程的因素多得很，如要赶进度、资金受限制或各方面的干涉等。因为建筑师是在花国家的钱，花业主的钱，所从事的是服务性行业，所以建筑师在许多情况下也很无奈。

（2003 年 1 月）

建筑设计创作是个具有强烈个人色彩的集体创作行为。建筑师都会经历一步步由小工程到大工程、由简单到复杂、由陌生到熟练的不断总结、领会、综合、分析的过程。建筑师要做好一个工程，按过去的老话讲，“天时、地利、人和”缺一不可。能够有机会主持和负责某个大型重点工程，对建筑师来说当然是极好的机遇，但当人们把机遇、人际关系和个人努力等条件摆在一起，让我按其重要性排序时，我都是把人际关系和机遇放在前面，而最后才是个人的努力。

（2008 年 9 月）

对于建筑师来说，既需要发挥个人才华，又需要与集体通力协作，所以能够很好地把一个团队组织起来实际上是一个建筑师很重要的能力。过去我们经常习惯于自己亲力亲为，这当然很累，但也是为了让工作做得更好。但是从现在的条件看，恐怕要利用现在的科技条件，利用团队协作（teamwork），利用小组合作（group），从而很好地发挥出大家的作用。

（2009 年 10 月）

建筑师有时会很无奈，因为始终是要为人服务的。委托方有特定的价值观和追求，建筑师说得好听点儿就是要提供好的服务，说得不好听就是“推波助澜”，可能得想出更多的“招术”来助长这种炫耀性的消费或者是助长这种资源的浪费，助长破坏生态、破坏城市的现象。这是要反思的点。

（2014 年 9 月）

全球性的信息革命和技术革命深刻而又迅速地改变了人们的生活观念和对社会的认识，也使几代建筑师、年长者和年轻人，自然而然地站到了同一起跑线上。由于年轻人精力充沛、思维结构灵活，因此其思想更为解放，更勇于探索。无怪乎有一位未来学学者讲过，今天社会的显著变化之一是人类社会已从“年轻人向长者学习”的“后喻”文化转变为“成年人和年轻人主要向同代人学习”的“同喻”文化，下一阶段将是“长者向年轻人学习”的“前喻”文化了。

（1996 年 8 月）

《中国新建筑师 188》所介绍的建筑师（指中青年建筑师）经过十几年甚至二十多年的实践，许多人已经取得了十分可观的业绩，在国内外都具有了一定的知名度，成为设计院或设计公司、设计事务所的技术骨干或管理骨干，成为主要的业务或行政负责人，经过世代交替，他们已经成为我国建筑创作的主力军。他们现在正处于年富力强的时期，随着设计实践经验的丰富和技巧的熟练，必将在今后一段时间内继续成长和发挥他们的作用。这是一个正在不断成长和发展的充满活力的群体，为了创造中国的现代建筑文化，提高中国的整体建筑水准，他们需要在当前的大环境中做出更艰巨的努力。从本书的设计作品中，既可以看到这些建筑师在创作探索过程中所表现出的激情和才华，同时也能看到他们在一些方面还不够自信和成熟，创造力和想象力还未得以充分展现，在表象和实质的把握上有待提高，尤其面对当前光怪陆离的大千世界，如何保持清醒的判断和选择，更是每一个建筑师面临的考验。

（2006 年 9 月）

关于建筑创作

建筑设计是个人负责和团队工作相结合，并以团队工作为主的创作活动。超过千人的北京院属于组织型的设计单位，必须依靠团队的运行机制来保持其持久的创造力和竞争力。这样的单位不会因某个人的去留而影响其整体实力，这与我们常提到的个人明星型的设计事务所有很大的不同。在一些由明星建筑师个人决策的事务所中，常因个人创造力的枯竭、人事的变更而影响工作室的实力，而当前相当多规模较大的明星型事务所实际运作已经参照组织型的团队工作方式，只不过由于明星建筑师作为老板，而其他建筑师作为受雇人员，用雇佣关系掩盖了团队创作的实质，而表现为明星建筑师无所不能的假象。

（2001 年 4 月）

我始终认为，中国建筑创作的繁荣和走向世界，离不开哲学、历史、经验三个基本要素。

（1993 年 11 月）

对建筑师来说，哲学更多地表现为对世界、时代、人生、城市和建筑的一种根本性的思考和感受。歌德说过：“人所能达到的最高境地，就是他明确地意识到他自己的信念和思想，认识到自己并由此开始也深切地认识到别人的思想感情。”只有哲学才能形成科学的思维方式，正如爱因斯坦所说：“哲学促使科学思想进一步向前发展，它能够指示科学从许多可能着手的路线中选择一条。”属于人文科学的哲学更容易启发人们通过联想产生灵感。伟大的城市规划和建筑作品正是他们主动地以自己所认为的方式在设计作品中体现某种理念和思想。

历史是用文字记载自然界和人类社会发展过程的学科。随着城市和建筑的出现，历史的车轮滚滚向前，人类身处时间之中，必然要认识过去和现在的事实。不了解过去，就不能科学地认知现在，而不了解现在，就不能科学地预测未来。所以有的学者提出“人人都得敬畏历史，敬之在于吸收前人经验，得到宝贵智慧；畏之在于若重蹈前人错误，要受到历史的惩罚。”

经验是指通过实践总结知识和技能，并体现在建筑师设计作品里的职业技巧。这种技巧并不是简单地体现在建筑构思和表现阶段，而是体现于建筑设计的全过程，即除了造型和形式的技巧、平面处理的技巧、空间组织的技巧外，还包括学习和借鉴的技巧、细部处理的技巧、专业配合的技巧、材料运用的技巧、施工配合的技巧、现场处理的技巧、团队合作的技巧甚至还有交付使用后适应管理、扩改、运行等方面的技巧。当这些技巧累积起来就变成职业经验，将在设计工作的全过程发挥重要甚至决定性的作用。

（2007年1月）

传统决策形式是一种等级分明的权力架构，随着设计市场竞争的激烈，对设计机构的灵活应变的需求，这种等级制被削弱，形成一种比较对等的关系，这时需要负责人提高助手的自信和创造力，善于沟通，使整个团队对于工作目标有清晰的理解，全体能针对目标做出快速的反应，所以就提出了改进后的全方位型（All Channel）决策形式，这种方式也可称为矩阵（Matrix）管理法。其主要特点为根据工作目标把创新元素（在建筑设计中即是设计人）组成纵横交错的矩阵，使之在解决问题上产生质和量的飞跃。这样既可以改变原有的条块分割，同时还可在矩阵中随时重新排列、组合、转换以至不断淘汰和吐故纳新各创新元素，以保持创新元素的创新活力，使矩阵的创新能力永远保持在较高的水平之上。

方案构思阶段的最后判断和决策是这一环节中最困难的一步。由于我国目前设计市场的管理体制和评价标准的不规范，甚至是行政因素的干预，这一过程变得比较难以捉摸。一般来说，方案最后的决策是理性分析与直觉判断的结合，有时直觉要起到更大的作用。研究表明，利用非线性思维形式，建筑师对众多信息的综合判断力将超常发挥，“直觉”会越来越普遍，这里既包括决策人的哲学思考、价值取向、历史背景和执业经验，同时又要根据业主特点、地域和环境的特点、时代的主流和趋向、评判委员的个人爱好甚至决策人的特点和风格做出综合的抉择和判断。

（2001年4月）

归根结底，建筑形式的问题从一个方面反映了价值观和发展观的根本问题，决策者的发展观、价值观会影响发展战略、模式和道路，从而会对实践产生根本的影响和导向。与经济增长率相比，我们这样一个资源相对贫乏的国家对于建筑的过度投资能否持续带来生产率的提高，能否从目前粗放型、速度型、奢华型转变为效益型、精致型、节约型，是每个建筑师都需要思考的严峻问题。

（2006年3月）

关于传统与创新

古人为我们留下了丰富的建筑文化遗产，但这些财富也极易成为我们的包袱。随着时代的前进，许多传统已不能适应现代生活，有的传统还会对现代化进程产生阻碍作用。现代的中国建筑应该是由众多的样式和类型构成的复合整体，绝不可能是单一的模式或简单样式，实践中简单地套用传统的样式、构件、材料、色彩的做法尽管在今后一段时期内还会存在，但会越来越显示出它的局限性。

传统本身不是一成不变的静态系统，它永远处于一个不断扬弃、不断创造的动态过程之中。在信息社会中，传统也应该是一个完全开放的系统，有国家之间、民族之间的取长补短，互相交流，只有这种本土文化和外来文化相互融合和吸收，才能形成新的辉煌。

建筑应立足现在创造未来。香港《亚洲周刊》曾指出：“华人不但要能够因其灿烂的古代文明而自豪，也要对其创造现代文化的创造能力充满自信。”因此，中国建筑师需为此付出更大的努力，做出更正确的选择。让现代的中国建筑走向世界。

（1997年5月）

费孝通先生在1945年提出“我们需要历史，历史是灵感的源泉，我们若在这方面去接受传统，我们所得的是传统积极的一面。”“有时，我觉得世界是很奇怪的，我们东方承认传统，可是我们接受的却是传统坏的一方面，西洋似乎有意地漠视传统，结果连好的方面也丧失了。”画家吴冠中教授说：“我爱我国的传统，但不愿当一味保管传统的孝子，我爱西方现代的审美意识，但也不愿当盲目崇拜的浪子，是回头浪子吧，我永远往返于东西方之间，回到东方是归来，再到西方又像是归去……”我们应该有这样的自信，我们这个时代的建筑师的创造力应该大大超过过去任何一个时代。

（1993年11月）

没有文化自觉，就谈不上不同文化的多元共生。主动自觉地维护一种文化的历史和传统，使之得以延续并发扬光大，这是文化自觉的第一个层次；从传统和创造的结合中去看待未来，不是照搬西方经验，而是走自己的路，这是第二个层次；在全球化的现实中了解需共同遵守的行为秩序和文化准则，由此反观自己，找到民族文化的自我，从而了解中国文化存在的意义以及可能为世界的未来发展做出的贡献，这是第三个层次。这些观点对于正在创造现代中国先进建筑文化的中国建筑师来说，也是有很大的指导意义的。

（2006年9月）

关于建筑评论

创作的繁荣有赖于理论的建树和思想的活跃，有赖于历史的比较、分析和研究。别林斯基曾说过：“关于伟大作品的评论，其重要性不在伟大作品本身之下。”

评论是一门专门的科学，它有自己独特的研究对象和任务，它要考察建筑和城市科学的各种内在联系，通过分析、研究以探讨其发展的特点和规律。哥德伯格反复强调：“在我提笔的时候，我特别注重能让专家以外的人们能够了解。如果说评论有一个最终目标的话，那就是要形成一种社会环境：对一般人来说，能够增长关于建筑的知识；对建筑师来说，能够说出让他设计出更好的建筑的意见。”

（1985年4月）

当前社会物质利益高于一切的扭曲心态和浮躁学风，对于建筑行业的发展，尤其是设计行业的健康发展形成了很大威胁，我曾说要警惕我们这个行业的“沉沦和堕落”并非危言耸听。建筑行业被认为是“高危”行业，诸如职业道德和社会责任感的缺失，屈从于权力和金钱，屈从于行业的“潜规则”，行业内的恶性竞争，碍于利害关系的放弃原则……但建筑评论可以成为监督我们这个行业的制衡力量，也是行业自律和健康发展的必要条件，是重要的自身免疫系统，只有如此才能形成促进建筑创作的良好生态环境和秩序。

评论是一种理性的分析过程，是一个从感性到理性、从感觉到体悟的过程，需要有一支身份独立的专门从事建筑评论的职业队伍。

（2002 年 10 月）

尽管我们的城镇化建设在数量和规模上都十分惊人，但若想总结一个时代的成果，更有赖于其建设质量，取决于传世的精品，有赖于学术上、理论上的权威性评论及在国际建筑界的话语权，从而形成为广大民众、为业界所首肯的优秀作品。一批优秀的建筑师、规划师的出现是一个伟大时代出现的标志，但优秀的建筑评论家队伍的出现同样也是重要的标志。

健康的评论无法回避“自由思想，独立精神”这个话题。批评是一种独立的艺术，批评有它独自的价值和品格，有时对批评家来说不在于持有什么高深的理论，更重要的是批评的眼光和胆量。学术无禁区，学术更不是以赞成或反对的少数或多数来决定对错的。科学家贝尔纳说：“在科学中，“批判”一词并不是不赞成的同义词；批判意指寻求真理。”由于评论者的情感、学识和旨趣不同，其评论结果也会不同，就会出现各种不同的声音，这种不同的声音更有利于人们进行理性的比较和判断。评论如果一味地随众和随俗，或一味地“孤芳自赏”，只会削弱评论的地位，曲解评论的作用，失去其独立性，让公众更加鄙夷这种庸俗的评论，从而形成恶性循环。

（2012 年 10 月）

最后，以我在 2006 年写的一首打油诗《无题》作为本书的结束。

无 题

去日早比来日多，年华老大祈祥和。
雕虫琢句存独趣，议古论今求一得。
畅观静听问山水，笔点墨画寄弦歌。
境由心造常忘岁，不随仰俯自伐柯。

2022 年 3 月 15 日